Werkstofftechnik – Metalle

von
Prof. Dr. Jürgen Gobrecht

3., überarbeitete Auflage

Oldenbourg Verlag München

Prof. Dr. Jürgen Gobrecht war von 1984 bis 2005 Professor für Werkstofftechnik am Fachbereich Maschinenbau der Fachhochschule Würzburg-Schweinfurt. Nach seiner Promotion 1970 an der TU Berlin leitete er von 1971 bis 1975 die Gruppe "Aluminium-Gußwerkstoffe" am Leichtmetall-Forschungsinstitut der Vereinigten Aluminium-Werke AG, Bonn. Von 1976 bis 1983 arbeitete Jürgen Gobrecht als Bereichsleiter der Qualitätszentrale "Guß" bei der Honsel-Werke AG in Meschede.

Bibliografische Information der Deutschen Nationalbibliothek

Die Deutsche Nationalbibliothek verzeichnet diese Publikation in der Deutschen Nationalbibliografie; detaillierte bibliografische Daten sind im Internet über <http://dnb.d-nb.de> abrufbar.

© 2009 Oldenbourg Wissenschaftsverlag GmbH
Rosenheimer Straße 145, D-81671 München
Telefon: (089) 45051-0
oldenbourg.de

Lektorat: Anton Schmid
Herstellung: Anna Grosser
Coverentwurf: Kochan & Partner, München
Gedruckt auf säure- und chlorfreiem Papier
Druck: Grafik + Druck, München
Bindung: Thomas Buchbinderei GmbH, Augsburg

ISBN 978-3-486-58977-1

Vorwort zur 3. Aufl.

Es hat sich in der Praxis bewährt, Werkstoffnormen alle 8 bis 10 Jahre zu überarbeiten. Das erfordert nicht nur der technische Fortschritt, sondern auch – heute mehr denn je – die zunehmende Internationalisierung. Auf den steten Übergang von nationalen Normen (DIN) auf europäische (EN) und schließlich internationale Normen (ISO) wurde schon in der im Jahr 2000 erschienenen 1. Auflage hingewiesen.

Seither sind wichtige Normen, vor allem aus dem Stahlbereich, völlig neu erstellt worden; mit ihnen haben sich Werkstoffnamen und Kurzzeichen geändert. In der vorliegenden 3. Auflage wurden entsprechende Abschnitte und Tabellen überarbeitet und zurückgenommene Normen fortgelassen.

Wertvolle Hinweise aus rückgesandten Fragebögen des Verlags sowie schriftliche oder mündliche Kommentare von Kollegen konnten überwiegend berücksichtigt werden. Hierfür sei herzlich gedankt.

Jürgen Gobrecht   Januar 2009

Vorwort

Das vorliegende Buch zur Werkstofftechnik der Metalle aus der Reihe „Oldenbourg-Lehrbücher für Ingenieure" richtet sich in erster Linie an Studenten des Maschinenbaus und weiterer technischer Studiengänge, z.B. des Wirtschafts- oder Bauingenieurwesens. Darüber hinaus wird auch dem technisch interessierten „Nicht-Ingenieur" praxisnahes Wissen über Werkstoffe vermittelt. Die Brücke zwischen der Werkstoffkunde und dem Maschinenbau wird durch viele Schnittstellen zur Festigkeitslehre, zahlreiche Beispiele aus der Praxis und ein Kapitel zur Werkstoffauswahl gebildet.

Das Kapitel „Werkstoffauswahl in der Prozesskette Produktentwicklung" berücksichtigt die gestiegenen Anforderungen an den zukünftigen Maschinenbauingenieur, der in Entwicklung und Konstruktion die schwierige Entscheidung für den richtigen Werkstoff oft alleine fällen muss.

Das Buch ist in erster Linie als Ergänzung zur Vorlesung gedacht. Es soll den Unterricht durch vertiefende Behandlung von Lerninhalten unterstützen, die in knapper Vorlesungszeit nicht ausführlich genug besprochen werden können. Der Stoffumfang entspricht dem Werkstofftechnik-Unterricht des Maschinenbaustudiums über etwa zwei Semester zu je zwei bis drei Semesterwochenstunden. Üblicherweise erfolgt für höhere Semester im Hauptstudium eine zusätzliche Spezialisierung. Hierfür sind die – nur jeweils wenige Seiten umfassenden – Kapitel über Schneidstoffe, Keramik, Verbundwerkstoffe und Oberflächentechnik zusammen mit der angegebenen Literatur eine ideale Ergänzung.

Theoretisches Grundwissen aus den Bereichen Metallkunde und Metallphysik wurde nur in soweit dargestellt, wie es der spätere Ingenieur im Beruf braucht, um sich Spezialwissen zu Werkstoffen anzueignen.

Jedem Abschnitt stehen eine Übersicht und spezifische Lernziele voran, hier kann sich der Studierende über den angebotenen Stoff orientieren. Abschließend werden Aufgaben zur Selbstprüfung gestellt. Es ist ratsam, sich die Antworten – sofern sie unbekannt sind – anhand der entsprechenden Abschnitte zu erarbeiten und nicht bei den Lösungen am Ende des Buches nachzuschauen.

Das Kapitel *Werkstoffprüfung* enthält die für den Maschinenbau wichtigsten Prüfverfahren. Da zu jedem Maschinenbaustudium ein Praktikum mit einschlägigen Versuchen der Werkstoffprüfung gehört, konnte hier auf die detaillierte Beschreibung der Verfahren verzichtet werden.

Der Autor dankt den Herren Markus Wirth, Harry Bätz und Wilfried Popp für die Anfertigung der Zeichnungen.

Jürgen Gobrecht   Schweinfurt

Inhalt

1 Werkstoffe und Hilfsstoffe

Was ist ein **Werkstoff**? Ein „werkbarer" Stoff, also ein bearbeitbarer, fester Stoff. Bei dieser Definition scheiden Gase und eigentlich auch Flüssigkeiten als Werkstoffe aus. Aber es gibt Ausnahmen: „Flüssige" Stoffe können nämlich eine sehr hohe Viskosität besitzen – wie das gewöhnliche Fensterglas (bei Zimmertemperatur eine „unterkühlte Flüssigkeit") – sie zählen dann sehr wohl zu den Werkstoffen. Abgesehen davon soll es bei der Aussage bleiben: Ein Werkstoff ist ein werkbarer, *fester* Stoff. Ebenso lässt sich feststellen: Die weitaus größte Zahl aller festen Stoffe wie die meisten Metalle, Holz, Stein, Keramik, Diamant, Kunststoffe usw. sind als Werkstoff zu gebrauchen. Manche festen Stoffe, auch einige Metalle, sind allerdings aus physikalischen oder chemischen Gründen nicht als Werkstoff geeignet – z.B. das Metall Natrium, es ist zu weich und chemisch nicht beständig.

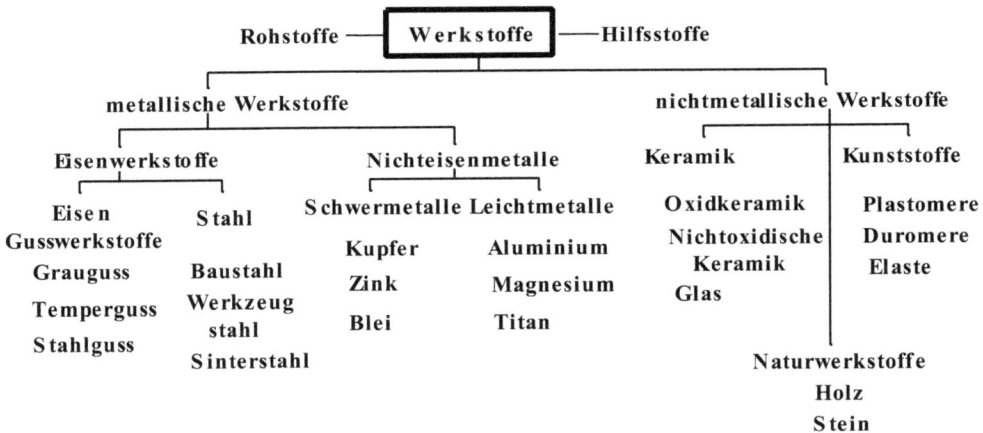

Rohstoffe —— **Werkstoffe** ——Hilfsstoffe

metallische Werkstoffe — nichtmetallische Werkstoffe

Eisenwerkstoffe — Nichteisenmetalle — Keramik — Kunststoffe

Eisen — Stahl — Schwermetalle Leichtmetalle — Oxidkeramik — Plastomere

Gusswerkstoffe — Kupfer — Aluminium — Nichtoxidische Keramik — Duromere — Elaste

Grauguss — Baustahl — Zink — Magnesium — Glas

Temperguss — Werkzeugstahl — Blei — Titan

Stahlguss — Sinterstahl — Naturwerkstoffe — Holz — Stein

Bild 1.1 Einteilung der Werkstoffe (mit Beispielen).

Ursprünglich waren alle Werkstoffe *Naturstoffe*. Auch heute noch werden gelegentlich Holz und Stein in ihrer natürlichen Form als Werkstoffe verwendet. Die meisten Naturstoffe unterliegen jedoch einer starken Umarbeitung oder chemischen Veränderung. Bereits das Verleimen von Holz zu Sperrholz gibt diesem ganz andere Eigenschaften. Baustoffe waren früher reine Naturstoffe, wenngleich auch der Ton schon frühzeitig gebrannt und damit chemisch verändert wurde. Mörtel, Zement oder Beton sind keine Naturstoffe mehr.

Bild 1.1 zeigt in einer Übersicht die Einteilung der Werkstoffe, die vor allem im *Maschinenbau* Anwendung finden. Eine weitere Gruppe bilden die Werkstoffe für die *Elektrotechnik* und Elektronik. Hier haben neben den Leitmetallen (Kupfer, Aluminium), den Magnetwerkstoffen und der Keramik (Isolierwerkstoff) das Silizium und andere Halbleitermetalle eine herausragende Bedeutung bekommen. Man denke nur an die Entwicklung photovoltaischer Solarkollektoren: Ihr Wirkungsgrad und ihr Preis kann zukünftig für die Menschheit von existenzieller Bedeutung werden.

Die metallischen Werkstoffe sind nicht in beliebiger Menge verfügbar. Die Gründe dafür sind vielfältig: Manche Metalle (wie das Kupfer) kommen nicht so häufig in der Erdkruste vor; die noch vorhandenen Lagerstätten enthalten wenig Erz mit geringer Metallkonzentration. Andere Metalle – wie das Aluminium – sind zwar genügend vorrätig, benötigen aber zur Herstellung sehr viel kostbare Energie. So ist es unumgänglich, dass mit den Werkstoffen sparsam umgegangen werden muss. Einen wichtigen Beitrag zur Rohstoffeinsparung liefert das Recycling.

Als **Hilfsstoffe** bezeichnet man Stoffe, die der Be- oder Verarbeitung von Werkstoffen dienen oder für die Funktion von Betriebseinrichtungen (Maschinen usw.) und Bauteilen benötigt werden. Sie haben erhebliche, oft unterschätzte Bedeutung, ihre Qualität kann für die Herstellungskosten, die Produktgüte oder Produktlebensdauer entscheidend sein. Genannt sei die wichtige Funktion des Schmierstoffs in einem Wälzlager. Hilfsstoffe sind im Gegensatz zu Werkstoffen überwiegend flüssig oder gasförmig, im Einzelfall aber auch fest (Festschmierstoffe, Schleifmittel). Bild 1.2 zeigt in einer Übersicht die wichtigsten Hilfsstoffe.

Im Einzelfall kann derselbe Stoff als Werkstoff *und* Hilfsstoff dienen. Graphit z.B. wird als Werkstoff verarbeitet (Kohleelektroden, „Bleistift"-Minen), andererseits auch als Festschmierstoff verwendet.

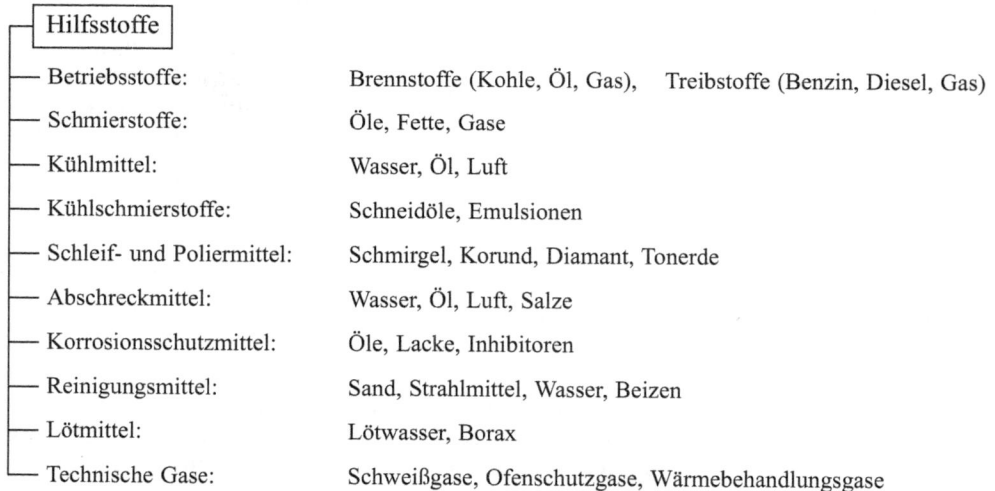

Hilfsstoffe	
— Betriebsstoffe:	Brennstoffe (Kohle, Öl, Gas), Treibstoffe (Benzin, Diesel, Gas)
— Schmierstoffe:	Öle, Fette, Gase
— Kühlmittel:	Wasser, Öl, Luft
— Kühlschmierstoffe:	Schneidöle, Emulsionen
— Schleif- und Poliermittel:	Schmirgel, Korund, Diamant, Tonerde
— Abschreckmittel:	Wasser, Öl, Luft, Salze
— Korrosionsschutzmittel:	Öle, Lacke, Inhibitoren
— Reinigungsmittel:	Sand, Strahlmittel, Wasser, Beizen
— Lötmittel:	Lötwasser, Borax
— Technische Gase:	Schweißgase, Ofenschutzgase, Wärmebehandlungsgase

Bild 1.2 Einteilung der Hilfsstoffe (mit Beispielen)

2 Struktur und Eigenschaften der Metalle

2.1 Atomarer Aufbau, Kristallsysteme, Gitterfehler

Übersicht und Lernziel

Alle Werkstoffe und sonstigen Stoffe besitzen neben ihrer unterschiedlichen chemischen Zusammensetzung auch unterschiedliche Atomanordnungen und Molekülstrukturen. Sie werden seit Anfang des 20. Jahrhunderts erforscht und sind großenteils sehr genau bekannt. Aus den atomaren Anordnungen und Wechselwirkungen zwischen den Elementarteilchen ergeben sich Aussagen über ihren Zusammenhalt und damit letztlich über die Festigkeit der Werkstoffe. Das elektrisch *neutrale* Atom kann nur geringe Bindung – durch Massenanziehungskräfte – zu seinen Nachbaratomen haben. Aber an ein Stahlseil von gerade 10 mm Durchmesser lassen sich über 20 Tonnen Masse (etwa 270 Personen!) hängen, ohne dass es reißt und die Atome ihre Bindung verlieren. Andererseits erlauben die einfachen atomaren Anordnungen in Metallen auch leichtes plastisches Verformen.

Die folgenden Abschnitte befassen sich mit Bindungsarten, den Bindungskräften zwischen Atomen oder Ionen, den Kristallsystemen und den für die Eigenschaften der Werkstoffe sehr wichtigen Fehlern der Atomgitter. Die Abschnitte 2.1.1 bis 2.1.3 sind Teilgebiet der Chemie und werden dort ausführlich behandelt [24], was hier eine Beschränkung auf die Metalle erlaubt. In jedem Fall ist es nützlich, ein Periodensystem der Elemente zur Hand zu haben; dieses ist im Umschlag des Buches abgedruckt. Die theoretischen Grundlagen sollten sehr gut durchgearbeitet werden, sie sind Voraussetzung für das spätere Verständnis wichtiger Werkstoffeigenschaften.

2.1.1 Das Atom

Atome bestehen stets aus dem Atomkern (elektrisch positive Protonen und elektrisch neutrale Neutronen) und den – den Kern umkreisenden – elektrisch negativen Elektronen. Der Atomdurchmesser beträgt rund 10^{-8} cm, der Kerndurchmesser 10^{-12} cm. Die Anzahl der Protonen ist gleich der Ordnungszahl des Elementes im Periodensystem. Die Zahl der Elektronen muss dieser Ordnungszahl entsprechen, damit das Atom elektrisch neutral wird.

Mehrere Elektronen zusammen umkreisen den Kern in bestimmten Abständen (*Schalen*). Auf jede Schale passen nur eine begrenzte Zahl Elektronen, sie ist dann gesättigt. So kann die dem Kern am nächsten liegende Schale, die K-Schale, nur 2 Elektronen aufnehmen. Das Element Helium (He) mit der Ordnungszahl 2 hat 2 Protonen (dazu 2 Neutronen) im Kern und besitzt daher 2 Elektronen, die den Kern auf der K-Schale umkreisen.

Das Element Lithium (Li) mit der Ordnungszahl 3 muss zu der K-Schale eine neue Schale bekommen, auf der das dritte Elektron um den Kern (3 Protonen) kreist: die L-Schale, mit etwas größerem Abstand zum Kern. Damit hat das Lithium *ein* Valenzelektron, es steht in der Hauptgruppe I des Periodensystems. Das Element Beryllium (Be, Ordnungszahl 4) kann auf der L-Schale 2 Elektronen unterbringen (Hauptgruppe II), das Element Bor (B) 3 Elektronen usw. Am Ende dieser 2. Periode (2. Zeile des Periodensystems) steht das Edelgas Neon (Ne) mit 8 Elektronen auf der L-Schale. Damit ist diese voll mit Elektronen besetzt. Das mit der Ordnungszahl 11 folgende Natrium (Na) muss sein 11. Elektron auf einer neuen Schale (M-Schale) unterbringen, also weiter weg vom Kern und damit weniger stark an diesen gebunden (Bild 2.1). Es kann hier bereits vermutet werden, dass die auf der linken Seite des Periodensystems stehenden Elemente sich anders verhalten und andere Eigenschaften besitzen als die auf der rechten Seite stehenden.

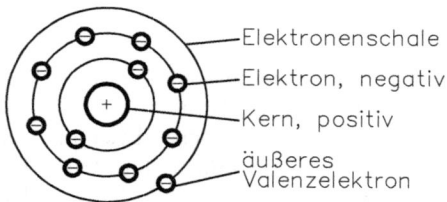

Bild 2.1 Aufbau des Natrium-Atoms

Mit zunehmender Ordnungszahl werden die Verhältnisse komplizierter, die Schalen spalten in Unterschalen auf (s-, p-, d-Schalen), zwischen die Hauptgruppen II und III kommen die Nebengruppenelemente. Das Prinzip bleibt jedoch erhalten:

* Einzelne äußere Elektronen sind weniger an den Kern gebunden und können sich vom Atom lösen;

* Schalen erreichen ihren Idealzustand mit voller Elektronenbesetzung; die maximale Elektronenzahl z_{max} errechnet sich aus der Periodenzahl n nach

$$z_{max} = 2\,n^2.$$

2.1.2   Die atomaren Bindungsarten

Materie ergibt sich durch das Zusammenfügen vieler Atome. Da Materie zusammenhält – bei festen Stoffen mit teils erheblicher Festigkeit – muss es Bindungskräfte zwischen den Atomen geben. Die vier verschiedenen Bindungsarten und die daraus resultierenden Bindungskräfte werden im Folgenden beschrieben. Die Bindungsarten treten meist nicht allein auf und überschneiden sich bei vielen Stoffen.

Ionenbindung

Aus dem vorhergehenden Text ist zu ersehen, dass die äußeren Valenzelektronen abgegeben werden können, wenn ihre Anzahl gering ist, also etwa halb so groß wie die auf der Schale mögliche Gesamtzahl z_{max}. Andererseits besteht das Bestreben, die zur Sättigung einer Schale fehlenden Elektronen aufzufüllen, wenn dies leicht möglich ist ($z > z_{max}/2$). So ergibt sich fast zwangsläufig, dass das Zusammenfügen beispielsweise der Elemente Natrium

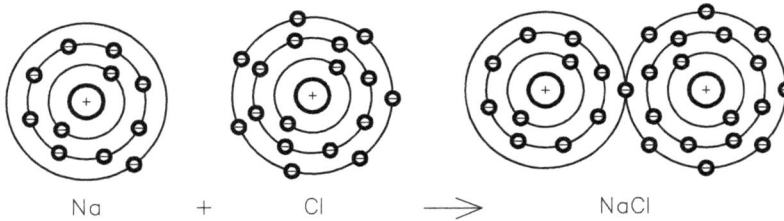

Na + Cl ——→ NaCl

Bild 2.2 Ionenbindung: Die Bildung von NaCl aus den Atomen Na und Cl. Beide Elemente bekommen durch 8 Außenelektronen die Edelgaskonfiguration.

(1 Elektron auf der äußeren Schale) und Chlor (1 fehlendes Elektron auf der äußeren Schale) zur Verbindung NaCl (Kochsalz) führen muss (Bild 2.2).

Die Bindungskraft der – auch „heteropolar" genannten – Bindung entsteht durch die Anziehung der beiden Ionen Na^+ und Cl^-. Die Ionenbindung ist zwischen Elementen der niedrigen Gruppen links im Periodensystem und solchen der hohen Gruppen, also rechts im Periodensystem, zu finden. Sie ist sehr stark und stabil; jedes Element hat die Edelgaskonfiguration erlangt, die Elektronen sind fest an die Ionenkerne gebunden. So ergeben sich für Stoffe mit Ionenbindung – insbesondere im Vergleich zu solchen mit Metallbindung – folgende charakteristischen Eigenschaften: Schlechte elektrische Leitfähigkeit im festen Zustand (Isolator), schlechte Wärmeleitfähigkeit, chemisch beständig, im Allgemeinen gute Festigkeit und hohe Härte.

Werkstoffe mit *überwiegender* Ionenbindung (nicht reiner Ionenbindung wie bei Salzen) sind Aluminiumoxid (Al_2O_3, Korund), Borkarbid (BC), Bornitrid (BN) oder Titannitrid (TiN). Sie weisen die erwartet hohe Härte auf, sind allerdings wegen ihres Bindungscharakters auch außerordentlich spröde.

Atombindung

Kommen Atome zusammen, denen auf der äußeren Schale nur wenige Elektronen fehlen, können sie Elektronen gemeinsam „benutzen", um ihren Idealzustand (gesättigte Elektronenschale) zu erreichen. Am einfachsten ist die – auch *kovalente* oder homöopolare Bindung genannte – Bindungsart am Element Chlor und der Bindung des Cl_2-Moleküls zu erkennen (Bild 2.3).

Beim Kohlenstoff (C, Hauptgruppe IV) fehlen 4 Elektronen auf der äußeren Schale. Durch Verbindung mit weiteren C-Atomen wird ebenfalls die Auffüllung erreicht, und durch bestimmte Anordnung dieser Atome entsteht der Diamant, das härteste bekannte Material. Die hohe Bindungskraft beruht auf dem innigen Verbund über die gemeinsamen Valenzelektro-

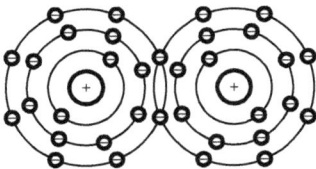

Cl_2

Bild 2.3 Atombindung: Modell des Cl_2-Moleküls.

nen. Als weiteres Beispiel sei der harte – aber auch spröde – Quarz (SiO_2) genannt. Die Eigenschaften der Werkstoffe mit Atombindung sind denen mit Ionenbindung sehr ähnlich: Nicht- oder Halbleiter, hart, spröde. Die gute Leitfähigkeit von Graphit bildet eine Ausnahme.

Restvalenzbindung

Diese schwächste Bindungsart (auch *Van der Waals'sche Bindung* genannt) beruht auf der Dipol-Bildung von Atomen. Wie in Bild 2.4 wiedergegeben, ziehen sich die Atome an, wenn ihre elektrische Ladung ungleichmäßig verteilt ist (Dipol). Bei Werkstoffen kommt die Restvalenzbindung allein kaum vor, häufig allerdings gekoppelt mit anderen Bindungsarten. Wichtigstes Beispiel sei der gegenseitige Zusammenhalt einzelner Makromoleküle bei einer Reihe von Kunststoffen.

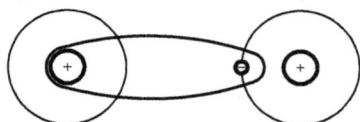

Bild 2.4 Restvalenzbindung (Dipol, schematisch; der Ladungsschwerpunkt der Elektronen des linken Atoms („Elektronenwolke", nicht eingezeichnet) befindet sich links vom Atomkern).

Metallbindung

Die Metalle – größte und bedeutendste Werkstoffgruppe – zeichnen sich durch die *Metallbindung* aus. Es sei daran erinnert: Die links im Periodensystem stehenden Elemente (Hauptgruppen I bis III, teilweise IV, und alle Nebengruppen) besitzen wenige Elektronen auf ihren äußeren Schalen. Die *Abgabe* dieser Valenzelektronen ist leichter als das Auffüllen der noch freien Plätze; sie erfolgt bei Zusammenlagerung mehrerer Atome desselben Elements oder solchen der genannten Gruppen. Dabei entsteht eine regelmäßige Anordnung von Ionen (Bild 2.5). Die sehr regelmäßige und dichte Anordnung der Atomrümpfe folgt aus ihrer Rotationssymmetrie durch abgeschlossene Schalen ohne Dipolwirkung, also ohne gerichtete Anziehungs- oder Abstoßungskräfte.

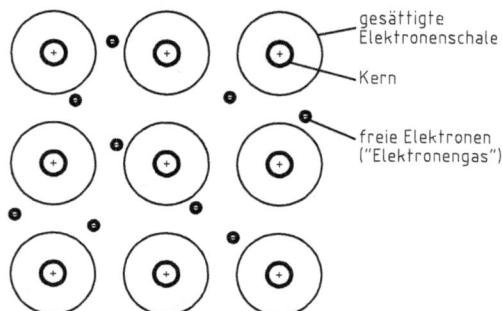

Bild 2.5 Metallbindung: Regelmäßig angeordnete positive Metallionen werden durch das negative „Elektronengas" gebunden.

Wichtigstes Merkmal der Metallbindung sind – neben dem kristallinen Charakter – die abgegebenen Valenzelektronen. Sie haben keine Zuordnung zu den Ionen, kreisen also nicht mehr um diese, sie sind tatsächlich „frei" und ungebunden. Ihre Beweglichkeit ist mit der von Gasmolekülen vergleichbar, daher spricht man von einem „*Elektronengas*". Ihre negative Ladung wirkt summarisch *anziehend* auf die positiv geladenen Ionen, so dass diese sehr dicht zusammengehalten werden. Die anziehenden Kräfte sind so stark, dass sich die Ionen trotz ihrer gegenseitigen Abstoßung mit ihren äußeren Schalen fast berühren. Wie nahe die Ionen bei den einzelnen Kristallarten zusammenkommen, wird weiter unten beschrieben.

Die Bindungskraft ist geringer als die der Ionen- oder Atombindung, dafür besteht eine gewisse Verschiebbarkeit der Atome, d h. Metalle sind plastisch verformbar.

An dieser Stelle sei angemerkt, dass die Ionen oder „Atomrümpfe" der Metalle der Einfachheit halber meist als *Atome* bezeichnet werden. In der Metallkunde – wissenschaftlich orientierte Fachrichtung der Werkstoffkunde der Metalle – hat sich diese Ausdrucksweise durchgesetzt.

Die freien Elektronen können unter Einwirkung einer elektrischen Spannung wandern, das heißt, es fließt elektrischer Strom. Metalle sind daher stets *elektrisch leitend*. Gleichermaßen können die freien Elektronen Energieimpulse übertragen, damit sind Metalle auch *wärmeleitend*.

Metallatome sind durch die Metallbindung gebunden. Freie Elektronen – das sind die abgegebenen Valenzelektronen – halten die Ionen zusammen. Die Bindungskraft ist nicht extrem hoch, dafür sind Metalle verformbar. Die freien Elektronen sorgen für die elektrische Leitfähigkeit und die Wärmeleitfähigkeit.

Im Periodensystem müssen sich die links liegenden Metalle von den rechts liegenden Nichtmetallen abgrenzen lassen. Die Grenze ist allerdings nicht scharf, sondern enthält Übergangselemente mit halbmetallischem Charakter: die *Halbmetalle* (Bild 2.6). Ihre elektrische Leitfähigkeit ist nicht durch freie Elektronen gegeben. Sie ist relativ schlecht und stark von Fremdatomen abhängig; die Halbmetalle sind daher häufig *Halbleiter* (Anwendung für elektronische Bauteile).

IIa	IIIa	IVa	Va	VIa	VIIa
Be	B	C	N	O	F
Mg	Al	*Si*	P	S	Cl
Ca	*Ga*	*Ge*	*As*	*Se*	Br
Sr	*In*	Sn	*Sb*	*Te*	J
Ba	Tl	Pb	Bi	Po	At

Bild 2.6 *Grenze zwischen Metallen (links), Halbmetallen und Nichtmetallen (rechts) im Periodensystem. Die Abgrenzung ist nicht absolut scharf. Typische Halbmetalle sind grau unterlegt.*

Zusammenfassung

Die Elemente des Periodensystems unterscheiden sich neben ihrer Ordnungszahl (= Anzahl der Protonen im Kern) durch die Anzahl der auf den äußeren Schalen kreisenden Valenzelektronen. Die Elemente links im Periodensystem können ihre Elektronen abgeben, das ist die Gruppe der Metalle. Elemente mit vielen Außenelektronen ergänzen dagegen lieber die fehlenden Elektronenplätze durch Elektronen anderer Atome, sie stehen als Nichtmetalle rechts im Periodensystem. Aus diesem Grundprinzip ergeben sich hauptsächlich drei Bindungsarten der Materie:

- Ionenbindung: Metallatom + Nichtmetallatom, keine freien Elektronen. Beispiel: Korund (Al_2O_3)

- Atombindung: Nichtmetallatom + Nichtmetallatom, kaum freie Elektronen. Beispiel: Diamant (C)

- Metallbindung: Metallatom + Metallatom, freie Elektronen. Beispiel: Alle Metalle

Daneben kommt die Restvalenzbindung mit relativ schwacher Bindungkraft vor. Die Bindungsarten überschneiden sich in vielen Stoffen und treten kombiniert auf.

2.1.3   Kristallsysteme

Wie im vorhergehenden Abschnitt beschrieben, führen die Atombindungen fester Stoffe häufig zu regelmäßigen, periodisch wiederkehrenden Atomanordnungen, die Metallbindung sogar immer zu regelmäßiger Anordnung mit sehr dicht beieinander liegenden Atomen. Stoffe mit regelmäßig angeordneten Atomen oder Atomgruppen nennt man **kristallin** (krystallos, griech. = Eis). Hingegen haben Stoffe mit schwächerer Bindung (Van der Waals'sche Bindung) oft unregelmäßig angeordnete Atome oder Moleküle, sie sind **amorph** (a-morph = ohne Gestalt). Hierzu zählen alle Flüssigkeiten und Gase (eine Ausnahme bilden „Flüssigkristalle"). Da das *Fensterglas* keine regelmäßige Atomanordnung besitzt (unregelmäßig verteilte Ionen des Na und O sowie SiO_2-Tetraeder, Bild 2.7), zählt es zu den Flüssigkeiten mit bei Raumtemperatur sehr hoher Viskosität.

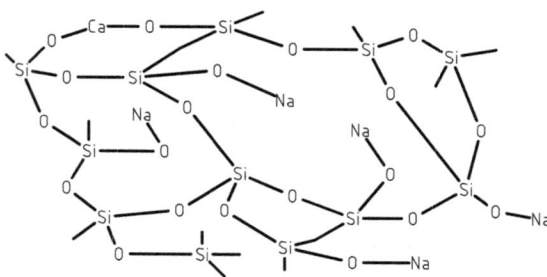

Bild 2.7 Amorphe Struktur des „festen" Stoffes Glas (Fensterglas). Jedes chemische Symbol bedeutet ein Ion, die Linien veranschaulichen die Bindungsarme.

Normalerweise stellt man sich einen Kristall mit äußerlich schöner Gestalt vor, z.B. die groß gewachsenen Kristalle der Edel- und Halbedelsteine. Genau so kristallin ist aber auch Stahlblech oder Kupferdraht. Gebrauchsmetalle bestehen jedoch nicht aus einem einzigen Kristall, sondern vielen kleinen „Kristalliten", so dass die Kristallform äußerlich verborgen bleibt.

Um den atomaren Aufbau der Kristalle zu beschreiben, vereinfacht man das Atommodell: Das Atom wird zu einem Punkt oder Kreis (*Punktgitter*), die Elektronen werden ganz weggelassen. Striche deuten die Verbindung zu den Nachbaratomen an. Die zeichnerische Verkleinerung der Atome verbessert die Übersichtlichkeit von räumlichen Darstellungen. Teilweise werden die Atome auch ganz weggelassen und die Struktur durch ein *Liniengitter* dargestellt (Bild 2.8).

Die durch Linien gekennzeichneten Darstellungen führten zu dem Begriff *Atomgitter*. Die Schnittpunkte der Linien bilden die *Gitterplätze*, also die Schwerpunktlagen der Atome. Die Räume zwischen den Atomen bzw. zwischen den Linienschnittpunkten heißen *Zwischengitterplätze*.

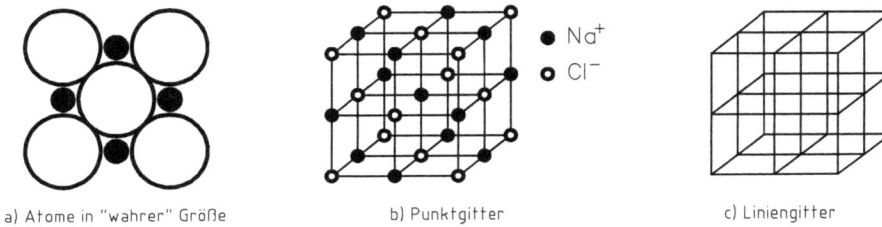

a) Atome in "wahrer" Größe   b) Punktgitter   c) Liniengitter

● Na⁺
○ Cl⁻

Bild 2.8 Darstellungsmöglichkeiten des Ionengitters am Beispiel des NaCl. a) Ionen in „wahrer" Größe, b) Punktgitter, c) Liniengitter

Zu jedem Atomgitter gehört ein kleinster Ausschnitt, der die gesamte Gitterstruktur wiedergibt: die *Elementarzelle*. Bild 2.9 zeigt ein willkürliches Atomgitter mit der ausgewählten Elementarzelle. Elementarzellen lassen sich definitionsgemäß nur für kristalline Stoffe angeben; in amorphen Atomstrukturen (Bild 2.7) ändert sich ständig die Struktur, es gibt praktisch keine Periodizität der Atomanordnungen.

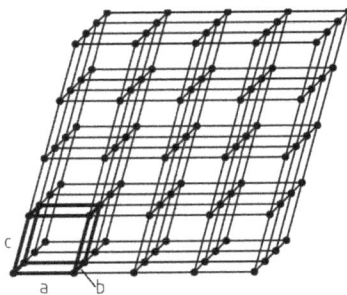

Bild 2.9 Atomgitter. Die Atomabstände a, b, c bilden eine Elementarzelle. Abstand a ist die Gitterkonstante.

Die Elementarzelle enthält *Gitterebenen*, also Grundfläche, Seitenflächen, Diagonalebenen. Weiterhin werden in ihr Atomabstände angegeben. Für den Stoff charakteristische Atomabstände heißen *Gitterkonstante* (Atomabstand a in Bild 2.9). Die Gitterkonstante ist für jedes kristalline Material eine wichtige Kenngröße. Beispiele für Metalle zeigt Tabelle 2.1.

Tabelle 2.1 Gitterkonstanten beispielhafter Metalle

Metall	Gitterkonstante [nm = 10^{-6} mm]
Al	0,404
Cu	0,361
Fe (α-Eisen)	0,287

In der Mineralogie (Gesteinskunde) werden für die verschiedenen Mineralien 7 Hauptkristallsysteme und 32 Kristallklassen unterschieden. Sie haben sehr unterschiedliche Atomgitter. Metalle treten hingegen mit nur wenigen einfachen, im Folgenden beschriebenen Strukturen auf.

Das kubisch-primitive Atomgitter

Dieses einfachste Atomgitter hat eine würfelförmige ("kubische") Elementarzelle mit gleich langen Würfelkanten, 90°-Winkeln und je einem Atom auf jeder Würfelecke (Bild 2.10). Jede Würfelfläche bildet eine Ebene dichtester Atombesetzung. Bild 2.11 zeigt eine solche Ebene aus mehreren Atomen in etwa richtigem Größenverhältnis.

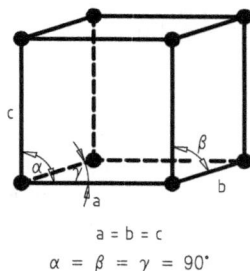

$a = b = c$
$\alpha = \beta = \gamma = 90°$

Bild 2.10 Die kubisch-primitive Elementarzelle.

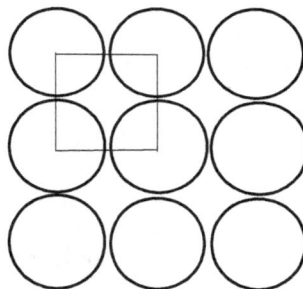

Bild 2.11 Atomebene im kubisch-primitiven Atomgitter. Das Quadrat bildet die Vorderseite der Elementarzelle.

Da jedes Eckatom nur zu einem Achtel zu der betrachteten Elementarzelle gehört, enthält das kubisch-primitive Atomgitter

$$8 \quad 1/8 = 1$$

Atomvolumen pro Elementarzelle.

Das kubisch-primitive, einfachste Atomgitter wurde bereits in Bild 2.8 mit dem Beispiel des Kochsalzes (NaCl) gezeigt. Bei Metallen kommt es nicht vor, bildet aber die Grundlage für die folgend beschriebenen Strukturen.

Das kubisch-raumzentrierte Atomgitter (krz)

Die Elementarzelle ist kubisch (a = b = c, $\alpha = \beta = \gamma = 90°$), jedoch befindet sich zusätzlich ein Atom im Würfelzentrum („raumzentriert", Bild 2.12). Damit enthält jede Elementarzelle

$$8 \cdot 1/8 + 1 = 2$$

Atomvolumen. Die mittenzentrierten Atome haben keinen besonderen Platz gegenüber den Eckatomen des Würfels, sie können ebenso Eckatome sein, sofern man den Koordinatenursprung von der Würfelecke in die Würfelmitte verschiebt. Das lässt sich leicht aus folgender **Übung** erkennen: Zeichnen Sie 8 zusammenliegende, einen Würfel bildende Elementar-

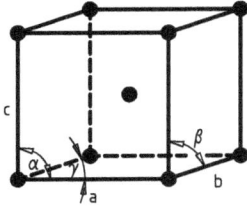

a = b = c
$\alpha = \beta = \gamma = 90°$

Bild 2.12 Die Elementarzelle des kubisch-raumzentrierten Atomgitters (krz).

zellen und verbinden Sie die Mittenatome miteinander. Diese bilden nun eine neue krz-Elementarzelle.

Im krz-Gitter ist die dichtest mit Atomen besetzte Ebene die Würfeldiagonale (Bild 2.13). Die Draufsicht auf diese Ebene ergibt Bild 2.13b, wobei die Atome wieder in etwa richtigem Größenverhältnis dargestellt wurden. Es ist zu erkennen, dass die Atome 1-3-5 sich nahezu berühren, während der Atomabstand 1-4 deutlich größer als zwei Atomradien ist, nämlich $a\sqrt{2}$. Zwischen den Eckatomen ist also noch Platz (Vakuum). Später wird gezeigt, dass der Platz mit Atomen eines anderen Elements gefüllt werden kann, sofern ihr Atomradius nicht zu groß ist. Die im Würfel in 6 Raumrichtungen auftretende Diagonalfläche wird als *Gleitebene* des krz-Gitters bezeichnet. Sie spielt bei der plastischen Verformung des Materials eine bedeutsame Rolle (siehe Abschnitt 2.2.2).

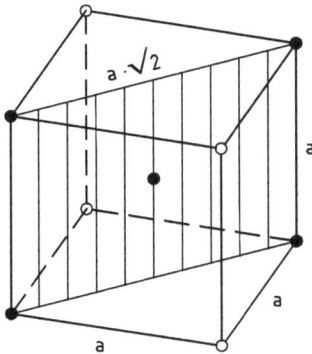

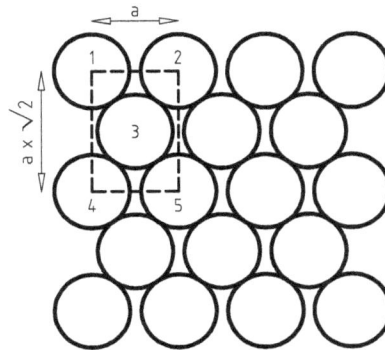

Bild 2.13 Eine dichtest besetzte Atomebene im krz-Gitter (Diagonalebene).
a (links) räumlich; b (rechts) Draufsicht. a ist die Gitterkonstante

In der zusammenfassenden Tabelle 2.2 werden beispielhafte Metalle mit kubisch-raumzentriertem Atomgitter genannt, in Abschnitt 2.4 sind die Gitterstrukturen aller Metalle aufgeführt (Tabelle 2.10).

Das kubisch-flächenzentrierte Atomgitter (kfz)

Wiederum nur wenig verschieden vom kubisch-primitiven ist das kubisch-flächenzentrierte Atomgitter, es enthält zusätzlich zu den Würfel-Eckatomen je ein Atom im Zentrum der Würfelflächen (Bild 2.14).

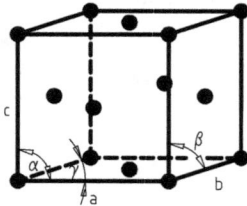

$$a = b = c$$
$$\alpha = \beta = \gamma = 90°$$

Bild 2.14 Das kubisch-flächenzentrierte Atomgitter (kfz)

Mit einer derartigen Anordnung wird die „dichteste Packung" erreicht, d.h. zwischen den Atomen ist der geringste freie Raum. Jede Elementarzelle wird von

$$(8 \quad 1/8) + (6 \quad 1/2) = 4$$

Atomvolumen gefüllt.

Trotz der sehr dichten Atompackung des kfz-Gitters gibt es auf den Würfelkanten freien Platz für das Einbauen kleiner Fremdatome. Beispielhafte kfz-Metalle sind in Tabelle 2.2 genannt.

Dichtest mit Atomen besetzte Ebenen sind die Raumdiagonalebenen. Bild 2.15 zeigt eine der Diagonalebenen über zwei Elementarzellen hinweg, sie tritt in den verschiedenen Raumrichtungen vier mal auf. Blickt man senkrecht auf die Ebene, entsteht Bild 2.16a. Werden die Atome in größerer Zahl in ihrer richtigen Größenrelation gezeichnet, erkennt man die

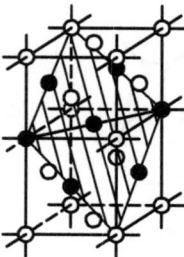

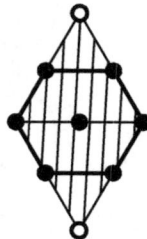

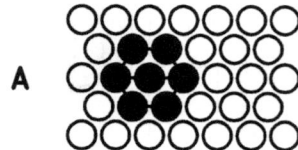

Bild 2.15 Diagonalebene in zwei Elementarzellen (Gleitebene).

Bild 2.16 a (links): Draufsicht auf die Diagonalebene von Bild 2.15. b (rechts): Ebene von a), jedoch Atome in richtiger Größenrelation mit weiteren Nachbaratomen (Ebene A).

„dichteste Packung" der Ebene (Bild 2.16b). Ihre Funktion als *Gleitebene* wird in Abschnitt 2.2.2 beschrieben.

Die über Ebene A liegende Ebene B ist leicht versetzt (Bild 2.17), so dass ihre Atome in den „Tälern" zwischen den A-Atomen ruhen; die über B liegenden C-Atome sind wiederum etwas versetzt. Daher befinden sich die drei Ebenen A, B und C nicht genau übereinander. Erst die Ebene über C entspricht genau Ebene A, so dass sich die Stapelfolge A-B-C-A-B-C-A-... ergibt.

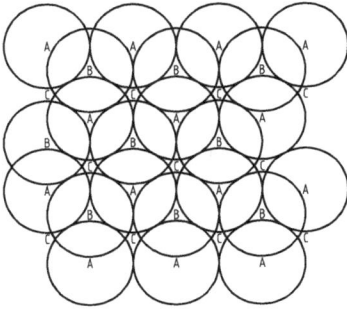

Bild 2.17 Dreischichtenfolge der Diagonalebenen im kfz-Gitter. A, B und C: Lage der Ebenen A, B und C.

Das hexagonale Atomgitter (hex. und hdP)
Betrachten wir nochmals die Diagonalfläche des kubisch-flächenzentrierten Atomgitters (Bild 2.16). In ihr lassen sich „Sechserring-Anordnungen" finden, die ein Hexagon (Sechseck) bilden. Nimmt man den Sechserring mit seinem Mittenatom als Basis, entsteht zusammen mit einem genau darüberliegenden Sechserring das *einfache hexagonale* Atomgitter mit der Abkürzung **hex.** (Bild 2.18a). Bei Metallen mit hexagonalem Gitter ist allerdings jeder zweite Sechserring etwas seitlich versetzt, so dass die Packungsdichte größer wird. Von der seitlich verschobenen Ebene B gehören drei Atome in eine jeweilige Elementarzelle, es entsteht das Atomgitter mit *hexagonal dichtester Packung*, Abkürzung **hdP** (Bild 2.18b).

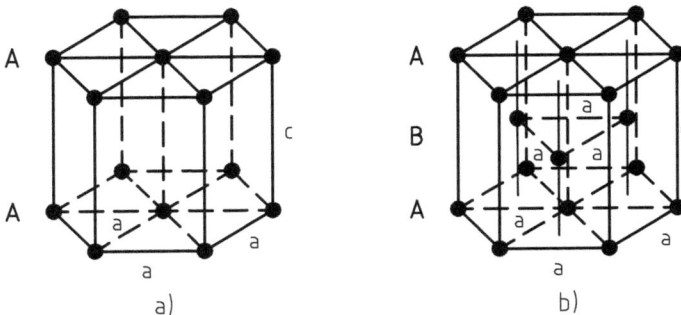

Bild 2.18 a) Elementarzelle des einfachen hexagonalen Atomgitters, b) hexagonal dichteste Packung hdP.

Jede Elementarzelle des hdP-Gitters enthält

$$(12 \quad 1/6) + 2 \quad 1/2 + 3 = 6$$

Atomvolumen. Dennoch ist die Packungsdichte nicht größer als die des kfz-Gitters, da eine andere Stapelfolge vorliegt. Die Ebenen wechseln sich in der Reihenfolge A-B-A-B-A-B-... ab, was zu geringerer Dichte gegenüber der Stapelfolge A-B-C führt.

Im hexagonalen und hdP-Gitter sind nur die letztgenannten Ebenen Gleitebenen, also gibt es viel weniger als in den kubischen Atomgittern. Beispielhafte Metalle mit hdP-Gitter enthält Tabelle 2.2.

Weitere Gitterstrukturen
Bild 2.19 zeigt eine Übersicht weiterer Atomgitter, die bei Metallen vorkommen, wenngleich sehr viel seltener (siehe auch Tabelle 2.10 in Abschnitt 2.4). Z.B. haben Antimon (Sb) und Uran (U) ein orthorhombisches Gitter (d). Das tetragonal-raumzentrierte Gitter (c) hat eine quaderförmige Elementarzelle mit quadratischer Grundfläche. Es ist also a = b $\neq$ c. Neben dem Beispiel Indium (In) ist hier auch der Martensit, das Gefüge des gehärteten Stahles, zu erwähnen (siehe Abschnitt 5.4.3.4).

Zusammenfassend sind in Tabelle 2.2 die drei häufigsten Atomgitter der Gebrauchsmetalle mit ihren wesentlichen Merkmalen beschrieben und einige beispielhafte Metalle angegeben.

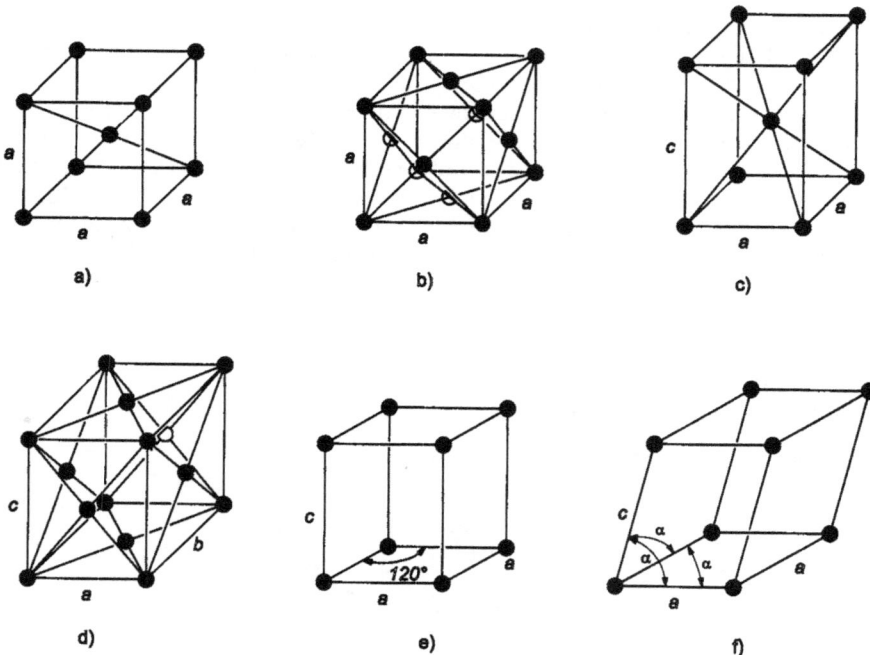

Bild 2.19 Elementarzellen der bei Metallen auftretenden Gitterstrukturen: a) kubisch-raumzentriert, b) kubisch-flächenzentriert, c) tetragonal-raumzentriert, d) orthorhombisch-flächenzentriert, e) hexagonal, f) rhomboedrisch.

Tabelle 2.2 Zusammenfassende Übersicht der drei häufigsten Atomgitter der Metalle.

	kubisch-raumzentriert (krz)	kubisch-flächenzentriert (kfz)	hexagonal-dichteste Packung (hdP)
Kantenlängen	a = b = c	a = b = c	a ≠ c
Winkel	α = β = γ = 90°	α = β = γ = 90°	α = β = 90°, γ = 120°
Atomvolumen pro Elementarzelle (Packungsdichte)	2	4	6
Beispiele*)	Cr, Mo, V, α-W, α-Fe	Cu, Ag, Au, Al, γ-Fe, β-Ni	Mg, Zn, Cd, α-Co, α-Ti

*) Mit griechischen Buchstaben versehene Elemente werden in Abschnitt 2.1.4 erläutert.

Messung der Gitterstrukturen und Gitterkonstanten
Bei Betrachtung der verschiedenen Atomgitter stellt sich die Frage, woher man diese so genau kennt. Ohne die Atome direkt sichtbar machen zu können, wurden die Strukturen schon seit 1912 mit Hilfe der *Röntgenfeinstrukturanalyse* untersucht (Bragg, Max v. Laue). In einem „Röntgendiffraktometer" werden die Metallproben mit Röntgenstrahlen bestrahlt und die Brechungswinkel gemessen. Es ergibt sich z.B. der Gitterabstand a aus der Wellenlänge λ der Röntgenstrahlen und dem gemessenen Winkel θ nach dem Bragg'schen Gesetz zu

$$a = n \lambda / 2 \sin\theta,$$

wobei n die Beugungsordnungszahl (1, 2 oder 3) ist. Beispiele für gemessene Gitterabstände wurden bereits in Tabelle 2.1 angegeben, sie liegen für Gebrauchsmetalle bei 0,3 – 0,4 nm ($0,3 - 0,4 \cdot 10^{-9}$ m).

Es fällt schwer, die Größenordnung der Atomabstände verstandesmäßig zu erfassen. Erst seit der Entwicklung hochauflösender Elektronenmikroskope (ARM = Atomic Resolution Microscope, 1984) und dem Rastertunnelmikroskop (IBM, 1990) wurde es möglich, atomare Strukturen sichtbar zu machen. Um zwei Atome getrennt voneinander zu erkennen, bedarf es einer zehnmillionenfachen Vergrößerung und entsprechend hoher Auflösung! Andererseits werden in der modernen Oberflächentechnik Genauigkeiten erzielt, die im Bereich von hundertstel Mikrometern (10 nm) liegen (z.B. durch chemisches Läppen oder Präzisionsläppen), das sind nur etwa 30 Atomebenen. Vakuum-Beschichtungstechniken (PVD) lassen heute Schichtdicken von wenigen Atomlagen zu. Damit ist abzusehen, dass mit speziellen Fertigungsmethoden schon bald einzelne Atomlagen ab- oder aufgetragen werden können.

Anisotropie
Die regelmäßige Atomanordnung hat zur Folge, dass im Kristall eine Richtungsabhängigkeit der Eigenschaften wie Festigkeit, Verformbarkeit, elektrischer Widerstand oder Elastizitätsmodul vorliegen muss. Bild 2.20 zeigt die Richtungsabhängigkeit des Elastizitätsmoduls (siehe Abschnitt 2.4.1) am Beispiel eines Zink-Einkristalls. Der Kristall ist *anisotrop*. Ein amorpher Stoff mit statistisch unregelmäßig verteilten Atomen wie Fensterglas ist hingegen *isotrop* (Isotropie = nach allen Richtungen gleich). Später wird gezeigt, dass die regellose Anordnung vieler kleiner Kristallite im realen Metallbauteil einen annähernd isotropen („*quasiisotropen*") Zustand ergibt (Abschnitt 2.1.6).

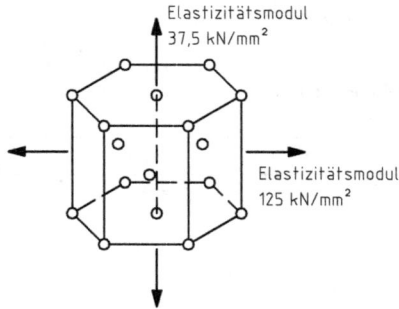

Elastizitätsmodul
37,5 kN/mm²

Elastizitätsmodul
125 kN/mm²

*Bild 2.20 Richtungsabhängigkeit des Elastizitäts-
moduls, gezeigt an der Elementarzelle eines Zink-
Einkristalls. Vielkristallines Zn hat den mittleren
Elastizitätsmodul von 94 kN/mm².*

2.1.4 Polymorphie

Die atomare Struktur der Kristalle kann sich mit der Temperatur ändern. Grund für solche
Veränderungen (*Polymorphie* = Vielgestaltigkeit) ist das Bestreben der Natur, einen möglichst energiearmen Zustand einzustellen. Wird ein Kristall bei höherer Temperatur durch
Übergang in ein anderes Atomgitter in den energieärmeren Zustand versetzt, so wird die
Umwandlung stattfinden. Welche Stoffe und welche Metalle Polymorphie zeigen, und bei
welcher Temperatur die Gitterumwandlung stattfindet, hängt wiederum von den Ionen und
der Elektronenkonfiguration ab.

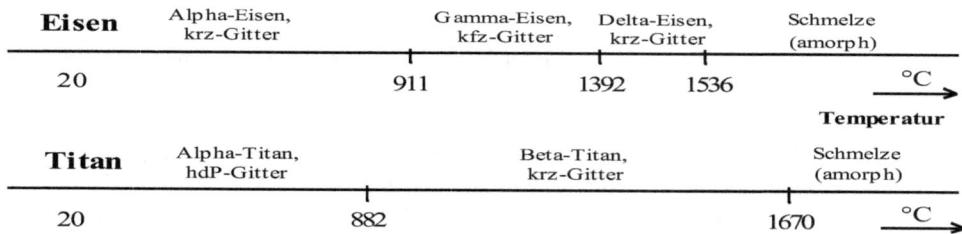

Bild 2.21 Gitterstrukturänderungen zweier polymorpher Metalle.

Bild 2.21 zeigt die Polymorphie von Eisen und Titan. Ihr jeweiliger Gitterzustand wird
durch griechische Buchstaben vor dem Metall angegeben. Eisen ändert beim Erwärmen bei
ganz bestimmter Temperatur sogar zweimal die Gitterstruktur: α-Fe $\rightarrow$ γ-Fe $\rightarrow$ δ-Fe.

Die Gitterumwandlungen sind reversibel, d.h. bei Abkühlung treten die selben Gitterände-
rungen in umgekehrter Richtung auf. Sie erfolgen diffusionslos, also ohne Wanderung der
Atome, somit sehr schnell. Die Atome verschieben sich nur um kleine Beträge. Da jede Gitterstruktur eine andere Packungsdichte hat, ändert sich mit der Gitterumwandlung auch die
Dichte des Stoffes. Gitterumwandlungen sind somit leicht über Volumen- oder Längenände-
rungen zu messen.

Die Polymorphie des Eisens hat eine große praktische Bedeutung, denn das Härten von
Stahl (Abschnitt 5.4.3) wird allein durch die Umwandlung γ-Fe $\rightarrow$ α-Fe möglich. Weitere
polymorphe Metalle sind Co, Mn, Sn, Th oder Zr.

2.1.5   Reale Kristalle und Gitterfehler

Die bisher beschriebene Gitterstruktur könnte zu der Ansicht verleiten, dass Kristalle – und somit auch Metalle – durch und durch fehlerfreie Atomanordnungen besitzen. In einem solchen Fall handelte es sich um *Idealkristalle*, die es aber in der Natur nicht gibt. Die tatsächlich in der Natur heranwachsenden oder aus einer erstarrenden Metallschmelze entstehenden Kristalle sind *Realkristalle* mit Baufehlern, sog. *Gitterfehlern*.

Punktförmige (0-dimensionale) Gitterfehler

Zu den Gitterfehlern ohne größere räumliche Ausdehnung gehören die *Leerstellen*, das sind nicht mit Atomen besetzte Gitterplätze (Bild 2.22a). Infolge der mit steigender Temperatur stärker werdenden Gitterschwingungen wechseln Atome häufiger ihren Gitterplatz („Selbstdiffusion"). Treten dabei Atome an die Oberfläche des Kristalls, hinterlassen sie leere Gitterplätze. Die Zahl der Leerstellen muss daher mit steigender Temperatur zunehmen. Kupfer z.B. enthält bei Raumtemperatur etwa 10^7, dicht unter der Schmelztemperatur (1083 °C) 10^{17} Leerstellen pro cm³. Diese recht groß erscheinende Leerstellenmenge wird relativiert, bezieht man sie auf die gewaltige Zahl von rund 10^{23} Cu-Atomen pro cm³. Später wird gezeigt, dass die Leerstellen eine wichtige Rolle bei der Wanderung von Fremdatomen, also der Diffusion, spielen.

Wegen der nur geringen räumlichen Gitterverzerrung bezeichnet man den Fehler als punktförmigen oder nulldimensionalen Gitterfehler.

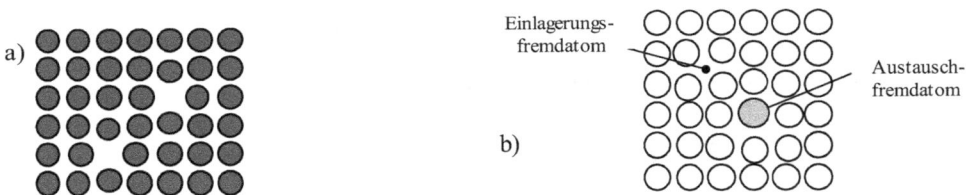

Bild 2.22 a (links): Gitterebene mit zwei Leerstellen. b (rechts): Gitterebene mit zwei Fremdatomen. Die die Leerstellen und Fremdatome umgebenden Atome sind leicht verschoben („Gitterverzerrung").

Fremdatome. Befinden sich im Atomgitter eines Kristalls Atome anderer Elemente, spricht man von Fremdatomen. Je nach Größe können sie als *Austauschfremdatom* auf den Gitterplätzen des Grundmetalls sitzen oder (bei kleinem Atomradius) als *Zwischengitterfremdatom* zwischen den Grundmetallatomen eingelagert sein (Bild 2.22 b). In jedem Fall stören sie den Gitteraufbau, sie zählen ebenfalls zu den punktförmigen Gitterfehlern.

In der Natur gibt es keine absolut reinen Stoffe, auch der Mensch hat es bislang nicht geschafft, völlig reines Material herzustellen. Bei Werkstoffen unterscheidet man – herstellungsbedingt – unterschiedliche Reinheitsgrade, bei Aluminium z.B. (Angaben in Masse-%):

Al 99,5	= Reinheit 99,5 %, also 0,5 % Fremdatome (Si, Fe, Mn, ...)
Al 99,99	= Reinheit 99,99 %, 0,01 % Fremdatome
Al 99,9999	= Reinheit 99,9999 %, 0,0001 % Fremdatome

Die tatsächliche Fremdatomzahl in *Atom-%* lässt sich aus den Masseprozent errechnen, sofern die Fremdatomart bekannt ist. Bestünden z.B. in Al 99,9 die Fremdatome nur aus Eisen, also 0,1 % Fe, lässt sich mit den Atomgewichten des Aluminiums (26,98) und des Eisens (55,85) die Fremdatomzahl wie folgt berechnen:

$$\text{Fe, Atom-\%} = \frac{(\text{Fe, Masse-\%}) \cdot (\text{Atomgew. Al})}{(\text{Fe, Masse-\%}) \cdot (\text{Atomgew. Al}) + (\text{Al, Masse-\%}) \cdot (\text{Atomgew. Fe})} \cdot 100$$

$$= 0,0482$$

Das bedeutet rund 0,05 Fe-Atome auf 100 Al-Atome, oder dass zwischen 10.000 Al-Atomen rund 5 Fe-Atome verteilt sind. Da die kfz-Elementarzelle des Aluminiums aus 4 ganzen Atomen besteht, enthält nur jede 2500ste Elementarzelle des Al 99,9 ein Fremdatom.

Konstruktionswerkstoffe enthalten meist nicht nur herstellungsbedingte Fremdatome als Verunreinigung, sondern absichtlich zugegebene Legierungselemente.

Fremdatome mit „passendem" Durchmesser und entsprechender Elektronenkonfiguration können sich gleichmäßig im Gitter des Grundmetalles verteilen, sie lösen sich darin auf, man spricht von „fester Lösung". (Lösungen in Flüssigkeiten sind bekannt, z.B. wenn sich Zucker in Wasser löst). Kristalle mit gelösten Fremdatomen heißen *Mischkristalle*. Handelt es sich um Austauschfremdatome, so entstehen *Austauschmischkristalle*, bei Zwischengitterfremdatomen entsprechend *Einlagerungsmischkristalle* (Bild 2.23a und b).

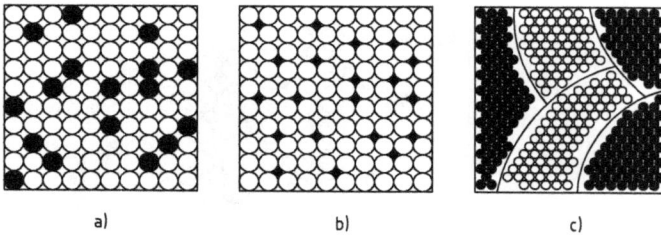

Bild 2.23 Schematische Darstellung eines a) Austauschmischkristalles, b) Einlagerungsmischkristalles, c) Kristallgemisches.

Nur in Ausnahmefällen gehen beliebig viele Fremdatome im Mischkristall in Lösung. Meist wird bei bestimmter Konzentration eine Löslichkeitsgrenze erreicht; weitere zugefügte Fremdatome bilden nun neue Kristalle mit anderer Zusammensetzung und Gitterstruktur, es entsteht ein *Kristallgemisch* (Bild 2.23c). Bei welcher Konzentration die Löslichkeitsgrenzen liegen, wird in Abschnitt 4.3 besprochen.

Mischkristalle enthalten gelöste Fremdatome, entweder als Zwischengitter- oder als Austauschfremdatome; Kristallgemische bestehen aus fest verbundenen, nebeneinander liegenden Kristallen unterschiedlicher Zusammensetzung und Struktur.

Versetzungen

Sehr häufig in Kristallen vorkommende und bedeutsame Gitterfehler sind die linienförmig verlaufenden Versetzungen. Man unterscheidet *Stufenversetzungen* und *Schraubenversetzungen*.

Die *Stufenversetzung* muss man sich als Endlinie einer mitten im Atomgitter aufhörenden Gitterebene vorstellen (Bild 2.24). Entlang der „Versetzungslinie" ist das Atomgitter verzerrt und gestört, die Störungslinie läuft durch den ganzen Kristall, bis sie an der Oberfläche austritt.

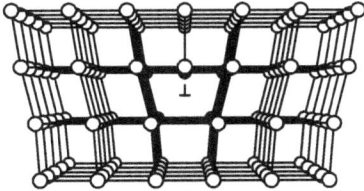

Bild 2.24 Stufenversetzung, schematische Darstellung im Raumgitter. Das ⊥ ist das Symbol für eine Versetzungslinie.

Die *Schraubenversetzung* muss man sich als „Verschiebung zweier Gitterbereiche" vorstellen, die mitten im Kristall endet (Bild 2.25). Die Endlinie (A – B) der Verschiebung zieht sich ebenfalls als Linienfehler durch den Kristall.

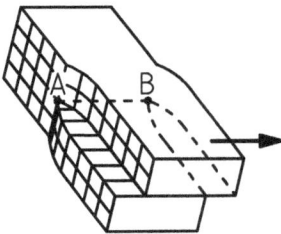

Bild 2.25 Schematische Darstellung einer Schraubenversetzung.

Es würde an dieser Stelle zu weit führen, die Versetzungstheorie im Einzelnen zu beschreiben – wie es zu der Bezeichnung „Schraubenversetzung" kommt oder wie z.B. Versetzungsreaktionen ablaufen, wie sie sich schneiden und annullieren. (Siehe hierzu weiterführende Literatur [1]).

Versetzungen spielen bei der plastischen Verformung eine entscheidende Rolle. Die Versetzungsbewegung unter Einwirkung einer äußeren Kraft leitet die plastische Verformung ein. Zum Verständnis dieses in Abschnitt 2.2.3 beschriebenen Prozesses reicht die Kenntnis der Stufenversetzung (Bild 2.24) aus.

Die Zahl der Versetzungen in einem Realkristall wird als Versetzungsdichte, das ist die Anzahl der im Querschnitt von 1 cm² austretenden Versetzungslinien, angegeben. Ein unverformtes, weichgeglühtes Metall enthält $10^6 - 10^8$ Versetzungen/cm². Im Elektronenmikroskop sind die Austrittspunkte der Versetzungslinien an der Oberfläche von poliertem und geätztem Metall gut zu erkennen (Bild 2.26).

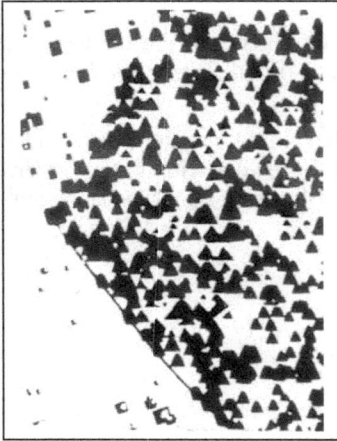

Bild 2.26 Versetzungs-Ätzgrübchen auf einer Kristallober-fläche (nach A. G. Guy).

Durch Versetzungsbewegungen und Schneidprozesse bei plastischer Verformung entstehen *neue* Versetzungen. Verformtes Metall enthält daher wesentlich mehr Versetzungen, die Versetzungsdichte steigt um mehrere Zehnerpotenzen an.

Whisker. Vor einigen Jahren gelang es, versetzungsfreie Kristalle zu züchten. Dabei handelt es sich um sehr dünne, fadenförmige Kristalle von mehreren mm Länge. Die als Whiskers (engl. = Schnurrbarthaare) bezeichneten Kristalle haben sehr hohe Festigkeit, da keine Versetzungsbewegung und somit auch kein plastisches Fließen stattfinden kann. Die technische Nutzung ist bisher auf Anwendungen bei der Faserverstärkung (keramische Whiskers) beschränkt.

2.1.6   Korngrenzen und Korngefüge

Bisher wurde das Atomgitter eines einzigen Kristalls mit seinen Gitterfehlern beschrieben. Es endet bei einem solchen „*Einkristall*" an der sichtbaren Oberfläche. Im Maschinenbau gebräuchliche Werkstoffe bestehen jedoch nicht aus Einkristallen, sondern aus einer Vielzahl winziger Kristallite, also aus *polykristallinem* Material. Der Übergang zwischen den Kristalliten heißt – da der technische Ausdruck für die kleinen Kristalle „*Korn*" ist – *Korngrenze* (nicht „Kristallgrenze"). Die aus vielen Körnern entstehende Struktur heißt *Korngefüge*.

Korngrenzen sind flächenhafte (zweidimensionale) Gitterfehler. Der fehlerhafte Atomaufbau liegt an der in jedem Korn etwas unterschiedlichen Lage der Atomebenen, jedes Korn hat zu seinem Nachbarkorn eine andere *Orientierung* (Bild 2.27). An den Berührungsflächen der Körner ist das Kristallgitter je nach Orientierungsunterschied mehr oder weniger stark gestört. Obwohl sich der Gitterfehler an der Korngrenze nur über wenige Atomabstände erstreckt (Bild 2.28), ist die Gitterstörung erheblich und hat große Auswirkungen auf die Materialeigenschaften. Dabei schwächen Korngrenzen nicht etwa den Werkstoff, sondern tragen in besonderem Maße zur Festigkeitssteigerung bei (s. Abschnitt 2.2.3). In Bild 2.28 ist auch gezeigt, dass in der Korngrenze mit ihrer etwas „lockeren" Struktur – man spricht auch von amorpher Struktur – leicht Fremdatome eingelagert werden können.

Wo die Korngrenzen an die Metalloberfläche austreten, kann man sie sichtbar machen und so auch Korngrößen bestimmen (Bild 2.29). Die mikroskopische Betrachtung erfolgt durch

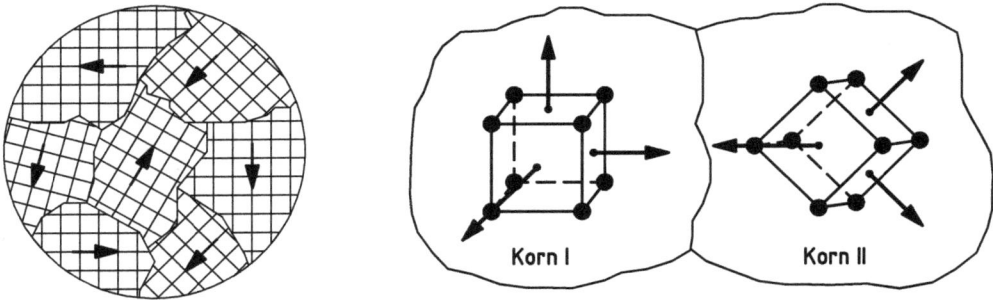

Bild 2.27 Unterschiedliche Orientierung benachbarter Körner; a) (links) schematisch gezeigt an der Lage der Gitterebenen; b) (rechts) dargestellt durch die Ausrichtung der Elementarzelle.

Bild 2.28 (links) Atomarer Aufbau einer Korngrenze (mit Fremdatom).
Bild 2.29 (rechts) Mikroskopisches Bild des Korngefüges. Die aus der Metalloberfläche austretenden Korngrenzen wurden durch Ätzen sichtbar gemacht; Vergrößerung V = 100:1.

Ätzen der blank polierten Werkstoffoberfläche. An den Stellen des Austritts der Korngrenzen werden die Atome stärker abgetragen, es entstehen Furchen, die gut erkennbar sind. Grobes Korn (ab etwa 0,5 mm Korn-⌀) ist auch mit bloßem Auge gut zu sehen.

Das Korngefüge
Die Körner in ihrer Gesamtheit bilden das Korngefüge metallischer Werkstoffe. Es kann auf mehreren Wegen entstehen. Tabelle 2.3 enthält die aus verschiedenen Herstellungsprozessen resultierenden Kornformen und -größen sowie einen Hinweis auf den behandelnden Abschnitt. „Dendritisch" bedeutet tannenbaumartig verzweigt; „globular" bedeutet rund.

Strukturwerkstoffe (mechanisch belastbare Werkstoffe) sollten grundsätzlich ein feinkörniges, möglichst globulitisches Gefüge haben, das bedeutet Korndurchmesser unter 100 μm. Genormte Feinkornbaustähle (Abschnitt 5.3.2) haben mittlere Korndurchmesser von 20 μm. Gegenteil des feinen Korns ist das *Grobkorn*. Es ist meist unerwünscht und wird bei Überschreitung entsprechender Vorschriften auch beanstandet.

Tabelle 2.3 Korngefüge verschiedener Herstellungsprozesse.

Herstellungsprozess	Kornform	häufig auftretende Korngröße ($\varnothing$ in mm)
Gießen (Erstarrung), siehe Abschnitt 3.2	dendritisch	0,1 bis über 10
Warmverformung	globular bis gestreckt	0,01 bis über 1
Rekristallisationsglühen (s. Abschn. 2.3.1)	globular	0,01 bis über 1
Pulvermetallurgisches Sintern (s. Abschn. 7.1)	je nach Pulversorte unterschiedlich	0,001 bis über 0,1

Für alle in Tabelle 2.3 genannten Fertigungsprozesse gibt es metallurgische Maßnahmen, um das gewünschte feine Korngefüge zu erzeugen, was allerdings oft an technische oder ökonomische Grenzen stößt. Die erwähnten Feinkornbaustähle z.B. können erst seit einigen Jahren problemlos und zuverlässig hergestellt werden.

Einkristalle (korngrenzenfrei) werden nur in wenigen Spezialgebieten verwendet, z.B. Silizium-Einkristalle in der Halbleitertechnik oder einkristalline Leitschaufeln für Turbinen. Die Herstellung von Einkristallen ist in Abschn. 3.2 beschrieben.

Textur
Die schon beschriebene Anisotropie eines Kristalls (Abschnitt 2.1.3) führt bei regelloser Orientierung der Körner im Polykristall zu annähernder Isotropie (Quasiisotropie), Bild 2.30b. Ein feines, quasiisotropes Korngefüge ist vor allem für die Blechumformung optimal. Oft entsteht allerdings ein Gefüge mit ähnlich orientierten Körnern, eine *„Textur"*, Bild 2.30c. Je nach Fertigungsprozess, aus dem die Textur hervorgeht, spricht man von Gusstextur, Walztextur, Schmiedetextur oder Rekristallisationstextur. Nachteil von texturbehafteten Gussstücken, Blechen usw. ist die Richtungsabhängigkeit der Eigenschaften. So wird sich ein Blech *mit* Textur beim Tiefziehen nicht nach allen Seiten gleichmäßig verformen lassen.

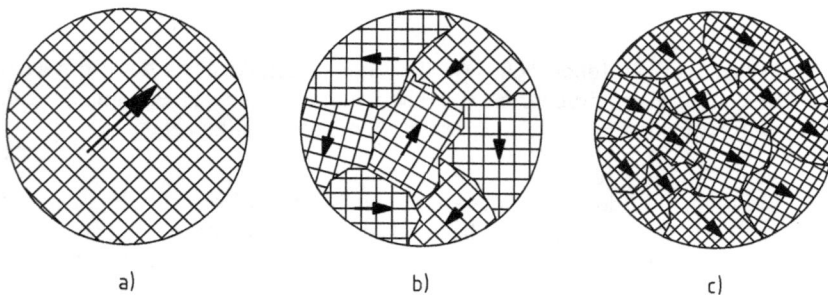

a)   b)   c)

Bild 2.30 a) Anisotroper Einkristall, b) quasiisotropes Korngefüge, c) Textur

Texturen können auch erwünscht sein, wenn dadurch Eigenschaften in bestimmter Richtung verstärkt werden. Bekanntes Beispiel hierzu ist die „Goss-Textur", die beim Walzen von Transformatorenblechen entsteht und die Ummagnetisierungsverluste verringert (Bild 2.31).

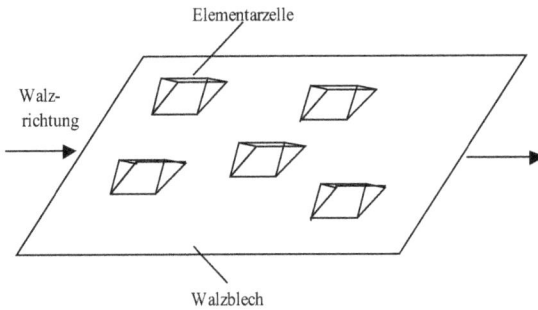

Elementarzelle

Walz-
richtung

Walzblech

Bild 2.31 Beispiel für die angestrebte Vorzugsorientierung in einem Transformatorenblech (Goss-Textur). Die Orientierung der Körner ist durch die Lage der Elementarzellen angedeutet.

Zwillingsgrenzen

Einen Sonderfall stellen die Zwillingskorngrenzen dar. Sie zeigen sich bei mikroskopischer Betrachtung als schnurgerade Linien. Die Atomgitter der durch eine Zwillingsgrenze getrennten Körner spiegeln sich in dieser, haben also gleiche, aber spiegelverkehrte Orientierung (Bilder 2.32 und 2.33).

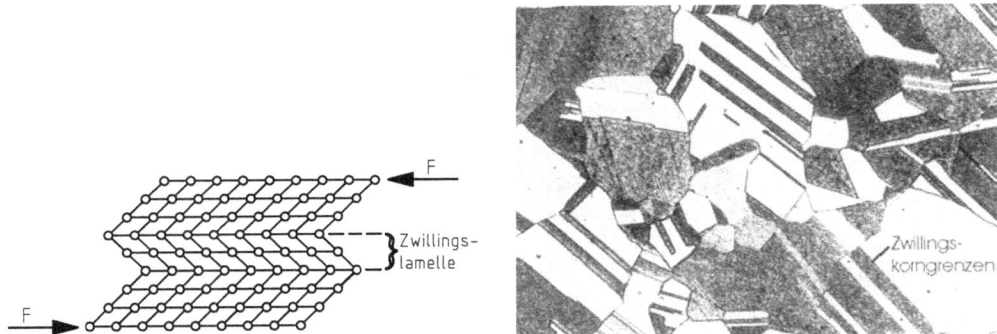

F

Zwillings-
lamelle

F

Zwillings-
korngrenzen

Bild 2.32 (links): Atomar dargestellte Zwillingsgrenzen, durch die Schubkraft F hervorgerufen.
Bild 2.33 (rechts): Zwillingskorngrenzen in Messing.

Phasengrenzen

Als Phase bezeichnet man größere Fremdatomansammlungen in Legierungen, entweder mit eigenem Atomgitter oder als metallische Verbindung. Eine solche *Fremdphase* bildet z.B. der Kohlenstoff in Stahl, und zwar in Form der Verbindung Eisenkarbid (Fe_3C). Die Grenzen zwischen Grundmetall und Fremdphase sind wie Korngrenzen zweidimensionale Gitterfehler, jedoch oft anders aufgebaut als diese, wie Bild 2.34 zeigt. Man nennt Phasengrenzen entsprechend der Übereinstimmung („Kohärenz") zwischen Phasengitter und Grundmetallgitter *kohärent* oder *inkohärent*.

Zusammenfassung

Metallische Werkstoffe für den Maschinenbau enthalten Gitterfehler: Leerstellen, Fremdatome, Versetzungen, Korngrenzen und Phasengrenzen. Bild 2.35 zeigt eine zusammenfassende Übersicht. Die Gitterfehler wirken sich entscheidend auf die Werkstoffeigenschaften aus.

Matrixatome

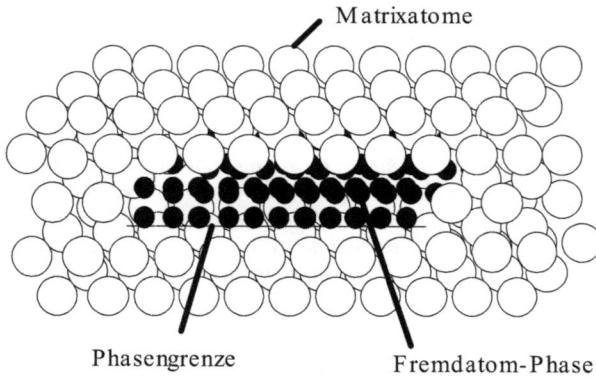

Phasengrenze   Fremdatom-Phase

Bild 2.34 Phase und Phasen-
grenze

Leerstellen auf die Diffusion; Fremdatome, Versetzungen, Korn- und Phasengrenzen auf die Festigkeit und plastische Verformbarkeit. Das Korngefüge des polykristallinen Werkstoffs entsteht durch die Gesamtheit der Körner, geprägt durch ihre Form, Größe und Orientierung. Die Orientierung kann regellos sein oder zu einer – oft unerwünschten – Textur führen.

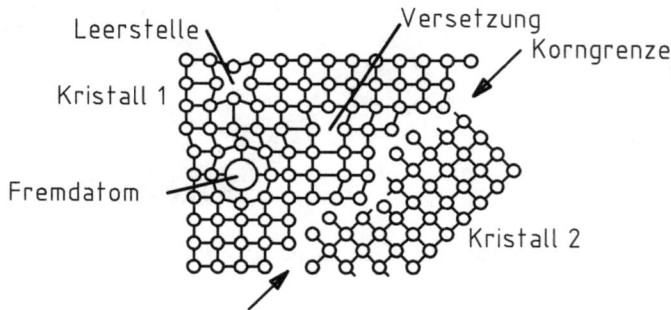

Bild 2.35 Zusammengefasste schematische Darstellung der wichtigsten Gitterfehler

Aufgaben zu Abschnitt 2.1

1. Warum stehen die metallischen Elemente am Anfang der Perioden des Periodensystems und nicht am Ende?

2. Erklären Sie die Metallbindung mit Hilfe der elektrischen Leitfähigkeit.

3. Was ist eine Elementarzelle?

4. Zeichnen Sie die Elementarzelle des krz-, kfz- und hdP-Gitters.

5. Zeichnen Sie in die Elementarzellen von Aufg. 4 typische Gleitebenen ein.

6. Was bedeutet der griechische Buchstabe vor einem chem. Symbol, z.B. γ-Fe?

7. Nennen Sie einen punktförmigen (0-dimensionalen) Gitterfehler.

8. Was ist eine Stufenversetzung?

9. Erklären Sie den Unterschied zwischen einem Mischkristall und einem Kristallgemisch.

10. Wodurch entstehen Korngrenzen?

11. Wodurch entstehen Phasengrenzen?

12. Nennen Sie ein Beispiel für eine technisch gewollte Textur.

2.2 Verformung, Festigkeit und Bruch

Überblick und Lernziel
Die wohl interessanteste Frage der Werkstoffwissenschaften ist die nach dem Einfluss der Atomgitterstruktur und der Gitterfehler auf die mechanischen, physikalischen und chemischen Eigenschaften der Werkstoffe. Für den Maschinenbauingenieur sind wiederum die mechanischen Eigenschaften wie Festigkeit, Zähigkeit und Verformbarkeit von besonderem Interesse. Dabei gilt es Antworten zu finden auf scheinbar einfache Fragen, etwa:

• Warum wird ein elastisch gebogener Stahldraht wieder gerade, ein plastisch „verbogener" Draht nicht?

• Warum ist Aluminium weicher als Stahl?

• Was passiert bei häufiger Be- und Entlastung eines Bauteils?

Die große Bedeutung der Gitterfehler wurde mehrfach erwähnt. Bei dem Begriff „Fehler" denkt man unwillkürlich an negative Folgen, was aber bei Metallen nicht zutrifft. Im Gegenteil, die Gitterfehler haben insgesamt viel mehr Vorteile als Nachteile, man kann sogar behaupten, dass viele Metalle ohne Gitterfehler wie Fremdatome oder Korngrenzen bedeutungslos wären.

Lernziel der folgenden Abschnitte ist, die Brücke von atomarer Beschaffenheit der Werkstoffe zu ihren Eigenschaften zu schlagen. Wird dieser Zusammenhang richtig erkannt, lässt sich viel leichter eine sinnvolle Werkstoffauswahl treffen oder ein Schadensfall beurteilen.

2.2.1 Die elastische Verformung

Ein „harter" Stahldraht (z.B. Klaviersaitendraht) ist schwer zu verbiegen, er kehrt immer wieder in seine Ursprungsform zurück, wird wieder gerade. Ein „weicher" Kupferdraht verbiegt sich bei gleicher Beanspruchung, seine Verformung bleibt. Somit sind zwei Verformungsarten zu unterscheiden:

• elastische (zurückgehende) Verformung,

• plastische (bleibende) Verformung.

Für den Konstrukteur sind beide Verformungsarten von Bedeutung. Die elastische Verformung bestimmt, wie weit ein Bauteil seine Gestalt durch Belastungen verändert, d h. wie weit sich eine Feder krümmt, ein Blech ausbeult, eine Welle biegt usw. Die plastische Verformung und Verformbarkeit ist für die Sicherheit gegen Bruch und für die Fertigung wichtig; Fragen nach der Walz-, Schmied- oder Tiefziehbarkeit werden durch die Verformungsfähigkeit der Werkstoffe beantwortet.

Die elastische Verformung erfolgt schon bei geringster Belastung eines jeden Bauteils. Selbst das Eigengewicht führt zu elastischer Deformation des Atomgitters. Dabei verändern sich die Gitterabstände je nach Zug-, Druck- oder Torsionsbelastung in Form einer Dehnung, Stauchung oder Scherung.

Entscheidendes Merkmal der elastischen Verformung ist das vollständige Zurückgehen bei Entlastung, die Gitterabstände kehren auf die ursprünglichen Werte zurück (Bild 2.36). Deswegen ruft die *statische* (ruhende) elastische Verformung keinen Bauteilschaden hervor. Der Konstrukteur muss allerdings durch Rechnung sicherstellen, dass die *Funktion* des Bauteils gewahrt bleibt, dass z.B. eine elastisch gebogene Welle nicht anschlägt.

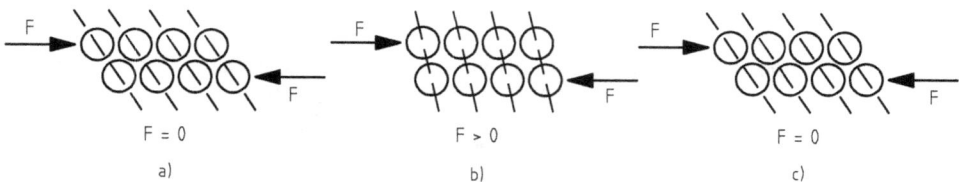

Bild 2.36   Elastische Verformung durch Scherung von Atomebenen. a) Ruhelage, b) Verschiebung durch die Kraft F (Schubspannung τ), c) Rückkehr in die Ruhelage.

Die Größe der elastischen Deformation bei gegebener Kraft ist materialabhängig, die entsprechenden physikalischen Werkstoffkenngrößen mit ihren Auswirkungen auf die elastische Verformung werden in Abschnitt 2.4.1 beschrieben.

Dort wird auch gezeigt, dass die prozentualen elastischen Dehnungen bei Metallen – im Gegensatz zu Elastomeren – sehr klein sind.

Metalle mit ausgeprägter Textur verhalten sich bei elastischer Verformung anisotrop, wie Bild 2.37 zeigt. Der mit der Spannung $\sigma = 70$ N/mm^2 belastete Draht verformt sich ohne Textur (im Bild links) um die Dehnung $\varepsilon = 0{,}033$ %, bei ausgeprägter Textur (im Bild rechts) nur um $\varepsilon = 0{,}024$ %.

Die elastische Verformbarkeit ist begrenzt. Nach Überlastung erfolgt entweder der Bruch (überdehntes Gummiband reißt), oder es beginnt das plastische *Fließen*, also die plastische Verformung („verbogener" Draht). Die vom Werkstoff abhängige mechanische Spannung, bei der das Fließen beginnt, wird allgemein als *Elastizitäts-* oder *Fließgrenze* bezeichnet.

Eigenspannungen

Zu den elastischen Verformungen gehören auch „innere" Deformationen, die aus inneren Spannungen resultieren, welche nicht durch Verformung abgebaut werden können. Innere, nicht durch äußere Kräfte erzeugte Spannungen werden Eigenspannungen genannt.

Beispiel: Ein langer, dünner Metallstab wird elastisch zu einem Ring gebogen. Die aus der Biegespannung resultierende elastische Verformung geht zurück, werden die Stabenden losgelassen. Schweißt man hingegen die Stabenden zusammen, bleiben die Spannungen als Eigenspannungen in dem Ring (Bild 2.38). Sie sind aufgrund der Gitterabstandsänderungen

$\sigma = 70$ N/mm^2
$\varepsilon = 0,033$ %

$\sigma = 70$ N/mm^2
$\varepsilon = 0,024$ %

regellose
Orientierung

Vorzugs-
orientierung

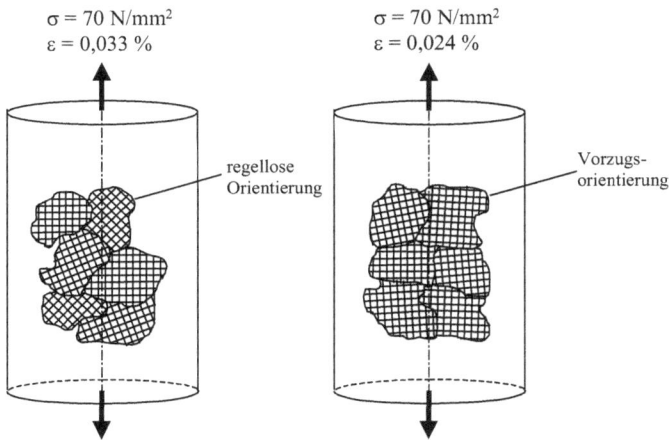

Bild 2.37
Texturauswirkung auf die
elastische Dehnung

mit Röntgenstrahlen (Diffraktometermessungen) gut nachweisbar, natürlich auch durch Auf-
sägen des Ringes (was geschieht dann?).

Eigenspannungen entstehen meist ungewollt durch Wärmeeinflüsse (Wärmebehandlungen
mit schnellem Temperaturwechsel, Schweißen) oder durch grobes Zerspanen. Ihr Hauptnachteil ist der Verzug (Verziehen der Werkstücke) während maßgenauer Bearbeitung.

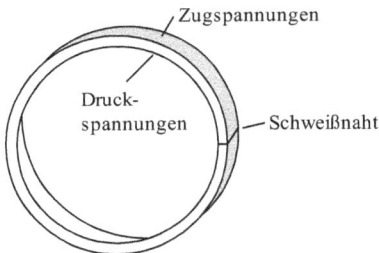

Zugspannungen

Druck-
spannungen

Schweißnaht

Bild 2.38 *Eigenspannungen in einem elastisch*
gebogenen und geschweißten Ring.

Sich nachteilig auswirkende Eigenspannungen werden durch Spannungsarmglühen (s. Abschn. 5.4.2.4) beseitigt.

Von Fall zu Fall können sich Eigenspannungen positiv auswirken, sofern sie die im Betrieb
auftretenden Belastungen kompensieren bzw. die Mittelspannung günstig verlagern. Z.B.
treten nach dem Randschichthärten Druckeigenspannungen in der Oberfläche auf, welche
die Dauerfestigkeit verbessern. Beim Kugelstrahlen von Oberflächen wird derselbe Effekt
erzielt.

2.2.2 Die plastische Verformung

Der atomare Mechanismus der plastischen Verformung ist schwerer zu verstehen als der der
elastischen, reversiblen Verformung. Er konnte erst nach Entdeckung der Versetzungen eindeutig beschrieben werden. In Abschnitt 2.1.3 wurden Gleitebenen als dichtest mit Atomen
besetzte Gitterebenen definiert. Auf ihnen beginnen sich meist mehrere Atomebenen („Git-

terblöckchen") zu verschieben, wenn die mechanische Spannung die Elastizitätsgrenze überschreitet. Der Mechanismus der plastischen, irreversiblen Verformung ist demnach als gegenseitige Verschiebung von Gitterblöckchen auf bevorzugten Gleitebenen zu verstehen (*Translation,* Bild 2.39).

Man kann sich die Gitterblöckchen als dünne Glasplatten vorstellen, die – im Paket gestapelt – leicht gegeneinander verschiebbar sind. Dabei verändert das Plattenpaket seine Form, ohne dass einzelne Platten zu Bruch gehen. Ebenso verhält es sich mit den Gitterblöckchen: Sie verschieben sich gegeneinander, die Elementarzellen bleiben dabei erhalten.

Um die Gitterblöckchen zu verschieben, müssten die Bindungen aller Atome über die Gleitebenen hinweg mit enormen Kräften überwunden werden. Metalle lassen sich jedoch mit viel geringerer Kraft verformen, was nur mit Hilfe der Versetzungstheorie erklärbar wird.

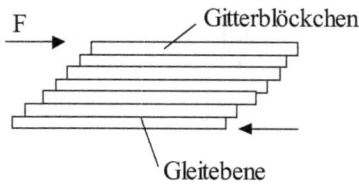

Bild 2.39 Abgleitung auf Gitterebenen (Translation)

Versetzungen können wandern. Bild 2.40 zeigt, wie sich eine Stufenversetzung durch Wirkung äußerer Kräfte (z.B. die zu hohe Belastung eines Bauteils) bewegt. Von den vielen im Metall vorliegenden Versetzungen (etwa $10^6 - 10^8$ pro cm^2), geraten bei Überschreitung der Elastizitätsgrenze alle die Versetzungen, die günstig zur Kraftwirkungsrichtung liegen und auf Gleitebenen enden, in Bewegung.

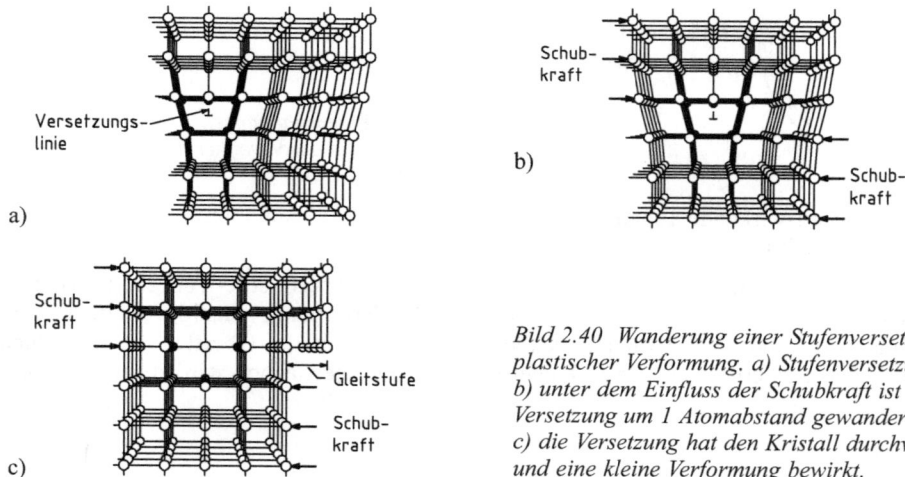

Bild 2.40 Wanderung einer Stufenversetzung bei plastischer Verformung. a) Stufenversetzung, b) unter dem Einfluss der Schubkraft ist die Versetzung um 1 Atomabstand gewandert, c) die Versetzung hat den Kristall durchwandert und eine kleine Verformung bewirkt.

Jede Versetzung, die an der Oberfläche des Metalls austritt, verformt dieses um einen Atomabstand (Bild 2.40c). Je mehr Versetzungen bewegt werden, um so größer die Verformung. Das Abgleiten geschieht somit schrittweise, mit einem Bruchteil des Kraftaufwands, der für die Abgleitung aller Atome gleichzeitig notwendig wäre.

Bei der plastischen Verformung werden ganze Gitterblöckchen durch Translation verschoben. Die Elementarzellen werden nicht zerstört, das Metall bleibt kristallin. Die Versetzungen ermöglichen das schrittweise, kraftarme Abgleiten der Atomebenen.

Die Bedeutung der Gleitebenen mit ihrer dichten Atompackung ist für die Verformbarkeit enorm. Nichtmetallische, kristalline Stoffe wie Keramik haben aufgrund ihrer komplizierten Gitterstruktur keine Gleitebenen, daher sind sie spröde und nicht plastisch verformbar. Auch der Martensit des gehärteten Stahls mit tetragonaler Gitterstruktur hat keine Gleitebenen und ist daher spröde. Umgekehrt sind Werkstoffe mit kubischem Atomgitter und vielen Gleitebenen sehr *duktil*.

Die *Zähigkeit* eines Werkstoffes wird als *Duktilität* (duktil = zäh) bezeichnet.

Je mehr Gleitebenen ein Atomgitter besitzt, um so duktiler ist es. Tatsächlich können nur die Gleitebenen wirksam werden, die günstig zur Kraftwirkungsrichtung liegen. Die Bilder 2.41a und b zeigen, dass in einem auf Zug beanspruchten Stab (Zugspannung σ) vor allem solche Gleitebenen aktiv werden, die etwa unter 45° zur Zugspannungsrichtung liegen, da hier die maximale Schubspannung τ herrscht.

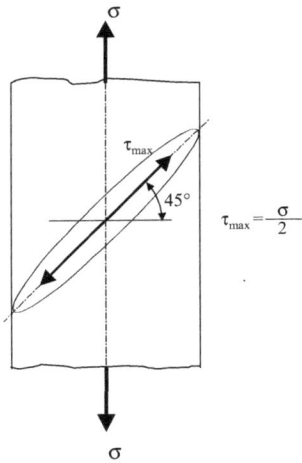

Bild 2.41 a) Bei gegebener Zugspannung σ tritt die maximale Schubspannung τ unter 45° auf. So ausgerichtete Gleitebenen treten als erste in Aktion.

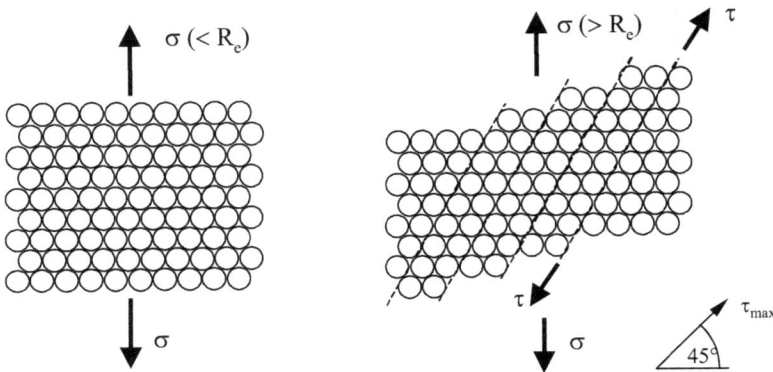

Bild 2.41 b) Abgleitung der zur Schubspannung günstig gelegenen Atomebenen. (R_e = Elastizitätsgrenze)

Nach dem Schmidtschen Schubspannungsgesetz ist

$$\tau = \sigma \cdot \cos \alpha \cdot \sin \beta,$$

wobei α der Winkel der Gleitrichtung und β der Winkel der Gleitebene ist. Mit $\alpha = 45°$ und $\beta = 45°$ ergibt sich $\tau_{max} = 0,5 \ \sigma$.

Nun enthalten polykristalline metallische Bauteile viele Millionen Körner mit statistisch verteilten Orientierungen. Daher wird es auch in gleitebenenarmen Metallen (wie dem hexagonalen Zink) zu plastischer Verformung kommen, es liegen stets ausreichend viele Körner mit Gleitebenen unter etwa 45° zur Zugrichtung vor (Bild 2.42). Je feiner das Korn, also je größer die Kornzahl, um so besser die Duktilität. Dennoch ist hier die Verformbarkeit deutlich geringer als bei Metallen mit kubischem Atomgitter.

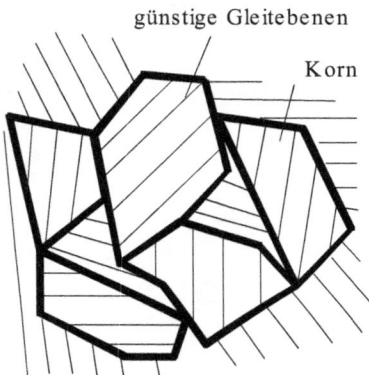

Bild 2.42 Lage von Gleitebenen in polykristallinem Metall.

Die kubischen Atomgitter sind mit ihren vielen, in verschiedenen Richtungen liegenden Gleitebenen entsprechend duktil und gut verformbar. Das kubisch-flächenzentrierte Atomgitter ist dem kubisch-raumzentrierten wiederum überlegen, weil es die dichter gepackten Gleitebenen mit mehr Gleitmöglichkeiten besitzt. Daher sind die kfz-Metalle wie Gold, Silber, Kupfer oder Aluminium hervorragend verformbar, hingegen die krz-Metalle wie Eisen, Chrom oder Wolfram weniger duktil.

> Die Duktilität und plastische Verformbarkeit eines reinen Metalls hängt von der Anzahl der verfügbaren Gleitebenen, also der Gitterstruktur und der Korngröße, sowie der Packungsdichte auf den Gleitebenen ab.

Einfluss der Gitterfehler auf Duktilität und Verformbarkeit
Grundsätzlich müsste Metall – entsprechend den oben geschilderten Abgleitmechanismen – beliebig stark und ohne große Kräfte verformbar sein. Tatsächlich sind reine kfz-Metalle sehr weich, sie lassen sich zu hauchdünnen Folien walzen (Gold- oder Aluminiumfolien mit wenigen μm Dicke). Legierungen mit vielen Fremdatomen bedürfen jedoch höherer Verformungskräfte, ihre Duktilität ist wesentlich geringer. Der Grund ist leicht einzusehen: Jeder Gitterfehler *behindert die Versetzungen*, die während der Verformung wandern. Die Versetzungen werden blockiert (Bild 2.43), stauen sich am Hindernis auf, die Verformung wird erschwert und die Festigkeit steigt. Erst bei ausreichender Kraft F bzw. Schubspannung τ kön-

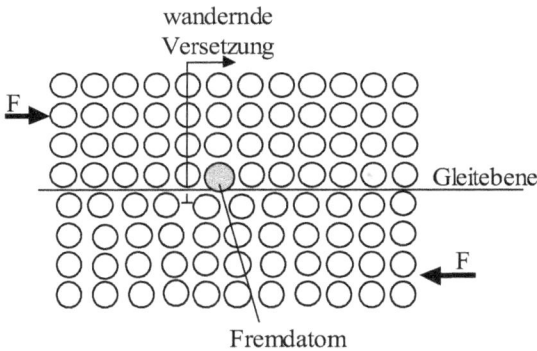

Bild 2.43 Behinderung der Versetzungs-wanderung durch ein Fremdatom.

nen die Hindernisse umgangen (z.B. Fremdatome) oder durchbrochen (Korngrenzen) werden.

Bei höherer Temperatur – und damit größerer Beweglichkeit der Atome – gelingt es den Versetzungen leichter, Hindernisse zu umgehen. Daher ist die Warmfestigkeit der Metalle viel geringer als die Raumtemperaturfestigkeit, und die Warmverformung (Warmwalzen, Warmschmieden) leichter möglich als die Kaltverformung.

Ein besonderes Hindernis für die Versetzungswanderung stellen *andere* Versetzungen dar, deren Versetzungslinien mit entsprechendem Kraftaufwand geschnitten werden müssen. Während des Schneidprozesses entstehen *neue Versetzungen*. Wie derartige Versetzungsreaktionen ablaufen, ist in weiterführender Literatur angegeben (1).

> Durch Schneidprozesse wandernder Versetzungen mit anderen Versetzungen werden bei der plastischen Verformung neue Versetzungen erzeugt. Die Versetzungsdichte steigt durch Kaltverformung auf bis zu 10^{12} Versetzungen/cm^2.

Da die neuen Versetzungen als Gitterfehler wiederum Hindernisse bilden, wird die Verformung laufend erschwert, gleichzeitig steigt die Festigkeit („Kaltverfestigung"). Bei zu hoher Versetzungsdichte bzw. starken Versetzungsstaus wird örtlich die Bindungskraft der Atome überschritten – es beginnt ein Anriss mit der Folge des Materialbruchs (Beispiel: Hin- und Herbiegen eines Drahtes, bis er bricht).

> Gitterfehler behindern die Versetzungsbewegung, das Abgleiten der Gitterblöckchen wird erschwert. Damit steigt der Widerstand gegen plastische Verformung, gleichbedeutend mit steigender Festigkeit. Die während der Kaltverformung entstehenden Versetzungen erschweren ebenfalls zunehmend die Verformung, bis schließlich das Material bricht.

2.2.3 Festigkeit und Festigkeitslehre

Aus den vorhergehenden Erläuterungen ist zu ersehen, dass Festigkeit und Verformbarkeit unmittelbar zusammenhängen. In gleichem Maße, wie die Gitterfehler die Verformbarkeit erschweren, erhöhen sie die Festigkeit.

Folgende Gitterfehler tragen zur Verformungsbehinderung und damit zur Festigkeitssteigerung bei:

- Fremdatome; Ergebnis: Mischkristallfestigkeit („Mischkristallhärtung").
- Ausscheidungen, Fremdphasen; Ergebnis: Ausscheidungshärtung.
- Korngrenzen; Ergebnis: Festigkeitszunahme durch Feinkorn.
- Versetzungen; Ergebnis: Kaltverfestigung.

Die *Mischkristallfestigkeit* durch gelöste Fremdatome, auch *Mischkristallhärtung* genannt, wird bei allen *Legierungen* genutzt, d.h. es werden Fremdatome in das zu weiche Grundmetall legiert, um die Festigkeit und Härte zu steigern. Das Prinzip ist bekannt, seit im Altertum Kupfer mit Zinn oder Arsen legiert wurde, um die härtere Bronze zu erzeugen. Die Mischkristallfestigkeit wird am Beispiel der naturharten Aluminiumlegierungen in Abschnitt 6.2.3 genauer beschrieben.

Die *Ausscheidungshärtung* erfolgt durch Wärmebehandlungen, wobei sich gelöste Fremdatome zu feinen Ausscheidungen zusammenlagern. Herausragendes Beispiel sind die aushärtbaren Aluminiumlegierungen (Abschnitt 6.2.4). Festigkeitssteigerung durch *Fremdphasen* findet statt, wenn die Fremdatome nicht ausreichend gelöst werden und neue Phasen bilden. Beispiel ist Eisenkarbid (Fe_3C) in Stahl (Abschnitt 4.4).

Die *Korngrenzen* behindern die Versetzungsbewegung durch ihre gestörte Gitterstruktur. Zudem müssen in jedem Korn wegen der geänderten Orientierung neue Gleitebenen in Funktion treten. Feinkörnige Werkstoffe werden angestrebt, sind jedoch nicht ohne weiteres herstellbar. Auch Schweißnähte sollten möglichst feinkörnig sein. In Abschnitt 5.3.2 sind die Feinkornbaustähle mit ihrem speziell feinen Gefüge beschrieben.

Die *Kaltverfestigung* bietet den Vorteil guter Festigkeit bei kalt umgeformten Bauteilen (kalt gewalzte „harte" Bleche, tiefgezogene Formteile), hat allerdings den Nachteil, dass die Duktilität verloren geht. Ein walzhartes Blech kann nicht weiter umgeformt werden, es ist spröde. Die Kaltverfestigung lässt sich jedoch durch eine Rekristallisationsglühung wieder rückgängig machen (s. Abschn. 2.3.1).

Die Festigkeit als Werkstoffkennwert
Werkstofftabellen und Normen enthalten – neben der Härte – zwei Festigkeitsangaben:
- die Elastizitätsgrenze, gemessen z.B. als Streck- oder als Dehngrenze;
- die Bruchfestigkeit, gemessen z.B. als Zugfestigkeit.

Die *Elastizitätsgrenze* (auch Fließgrenze) ist der Spannungswert, der das Ende der elastischen bzw. den Beginn der plastischen Verformung angibt. Für Zug- und Biegespannungen wird die Elastizitätsgrenze als *Streck- oder Dehngrenze* bezeichnet. Je nach Werkstoff wird zwischen plötzlichem, abruptem Übergang zum plastischen Fließen (*Streckgrenze*) und allmählichem Übergang (*Dehngrenze*) unterschieden. Erstere ist bei Baustählen, letztere bei kfz-Metallen wie Al oder Cu zu beobachten. Streck- und Dehngrenzen werden in der Werkstoffprüfung meist im Zugversuch, seltener im Biegeversuch gemessen (siehe Werkstoffprüfung, Kapitel 13). Tabelle 2.4 gibt beispielhaft die Werte für einige Werkstoffe an. Die Einheit ist die der mechanischen Spannung: *Megapascal*. Es ist 1 MPa = 1 N/mm^2, also Kraft pro Querschnittfläche (s. unten).

Höhere Belastungen als bis zur Elastizitätsgrenze der Werkstoffe sind nicht erlaubt, die Bauteile würden sich sonst bleibend verformen (eine Welle z.B. verbiegen) und Schaden nehmen. Damit gehören Streck- oder Dehngrenzen für den Konstrukteur zu den wichtigsten Materialkennwerten.

Tabelle 2.4 Festigkeitskennwerte einiger Gebrauchsmetalle.

Werkstoff	Streckgrenze R_e [MPa]	Dehngrenze $R_{p0,2}$ [MPa]	Zugfestigkeit R_m [MPa]
Baustahl S235 (St 37)	235	–	370
Druckbehälterstahl P355	355	–	510
Kupfer, hartgewalzt	–	290	440
Aluminium, geglüht	–	25	49

> Die Elastizitätsgrenze, gemessen als Streck- oder Dehngrenze in der Einheit der Spannung (MPa oder N/mm²), ist der Materialkennwert, der den Widerstand gegen bleibende Verformung angibt. Er bildet eine der Berechnungsgrundlagen zur Bauteildimensionierung.

Die *Bruchfestigkeit* als Oberbegriff der *Zug-, Druck-, Biege-* oder *Torsionsfestigkeit* ist der Materialkennwert, der die höchste Belastbarkeit des Werkstoffs angibt, also den maximalen Widerstand gegen Bruch. Die Spannung, die zum Bruch führt, kann eine Zug-, Druck-, Biege- oder Torsionsspannung sein. In der Werkstoffprüfung lassen sich mit entsprechenden Versuchen (meist der Zugversuch, seltener Druck-, Biege- oder Torsionsversuch) die jeweiligen Festigkeiten messen (siehe Kapitel 13). Im Zugversuch beispielsweise wird eine Zugprobe so hoch belastet (auseinandergezogen), bis sie reißt. Die maximale Zugkraft, geteilt durch den Probenquerschnitt, ergibt die *Zugfestigkeit* (Beispiele siehe Tabelle 2.4). Da sie im Gegensatz zur Elastizitätsgrenze leicht messbar ist, enthalten viele Werkstofftabellen und Werkstoffnamen nur die Zugfestigkeit. Der Kennwert hat für den Konstrukteur eigentlich wenig Bedeutung, er ist nur selten Berechnungsgrundlage. Neuere Werkstoffbezeichnungen enthalten statt der Zugfestigkeit die Streck- oder Dehngrenze. Beispiel der 1994 erfolgten Änderung eines Baustahl-Kurznamens:

St 37 (alt)	Mindestzugfestigkeit 370 MPa
S235 (neu)	Mindeststreckgrenze 235 MPa

> Die Bruchfestigkeit (kurz Festigkeit) ist die von einem Werkstoff maximal ertragbare mechanische Spannung; höhere Belastungen und damit höhere Spannungen führen zum Bruch. Sie wird meist als Zugfestigkeit in der Einheit MPa oder N/mm² angegeben.

Wie schon erwähnt, werden während plastischer Verformung neue Versetzungen erzeugt, womit die Festigkeit steigt (Kaltverfestigung). Die selbe Verfestigung tritt bei Überlastung eines Bauteils auf, da nach Überschreiten der Elastizitätsgrenze die Verformung beginnt. Die Verfestigung der duktilen metallischen Werkstoffe ist ein ausgesprochenes Sicherheitsmerkmal, da Spannungen weit über der zulässigen Belastbarkeit ertragen werden, ohne dass der katastrophale Bruch eintritt.

Spröde Werkstoffe – Keramik, auch einige Metalle wie Wolfram oder Gusseisen mit Lamellengraphit – haben keinen plastischen Verformungsbereich, damit fehlt im Überlastungsfall die Sicherheit gegen Bruch. Ebenso fehlt den stark kaltverformten Metallen weitere Verformungsfähigkeit, sie ist erschöpft.

> Duktile (zähe) metallische Werkstoffe verformen sich bei Überlastung und verfestigen sich, ohne sofort zu brechen. Spröde Werkstoffe (Keramik, Gusseisen mit Lamellengraphit) verfestigen sich nicht, sie brechen verformungslos.

Die Härte

Im Zusammenhang mit dem Begriff „Festigkeit" muss der wichtige Materialkennwert „*Härte*" erläutert werden. Wie in Abschnitt 13.1.1 beschrieben, wird die Härte durch Aufbringen eines bleibenden Prüfkörpereindrucks in die Oberfläche des zu prüfenden Werkstücks gemessen. Es kommt nicht zur Materialtrennung. Der zu ermittelnde Härtewert ergibt sich gemeinsam aus der Höhe der Elastizitätsgrenze und der Verfestigung durch plastisches Fließen. Letztere ist von der Prüfkörpergeometrie und der Belastung abhängig, somit vom Prüfverfahren. Entsprechend ungenügend ist das Maß der Härte definiert; es ist, im Gegensatz zu den Festigkeitskenngrößen, ein reiner Vergleichswert. Als dieser ist die Härte – besonders bei harten und auf Verschleiß beanspruchten Materialien wie gehärtetem Stahl – gut geeignet.

Die Werkstoffermüdung

Die bisher beschriebene Festigkeit wird auch als *statische Festigkeit* bezeichnet, die Bauteile sind einer überwiegend gleichbleibenden, konstanten Belastung ausgesetzt.

In der Mehrzahl der Belastungsfälle ist jedoch die Spannung nicht konstant, sie wechselt mehr oder weniger häufig zwischen Zug- und Druckspannung oder zwischen Maximal- und Minimalspannung. Wechselnde Belastungen werden als *schwingende* oder *dynamische Belastungen* bezeichnet. Bekannte schwingungsbelastete Bauteile sind Federn oder Wellen. Die Festigkeit unter schwingender Belastung wird allgemein als *Schwingfestigkeit* bezeichnet.

Die dynamische Belastung ist für nahezu alle Werkstoffe kritischer als die statische Belastung, weil die sogenannte *Ermüdung* eintritt. Werkstoffermüdung bedeutet Festigkeitsabnahme durch lang andauernde schwingende Belastung bis hin zum Ermüdungsbruch. Sie macht sich bereits bei Spannungen deutlich unter der Elastizitätsgrenze bemerkbar. Während der jeweiligen Spannungsmaxima werden – ohne plastische Verformung – Versetzungen im Mikrobereich bewegt, es kommt zu Versetzungskonzentrationen und Versetzungsstaus. Der Vorgang kann – je nach Höhe der Spannung – einige Tausend oder auch viele Millionen Schwingungen („Schwingspiele") dauern. Überschreitet die – von dem Versetzungsstau ausgehende – innere Spannung die Trennfestigkeit des Materials, kommt es zu Mikroanrissen. Jeder stärkere Lastwechsel (bei einer Fahrzeugfeder z.B. die Fahrt durch ein Schlagloch) lässt den Mikroriss wachsen, bis er zu einem sichtbaren Makroriss wird. Durch den allmählich weiter voranschreitenden Makroriss wird der tragende Restquerschnitt des Bauteils kleiner, er kann schließlich höheren Belastungen nicht mehr standhalten, das Bauteil bricht. Typische *Dauerbrüche* enthalten sowohl die Merkmale des Dauerbruchs wie auch – im Restquerschnitt – die des Gewaltbruchs (siehe Abschnitt 2.2.4).

Die Spannung, bei der nach einer bestimmten Schwingspielzahl der Bruch eintritt, heißt *Zeitschwingfestigkeit* oder kurz *Zeitfestigkeit* (in MPa oder N/mm^2). Sie ist für Bauteile von Interesse, die aus verschiedensten Gründen eine geringe Lebensdauer besitzen.

Die meisten metallischen Werkstoffe haben eine Belastungsgrenze, unter welcher *keine* Ermüdung eintritt. Der Spannungskennwert dafür ist die *Dauerschwingfestigkeit* oder kurz *Dauerfestigkeit* (in MPa oder N/mm²). Die Messung ist in Abschnitt 13.1.5 beschrieben. Tabelle 2.5 enthält einige Dauerfestigkeitswerte für Biegewechselbelastung. Die Dauerfestigkeit muss in die Berechnung von Konstruktionsteilen eingehen, deren Versagen ein Sicherheitsrisiko bedeutet (Sicherheitsteile im Flugzeug- und Fahrzeugbau, schnelllaufende Maschinenteile).

Tabelle 2.5 Ausgewählte Dauerfestigkeitswerte (Biegewechselfestigkeit) im Vergleich zur Streck- oder Dehngrenze.

	Streck- oder Dehngrenze [MPa]	σ_{Bi} [MPa]
Stahl S235 (St 37)	≥ 235	160
Stahl C45 vergütet	490	280
Gusseisen (GJL-300)	R_m ≥ 295	$0,35 \cdot R_m$
Aluminium (AlZnMgCu)	430	155

Die Festigkeit in der Festigkeitslehre

Die Bauteildimensionierung und -gestaltung gehört – neben der Werkstoffauswahl – zu den wichtigsten Aufgaben des Konstrukteurs. Grundlage der Berechnung von Funktionsmaßen lastaufnehmender Bauteile ist die Ermittlung mechanischer Spannungen.

Wirkt auf das Bauteil in Bild 2.44 die Belastungskraft F, so setzt jeder Quadratmillimeter ΔA einer Querschnittfläche A der Kraft F eine Teilkraft ΔF_i entgegen. Die Summe aller Teilkräfte ergibt – im Gleichgewicht – die Gesamtkraft F. Definitionsgemäß ist die *mechanische Spannung* $\Delta F_i / \Delta A$, und es ist

$$\frac{\sum \Delta F_i}{\sum \Delta A} = \frac{F}{A} \quad \text{in} \quad \frac{N}{mm^2} \quad \text{oder} \quad MPa \tag{2.1}$$

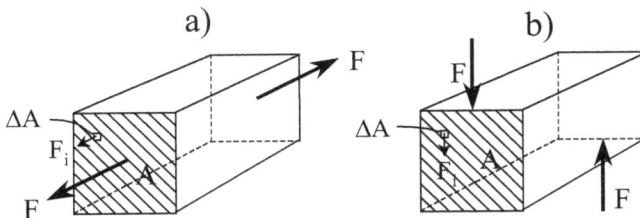

Bild 2.44 a) Wirkung der Zugkraft F als Teilkraft F_i auf den Teilquerschnitt ΔA. b) Wirkung der Schubkraft F als Teilkraft F_i auf den Teilquerschnitt ΔA.

Als Normalspannung σ (griech. Sigma) wird die Spannung bezeichnet, bei der die Kraft senkrecht zum beanspruchten Querschnitt wirkt (Bild 2.44a). Das kann eine Zug-, Druck- oder Biegespannung sein:

Zugspannung	$\sigma_z = F/A;$	(2.2)
Druckspannung	$\sigma_d = -F/A;$	(2.3)
Biegespannung z.B.	$\sigma_b = M_b /W = F \cdot 1 / W$	(2.4)

(mit M_b = Biegemoment, l = Länge eines Biegestabes, W = Widerstandsmoment)

Als Schub- oder Scherspannung τ (griech. Tau) wird die Spannung bezeichnet, bei der die Kraft parallel zum beanspruchten Querschnitt wirkt (Bild 2.44b):

Schubspannung	$\tau = F / A$ in N/mm^2 oder MPa	(2.5)

Schubspannungen entstehen durch Scherkräfte oder Torsions- (Verdreh-)kräfte.

Ein einfaches **Beispiel** (unter Beschränkung auf Zugspannungen) soll die konstruktiven Möglichkeiten verdeutlichen. Eine Zugstange aus Stahl S235 (Festigkeitskennwerte siehe Tabelle 2.4) des Durchmessers 10 mm (Querschnitt A = 78,5 mm^2) sei mit F = 15000 N belastet. Im Stangenquerschnitt ergibt sich die Zugspannung σ = F/A = 191 N/mm^2 oder MPa. Aus gegebenen Sicherheitsanforderungen muss nun entschieden werden, ob die Belastung nicht über der aus den Materialkennwerten hervorgehenden zulässigen Belastung liegt. Es muss sein:

$$\sigma_{vorh} \leq \sigma_{zul} \tag{2.6}$$

(σ_{vorh} = vorhandene Spannung, σ_{zul} = zulässige Spannung)

σ_{zul} kann für den Fall der Elastizitätsgrenze (a) oder – seltener – für den Fall des Bruches (b) formuliert werden:

(a)	σ_{zul} = Streckgrenze (Dehngrenze) / Sicherheitsbeiwert ν	(2.7)
(b)	σ_{zul} = Zugfestigkeit / Sicherheitsbeiwert ν	(2.8)

Der Sicherheitsbeiwert beträgt im Fall (a) ν = 1,2 bis 2, im Fall (b) ν = 2 bis 5 (Angaben siehe Literatur, z.B. [4]).

Darf sich die Zugstange nicht plastisch verformen, ist Fall (a) anzuwenden. Mit dem für ausreichende Sicherheit zu wählenden Beiwert ν = 1,3 darf die maximale Zugspannung in der Zugstange nach Gleichung (2.7)

$$\sigma_{zul} = \frac{\text{Streckgrenze S235}}{\text{Sicherheitsbeiwert } \nu} = \frac{235\,\text{MPa}}{1,3} = 181\,\text{MPa} \tag{2.9}$$

betragen. Da σ_{vorh} = 191 MPa, ist $\sigma_{vorh} \geq \sigma_{zul}$, was nicht erlaubt ist. Nun ergeben sich zwei Möglichkeiten:

– Auswahl eines Werkstoffs mit höherer Streckgrenze, z.B. Stahl S355 (teurer);

– Änderung der Bauteildimensionierung, d h. größerer Durchmesser (mehr Material, mehr Gewicht).

Der Konstrukteur hat sorgfältig abzuwägen, welche Möglichkeit er wählt. Die Durchmesservergrößerung der Zugstange von 10 auf 11 mm erniedrigt die vorhandene Spannung bereits auf 158 MPa, damit wäre die Forderung $\sigma_{vorh} \leq \sigma_{zul}$ erfüllt. Andererseits steigt die Masse um 20 %!

Der Sicherheitsbeiwert ν richtet sich nach der Duktilität des Materials sowie der Gleichmäßigkeit der Werkstoffeigenschaften. Er muss um so größer gewählt werden, je spröder der Werkstoff ist (da spröden Materialien die Sicherheitsreserven durch plastische Verformung fehlen), und je stärker die Materialeigenschaften aufgrund schwankender Fertigungsbedingungen streuen. So wird für sprödes Gusseisen ν = 4 bis 5 gewählt. Der Gusswerkstoff GJL-300 (früher GG 30) hat bei der Zugfestigkeit R_m = 300 MPa ein σ_{zul} = 60 bis 75 MPa, was bei konventionellen Konstruktionen zu sehr schweren Gussstücken führt. Neue Gießtechnologien haben in letzter Zeit geringere Streuungen der Werkstoffkennwerte ermöglicht, was deutlich niedrigere Sicherheitsbeiwerte und damit Gewichtseinsparungen ergab (u.a. bei Motorenguss).

Für schwingende Beanspruchung oder Knickung gelten andere Sicherheitsbeiwerte, ebenso für Sicherheitsteile, deren Versagen Menschenleben gefährden könnte (z.B. im Flugzeugbau). Auch diesen Sicherheitsbeiwerten steht häufig die Forderung nach Material- und Masseeinsparung (Leichtbau) entgegen.

Treten *Schwingungsbelastungen* auf, kann wegen eintretender Ermüdung nicht mehr die Elastizitätsgrenze als Berechnungsgrundlage dienen. Die Bauteile dürfen nur bis zur Zeit- oder Dauerschwingfestigkeit belastet werden. Der Einfluss der Mittelspannung ist speziellen Diagrammen, z.B. dem Smith-Diagramm (Kap. 13), zu entnehmen. Entsprechend der Vielfalt der Belastungsmöglichkeiten (sinusförmige Lastwechsel mit und ohne Mittelspannungseinfluss, ungleichförmige Lastwechsel) sind die Berechnungen umfangreicher, hier muss auf die Spezialliteratur verwiesen werden [2].

Die Auslegung und Prüfung von Bauteilen hinsichtlich ihrer Zeit- und Dauerfestigkeit wird mit dem Begriff *Betriebsfestigkeit* beschrieben. Die Lehre der Betriebsfestigkeit hat in letzter Zeit erheblich an Bedeutung gewonnen, da durch die Ausweitung des Fahrzeugbaus (Luft-, Schienen- und Straßenfahrzeuge) und dem Bestreben nach höherem Leichtbaugrad immer häufiger sehr genaue Lebensdauerberechnungen durchgeführt werden. Grundlage für Betriebsfestigkeitsrechnungen sind Spannungsmessungen an realen Bauteilen während ihres Betriebes. So können z.B. Lastzyklen, sog. Beanspruchungskollektive, für bestimmte Belastungssituationen ermittelt werden.

Die Kerbwirkung. Gerade bei schwingender Belastung muss der Einfluss von *Kerben* beachtet werden. Kerben sind scharfe Einschnitte und plötzliche Querschnittsänderungen, auch Bohrungen wirken entsprechend. An ihnen treten Spannungskonzentrationen auf, deren Größe von der Kerbschärfe und dem Werkstoff abhängen. Für den Fall rein elastischer Verformung im Kerbgrund gilt die nur von der Kerbgeometrie abhängige *Kerbformzahl* α_k, sie ist das Spannungsverhältnis von höchster Spannung im Kerbgrund (σ_{max}) zu Nennspannung (σ_n):

$$\alpha_k = \sigma_{max} / \sigma_n \tag{2.10}$$

α_k liegt zwischen 1 (gute Kerbausrundung) und 6 bis 10 (scharfer Kerb bis Anriss).

Tritt in duktilen Werkstoffen plastische Verformung im Kerbgrund mit entsprechender Verfestigung auf, entsteht eine Stützwirkung, und die Abrundung der Kerbspitze trägt zum Spannungsabbau bei. Der Werkstoffeinfluss wird als *Kerbempfindlichkeit* angegeben; die nur experimentell zu ermittelnden Kerbempfindlichkeitszahlen η_k liegen z.B. für Stähle zwischen 0,2 (einfacher Baustahl) und 1,0 (hochfester Federstahl). Damit sind hochfeste Stähle besonders kerbempfindlich. Grauguss (GJL) hingegen ist kerbtolerant ($\eta_k \rightarrow 0$), da der Werkstoff bereits durch die Graphitlamellen von inneren Kerben „durchsetzt" ist.

Die *Kerbwirkungszahl* β_k schließlich berücksichtigt die Kerbform *und* den Werkstoff, es gilt:

$$\beta_k = 1 + (\alpha_k - 1) \cdot \eta_k \qquad (2.11)$$

Bei kerbempfindlichen Werkstoffen ($\eta_k = 1$) ist $\beta_k = \alpha_k$, bei kerbtoleranten Werkstoffen ist die Kerbwirkungszahl kleiner als die Kerbformzahl.

Die Werkstoffbeanspruchung ergibt sich aus der mechanischen Spannung, die als Zug-, Druck- oder Torsionsspannung bzw. kombiniert im Bauteil vorherrscht. Die Spannungen dürfen die statischen wie dynamischen Werkstofffestigkeitskennwerte nicht überschreiten; diese werden durch einen Sicherheitsbeiwert reduziert. Bei allen Berechnungen ist die Kerbwirkung zu berücksichtigen.

Spezifische Festigkeit und Reißlänge

Im Flugzeugbau hatte der stoffliche und konstruktive *Leichtbau* schon immer Vorrang. Durch stärkeres Umweltbewusstsein und der damit verbundenen Notwendigkeit, Energie zu sparen, sind heute auch im Straßen- und Schienenfahrzeugbau, ja selbst im Schiffbau leichtere Fahrzeuge gefragt. Bei der Auswahl leichter Werkstoffe („*Stoffleichtbau*") muss der Konstrukteur neben der Festigkeit die *Dichte* der Werkstoffe beachten.

Dichte und Festigkeit lassen sich als *spezifische Festigkeit* kombinieren:

$$\text{Spezif. Festigkeit} = \frac{\text{Zugfestigkeit } R_m \text{ in MPa}}{\text{Dichte } \rho \text{ in g/cm}^3} \qquad (2.12)$$

Tabelle 2.6 gibt Werte für einige Werkstoffe an. Die hierbei aufgeführte Einheit ist wenig aussagekräftig. Sinnvoller ist es, die spezifische Festigkeit durch die Erdbeschleunigung g [in m/s²] zu teilen. Damit ergibt sich die sog. *Reißlänge* L_R [in km].

Tabelle 2.6 Spezifische Festigkeit und Reißlänge ausgewählter hochfester Legierungen und Fasern.

Werkstoff	Zugfestigkeit [Mpa]	Dichte [g/cm³]	Spez. Festigkeit [MPa cm³/g]	Reißlänge L_R [km]
Magnesium	310	1,7	182	19
Aluminium	530	2,7	196	20
Titan	1200	4,5	267	27
Stahl	2000	7,8	256	26
Glasfaser	1500	2,5	600	61
C-Faser	2100	1,7	1235	126

Es ist (mit 1N = Masse · Erdbeschleunigung [in $kg\,m/s^2$] und Dichte ρ [in 10^{-6} kg/mm^3]):

$$L_R = \frac{Zugfestigkeit \left[\dfrac{m\,kg}{s^2\,mm^2}\right]}{Dichte \left[\dfrac{10^{-6}\,kg}{mm^3}\right] \cdot 9,81 \left[\dfrac{m}{s^2}\right]} = \frac{Zugfestigkeit}{Dichte \cdot 9,81} \cdot 10^6 \quad mm \tag{2.13}$$

Mit 10^6 mm = 1 km ergibt sich die Reißlänge in km, wenn die Zugfestigkeit in N/mm^2 oder MPa und die Dichte in g/cm^3 oder kg/dm^3 eingesetzt werden.

Die Berücksichtigung der Erdbeschleunigung bedeutet für die spezifische Festigkeit, dass ein über der Erde aufgehängter Draht oder Stab eine solche Länge (die „Reißlänge") hat, dass er gerade unter seinem Eigengewicht zu reißen beginnt. Ein Aluminiumdraht nach Tabelle 2.5 kann also 20 km lang sein, ehe er – z.B. von einem Ballon über der Erde aufgehängt – reißt. Die Reißlänge ist unabhängig vom Querschnitt! Auf dem Mond (g_{Mond} = 1,6 m/s^2) gelten größere Reißlängen.

Die Reißlänge des extrem leichten Magnesiums ist nicht größer als die von Aluminium, da seine Festigkeit geringer ist. Hochfeste Stähle besitzen eine größere Reißlänge als Aluminium- oder Magnesiumlegierungen. Allerdings lassen sich solche Stähle nicht zu Strukturteilen, wie sie beispielsweise die Luftfahrtindustrie benötigt, verarbeiten. Ähnlich ist es mit den Fasern in Tab. 2.6, die sehr hohe Reißlängen erreichen. Die Faserreißlängen können nicht voll genutzt werden, da Fasern stets in eine weniger feste Matrix eingebettet werden müssen, was die Bauteilreißlänge stark herabsetzt. Diese gilt auch nur in Faserrichtung und nicht quer zu dieser. In der Natur finden sich „Werkstoffe" mit enormen Reißlängen. So haben die Spinnfäden einiger Spinnenarten Reißlängen bis zu 100 km.

Textilfaser-Reißlängen werden üblicherweise nicht in km, sondern in cN/tex angegeben. Dabei ist tex = Fadenmasse [g] / Fadenlänge [km]. Mit 1 cN = 0,01 N ≈ 1g ergibt sich:

$$L_R = 1 \text{ km} \approx 1 \text{ cN/tex} \tag{2.14}$$

Für Werkstoffvergleiche im Leichtbau ist es zweckmäßig, die Werkstofffestigkeit auf die Dichte zu beziehen. Daraus ergibt sich als spezifische Festigkeit unter Berücksichtigung der Erdbeschleunigung die Reißlänge.

2.2.4   Das Bruchverhalten

Nach Erreichen maximaler Verformung tritt der Bruch ein. Das Bruchaussehen, der Rissverlauf, eine eventuelle Brucheinschnürung und insbesondere das *Bruchgefüge* lassen bedeutsame Rückschlüsse auf die Werkstoffgüte zu. So weiß man z.B. aus Unterwasseraufnahmen des gesunkenen Passagierschiffs Titanic, dass die durch den Eisberg verursachten Risse im Schiffsrumpf auf Sprödbruch zurückzuführen sind. In der *Schadenskunde* sind Bruchuntersuchungen unerlässlich, um Rückschlüsse auf die Schadensursache zu erhalten (siehe auch [26]).

Je nach Belastungsart und Größe der plastischen Verformung eines gebrochenen Bauteils unterscheidet man folgende Bruchformen (in Klammern andere Bezeichnungen, z.B. nach dem Aussehen):

- Verformungsbruch (auch Gleitbruch, Scherbruch, Wabenbruch) ⎫
- Sprödbruch (Trennbruch, Spaltbruch)   ⎬ Gewaltbrüche
- Mischbruch (Mischung aus Verformungs- und Sprödbruch)   ⎭
- Ermüdungsbruch (Schwingungsbruch, Dauerbruch)

Verformungsbruch

In gut plastisch verformbaren, duktilen Werkstoffen treten Verformungsbrüche auf. Der durch starke vorangegangene Verformung einschließlich einer *Einschnürung* (siehe Abschn. 13.1.2) verringerte Querschnitt muss die gesamte Belastung ertragen. Verfestigung des Gefüges ist nicht mehr möglich. An Stellen höchster Spannung, das sind Oberflächenfehler (Kerben, Riefen) sowie innere Fehlstellen, beginnt die Materialtrennung. Die Rissspitze eines Anrisses rundet sich durch Verformung zunächst wieder ab, so dass sich der Riss nur relativ langsam und in verschiedenen Richtungen ausbreitet, wobei die typische Wabenstruktur der Bruchfläche entsteht. Im Grund der Verformungskrater findet man häufig kleine Einschlüsse (Bild 2.45a). Unvergrößert betrachtet wirkt der Verformungsbruch ungleichmäßig und zerklüftet. Seine Lage ist überwiegend 45° zur Hauptbelastungsrichtung, daher auch der Name „Scherbruch" (Bild 2.45b).

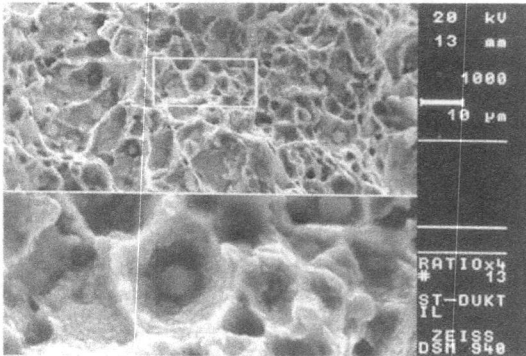

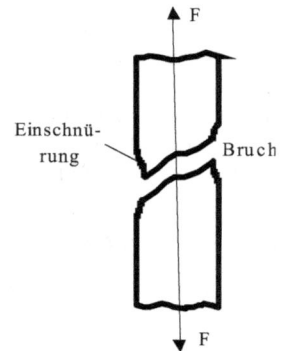

Bild 2.45 a (links): Rasterelektronenmikroskopische Aufnahme eines Verformungsbruches; Stahl S235, weichgeglüht. b (rechts): Schematische Darstellung des Bruchverlaufs bei Flachproben.

Sprödbruch

Werkstoffe mit geringer Duktilität brechen spröde, dem Werkstoffversagen geht keine oder nur wenig plastische Verformung voraus. Auch sonst duktile Metalle können aufgrund eingelagerter spröder Phasen, innerer Werkstofffehler oder ungünstiger (mehrachsiger) Spannungszustände spröde brechen.

An Oberflächen- oder Gefügefehlern treten hohe Spannungsspitzen auf. Von den örtlichen Gefügeschwachstellen gehen nun Mikrorisse mit scharfer Kerbspitze aus. In extrem spröden Werkstoffen (Glas, Keramik) pflanzt sich der Riss mit großer Rissfortschrittsgeschwindigkeit fort, die Rissspitze rundet sich nicht ab und die hohe Kerbspannung bleibt erhalten.

In an sich duktilen Werkstoffen mit spröden Phasen oder hoher Fehlerkonzentration wird der beginnende Riss zwar im Grundwerkstoff verlangsamt, da sich die Rissspitze abrunden

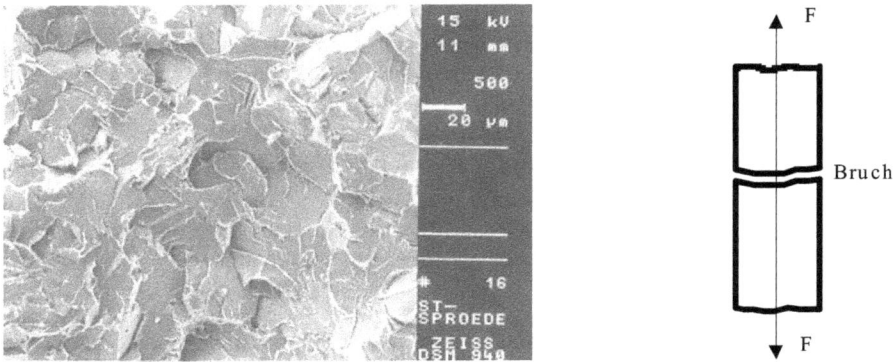

Bild 2.46 a (links): Rasterelektronenmikroskopische Aufnahme eines Sprödbruchs. b (rechts): Schematische Darstellung des Bruchverlaufs.

kann. Er trifft aber schnell auf weitere spröde Teilchen oder Fehler, was seine Geschwindigkeit wieder erhöht. Eine bekannte Sprödbruchursache ist die Porosität von Gussstücken und Schweißnähten. Bei grauem Gusseisen sind es die Graphitlamellen, die als Phasen mit hoher Kerbwirkung versprödend wirken (s. Abschn. 5.8.1). Als weitere Sprödbruchursache sind Korngrenzenbrüche zu nennen, die z.B. dann auftreten, wenn Korngrenzen stark mit Fremdatomen oder Fremdphasen belegt sind. Solche Brüche heißen *interkristalline Brüche* (inter = zwischen den Kristallen). Auch hier kann keine Abrundung der Rissspitze erfolgen. Durch die Körner verlaufende Brüche bezeichnet man als *transkristalline Brüche*.

Bild 2.46a zeigt die rasterelektronenmikroskopische Aufnahme eines spröden Trennbruchs. Makroskopisch erscheint die Bruchfläche feinglitzernd oder samtmatt und kaum zerklüftet. Die Bruchfläche liegt senkrecht zur Beanspruchungsrichtung, es entsteht keine Einschnürung (Bild 2.46b).

Mischbruch

Bild 2.47 a (links): Rasterelektronenmikroskopische Aufnahme eines Mischbruchs. b (rechts): Schematische Darstellung eines möglichen Bruchverlaufs.

Die meisten Metalle und besonders ihre Legierungen, z.B. Baustahl, sind zwar nicht spröde, aber auch nicht extrem duktil. Bei ihnen tritt der Mischbruch auf, d h. halb Verformungs- und halb Trennbruch. Im Rasterelektronenmikroskop sind die zähen und spröden Bruchanteile gut zu erkennen (Bild 2.47a). Die Bruchlage ist teils unter 45°, teils senkrecht zur Beanspruchungsrichtung zu finden. Die unter 45° liegenden Bruchflächen werden als *Scherlippen* bezeichnet. Die Einschnürung hängt von der Größe des zähen Bruchanteils ab.

An dieser Stelle ist anzumerken, dass Bruchform und Bruchlage (Bilder 2.45 bis 2.47) nicht allein vom Werkstoff, sondern auch von der Beanspruchungsart (langsame oder schlagartige Belastung) und dem Spannungszustand (einachsig, mehrachsig) abhängen.

Ermüdungsbruch

Die bisher beschriebenen Bruchschäden entstehen durch Überlastung eines Bauteils, die Brucharten zählen zu den *Gewaltbrüchen*. Schwerer zu vermeiden und daher gefährlicher ist der *Ermüdungsbruch*, auch *Schwingungsbruch* genannt. Er entsteht durch ständiges Be- und Entlasten, also die beschriebene Ermüdung des Bauteils. Wie dort erläutert, entstehen durch häufige Lastwechsel an Oberflächenunebenheiten oder inneren Fehlstellen Mikroverformungen mit entsprechenden Versetzungskonzentrationen, es kommt zu Mikroanrissen und einer allmählichen Rissausbreitung. Ermüdungsbrüche sind als solche oft ohne Vergrößerung gut zu erkennen (Bild 2.48).

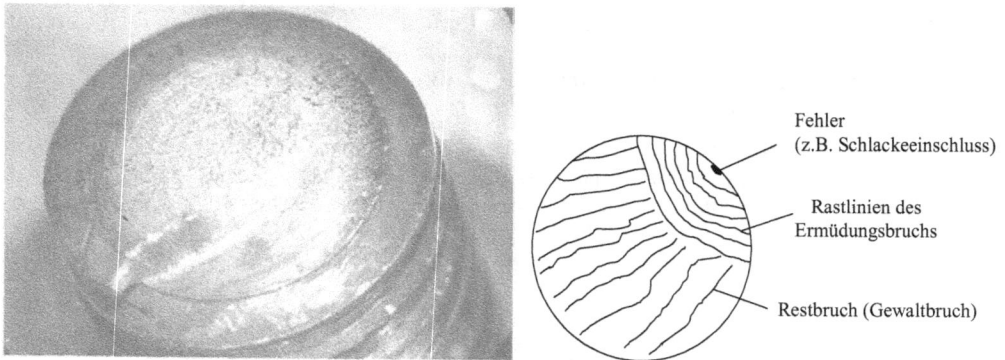

Bild 2.48 a (links): Makroskopische Aufnahme eines Dauerbruchs. b (rechts): Schematische Darstellung.

Hauptmerkmal sind sog. *Rastlinien,* die dadurch entstehen, dass der Schwingungsriss selten kontinuierlich wächst, sondern in Zeiten geringerer Belastung stehen bleibt. Dabei kann die Bruchfläche oxidieren. Sie verändert ihren Farbton, was sich als Rastlinie auf der Bruchfläche zeigt. Weiterhin enthält die Bruchfläche immer einen mehr oder weniger großen Anteil normalen Bruchgefüges, die Restbruchfläche als Gewaltbruch.

Werkstoffe weisen sehr unterschiedliches Bruchverhalten mit spezifischem Bruchverlauf und -gefüge auf. Bei statischer Überlastung treten duktile Verformungsbrüche, spröde Trennbrüche oder Mischbrüche auf. Dynamische, also schwingende Belastung führt zu Ermüdungsbrüchen.

2.2.5 Das Werkstoffverhalten bei tieferen und höheren Temperaturen

Alle Werkstoffe verändern ihre Eigenschaften mit der Temperatur. Werden Bauteile bei tiefer oder hoher Temperatur eingesetzt, sind die Eigenschaftsänderungen zu berücksichtigen.

Tiefe Temperaturen können viele metallische Werkstoffe problemlos ertragen, die Festigkeitseigenschaften werden unterhalb Raumtemperatur häufig sogar besser. So steigt die Dehngrenze kaltzäher legierter Stähle von Raumtemperatur bis –200 °C um etwa 100 % an. Die *Zähigkeit* hingegen bleibt nur bei kubisch-flächenzentrierten Metallen (Aluminium, Kupfer) erhalten, bei kubisch-raumzentrierten Metallen (Eisen) nimmt sie deutlich ab. Einfache Baustähle verspröden bereits bei 0 °C. Ursache sind gelöste Fremdatome wie Kohlenstoff und Stickstoff, die die Versetzungen blockieren. Niedrige Temperaturen und kurze Verformungszeiten (schlagartige Beanspruchung) lassen keine Diffusion zu und verhindern das Abkoppeln der Versetzungen von den Fremdatomen. Abgleitprozesse finden nicht mehr statt, der Stahl bricht spröde.

Wichtigster Kennwert für die *Kaltzähigkeit* von Stahl ist die Kerbschlagbiegearbeit (siehe Abschnitt 13.1.3). Einfache Baustähle müssen mindestens 27 Joule Kerbschlagarbeit bei Raumtemperatur aufweisen, hochwertige Baustähle mindestens 40 J bei –20 °C.

Hohe Temperaturen verringern stets die Festigkeit, da die Versetzungsbewegung erleichtert wird. Hierbei spielt die Diffusion (Abschn. 2.3.2) die entscheidende Rolle: Je häufiger Atome – auch Fremdatome – mit steigender Temperatur Platzwechsel vornehmen können, um so leichter werden die Versetzungen in Bewegung geraten. Die Diffusion ist sowohl temperatur- als auch zeitabhängig, also ist bei der Hochtemperaturbelastung von Bauteilen neben der Temperatur *die Zeit* maßgeblicher Faktor. Man unterscheidet daher zwischen *Warmfestigkeit* und *Kriechfestigkeit*.

Beispiel: Der Sicherheitsschalter einer Alarmanlage soll kurzfristig hoher Temperatur durch Feuer widerstehen, er muss *warmfest* sein. Ein Dampfdruckkessel, der lange Zeit bei 350 °C und hohem Druck betrieben wird, muss *kriechfest* sein. Die Warmfestigkeit wird z.B. im Zugversuch bei entsprechender Prüftemperatur als Warmdehngrenze oder als Warmzugfestigkeit gemessen. Die Kriechfestigkeit ist die Belastbarkeit eines Werkstoffs bei höherer Temperatur über lange Zeit (bis 100.000 Stunden), sie wird in Kriechversuchen als *Zeitdehngrenze* und als *Zeitstandfestigkeit* (in MPa oder N/mm²) gemessen. 100.000h-Zeitdehngrenze bedeutet, dass bis zu 100.000 Stunden (11 Jahre) die angegebene Spannung nicht zum plastischen Fließen führt; 100.000h-Zeitstandfestigkeit bedeutet, dass bis zu 100.000 Stunden die angegebene Spannung nicht zum Bruch führt (s.a. Werkstoffprüfung, Abschn. 13.1.4). Tabelle 2.7 enthält als Beispiel Werte eines warmfesten legierten Stahls.

Man beachte, dass bei hoher Temperatur die Dauerbelastbarkeit sehr gering wird. Metalle mit niedrigem Schmelzpunkt wie Aluminium oder Zink besitzen schon ab 200 °C niedrige Kriechfestigkeitswerte. Man kann abschätzen, dass das Kriechen etwa bei $\vartheta = 0,3 \cdot \vartheta_s$ (ϑ_s = Schmelztemperatur in °C) beginnt.

Auch der Widerstand gegen elastische Verformung wird mit zunehmender Temperatur geringer, wie die Werte des Elastizitätsmoduls in Tabelle 2.7 zeigen.

Tabelle 2.7 Raumtemperatur- und Warmfestigkeitskennwerte des Stahls 24CrMo5, vergütet, in MPa bzw. N/mm².

	20 °C	450 °C	550 °C
Eigenschaft in MPa			
Dehngrenze $R_{p0.2}$ bzw. 0,2%-Warmdehngrenze	440	270	200
100.000h-0,2%-Zeitdehngrenze	–	125	18
Zugfestigkeit bzw. Warmzugfestigkeit R_m	600	370	275
100.000h-Zeitstandfestigkeit	–	226	36
Elastizitätsmodul in GPa	210	172	152

Zusammenfassung

Bei der Belastung von Bauteilen kommt es zu elastischer und – im Schadensfall – zu plastischer Verformung. Die durch die mechanischen Spannungen bei jeder Beanspruchung entstehenden elastischen Verformungen – anhand elastischer Konstanten der Werkstoffe berechenbar – sind unkritisch, sofern sie nicht die Bauteilfunktion beeinträchtigen.

Innere elastische Spannungen ohne äußere Krafteinwirkung heißen Eigenspannungen.

Plastische Verformungen dürfen i. Allg. nicht auftreten, daher kommt der Elastizitätsgrenze (Streck- oder Dehngrenze) der Werkstoffe entscheidende Bedeutung bei der Bauteilberechnung zu. Die Duktilität und plastische Verformbarkeit ist bei Metallen unterschiedlich groß, sie ist wichtiges Sicherheitsmerkmal zur Vermeidung von Bruchschäden. Die Bruchfestigkeit – bekanntester und leicht zu messender Werkstoffkennwert – kann nur bei spröden Werkstoffen als Rechengrundlage zur Bauteildimensionierung dienen, sie ist allenfalls als Werkstoffvergleichswert zu betrachten.

Dynamisch (schwingend) belastete Bauteile dürfen nur im Rahmen ihrer Zeit- oder Dauerfestigkeit belastet werden, da sonst Werkstoffermüdung und eventuell ein Ermüdungsbruch eintritt.

Das Bruchverhalten ist für duktile und spröde Werkstoffe sehr unterschiedlich, das Bruchaussehen wird in der Schadenskunde als Beurteilungskriterium genutzt.

Mit tieferen und höheren Temperaturen ändern sich alle mechanischen Werkstoffeigenschaften.

Aufgaben zu Abschnitt 2.2

1. Was geschieht mit dem Atomgitter bei elastischer Verformung, was bei plastischer Verformung?
2. Nennen Sie drei Ursachen für die Entstehung von Eigenspannungen.
3. Bei welchem Materialkennwert geht die elastische Verformung in die plastische über?
4. Nennen Sie 4 Gitterfehler, die die Festigkeit erhöhen.
5. Warum steigt bei plastischer Verformung von Metallen die Festigkeit?
6. Liegt die Dauerfestigkeit eines Werkstoffs über oder unter der Streckgrenze?

7. Berechnen Sie die Reißlänge (in km) des Aluminiumwerkstoffs AlCu4Mg (Dichte 2,8 g/cm³, Zugfestigkeit 520 MPa) auf der Erde und auf dem Mond.

8. Nennen Sie 4 typische Bruchformen.

9. Erklären Sie den Begriff „1000h-Zeitstandfestigkeit bei 400 °C".

2.3 Strukturänderungen im festen Zustand

Überblick und Lernziel

Es ist erstaunlich, dass die Atome in festen Stoffen nicht immer an ihre Gitterplätze gebunden sind, sondern sich fortbewegen können. Durch geringe Verschiebungen oder richtige Wanderung (Diffusion) entstehen neue Strukturen, die die Eigenschaften der Werkstoffe stark verändern. Das folgende Kapitel behandelt einen ersten Teil derartiger Struktur- und Eigenschaftsänderungen: Erholung, Rekristallisation und Diffusion. Der zweite Teil wird bei der Wärmebehandlung der Werkstoffe beschrieben (Stoffumwandlung, Abschnitte 5.4.1 ff. und 6.2.4).

Vor allem die Rekristallisation ist technisch sehr bedeutsam. Jedes Walzwerk und viele metallverarbeitende Betriebe müssen Rekristallisationsglühungen durchführen. Andererseits gilt es, ungewünschte Rekristallisation und Grobkornbildung bei Warmformgebungsprozessen zu verhindern. Die Diffusion wiederum ist von grundsätzlicher Bedeutung für Wärmebehandlungsprozesse wie z.B. Einsatzhärten. Ziel heutiger Entwicklungen ist, zeit- und kostenaufwendige Glühprozesse zu reduzieren. Dem Maschinenbau-Ingenieur fällt die Aufgabe zu, Wärmebehandlungsprozesse zu optimieren. Dazu sind Temperaturen und Zeiten für die Wärmebehandlung nach den Diffusionsgesetzen auszulegen.

2.3.1 Erholung und Rekristallisation

Die stark erhöhte Versetzungsdichte in kaltverformten („kaltverfestigten") Metallen bedeutet höhere innere Energie durch Gitterverspannungen. Sie wurde als Verformungsenergie durch den Verformungsprozess (Walzen, Schmieden usw.) eingebracht. Da die Natur versucht, erhöhte Energiezustände wieder auf ein Minimum zu bringen, sollte auch die Versetzungsdichte wieder auf ihre Gleichgewichtskonzentration (vor der Verformung) zurückgehen. Bei Raumtemperatur sind die Versetzungen im Allgemeinen zu unbeweglich, untereinander vernetzt und von Fremdatomen blockiert. Nur hochreine oder niedrigschmelzende Metalle (Sn, Pb, Zn, siehe auch Tabelle 2.7) zeigen bereits bei Raumtemperatur einen Rückgang der Verformungsfestigkeit, das heißt, dass die Versetzungen schon bei 20 °C beweglich sind und ihre Konzentration geringer wird. Technische Gebrauchsmetalle müssen bei höherer Temperatur geglüht werden. Dabei laufen je nach Temperatur zwei Prozesse ab:

• Erholung

• Rekristallisation

Die *Erholung*, auch *Kristallerholung* genannt, stellt ein einfaches Ausheilen der Versetzungen dar, z.B. durch Übereinanderlagerung (wobei Kleinwinkelkorngrenzen entstehen) oder durch Austritt an Korngrenzen und Oberflächen. Im Gegensatz zur Rekristallisation entstehen keine neuen Kristalle. Die Erholung wird vor allem nach geringer Verformung und zu niedriger Glühtemperatur beobachtet. Festigkeit und Härte gehen nicht auf ihren Ausgangswert vor der Verformung zurück, daher ist Erholung allein meist unerwünscht.

Die *Rekristallisation* führt zur Kornneubildung im Verformungsgefüge (re = wieder oder neu, kristallisation = Kornbildung). In Bild 2.49 ist zu sehen, dass winzige Gefügebereiche des Verformungsgefüges mit zufällig niedriger Versetzungsdichte die Keimstellen für neue Körner bilden. Die Keime wachsen, es entstehen neue Körner mit den bekannten Korngrenzen als Abgrenzung zum Verformungsgefüge. Die Korngrenzen wandern sozusagen in das Verformungsgefüge hinein, die treibende Kraft ist der Energieunterschied zwischen verformtem und „neuem" Gefüge. In den neuen Körnern ist die Versetzungsdichte so niedrig wie vor der Verformung, damit fallen Festigkeit und Härte während des Kornwachstums ständig ab und die Duktilität steigt an.

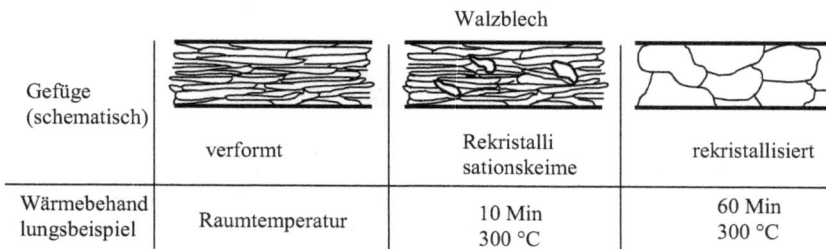

Gefüge (schematisch)	verformt	Rekristalli sationskeime	rekristallisiert
Wärmebehand lungsbeispiel	Raumtemperatur	10 Min 300 °C	60 Min 300 °C

Bild 2.49 Schematische Darstellung der Rekristallisation. Das Wärmebehandlungsbeispiel gilt für Aluminium.

Schließlich stoßen die Korngrenzen aneinander, das Verformungsgefüge ist verschwunden und das *Rekristallisationsgefüge* mit ausgeprägt rundlichen Körnern entstanden (Bild 2.49 rechts). In Bild 2.50 ist am Beispiel Stahl zu erkennen, dass die hohe Verformungsfestigkeit zunächst durch *Erholung* (Ausheilung von Versetzungen) etwas abgebaut wird, erst oberhalb 530 °C setzt die Rekristallisation ein. Am Ende (bei 570 °C) erreichen Festigkeit und Zähigkeit annähernd die Werte vor der Kaltverformung.

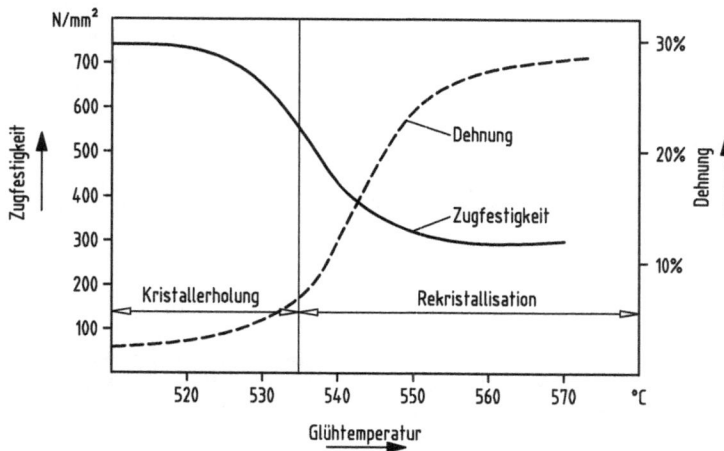

Bild 2.50 Änderung der Zugfestigkeit und Dehnung beim Glühen kaltverformten Baustahls.

Keimbildung und Keimwachstum erfolgen oberhalb der *Rekristallisationstemperatur* T_R. T_R hängt vom Metall und seiner Schmelztemperatur ab, es gilt

$$T_{Rmin} \approx 0{,}4 \cdot T_s \tag{2.15}$$

mit T_{Rmin} = Mindest-Rekristallisationstemperatur in K und T_s = Schmelztemperatur in K. Tabelle 2.8 enthält einige Beispiele.

Tabelle 2.8 Mindest-Rekristallisationstemperaturen T_{Rmin} einiger Metalle.

Werkstoff	Schmelz-temperatur	T_{Rmin}	Werkstoff	Schmelz-temperatur	T_{Rmin}
	in °C	in °C		in °C	in °C
Zinn	232	~ 0	Kupfer	1083	~ 270
Zink	419	~ 20	Eisen	1536	~ 450
Aluminium	660	~ 100	Wolfram	3410	~ 1200

Die in der Praxis angewandten Rekristallisationstemperaturen liegen höher und hängen von Legierungselementen sowie dem Verformungsgrad ab. Sie werden sog. Rekristallisationsdiagrammen entnommen, in denen die Korngröße in Abhängigkeit von Abwalzgrad und Glühtemperatur dargestellt ist. Bild 2.51 zeigt ein Beispiel für Messing. Die optimale Glühtemperatur ist hier für Walzgrade um 60 % etwa 350 °C. Eine Glühung bei 600 °C würde zu unerwünschtem Grobkorn führen.

> Kaltverformte Metalle erhalten durch eine Rekristallisationsglühung wieder feinkörniges, weiches und zähes Gefüge. Dabei muss auf die richtige Rekristallisationstemperatur geachtet werden.

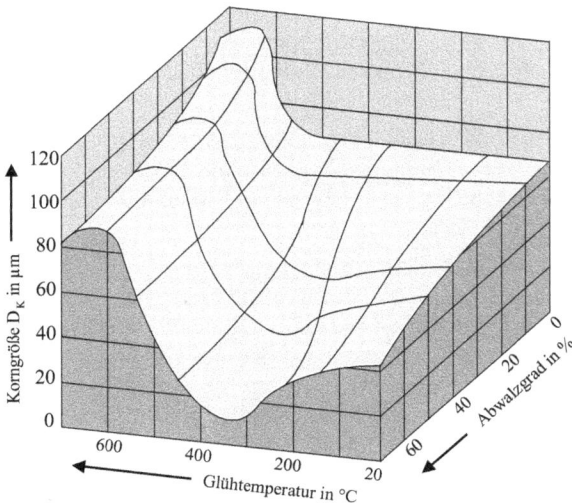

Bild 2.51 Rekristallisationsdiagramm für CuZn37 (Messing). Quelle: Deutsches Kupfer-Institut, Berlin.

Bei Warmformgebungsprozessen (Warmwalzen, Warmschmieden, Strangpressen usw.) liegt die Verformungstemperatur normalerweise über der Rekristallisationstemperatur. Das bedeutet, dass die Versetzungsdichte während der Abgleitprozesse nicht zunehmen kann, es findet permanente Versetzungsausheilung, also Erholung und Rekristallisation, statt. Damit erklärt sich zwanglos, warum die Warmverformung mit deutlich weniger Kraft als die Kaltverformung durchgeführt werden kann, die Verfestigung tritt nicht ein. Die in Tabelle 2.8 genannten Metalle mit sehr niedrigem T_R rekristallisieren bereits bei ihrer Kaltverformung. Zink z.b. erwärmt sich beim Kaltwalzen auf etwa 100 °C mit der Folge permanenter Rekristallisation, Kaltverfestigung tritt nicht ein.

Moderne Walztechnologien ermöglichen das Warmwalzen von Stahl bei Temperaturen unterhalb der Rekristallisationsschwelle. Damit können sehr feinkörnige Gefüge mit hoher Streckgrenze erzeugt werden (siehe Feinkornbaustähle, Abschnitt 5.3.2).

Kornwachstum. Der Rekristallisation schließt sich bei fortdauerndem Glühen das Kornwachstum an. Dabei wachsen die größeren Körner auf Kosten der kleineren, welche verschwinden. Es entsteht *Grobkorn*. Die Kornvergröberung, die auch in der Wärmeeinflusszone von Schweißnähten auftritt, ist möglichst zu vermeiden. Kornwachstum ist ebenfalls die Folge zu hoher Härtetemperaturen beim Härten von Stahl (Abschnitt 5.4.3).

Rekristallisationstexturen. Der Begriff Textur wurde in Abschnitt 2.1.6 erläutert. Bei der Rekristallisation können Vorzugsorientierungen entstehen, so dass nicht alle Körner statistisch gleich verteilte Orientierungen besitzen. Die Folge ist, dass sich z.b. Walzbleche mit Rekristallisationstextur nicht gleichmäßig verformen lassen. Werden texturbehaftete Karosseriebleche tiefgezogen, wird die Verformungsfähigkeit nicht in allen Richtungen gleich gut sein, es kann zu ungleichmäßiger Dickenabnahme oder sogar zu Rissen kommen. Man versucht, Tiefziehbleche möglichst texturarm herzustellen, was allerdings nicht immer einfach ist.

2.3.2 Die Diffusion

In der Werkstofftechnik spielt die Diffusion – die Wanderung von Atomen im festen Atomgitter – eine bedeutende Rolle. Nicht nur die Bildung von Ausscheidungen und Fremdphasen (Ausscheidungshärtung oder Zementitbildung in Stahl), auch technische Prozesse wie das Einsatzhärten (Kohlenstoff diffundiert in Stahl), das Diffusionsschweißen (Bleche verschweißen ohne flüssige Phase miteinander) oder das Sintern (Pulverteilchen backen zusammen) sind nur durch Diffusion möglich.

Grundlagen. Die Diffusion in Flüssigkeiten oder Gasen ist bekannt und leicht zu beobachten: Ein Tropfen blaue Tinte in einem Glas Wasser breitet sich, auch ohne zu rühren, mit der Zeit aus und färbt das ganze Wasser blau. Grund ist die „Brownsche Molekularbewegung" der Farbstoffmoleküle.

In festen Stoffen ist die Wanderung der Elementarteilchen nicht sichtbar und auch sehr viel langsamer. Alle Atome schwingen bei Temperaturen > 0 K um ihre Ruhelage. Allein aus statistischen Gründen ist es wahrscheinlich, dass durch die Gitterschwingungen vereinzelt Atome ihren Gitterplatz wechseln. Mit zunehmender Temperatur werden die Gitterschwingungen stärker und die Platzwechsel häufiger. Leerstellen helfen dabei, da der Wechsel über Leerstellen viel leichter vonstatten geht als der Weg über Zwischengitterplätze. Ebenso findet die Diffusion auf Korngrenzen (*Korngrenzendiffusion*) leicht statt, da im gestörten Gitter der Korngrenze mehr „Platz" ist. Der Platzwechsel der Atome bedarf der *Aktivierungsener-*

gie Q, d.h. für das „Durchzwängen" zwischen zwei Matrixatomen (Grundgitteratome) wird Energie benötigt, die – statistisch gesehen – nur von einer bestimmten Zahl von Atomen aufgebracht werden kann (Bild 2.52).

Diffundierende Atome können Fremdatome sein, wobei grundsätzlich kleine Atome, z.B. Zwischengitterfremdatome wie H, B, C oder N, schneller diffundieren als große Atome. Ebenso können diffundierende Atome Matrixatome sein, was als *Selbstdiffusion* bezeichnet wird.

Diffusion ist die Wanderung von Atomen im festen Metall. Die Diffusionsgeschwindigkeit hängt von den Gitterschwingungen, der Atomart und -größe sowie der Temperatur ab. Die Diffusion der Atome des Grundmetalls heißt Selbstdiffusion.

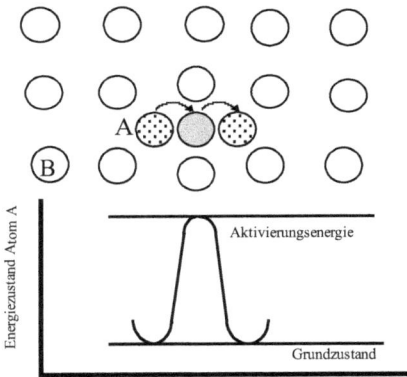

Bild 2.52 Diffusion: Platzwechsel eines Atoms A im Atomgitter B und erforderliche Aktivierungsenergie Q.

Die Berechnung des Diffusionsstroms, der Wanderung der Atome pro Zeiteinheit, erfolgt nach den *Fick'schen Gesetzen*. Das *erste* der zwei Gesetze gibt den Diffusionsstrom J = dm/dt pro Querschnitt A an. Es ist

$$J = \frac{1}{A} \cdot \frac{dm}{dt} = -D \frac{dc}{dx} \qquad (2.16)$$

mit m = Masse der diffundierenden Atome, t = Zeit, c = Konzentration der diffundierenden Atome, x = Abstand. Das Gesetz sagt aus, dass die pro Zeiteinheit diffundierenden Atome, also der Massetransport, eine Funktion des Konzentrationsgradienten *dc/dx* ist, mit dem *Diffusionskoeffizienten* D als Konstante. Bild 2.53 zeigt schematisch die Konzentrationsabhängigkeit vom Ort x bei gegebener Temperatur nach einer bestimmten Diffusionszeit.

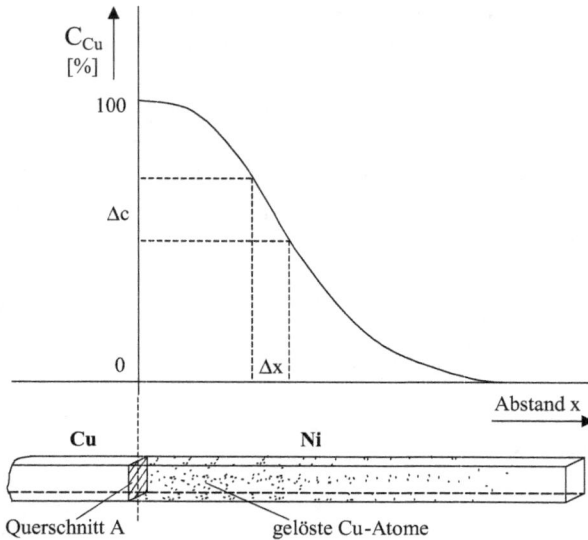

Bild 2.53 Konzentrationsverlauf für in Nickel diffundierendes Kupfer (schematisch). Die zugleich in das Kupfer diffundierenden Nickelatome wurden nicht gezeichnet.

Der Diffusionskoeffizient D in Gleichung 2.16 enthält die oben erwähnte Aktivierungsenergie Q und die Temperatur. Es ist

$$D = D_0 \cdot e^{-\frac{Q}{RT}} \quad \text{in} \quad cm^2/s \tag{2.17}$$

mit D_0 = Frequenzfaktor (Frequenz der Gitterschwingungen), Q = Aktivierungsenergie, T = Temperatur in K, R = allgemeine Gaskonstante (8,3 J/mol K). Der Diffusionskoeffizient ist von der Temperatur nach der Gleichung y = a exp − b/x abhängig, die Funktion ist in Bild 2.54 wiedergegeben. Man erkennt, dass der Diffusionskoeffizient mit steigender Temperatur zunimmt, was den Diffusionsstrom erhöht.

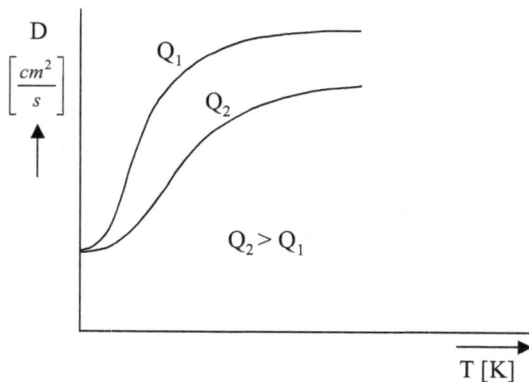

Bild 2.54 Die Temperaturabhängigkeit des Diffusionskoeffizienten für zwei verschiedene Aktivierungsenergien Q.

Tabelle 2.9 Frequenzfaktoren D_0 und Aktivierungsenergien Q.

Matrixmetall	Diffundierendes Atom	D_0 cm²/s	Q kJ/mol
γ-Eisen	Kohlenstoff	0,21	141,5
α-Eisen	Kohlenstoff	0,0079	75,8
γ-Eisen	Eisen (Selbstdiff.)	0,58	284,3
Aluminium	Kupfer	2,0	141,7

Die Aktivierungsenergie und der Frequenzfaktor sind Materialkonstanten, Tabelle 2.9 zeigt Beispiele. Aus ihnen lässt sich nach Gleichung (2.17) der Diffusionskoeffizient für beliebige Temperaturen berechnen. Bild 2.55 zeigt die Temperaturabhängigkeit der Diffusionskoeffizienten von Kohlenstoff, Stickstoff und Wasserstoff in α-Eisen. Durch die doppeltlogarithmische Auftragung ergeben sich Geraden, deren Steigung die Aktivierungsenergie Q ist.

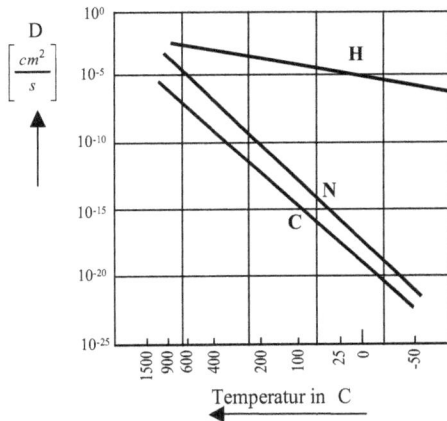

Bild 2.55 Temperaturabhängigkeit des Diffusionskoeffizienten verschiedener Elemente in α-Eisen.

Das 1. Fick'sche Gesetz reicht für Berechnungen von Diffusionsgeschwindigkeiten nicht aus, gibt es doch nur den Massetransport, abhängig vom Konzentrationsgradienten, im *stationären* Zustand an. Zur Berechnung der tatsächlichen Konzentrationsverläufe c in Abhängigkeit vom Ort x und der Zeit t benötigt man das *zweite* Fick'sche Gesetz:

$$\frac{\partial c}{\partial t} = \frac{\partial}{\partial x}\left(D \cdot \frac{\partial c}{\partial x} \right) \qquad (2.18)$$

Wird die Konzentrationsabhängigkeit des Diffusionskoeffizienten vernachlässigt, ergibt sich

$$\frac{\partial c}{\partial t} = D \frac{\partial^2 c}{\partial x^2} \qquad (2.19)$$

Zur Lösung der Differentialgleichung (2.19) müssen je nach Diffusionsvorgang Randbedingungen eingeführt werden. Die Lösung ist daher für die verschiedenen Diffusionsprobleme unterschiedlich und soll hier nicht weiter verfolgt werden (siehe z.B. Lit. [1] oder [3]). Bild 2.56 zeigt die nach dem 2. Fick'schen Gesetz berechnete Kohlenstoff-Konzentrationskurve in Eisen nach Diffusion von 10 h bei 930 °C. Der der Rechnung zugrunde liegende Diffusionskoeffizient bei 930 °C ist $D = 1,5 \cdot 10^{-7}$ cm²/s.

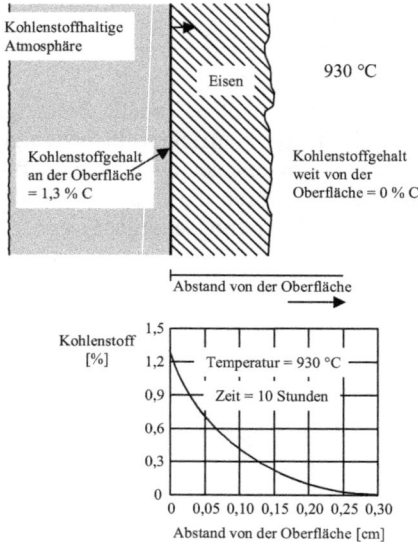

Bild 2.56 *Diffusion von Kohlenstoff in Eisen zum Einsatzhärten, berechnet nach dem 2. Fick'schen Gesetz.*

Aus der Diffusionsgleichung (2.19) ergibt sich auch eine einfache Formel zur schnellen Abschätzung des mittleren Diffusionsweges x_m nach der Zeit t, bei der die Konzentration auf die Hälfte der Randkonzentration abgefallen ist (Halbwertskonzentration). Es ist

$$x_m = \sqrt{D \ t} \qquad\qquad (2.20)$$

Im obigen Beispiel (C-Diffusion in Eisen, $D = 1,5 \cdot 10^{-7}$ cm²/s) errechnet sich x_m nach t = 10 Stunden ($36 \cdot 10^3$ s) zu

$x_m = 0,073$ cm,

was mit der Kurve von Bild 2.56 für die Halbwertskonzentration 0,7 % C recht gut übereinstimmt. Die Gleichung 2.20, auch als „Wurzel-Zeit-Gesetz" der Diffusion bezeichnet, zeigt, dass es nicht genügt, für die Verdopplung des Diffusionsweges die Zeit zu verdoppeln, sie muss vervierfacht werden! Möchte man z.B. die Aufkohlungstiefe in einem Einsatzstahl von 0,1 mm auf 0,2 mm erhöhen, muss die Aufkohlungsdauer von bisher etwa 1 h auf 4 h heraufgesetzt werden.

Beispiele für Diffusionsvorgänge, die sich mit Hilfe vorgegebener Randbedingungen berechnen lassen:

• Kohlenstoffeindiffusion in Stahl beim Aufkohlen (Einsatzhärten);

- Kohlenstoffausdiffusion in Stahl (Randentkohlung);
- Kohlenstoffausdiffusion in Tempergusseisen (Entkohlungsglühung);
- Wasserstoffdiffusion in Stahl (Wasserstoffversprödung);
- Diffusionsglühungen (Abbau von Seigerungen, gleichmäßige Verteilung der Elemente);
- Sintervorgänge;
- Diffusionsschweißen.

Abschließend sei bemerkt, dass bei Berechnungen mit Hilfe der Diffusionsgesetze vorausgesetzt wird, dass von außen zugeführte Fremdatome ohne Verzögerung in das Metall eintreten können. Das ist jedoch nicht immer der Fall, es gibt Übergangshemmnisse, die die Diffusionszeit meist verlängern.

Zusammenfassung
Strukturänderungen im festen Zustand beruhen hauptsächlich auf Diffusionsprozessen. Nach der Kaltverformung von Metallen kann die hohe Versetzungsdichte, die die Festigkeit erhöht (Kaltverfestigung), wieder durch Erholung und Rekristallisation abgebaut werden. Dabei entstehen nach Keimbildung und Kornwachstum neue, unverformte Körner. Die Rekristallisationstemperatur muss genau eingehalten werden, um Grobkorn zu vermeiden.

Die Fremdatomdiffusion hat ihre Bedeutung in einer Reihe wichtiger technologischer Prozesse. Die Fick'schen Diffusionsgesetze erlauben die Berechnung von Diffusionsvorgängen, in ihnen ist der temperaturabhängige Diffusionskoeffizient enthalten. Zur Vorhersage von Diffusionszeiten wird das 2. Fick'sche Gesetz benötigt.

Fragen zu Abschnitt 2.3
1. Warum lässt sich Metall nicht beliebig stark kaltverformen?
2. Nennen Sie den Unterschied zwischen Erholung und Rekristallisation.
3. Warum benötigt man für die Rekristallisationsglühung ein genaues Rekristallisationsdiagramm?
4. Zeichnen Sie schematisch ein Korngefüge mit Rekristallisationstextur (Gitterebenen in den Körnern andeuten).
5. Was ist die Aktivierungsenergie bei der Diffusion von Atomen?
6. Berechnen Sie den Diffusionskoeffizienten D von Kohlenstoff in γ-Fe bei 900 °C (Daten siehe Tabelle 2.9).
7. Berechnen Sie mit dem Diffusionskoeffizienten aus Aufgabe 6 nach dem vereinfachten Wurzel-Zeit-Gesetz der Diffusion die zum Aufkohlen zwecks Einsatzhärtens benötigte Zeit t, wenn die mittlere Kohlungstiefe $x_m = 0,5$ mm betragen soll.

2.4   Physikalische Eigenschaften

Überblick und Lernziel
Die Eigenschaften der Werkstoffe werden unterteilt in:

- physikalische Eigenschaften
- chemische Eigenschaften
- mechanische Eigenschaften

Typische physikalische Eigenschaften sind Schmelztemperatur, Wärmekapazität, elektrische Leitfähigkeit, Wärmeleitfähigkeit oder Magnetismus. Zu den chemischen Eigenschaften gehört insbesondere die Korrosion, zu den mechanischen die bereits besprochene Festigkeit und die Zähigkeit. Die Elastizität kann man sowohl den physikalischen wie den mechanischen Eigenschaften zuordnen. Bereits in Abschnitt 2.2.1 erörtert, wird sie hier nochmals genauer behandelt. Bei der Beschreibung der einzelnen Werkstoffe werden später zusätzliche Angaben zu physikalischen Eigenschaften gemacht.

Mehr noch als im Maschinenbau interessieren die physikalischen Eigenschaften in der Elektrotechnik, wo es um das elektrische Verhalten der Leitwerkstoffe (Kupfer, Aluminium) und der Halbleiter (Silizium), um magnetische Eigenschaften der Magnetwerkstoffe oder die Wirbelstromverluste von Transformatorenblechen geht.

Der Maschinenbauer hat sich – nicht nur zwecks universeller Ausbildung – ebenfalls mit ihnen zu befassen, wenn z.B. der Wärmeaustausch eines Kühlers oder die thermische Ausdehnung von Motorteilen zu berechnen ist. Ganz besonders muss er die elastischen Konstanten, die für die elastische Verformung verantwortlich sind, kennen und anwenden lernen.

Tabelle 2.10 enthält – neben der Gitterstruktur – vier wichtige physikalische Eigenschaftswerte (Konstanten) für häufige und auch seltenere Gebrauchsmetalle.

2.4.1   Elastische Eigenschaften

In Abschnitt 2.2.1 wurde beschrieben, dass die Atome bei Einwirkung äußerer Kräfte ihre Schwerpunktlage verändern. Dieser reversible Vorgang ist physikalisch eindeutig durch elastische Kenngrößen (auch „elastische Konstanten") beschreibbar. Es sind folgende Belastungsfälle und damit Kenngrößen zu unterscheiden:

- Zug, Druck, Biegung: *Elastizitätsmodul* E
- Scherung, Torsion: *Schubmodul* G
- Allseitige Kompression: *Kompressionsmodul* K
- Querkontraktion: *Poissonzahl* μ

Der Elastizitätsmodul E
Wird ein Draht (Länge L = 1000 mm, ⌀ 1,13 mm, Querschnitt A = 1 mm^2) mit zunehmender Kraft F auseinandergezogen, so dehnt er sich elastisch um proportionale Beträge ΔL. Gleichzeitig verringert sich der Durchmesser (siehe auch Bild 2.62). Tabelle 2.11 enthält die Messwerte für den Werkstoff Stahl, sie wurden in Bild 2.57a in einem Kraft-Weg-Diagramm dargestellt.

Tabelle 2.10 Physikalische Konstanten einiger Metalle bei Raumtemperatur.

Metall	Gitter-struktur	Dichte	Schmelz-tempera-tur	Spezif. elektr. Wi-derstand ρ	Spezif. Wärmeleit-fähigk. λ	Elastizitäts-modul E
		g/cm^3	°C	10^{-6} Ωcm	W/mK	GPa
Al	kfz.	2,7	660	2,83	211	72,2
Ag	kfz.	10,5	961	1,5	407	81,6
Au	kfz.	19,3	1063	2,1	311	79,0
Be	hex.	1,85	1285	5,9	159	292,8
Bi	rh.	9,79	271	107	7,4	34,8
Co	hex.,kfz.	8,83	1494	6,24	69	212,8
Cr	krz.	7,19	1935	13	10	190
Cu	kfz.	8,93	1083	1,68	385	125
Fe	krz.,kfz.	7,86	1536	10	45,6	215
Ir	kfz.	22,6	2454	4,85	59	538
Li	krz.	0,53	180	9	71	11,7
Mg	hex.	1,74	650	4,46	157	45,2
Mn	kfz.,krz.	7,3	1244	185	21	201,6
Mo	krz.	10,2	2622	5,8	146	336,3
Ni	kfz.	8,86	1453	9,5	92	197
Nb	krz.	8,57	2468	15,2	–	160
Os	hex.	22,48	3000	8,9	–	570
Pb	kfz.	11,34	327	20,6	35	16
Pd	kfz.	12,03	1554	10,2	71	123,6
Pt	kfz.	21,45	1770	9,81	70	173,2
Sn	kub.,tetr.	7,29	232	11,5	64	55
Ta	krz.	16,6	2996	12,4	54	188,2
Ti	hex.,krz.	4,5	1668	42	15,5	105,2
U	rh.	19,04	1132	35	27	120
V	krz.	6,11	1900	24,8	31,4	150
W	krz.	19,3	3410	5,5	160	415,7
Zn	hex.	7,14	419	6,0	111	94
Zr	hex.,krz.	6,49	1845	39	–	69,7

Anm.: rh. = rhombisch; – = nicht gesicherter Wert.

Tabelle 2.11 Verlängerung eines Stahldrahtes, Länge L = 1000 mm, Querschnitt 1 mm^2, unter Zug-kraft (E-Modul = 210 GPa).

Zugkraft F N	Zugspannung σ N/mm^2	Drahtlänge L mm	Verlängerung ΔL mm	Dehnung $\Delta L/L_0 \cdot 100$ in %
0	0	1000,00	0,00	0
10	10	1000,048	0,048	0,0048
50	50	1000,24	0,24	0,024
100	100	1000,48	0,48	0,048

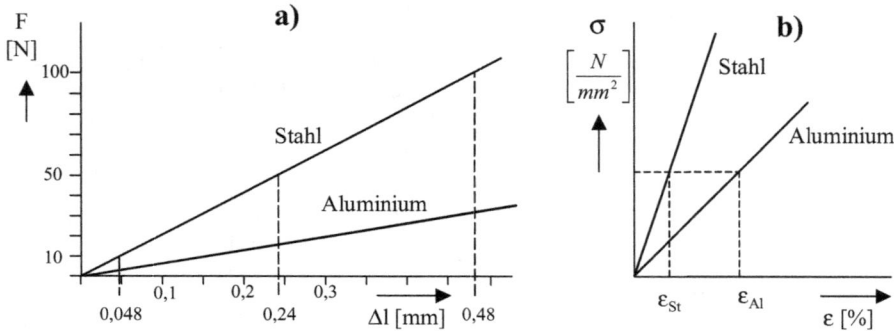

Bild 2.57 a) Elastische Verlängerung eines Stahl- und eines Aluminiumdrahtes. b) Berechnete elasti-sche Dehnung als Funktion der Spannung. Werte für Stahl aus Tabelle 2.11. Die Dehnung von Alumi-nium ist dreimal so groß wie die von Stahl.

Ähnlich der Dehnung einer Feder ergibt sich eine Gerade mit der Gleichung

$$F = a \, \Delta L \tag{2.21}$$

mit F = Zugkraft [N], ΔL = Längenzunahme [mm], a = Proportionalitätskonstante (Steigung der Geraden). Bild 2.57a zeigt eine zweite Gerade für den Werkstoff Aluminium. Sie ver-läuft deutlich flacher, offensichtlich ist die Steigung a vom Material abhängig.

Die Auftragung in Bild 2.57a ist insofern ungünstig, als sie von dem Querschnitt und der Länge des Drahtes abhängt. Sinnvoller scheint, Kraft und Verlängerung zu normieren, d.h. durch Querschnitt und Anfangslänge zu teilen. Damit ergibt sich für die Kraft die aus Ab-schnitt 2.2.3 bekannte mechanische Spannung σ und für die Verlängerung die Dehnung ε (griech.: epsilon); es ist

$$\sigma = \frac{\text{Kraft } F \text{ in N}}{\text{Querschnitt } A \text{ in mm}^2} \tag{2.22} \qquad\qquad \varepsilon = \frac{\Delta L \quad \text{in mm}}{L_0 \quad \text{in mm}} \cdot 100 \text{ in \%} \tag{2.23}$$

Einheiten: Spannung σ [MPa oder N/mm^2]; Dehnung: dimensionslos oder [%] (Multiplika-tion mit 100). Die in Spannungen und Dehnungen umgerechneten Werte von Tabelle 2.11 zeigt Bild 2.57b. Die Geradengleichung lautet nun

$$\sigma = E \cdot \varepsilon \tag{2.24}$$

Die bekannte und wichtige Gleichung 2.24 ist das *Hookesche Gesetz* („Die Dehnung ist der Spannung proportional", erstellt von dem Engländer Hooke). Die Geraden in Bild 2.57b hei-ßen entsprechend *Hookesche Gerade*. Die Proportionalitätskonstante E ist der Elastizitäts-modul, kurz E-Modul (englisch: Young's Modulus). Die Dehnung ε in Gl. (2.24) muss di-mensionslos eingesetzt werden (nicht in %!). So ergibt sich die Einheit des E-Moduls in MPa oder N/mm^2.

Das Hookesche Gesetz gilt nur für – bei Metallen sehr kleine – rein elastische Dehnungen; sobald nach Überschreiten der Elastizitätsgrenze das plastische Fließen beginnt, endet die

Linearität. Die sich anschließende „Spannungs-Dehnungs-Kurve" wird in Abschnitt 13.1.2 beschrieben.

Der Elastizitätsmodul ist die Werkstoffkonstante für elastische Verformung durch Zug-, Druck- oder Biegebelastungen. Elastisch „weiche" Stoffe haben einen niedrigen, elastisch „harte" Werkstoffe einen hohen Elastizitätsmodul.

Werte des E-Moduls für reine Metalle sind in Tabelle 2.10, für weitere Konstruktionswerkstoffe in Tabelle 2.12 aufgeführt.

Tabelle 2.12 Elastizitätsmodul E, Schubmodul G und Poissonzahl μ einiger Werkstoffe bei Raumtemperatur.

Werkstoff	E GPa	G GPa	μ
Aluminium	72	27	0,34
Kupfer	125	46	0,35
Stahl	211	82	0,28
Grauguss	110	43	0,28
Wolfram	400	150	0,29
Quarzglas	76	33	0,17
Polyvinylchlorid (PVC)	3	0,5-1	~ 0,3

Der Elastizitätsmodul ist – wie auch die anderen elastischen Konstanten – nur wenig von dem Zustand, der Reinheit und den Legierungselementgehalten der Werkstoffe abhängig. Daher ist es in Tabelle 2.12 nicht nötig, einzelne Legierungen oder Wärmebehandlungszustände aufzuführen. Allerdings kann er durch weiche Gefügebestandteile erheblich erniedrigt werden (Grauguss in Tabelle 2.12): Die Graphitlamellen des Gusseisens senken den E-Modul um fast die Hälfte gegenüber Stahl. In Berechnungen elastischer Verformungen wird meist ein nach unten gerundeter E-Modul für alle Legierungsvarianten verwendet, z.B. für Stähle 210 GPa, für Aluminiumwerkstoffe 70 GPa.

Der E-Modul von Aluminium beträgt nur ein Drittel desjenigen von Stahl. Damit wird auch die dreimal geringere Steigung in Bild 2.57 erklärt. Setzt man eine gewählte Normalspannung σ_1 für die Belastung eines Aluminiumstabes (Al) und eines gleich dicken Stahlstabes (St) in das Hookesche Gesetz (Gl. 2.24) ein, ergibt sich

$$\sigma_1 = E_{Al} \cdot \varepsilon_{Al} = E_{St} \cdot \varepsilon_{St} \tag{2.25}$$

oder

$$\frac{\varepsilon_{Al}}{\varepsilon_{St}} = \frac{E_{St}}{E_{Al}} = \frac{210}{70} = 3 \tag{2.26}$$

bzw. $\varepsilon_{Al} = 3\,\varepsilon_{St}$ $\tag{2.27}$

Zugseile oder Zugstangen aus Aluminium dehnen sich also dreimal stärker als diejenigen aus Stahl. Zur Vermeidung einer solch hohen Dehnung bei Zugbelastung muss der Querschnitt A dreimal größer werden, denn mit σ = F/A und F = Zugkraft = const. ist

$$A_{Al} = A_{St} \cdot \frac{E_{St}}{E_{Al}} = 3 \cdot A_{St} \qquad (2.28)$$

Da Aluminium zufällig gerade dreimal leichter als Stahl ist (siehe Dichtewerte in Tabelle 2.10), würde die Querschnitterhöhung mit dem dreifachen Volumen die Gewichtseinsparung wieder kompensieren, der Ersatz von Stahl durch Aluminium brächte hier – bei Forderung konstanter Dehnung – keine Gewichtsvorteile. Anders sieht es bei Biegung oder Knickung aus, wo das Trägheitsmoment von entscheidender Bedeutung ist. Beispiel: Biegung eines Balkens auf zwei Stützen (Bild 2.58).

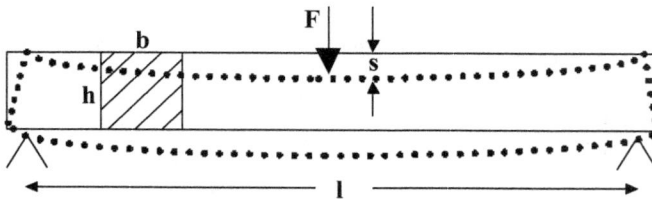

Bild 2.58 *Biegung eines Balkens auf zwei Stützen, rechteckiger Querschnitt.*

Die Durchbiegung s ist für einen Rechteckquerschnitt in Bild 2.58:

$$s = \frac{F \cdot l^3}{48 \cdot E \cdot I} \quad mit \quad I = \frac{b \cdot h^3}{12} \qquad (2.29)$$

E = E-Modul, I = Trägheitsmoment, übrige Formelzeichen siehe Bild 2.58.

Zur Herleitung der Formeln sei auf die Fachliteratur verwiesen, z.B. [4]. Das Trägheitsmoment I mit h^3 bedeutet, dass bei *konstanter Durchbiegung s* eines Aluminium- und eines Stahlbalkens die Höhe h_{Al} des Aluminiumbalkens (entspricht der Dicke eines Bleches) um den Faktor

$$\frac{h_{Al}}{h_{St}} = \sqrt[3]{\frac{E_{St}}{E_{Al}}} \approx \sqrt[3]{3} = 1,44$$

steigen muss. Damit muss die Dicke eines Al-Bleches, das ein Stahlblech ersetzen soll, nur um 44% zunehmen, und es bleibt eine beträchtliche Gewichtseinsparung.

Man beachte, dass der Elastizitätsmodul in Gleichung 2.29 im Nenner steht, d.h. mit größerem E wird die elastische Durchbiegung geringer. In Metallen lässt sich legierungstechnisch

der E-Modul nicht erhöhen, es bleibt allein die Verstärkung über Verbunde, z.B. die Faser-
einlagerung. Der niedrige E-Modul von Kunststoffen (s. beispielhaft PVC in Tab. 2.12) wird
durch Verstärkung mit Glas- oder Kohlenstofffasern deutlich angehoben (Glasfaser- oder
Kohlenstofffaser-Verbundwerkstoffe).

Die Temperaturabhängigkeit des Elastizitätsmoduls

Der E-Modul ist – wie auch die nachfolgend beschriebenen elastischen Kenngrößen – tem-
peraturabhängig, er fällt mit steigender Temperatur ab (Tabelle 2.13). Demzufolge wird auch
die Durchbiegung zunehmen. Bei der Berechnung elastischer Verformungen in der Konstruktion ist zu beachten, ob Bauteile höheren Temperaturen ausgesetzt sind (Motoren-, Tur-
binen-, Ofenbau usw.). Temperaturen unter Raumtemperatur lassen den E-Modul steigen, so
dass im Tieftemperaturbereich keine Probleme entstehen.

Tabelle 2.13 Temperaturabhängigkeit des Elastizitätsmoduls.

Werkstoff	E-Modul in GPa			
	20 °C	200 °C	400 °C	600 °C
Stahl	210	196	177	127
Aluminium	70	63	260 °C: 55	–

Der Schubmodul G

Wird ein Bauteil seitlich durch Schubkräfte auf *Scherung* belastet (Bild 2.59), treten deutlich
größere elastische Verformungen ein als bei Zug- oder Druckbelastung.

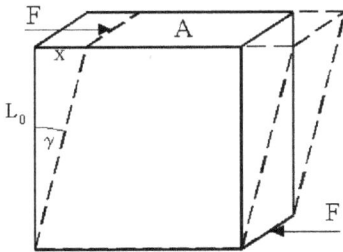

*Bild 2.59 Elastische Verformung durch die seit-
lich wirkende Schubkraft F.*

Die Proportionalitätskonstante ist – in Anlehnung an die Beschreibung des E-Moduls – der
Schubmodul G. Werte für G enthält Tabelle 2.12. Sie liegen bei rund 1/3 des E-Moduls, d h.
die elastische Verformung ist bei Scherbeanspruchung mehr als dreimal so groß.

Für den Fall der Scherung kann man ebenfalls das Hookesche Gesetz formulieren. Die
Schub- oder Scherspannung τ (griech. tau) ist die auf die Scherfläche A bezogene Scherkraft
F:

$$\tau = \frac{F}{A} \quad \text{in} \quad \text{MPa} \quad \text{oder} \quad \frac{N}{mm^2} \tag{2.30}$$

Die Scher- oder Tangentialkraft F wirkt hierbei parallel zur beanspruchten Fläche A, so dass τ auch als *Tangentialspannung* bezeichnet werden kann. Der Betrag der Scherung ist gegeben durch

$$\tan \gamma = \frac{x}{L_0} \approx \gamma \tag{2.31}$$

Für die im Allgemeinen sehr kleinen Winkel γ ist $\tan \gamma \approx \gamma$ (Bogenmaß). Damit formuliert sich das Hookesche Gesetz für den Fall reiner Schubspannung zu

$$\tau = G \cdot \gamma \tag{2.32}$$

mit G = Schubmodul in MPa, GPa, N/mm^2 oder kN/mm^2, γ = Scherung, dimensionslos.

Wie aus Bild 2.60 zu erkennen ist, treten Scherungen auch bei Torsion (Verdrehung, Verdrillung) auf. Neben kraftübertragenden Wellen oder mit bestimmtem Moment angezogenen Gewindeschrauben sind *Schraubenfedern* hierfür Beispiel: Beim Auseinanderziehen oder Stauchen verdrillt der Federdraht um die eigene Achse, die elastische Verformung ist mit dem Hookeschen Gesetz nach Gl. (2.32) zu berechnen.

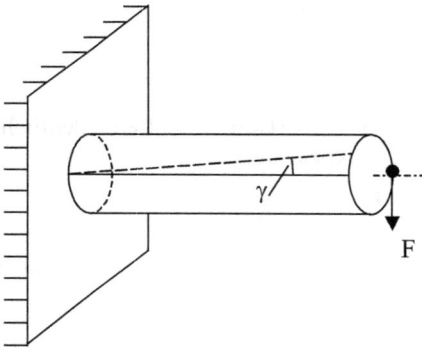

Bild 2.60 *Scherung γ durch Torsion einer einseitig befestigten Stange*

Die Berechnung elastischer Verformungen wird erschwert, wenn sich Zug- und Schubspannungen überlagern, wie das bei kompliziert geformten Bauteilen wie Gussstücken der Fall ist. Siehe hierzu Fachliteratur, z.B. [4], [5].

Der Kompressionsmodul K
Wird ein fester Körper allseitig gleich stark komprimiert, wie dies unter Flüssigkeits- oder Gasdruck geschieht, wird er sein Volumen verkleinern (Bild 2.61).

Das Hookesche Gesetz für elastische Kompression heißt:

$$p = K \cdot \frac{|\Delta V|}{V_0} \quad \text{in MPa oder} \quad \frac{N}{mm^2} \tag{2.33}$$

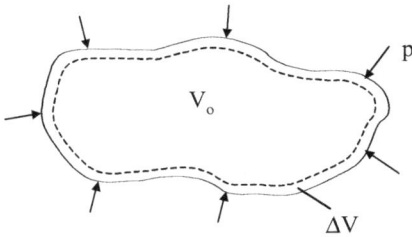

Bild 2.61 Kompression eines Körpers bei allseitig gleichem Druck p. V_0 = Ausgangsvolumen.

mit p = Druck, K = Kompressionsmodul [MPa], V_0 = Ausgangsvolumen [mm³]. Die Volumenänderung $\Delta V = V - V_0$ kann sowohl negativ (Kompression) wie positiv sein (Dilatation). Im Weltraum etwa dehnen sich alle Bauteile durch die Druckabnahme von rund 0,1 MPa gegenüber dem Atmosphärendruck auf der Erde geringfügig elastisch aus. Für Stahl beträgt K = 173.000 MPa oder 173 GPa.

Die Querkontraktionszahl μ

An einem gedehnten Gummiband kann man leicht zeigen, dass proportional der zunehmenden Dehnung ε eine *Querschnittabnahme* stattfindet. Gleiches gilt für Metalle (Bild 2.62).

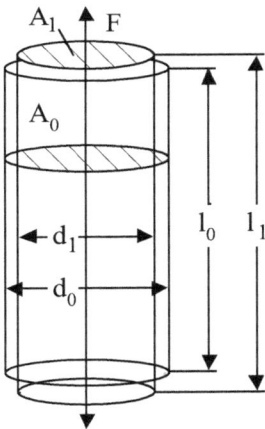

Bild 2.62 Elastische Verlängerung und gleichzeitige Durchmesserabnahme bei einem gedehnten Stab.

Die Durchmesserabnahme $\Delta d = d_0 - d_1$, bezogen auf den Ausgangsdurchmesser d_0, heißt Querkontraktion:

$$\varepsilon_q = \frac{\Delta d}{d_0} \tag{2.34}$$

Das Verhältnis der Querkontraktion ε_q zur Längendehnung $\varepsilon = \Delta l / l_0$ ist materialabhängig, die zugehörige Materialkonstante heißt *Poissonsche Zahl* μ (nach dem französischen Physiker Poisson benannt). Es ist

$$\mu = \frac{\varepsilon_q}{\varepsilon} \qquad\qquad (2.35)$$

Werte für das auch als Querkontraktionszahl bezeichnete μ sind in Tabelle 2.12 angegeben. Für viele Gebrauchsmetalle ist $\mu \approx 0,3$, d h. die Querkontraktion beträgt nur 1/3 der Längendehnung. Die Poissonsche Zahl erlaubt die Umrechnung zwischen den Konstanten E und G:

$$G = \frac{E}{2(1+\mu)} \qquad\qquad (2.36)$$

Setzt man $\mu \approx 0,3$ in Gl. (2.36) ein, ergibt sich $G \approx E/2,6$, d.h. dass der Schubmodul – wie erwähnt – bei vielen Metallen etwas weniger als 1/3 des Elastizitätsmoduls beträgt.

2.4.2 Elektrische Eigenschaften

Die leicht beweglichen Elektronen des „Elektronengases" der Metalle sind für deren gute elektrische Leitfähigkeit verantwortlich. Die Elektronen beginnen bei angelegter Spannung (Potentialdifferenz) in einem Leitungsdraht sofort zu wandern. Da sie sich gegenseitig abstoßen, pflanzt sich der elektrische Strom fast mit Lichtgeschwindigkeit fort, obwohl die Elektronen sehr viel langsamer fließen.

Der elektrische Widerstand R eines Leiters – siehe Ohmsches Gesetz: $U = R \cdot I$ (U = Spannung, I = Strom) – ist abhängig von der Länge des Leiters l, seinem Querschnitt A und dem *spezifischen elektrischen Widerstand* ρ (griech. rho):

$$R = \rho \cdot \frac{l}{A} \quad \text{in} \quad \Omega\,\text{cm} \cdot \frac{\text{cm}}{\text{cm}^2} \qquad\qquad (2.37)$$

Die temperaturabhängige Konstante ρ ist als Materialkonstante durch die Beweglichkeit der freien Elektronen gegeben. Die Beweglichkeit *nimmt ab* durch stärker werdende Gitterschwingungen der Atome, also mit zunehmender Temperatur, ebenso durch Gitterfehler wie Fremdatome, Versetzungen oder Korngrenzen. Reines Metall leitet daher besser als Metalllegierungen, unverformtes (geglühtes, rekristallisiertes) Metall leitet besser als verformtes mit hoher Versetzungsdichte. In Tabelle 2.10 sind Werte für den spezifischen Widerstand ρ angegeben. Sie beziehen sich auf technisch reine, unverformte Metalle bei Raumtemperatur.

Die Temperaturabhängigkeit von ρ ist gegeben durch:

$$\rho_\vartheta = \rho_{20}\,(1 + \alpha \cdot \Delta\vartheta) \quad \text{in } \Omega\text{cm} \qquad\qquad (2.38)$$

mit ρ_ϑ, ρ_{20} = spezifische Widerstände bei Temperatur ϑ und 20 °C, $\Delta\vartheta$ = Temperaturdifferenz zu 20 °C. α ist der Temperaturkoeffizient des spezifischen elektrischen Widerstands. Er ist ebenfalls materialabhängig und beträgt z.B. für Kupfer $\alpha_{Cu} = 4,3 \cdot 10^{-3}$ [1/K]. Mit ihm lassen sich nach Gl. (2.38) und (2.37) Widerstände bei beliebigen Temperaturen berechnen.

In der Technik der Leitwerkstoffe (Kupfer, Aluminium, Silber) hat sich die Angabe der *elektrischen Leitfähigkeit* κ (griech. kappa) durchgesetzt. Es ist

$$\kappa = 1/\rho \qquad \text{in } m/\Omega mm^2 \qquad\qquad (2.39)$$

Die Erweiterung der reziproken Einheit von Gl. (2.38), [1/Ωmm] mit den Längeneinheiten [m/mm] in Gl. (2.39) wird aus praktischen Gründen durchgeführt. Häufig wird auch mit der Einheit Siemens (S = 1/Ω) an Stelle von [m/Ωmm²] die Schreibweise [S·m/mm²] gewählt.

Supraleitfähigkeit
Supraleitfähigkeit heißt unendlich hohe Leitfähigkeit bzw. Widerstand → 0 Ω. Viele Metalle verlieren bei sehr tiefer Temperatur ihren elektrischen Widerstand, sie werden damit zu „unendlich" gutem Leitmaterial. Die Temperatur, unterhalb der der Strom unbegrenzt und ohne Erwärmung des Materials fließt, heißt „Sprungtemperatur". Sie liegt bei den meisten Metallen so nahe am absoluten Nullpunkt, dass die technische Nutzung kaum möglich ist.

In flüssigem, aber relativ teurem Helium (Siedepunkt 4,2 K) kann man Blei (Sprungtemperatur 7,2 K) oder Niob (9,1 K) zu „Supraleitern" machen. Technische Anwendung fanden bisher Legierungen aus Niob und Zinn (Nb_3Sn, 17,8 K) sowie Niob und Germanium (Nb_3Ge, 23 K).

Seit 1987 gibt es sog. Hochtemperatursupraleiter (Sprungtemperatur > 77 K, das ist die Siedetemperatur des preiswerteren flüssigen Stickstoffs). Es sind allerdings keine Metalle, sondern kristalline keramische Pulver z.B. des Typs (Y, Nd)$Ba_2Cu_3O_7$, also Barium-Kupfer-Oxid mit Anteilen von Yttrium und/oder Neodym (Sprungtemperatur um 90 K). Nachteil der keramischen Pulver ist ihre schwierige Verarbeitbarkeit (s. Abschn. 10). Auch kann beim Sintern die Supraleitfähigkeit verloren gehen und ihre Langzeitstabilität ist nicht immer gewährleistet. Dennoch ist davon auszugehen, dass die weitere Entwicklung zu revolutionären Anwendungen im Bereich hoher Magnetfelder (z.B. für Kernspintomographen) oder bei ungekühlten Hochleistungscomputern führt.

2.4.3 Thermische Eigenschaften

Die thermischen Eigenschaften der Metalle bestimmen in erheblichem Maße die Anwendungsmöglichkeiten bei erhöhter Temperatur, bei tiefer Temperatur (Kältetechnik) und für den Wärmeaustausch (Heiz- und Kühltechnik).

Die spezifische Wärme c_p – die Energieaufnahme in Joule pro Gramm und Grad Temperaturerhöhung – kennzeichnet das Wärmespeichervermögen. Tabelle 2.14 gibt die c_p-Werte einiger Gebrauchsmetalle an. Hoher c_p-Wert bedeutet z.B. gute Wärmeaufnahme bei Kühlprozessen, ist jedoch ungünstig bei einigen Schweißverfahren wie dem Widerstandspunktschweißen.

Die *Wärmeleitfähigkeit* λ (griech. lambda) ist der Wärmefluss dQ (in J) durch eine Wand der Dicke d (in m) in der Zeit dt (in s), wobei eine Temperaturdifferenz von 1 K vorliegt. Die Stoffkonstante λ hat somit die Einheit

$$\frac{J}{m \cdot s \cdot K} = \frac{W \cdot s}{m \cdot s \cdot K} = \frac{W}{m \cdot K} \tag{2.40}$$

In [W/mK] sind auch die Wärmeleitfähigkeitswerte der Tabellen 2.10 und 2.14 angegeben.

Die Wärmeleitfähigkeit von Metallen ist der *elektrischen Leitfähigkeit* proportional, da die frei beweglichen Elektronen auch Wärmeenergie übertragen können.

Tabelle 2.14 Thermische Eigenschaften einiger Metalle.

Metall	Temperatur °C	Spezifische Wärme c_p J/g K	Wärmeleit-fähigkeit λ W/m K	Therm. Ausdehnungs-koeffizient α 1/K
Aluminium	0 – 100	0,95	230	$24 \cdot 10^{-6}$
	400	1,06	192	
Kupfer	0 – 100	0,38	390	$16 \cdot 10^{-6}$
Eisen	0 – 100	0,43	75	$12 \cdot 10^{-6}$
	500	0,68	46	$16 \cdot 10^{-6}$

Es gilt das *Wiedemann-Franz'sche Gesetz*:

$$\lambda = \text{const} \cdot \kappa \cdot T \tag{2.41}$$

mit λ = Wärmeleitfähigkeit, const = Konstante, κ = elektrische Leitfähigkeit, T = absolute Temperatur. Bei Kenntnis der Proportionalität lässt sich leicht von der elektrischen auf die Wärmeleitfähigkeit schließen. Letztere entscheidet nicht nur darüber, ob ein Werkstoff für Wärmeübertragungszwecke (Wärmetauscher, Kühlerbau) bzw. für Isolationszwecke geeignet ist, sondern auch über die mechanische Haltbarkeit bei höherer Temperatur, da eine schnelle Wärmeabfuhr dafür sorgt, dass das Bauteil selbst nicht zu heiß wird. So lassen sich Motorkolben, Motorblöcke und Zylinderköpfe aus Aluminium herstellen, obwohl die Brennraumtemperatur die Schmelztemperatur des Al (660 °C) übersteigt.

Thermische Ausdehnung

Die thermische Ausdehnung ist besonders bei Differentialbauweise unter Verwendung zweier oder mehrerer Werkstoffe zu beachten. Unterschiedliche Ausdehnung verschiedener Materialien eines Bauteils kann schnell zu Funktionsstörungen führen. Andererseits lässt sich die Ausdehnung auch für feste Verbindungen nutzen (Schrumpfverbindungen, z.B. Aufschrumpfen von Lagerringen auf Wellen).

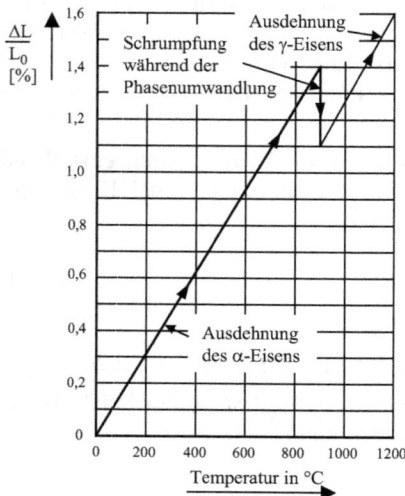

Bild 2.63 Relative Längenänderung $\Delta L/L_0$ des Eisens bei Erwärmung (oder Abkühlung). Man beachte die umwandlungsbedingte Schrumpfung bei 911 °C (Umwandlung krz-Atomgitter in kfz-Atomgitter, siehe Polymorphie, Abschnitt 2.1.4).

Bild 2.63 zeigt die thermische Ausdehnung des Eisens bei Erwärmung. Die Steigung entspricht dem temperaturabhängigen *Ausdehnungskoeffizienten*.

Die lineare thermische Ausdehnung ist gegeben durch

$$l_\vartheta = l_{20°} \cdot (1 + \alpha \cdot \Delta\vartheta) \tag{2.42}$$

oder

$$l_\vartheta - l_{20°} = \Delta l = l_{20°} \cdot \alpha \cdot \Delta\vartheta \tag{2.43}$$

mit l_ϑ = Länge[1]) eines Stabes (Bauteils) bei der Temperatur ϑ, $l_{20°}$ = Länge bei 20 °C bzw. Einbautemperatur, $\Delta\vartheta$ = Temperaturdifferenz zwischen Einbau- und vorhandener Temperatur in K. α ist der lineare thermische Ausdehnungskoeffizient in 1/K, ein temperaturabhängiger Materialkennwert (Tabelle 2.14). Mit steigender Temperatur nimmt α im Allgemeinen zu.

Aus Tabelle 2.14 wird ersichtlich, dass Aluminium gegenüber Stahl einen doppelt so hohen Ausdehnungskoeffizienten hat. Daher ist leicht vorstellbar, dass es bei Erwärmung von Verbundkonstruktionen zu erheblichen Spannungen kommt, sofern die Einzelteile nicht frei beweglich sind. Es gab z. B. Probleme bei Aluminium-Zylinderköpfen, die mit Stahl-Zugankerschrauben auf dem Motorblock angeschraubt wurden. Die stärkere Ausdehnung des Aluminiums gegenüber Stahlschrauben und Gusseisenblock führte zu erheblicher Flächenpressung unter den Schraubenauflagen mit der Folge, dass sich nach Abkühlung die Befestigung lockerte und die Zylinderkopfdichtung undicht wurde.

Die in Bauteilen durch Erwärmung (bzw. Abkühlung) bei fester, formschlüssiger Montage auftretenden *Spannungen* lassen sich leicht mit Hilfe des thermischen Ausdehnungskoeffizienten und des Hookeschen Gesetzes berechnen. Aus Gleichung (2.43) und Gleichung (2.23) folgt

$$\Delta l / l_{20°} = \alpha \cdot \Delta\vartheta = \varepsilon \tag{2.44}$$

und mit dem Hookeschen Gesetz (Gl. 2.24) ist

$$\sigma = E \cdot \varepsilon = E \cdot \alpha \cdot \Delta\vartheta \qquad \text{in MPa oder N/mm}^2 \tag{2.45}$$

(σ = Spannung, E = Elastizitätsmodul, ε = Dehnung, α = Ausdehnungskoeffizient, $\Delta\vartheta$ = Temperaturdifferenz zwischen Einbautemperatur und vorhandener Temperatur).

Beispiel: Eisenbahnschienen werden bei +20 °C fugenlos verlegt (zusammengeschweißt) und fest verschraubt. Welche Spannungen treten auf, wenn die Schienen im Winter –20 °C kalt werden (die geringe thermische Schrumpfung des Erdbodens sei vernachlässigt)? Mit $E_{Stahl} = 210 \cdot 10^3$ MPa, $\alpha_{Stahl} = 12 \cdot 10^{-6}$ K^{-1}, und $\Delta\vartheta = 40$ K ist

$$\sigma = 210 \cdot 10^3 \cdot 12 \cdot 10^{-6} \cdot 40 = 100,8 \text{ MPa}.$$

Die Zugspannung von rund 100 MPa (oder N/mm^2) erträgt der Schienenbaustahl gut – ohne Überschreitung seiner Streckgrenze von etwa 350 MPa.

---

[1]) Hier wird für die Länge der – in der Physik gebräuchliche – kleine Buchstabe l verwendet, während an anderer Stelle meist der in der Werkstofftechnik übliche große Buchstabe L steht.

2.4.4   Magnetische Eigenschaften

Alle Stoffe weisen *Magnetismus* auf, da die um die Atomkerne kreisenden Elektronen mit ihrer elektrischen Ladung ein magnetisches Moment erzeugen. Je nach Elektronenkonfiguration und Spin (Eigenrotation) der Elektronen sind die Magnetismen unterschiedlich:

• Diamagnetismus

• Paramagnetismus

• Ferromagnetismus

Ferromagnetische Metalle sind Eisen, Kobalt und Nickel; alle anderen Metalle verhalten sich dia- oder paramagnetisch, d h. ihr Magnetismus ist äußerlich kaum festzustellen.

Bei den ferromagnetischen Metallen lassen sich die magnetischen Momente der Elektronen einheitlich ausrichten. Es entsteht ein magnetisches Feld mit Nord- und Südpol, welches Kräfte auf andere Magnetwerkstoffe auszuüben in der Lage ist. Im normalen Eisen sind zunächst die magnetischen Momente (Vektoren in Bild 2.64) nur in kleinen Bezirken (*Weiß'sche Bezirke* oder *Domänen*) gleich ausgerichtet, so dass es nach außen unmagnetisch erscheint (Bild 2.64a). Durch das äußere magnetische oder elektrische Feld in Bild 2.64b richten sich die Momente in allen Bezirken einheitlich aus, die *Blochwände* zwischen den Domänen verschwinden.

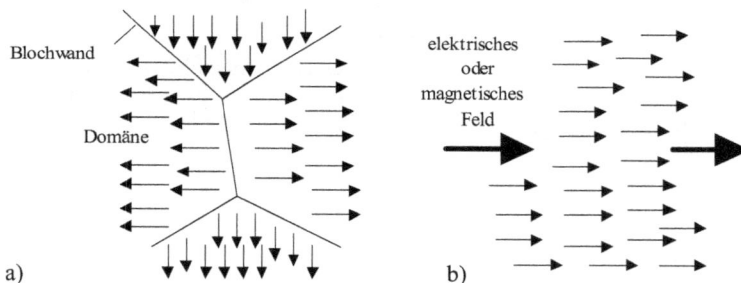

Bild 2.64 Magnetische Momente (→) in Eisen. a) ohne äußeres Magnetfeld; b) Ausrichtung aller Momente durch ein äußeres Feld, das Eisen ist nun selbst magnetisch.

Damit ist das Eisen magnetisiert, d h. zum Magneten mit Nord- und Südpol geworden. Lässt das äußere Feld nach, geht mit der Zeit die Ausrichtung der Momente verloren, die Domänen entstehen wieder. „Harte" Magnetwerkstoffe behalten ihren Magnetismus länger als „weiche". Weiche Magnetwerkstoffe werden z.B. bei schnellen und verlustarmen Ummagnetisierungen gebraucht.

Mit steigender Temperatur wird der Magnetismus schwächer, bei der *Curie-Temperatur* verschwindet der Ferromagnetismus ganz und geht in den Paramagnetismus über. Die Curie-Temperatur von Eisen beträgt 768 °C, von Nickel 358 °C und von Kobalt 1121 °C.

Dauermagnete werden heute nicht mehr aus Eisen, sondern *Ferriten* hergestellt, die einen Ferrimagnetismus aufweisen. Ferrite müssen nicht einmal metallischer Art sein, häufig sind es Oxide. Bekanntes Beispiel aus der Natur ist der Magnetit, ein dauermagnetisches Eisenerz der Zusammensetzung $FeO \cdot Fe_2O_3$. Metallische Ferrite sind u.a. „Alnico" (Legierung aus Aluminium, Kobalt, Nickel, Titan und Eisen), MgCd- und MgCu-Legierungen. Beim pulvermetallurgischen Herstellungsprozess werden die magnetischen Momente der feinen Pulverteilchen im Magnetfeld ausgerichtet. Nach dem Sintern können die Pulverteilchen ihre Lage nicht mehr verändern und der Magnetismus bleibt erhalten, er kann erst durch Zermahlen der Dauermagnete verloren gehen. Ferrite weisen eine sehr hohe Remanenz und/oder Koerzitivfeldstärke auf (siehe weiterführende Literatur, z.B. [6]).

Aufgaben zu Abschnitt 2.4

1. Berechnen Sie mit Hilfe des Hookeschen Gesetzes die elastische Dehnung eines 1 m langen Stahldrahtes ($\varnothing$ 1 mm), an dem ein Eimer voll Wasser (10 kg) hängt (E_{Stahl} = 210 GPa oder kN/mm^2).

2. Ein Stahlblech (Dicke 10 mm) soll durch Aluminium ersetzt werden. Wieviel dicker muss das Al-Blech sein, damit es sich bei Flächenbelastung nicht stärker als das Stahlblech durchbiegt?

3. Was versteht man unter der Supraleitfähigkeit?

4. Was sagt das Wiedemann-Franz'sche Gesetz aus?

5. Berechnen Sie die thermischen Spannungen in einem fest eingespannten Aluminiumprofil, wenn dieses durch Sonneneinstrahlung von 10 °C auf 50 °C erwärmt wird. Handelt es sich um Zug- oder Druckspannungen? (E_{Al} = 70 GPa oder kN/mm^2; α_{Al} = 24$\cdot 10^{-6}$ K^{-1}).

6. Was bedeutet die Curie-Temperatur?

3   Die Kristallisation der Schmelze

Überblick und Lernziel

Um bestimmte Gefügeausbildungen und die damit verbundenen mechanischen Eigenschaften von Metallen und insbesondere Metallegierungen zu verstehen, muss der genaue Ablauf der Schmelzeerstarrung erläutert werden. Ausgehend vom flüssigen Metall werden die Keimbildung, das Kristallwachstum und die Abkühlung des festen Metalls verfolgt, wobei auch Gefügeumwandlungen im festen Zustand zu beachten sind.

Der überwiegende Teil aller metallischen Erzeugnisse wird *schmelzmetallurgisch*, also durch Gießen, Erstarrung und Weiterverarbeitung hergestellt, nur ein sehr kleiner Teil auf pulvermetallurgischem Weg oder durch elektrochemische Abscheidung. Formgussstücke behalten das Erstarrungsgefüge als *Gussgefüge*, es ist direkt für die mechanischen Eigenschaften verantwortlich. Knetwerkstoffe werden zwar nach der gießtechnischen Erzeugung durch Umformung weiterverarbeitet, aber auch hier sind die Eigenschaften stark vom Erstarrungsgefüge abhängig.

Die Kenntnis der Kristallisation, Phasen und Gefüge ist daher für das Verstehen der folgenden Kapitel, insbesondere des Kapitels 4, Voraussetzung.

3.1   Die Schmelze

Flüssiges Metall wird als Schmelze bezeichnet, genauer als Gusseisen-, Stahl-, Kupfer-, Aluminiumschmelze usw. In schmelzflüssigem Zustand sind die Atome ungeordnet, die Schmelze ist amorph. Reine Metallschmelzen sowie Legierungsschmelzen (mit Fremdatomen) bestehen i. Allg. aus *einer Phase*.

Phase = Stoff mit einheitlicher atomarer oder molekularer Struktur. Eine Phase kann aus einem oder mehreren Element(en) bzw. Stoff(en) bestehen.

Beispiele zur Erklärung des Begriffs Phase:

– Wasser besteht aus *einer* Phase (Stoff H_2O).

– Wasser (flüssig, amorph) und Eis (fest, kristallin) zusammen bilden *zwei* Phasen aus *einem* Stoff.

– Nicht gelöste Salzkörner (kristallin) in Wasser: *Zwei* Phasen, *zwei* Stoffe.

– Gelöstes Salz in Wasser: *Eine* Phase, *zwei* Stoffe.

Nur im Ausnahmefall bestehen die Schmelzen von Metallegierungen aus zwei oder mehr Phasen, beispielsweise Blei und Eisen, Blei und Aluminium. Das flüssige Blei sammelt sich am Boden des Tiegels und löst sich nicht im Eisen oder Aluminium (Bild 3.1).

Bild 3.1 Unlöslichkeit einer Blei- und Aluminiumschmelze.

Gasförmige Elemente wie Wasserstoff, Stickstoff oder Sauerstoff lösen sich leicht in Metallschmelzen. Der Nachteil ist, dass sie sich bei der Erstarrung in Form von Gasporen ausscheiden.

Die Schmelzen der metallischen Werkstoffe werden im Allgemeinen bei etwa 200 °C bis 300 °C über der Erstarrungstemperatur hergestellt, d.h. mit Legierungselementen versehen, gereinigt, entgast und durch Zuschläge korngefeint. Anschließend erfolgt das Gießen und die Erstarrung.

3.2   Die Erstarrung

Die Schmelze erstarrt in Gießformen. Entsprechend dem späteren Verwendungszweck oder der Wirtschaftlichkeit werden folgende Formen verwendet:

Formguss	Sandformen
	Kokillen
	Stahlformen
Formateguss	Kokillen
	Stranggusskokillen

Es bedeuten: *Formguss* = Guss in Formen mit endgültiger Bauteilgestalt (Formgussstücke); *Formateguss* = Guss in Blockformen mit runden oder rechteckigen Formaten für die weitere Verarbeitung; *Kokille* = metallische Form. Die gießtechnischen Verfahrensweisen werden später beschrieben.

Die *Erstarrungsgeschwindigkeit* in den aufgeführten Formen nimmt jeweils von oben nach unten zu, d.h. Sandguss erstarrt langsamer als Kokillenguss und Kokillenguss wieder langsamer als Strangguss. Sie ist für die Gussstückqualität von großer Bedeutung. Hohe Erstarrungsgeschwindigkeit ist immer günstiger als niedrige. Beim Stranggießverfahren sorgt zusätzliche Wasserkühlung für höchste Erstarrungsgeschwindigkeit.

Bild 3.2 zeigt schematisch, wie die Kristallisation im Falle langsamer und schneller Erstarrung sowie mit wenigen und vielen Kristallisationskeimen abläuft.

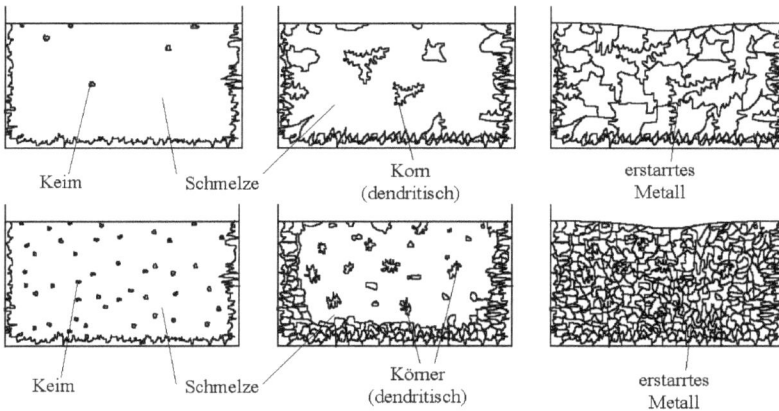

Bild 3.2 Erstarrung der Schmelze. Oben: Wenig Keime, langsame Erstarrung, damit grobes Korngefüge; Unten: Viele Keime, schnelle Erstarrung, damit feines Korngefüge.
Anm.: Die Keime sind in der schematischen Darstellung viel zu groß gezeichnet.

Am Rand der Form (z.B. Kokillenwand) bildet sich sehr schnell eine feinkörnig erstarrte Zone, anschließend entsteht – aufgrund der Wärmeabfuhr nach außen – eine Stengelkristallzone. In der Formmitte überwiegt die Keimbildung durch Schmelzekeime. Das können Eigenkeime sein (zufällig zusammentreffende Atome in richtiger Kristallstruktur) oder Fremdkeime (mikroskopisch feine Feststoffteilchen). Optimal feines Korn wird bei schneller Erstarrung und guter Kornfeinung erzielt. Zur Kornfeinung dienen Kristallisationskeime, die in verschiedener Form in die Schmelze gegeben werden (beispielsweise feines Titandiborid für Al-Schmelzen).

Frei in der Schmelze entstehende Körner wachsen nicht rund (*globulitisch*), sondern *dendritisch*, d.h. verzweigt, verästelt, mit tannenbaumförmigem Aussehen (Bild 3.2, oben Mitte). Gegen Ende der Erstarrung stoßen die dendritischen Körner überall zusammen, in den verbleibenden Zwischenräumen erstarrt schließlich auch der letzte Schmelzerest.

Das Volumen der Schmelze nimmt bei der Erstarrung deutlich ab, da die Schmelzedichte bei fast allen Metallen niedriger ist als die Dichte im festen Zustand. Die *Schwindung* führt zu Hohlräumen im erstarrten Gussstück, den *Lunkern* (Bild 3.3). In der Formgießerei wird Lunkern mit *Speisern* entgegengewirkt, die als Schmelzereservoir während der Erstarrung Schmelze in die Schwindungshohlräume nachliefern. Die Volumenschwindung beträgt bei Aluminium 6 %, bei Stahl 4,5 %.

Als Ausnahme einer sonst stets angestrebten feinkörnigen Erstarrung sei die Herstellung von *Einkristallen* erläutert. Hierbei darf die Erstarrung nur an einem einzigen Keim erfolgen. Bild 3.4 zeigt eine Möglichkeit der Einkristallzüchtung.

Meist wird bei der industriellen Herstellung von z.B. Siliziumeinkristallen für die Halbleiterchip-Produktion ein anderes Verfahren angewandt: Der als Keim wirkende „Mutterkristall" wird langsam aus der Schmelze herausgezogen, wobei fortlaufend festes Material ankristallisiert und der Kristall bis zu Meterlänge heranwächst, mit Durchmessern von über 200 mm.

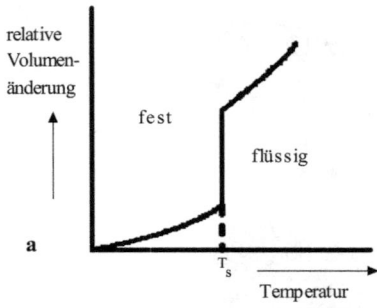

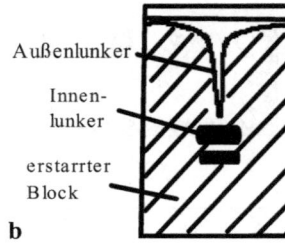

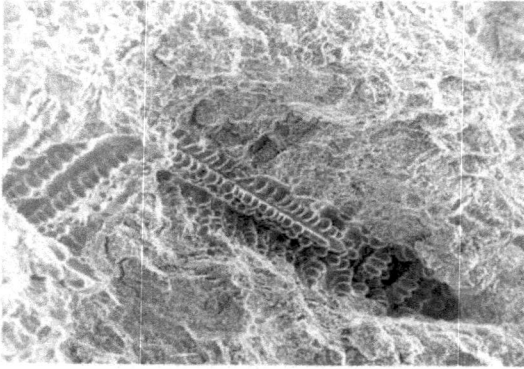

Bild 3.3 a) Relative Volumenänderung $\Delta V/V_0$ im festen / flüssigen Zustand und bei der Schmelztemperatur T_s.
b) Lunkerbildung in einem Gussblock aufgrund der Erstarrungsschwindung.
c) Mikrolunker in aufgebrochenem Aluminium mit in den Hohlraum gewachsenem dendritischen Kristall.

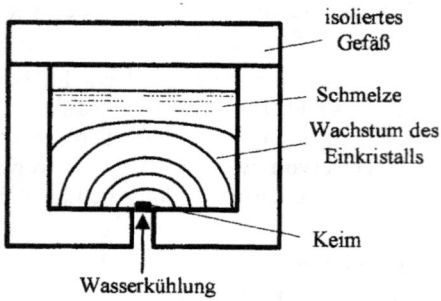

Bild 3.4 Eine Möglichkeit der Einkristallzüchtung aus einem Keimkristall.

3.3 Abkühlung auf Raumtemperatur; Phasenumwandlungen

Nach der Erstarrung kühlen reine Metalle auf Raumtemperatur ohne Gefügeänderungen ab. Das Volumen verkleinert sich weiter durch thermische Schwindung (Bild 3.3a).

Polymorphe Metalle (Eisen, Titan u.a.) ändern während der Abkühlung ihre atomare Struktur (siehe Abschn. 2.1.4), es treten *Phasenumwandlungen* auf. **Beispiel Eisen**: δ-Phase (krz-Gitterstruktur) → γ-Phase (kfz-Gitter) → α-Phase (krz-Gitter). Die Gitterstrukturänderungen rufen in *reinem Metall* jedoch keine mikroskopisch erkennbaren Gefügeänderungen hervor.

Legierungen wie kohlenstoffhaltiger Stahl können dagegen *Gefügeumwandlungen* während der Abkühlung aufweisen. Ursache der in Kapitel 4 näher beschriebenen Gefügeumwandlungen ist die unterschiedliche Löslichkeit der Phasen für Fremdatome. Beispielsweise löst sich Kohlenstoff in der γ-Phase des Eisens recht gut, in der α-Phase hingegen kaum. Also muss bei Abkühlung und entsprechender Phasenumwandlung kohlenstoffhaltiger Stähle eine Gefügeänderung erfolgen.

Auch manche Legierungen, deren Grundmetalle keine Polymorphie aufweisen, zeigen Gefügeveränderungen während der Abkühlung, z.B. Aluminium mit 4 % Cu. Ursache ist die mit tieferer Temperatur abnehmende Löslichkeit für Fremdatome. Nicht mehr gelöste Fremdatome bilden durch Diffusion kleine Kristallite, die im Mikroskop als neue Gefügebestandteile erkennbar werden.

Zusammenfassung

Metallschmelzen erstarren je nach Erstarrungsbedingungen zu grob- oder feinkörnigem Gussgefüge, wobei der Erstarrungsgeschwindigkeit große Bedeutung zukommt. Die Körner entstehen meist an Fremdkeimen (Formwände, feste Partikel), seltener durch Eigenkeimbildung. Die Kornform ist dendritisch. Nach der Erstarrung treten während weiterer Abkühlung bei polymorphen Metallen Phasenumwandlungen auf; bei Legierungen kann sich durch abnehmende Löslichkeit für die Fremdatome auch das Gefüge verändern.

Aufgaben zu Kapitel 3

1. Was versteht man (in thermodynamischem Sinn) unter einer Phase?
2. Aus wie vielen Phasen besteht eine Metallschmelze mit gelösten Fremdatomen?
3. Ist die Löslichkeit für Fremdatome in Metallschmelzen gut oder schlecht?
4. Wie wird in der Gießerei feines Korngefüge erzeugt?
5. Warum kommt es in Legierungen beim Abkühlen von der Erstarrungstemperatur zu Gefügeveränderungen?

4 Die Phasenzustände metallischer Legierungen (Zustandsdiagramme)

Überblick und Lernziel

In den vorhergehenden Abschnitten wurde aufgezeigt, dass Metalle und ihre Legierungen bei verschiedenen Temperaturen in unterschiedlichen Phasen vorliegen: Als Schmelze oder im festen Zustand, in verschiedenen Kristallstrukturen, mit gelösten oder als neue Phase ausgeschiedenen Fremdatomen. Man kann sich bei über 80 metallischen Elementen des Periodensystems (von denen sich sehr viele miteinander legieren lassen) die große Vielfalt und Verschiedenartigkeit der Metalllegierungen vorstellen. Die moderne Werkstoffwissenschaft ist in der Lage, Fragen nach Phasen, Gefügen und Umwandlungstemperaturen der zahlreichen Metalllegierungen zu beantworten. Möglich wird dies durch die nachfolgend erläuterten Zustandsdiagramme. Auch die Messtechnik zur Erstellung der Zustandsdiagramme wird kurz beschrieben.

Der Maschinenbau-Ingenieur muss die Zustandsdiagramme – insbesondere das Eisen-Kohlenstoff-Diagramm – lesen und interpretieren können, da die aus den Diagrammen hervorgehenden Gefüge entscheidend für Werkstoffeigenschaften wie Festigkeit, Zähigkeit, Verschleißverhalten oder Korrosionsbeständigkeit sind.

4.1 Reine Metalle und Legierungen

Wie in Abschnitt 2.1.5 erwähnt, sind „reine" Metalle nicht absolut rein; je nach Herstellung unterscheidet man

- Metall technischer Reinheit
- Reinstmetall
- Metall höchster Reinheit

und gibt den Reinheitsgrad in Masse-% hinter dem chemischen Symbol an: Al 99, Al 99,5 usw. (Für Edelmetalle gelten noch alte Bezeichnungen mit Angaben in Promille, z.B. 980iger Gold = Au 98). Die Fremdatome in reinen Metallen sind durch Analysen jeder hergestellten Charge (Charge = Ofeneinheit) bekannt, sie werden als *Begleitelemente* bezeichnet. Ihre Art und Menge hängt vom Rohstoff (dem Erz oder dem Schrott) und der Herstellungsart ab. Die Werkstoffnormen enthalten Angaben zu den wichtigsten Begleitelementen. So darf Al 99,5 maximal 0,4 % Fe und maximal 0,25 % Si enthalten, zusammen jedoch nicht über 0,5 %. Es steht außer Frage, dass sich die Begleitelemente auf die Eigenschaften der Metalle auswirken.

Legierungen sind Metalle mit mindestens einem absichtlich zugegebenen Element. Legierungselemente sind überwiegend metallisch, können aber auch aus Nichtmetallen bestehen (Kohlenstoff, Schwefel, Phosphor usw.).

Enthalten Legierungen neben dem Grundmetall *ein* weiteres Legierungselement, heißen sie *Zweistoff-Legierungen* oder *binäre* Legierungen; solche mit *zwei* zugegebenen Elementen heißen *Dreistoff-* oder *ternäre* Legierungen. Darüber hinaus spricht man von *Mehrstoff-Legierungen*.

Stahl bildet eine Ausnahme. Der in Stahl enthaltene *Kohlenstoff* wird nicht als Legierungselement angesehen, da er früher stets Begleitelement war. So können einem als „unlegiert" bezeichneten Stahl 1 % oder mehr Kohlenstoff zulegiert sein.

Jedem Grundmetall lassen sich theoretisch beliebig viele Masse-% Legierungselemente zufügen. Bei über 50 % wird das Legierungselement zum Grundmetall. Beispiel: Eine Kupferlegierung kann bis 50 % Nickel enthalten; ab 51 % Ni liegt eine Nickellegierung mit 49 % Cu vor. Bei Mehrstofflegierungen ist das am meisten enthaltene Element das Grund- oder Basismetall.

> Legierungen bestehen aus dem Grundmetall technischer Reinheit mit mindestens einem absichtlich zugegebenen weiteren Element.

4.2   Abkühlungskurven

Zur Messung der im folgenden Abschnitt beschriebenen Zustandsdiagramme werden für jede Legierung des untersuchten *Legierungssystems* (z.B. Cu – Ni, Fe – C, Al – Mg usw.) Abkühlungskurven aufgezeichnet. Bild 4.1 zeigt die Messeinrichtung, Bild 4.2 die Aufzeichnung einer Abkühl- und einer Aufheizkurve (Temperatur-Zeit-Kurve) für reines Metall (Zink). Die *Haltepunkte* während der Erstarrung bzw. des Schmelzens entstehen durch die bei der Umwandlung „flüssig – fest" frei werdende Erstarrungswärme bzw. durch die für das Schmelzen benötigte – gleich große – Schmelzwärme (Zink: 101 J/g). Die *Umwandlungstemperatur* ist hier die Schmelz- oder Erstarrungstemperatur (Zink: 419 °C, siehe auch Tabelle 2.10).

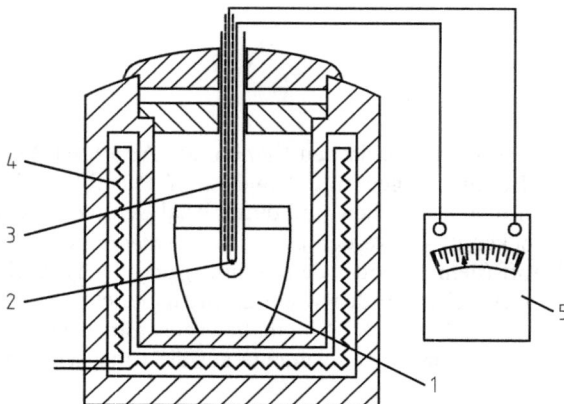

Bild 4.1 Versuchsanordnung zur thermischen Analyse. 1 zu untersuchendes Metall, 2 Temperaturmessstelle (Thermoelement), 3 Isolierröhrchen, 4 elektrische Ofenheizung, 5 Temperaturanzeige.

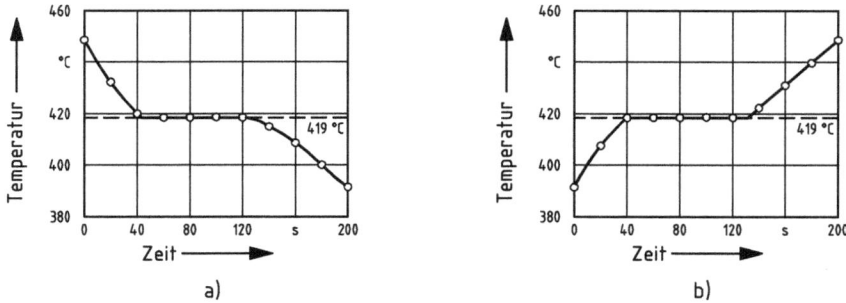

a)   b)

Bild 4.2 a) Abkühlungskurve und b) Aufheizkurve von Reinzink.

Die Umwandlungstemperatur ist für das Aufheizen und Abkühlen nur dann gleich, wenn die Temperaturänderungen extrem langsam erfolgen. Das System muss sich stets im Gleichgewicht befinden, nur dann ist der Prozess reversibel, d.h. umkehrbar. Reversibel bedeutet: 1 K Temperaturerhöhung über die Schmelztemperatur hinaus muss zum völligen Schmelzen, 1 K Temperaturerniedrigung zum völligen Erstarren führen, und das beliebig oft. Das Gleichgewicht liegt nicht vor, wenn die Temperaturänderung schnell erfolgt. So kann man die Schmelze durch rasches Abkühlen um mehr als 100 K „unterkühlen", ehe sie erstarrt.

Um die Abkühlkurve einer *Zweistoff-Legierung* aufzunehmen, wiegt man entsprechende Metallmengen ab und schmilzt sie auf. Beispiel: Für die Messinglegierung CuZn42 mit 58 % Cu und 42 % Zn werden 58 g Kupfer (Drahtstücke, Späne o.ä.) und 42 g Zink abgewogen, gemischt und im Tiegel geschmolzen. Nach völliger Lösung der Bestandteile kann abgekühlt werden.

Die schematische Abkühlkuve einer (beliebigen) binären Legierung zeigt Bild 4.3. Statt des Haltepunktes treten hier zwei Knickpunkte auf, die mit *Liquidustemperatur* (liquid = flüssig) und *Solidustemperatur* (solid = fest) bezeichnet werden. Dazwischen liegt ein Erstarrungstemperaturbereich. Während er durchlaufen wird, erstarrt die Legierung. Liquidus- und Solidustemperaturen hängen von der Konzentration der Elemente ab. Schon Zehntel-% mehr oder weniger Legierungsgehalt können sie um viele K verschieben.

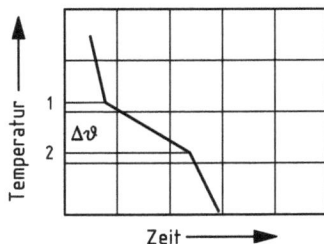

Bild 4.3 Abkühlungskurve einer Legierung (schematisch). 1 = Liquidustemperatur, 2 = Solidustemperatur, $\Delta\delta$ = Erstarrungsbereich.

> Die Halte- und Knickpunkte der Abkühlungskurven erstarrender Metalle und Legierungen dienen als Messpunkte zur Erstellung von Zustandsdiagrammen.

Phasenumwandlungen im festen Zustand

So wie die Erstarrung zu Halte- oder Knickpunkten der Abkühlkurven führt, müssen sich Phasenumwandlungen im festen Zustand ebenfalls bemerkbar machen. Bild 4.4 zeigt dies für die Abkühlkurve des Eisens, das ja aufgrund seiner polymorphen Eigenschaft mehrfach die Gitterstruktur ändert. Die angegebenen Umwandlungstemperaturen gelten auch hier nur für sehr langsame Abkühlung, da stets der Gleichgewichtszustand vorliegen muss.

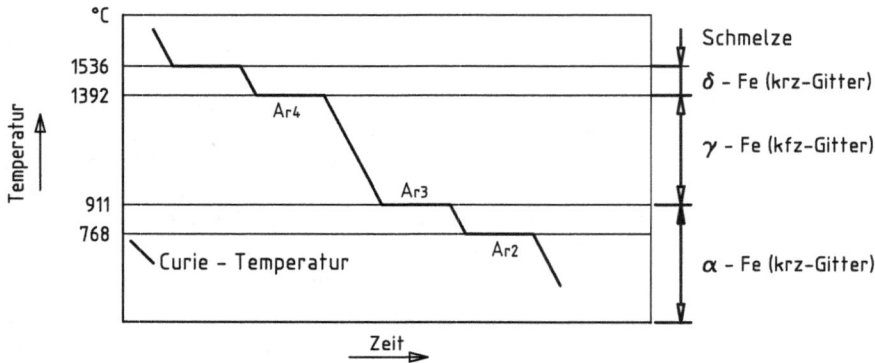

Bild 4.4 Abkühlungskurve von reinem Eisen. Die Haltepunkte bei Eisen und Stahl werden mit A gekennzeichnet, für Abkühlung mit A_r, für Aufheizen mit A_c.

Werden dem reinen Eisen Fremdatome zulegiert, verschieben sich die Haltepunkte, es entstehen Umwandlungstemperaturbereiche mit entsprechenden Knickpunkten.

Die im festen Zustand auftretenden Halte- und Knickpunkte dienen ebenfalls zur Erstellung der Zustandsdiagramme.

4.3   Die Zustandsdiagramme

Allgemeines

Die in umfangreichen Abkühlversuchen ermittelten, auch *Zustandsschaubilder* genannten Diagramme gibt es für alle praktisch interessierenden Legierungssysteme [7]. Sie ermöglichen dem Fachmann schnelle Aussagen über Aggregatzustand, Phasen, Gefüge und vieles mehr für eine ausgewählte Legierungszusammensetzung bei beliebiger Temperatur.

Beispiel: Welche atomare Struktur liegt für die Messingsorte CuZn42 bei 800 °C vor? Das Zustandsdiagramm Kupfer-Zink zeigt bei 42 % Zn: Feste Mischkristalle des Typs β mit krz-Atomgitter.

Zustandsdiagramme sind für folgende Fragen bedeutsam:

- Welche Gießtemperatur erfordert eine Legierung und wie groß ist der Erstarrungsbereich? (betrifft Gießereitechnik)

- Welche Phasen- und Gefügeumwandlungen treten auf? (betrifft Wärmebehandlungen, Umformung, Schweißtechnik u.a.m.)

- Welche Phasen und Gefüge liegen bei Gebrauchstemperatur vor? (betrifft Werkstoffeigenschaften)

Zustandsdiagramme bilden die Verbindungslinien der Halte- und Knickpunkte von Abkühlungskurven des ganzen Legierungssystems. Für ein binäres System werden dazu auf der Abszisse alle Prozentgehalte von 0 – 100 % aufgetragen (Bild 4.5a), die Ordinate enthält die Temperatur. Ternäre Systeme können vollständig nur dreidimensional dargestellt werden, Bild 4.5b zeigt dafür die Koordinaten. Alle folgenden Ausführungen beschränken sich auf binäre Legierungen.

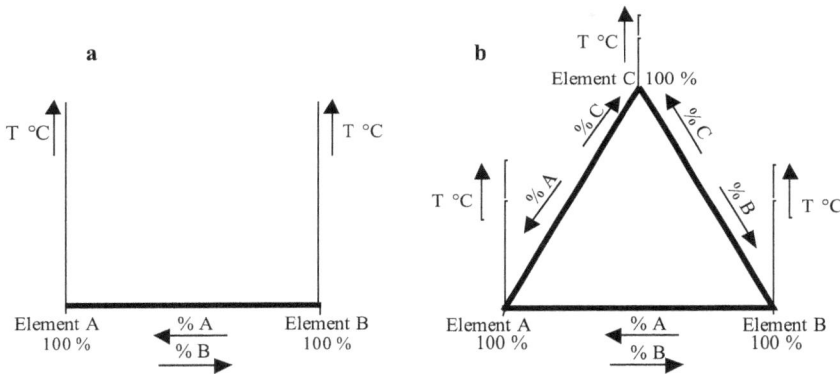

Bild 4.5 Koordinatensysteme für Zustandsdiagramme. a) binäres, b) ternäres Diagramm.

Je nach Löslichkeit der Legierungselemente im Grundmetall lassen sich die Zustandsdiagramme in verschiedene Grundtypen („Systeme") einteilen. Hier sollen nur die Systeme behandelt werden, die *völlige Löslichkeit im flüssigen Zustand* aufweisen, da Unlöslichkeit in der Schmelze – wie in Abschnitt 3.1 beschrieben – seltener auftritt. Dann verbleiben folgende Systeme:

1. *Unlöslichkeit* im festen Zustand

2. Völlige *Löslichkeit* im festen Zustand

3. Teilweise Löslichkeit im festen Zustand

4. Bildung intermetallischer Phasen und Verbindungen

4.3.1   System mit Unlöslichkeit im festen Zustand

Bild 4.6 zeigt das schematische Zustandsdiagramm für zwei Elemente A und B, die sich nach Erstarrung nicht ineinander lösen, sondern ein Kristallgemisch bilden. Beispiele für derartige Legierungssysteme mit Unlöslichkeit im festen Zustand: Zn-Cd, Bi-Cd, Ag-Cu oder Al-Be.

Alle Linien im Diagramm stellen Umwandlungstemperaturen dar, die aus Halte- und Knickpunkten der Abkühlungskurven vieler einzelner Legierungen aus A und B gewonnen wurden. Entsprechend den Liquidustemperaturen (obere Knickpunkte) heißen die oberen Linien im Diagramm *Liquiduslinien*, die unteren *Soliduslinien*. Die Liquiduslinien fallen von den Schmelztemperaturen der reinen Metalle (auf den Ordinaten liegend) ab auf einen tiefsten Schmelzpunkt E (= *Eutektikum*), der zugleich die Solidustemperatur darstellt. Die Solidustemperatur verläuft für alle Legierungen auf gleicher Höhe.

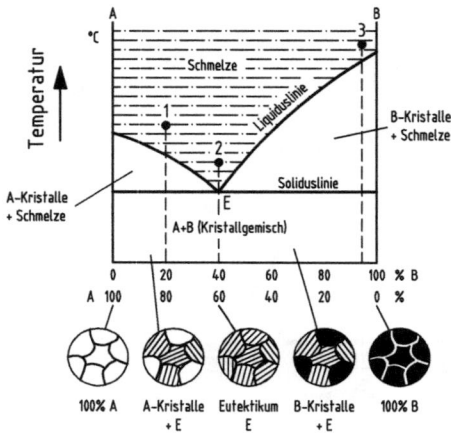

Bild 4.6 Zustandsdiagramm eines Legierungssystems mit völliger Unlöslichkeit der Elemente A und B. 1, 2 und 3 sind Abkühlungslinien beispielhafter Legierungen (siehe Text). E = Eutektischer Punkt.

Das Diagramm wird am einfachsten durch Beschreibung einiger Abkühlungslinien verständlich.

Legierung 1 (Metall A mit 20 % Legierungselement B). Die Schmelze S kühlt bis zur Liquidustemperatur ab, es beginnen erste Kristalle aus *reinem* Metall A zu erstarren. Weitere Abkühlung bis zur Solidustemperatur lässt immer mehr Kristalle heranwachsen. Am Soliduspunkt ist ein Großteil der Schmelze erstarrt. Die noch verbliebene Schmelze muss *alle* Fremdatome des Metalls B enthalten, da ja bisher nur Körner aus reinem Metall A fest wurden. Die Konzentrationszunahme an B in der verbleibenden Schmelze verläuft entsprechend der Liquiduslinie, damit enthält die Restschmelze am Soliduspunkt 40 % B. Beim Unterschreiten der Solidustemperatur wird alles fest, die restliche Schmelze erstarrt mit der Zusammensetzung von Punkt E, dem Eutektikum. Das auf Raumtemperatur abgekühlte Gefüge besteht aus einem Kristallgemisch aus Körnern des Metalls A und dem Eutektikum (Beschreibung siehe Abkühlungslinie 2).

Legierung 2 (Metall A mit 40 % Legierungselement B). Die Schmelze S kühlt ab, bis das Eutektikum E erreicht wird. Hier fallen Liquidus- und Soliduslinie zusammen, es gibt keinen Erstarrungstemperaturbereich. Die Besonderheit der nun stattfindenden Erstarrung ist die Bildung eines extrem feinkristallinen Gemisches aus Körnern von Metall A und solchen aus B. Oft tritt dabei ein schichtartiges („lamellenförmiges") Wachstum der feinen Kristallite auf. Bild 4.6 zeigt im unteren Teil schematisch das Gefüge, wobei weiß die Kristallite des Metalls A und schwarz diejenigen von Metall B sein sollen. In Bild 4.7b ist das Gefüge des Zink-Cadmium-Eutektikums zu sehen. Das unter dem Mikroskop sehr interessante, ja oft schöne Gefüge hat zu dem Namen *Eutektikum* geführt (griech.: das Schöne, das Wohlgestaltete).

> Eutektikum = Extrem feines Korngemisch aus Metall A und Metall B. Die Zusammensetzung des eutektischen Gefüges ist im gesamten Legierungssystem immer gleich.

Da die Legierung 2 genau eutektische Zusammensetzung hat, besteht das gesamte Gefüge aus Eutektikum, sie wird als *eutektische Legierung* bezeichnet. Legierung 1 hingegen ist eine *untereutektische Legierung*.

Legierung 3 (Metall B mit 5 % Legierungselement A). Die Schmelze S kühlt bis zur Liquidustemperatur ab, erste Körner aus reinem Metall B erstarren. Ihre Zahl und Größe steigt bei weiterer Abkühlung, wobei die Schmelze alle Atome von A aufnehmen muss. Bei der Solidustemperatur ist noch Restschmelze vorhanden, die nun 40 % A enthält. Daher erstarrt

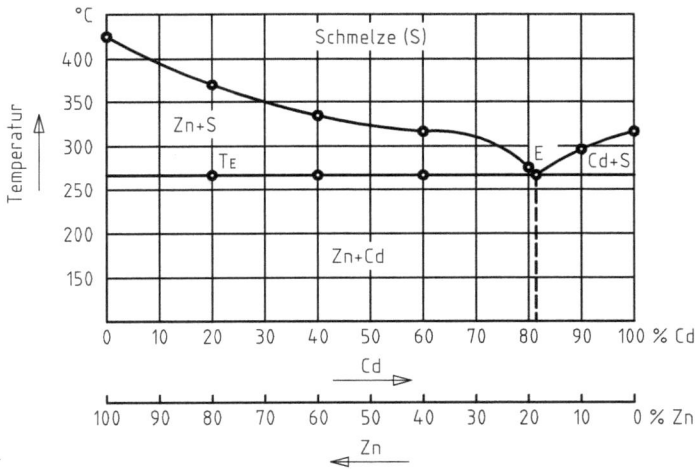

Bild 4.7 a) oben: Zustandsdiagramm Zink-Cadmium. S = Schmelze, E = Eutektikum, T_E = eutektische Temperatur (Soliduslinie), b) unten: Eutektisches Zn-Cd-Gefüge.

sie eutektisch mit dem beschriebenen feinkörnigen Gefüge aus A und B. Die Menge an eutektischen Körnern ist hier naturgemäß deutlich kleiner als bei Legierung 1, da ja nur 5 % Fremdatome legiert wurden.

Bild 4.7a zeigt das Zustandsdiagramm des Legierungssystems Zink-Cadmium. Im festen Zustand sind Zn und Cd nicht ineinander löslich. Das Eutektikum liegt bei 82 % Cd und 18 % Zn, sein Gefüge ist in Bild 4.7b dargestellt.

> Legierungssysteme mit Unlöslichkeit im festen Zustand bilden ein Kristallgemisch aus den reinen Metallen. Ihre Liquiduslinien treffen sich bei einem tiefsten Temperaturpunkt, dem Eutektikum. Hier erstarrt die Schmelze extrem feinkörnig.

4.3.2   System mit völliger Löslichkeit im festen Zustand

In derartigen Legierungssystemen *lösen* sich die Fremdatome in allen Konzentrationsbereichen, also sowohl Element B löst sich in Grundmetall A, wie auch Element A sich in Grundmetall B vollständig löst. Man spricht von einer lückenlosen *Mischkristallreihe*. (Als Mischkristalle MK wurden in Abschnitt 2.1.5 Kristalle bezeichnet, die Fremdatome im Kristallgitter gelöst haben). Bild 4.8 zeigt das allgemeingültige (schematische) Zustandsdiagramm für die (Mischkristalle bildenden) Elemente A und B. Legierungssystembeispiele sind Ag – Au, Cu – Ni, Ni – Pt.

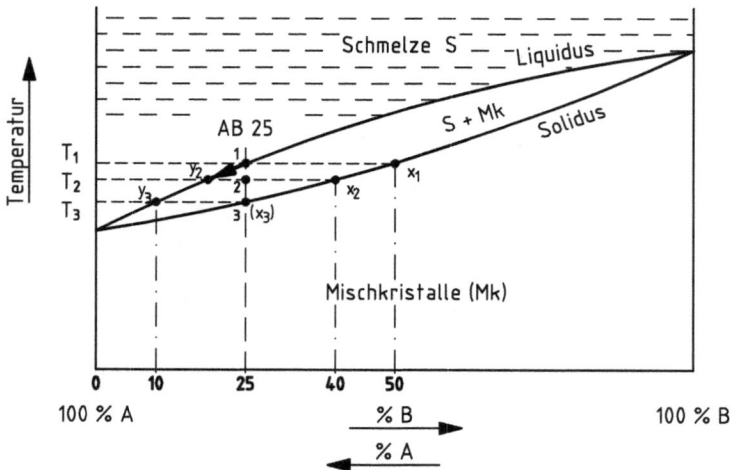

Bild 4.8 Zustandsdiagramm für völlige Löslichkeit der Elemente A und B. Erläuterungen zu der beispielhaften Legierung AB25 siehe Text.

Abkühlung einer beispielhaften Legierung AB25 aus Grundmetall A und 25 % Legierungselement B: Die Schmelze S kühlt bis zur Liquidustemperatur (T_1) ab, nun entstehen erste Mischkristalle. Sie haben allerdings nicht 25 % Fremdatome B gelöst, sondern 50 %, entsprechend der Zusammensetzung x_1, dem Punkt auf der Soliduslinie (feste Kristalle können nur die Zusammensetzung auf der Soliduslinie haben). Nach weiterer Abkühlung (Punkt 2) sind die Kristalle gewachsen, auch neue Körner entstehen. Ihre Zusammensetzung entspricht nun dem Soliduspunkt x_2, also 40 % B, Rest A. Durch die Erstarrung mit hoher B-Konzentration muss die Schmelze an B-Atomen verarmen, ihre Konzentration verändert sich entsprechend dem Pfeil auf der Liquiduslinie hin zu Punkt y_2. Fällt die Temperatur weiter auf T_3, erstarrt auch der letzte Schmelzerest. Seine Konzentration entspricht Punkt y_3, das sind 10 % B, Rest A. Die auf Raumtemperatur abgekühlte Legierung besteht aus Mischkristallen, deren Konzentration an gelösten Fremdatomen sehr ungleichmäßig ist. Im Mittel über alle Kristalle entspricht die Zusammensetzung natürlich der Schmelzezusammensetzung.

Mischkristalle mit – entsprechend Zustandsdiagramm – zwangsläufig ungleichmäßig verteilten Fremdatomen heißen *Zonenmischkristalle* (Bild 4.9). Die Konzentrationsunterschiede im Kristall werden *Kristall-* oder *Kornseigerung* genannt.

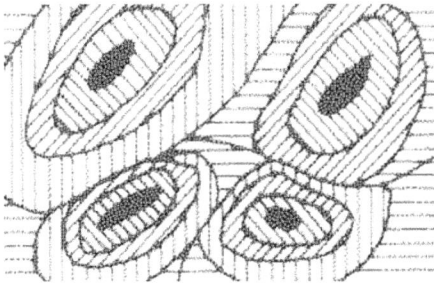

Bild 4.9: Zonenmischkristalle: Unterschiedliche Konzentration der Legierungselemente in den Körnern durch Kristallseigerung. Schwarz: Höchste Konzentration an B. Die Elementkonzentration nimmt nicht, wie die Schraffur andeutet, sprunghaft ab, sondern allmählich.

4.3.3 System mit teilweiser Löslichkeit im festen Zustand

Der in Abschnitt 4.3.1 beschriebene Diagrammtyp „Unlöslichkeit im festen Zustand" enthält eine Unstimmigkeit, die aus Bild 4.10a hervorgeht. Es zeigt als Teildiagramm die linke Seite des eutektischen Zustandsdiagramms bei 100 % Metall A. Verfolgt man nun die Abkühlung des reinen Metalls A, müsste es zwei Haltepunkte, bei T_S und bei T_E, geben. Ein reines Metall kann aber nur einen Haltepunkt bei der Erstarrungstemperatur T_S haben.

Die Unstimmigkeit wird dadurch beseitigt, dass eine – wenn auch nur sehr geringe – Löslichkeit für die Fremdatome (z.B. 0,1 %) angenommen werden muss. Das Zustandsdiagramm ändert sich dann wie in Bild 4.10b gezeigt. Das nun erkennbare Gebiet der Mischkristalle α ist in Bild 4.6 (Abschnitt 4.3.1) vernachlässigt worden.

Können die Metalle A und B mehr Fremdatome lösen (z.B. mehrere Prozent), werden die Mischkristallgebiete deutlich erkennbar (Bild 4.11).

Es soll wiederum die langsame Erstarrung und Abkühlung von drei Legierungen beschrieben werden, die in Bild 4.12 angegeben sind.

Legierung 1 (eutektische Legierung): Die Schmelze kühlt bis zum tiefsten Erstarrungspunkt der Legierung, der eutektischen Temperatur T_E, ab.

Hier erstarrt die gesamte Schmelze zum Eutektikum, einem feinen Korngemisch aus Mischkristallen α und β. Anders als in Bild 4.6 enthalten die Kristallite gelöste Fremdatome, der α-MK z.B. hat eine dem Punkt P entsprechende Konzentration an B-Atomen.

a)

b)

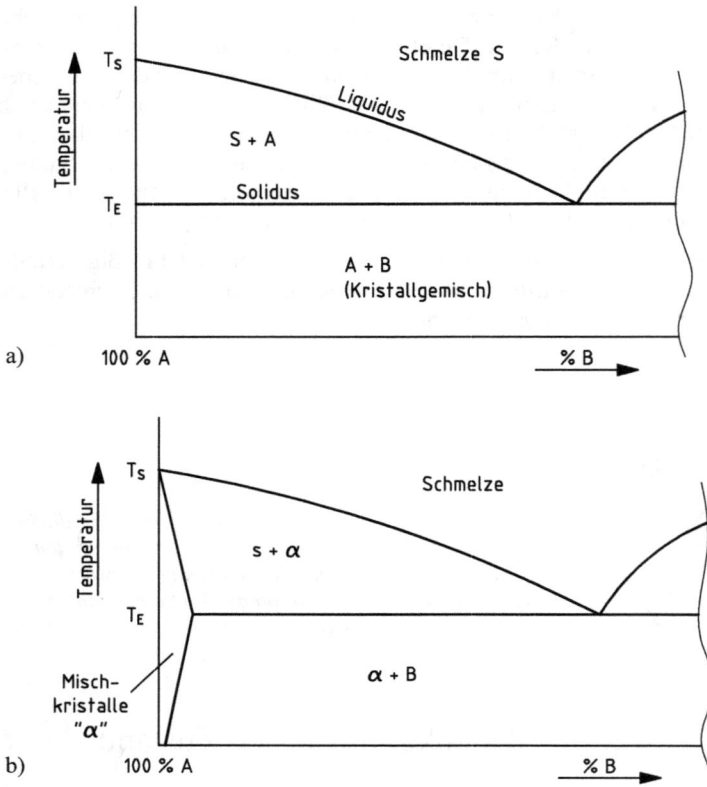

Bild 4.10 a) Zustandsteildiagramm für Unlöslichkeit des Elementes B in Grundmetall A; b) wie a), jedoch geringfügige Löslichkeit von B in A.

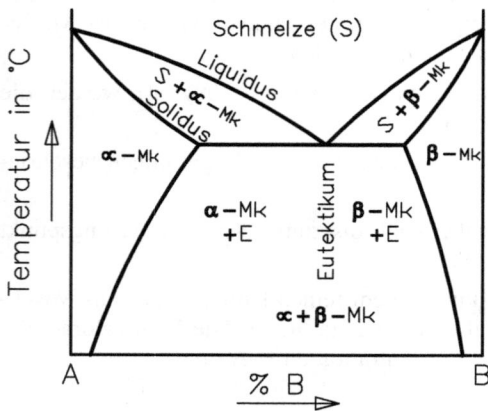

Bild 4.11 Schematisches Zustandsdiagramm mit teilweiser Löslichkeit der Fremdatome in A und in B. Das Eutektikum E besteht aus feinkristallin erstarrten Mischkristallen α und β. MK = Mischkristall.

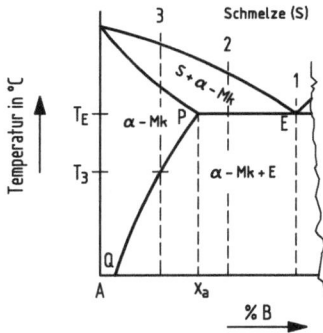

Bild 4.12 Teildiagramm von Bild 4.11 mit Abkühlbeispielen für drei Legierungen (siehe Text). Die Linie P – Q stellt die Löslichkeitsgrenze für B-Atome im festen Stoff A dar.

Legierung 2: Die Schmelze kühlt bis zur Liquiduslinie ab. Erste Kristalle werden fest. Ihre Zusammensetzung entspricht dem Endpunkt der Waagerechten (nach links) auf der Soliduslinie, es handelt sich also um α-MK. Menge und Größe der α-MK nehmen bei weiterer Abkühlung zu, ihre Konzentration ändert sich entsprechend dem Verlauf der Soliduslinie. Durch die Erstarrung B-armer Kristalle muss die Schmelze zwangsläufig B-Atome aufnehmen, ihre Konzentration ändert sich entsprechend dem Verlauf der Liquiduslinie. Bei T_E wird die Solidustemperatur erreicht, die verbliebene Restschmelze erstarrt mit der Zusammensetzung des Eutektikums. Das auf Raumtemperatur abgekühlte Gefüge besteht aus α-MK, umgeben von Eutektikum (feines Gemisch aus α- und β-MK), Bild 4.13.

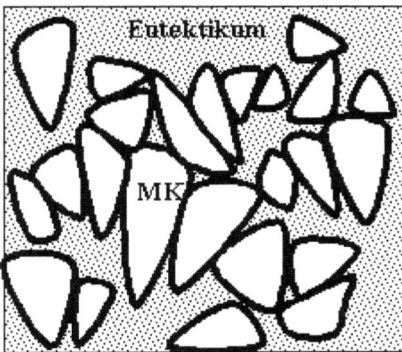

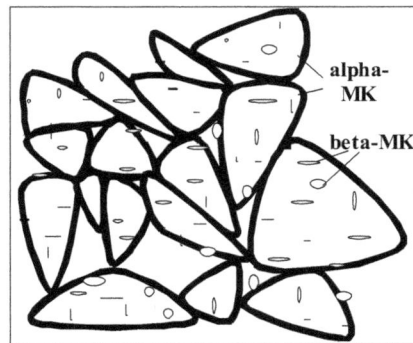

Bild 4.13 Schematisches Gefügebild zu Legierung 2. Weiß: Mischkristall (MK) α; schwarze Punkte: Mischkristall β, fein verteilt im MK α (Eutektikum).

Bild 4.14 Schematisches Gefügebild zu Legierung 3.

Legierung 3: Die Schmelze kühlt zunächst wie Legierung 2 ab, sie erstarrt jedoch ohne eutektisches Gefüge, da links von Punkt P kein Eutektikum auftreten kann. Bei T_3 wird die Umwandlungslinie P – Q erreicht, jetzt tritt eine Umwandlung im festen Zustand durch Diffusion ein. Da die Linie P – Q die Grenze der Löslichkeit von B-Atomen in Metall A angibt, müssen sich bei Unterschreitung nun B-Atome ausscheiden, was sie in Form winziger β-Mischkristalle tun. Nach Abkühlung auf Raumtemperatur besteht das Gefüge aus α-MK und feinen, gleichmäßig verteilten, manchmal auch auf Korngrenzen ausgeschiedenen β-MK (Bild 4.14). Die Bildung der Phase β im festen Korngefüge der α-MK hat große Bedeutung für das Ausscheidungshärten von z.B. Aluminiumlegierungen (s. Abschnitt 6.2.4).

Das Hebelgesetz
Bisher wurden die Umwandlungen nur qualitativ beschrieben; es lassen sich mit Hilfe des Hebelgesetzes auch quantitative Angaben über Gefügemengen bei jeder gewählten Temperatur machen. Dazu zieht man in einem *2-Phasen-Gebiet* des Zustandsdiagramms bei der betrachteten Temperatur waagerechte Linien („Konoden"), die an den Umwandlungslinien enden.

Als erstes Beispiel sei die Berechnung der prozentualen Menge bereits erstarrter Kristalle einer Legierung Kupfer mit 30 % Nickel im System Cu – Ni bei der Temperatur T_x durchgeführt (Bild 4.15). Die Konzentration an Nickel (30 %) teilt die Konode in zwei Hebelarme a und b (daher „Hebelgesetz"). Der Hebelauflagepunkt ist immer die gewählte Legierungszusammensetzung. Die Länge der Hebelarme sowie die Gesamtlänge der Konode kann am besten auf der Konzentrationsskala in %-Einheiten abgelesen werden. Im Beispiel Bild 4.15 ist:

Länge Hebelarm a: 30 (%) – 20 (%) = 10 Skalenteile
Länge Hebelarm b: 50 (%) – 30 (%) = 20 Skalenteile
Länge Konode (a + b): 50 (%) – 20 (%) = 30 Skalenteile

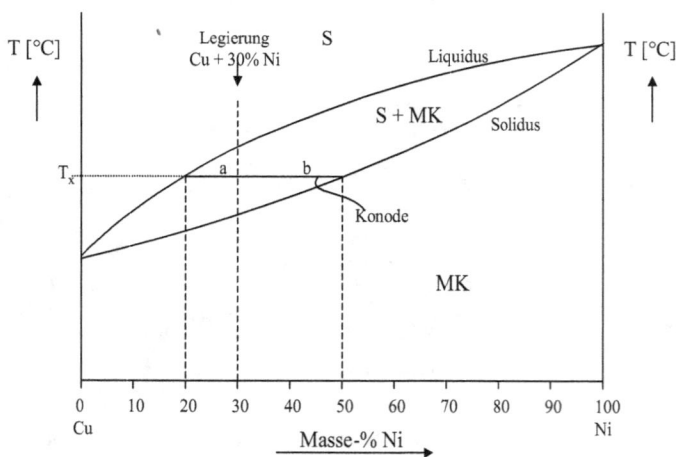

Bild 4.15 Anwendung des Hebelgesetzes zur Ermittlung der Menge bereits erstarrter Kristalle (MK) für die Legierung Cu + 30 % Ni im Zustandsdiagramm Kupfer – Nickel.

Das Hebelgesetz lautet: Die Menge einer Phase (eines Gefüges) entspricht der Länge des *gegenüberliegenden* Hebelarmes, geteilt durch die Konodenlänge.

Um die Kristallmenge (feste Phase) bei T_x zu berechnen, ist der der Soliduslinie (fest!) gegenüberliegende Hebelarm, das ist a mit der Länge 10 Skalenteile, durch die Konodenlänge zu teilen:

$$\text{Kristallmenge bei } T_x = \frac{\text{Hebelarm a}}{\text{Konode a+b}} = \frac{10}{30} = 0,33$$

oder, mit 100 multipliziert: 33 % feste Kristalle.

Die Berechnung der verbliebenen Schmelzemenge kann entweder mit Hilfe des Hebelarms b oder durch Ergänzung der Kristallmenge zu 100 (100 – 35 = 65 % Schmelze) erfolgen.

In einem zweiten Beispiel soll die Menge an eutektischem Gefüge bei der eutektischen Temperatur für eine Legierung A + 30 % B berechnet werden (Bild 4.16).

Länge Hebelarm a = 30 – 10 = 20 Skalenteile (entspricht der Menge Eutektikum)
Länge Hebelarm b = 60 – 30 = 30 Skalenteile (entspricht der Menge α-MK)
Länge Konode a + b = 60 – 10 = 50 Skalenteile

$$\text{Menge eutektisches Gefüge} = \frac{\text{Hebelarm a}}{\text{Konode a+b}} = \frac{20}{50} = 0,4 \text{ bzw. } 40\%$$

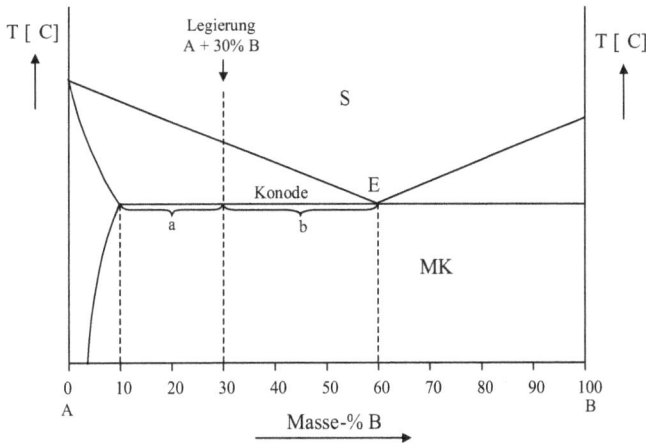

Bild 4.16 Anwendung des Hebelgesetzes zur Ermittlung eutektisch erstarrten Gefüges für Legierung A + 30 % B im schematischen Zustandsdiagramm A - B.

Bei nachfolgender Abkühlung auf Raumtemperatur ändert sich die Menge von 40 % eutektischem Gefüge nicht mehr.

4.3.4 System mit intermetallischen Phasen und Verbindungen

Manche Elemente neigen dazu, miteinander eine neue Phase zu bilden oder stöchiometrisch exakt zusammengesetzte Verbindungen einzugehen. Solche intermetallischen Phasen oder Verbindungen sind als Gefügebestandteil deutlich erkennbar; sie beeinflussen die Werkstoffeigenschaften erheblich. In Zustandsdiagrammen zeigen sie sich als senkrechte Linien oder schmale Phasengebiete bei der entsprechenden Zusammensetzung (Bild 4.17). Sie teilen das Zustandsdiagramm in zwei Teile, jeder Teil für sich bildet sozusagen ein „eigenes" Diagramm.

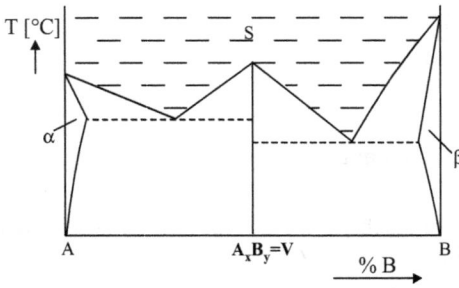

Bild 4.17 *Zustandsdiagramm für zwei Elemente oder Stoffe A und B, die bei 50 Masse-% die Verbindung V = $A_x B_y$ bilden.*

Intermetallische Phasen sind z.B. $Cu_5 Zn_8$ (γ-Messing), $CuZn_3$ (ϵ-Messing), AgCd, $AgZn_3$ oder $AlCu_3$. Sie bilden sich zwischen Metall- und Metallatom, als atomare Bindung herrscht die Metallbindung vor. Verbindungen zwischen Metall- und Nichtmetallatom haben häufig nichtmetallischen Charakter, ihre atomare Bindung ist überwiegend kovalent (Atombindung). Beispiele sind: Fe_3C (Eisenkarbid), WC (Wolframkarbid), TiC (Titankarbid) oder MnS (Mangansulfid).

4.3.5   Zustandsdiagramme von Dreistofflegierungen

Es würde zu weit führen, hier die ternären Legierungen in Form ihrer nur räumlich darzustellenden Zustandsdiagramme zu zeigen, obwohl Mehrstofflegierungen in der Praxis Normalität sind. Wegen der schwierigen Lesbarkeit der dreidimensionalen Diagramme hilft man sich entweder mit isothermen Schnitten oder mit Schnitten bei einer vorgegebenen Konzentration des dritten oder vierten Elementes. Letztere sind genauso zu lesen wie binäre Diagramme. Durch das weitere Element verschieben sich die Umwandlungslinien gegenüber dem Zweistoffdiagramm.

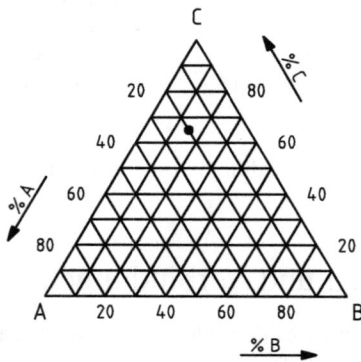

Bild 4.18 *Prozentskalen im ternären Diagramm A-B-C. Legierung • enthält 65 % C, 20 % A und 15 % B.*

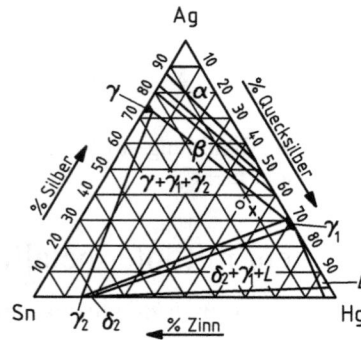

Bild 4.19 *Dreistoff-Zustandsdiagramm Silber-Zinn-Quecksilber, isothermer Schnitt bei Raumtemperatur; α, β, γ und δ sind Mischkristalle oder Verbindungen; L = flüssige Phase des Quecksilbers; x = Zusammensetzung eines Amalgams für die Dentaltechnik.*

Bild 4.18 zeigt die Basis eines Dreistoff-Diagramms mit Konzentrationslinien, die das Auffinden einzelner Legierungen erleichtern. Bild 4.19 zeigt als praktisches Beispiel den isothermen Schnitt (bei Raumtemperatur) des Diagramms Silber-Zinn-Quecksilber. Eingezeichnet ist die Zusammensetzung der in der Zahnmedizin verwendeten Amalgame.

4.4 Eisen-Kohlenstoff-Legierungen

Überblick und Lernziel

Das für den Maschinenbau-Ingenieur wichtigste Zustandsdiagramm ist das Eisen-Kohlenstoff-Diagramm (EKD). Die große Bedeutung ist gut zu begründen:

- Die in Stählen und Gusseisen auftretenden Gefüge sind vorhersagbar, damit lassen sich Aussagen über mechanische Eigenschaften machen;
- Wärmebehandlungen wie Glühen oder Härten lassen sich mit Hilfe des EKD beschreiben, die erforderlichen Temperaturen sind in Abhängigkeit vom Kohlenstoff ablesbar.

Leider ist das Diagramm relativ kompliziert, und zwar aus zwei Gründen:

- Eisen wechselt beim Aufheizen und Abkühlen mehrmals seine Gitterstruktur (Polymorphie);
- Kohlenstoff kann als Phase „Graphit" oder als Verbindung „Fe_3C" vorliegen.

Aus letztgenanntem Grund sind zwei Diagramme zu unterscheiden:

- das *stabile* Eisen-Kohlenstoff-Diagramm („Eisen-Graphit");
- das *metastabile* Eisen-Kohlenstoff-Diagramm („Eisen-Fe_3C").

Das EKD enthält sowohl für die auftretenden *Phasen* als auch für die im Mikroskop erkennbaren *Gefüge* entsprechende Namen. Alle Namen werden häufig gebraucht und sind unbedingt zu lernen. Lernziel ist weiterhin, zumindest das metastabile EKD in groben Zügen auswendig zeichnen zu können und die Gefüge richtig einzutragen. Das gilt vor allem für die sogenannte „Stahlecke", das ist der linke untere Teil des EKD bis 2 % C und 1000 °C.

4.4.1 Das stabile Eisen-Kohlenstoff-Diagramm

Unter bestimmten Voraussetzungen erstarrt eine Eisen-Kohlenstoff-Legierung *stabil*, d.h. durch Kristallisation der Phasen *Eisen* und *Graphit*. Beide Phasen sind nicht mehr – z.B. durch langes Glühen – veränderbar, sie sind „stabil". Die Bedingungen für die Eisen-Graphit-Kristallisation sind:

- Kohlenstoffgehalt über 2 %
- langsame Abkühlung
- erhöhter Siliziumgehalt (Si > 2 %)

Diese Voraussetzungen gelten fast ausschließlich für Eisen-Gusswerkstoffe wie Grauguss, nicht für Stahl.

> Das stabile Eisen-Kohlenstoff-Diagramm ist auf Gusseisen mit C-Gehalten über 2 % anzuwenden.

Bild 4.20 zeigt das stabile EKD. Es bricht bei 7 % C ab, da nur untereutektische und allenfalls eutektische Gusswerkstoffe brauchbar sind (C ≤ 4,25 %). Die Umwandlungspunkte auf der Ordinate entsprechen den Haltepunkten des reinen Fe, wie sie in Bild 4.4 beschrieben wurden.

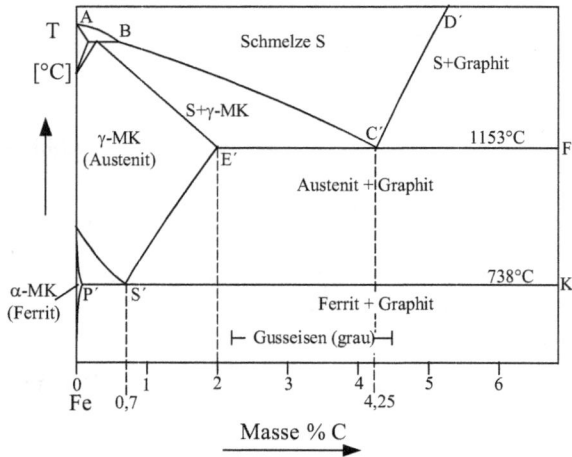

Bild 4.20 Das stabile Eisen-Kohlenstoff-Diagramm bis 7 % C.

Die Liquiduslinie wird durch die Punkte A-B-C'-D' gebildet, die Soliduslinie durch A-E'-C'-F', wobei D' und F' außerhalb des Diagramms bei 100 % C liegen. Unterhalb A-B befindet sich ein *Peritektikum*, das in den vorhergehenden Abschnitten nicht besprochen wurde, es hat für die Eigenschaften der Eisenwerkstoffe wenig Bedeutung.

Die Abkühlung einer eutektischen Eisen-Kohlenstoff-Legierung erfolgt entsprechend der Beschreibung in Abschnitt 4.3.3. Bei C' erstarrt das Eutektikum, ein feines Gemisch aus γ-*Mischkristallen* und *Graphit*. Die γ-MK (Austenit, Beschreibung siehe Abschnitt 4.4.3) bestehen aus Eisen mit kubisch-flächenzentriertem Atomgitter (kfz) und 2 % gelöstem Kohlenstoff. Das Austenit-Graphit-Eutektikum kühlt ab bis 738 °C, hier muss sich das kfz-Gitter aufgrund der Polymorphie in das krz-Gitter umwandeln. Das kubisch-raumzentrierte α-Eisen (Ferrit) kann kaum Kohlenstoff lösen, die C-Atome diffundieren aus dem Eisen heraus und lagern sich an die Graphitkristalle an. (Im nächsten Abschnitt wird beschrieben, dass aus Austenit auch das Gefüge Perlit werden kann.)

Gusslegierungen mit übereutektischem Kohlenstoffgehalt (C ≥ 4,25 %) erstarren unter Bildung von Primärgraphitkristallen (Feld „S + Graphit" in Bild 4.20). Die groben Primärgraphitkristalle sind in Gussstücken unerwünscht, daher vermeidet man übereutektische Legierungen.

Gusslegierungen mit untereutektischem C-Gehalt beginnen ihre Erstarrung mit γ-Mischkristallen. An der Soliduslinie (E'-C') erstarrt die restliche Schmelze eutektisch. Bei 738 °C wandeln sich sowohl die γ-MK wie der im Eutektikum enthaltene Austenit in Ferrit um.

Legierungen mit C-Gehalten < 2 % erstarren nicht stabil, sondern metastabil. Sie werden im folgenden Abschnitt beschrieben.

4.4.2 Das metastabile Eisen-Kohlenstoff-Diagramm

Als *metastabil* gelten Phasen, die durch Zufuhr von Energie (meist Temperaturerhöhung) in andere, stabilere Phasen zerfallen können. Das in Eisenwerkstoffen auftretende Eisenkarbid Fe_3C ist eine solche metastabile Phase, sie kann (unter bestimmten Voraussetzungen) durch Glühen in die stabilen Phasen Eisen und Kohlenstoff (Graphit) zerfallen:

$$Fe_3C \xrightarrow{\text{Glühen}} 3Fe + C$$

Die Voraussetzungen für eine metastabile Erstarrung mit Bildung von Fe_3C-Kristallen sind gegensätzlich zu den in Abschnitt 4.4.1 genannten Bedingungen der stabilen Erstarrung:

- Kohlenstoffgehalt möglichst niedrig (< 2 %)
- nicht zu langsame Abkühlung
- niedriger Silizium-Gehalt, etwas höherer Mangan-Gehalt

Sie werden normalerweise von allen Stählen erfüllt: *Stähle erstarren metastabil*! Auch einige Gusseisensorten wie Temperguss und Hartguss erstarren metastabil.

> Das metastabile Eisen-Kohlenstoff-Diagramm ist auf alle Stähle und einige besondere Gusseisenwerkstoffe anzuwenden.

Das metastabile EKD (Bild 4.21) endet genau bei 6,67 % C, dem Kohlenstoffgehalt der Phase Eisenkarbid (Fe_3C) mit dem Namen *Zementit*. Bei 6,67 % C liegen 100 % Zementit vor. Es handelt sich also um ein Teildiagramm Eisen-Fe_3C, wie es in Abschnitt 4.3.4 (System mit intermetallischen Phasen und Verbindungen) beschrieben wurde. Unter der Kohlenstoffgehaltsskala in Bild 4.21 ist zusätzlich eine Skala für die Menge Fe_3C (Zementit) angegeben.

Das Diagramm ähnelt sehr dem stabilen EKD (Bild 4.20), allerdings sind einige Umwandlungslinien und -punkte um mehrere Grad verschoben; z.B. liegt das Eutektikum (Punkt C) bei 4,3 % C und 1147 °C, der Punkt C' in Bild 4.20 hingegen bei 4,25 % C und 1153 °C. Entscheidender ist nun das Auftreten der Phase Eisenkarbid (Fe_3C) statt der Phase Graphit. Die Umwandlungspunkte auf der Ordinate entsprechen wieder – wie beim stabilen System – den Haltepunkten des reinen Eisens von Bild 4.4.

Die Liquiduslinie verläuft von Punkt A über C nach D. Bei A wurde das Peritektikum vernachlässigt, daher sind die Linien dort gestrichelt. Die Linie C-D ist ebenfalls gestrichelt, da ihr genauer Verlauf – ebenso wie die Temperatur von Punkt D – nicht messbar ist (die Schmelze erstarrt bei dem hohen Kohlenstoffgehalt immer „stabil", so dass Graphit entsteht). Punkt C ist das Eutektikum; das fein erstarrte eutektische Gefüge besteht aus γ-MK und Fe_3C.

Die Erstarrung einer Stahlschmelze (C < 2 %) erfolgt durch Kristallisation von γ-MK (kfz-Eisen mit gelöstem Kohlenstoff); unterhalb der Soliduslinie A-E ist alles erstarrt. Nach weiterer Abkühlung tritt die Umwandlungslinie G-S-E auf, es beginnt die Umwandlung des kfz-Atomgitters in das krz-Atomgitter. Der Umwandlungspunkt G (911 °C) des reinen Eisens ist aus Abschnitt 2.1.4 (Polymorphie) bekannt.

Die Umwandlung von γ-Eisen in α-Eisen erfolgt im Prinzip recht schnell. Allerdings muss dabei der im γ-Eisen gelöste Kohlenstoff ausdiffundieren und das Eisenkarbid Fe_3C gebildet

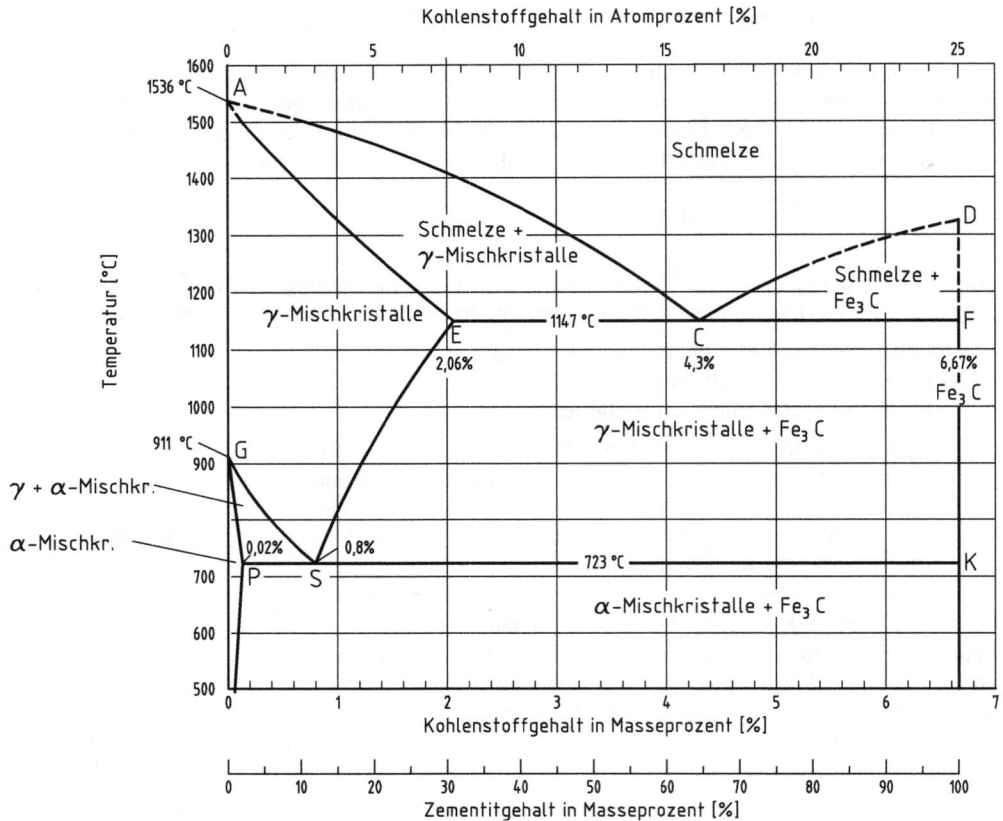

Bild 4.21 Metastabiles Eisen-Kohlenstoff-Diagramm (vereinfacht durch alleinige Angabe der Phasen, ohne Gefügenamen).

werden, so dass die Abkühlung doch langsam geschehen muss. Andernfalls – bei schneller Abkühlung – gilt das EKD nicht mehr.

Während unterhalb G-S die allmähliche Umwandlung der γ-MK in die α-MK erfolgt (sie ist bei der Linie P-S abgeschlossen), bilden sich unterhalb der Linie S-E neue Fe_3C-Kristalle, da die Löslichkeit der γ-MK für Kohlenstoff mit abnehmender Temperatur zurückgeht. Das „Zuviel" an C-Atomen scheidet sich in Form von Fe_3C-Kristallen aus.

Links von Punkt P besteht ein sehr schmaler Löslichkeitsbereich für Kohlenstoff in α-Fe, es ist das Gebiet der reinen α-MK. Am meisten Kohlenstoff löst sich bei 723 °C, aber auch hier sind es nur 0,02 %. Unterhalb von 500 °C – das Diagramm bricht hier ab, da bis herab zur Raumtemperatur keine Gefügeänderungen mehr erfolgen – nimmt die Löslichkeit von C in α-Fe auf 0,006 % (also praktisch auf 0 %) ab. Damit tritt zwangsläufig in allen kohlenstoffhaltigen Stählen die Phase Fe_3C auf.

| Weicher (nicht gehärteter) Stahl besteht bei Raumtemperatur aus nahezu kohlenstofffreiem α-Eisen (Ferrit) und der Verbindung Fe_3C (Zementit). |

Die Umwandlungslinien G-S-E gleichen in ihrer Form den Liquiduslinien A-C-D, dem Punkt S kommt demnach besondere Bedeutung zu. Er wird – in Analogie zum Eutektikum bei C – *Eutektoid* genannt. Entsprechend heißt die Temperaturlinie P-S-K *eutektoide Temperatur*. Unterhalb dieser 723 °C-Umwandlungslinie tritt kein kubisch-flächenzentriertes γ-Eisen mehr auf.

Die Umwandlung der γ-MK mit eutektoider Zusammensetzung (0,8 % C, Punkt S) führt – wie bei einem Eutektikum – zu extrem feinkörnigem Gefüge aus α-MK und Zementit (Fe_3C). Das eutektoide Gefüge heißt *Perlit* (Beschreibung im nächsten Abschnitt, Bild 4.22).

Bei Abkühlung von Stahl mit weniger als 0,8 % C reichern sich unter G-S die noch verbleibenden γ-MK mit Kohlenstoff an, so dass sie bei 723 °C schließlich auch 0,8 % C enthalten (siehe hierzu die Abkühlungsbeispiele in Abschnitt 4.3.2). Damit tritt in *untereutektoiden* Stählen ebenfalls das Gefüge Perlit auf.

Stähle mit mehr als 0,8 % C (*übereutektoide* Stähle) haben perlitisches Gefüge, da durch Ausscheidung des Fe_3C zwischen S-E und S-K die Austenitkristalle bei 723 °C auf 0,8 % C kommen.

Bei 768 °C ist in vollständigen EKD (Bild 4.22) die Linie M-O eingezeichnet. Hierbei handelt es sich um die in Abschnitt 2.4.4 erläuterte Curie-Temperatur.

4.4.3 Die Gefüge der Eisenwerkstoffe

Die im Eisen-Kohlenstoff-Diagramm auftretenden Phasen und Phasengemische (Eutektikum, Eutektoid) haben zusätzlich zu ihren wissenschaftlichen Bezeichnungen in der Praxis häufig gebrauchte Gefügenamen. Wegen ihrer Bedeutung sind sie im EKD eingetragen (Bild 4.22). Die Gefüge werden im Folgenden anhand mikroskopischer Bilder beschrieben und in einer Tabelle abschließend zusammengefasst.

γ-Mischkristalle: Austenit
Der Name wurde dem kubisch-flächenzentrierten Eisen nach dem englischen Forscher R. Austen gegeben. In unlegiertem Stahl existiert Austenit erst oberhalb 723 °C, er ist gut verformbar und unmagnetisch. Da Austenit den Kohlenstoff gelöst enthält, erscheinen im Lichtmikroskop allein die Korngrenzen (Bild 4.23; das Gefüge kann nur durch einen „Trick" bei Raumtemperatur sichtbar gemacht werden, es handelt sich hier um einen hochlegierten Chrom-Nickel-Stahl, der auch bei Raumtemperatur austenitisch ist).

α-Mischkristalle: Ferrit
Das kubisch-raumzentrierte Eisen bildet das übliche Stahlgrundgefüge bei Raumtemperatur. Der Name *Ferrit* leitet sich von Ferrum (lat. = Eisen) ab. Reines Ferritgefüge (Bild 4.24) ohne Eisenkarbid (Fe_3C) ist nur bei extrem kohlenstoffarmen Eisenwerkstoffen zu beobachten.

Eisenkarbid (Fe_3C): Zementit
Die Phase Eisenkarbid (Fe_3C) hat als heller, spröder Gefügebestandteil ihren Namen von „Zement" (Zementstahl, früher „Cämentierter Stahl" = aufgekohlter Stahl) erhalten. Die Härte und zugleich die hohe Sprödigkeit resultieren aus der komplizierten, diamantartigen Gitterstruktur. Je drei Eisenatome binden ein C-Atom, das entspricht 25 Atom-% C, umgerechnet genau 6,67 Masse-% C. Reiner Zementit lässt sich nicht darstellen, weil eine Eisen-

Kohlenstoffgehalt in Atomprozent [%]

Temperatur [°C]

- 1536 °C A   Schmelze + δ-Mischkristalle
- δ-Mischkristalle
- 1493 °C B
- δ-Mischkristalle + Austenit
- 1392 °C N
- I
- Schmelze
- Schmelze + Austenit
- 1300 D
- Schmelze + Primärzementit F
- Austenit (γ-Mischkristalle) E 2,06%   1147 °C   C 4,3%   6,67%
- Austenit + Sekundärzementit + Ledeburit
- Primärzementit + Ledeburit
- 911 °C G
- Austenit + Ferrit
- Austenit + Sekundärzementit
- 768 °C M   0,02% O 0,8%
- Ferrit
- 723 °C K
- P S
- Ferrit + Perlit | Sekundärzementit + Perlit
- Sekundärzementit + Perlit + Ledeburit
- Primärzementit + Ledeburit
- Perlit
- Ledeburit
- Zementit

Kohlenstoffgehalt in Massenprozent [%]

Zementitgehalt in Masseprozent [%]

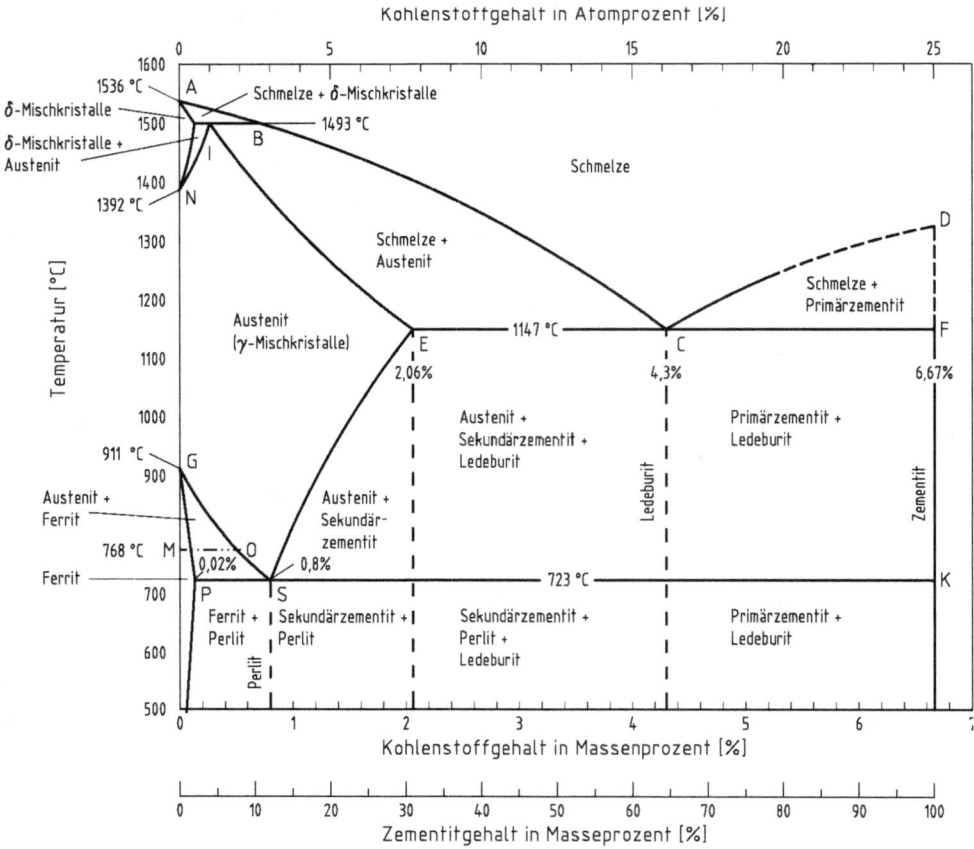

Eisen- Kohlenstoff- Legierungen			
Stahl		Guss- und Roheisen	
unter-	über-	unter-	über-
eutektoid		eutektisch	

0%   0,8%   2,06%   4,3%   6,67%

Bild 4.22 Metastabiles Eisen-Kohlenstoff-Diagramm mit Angabe aller Gefüge.

schmelze mit 6,67 % C unter Graphitausscheidung, also stabil erstarrt. Als Werkstoff wäre Zementit wegen seiner Sprödigkeit unbrauchbar.

Der aus der Schmelze auskristallisierende Zementit heißt *Primärzementit*, der im festen Zustand durch Kohlenstoffausscheidung entstehende Zementit heißt *Sekundärzementit*.

Eutektoid: Perlit

Das sich bei 723 °C bildende feinkristalline Gemisch aus Ferrit (α-Fe) und Zementit (Fe$_3$C) hat seinen Namen durch den perlmuttartigen Glanz bekommen, den das Gefüge manchmal

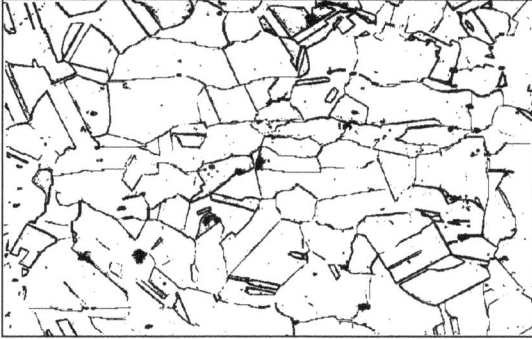

Bild 4.23 Austenit-Gefüge;
V = 200:1.

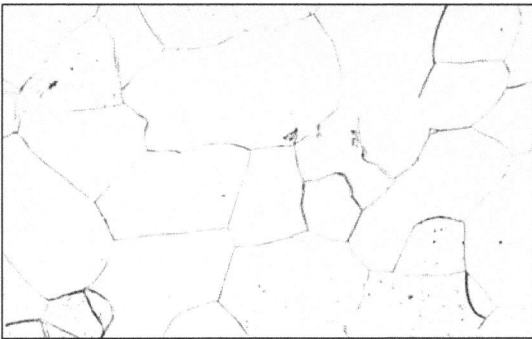

Bild 4.24 Das Gefüge Ferrit;
V = 100:1.

Bild 4.25 Perlit. Hell: Ferrit;
dunkel: Zementit. V = 500:1.

unter dem Mikroskop zeigt. Bei starker Vergrößerung sind die *Zementitlamellen*, eingebettet in Ferrit, zu erkennen (Bild 4.25). Als Lamellen werden dünne, schichtartig gewachsene Kristalle bezeichnet. Der Zementitgehalt des Perlits ist auf der Zementitskala von Bild 4.22 ablesbar, aber auch leicht mit dem Hebelgesetz (Abschnitt 4.3.2) auszurechnen:

Menge Zementit = {0,8 (% C) / 6,67 (% C)} 100 = 12 %, Rest Ferrit.

Je nach Kohlenstoff-Gehalt treten im Stahl die folgenden Gefüge auf:

0,02 bis 0,8 % C:　　　Gemisch aus Ferrit- und Perlitkörnern

0,8 % C:　　　　　　　Ausschließlich Perlitkörner

0,8 bis 2 % C:　　　　 Perlitkörner, zusätzlich Sekundärzementit

Von etwa 0 % C bis 0,8 % C nimmt die Zahl der Perlitkörner zu. Da sie wegen des hohen Zementitgehaltes (12 %) sehr spröde sind, nimmt mit steigender Perlitmenge zwar die Festigkeit der Stähle zu, die Zähigkeit aber deutlich ab. Stähle mit mehr als etwa 0,3 % C werden ohne Wärmebehandlung kaum verwendet, sie sind zu spröde. Bild 4.26 zeigt das Ferrit-Perlit-Gefüge eines Baustahls.

Umformbare und schweißbare Baustähle mit rund 0,2 % C bestehen aus einem Ferrit-Perlit-Korngemisch. Die vielen weichen Ferritkörner ermöglichen die Umformung, die wenigen harten Perlitkörner bewirken die Festigkeit.

Die Perlitmenge eines Stahls mit bekanntem Kohlenstoffgehalt lässt sich ebenfalls leicht mit dem Hebelgesetz im EKD berechnen. Dazu wird die Konode bei 500 °C von 0 % – 0,8 % C gezogen, der Hebelauflagepunkt ist durch den C-Gehalt gegeben. Der linke Hebelarm entspricht der Perlitmenge (der rechte Hebelarm der Ferritkornmenge).

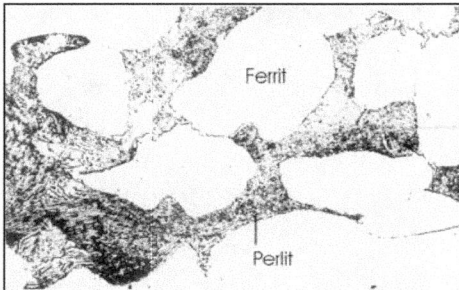

Bild 4.26　Ferrit-Perlit-Gefüge, Stahl mit 0,2 % C; V = 100:1

Eutektikum: Ledeburit

Nach der Erstarrung besteht Ledeburit (nach dem deutschen Forscher A. Ledebur) zunächst aus feinem, lamellarem Gemisch aus Austenit und Zementit. Unterhalb 723 °C wandeln sich die Austenitlamellen in Ferritlamellen um. Ledeburit besteht demnach bei Raumtemperatur aus feinen, sich abwechselnden Lamellen aus Ferrit und Zementit, wobei – im Gegensatz zum Perlit – der Zementitgehalt fast 65 % beträgt. Werkstoffe mit höherem Ledeburitanteil sind daher nicht mehr umformbar, sie können nur gießtechnisch verarbeitet werden. Ledeburitisches Gusseisen wird als Hartguss bezeichnet, es ist sehr hart und verschleißfest. Einige legierte Werkzeugstähle mit 2,1 % C enthalten ebenfalls das Gefüge Ledeburit, sie werden daher als ledeburitische Stähle bezeichnet.

Tabelle 4.1 enthält abschließend eine Übersicht über die im EKD auftretenden Phasen und Gefüge.

Tabelle 4.1 Übersicht über Phasen und Gefüge der Eisen-Kohlenstoff-Legierungen.

Phase oder Phasengemisch	Gefügename	Eigenschaften
γ-Mischkristall (kfz-Atomgitter)	Austenit	weich, zäh, gut umformbar, unmagnetisch
α-Mischkristall (krz-Atomgitter)	Ferrit	etwas spröder als Austenit, ferromagnetisch
Fe$_3$C (Verbindung Eisenkarbid)	Zementit	hart, extrem spröde
Eutektikum (feines Gemisch aus Ferrit und viel Zementit)	Ledeburit	hart, sehr spröde
Eutektoid (feines Gemisch aus Ferrit und wenig Zementit)	Perlit	hart, spröde

4.4.4 Abkühlungs- und Aufheizbeispiele

Abkühlungsbeispiele

Es ist zweckmäßig, die folgenden Abkühlungsbeschreibungen durch einen senkrechten Strich im EKD, Bild 4.22, bei der angegeben Kohlenstoff-Konzentration zu verfolgen.

1. Stahlschmelze mit 0,2 % C (allgemeiner Baustahl). Es handelt sich um einen untereutektoiden (oder auch unterperlitischen) Stahl. Nach Unterschreitung der Liquiduslinie A-E ist die Schmelze zu dendritischen Austenitkristallen erstarrt, der Kohlenstoff ist gelöst.

Bei 1200 °C ist der Stahlblock weißglühend, bei dieser Temperatur werden vorzugsweise Warmformgebungen (Walzen, Schmieden) durchgeführt. Nach Abkühlung auf helle Rotglut wird bei 850 °C die Umwandlungslinie G-S erreicht, die A_{r3}-Temperatur. Es entstehen erste (C-arme) Ferritkörner, deren Zahl bei weiterer Abkühlung zunimmt. Bei 723 °C, der A_{r1}-Temperatur, besteht das Gefüge aus Ferritkörnern und einigen restlichen Austenitkörnern, die inzwischen 0,8 % C, also den gesamten Kohlenstoff, aufgenommen haben. Ihre Menge berechnet sich nach dem Hebelgesetz zu 23 %. Wird die A_{r1}-Temperatur langsam unterschritten, wandeln sich die 23 % Austenitkörner in Perlitkörner um. Der Stahl besteht nun zu rund 3/4 aus Ferrit- und 1/4 aus Perlitkörnern. Die Korngröße hängt von der Austenitkorngröße und der Abkühlgeschwindigkeit ab.

2. Stahlschmelze mit 0,8 % C (Werkzeugstahl). Es handelt sich um einen eutektoiden (oder perlitischen) Stahl. Nach abgeschlossener Erstarrung liegt Austenitgefüge mit gelöstem Kohlenstoff vor. Bei 723 °C wird die Umwandlungslinie P-S-K erreicht, A_{r3}- und A_{r1}-Temperatur fallen hier zusammen. Alle Austenitkörner wandeln in Perlitkörner um.

3. Stahlschmelze mit 1,5 % C (Werkzeugstahl). Es handelt sich um einen übereutektoiden oder überperlitischen Stahl. Nach Erstarrung wird bei etwa 970 °C die Umwandlungslinie S-E erreicht. Der Austenit kann ab dieser Temperatur nicht mehr 1,5 % C in Lösung halten, es scheiden sich kleine Fe$_3$C-Kristalle (Sekundärzementit) aus. Da der meiste Platz auf den Korngrenzen ist, entsteht Fe$_3$C vornehmlich auf ihnen und wird als Korngrenzenzementit bezeichnet (Bild 4.27). Nach Unterschreitung der A_{r1}-Temperatur (723 °C) wandeln sich die Austenitkörner in Perlitkörner um. Bei Raumtemperatur besteht das Gefüge aus Perlitkörnern, umgeben von Sekundärzementit.

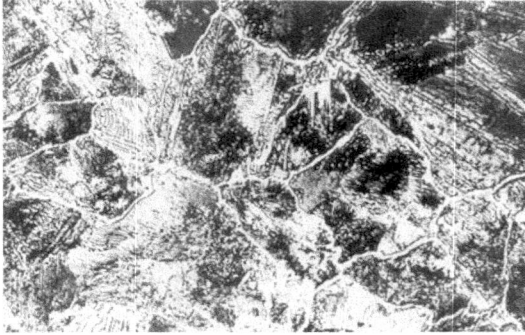

Bild 4.27 Korngrenzenzementit (weiße Linien) in Stahl mit 1,5 % C; V = 100:1.

4. Gusseisenschmelze mit 3 % C (Tempergusseisen). Die bei 1300 °C beginnende Erstarrung von dendritischen Austenitkörnern ist bei 1147 °C abgeschlossen, die restliche Schmelze hat 4,3 % C aufgenommen und erstarrt zu Ledeburit. Die Menge Ledeburit lässt sich mit dem Hebelgesetz zu 42 % berechnen. Während der Abkühlung verlieren die Austenitkörner ihren Kohlenstoff durch Diffusion (er lagert sich an die Zementitlamellen an). Bei 723 °C hat der gesamte Austenit nur noch 0,8 % C. Die Austenitkörner wandeln nun in Perlit um, die Austenitlamellen des Ledeburits wandeln in Ferrit um.

Aufheizbeispiel

Bei langsamem Aufheizen von Eisen-Kohlenstoff-Legierungen laufen die gleichen Umwandlungen wie beim Abkühlen – jedoch in umgekehrter Folge – ab, da unter den Gleichgewichtsbedingungen sehr langsamer Temperaturänderung die Umwandlungen reversibel sind. Die Gefügeumwandlungen des Aufheizens interessieren bei allen Wärmebehandlungen sowie beim Schweißen. Wegen der Gleichheit mit den vorhergehenden Abkühlbeispielen soll hier ein Fall reichen.

Aufheizen eines Stahles mit 0,45 % C (Vergütungsstahl). Das Werkstück wird im Ofen auf Rotglut erwärmt. Bei der Umwandlungstemperatur A_{c1} = 723 °C wandeln sich erste Perlitkörner in Austenitkörner um, d.h. der Zementit löst sich auf, der Kohlenstoff diffundiert in den entstehenden Austenit. Bei steigender Temperatur (zwischen der P-S- und der G-S-Linie) wandeln sich zunehmend Ferritkörner in Austenitkörner um. Bei A_{c3} (780 °C, helle Rotglut) ist die Umwandlung abgeschlossen, das Gefüge ist zu Austenit geworden. Der Kohlenstoff hat sich durch Diffusion gleichmäßig in den Austenitkörnern gelöst. Die Kornform ist überwiegend rundlich bis vieleckig. Für das häufig bei Wärmebehandlungen durchgeführte Austenitisieren erwärmt man weiter bis etwa 50 K über die Umwandlungstemperatur A_{c3}, um sicher im Austenitgebiet zu liegen. Noch weitere Erwärmung erfolgt für die Warmumformung; über die Solidus- und Liquidustemperatur hinaus wird nur beim Schmelzschweißen erhitzt.

4.4.5   Die Wirkung weiterer Legierungselemente

Neben Kohlenstoff enthalten alle Stähle weitere Legierungselemente (LE). In „unlegierten" Stählen sind dies die Eisenbegleiter, die einmal herstellungsbedingt im Eisen vorliegen, zum anderen oft in kleiner Menge zulegiert werden, wie Mn, Si, P und S. Ihre geringe Konzentration im Bereich einiger Zehntel-% verändert das Eisen-Kohlenstoff-Diagramm kaum, es ist mit ausreichender Genauigkeit anwendbar.

Legierte Stähle enthalten in größerer Menge LE wie Cr, Ni, Mo, Ti usw. Damit verschieben sich die Umwandlungslinien des EKD um eigentlich nicht mehr vernachlässigbare Beträge. Dennoch wird auch für niedrig legierte Stähle, wenn es nicht auf 10 oder 20 K bzw. Zehntel-% C ankommt, das EKD herangezogen. Genauere Betrachtungen sind allerdings nur mit entsprechenden Diagrammen legierter Stähle möglich. So wird für den mit 1,5 % Cr legierten Wälzlagerstahl 100Cr6 das EKD für Eisen + 1,5 % Cr verwendet.

Hochlegierte Stähle mit über 5 % LE sind grundsätzlich durch eigene Diagramme zu beschreiben, was meist durch Fe-LE-Diagramme bei 0 % C sowie höheren Kohlenstoffgehalten erfolgt, z.B. Fe-Cr-Zustandsdiagramm bei 0 % C (Bild 4.28).

Je nachdem, wie sich das Legierungselement auf die *Temperaturbereiche* des α- und γ-Eisens auswirkt („*stabilisierende*" Wirkung) und/oder ob sich Karbide (Metall-Kohlenstoff-Verbindungen) bilden, gelten folgende Bezeichnungen:

Bezeichnung	Legierungs-elemente	Eigenschaften
ferritstabilisierend	Cr, Al, W u. a.	erweitern das Ferritgebiet
austenitstabilisierend	Ni, C, N u. a.	erweitern das Austenitgebiet
karbidbildend	Cr, Mo, W u. a.	gehen mit Kohlenstoff stabile Verbindungen ein

Ferritstabilisierende Elemente
Die im Ferrit gut löslichen Elemente Cr, Al, Ti, Ta, Si, Mo, V, W (Merkwort „Craltitasimovw") stabilisieren den Ferrit. Damit wird der Temperaturbereich des α-Fe (in reinem Eisen von –273 °C bis 911 °C) durch Zugabe eines oder mehrerer dieser Elemente erweitert, so dass man auch von *Ferritbildnern* spricht. Bild 4.28 zeigt am Beispiel Chrom, dass bei

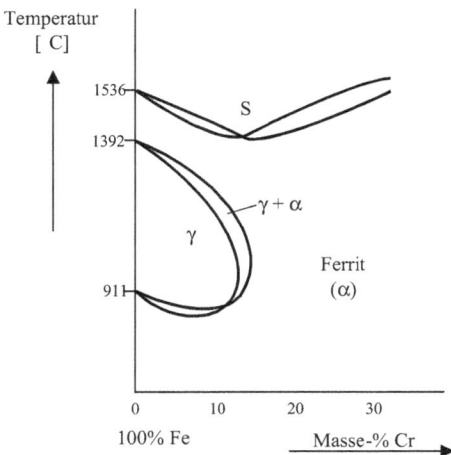

Bild 4.28 Das Zustandsdiagramm Eisen-Chrom (vereinfacht, die bei 40 % Cr auftretende σ-Phase wurde weggelassen).

genügender Zugabe von Cr das Ferritgebiet allmählich das Austenitgebiet einengt und schließlich abschnürt. Ab etwa 12 % bis 15 % Cr verschwindet das γ-Gebiet. Mit über 15 % Chrom legierte, sehr kohlenstoffarme Stähle sind *ferritische Stähle*. Sie werden in Abschnitt 5.6.1 beschrieben.

Kohlenstoff als austenitstabilisierendes Element wirkt dem Chrom entgegen. Das heißt, dass jedes Zehntel-% C im Stahl die Grenze von 12 % bis 15 % Cr in Bild 4.28 zu höherem Cr-Gehalt verschiebt.

Austenitstabilisierende Elemente
Durch LE wie Ni, C, Co, Mn und N (*Austenitbildner*, Merkwort „Niccomann") lässt sich der Temperaturbereich für die Existenz des Austenits (γ-Fe) erweitern. Mit Kohlenstoff gelingt die Erweiterung – wie aus dem Eisen-Kohlenstoff-Diagramm hervorgeht – nur bis zu seiner maximalen Löslichkeit, bei 723 °C sind das 0,8 %, darüber hinaus entsteht Fe_3C. Mit Nickel, welches sich bestens in austenitischem Eisen löst, erweitert sich das Austenitgebiet hingegen so sehr, dass schließlich ab etwa 20 % Ni kein Ferrit mehr auftritt (Bild 4.29). Hoch nickellegierte Stähle heißen austenitische Stähle, mit ihrem kubisch-flächenzentrierten Atomgitter sind sie hervorragend kaltumformbar und kaltzäh. Da die Umwandlung γ-Fe → α-Fe fehlt, können sie jedoch – ebenso wie die hoch chromhaltigen ferritischen Stähle – nicht gehärtet werden.

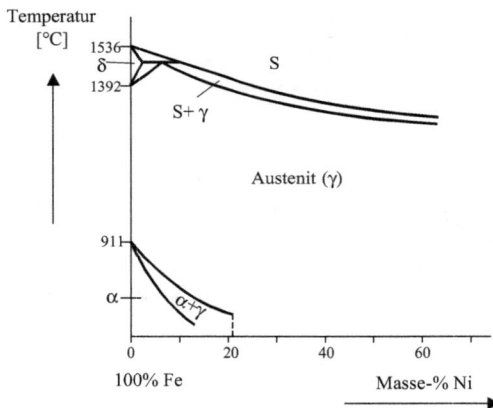

Bild 4.29 Das Zustandsdiagramm Eisen-Nickel (vereinfacht).

Die ferritstabilisierenden Legierungselemente erweitern den Temperaturbereich des Ferrits und schnüren den Austenitbereich ab; die austenitstabilisierenden Elemente erweitern den Temperaturbereich des Austenits und engen den Ferritbereich ein oder unterdrücken ihn ganz.

Karbidbildende Elemente
Zwischen dem im Stahl vorhandenen Kohlenstoff und den Legierungselementen besteht eine mehr oder weniger starke Affinität (= Bindungskraft), ab einer bestimmten Konzentration verbinden sich die LE mit C zu Karbiden. Karbide haben eine besondere Bedeutung, da sie

die Härte und Verschleißfestigkeit der Stähle erhöhen (siehe auch Abschnitt 5.5, Werkzeugstähle). Feine *Karbide* (ebenso wie die durch Anwesenheit von Stickstoff entstehenden *Nitride*) dienen zudem als Keimbildner und tragen somit zur Kornfeinung bei.

Die wichtigsten karbidbildenden Elemente lassen sich hinsichtlich ihrer Affinität zum Kohlenstoff und damit auch ihrer thermodynamischen Stabilität folgendermaßen ordnen:

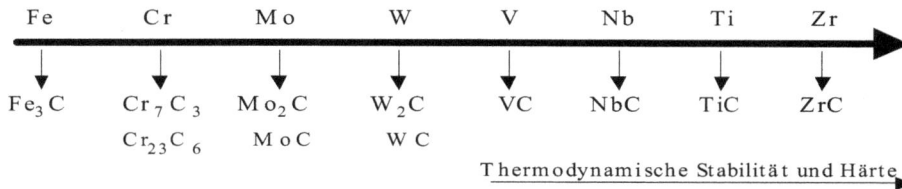

Fe	Cr	Mo	W	V	Nb	Ti	Zr
Fe_3C	Cr_7C_3	Mo_2C	W_2C	VC	NbC	TiC	ZrC
	$Cr_{23}C_6$	MoC	WC				

Thermodynamische Stabilität und Härte →

Die angegebenen Verbindungen sind nicht vollzählig; besonders bei den niederaffinen Elementen wie Cr bilden sich meist Mischkarbide wie $(Fe,Cr)_3C$. Die hochaffinen Elemente Vanadium bis Zirkon bilden Karbide des Typs MC (M = metallisches Element) mit einfach kubischem Kristallgitter und sehr hoher Härte.

> Legierungselemente mit hoher Affinität zum Kohlenstoff bilden im Stahl Karbide, die zur Kornfeinung und – durch ihre Härte – zur Verschleißfestigkeit beitragen.

Zusammenfassung

Metallische Werkstoffe bestehen überwiegend aus Metalllegierungen. Die Legierungselemente verändern beträchtlich die Umwandlungstemperaturen der reinen Metalle (das sind die Temperaturen des Schmelzens und der Phasenumwandlungen im festen Zustand); sie können gelöst oder als neue Phase bzw. als Verbindung ausgeschieden sein. Diesbezügliche Aussagen ermöglichen die Zustandsdiagramme, sie gelten für Legierungssysteme zweier oder dreier Elemente von 0 % bis 100 %. Man unterscheidet je nach gegenseitiger Löslichkeit der Elemente drei verschiedene Diagrammtypen.

Das für Eisenwerkstoffe gültige Eisen-Kohlenstoff-Diagramm enthält – neben den Umwandlungstemperaturen – die in Stahl und Gusseisen vorliegenden Phasen und Gefüge. Es besteht in zwei Varianten, da Kohlenstoff in Eisen stabil als Graphit oder metastabil als Eisenkarbid (Fe_3C, Zementit) vorliegen kann. Neben den Phasen Graphit oder Zementit treten der Austenit (γ-Fe, kfz-Atomgitter) und der Ferrit (α-Fe, krz-Atomgitter) auf; als Gefüge zusätzlich das Eutektoid Perlit und das Eutektikum Ledeburit.

Weitere Legierungselemente im Stahl wirken sich ebenfalls auf die Umwandlungstemperaturen und somit auf das EKD aus. Höhere Konzentration eines ferrit- oder austenitstabilisierenden Elements kann zum völligen Verschwinden des Austenit- oder Ferritgebietes führen.

Aufgaben zu Kapitel 4

1. Was ist eine binäre Legierung?

2. Wie werden Zustandsdiagramme ermittelt?

3. Zeichnen Sie 3 schematische Zustandsdiagramme für die chemischen Elemente A und B: a) A und B lösen sich im festen Zustand völlig ineinander; b) A und B sind ineinander völlig unlöslich und weisen ein Eutektikum auf; c) B ist in Element A bis 10 % löslich, A ist in B unlöslich, bei 40 % A tritt ein Eutektikum auf.

4. Warum wird die Eisen-Kohlenstoff-Verbindung Fe_3C als metastabil bezeichnet?

5. Welche Bedingungen führen zu metastabiler Erstarrung von Fe-C-Legierungen, welche zu stabiler Erstarrung?

6. Für welche Eisen-Kohlenstoff-Werkstoffe ist das metastabile EKD anzuwenden, für welche das stabile?

7. Beschreiben Sie die Abkühlung einer Stahlschmelze mit 0,2 % C auf Raumtemperatur mit allen Umwandlungen anhand des metastabilen EKD.

8. Berechnen Sie mit Hilfe des Hebelgesetzes: a) die Zementitmenge im Gefüge Perlit; b) die Perlitmenge eines normalgeglühten Stahles mit 0,45 % C (Vergütungsstahl C45); c) die Zementitmenge des Stahles von b).

9. Aus welchem Gefüge besteht ein kohlenstoffarmer Stahl mit a) 17 % Cr und b) ein solcher mit 25 % Ni bei Raumtemperatur?

10. Wie wirkt die Zugabe karbidbildender Elemente auf die Stahleigenschaften?

5 Stahl und Gusseisen

Überblick und Lernziel

Das Eisen-Kohlenstoff-Diagramm bildet die Überleitung zu den Eisenwerkstoffen, die wegen ihrer großen Bedeutung im Maschinenbau – über 90 % der dort verwendeten metallischen Werkstoffe sind Eisenwerkstoffe – ausführlicher als die Nichteisenmetalle behandelt werden. Auch die Herstellung der Stähle wird genauer beschrieben, da sie in engem Zusammenhang mit deren Qualität und Eigenschaften steht. Der Maschinenbauingenieur muss bei Beurteilung von Stahlqualitäten die Herstellungsverfahren kennen.

Schwerpunkt des Kapitels sind die wichtigsten Stähle und Eisengusswerkstoffe, ihre Einteilung und ihre Normbezeichnungen. Zur Zeit findet im Rahmen der Europäisierung eine Umbenennung statt, die deutschen Normen (DIN) werden in europäische Normen (EN) umgewandelt. Die europäischen Stahlkurznamen sind naturgemäß anders als die deutschen Bezeichnungen. Soweit möglich, werden die zum Erscheinungsjahr dieser Buchauflage gültigen Normen berücksichtigt; die inzwischen ungültigen, aber noch häufig verwendeten nationalen Normen und Namen werden ebenfalls erwähnt.

Es ist nicht sinnvoll, alle Stahlnamen und alle in den Benennungen vorkommenden Abkürzungsbuchstaben zu lernen. Zu empfehlen ist hingegen, sich aus den bekannten Stahlsorten ein bis zwei Beispiele zu merken, um das Benennungssystem zu verstehen und zu üben. Unabdingbar ist die Kenntnis wichtigster Stahlgruppen wie die „Allgemeinen Baustähle", „Vergütungsstähle", „Einsatzstähle" usw., ihrer Wärmebehandlung und ihrer Eigenschaften. Nur bei bester Kenntnis ist später eine sichere Werkstoffauswahl unter der sehr großen Zahl der Stähle und Gusseisensorten möglich.

5.1 Die Gewinnung von Stahl und Eisen

Bild 5.1 zeigt sinnbildlich die geschichtliche Entwicklung der schon sehr alten Eisen- und Stahlerzeugung sowie die Kurve der Erzeugungsmengen. Die enormen Zuwachsraten der Welt-Stahlerzeugung besonders nach dem zweiten Weltkrieg fanden ein plötzliches Ende mit der ersten Ölkrise 1970/71. Die Gründe waren:

- Verstärkter Leichtbau, d.h. Stahlsubstitution durch leichtere Werkstoffe sowie Wanddickenreduzierung;
- Entwicklung neuer, festerer und faserverstärkter Kunststoffe (z.B. GFK).

Rohstoffgrundlage zur Eisengewinnung bilden die *Eisenerze*. Eisen kommt nicht elementar in der Natur vor, sondern chemisch gebunden, meist als Eisenoxid. Da Eisen zweiwertig (Fe^{++}) und dreiwertig (Fe^{+++}) sein kann, gibt es verschiedene Oxide: FeO (das Kation ist

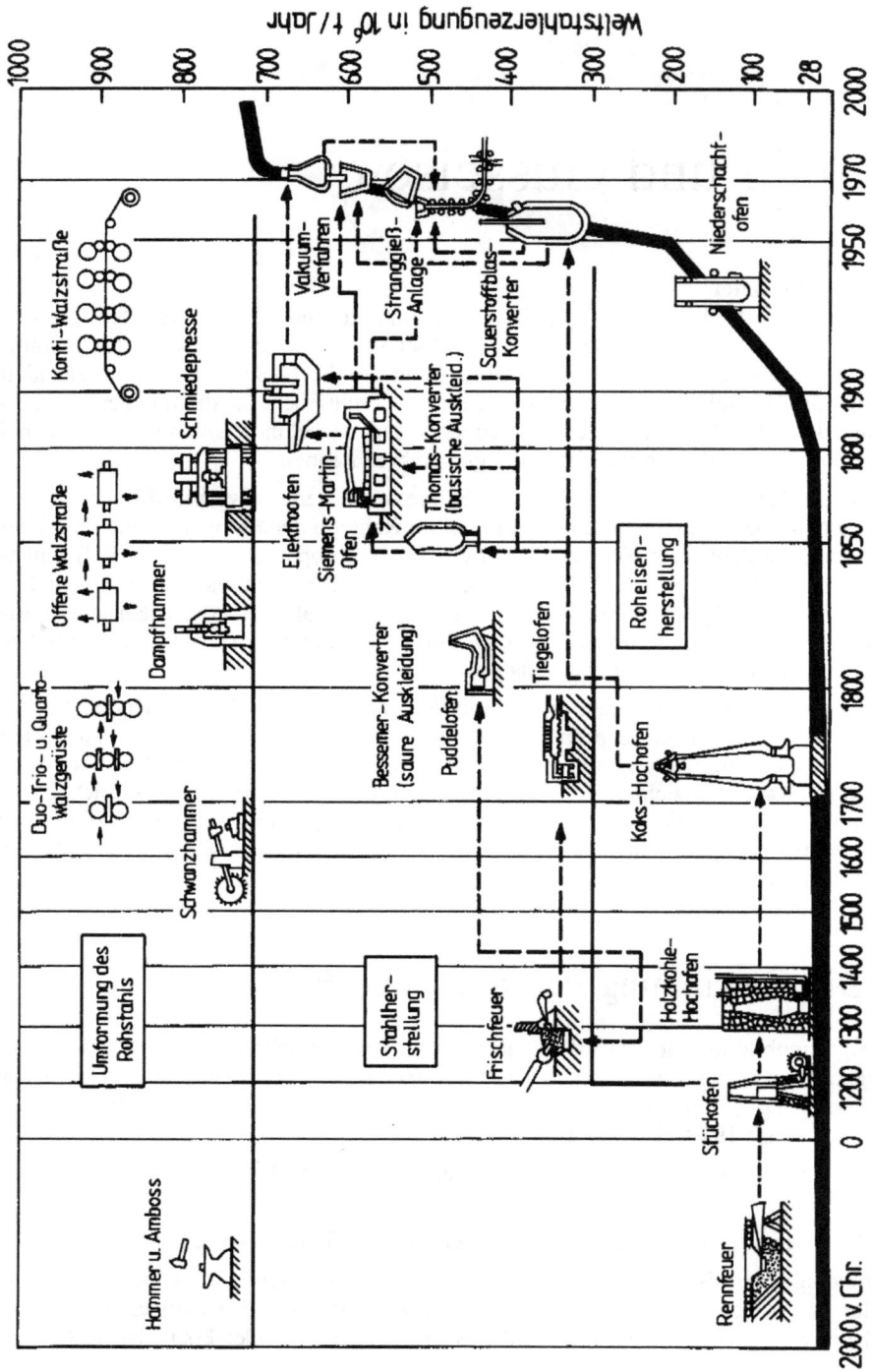

Bild 5.1 Geschichtliche Entwicklung der Eisen- und Stahlerzeugung sowie die Weltjahresproduktion.

Fe^{++}), Fe_2O_3 ($2Fe^{+++}$) und Fe_3O_4 (das ist FeO Fe_2O_3, also $1Fe^{++}$ und $2Fe^{+++}$). Damit kommen in der Erde auch verschiedenste Eisenerze vor (Tabelle 5.1). In Deutschland sind die Eisenerzvorkommen nahezu erschöpft.

Tabelle 5.1 Eisenerze

Eisenerz	Eisengehalt (%)	Vorkommen
Magneteisenerz (Magnetit), Fe_3O_4	60 – 70	Schweden, Norwegen, Russland
Roteisenerz (Hämatit), Fe_2O_3	40 – 60	Nordamerika, Brasilien, Russland, Deutschland
Brauneisenerz (Limonit), $Fe_2O_3 \cdot H_2O$	24 – 35	Lothringen, Salzgitter, Nordamerika
Spateisenerz (Siderit), $FeCO_3$	30 – 40	Steiermark, Ungarn, England

Die mit weiterem Gestein und Mineralien vermischten Erze werden zunächst aufbereitet (gereinigt und konzentriert), dann im Hochofen oder nach anderen Verfahren reduziert.

5.1.1 Reduktion der Eisenerze

Die Herstellung von Eisen aus Eisenerz ist ein Reduktionsprozess (die Fe-Ionen nehmen 2 oder 3 Elektronen auf). Elektronenlieferant kann hier der Kohlenstoff sein; Eisenerze lassen sich demnach relativ preiswert mit Kohle reduzieren. Bei ausreichend hohen Temperaturen laufen folgende Reaktionen selbständig ab:

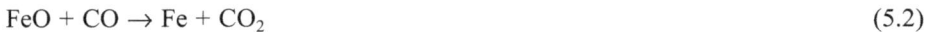

$$FeO + C \rightarrow Fe + CO \tag{5.1}$$
$$FeO + CO \rightarrow Fe + CO_2 \tag{5.2}$$

Als Vorstufe (indirekte Reduktion) wird z.B. Fe_3O_4 reduziert:

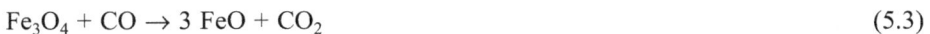

$$Fe_3O_4 + CO \rightarrow 3\,FeO + CO_2 \tag{5.3}$$

Die nötige Wärme wird durch die Verbrennung der Kohle erzeugt:

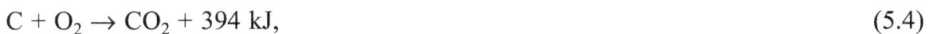

$$C + O_2 \rightarrow CO_2 + 394\ kJ, \tag{5.4}$$

wobei zwischen Kohlenstoff und Sauerstoff das Boudouard-Gleichgewicht herrscht:

$$C + CO_2 = 2\,CO \tag{5.5}$$

Die Reaktionen können im Schachtofen (Hochofen), Drehtrommel- oder Wirbelschichtofen ablaufen; erklärt werden soll hier der in Deutschland vorwiegend eingesetzte *Hochofen*. Die großtechnischen Produktionsanlagen heißen *Hüttenwerke*. Den Hochöfen sind häufig Stahl- und Walzwerke direkt angeschlossen.

Im Hochofen (Bild 5.2) wird kontinuierlich Eisenerz (fest) zu Roheisen (flüssig) reduziert. Eisenerz, Koks und weitere schlackebildende Zuschläge (Kalk, Sand) werden oben in den Schachtofen eingefüllt.

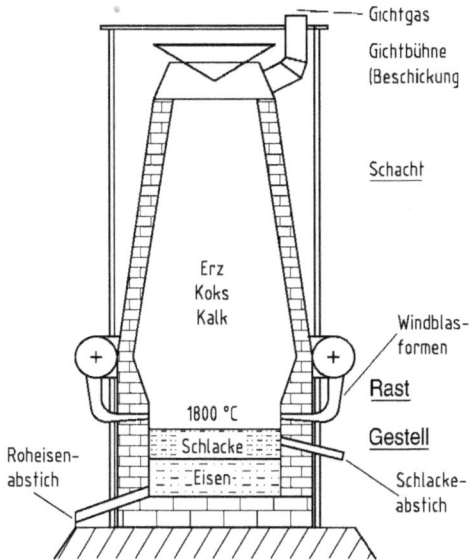

Bild 5.2 Hochofen (schematisch).

Die feste Beschickungssäule ruht auf der „Rast", wo auch heiße Luft („Wind") als Energieträger und zur Koksverbrennung zugeführt wird. Das flüssige Eisen tropft in das Gestell und sammelt sich am Boden, darauf schwimmt die ebenfalls flüssige Schlacke, die den größten Teil der im Erz enthaltenen Verunreinigungen bindet. Etwa alle 10 min wird das *Roheisen* in transportable Pfannen abgelassen („abgestochen"); die Schlacke fließt kontinuierlich in eine Schlackengrube. Moderne Hochöfen (Gesamthöhe bis 90 m) erreichen Produktionsleistungen von 10.000 t Roheisen pro Tag.

Das Roheisen enthält rund 4 % C und weitere *Begleitelemente* wie Mn, Si, P und S. Durch Änderung des Mangan- und Siliziumgehaltes können zwei verschiedene Roheisensorten erzeugt werden (siehe EKD):

• Weißes Roheisen (Stahlwerksroheisen): Si-Gehalt niedrig, Mn-Gehalt um oder über 1 %. Erstarrung *metastabil*, daher Bruchfläche hellglänzend (*weiß*);

• Graues Roheisen (Gießereiroheisen): Si-Gehalt über 2 %, Mn-Gehalt niedrig. Erstarrung *stabil*, daher Bruchflächen durch Graphitkristalle *grau* gefärbt.

Das *weiße Roheisen* wird für die Weiterverarbeitung im Stahlwerk verwendet, sowie in geringfügigen Mengen für die Herstellung von Hartguss; das *graue Roheisen* kann als Gusseisen für Formgießereien verwendet werden. (Hauptrohstoff der Formgießereien ist heute allerdings Schrott).

Das dem Hochofen entnommene Roheisen (hoher C-Gehalt) wird hauptsächlich als weißes Roheisen dem Stahlwerk zugeführt; ein kleiner Teil wird als graues Roheisen an Formgießereien geliefert.

5.1.2 Die Stahlerzeugung

Unter dem Begriff Stahl wird schmiedbares, also verformbares Eisen verstanden. Der Kohlenstoff lässt im Eisen so viel spröden Zementit entstehen, dass ab etwa 2 % C keine Umformbarkeit mehr gegeben ist. Das flüssige Hochofen-Roheisen hat etwa 4 % C gelöst, muss also zur Stahlherstellung auf den für Stähle erforderlichen C-Gehalt gebracht werden. Außerdem sind die Eisenbegleiter P und S in zu hoher Konzentration enthalten.

> Das Stahlwerk hat die Aufgabe, aus Roheisen und Schrott Gebrauchsstähle mit genauer chemischer Zusammensetzung herzustellen.

Der Frischprozess
Eine schon sehr alte Methode, den Kohlenstoff zu entfernen, ist die Verbrennung (Oxidation) mit Luftsauerstoff. Im Stahlwerk wird der Prozess, der früher mit „frischem Wind" erfolgte, *Frischen* genannt.

Beim Frischen – heute überwiegend mit reinem Sauerstoff durchgeführt – werden der Kohlenstoff und die anderen Eisenbegleiter, sogar etwas Eisen selbst, *oxidiert*. Bei den auftretenden (nachfolgend genannten) Reaktionen ist zu beachten, dass es sich um Gleichgewichtsreaktionen handelt, die nicht vollständig nach rechts ablaufen. Die in der Metallurgie gebräuchlichen unterschiedlichen Klammerzeichen deuten an, in welcher Phase das Element bzw. die Verbindung gelöst ist.

Eisen-Sauerstoff-Reaktion: $\qquad Fe + O_2 \rightleftharpoons [FeO] + [O]$ $\qquad$ (5.6)

Entkohlung: $\qquad [C] + [O] \rightleftharpoons CO \uparrow$ $\qquad$ (5.7)

Siliziumreaktion: $\qquad [Si] + 2[O] + 2(CaO) \rightleftharpoons (2CaO \cdot SiO_2)$ $\qquad$ (5.8)

Manganreaktion: $\qquad [Mn] + [O] \rightleftharpoons (MnO)$ $\qquad$ (5.9)

Entphosphorung: $\qquad 2[P] + 5[O] + 3(CaO) \rightleftharpoons (3CaO \cdot P_2O_5)$ $\qquad$ (5.10)

Entschwefelung: $\qquad [S] + (CaO) \rightleftharpoons (CaS) + [O]$ $\qquad$ (5.11)

Es bedeuten: [ ] in Eisenschmelze gelöst; ( ) in Schlacke gelöst; $\uparrow$ im Abgas entweichend.

Der im Eisen gelöste bzw. an Fe gebundene Sauerstoff (Gl. 5.6) wird für die meisten Stahlsorten durch anschließende Desoxidation (s.u.) wieder entfernt.

Die Verfahren des Frischens unterscheiden sich einmal nach der Ofenart:

- Herdfrischverfahren (flacher Herdofen mit großer Schmelzeoberfläche, die mit Luftsauerstoff in Kontakt tritt): Siemens-Martin-Verfahren;
- Konverterverfahren (birnenförmiger Schmelzekonverter, Luft oder Sauerstoff werden auf oder durch die Schmelze geblasen): Bessemer-Verfahren, Thomas-Verfahren, Sauerstoff-Blasverfahren;
- Elektrolichtbogenverfahren (Herdofen mit Kohleelektroden).

Zum anderen kann nach dem Oxidationsmittel unterschieden werden:

- Windfrischverfahren (Luft, d h. 21 % O_2, Rest überwiegend N_2);
- Sauerstoff-Blasverfahren (O_2).

Das Siemens-Martin-Verfahren und das Thomas-Verfahren, (bis 1960 bzw. 1980 die wichtigsten Stahlherstellungsarten) sind heute bedeutungslos geworden. Im Folgenden wird nur auf die neueren Technologien, das *Sauerstoff-Blasverfahren* und das *Elektrolichtbogen-Verfahren*, eingegangen.

Sauerstoffblas-Verfahren

Das flüssige Roheisen befindet sich in einem Konverter (Bild 5.3) von 50 t bis zu einigen hundert Tonnen Fassungsvermögen. Mit einer Lanze wird reiner Sauerstoff zumeist *auf* die Oberfläche der Schmelze geblasen: „Sauerstoff-*Auf*blasverfahren". Durch den hohen Druck (etwa 12 bar) wird das Roheisen kräftig bewegt und durchmischt, die Eisenbegleiter werden oxidiert. Nach 10 bis 20 min ist der Frischprozess beendet. Durch Kippen des Konverters wird die Schmelze – nach Analysenkontrolle – in Pfannen zum Transport in die Stahlwerksgießerei gefüllt.

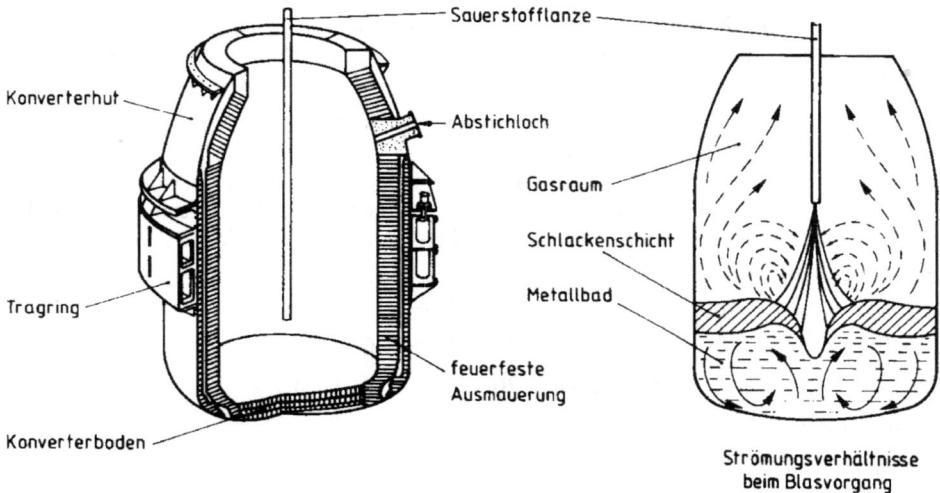

Bild 5.3 Sauerstoff-Aufblasverfahren; links: Konverter im Schnitt, rechts: Strömungsverhältnisse während des Blasens.

Da die Oxidationen der Elemente exotherme Prozesse darstellen, erwärmt sich die Schmelze – ohne zusätzliche Energie – auf die für kohlenstoffarmen Stahl notwendige Temperatur von über 1600 °C. Zur Vermeidung einer Überhitzung wird neben dem Roheisen bis zu 20 % Schrott in den Konverter gegeben (wichtiger Beitrag zum Schrottrecycling).

Die von verschiedenen Firmen entwickelten Sauerstoff-Blasverfahren haben Namen wie LD-, LDAC- und OBM-Verfahren, das jeweilige Verfahrensprinzip geht aus Bild 5.4 hervor. Die Verwendung von reinem Sauerstoff anstelle von Luft (wie bei den älteren Verfahren) hat den großen Vorteil, dass kein den Stahl versprödender Stickstoff in die Schmelze gelangt. Die Sauerstofftechnologie wurde allerdings erst durch die Entwicklung großtechnischer Sauerstoffproduktionsanlagen möglich.

Die Entschwefelung und Entphosphorung gelingt im Konverter nur unvollständig, die sehr schädlichen Eisenbegleiter S und P müssen mit weiteren Verfahren – nachfolgend als *Sekundärmetallurgie* beschrieben – entfernt werden.

Beim wichtigsten Stahlherstellungsverfahren, dem Sauerstoff-Blasverfahren, wird Sauerstoff mit hohem Druck auf oder durch die Schmelze geblasen, wobei die Begleitelemente C, Mn, Si, teilweise auch P und S, oxidieren. Der Stahl bleibt stickstoffarm.

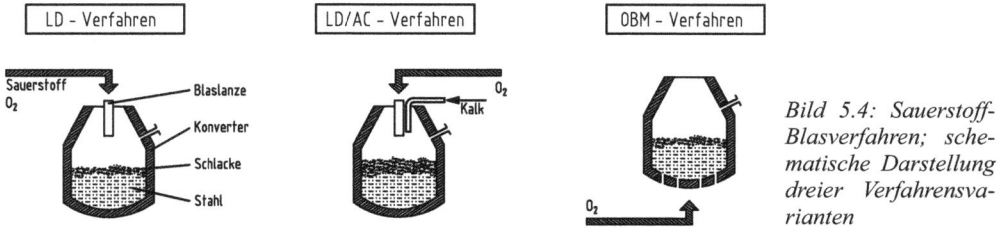

Bild 5.4: Sauerstoff-Blasverfahren; schematische Darstellung dreier Verfahrensvarianten

Elektrostahlerzeugung

Mit dem Elektro-Lichtbogenverfahren werden bevorzugt Schrotte sowie Roheisen und Eisenschwamm (aus dem hier nicht behandelten Direktreduktionsverfahren) eingeschmolzen.

Kohleelektroden ragen von oben in einen flachen, kippbaren Herdofen mit Fassungsvermögen bis zu 300 t (Bild 5.5). Der von den Elektroden ausgehende Lichtbogen führt dem Schrott oder der Schmelze viel Energie zu, die eine große Schmelzleistung gewährleistet und zudem durch die hohe Temperatur (bis 3500 °C) das Schmelzen hochschmelzender Legierungselemente (W, Mo) ermöglicht. Wegen der höheren Kosten der elektrischen Energie (im Vergleich zu fossilen Energieträgern) werden mit dem Elektrostahlverfahren vor allem besonders reine Stähle (z.B. Wälzlagerstähle) oder hochwertige Legierungen wie nichtrostende Cr-Ni-Stähle oder Werkzeugstähle erschmolzen.

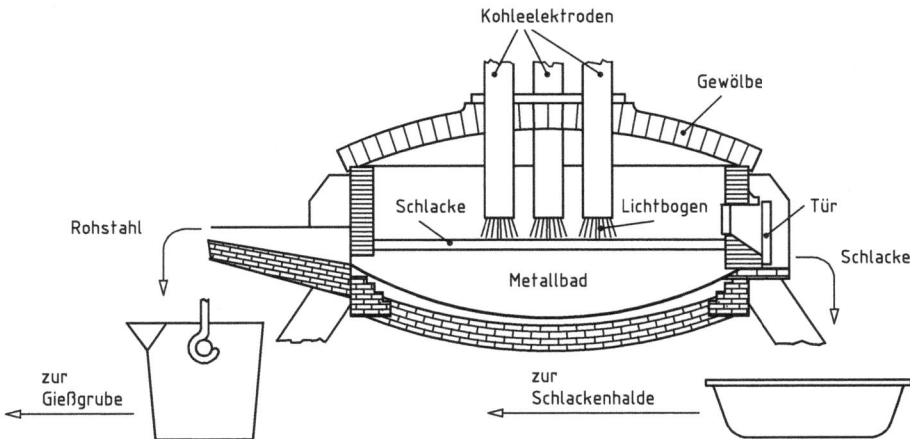

Bild 5.5 Lichtbogenofen (Schnitt).

5.1.3 Die Sekundärmetallurgie

Während die für alle Stähle grundsätzlich notwendigen Verfahren der Entfernung von Begleitelementen – das sind das Einblasen von Sauerstoff und die grobe Entschwefelung durch Einblasen von Kalk – zur *Primärmetallurgie* zählen, gehört die verfeinerte Nachbehandlung hochwertiger Stähle zur *Sekundärmetallurgie*. Letztere hat enorm an Bedeutung gewonnen, da die Anforderungen an heutige Stähle wie die des Fahrzeugbaus gestiegen sind. Je aufwendiger die Nachreinigung in der Sekundärmetallurgie ist, desto teurer werden naturgemäß die Stähle.

Die Erfolge der modernen Sekundärmetallurgie zeigt anschaulich Bild 5.6 am Beispiel des Eisenbegleiters Schwefel. So konnte seit 1960 der Schwefelgehalt um mehr als eine Zehnerpotenz gesenkt werden, was zu erheblicher Verbesserung der Zähigkeit (gemessen als Kerbschlagarbeit) geführt hat. Neben der Entfernung schädlicher Begleitelemente ist die Beseitigung von Oxiden (Schlackeeinschlüsse) bedeutsam.

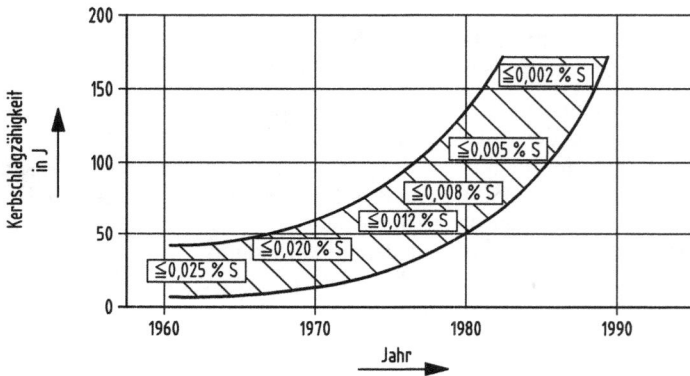

Bild 5.6 Zeitliche Entwicklung der im Stahlwerk erzielbaren Grenzgehalte an Schwefel und Einfluss auf die Zähigkeit (nach Thyssen).

Die Nachbehandlung wird vorwiegend in *Pfannen* durchgeführt, die gleichzeitig zum Transport der Stahlschmelze dienen (daher auch Pfannennachbehandlung oder *Pfannenmetallurgie* genannt). Pfannen sind große zylindrische, feuerfest ausgemauerte Behälter, die mit Hallenkränen transportiert werden können. Zu den wichtigsten Nachbehandlungen gehören:

- Desoxidation („Beruhigung")
- Weitere Entschwefelung, Entphosphorung und Entkohlung
- Spülgasbehandlung
- Vakuumbehandlung
- Elektro-Schlacke-Umschmelzen (ESU)

Desoxidation. Aus Gl. 5.6 geht hervor, dass nach dem Frischen als FeO gebundener Sauerstoff im Stahl verbleibt. Der Gehalt liegt unter 0,1 % und war für frühere, im Blockguss gegossene Stähle unkritisch. Heutige Anforderungen an die meisten Stähle und das Gießen im Strangguss erfordern die Entfernung des Sauerstoffs.

FeO steht in der Stahlschmelze mit dem gelösten Kohlenstoff im Gleichgewicht:

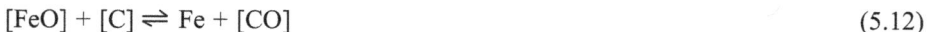

$$[FeO] + [C] \rightleftharpoons Fe + [CO] \tag{5.12}$$

Erstarrt der Stahl, verschiebt sich das Gleichgewicht nach rechts, da die Restschmelze im Erstarrungsbereich – entsprechend Eisen-Kohlenstoff-Diagramm – kohlenstoffreicher wird:

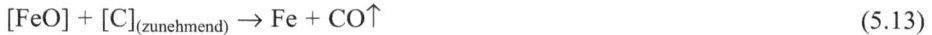

$$[FeO] + [C]_{(zunehmend)} \rightarrow Fe + CO\uparrow \tag{5.13}$$

CO steigt gasförmig in der erstarrenden Schmelze auf, es „kocht" heraus, was als blasenwerfende und spritzende Erscheinung auf erstarrenden Gussblöcken zu beobachten ist. Ein Teil des CO-Gases verbleibt im Gussblock in Form von feinen Gasblasen. Solche nicht desoxidierten Stähle werden als *unberuhigt* bezeichnet. Zwar verschweißen die Gasblasen beim Warmwalzen und stören nicht mehr, nachfolgendes Schmelzschweißen führt jedoch zum erneuten „Kochen", so dass unberuhigte Stähle nicht schweißgeeignet sind.

Die Desoxidation (genannt „*Beruhigung*", da der Stahl bei der Erstarrung nicht mehr kocht) geschieht durch Zugabe verschiedener Desoxidationsmittel, wobei man die *teilweise* (*Halbberuhigung*) und die *vollständige* Sauerstoffentfernung (*Vollberuhigung*) unterscheidet. Die *Teil-* oder *Halbberuhigung* erfolgt mit Mangan, Calcium und/oder Silicium z.B. nach der Reaktionsgleichung

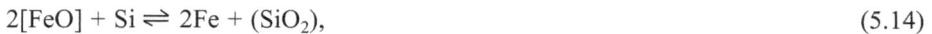

$$2[FeO] + Si \rightleftharpoons 2Fe + (SiO_2), \tag{5.14}$$

die entstehende Schlacke wird entfernt. Da die Reaktion nur teilweise nach rechts abläuft, verbleibt Restsauerstoff im Stahl (Halbberuhigung). Die genannten Desoxidationsmittel sind relativ preiswert.

Die *Vollberuhigung* erfolgt durch Zugabe von Aluminium:

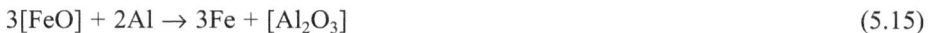

$$3[FeO] + 2Al \rightarrow 3Fe + [Al_2O_3] \tag{5.15}$$

Die Reaktion nach Gleichung 5.15 läuft praktisch vollständig ab, so dass kein an Fe gebundener Restsauerstoff mehr verbleibt, die CO-Gasblasenbildung kann nun nicht mehr erfolgen. Vollberuhigte Stähle sind daher optimal schweißbar. Das vom Prozess her sensible Stranggießverfahren (s.u.) erfordert stets Vollberuhigung, ebenso die für den Stahlformguss vorgesehenen Stähle (Stahlgussstücke dürfen keine Gasporen enthalten!). Das entstehende *Aluminiumoxid* verbleibt als mikroskopisch feine Schlacke im Stahl, die Vollberuhigung ist später mittels Aluminiumanalyse jederzeit nachweisbar (0,01 bis 0,02 % Al).

Feine Aluminiumoxidteilchen und Aluminiumnitride (s.u.) wirken hervorragend keimbildend. Die Korngröße des Stahles steht daher in direktem Zusammenhang mit seinem Aluminiumgehalt: Je höher der Al-Gehalt, desto feiner das Korngefüge.

> Desoxidation (Beruhigung) heißt Entfernen von Restsauerstoff aus der Stahlschmelze. Halbberuhigung: Teilweise Entfernung mit Mn, Si oder Ca. Vollberuhigung: Vollständige Entfernung mit Al. Entstehende Aluminium-Verbindungen dienen zur Kornfeinung.

Alterungsbeständigkeit. Die Zugabe von Aluminium bindet gleichzeitig den im Stahl gelösten Stickstoff als *Aluminiumnitrid* (AlN). Frühere Stähle enthielten durch das Frischen mit Luft deutlich mehr Stickstoff als heute durch das Sauerstoffblasverfahren hergestellte Stähle. Daher trat viel häufiger das Problem der *Alterung* auf. Hierbei diffundieren Stickstoffatome über längere Zeit (viele Tage) zu den Versetzungen und blockieren sie. Die Folge ist einerseits eine Festigkeitszunahme (s. Abschn. 2.2.4), andererseits eine Versprödung, die sich deutlich im Kerbschlagbiegeversuch nachweisen lässt. Zunächst zähe Stähle verspröden also mit der Zeit durch diffundierenden Stickstoff.

Die Alterungsempfindlichkeit kann besonders gut nachgewiesen werden, wenn eine Stahlprobe um einige Prozent verformt (Versetzungen entstehen) und anschließend bei erhöhter Temperatur ausgelagert wird (Stickstoffdiffusion). Die dann nachweisbare Versprödung (Abnahme der Kerbschlagarbeit) heißt *Reckalterung*.

Wird der Stickstoff durch Aluminium zu AlN gebunden, blockiert er die Versetzungen nicht mehr, der Stahl ist *alterungsbeständig*.

> Alterung: Nicht mit Aluminium beruhigte Stähle können gelösten Stickstoff enthalten. Die allmähliche Diffusion der Stickstoffatome zu den Versetzungen lässt den Stahl verspröden.
>
> Alterungsbeständiger Stahl: Stickstoffarmer bzw. nur gebundenen Stickstoff enthaltender Stahl.

Weitere Entschwefelung und Entphosphorung. Schwefel und Phosphor sind besonders schädliche Eisenbegleiter, sie vermindern erheblich die Zähigkeit der Stähle. So ist die Güteklassifikation in Grund-, Qualitäts- und Edelstähle (s. Abschn. 5.2.1) vor allem nach dem zulässigen Schwefel- und Phosphorgehalt getroffen.

Schwefel gelangt aus dem Hochofenkoks in das Roheisen, Phosphor ist in manchen Eisenerzen enthalten. In der Primärmetallurgie wird nur ein Teil davon entfernt. Weitere Entschwefelung und Entphosphorung geschieht durch Injektionsverfahren (Einblasen von Reaktionsmitteln wie Kalk), Spülgasbehandlung (Argon) und Vakuumbehandlung.

Gleichzeitig werden mit den genannten Verfahren andere schädliche Eisenbegleiter entfernt, das sind vor allem *Stickstoff* und *Wasserstoff*. Diese Gase lösen sich in der Stahlschmelze und tragen ebenfalls zur Versprödung des Stahles bei.

Die **Argon-Spülgasbehandlung** zeigt Bild 5.7. Durch einen porösen Filterstein im Boden der Pfanne wird Argon eingeblasen. Die feinen Gasperlen nehmen gelösten Stickstoff und Wasserstoff auf und tragen sonstige Verunreinigungen in die Schlackeschicht.

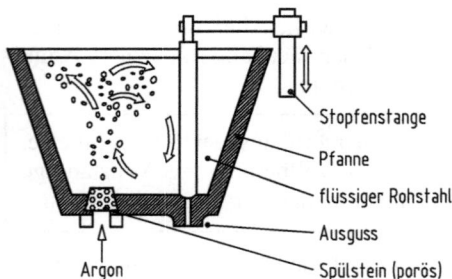

Stopfenstange
Pfanne
flüssiger Rohstahl
Ausguss
Argon
Spülstein (porös)

Bild 5.7 Argon-Spülgasbehandlung in der Pfanne

Die **Vakuumbehandlung** erfolgt meist ebenfalls in der Transport- oder Gießpfanne (Bild 5.8, Gießstrahl- und Pfannenbehandlung), seltener in einer besonderen Anlage (Bild 5.8 rechts). Das Verfahrensprinzip beruht darauf, dass die Konzentration gelöster Gase in der Schmelze vom äußeren Druck abhängt. Bei Atmosphärenluftdruck noch gelöste Gase scheiden sich unter Vakuum (besser „Unterdruck") aus und steigen gasförmig an die Oberfläche.

Die feinen Gasperlen schleppen wiederum andere Verunreinigungen mit in die Schlacke. Eine Desoxidation erfolgt ebenfalls, da bei Unterdruck CO-Gas entweichen kann und damit die Gleichung 5.13 nach rechts verschoben wird:

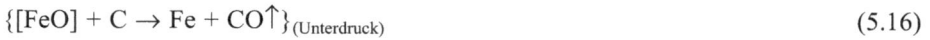

$$\{[FeO] + C \rightarrow Fe + CO\uparrow\}_{(Unterdruck)} \tag{5.16}$$

Diese Verschiebung läuft jetzt in der Schmelze ab und nicht erst bei der Erstarrung („Kochen"), was neben der Desoxidation zu weiterer Entkohlung, als *Feinentkohlung* bezeichnet, führt. Der Kohlenstoffgehalt kann so bis auf 0,01 % C abgesenkt werden. Extrem niedriger C-Gehalt wird für nichtrostende Stähle benötigt.

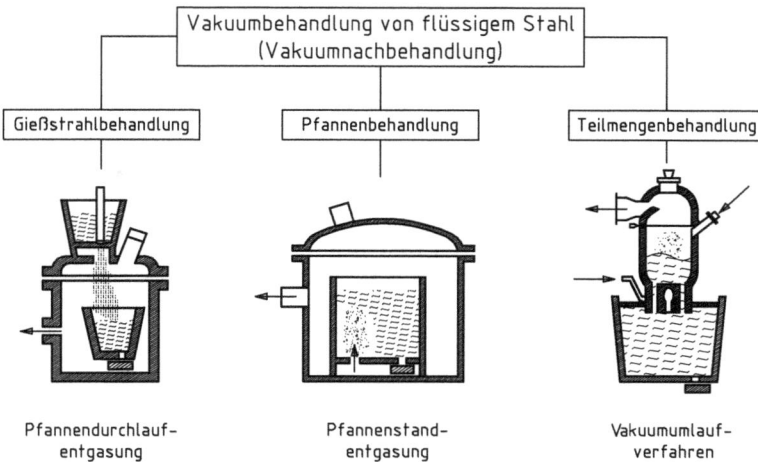

Bild 5.8 Gebräuchliche Vakuumbehandlungsverfahren.

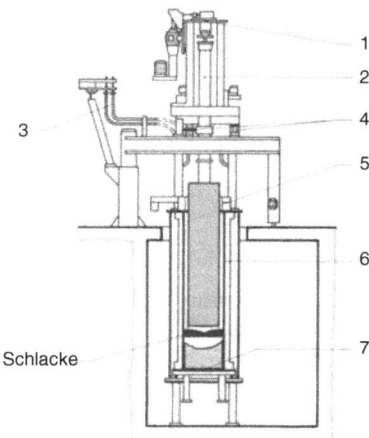

Bild 5.9 Elektro-Schlacke-Umschmelzverfahren (ESU). 1 = Elektrodenantrieb, 2 = Elektrodenstangen, 3 = Stromzuführung, 4 = Gewichtsmesseinrichtung, 5 = Elektrode (Ausgangsblock), 6 = Kokilleneinheit, 7 = absenkbare Bodenplatte.

Elektro-Schlacke-Umschmelzverfahren. Das aufwendigste und zu größter Reinheit füh-
rende Nachbehandlungsverfahren wird abgekürzt ESU-Verfahren genannt. Bild 5.9 zeigt
schematisch die Funktionsweise. Der zu reinigende Stahlblock dient als Elektrode, sie erwärmt ein Schlackebad über dessen elektrischen Widerstand auf >1600 °C. Dabei schmilzt
der Stahlblock langsam ab und die Schmelzetropfen durchwandern die – alle Verunreinigungen aufnehmende – Schlacke. Unterhalb des Schlackebades erstarrt der gereinigte Stahl in
einer Kokille.

5.1.4 Die Gießtechnologie

Ausgangsformate für das Warmwalzen der Stähle sind Blöcke oder Stranggussabschnitte, als
Brammen bezeichnet. Die bis etwa 1980 vorherrschende Gießweise war der **Blockguss**, der
heute nur noch für kleinere Chargen spezieller, z.B. legierter Stähle durchgeführt wird. Bild
5.10 zeigt zwei Verfahrensvarianten, den hochwertigen *steigenden Guss* und den kaum noch
angewandten *fallenden Guss*. Nach beendeter Erstarrung wird die leicht konische, unten of-
fene Kokille nach oben abgezogen und der noch glühende Block mit dem Kran abtransportiert.

Während der langsamen Erstarrung entstehen große Kopflunker (Schwindungshohlräume)
und durch Blockseigerung (s.u.) konzentrieren sich Elemente wie der Schwefel im oberen
Blockbereich, daher muss das obere Blockdrittel abgetrennt und wieder eingeschmolzen
werden, die Ausbringung ist entsprechend schlecht.

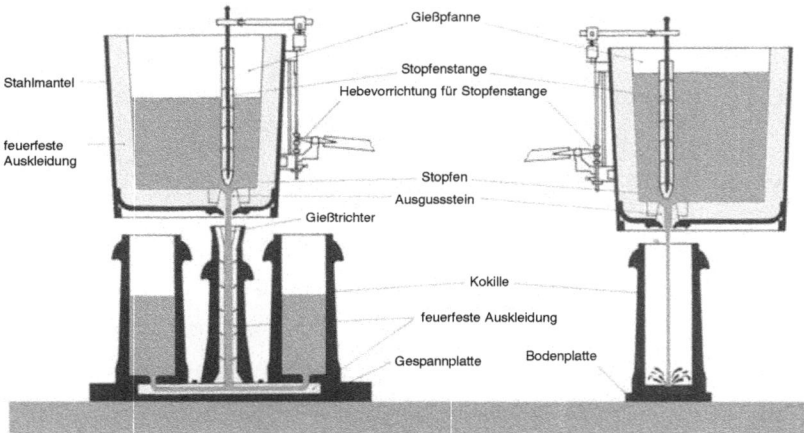

*Bild 5.10 Blockguss. Links: Steigender Guss mit zwei Kokillen (üblich sind bis zu acht Kokillen);
rechts: Fallender Guss (geringere Qualität durch eingewirbelte Luft).*

Strangguss. Das seit einigen Jahren für die Massenproduktion eingeführte *Stranggießverfahren* hat eindeutige Qualitäts- und Kostenvorteile. Bild 5.11 zeigt, dass der Stahl in einer
kurzen, unten offenen Kokille dank intensiver Kühlung rasch erstarrt (Kokillenhöhe 400 bis
500 mm). Die Kokillen sind für Walzbrammen rechteckig, für Walzdraht und nahtlose Rohre rund. Der außen erstarrte Strang tritt kontinuierlich aus der Kokille aus; nach vollständi-

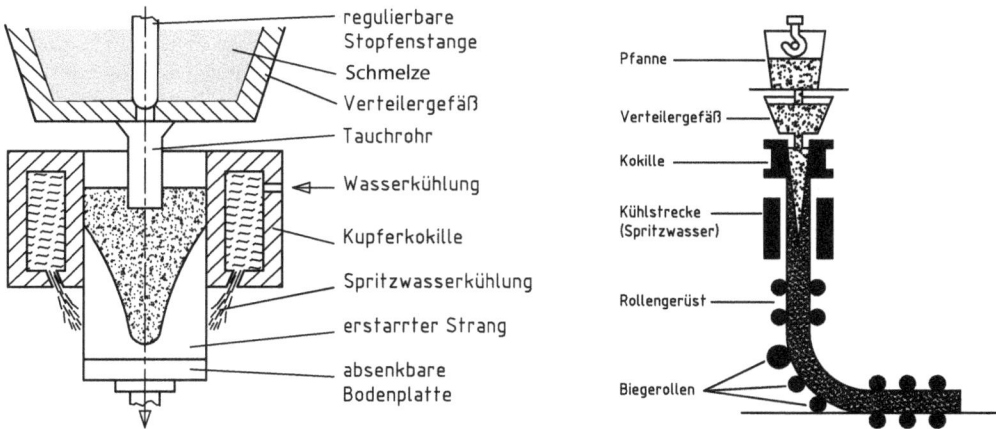

Bild 5.11 Strangguss. Links: Stranggießkokille (Schnitt); rechts: Stranggießanlage (schematisch, Gesamthöhe über 40 m).

ger Erstarrung, aber noch weißglühend und weich, kann er in die Horizontale gebogen und in beliebige Längen aufgeteilt werden. Solange die Kokillen halten (sie sind aus Kupfer und unterliegen starkem Verschleiß) und aus wechselnden Transportpfannen Schmelze nachfließt, kann gegossen werden. Es entfällt der beim Blockguss beschriebene Verlust durch Abtrennung der Blockköpfe. Das Gefüge der Stranggussbrammen ist wegen schneller Erstarrung feiner und die Seigerungen sind geringer als bei Blockguss. Alle im Stranggießverfahren gegossenen Stähle sind durch Aluminiumzugabe zu desoxidieren („Besondere Beruhigung").

Bandguss. Die im üblichen Strangguss hergestellten Brammen haben etwa 250 mm Dicke, was zu hohem Warmwalzaufwand bei der Herstellung von Blechen führt. Die Entwicklung geht daher heute zu möglichst dünnen Gussbändern (20 bis 40 mm Dicke), die direkt nach dem Gießen und Glühen – in einer Linie – mit wenigen Walzstichen zu haspelbarem (aufwickelbarem) Warmwalzband verarbeitet werden können.

> In der Stahlwerksgießerei wird die fertig zubereitete Stahlschmelze nach zwei Verfahren gegossen: Dem Blockguss und dem Strangguss. Letzterer ist für Massenstähle wirtschaftlicher und qualitativ hochwertiger. Die Tendenz geht zu dünnwandigem Bandguss.

5.1.5 Erstarrungsbedingte Gefügefehler

Das Gussgefüge („Primärgefüge") hängt wesentlich von der Erstarrungsgeschwindigkeit ab. Langsame Erstarrung ist ungünstig, da sie zu folgenden Gefügefehlern führen kann:

- Seigerungen
- Gasporen
- Lunker
- Grobkorn

Seigerungen (örtliche Konzentrationsunterschiede) wurden als *Mikro-* oder *Kornseigerungen* in Abschnitt 4.3.2 behandelt; sie entstehen zwangsläufig durch den im Zustandsdiagramm erkennbaren Erstarrungsbereich und lassen sich durch Diffusionsglühen (Abschn. 5.4.2.5) beseitigen. Alle für das Walzwerk vorgesehenen Gussblöcke müssen somit einer Diffusionsglühung (*Homogenisierung*) unterzogen werden.

Makroseigerungen treten besonders in langsam erstarrten Gussblöcken auf, sie werden als *Blockseigerung* bezeichnet. Sie entstehen dadurch, dass die im erstarrenden Block von außen nach innen wandernde Kristallisationsfront Fremdatome vor sich her „schiebt" und diese sich in der zuletzt erstarrenden Zone (oberes Blockdrittel) anreichern. Eine andere Art der Makroseigerung ist die *Schwereseigerung*, die durch Dichteunterschiede von Gefügebestandteilen hervorgerufen wird.

Gasporen entstehen durch in der Schmelze gelöste Gase, die sich bei der Erstarrung ausscheiden. In Stahlgussstücken sowie in Schweißnähten müssen Gasporen auf jeden Fall durch gute Entgasung bzw. Beruhigung der Stahlschmelze vermieden werden. In Walzbrammen verschweißen Gasporen weitgehend während des Warmwalzens.

Lunker sind Schwindungshohlräume, die durch die Volumenschwindung beim Übergang flüssig → fest entstehen (siehe auch Kapitel 3, Bild 3.3). Stranggußbrammen zeigen naturgemäß keine Lunker.

Grobkorn tritt bei langsamer Erstarrung und wenigen Kristallisationskeimen auf. Durch Kornfeinungsmittel (Keime) wird auch in langsam erstarrendem Blockguss grobes Korn vermieden. Die schnelle Erstarrung des Stranggusses – zusammen mit Kornfeinungsmitteln – führt zu hervorragend feinem Gusskorn.

Zusammenfassung
Stahl und Gusseisen sind die wichtigsten metallischen Werkstoffe. Die Darstellung von Eisen aus Eisenerz ist eine chemische Reduktion, sie erfolgt überwiegend in den Hochöfen der Hüttenwerke mittels Koks.

Die im Roheisen enthaltenen Eisenbegleiter – vor allem der Kohlenstoff – werden im Stahlwerk zumeist im Sauerstoff-Aufblasverfahren entfernt. Das Elektrostahlverfahren ermöglicht Schrott (die zweite „Rohstoffquelle") einzuschmelzen. Hier können 100 % Schrott eingesetzt werden, bei den Sauerstoff-Blasverfahren sind es max. 20 %.

Zur Verringerung der Stahlsprödigkeit sind die Begleitelemente P und S sowie gelöste Gase (O, N, H) in teils aufwendigen Verfahren zu entfernen (Sekundärmetallurgie). Abschließend wird der fertige Stahl im Block- oder Stranggießverfahren abgegossen. Die zwangsläufig entstehenden Gussfehler wie Seigerungen, Lunker und Poren müssen beachtet werden.

Gusseisen braucht nicht im Stahlwerk behandelt zu werden, es hat die Zusammensetzung des grauen Hochofen-Roheisens. Das meiste Gusseisen wird allerdings aus Schrott in den Formgießereien selbst erschmolzen.

Aufgaben zu Abschnitt 5.1
1. Nennen Sie eine Reduktionsgleichung für die Eisenerzeugung aus Eisenerz mittels Kohlenstoff.

2. Wie heißt der Prozess der Begleitelemente-Entfernung mit Luft oder Sauerstoff? Welchen Vorteil hat Sauerstoff gegenüber Luft?

3. Nennen Sie die Desoxidationsgleichung der Halbberuhigung mittels Mn und diejenige für Vollberuhigung mittels Al.

4. Welche Nachteile hat der Sauerstoffgehalt unberuhigter Stähle?

5. Wie wirkt sich ein zu hoher Schwefelgehalt im Stahl aus?

6. Welche Verunreinigungen werden mit der Vakuum-Behandlung entfernt?

7. Erläutern Sie das ESU-Verfahren.

8. Was ist der Unterschied zwischen Mikro- und Makroseigerung?

9. Warum entstehen in Gussstücken Lunker?

5.2 Einteilung der Stähle und Benennung

5.2.1 Die Einteilung der Stähle

Die europäische Norm DIN EN 10020 „Begriffsbestimmungen für die Einteilung der Stähle" definiert den Werkstoff Stahl und beschreibt die Einteilung der Stahlsorten nach Reinheitsgrad, Zusammensetzung und Güteklassen. Dort heißt es:

> Stahl ist ein überwiegend aus Eisen bestehender Werkstoff mit maximal 2,1 % C. Der Masseanteil Fe ist dabei größer als der jedes anderen Elements.

Bei der Herstellung der Eisenwerkstoffe wurde beschrieben, welch hoher Aufwand zur Reinigung der Stahlschmelze betrieben werden muss. Aus Kostengründen kann nicht immer ein bestens gereinigter Stahl Anwendung finden. Die Norm unterscheidet daher unterschiedliche Reinheitsgrade, die sich weitgehend durch maximal zulässige Schwefel- und Phosphorgehalte beschreiben lassen.

Hinsichtlich der Legierungselemente wird zwischen unlegierten und legierten Stählen unterschieden, wobei unlegierte Stähle in gewissen Grenzen ebenfalls Legierungselemente enthalten dürfen. Grundsätzlich gilt nachfolgend genannte Einteilung.

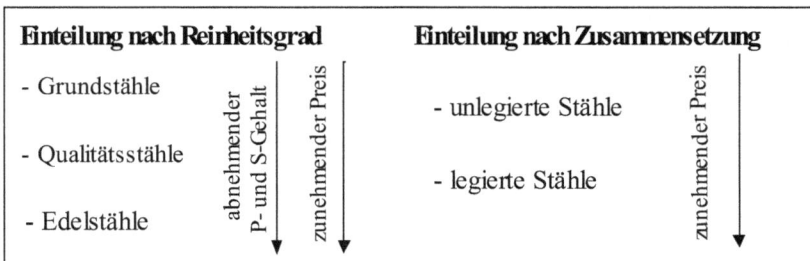

Grundstähle (Abkürzung „**BS**" = Basic Steel) sind immer unlegiert. Sie sind preiswert und für die Massenproduktion einfacher Produkte wie wenig belastete Stahlträger, gering beanspruchte Bleche für Schweißkonstruktionen oder Stanzteile, Bauprofile, Stahlrohr für Möbel, einfache Rohre und Draht, einfache Verbindungselemente wie Drahtstifte, Schrauben und Muttern vorgesehen. Die für die meisten Güten (man nennt die Stahlsorten häufig „Güten") zugelassenen maximalen Phosphor- und Schwefelgehalte enthält Tabelle 5.2.

Tabelle 5.2 Maximal zulässige Phosphor- und Schwefelgehalte in Grundstählen (Beispiele aus Normen unlegierter Stähle).

Begleitelement	Maximaler Gehalt in der Schmelze entsprechend *Schmelzanalyse* in %	Maximaler Gehalt im Halbzeug / Bauteil entsprechend *Stückanalyse* in %
Phosphor (P)	0,045 (teilweise bis 0,055)	0,055 (teilweise bis 0,065)
Schwefel (S)	0,045 (teilweise bis 0,055)	0,055 (teilweise bis 0,065)

Die Grenzwerte der *Schmelzanalyse* gelten für das Stahlwerk, dort müssen sie eingehalten werden. Die *Stückanalyse* gilt für das Halbzeug oder Bauteil, sie hat wegen der unvermeidbaren Seigerungen eine größere Toleranz und ist bei Beanstandungen und Schadensfällen entscheidend (s.a. Abschn. 13.1.8).

Außer durch die Begleitelementkonzentration werden Grundstähle durch maximale mechanische Eigenschaften abgegrenzt, d.h., dass Stähle mit besseren als in Tab. 5.3 aufgeführten mechanischen Eigenschaften keine einfachen Grundstähle mehr sind:

Grundstähle sind generell *nicht* für festigkeitssteigernde Wärmebehandlungen vorgesehen. Es wäre auch wenig sinnvoll, an preiswertesten Stählen teure Wärmebehandlungen mit nur mäßigem Erfolg (starke Streuungen wegen großer Elementtoleranzen) durchzuführen.

Tabelle 5.3 Obergrenzen der mechanischen Eigenschaften der Grundstähle.

Zulässige Zugfestigkeit	≤ 690 MPa oder N/mm^2
Zulässige Streckgrenze	≤ 360 MPa oder N/mm^2
Zulässige Bruchdehnung	≤ 26 %

Qualitätsstähle (Abkürzung „**QS**" = Quality Steel) weisen eine höhere Reinheit auf, wie man an den zulässigen Phosphor- und Schwefelgehalten in Tabelle 5.4 erkennt.

Tabelle 5.4 Maximal zulässige Phosphor- und Schwefelgehalte für Qualitätsstähle (Beispiele aus Normen unlegierter Stähle, Schmelzanalyse).

Begleitelement	Zulässiger Gehalt in %
Phosphor (P)	0,035 (teilweise bis 0,045)
Schwefel (S)	0,035 (teilweise bis 0,045)

Mit der aufwendigeren Schmelzereinigung lassen sich gegenüber den Grundstählen folgende Qualitätsmerkmale herausstellen:

- Sprödbruchunempfindlichkeit (höhere Kerbschlagwerte) auch bei Kälte;
- bessere Verformbarkeit (kleinere Biegeradien);
- feineres Korn, damit höhere Streckgrenzen.

Qualitätsstähle werden für Bauteile verwendet, die besondere Eigenschaften hinsichtlich Festigkeit, Zähigkeit, Verformbarkeit und Schweißbarkeit aufweisen müssen. Sie sind den Grundstählen vor allem dann vorzuziehen, wenn es um *Sicherheit von Konstruktionen* im Bauwesen, Fahrzeug- oder Maschinenbau geht.

Qualitätsstähle können unlegiert oder legiert sein, wobei die Legierungselementmenge bei letzteren immer gering ist (höher legierte Stähle sind stets Edelstähle). Typische Qualitätsstähle sind z.B.: Wetterfeste Stähle, Schweißgeeignete Feinkornbaustähle, Druckbehälterstähle, Stähle für Schienen, Spundwände und Grubenausbau oder Stähle für Rohre. Einige neue Stahlnormen enthalten sowohl Grund- wie Qualitätsstähle, was durch den Hinweis „BS" oder „QS" angegeben ist.

Qualitätsstähle sind grundsätzlich *nicht* für eine festigkeitserhöhende Wärmebehandlung (Härten, Vergüten) vorgesehen. Die Ausnahme bildet ein Teil der unlegierten Vergütungsstähle, die aus Kostengründen auch als Qualitätsstahl geliefert werden (s. Abschn. 5.4.7).

Edelstähle werden mit noch höherer Reinheit als Qualitätsstähle hergestellt, ihre P- und S-Gehalte liegen unter 0,025 %. Darüberhinaus weisen sie sehr geringe Gehalte nichtmetallischer Einschlüsse („Schlackeeinschlüsse", „Schlackezeilen") auf, für die es in einigen Normen besondere Eingrenzungen gibt. Typische Edelstähle sind:

- Für festigkeitssteigernde Wärmebehandlungen vorgesehene Stähle (Vergütungsstähle, Einsatzstähle, Werkzeugstähle usw.);
- hoch legierte Stähle wie nichtrostende Cr- und Cr-Ni-Stähle oder hitzebeständige Stähle;
- Spannstähle für den Stahlbetonbau.

Der Begriff Edelstahl darf nicht mit dem häufig verwendeten Ausdruck „Edelstahl rostfrei" verwechselt werden. Zwar sind alle nichtrostenden Stähle aufgrund ihrer Reinheit Edelstähle, jedoch nicht alle Edelstähle rostfrei!

Unlegierte Stähle sind nach DIN EN 10020 Stähle, deren Fremdatomgehalte bestimmte Grenzen nicht überschreiten. Tabelle 5.5 enthält einige Beispiele als Auszug aus der Norm.

Mangan wird in unlegierten Stählen zur Festigkeitserhöhung benötigt (Mischkristallfestigkeit), Silizium zur Desoxidation, Blei zur besseren Spanbarkeit. Chrom und Nickel kommen häufig über den Schrotteinsatz als Verunreinigung in den Stahl, ebenso die meisten anderen Elemente. Übersteigt ein Element die genannten Grenzen (z.B. Bor mit einigen Tausendstel

Tabelle 5.5 Grenzgehalte einiger Elemente für unlegierte Stähle (nach DIN EN 10020)

Element	Zulässiger Gehalt in Masse-%
Mn	1,65
Si	0,50
Pb	0,40
Ni	0,30
Cr	0,30
Bor	0,0008
Sonstige	0,10 – 0,05

% zur Festigkeitserhöhung), handelt es sich um einen legierten Stahl, er wird dann mit anderem Kurznamen benannt.

Legierte Stähle weisen Elementmengen über den Grenzgehalten der Tab. 5.5 auf. Früher wurde zwischen *niedrig legierten* und *hoch legierten* Stählen unterschieden, diese Unterscheidung ist mit DIN EN 10020 weggefallen. Allerdings wird der Unterschied bei der Benennung der Stähle noch gemacht (s. Abschn. 5.2.2).

Legierungselemente verteuern den Stahl erheblich, da die meisten Metalle wie Cr, Ni, Mo usw. durch ihre seltenen Vorkommen in der Erdkruste deutlich teurer als Eisen sind. Es ist daher sinnvoll, für höher legierte Stähle nur beste Stahlqualität, also Edelstähle, zu verwenden.

Beim *Schrottrecycling* ist es nicht möglich, Legierungselemente zurückzugewinnen. Legierte Stähle sollten daher unbedingt sortenrein dem Wiederverwendungskreislauf zugeführt werden. Das gilt vor allem für die stark steigende Menge der hoch legierten nichtrostenden Stähle, sie dürfen keinesfalls mit unlegierten Stählen vermischt werden.

5.2.2 Normgerechte Benennung von Stahl und Gusseisen

Die Norm DIN EN 10027 gibt die seit September 1992 verbindliche, europäisch einheitliche Bezeichnungsweise der Stähle an. Die Vereinheitlichung der *Stahlkurznamen* wurde dringende Notwendigkeit, nachdem in Europa zunehmend gemeinsame Fertigungen und Projekte (Luftfahrt, Reaktorbau) entstanden. Hier ein Beispiel der bis 1992 gültigen unterschiedlichen Kurznamen eines Baustahls:

Europäische Benennung nach DIN EN 10027-1	Deutschland (früher)	Frankreich (früher)	England (früher)
S235J0	St 37-3 U	E 24-3	40 C

Während die Stahlkurznamen in DIN EN 10027 Teil 1 festgelegt sind, regelt das Werkstoff-Nummernsystem (jeder metallische Werkstoff hat zusätzlich zu seinem Kurznamen eine Werkstoffnummer) DIN EN 10027 Teil 2.

5.2.2.1 Stahlkurznamen

Die Methodik der Stahlbenennung ist gewöhnungsbedürftig und muss erlernt werden. Während früher die Kurznamen unlegierter Stähle mit „St" für Stahl begannen, gibt es heute dieses Kurzzeichen nicht mehr. Um Verwechslungen der neuen Stahlnamen mit anderen Werkstoffen zu vermeiden, empfiehlt sich, dem Kurznamen das Wort „Stahl" voranzustellen: „Stahl S235" oder „Stahl P275".

Die wichtigsten Änderungen gegenüber früheren deutschen Bezeichnungen sind:

– Hinweisbuchstabe für die *Stahlverwendung* anstelle der Abkürzung „St";

– Angabe der *Mindest-Streckgrenze* in MPa (oder N/mm^2) statt der Mindest-Zugfestigkeit in kp/mm^2;

– Neue Abkürzungsbuchstaben für Stahlverwendung, Zähigkeit, Gütegrad, Wärmebehandlung usw.

Benennung nach der Festigkeit. Grund- und Qualitätsstähle, die nicht einer festigkeitssteigernden Wärmebehandlung unterzogen werden, enthalten in ihrem Kurznamen eine *Festigkeitszahl*, meist die für Konstruktionsberechnungen wichtige *Streckgrenze*. Die Zahl ist ein Mindestwert, der dem Konstrukteur den Werkstoffvergleich ermöglicht. Für genaue Berechnungen sollte sie nicht verwendet werden, da die Festigkeit wanddickenabhängig ist; mit zunehmender Dicke gelten geringere Festigkeitswerte, die den Normen zu entnehmen sind.

Der Festigkeitszahl wird ein *Hinweisbuchstabe für die Stahlverwendung* vorangestellt. Tabelle 5.6 enthält die wichtigsten Buchstaben.

Tabelle 5.6 Hinweisbuchstaben für die Stahlverwendung.

S = Allgemeiner Stahlbau	**P** = Druckbehälterbau	**L** = Rohrleitungsbau
E = Maschinenbau	**B** = Betonstahl	**Y** = Spannstahl
R = Schienenstahl	**H** = Kaltgewalzte Flacherzeugnisse, höherfeste Ziehgüten	**D** = Weiche Flacherzeugnisse zum Kaltumformen
T = Feinst- u. Weißblech		
G = Formguss		

Dem Verwendungsbuchstaben folgt die *Mindeststreckgrenze*, oder (bei Spannstählen, Schienenstählen und Formguss) die *Mindestzugfestigkeit*, oder (bei Feinst- und Weißblech) die *Härte*. Beispiele:

Stahlkurzname	Bedeutung
S235 (nach Norm DIN EN 10025, warmgewalzte Baustähle)	Stahl für allgemeinen Stahlbau, Mindeststreckgrenze 235 MPa
P275 (nach Norm DIN EN 10028, Druckbehälterstähle)	Stahl für Druckbehälter, Mindeststreckgrenze 275 MPa

Die den Kurznamen angefügten Normen sind als Quellennachweis unerlässlich, da dort alle weiteren Eigenschaften der Stahlsorte zu finden sind.

Dem Zahlenwert können weitere Zusatzbuchstaben und -zahlen folgen, die auf Zähigkeit, Gütegrad, Wärmebehandlungszustand und anderes mehr hinweisen. Tabelle 5.7 enthält zusammengefasst die wichtigsten Zusatzsymbole.

Beispiel:

S420ML (Feinkornbaustahl nach DIN EN 10025-4)	Stahl für allgemeinen Stahlbau, Mindeststreckgrenze 420 MPa, thermomechanisch gewalzt, für tiefe Temperatur geeignet (kaltzäh).

Weiterführende Angaben zu angehängten Zusatzsymbolen sind in den nachfolgenden Kapiteln verschiedener Stahlsorten zu finden.

Tabelle 5.7 Zusatzsymbole nach DIN EN 10027 (Auswahl).

Zusatzsymbole für Stähle „S"	Zusatzsymbole für Stahlerzeugnisse
Gruppe 1:	1. Besondere Anforderungen:
JR, J0, J2 usw.	F = Feinkornstahl
KR, K0, K2 usw.	H = besondere Härtbarkeit
(Erläuterung s. Abschn. 5.3.1)	Z15 = Brucheinschnürung 15 %
Gruppe 2:	
C = besond. Kaltumformbarkeit	2. Symbole für Beschichtungen:
F = zum Schmieden	A = feueraluminiert
L = für tiefe Temperatur	Z = feuerverzinkt
N = normalgeglüht	ZE = elektrolytisch verzinkt
Q = vergütet	S = feuerverzinnt
M = thermomechanisch gewalzt	OC = organisch beschichtet
G = andere Merkmale	
(z.B. „Grade 1, 2, 3")	

Benennung nach der Zusammensetzung
Unlegierte Stähle. Werden Stähle festigkeitserhöhend wärmebehandelt, macht die Benennung nach der Festigkeit wenig Sinn, da der Stahlverarbeiter durch die Wahl der Wärmebehandlung unterschiedliche Festigkeit einstellen kann. Sinnvoller ist hier, die *Zusammensetzung* anzugeben. Unlegierte Stähle enthalten vor allem den festigkeits- und härtebestimmenden *Kohlenstoff*, er wird im Kurznamen mit seinem chemischen Symbol **C** aufgeführt. Dem C folgt der zulegierte Massegehalt Kohlenstoff, mit dem Faktor 100 multipliziert (um auf glatte Zahlen zu kommen).

Beispiel:

C45 (nach DIN EN 10083, Vergütungsstähle)	Unlegierter Qualitäts- oder Edelstahl mit 45/100 = 0,45 % C

Die unlegierten, nach ihrem Kohlenstoffgehalt benannten Stähle bezeichnet man auch als *Kohlenstoffstähle* oder kurz *C-Stähle*. Ein nachfolgender Buchstabe E oder R kann auf die Reinheit und besonders den Schwefelgehalt hinweisen: **C35E** = Edelstahl (niedriger S-Gehalt); **C60R** = erhöhter S-Gehalt.

Legierte Stähle. Legierte Stähle werden generell nach ihrer Zusammensetzung benannt. Dabei kommen für die Legierungselementmengen – wie im Fall Kohlenstoff – Faktoren zur Anwendung, um Dezimalen im Kurznamen zu vermeiden.

Zu Anfang steht jeweils der C-Gehalt (mit 100 multipliziert), es folgen die chemischen Symbole der Legierungselemente (LE) in der Reihenfolge ihrer Zugabemengen. Anschließend geben Zahlen in derselben Reihenfolge die Elementmenge, multipliziert mit einem Faktor, an:

| % C · 100 | chem. Symbole der LE | %-Gehalte der LE · (Faktor) |

Für *niedrig legierte Stähle* (bis etwa 5 % LE) gelten die in Tabelle 5.8 aufgeführten Faktoren.

Tabelle 5.8 Faktoren für die Ermittlung der Legierungselementgehalte aus Stahlkurznamen.

Legierungselement (LE)	Faktor
Cr, Ni, Mn, Si, Co, W	4
Al, Be, Cu, Mo, Nb, Pb, Ta, Ti, V, Zr	10
C, S, P, N, Ce	100
B	1000

Lernhilfe: 6 Elemente haben den Faktor 4, sie lassen sich z.B. mit dem Merkwort „Crocomannisiw" (Cr-Co-Mn-Ni-Si-W) behalten; nichtmetallische Elemente (C, S, P, N) haben alle den Faktor 100 (die Ausnahme Cer tritt selten auf); alle übrigen Elemente (sie müssen nicht gelernt werden) haben den Faktor 10. Bor hat als stark wirkendes Element den Faktor 1000, kommt aber nur in speziellen, Bor-legierten Stählen vor.

Zwischenräume zwischen Zahlen und Buchstaben werden – im Gegensatz zu früheren Benennungen – nicht mehr gemacht.

Beispiel für einen niedrig legierten Stahl:

45CrVMoW5-8

Es bedeuten:

45: C-Gehalt 45/100 = 0,45 %;

Cr und Zahl 5: Chromgehalt 5/4 = 1,25 % Cr;

V und Zahl 8: Vanadiumgehalt 8/10 = 0,8 % V;

Mo (ohne Zahl): geringer Molybdängehalt;

W (ohne Zahl): geringer Wolframgehalt.

Werden für Elemente keine Gehalte angegeben, ist die LE-Menge für die Charakterisierung der Stahlsorte nicht entscheidend und meist relativ niedrig (Größenordnung Zehntel %); die genaue Zugabemenge ist der jeweiligen Norm, in der der Stahl enthalten ist, zu entnehmen.

Hoch legierte Stähle bedürfen – abgesehen vom Kohlenstoff – nicht der Faktoren, da ihre große LE-Menge zu glatten %-Zahlen führt. Zur Kennzeichnung eines hoch legierten Stahls dient das große „**X**" vor dem Kurznamen:

X | % C · 100 | chem. Symbole der LE | %-Gehalte der LE

Beispiel:

Es bedeuten:

X5CrNi18-10

X: Hoch legierter Stahl (keine Faktoren für LE außer Kohlenstoff);

5: Stahl enthält 5/100 = 0,05 % C;

Cr und Zahl 18: Chromgehalt 18 %;

Ni und Zahl 10: Nickelgehalt 10 %.

Die Entscheidung darüber, ob ein Stahl als niedrig oder hoch legierter Stahl benannt wird, trifft das Normeninstitut (in Deutschland DIN, europaweit CEN, Europäisches Komitee für Normung).

5.2.2.2 Gusseisenkurznamen

Die europäische Benennung der Eisen- und Stahl-Gusswerkstoffe hat sich gegenüber der früheren deutschen Benennung vollständig geändert. Tabelle 5.9 enthält eine Gegenüberstellung der neuen und alten Kurznamen.

Tabelle 5.9 Neue und alte Benennung der Gusseisenwerkstoffe, Legierungsbeispiele.

Kurzzeichen (europäische Normung EN)	altes Kurzzeichen (DIN)	Werkstoffbeschreibung
EN-GJL-200	GG-20	Graues Gusseisen mit Lamellengraphit, Benennung nach der Festigkeit; Zugfestigkeit $R_m \geq 200$ N/mm²
EN-GJL-H195	GG-190 HB	Graues Gusseisen mit Lamellengraphit, Benennung nach der Härte; Brinellhärte HB $\geq$ 195
EN-GJS-400-15	GGG-40	Gusseisen mit Kugelgraphit; Zugfestigkeit $R_m \geq 400$ N/mm², Bruchdehnung A $\geq$ 15 %
EN-GJMB-350-10	GTS-35-10	Schwarzer Temperguss; $R_m \geq 350$ N/mm², A $\geq$ 10 %
EN-GJMW-400-5	GTW-40-05	Weißer Temperguss; $R_m \geq 400$ N/mm², A $\geq$ 5 %
GP240	GS-45	Stahlguss, unlegiert, für Druckbehälter; $R_e \geq 240$ N/mm²
GX12Cr13	G-X12Cr13	Stahlguss, legiert; 0,12 % C, 13 % Cr

Den Gusseisenbezeichnungen steht „EN" für europäische Norm vorweg (nicht den Stahlgusssorten). Die nachfolgenden Buchstaben bedeuten:

G   Gusswerkstoff
J   Eisenguss (engl.: Iron; statt I ein J, um die Verwechslung mit der Zahl 1 auszuschließen)
L   lamellarer Graphit (engl.: lamellar)
S   Kugelgraphit (S = sphärolitisch)
M   Temperguss, duktil (engl.: malleable = verformbar)
B   schwarzer Temperguss (engl.: black)

W   weißer Temperguss (engl.: white)
H   nachfolgend die Mindesthärte

Stahlguss wird wie bisher durch die dem G (für Gusswerkstoff) nachfolgende Stahlsorte benannt. Weitere Einzelheiten zu den Benennungen sind in den entsprechenden Werkstoffabschnitten (siehe 5.8) zu finden.

5.2.2.3 Werkstoffnummern

Das Werkstoffnummern-System nach DIN EN 10027 Teil 2 hat sich gegenüber dem früher gültigen System nach DIN 17007 kaum geändert. Das System ist an folgendem Beispiel erkennbar:

Werkstoffnummer eines Werkzeugstahls: 1.2343

Es bedeuten:

Zahl 1:   *Hauptgruppennummer* (hier: 1 = Stahl), gefolgt von einem Punkt;
Zahl 23:   *Gruppennummer* (hier: 23 = Werkzeugstahl);
Zahl 43:   *Zählnummer* für genauen Werkstoff (hier: X38CrMoV5-1).

Die Hauptgruppennummern. Da das Nummernsystem für alle Werkstoffe gilt, hat jede Werkstoffgruppe eine Nummer zugeteilt bekommen:

0. = Roheisen (früher auch Gusseisen)   4. = Metallpulver
1. = Stahl und Stahlguss   5. – 8. = Nichtmetallische Werkstoffe
2. = NE-Schwermetalle   9. = nicht belegt
3. = Leichtmetalle

Die Stahlgruppennummern. Ihnen ist die Stahlart zu entnehmen. Die Gruppen sind:

1.00..	Grundstähle
1.01.. bis 1.07..	unlegierte Qualitätsstähle
1.08.. und 1.09..	legierte Qualitätsstähle
1.10.. bis 1.18..	unlegierte Edelstähle
1.20.. bis 1.29..	Werkzeugstähle (legiert)
1.40.. bis 1.49..	chemisch beständige und hitzebeständige Stähle
1.50.. bis 1.80..	spezielle Bau-, Maschinenbau- und Behälterstähle

Die Zählnummer gilt für die einzelne Stahlgüte, sie ist in den jeweiligen Normen für jeden Stahl aufgeführt.

Hinweis für die Praxis: Während die Werkstoffnummern bei unlegierten Stählen aufgrund ihrer praktischen Kurznamen (z.B. „C45") im Sprachgebrauch kaum genutzt und nur für Organisationszwecke, Zeichnungseintragungen und zur Absicherung von Bestellungen im Einkauf gebraucht werden, haben sie sich für legierte Stähle auch im Sprachgebrauch durchgesetzt, da sie kürzer sind. Der Fachmann spricht lieber vom Stahl „4301" („dreiundvierzignulleins") als vom Stahl „X5CrNi18-10".

Zusammenfassung
Stähle werden nach ihrer Reinheit und ihrer Zusammensetzung eingeteilt. Die im Stahlwerk erzielte Reinheit nimmt von den Grundstählen über die Qualitätsstähle bis zu den Edelstählen zu, wobei letztere auch die teuersten sind. Für die Reinheit maßgeblich sind der Phosphor- und der Schwefelgehalt, da beide Elemente den Stahl verspröden. Die Legierungsele-

mentmenge entscheidet über die weitere Einteilung in unlegierte und legierte Stähle, wobei Kohlenstoff nicht als Legierungselement zählt. Die Benennung der Stähle mit Kurznamen nach einem genormten Benennungssystem folgt der genannten Einteilung. Eine weitere Möglichkeit der Stahlkennzeichnung bieten die Werkstoffnummern.

Aufgaben zu Abschnitt 5.2
1. Warum sind Qualitätsstähle teurer als „Grundstähle?
2. Der maximale Schwefelgehalt von „Allgemeinen Baustählen" darf nach Schmelzanalyse 0,045 % S und nach Stückanalyse 0,055 % S betragen. Begründen Sie den Unterschied.
3. Sind Edelstähle immer rostfrei?
4. Erläutern Sie die folgenden Kurznamen: S235; P295; C60, 70Si7; 100V1; 48CrMoV6-7; X155CrVMo12-1; EN-GJL-H195; EN-GJS-400-15.

5.3   Unlegierte Stähle für allgemeine Verwendung

5.3.1   Allgemeine Baustähle

Die hier noch mit „*Allgemeine Baustähle*" bezeichneten, weitaus am meisten gebrauchten Stähle heißen in der Europäischen Norm DIN EN 10025 „Warmgewalzte Erzeugnisse aus Baustählen" (Hot rolled products of structural steels). Sie sind in Tabelle 5.10 aufgelistet.

Es handelt sich um Qualitätsstähle, die für verschiedenste Anwendungen in Form von Blechen, Breitflachstahl oder Langprodukten (Profile, Stabstahl) ab Lager gekauft werden. Der Stahlhersteller kennt den Verwendungszweck nicht, kann daher auch nicht besondere Eigenschaften eines speziellen Produkts garantieren. Z.B. übernimmt er keine Herstellerverantwortung, wenn der Anwender aus diesen Stählen einen Druckbehälter baut.

Die in der Norm früher angegebenen „Gütegrade G" werden nicht mehr verwendet, da – vom Stahl S185 abgesehen – keine Grundstähle („BS") mehr enthalten sind.

Mit den Erläuterungen von Tab. 5.10 kann beispielhaft ein Stahl S235J2 wie folgt beschrieben werden:

S235J2: „Warmgewalzter Baustahl" (oder „Allgemeiner Baustahl") nach DIN EN 10025 für den Stahlbau, Mindeststreckgrenze 235 MPa, Mindestkerbschlagarbeit 27 Joule bei Prüftemperatur –20 °C.

Streckgrenze und Zugfestigkeit nehmen in Tabelle 5.10 von oben nach unten zu, dabei nimmt die Zähigkeit ab. Die höhere Festigkeit der Stahlbau-Stähle wird nicht – wie man vermuten könnte – durch deutlich höhere C-Gehalte erreicht, sondern durch höhere Mangangehalte und feineres Korn. Die Bruchdehnungswerte (in Tabelle 5.10 nicht aufgeführt) liegen zwischen 10 und 25 %. Neben Kerbschlagarbeit und Bruchdehnung gibt die Norm kleinstmögliche Biegeradien (wichtig für das Abkanten) an. Sie nehmen mit zunehmender Festigkeit und entsprechend abnehmender Zähigkeit zu.

Die Stähle S235 und S355 werden am häufigsten verwendet; S355 ist der typische Hochbaustahl (Brücken, Träger, Kranbau).

Tabelle 5.10 Warmgewalzte Baustähle nach DIN EN 10025 Teil 2.

Stahlsorte nach EN 10025	alte Benennung (nach DIN 17100)	Desoxidationsart	max. C-Gehalt*) %	CEV*) max. %	Mindeststreckgrenze*) MPa	Zugfestigkeit*) MPa
S185	St 33	(FU)	–	–	185	310-540
S235JR	St 37-2	–	0,21	0,35	235	360-510
S235J0	St 37-3U	FN	0,19	0,35	235	360-510
S235J2	St 37-3N	FF	0,19	0,35	235	360-510
S275JR	St 44-2	FN	0,24	0,40	275	410-560
S275J0	St 44-3U	FN	0,21	0,40	275	410-560
S275J2	St 44-3N	FF	0,21	0,40	275	410-560
S355JR	–	FN	0,27	0,47	355	470-630
S355J0	St 52-3U	FN	0,23	0,47	355	470-630
S355J2	St 52-3N	FF	0,23	0,47	355	470-630
S355K2	–	FF	0,23	0,47	355	470-630
S450J0	–	FF	0,23	0,49	450	550-720
E295	St 50-2	FN	–		295	470-610
E335	St 60-2	FN	–		335	570-710
E360	St 70-2	FN	–		360	670-830

*) Die Werte sind wanddickenabhängig. Die Angaben beziehen sich auf 3 mm bis 16 mm Wanddicke.

Erläuterung zu Tabelle 5.10
Anhängebuchstaben und -zahlen für die geforderte Kerbschlagarbeit (siehe Abschn. 13.1.3):
- J: Mindestkerbschlagarbeit 27 J
- K: Mindestkerbschlagarbeit 40 J
- JR: Prüftemperatur = Raumtemperatur, gilt auch für KR
- J0: Prüftemperatur = 0 °C
- J2: Prüftemperatur = –20 °C, gilt auch für K2

Desoxidation („Beruhigung", siehe Abschnitt 5.1.3):
- FU = Stahl ist unberuhigt
- FN = Stahl ist nicht unberuhigt (kann halb oder voll beruhigt sein)
- FF = Stahl ist voll beruhigt (zusätzlich normalgeglüht oder normalisierend gewalzt)

CEV: Kohlenstoffäquivalent, siehe hierzu übernächste Seite.

Die drei Maschinenbaustähle E295, E335 und E360 bilden eine Ausnahme, sie erhalten ihre Festigkeit durch deutlich höheren Kohlenstoffgehalt (keine Normangabe). Die Zähigkeit der Stähle ist damit für Umformungen ungenügend und zum Schmelzschweißen sind sie *nicht* geeignet. Hauptanwendung: Verschleißfeste Maschinenbauteile wie Wellen, Hebel und Schienen, die nicht gehärtet werden sollen.

Der Anwender von Stählen nach DIN EN 10025 hat folgendes zu beachten: Festigkeit und Zähigkeit hängen von der Wanddicke ab. Die Norm teilt die Werte in bis zu 10 Wanddickenbereiche auf (z.B. die Bruchdehnung). Grundsätzlich nehmen Festigkeit und Zähigkeit mit *abnehmender* Wanddicke zu, da die Walzverformung zu gleichmäßigerem und dichterem Gefüge führt („Kneteffekt"). Die Streckgrenzenzahlen der Stahlsorten-Kurznamen gelten nur bis 16 mm Wanddicke!

Schweißeignung. Der Kohlenstoffgehalt ist bei allen für den Stahlbau vorgesehenen Stählen niedrig (max. 0,27 %). Damit ist grundsätzlich eine gute Schweißbarkeit gegeben. Allerdings muss auch das *Kohlenstoffäquivalent* beachtet werden. Weitere Elemente wie Mn, Cr, Ni usw. wirken wie Kohlenstoff, sie verschlechtern die Schweißbarkeit. Rechnerisch werden sie in dem Kohlenstoffäquivalent CEV zusammengefasst:

$$CEV = C(\%) + \frac{Mn(\%)}{6} + \frac{Cr(\%) + Mo(\%) + V(\%)}{5} + \frac{Ni(\%) + Cu(\%)}{15} \qquad (5.17)$$

Durch die Zahl im Nenner wird berücksichtigt, wie stark die im jeweiligen Zähler stehenden Elemente wirken. Die maximal zulässigen CEV-Werte nach Tab. 5.10 können bei der Stahlbestellung vorgeschrieben werden.

Weiterhin ist für gute Schweißeignung die Desoxidation entscheidend (siehe Abschn. 5.1.3). Daher sind die voll beruhigten Stähle (FF) besser schweißbar als die „nicht unberuhigten" Stähle (FN).

Warmgewalzte Baustähle („Allgemeine Baustähle") nach DIN EN 10025-2 werden im Stahlbau und allgemeinen Maschinenbau als Massenstahl eingesetzt. Sie unterscheiden sich in ihrer Streckgrenze, Zähigkeit und Schweißbarkeit. Festigkeitserhöhende Wärmebehandlungen sind nicht vorgesehen.

5.3.2   Schweißgeeignete Feinkornbaustähle

Mit der Forderung nach Gewichts- und Materialeinsparungen im Bauwesen, Maschinen- und Fahrzeugbau wurden immer höhere Festigkeiten verlangt, ohne dass die Zähigkeit (Sicherheit gegen Sprödbruch!), Verformbarkeit und Schweißeignung unbefriedigend würden. Damit war Kohlenstoff – ebenso wie andere mischkristallhärtende Elemente – zur Festigkeitssteigerung ausgeschlossen. Es blieb allein die Möglichkeit, sehr feinkörnige Gefüge herzustellen. Feinkorn verbessert die Streckgrenze, ohne dass die Zähigkeit abfällt.

Zwischen der Streckgrenze R_e (oder Dehngrenze R_p) und der Korngröße (Korndurchmesser d) besteht ein Zusammenhang, der Hall-Petch-Beziehung genannt wird:

$$R_e = a + b \frac{1}{\sqrt{d}} \qquad (5.18)$$

a und b sind Konstanten für verschiedene metallische Werkstoffe. Die graphische Darstellung der Gl. (5.18) zeigt Bild 5.12.

Das Problem bei der – eigentlich naheliegenden – Entwicklung der Feinkornbaustähle war die reproduzierbare Herstellung. Beim Warmwalzen (übliche Warmwalztemperatur ca. 1200 °C) rekristallisiert das Warmwalzband bereits im Walzspalt, grobes Korn ist normalerweise die Folge.

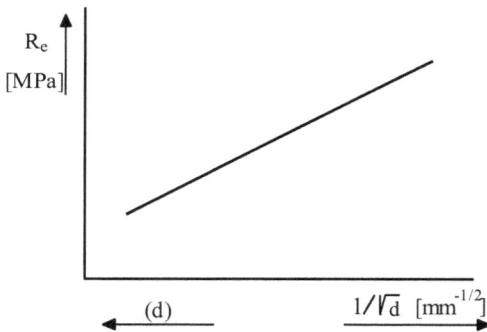

Bild 5.12 Zusammenhang zwischen Streckgrenze R_e und Korndurchmesser d nach Gl. (5.18).

Nun können winzige, gleichmäßig verteilte Fremdphasen die Korngrenzen blockieren und das Kornwachstum verhindern. Durch Zugabe von Legierungselementen wie Vanadium (V), Niob (Nb) und Titan (Ti), die mit Kohlenstoff und Stickstoff Verbindungen eingehen (Karbide, Nitride, siehe Abschnitt 4.3.4), werden solche mikroskopisch kleinen Fremdphasen geschaffen. In gleicher Weise wirkt das zwecks Desoxidation in voll beruhigten Stählen zugegebene Aluminium, es bildet feines Al_2O_3 und AlN.

Die „Mikrolegierungselemente" V, Nb und/oder Ti werden den Feinkornbaustählen in geringer Menge (bis 0,05 %) zulegiert. Die Elemente bzw. ihre Verbindungen wirken bei der Erstarrung zusätzlich keimbildend. Damit bleiben auch Schweißnähte und deren Wärmeeinflusszone feinkörnig. Die Korngröße wird lichtmikroskopisch bestimmt und mit Richtreihen verglichen (siehe hierzu die Abschnitte 2.1.6 und 13.1.7).

Eine weitere Maßnahme zum Erzielen von Feinkorn ist die Senkung der Walztemperatur. Moderne Warmwalzwerke sind in der Lage, bei niedriger Temperatur, z.B. im Bereich der Austenit/Ferrit-Umwandlung zu walzen, was erheblich höhere Walzkräfte und Steifigkeit der Walzen erfordert. Solche Umformungen während abgestimmter Abkühlung werden als thermomechanische Behandlung bezeichnet. Zu den *thermomechanischen Behandlungen* gehören:

Normalisierendes Umformen („**N**"). Die Endumformung geschieht im Bereich der Normalglühtemperatur des Stahles (ca. 50 °C über A_3, siehe Bild 5.15 in Abschn. 5.4.1). Der Austenit rekristallisiert feinkörnig. Nach Abkühlung entspricht das Gefüge dem eines normalgeglühten Stahles.

Statt des normalisierenden Umformens kann auch das später beschriebene *Normalglühen* als rein thermisches Verfahren – nach dem Walzen – durchgeführt werden (ebenfalls Abkürzung „**N**").

Thermomechanisches Umformen („**M**"). Die Endumformung erfolgt bei A_3 oder zwischen A_3 und A_1, der Austenit rekristallisiert *nicht*. Nach Abkühlung liegt ein sehr feinkörniges Ferrit-Perlit-Gefüge vor, das mit üblichen Glühbehandlungen nicht zu erzielen ist.

Die früher in einer eigenen Norm (DIN EN 10113) beschriebenen Feinkornbaustähle sind heute in zwei weiteren Teilen der DIN EN 10025 aufgegangen. DIN EN 10025 Teil 3 enthält die normalgeglühten bzw. normalisierend gewalzten Stähle, DIN EN 10025 Teil 4 die thermomechanisch gewalzten Stähle. Eine Auswahl mit den wichtigsten Eigenschaften enthält Tabelle 5.12.

Tabelle 5.12 Schweißgeeignete Feinkornbaustähle, Auswahl nach DIN EN 10025 Teil 3 und Teil 4.

Sorte	Streckgrenze R_{eH} (min.) *) MPa	Zugfestigkeit R_m *) MPa	Bruchdehnung A (min.) *) %	Kerbschlagarbeit KV (min) in J bei 0 °C	bei –50 °C
S275N	275	370 – 510	24	47	–
S275NL	275	370 – 510	24	55	27
S355N	355	470 – 630	22	47	–
S460N	460	550 – 720	17	47	–
S275M	275	360 – 510	24	47	–
S275ML	275	360 – 510	24	55	27
S460M	460	530 – 720	17	47	–

*) Die Eigenschaften sind wanddickenabhängig. Die angegebenen Werte gelten bis 16 mm Wanddicke.

Abkürzungen: N = normalgeglüht oder normalisierend gewalzt; M = thermomechanisch gewalzt; L = kaltzäh.

Zu jeder Sorte gibt es eine *kaltzähe* Variante (L = low temperature) für Anwendungen bis –50 °C. Sie hat die höhere Reinheit bei gleichmäßigerer Verteilung der Sulfide und wurde insbesondere für Offshore-Anlagen (Erdöl- und Erdgasförderung aus dem Meeresboden) entwickelt. Tab. 5.12 zeigt ihre bessere Zähigkeit anhand der höheren Kerbschlagarbeit.

Das Kohlenstoffäquivalent CEV der Feinkornbaustähle liegt zwischen 0,34 % und 0,45 %, also etwas niedriger als das der allgemeinen Baustähle. Damit sind sie trotz hoher Streck-grenze sehr gut schweißbar. Die thermomechanisch gewalzten Sorten (M) sind aufgrund ih-rer Zusammensetzung besser schweißbar als die normalgeglühten Stähle (N).

Schweißgeeignete Feinkornbaustähle werden überall dort eingesetzt, wo der Allgemeine Baustahl aus Festigkeitsgründen nicht ausreicht. Als Beispiele seien der Kranbau (Autokrä-ne), Brücken-Leichtbau und Offshore-Anlagen genannt.

> Feinkornbaustähle zeichnen sich durch hohe Reinheit, feines Korngefüge und niedrigen C-Gehalt aus. Damit sind optimale Festigkeit und Zähigkeit sowie beste Schweißbarkeit gewährleistet. Sie werden für hochbeanspruchte Bauteile und Schweißkonstruktionen im Stahlbau verwendet.

5.3.3 Automatenstähle

Automatenstähle werden wegen ihres erhöhten Schwefelgehaltes nach den legierten Stählen benannt. Sie sind jedoch keine typischen legierten Stähle, weswegen sie bereits hier Erwäh-nung finden.

Voraussetzung für die störungsfreie Zerspanung von Serienteilen ist ein kurzbrüchiger Span, der leicht weggespült und abtransportiert werden kann. Viele Metalle wie auch die weichen, kohlenstoffarmen Stähle neigen zu langen Bearbeitungsspänen („Wickelspäne"), die in der Maschine hängen bleiben. Die *Spanbrüchigkeit* wird durch Legierungselemente erreicht, die mit dem Grundmetall niedrig schmelzende Phasen bilden. Die beim Zerspanen auftretende hohe Temperatur (gut an der Anlauffarbe der Späne zu erkennen) lässt die Phasen weich werden oder sogar aufschmelzen, so dass der Span bricht.

Das Element *Blei* wirkt in genannter Art in vielen Metallen (Al, Cu, Stahl), das Element *Schwefel* hat sich vor allem bei Stählen besonders günstig erwiesen. Schwefel bildet mit Eisen und Mangan die niedrig schmelzende Verbindung *Eisen-Mangan-Sulfid*. Sie liegt im Gussblock in Form runder Partikel bis etwa 0,1 mm Größe vor, die beim Walzen zu *Einschlusszeilen* gestreckt werden. Damit ist zwar der Effekt guter Spanbrüchigkeit erreicht, leider wird jedoch die Zähigkeit der Automatenstähle vor allem in Querrichtung, also quer zur Walzrichtung, herabgesetzt. Man versucht heute, mit Hilfe des Elements Tellur die Zeiligkeit der Sulfide zu verringern. Die Form und Anordnung der Sulfide ist im Stahl-Eisen-Prüfblatt 1572 beschrieben und klassifiziert [Lit. 8].

Tabelle 5.13 gibt Beispiele für Automatenstähle aus der Norm DIN EN 10087 an.

Tabelle 5.13 Automatenstähle; Beispiele aus DIN EN 10087.

Sorte nach DIN EN 10087	Härte	Zugfestigkeit R_m MPa	Wärmebehandlungstyp
11SMn30	112 – 169	380 – 570	ohne WB (für allgemeine Verwendung)
11SMnPb37	107 – 154	360 – 520	ohne WB (für allgemeine Verwendung)
10S20	107 – 156 *)	360 – 530 *)	Stahl zum Einsatzhärten
35S20	146 – 195 *)	630 – 780 (vergütet)	Vergütungsstahl

Anm.: Alle mechanischen Eigenschaften sind wanddickenabhängig, die Werte gelten bis 16 mm Wanddicke.

*) ohne Wärmebehandlung (WB).

Erläuterung der Zusammensetzung: Stahl 11SMn30 enthält 11/100 = 0,11 % C, 30/100 = 0,3 % S und etwas Mangan.

Automatenstähle können aufgrund ihres hohen Schwefelgehaltes (und gleichzeitig höher zugelassenen P-Gehaltes) niemals die Zähigkeit und Sprödbruchsicherheit wie schwefelarme Stähle besitzen. Sie sind *nicht schweißgeeignet.* Hauptanwendungen: Mäßig belastete Kleinteile mit hohem Zerspanungsaufwand wie Verbindungs- und Befestigungselemente, kleinere Wellen, Hydraulikkolben.

> Automatenstähle weisen aufgrund ihres höheren Schwefel- und/oder Bleigehaltes besonders gute Spanbrüchigkeit auf. Ihre Bauteil-Bruchsicherheit entspricht jedoch nicht denen der Edelstähle; sie sind nicht schweißgeeignet.

5.3.4 Wetterfeste Baustähle

Schon lange bestand der Wunsch nach möglichst rostbeständigen Stählen, ohne das teure Legierungselement Chrom verwenden zu müssen, ein preiswerter „Chromersatz" wurde jedoch nie gefunden. Durch einige Zehntel-% Kupfer sowie etwas Chrom kann die Korrosionsrate gegenüber Baustählen immerhin um den Faktor 5 bis 10 gesenkt werden. Die Rostschicht der kupferlegierten Stähle ist relativ dicht und abriebfest, so dass sie als Schutzschicht wirkt. Die Bauteile widerstehen so der Witterung auch ohne Korrosionsschutz über viele Jahre.

Die Norm DIN EN 10025 Teil 5 enthält mehrere Stahlsorten mit den gleichen Benennungen wie die Baustähle in DIN EN 10025 Teil 2 (Abschn. 5.3.1), mit einem nachgestellten „W" (= wetterfest). Beispiel:

S235J0W	Wetterfester Baustahl für den Stahlbau, Mindeststreckgrenze 235 MPa, Mindestkerbschlagarbeit 27 J bei 0 °C.

Angewendet werden die Stähle vor allem im Außenbereich, wo ein Korrosionsschutz schlecht möglich oder sehr aufwendig wäre: Spundwände im Tiefbau (Baugruben- und Küstenschutz), Rohre, Fassadenverkleidungen und Kunst-Plastiken.

Wetterfeste Baustähle sind schwach kupfer- und chromlegiert. Sie weisen gegenüber „Allgemeinen Baustählen" die bessere Korrosionsbeständigkeit auf.

5.3.5. Kaltgewalzte Flacherzeugnisse (Feinbleche)

Die früher in DIN 1623 genormten *Feinbleche* der Bezeichnungen St 12, St 13 und St 14 sind nunmehr unter dem Titel „Kaltgewalzte Flacherzeugnisse aus weichen Stählen zum Kaltumformen" in DIN EN 10130 zu finden. Sie werden in großen Mengen für Fahrzeugkarosserien und Gehäuse von Haushalts-Elektrogeräten (sog. „Weißware": Kühlschränke, Waschmaschinen usw.) gebraucht. Die vorläufige Benennung der fünf genormten Sorten ist:

FeP01	FeP03	FeP04	FeP05	FeP06

in Anlehnung an zeitweise gültige Kurznamen der europäischen Normung. Fe bedeutet Grundwerkstoff Eisen, P01 und P03 bis P06 bedeutet zunehmende Zähigkeit und Verformbarkeit.

Hauptmerkmale dieser speziell zum *Tiefziehen* und Abkanten geeigneten Bleche sind hervorragende Verformbarkeit und gute, lackierfähige Oberfläche. Die gute Verformbarkeit und Ziehbarkeit wird durch extrem niedrigen Kohlenstoffgehalt erreicht (z.B. FeP05: max. 0,06 % C, Bruchdehnung $A \geq 40$ %). Die gute Oberfläche mit (im Bedarfsfall) Mittenrauhwerten $R_a \leq 0,4$ µm entsteht durch Kaltwalzen mit besonders glatter Walzenoberfläche.

Tiefziehbleche für den Karosseriebau müssen sich möglichst isotrop verhalten, das bedeutet gleichmäßige Verformbarkeit in Walzrichtung und quer zu dieser. Als Maß wird der *Anisotropiewert* r bestimmt, er lässt sich aus dem Zugversuch an Flachproben nach Gl. (5.19) berechnen:

$$r = \frac{\varepsilon_b}{\varepsilon_a} = \frac{\ln\left(b_0/b\right)}{\ln\left(a_0/a\right)} \tag{5.19}$$

mit ε_a = wahre (logarithmische) Dickenformänderung
ε_b = wahre (logarithmische) Breitenformänderung
b_0 = Probenausgangsbreite
b = Probenendbreite nach 20 % Verformung
a_0 = Probenausgangsdicke
a = Probenenddicke nach 20 % Verformung

Der r-Wert kann 0 bis ∞ betragen, die (nur theoretisch mögliche) vollkommene Isotropie hätte den Wert r = ∞. Mindestwerte von Feinblechen liegen zwischen r = 1,3 und r = 1,6 (FeP05).

Ein weiterer Kennwert der Blechumformung ist der *Verfestigungsexponent* n. Während der Kaltverformung (Tiefziehen, Abkanten, Bördeln usw.) verfestigt sich der Werkstoff (s. Abschn. 2.2.2). Die Verfestigung – Anstieg der Spannung σ nach Beginn der plastischen Verformung – gehorcht der Formel (5.20):

$$\sigma = k \cdot \varepsilon^n \qquad (5.20)$$

mit k = Konstante, ε = ln L/L_0 (wahre Dehnung, siehe auch Abschnitt 13.1.2), L = Verlängerung, L_0 = Ausgangslänge), n = Verfestigungsexponent.

Der n-Wert wird im Zugversuch aus der Steigung der Spannungs-Dehnungs-Kurve bis 20 % Dehnung ermittelt. Für gute Verformbarkeit ohne hohe Press- oder Biegekräfte ist ein möglichst niedriger Verfestigungsexponent gewünscht.

Anisotropiewert r und Verfestigungsexponent n können bei der Bestellung von Feinblechen ebenso wie die Oberflächengüte vereinbart werden.

> Feinbleche gehören zu den kaltgewalzten Flacherzeugnissen mit hervorragender Umformbarkeit und lackierfähiger Oberfläche. Hauptanwendungsbereiche sind der Karosseriebau und Blechgehäuse der Weißwarenindustrie.

5.3.6 Rohrstähle

Rohre für die vielfältigsten Anwendungszwecke, beispielhaft genannt seien Trinkwasser-, Abwasser-, Gas- und Ölleitungsrohre (Pipelines), aber auch Rohre als Halbzeug für die Herstellung von Wälzlagerringen, werden mit Längs- oder Spiralschweißnaht sowie als nahtlose Rohre gefertigt. Sie können aus unlegierten Grund- und Qualitätsstählen oder legierten Edelstählen bestehen. Hierzu gibt es einen große Zahl älterer DIN- wie neuer EN-Normen, z.B. EN 10210 „Hohlprofile für den Stahlbau aus unlegierten Baustählen und Feinkornbaustählen".

Die Norm enthält die allgemeinen Baustähle S235, S275 und S355 mit dem Zusatzbuchstaben „H" (= Hohlprofil). Der Ausdruck Hohlprofil bedeutet, dass die Norm nicht nur Rohre mit kreisrundem Querschnitt, sondern auch solche mit ovalem, quadratischem oder rechteckigem Querschnitt behandelt.

5.3.7 Druckbehälterstähle

An Druckbehälter und Druckrohrleitungen werden hohe Sicherheitsforderungen gestellt, da das Bauteilversagen zu katastrophalen Schäden führen kann. Mit der Entwicklung dampfbetriebener Maschinen zu Beginn des 19. Jh. setzte der Bedarf an Dampfkesseln ein. Sogenannte „Kesselbleche" – hochwertige Stahlbleche für den Dampfkessel- und Druckbehälterbau – waren noch bis vor einigen Jahren mit der Abkürzung H I und H II genormt.

Druckbehälterstähle müssen neben guter Zähigkeit (Sicherheit gegen Sprödbruch) eine hohe Warmstreckgrenze und Kriechfestigkeit (s. Abschn. 2.2.5) aufweisen. Zudem sollen sie gut schweißbar sein, d.h. ihr C-Gehalt muss unter 0,25 % liegen. Zwischen diesen gegenläufigen Forderungen ist ein Kompromiss zu suchen. In DIN EN 10028 sind „Flacherzeugnisse aus Druckbehälterstählen" genormt (Tab. 5.14). Unlegierte Stähle beginnen mit dem Buchstaben P (= Pressure), gefolgt von der Mindeststreckgrenze (bei RT) und weiteren Kennbuchstaben, z.B. P235GH (früher H I). Legierte Druckbehälterstähle haben die für legierte Stähle üblichen Kurznamen, z.B. 16Mo3 (legierter Stahl mit 0,16 % C und 0,3 % Molybdän).

Tabelle 5.14 Druckbehälterstähle; Beispiele aus DIN EN 10028. Alle Werte sind wanddickenabhängig, die Angaben beziehen sich auf max. 60 mm Wanddicke.

Sorte nach DIN EN 10028	Dehngrenze $R_{p0,2}$ in MPa (min.) bei Temperatur		
	50 °C	200 °C	400 °C
P235GH	206	170	110
P355GH	318	255	180
13CrMo4-5	275	230	180

Aus Tabelle 5.14 wird ersichtlich, dass die Dehngrenze (bei erhöhter Temperatur zeigen die Stähle keine Streckgrenze mehr) mit zunehmender Temperatur erheblich abnimmt, was noch stärker für die (hier nicht aufgeführte) Zeitstandfestigkeit gilt (siehe Abschn. 2.2.5).

5.3.8 Weitere Stahlgruppen

Von der großen Zahl weiterer unlegierter Stähle ist erst ein Teil zu europäischen Normen umgewandelt worden. Von den meist sehr speziellen Stählen, die hier nicht weiter beschrieben werden sollen, seien beispielhaft genannt:

- Kaltstauch- und Kaltfließpressstähle (ISO 4954)
- Stähle für Schrauben, Muttern und Niete
- Stähle für den Stahlbetonbau (Spannstähle, DIN EN 10138)
- Beschichtete Bleche und Bänder (DIN EN 10327 u.a.)

Die Normung von *beschichteten Blechen und Bändern* (verzinkt, verzinnt, aluminiert, lackiert usw.) ist sehr umfangreich geworden, da die Stahlhersteller in zunehmendem Maße fertige Oberflächenbeschichtungen anbieten. Somit entfällt beim Verarbeiter der Aufwand für den Korrosionsschutz. Die zuständigen Normen enthalten besondere Kurznamen, aus denen die Dicke der Beschichtung hervorgeht, sowie mechanische Eigenschaften, Umformverhalten, Oberflächenart und -güte. Auf einige Beschichtungen wird in Kapitel 11 (Oberflächentechnik) und Kapitel 12 (Korrosion und Korrosionsschutz) eingegangen.

Zusammenfassung

Zu den wichtigsten, überwiegend unlegierten Stählen gehören:

- Allgemeine Baustähle oder „Warmgewalzte Baustähle" (z.B. S235JRG1),
- Schweißgeeignete Feinkornbaustähle (z.B. S235N, normalisierend gewalzt, oder S235TM, thermomechanisch gewalzt),
- Wetterfeste Baustähle (z.B. S235J0W),
- kaltgewalzte Flacherzeugnisse („Feinbleche")
- Automatenstähle (wegen höheren Schwefelgehaltes „legiert", z.B. 11S20)
- Rohrstähle, Druckbehälterstähle und weitere Stähle, z.B. zum Korrosionsschutz beschichtete Bleche und Bänder.

Es handelt sich um Grund- oder Qualitätsstähle, die für allgemeine Anwendungen vorgesehen sind. Sie werden – von Ausnahmen bei Automaten- und Druckbehälterstählen abgesehen – nicht festigkeitssteigernd wärmebehandelt.

Aufgaben zu Abschnitt 5.3

1. Welche Sorten der „Allgemeinen Baustähle" lassen sich a) nicht konstruktionsschweißen, b) nur bedingt schweißen?
2. Erläutern Sie den Kurznamen S235JRG1.
3. Warum werden Baustähle mit garantierter Kerbschlagarbeit bis zu –40 °C angeboten, d.h. welchen Vorteil bieten sie?
4. Was sagt das Kohlenstoffäquivalent CEV aus?
5. Warum wurden die „Schweißgeeigneten Feinkornbaustähle" entwickelt und warum sind sie erst in neuerer Zeit auf den Markt gekommen?
6. Stellen Sie die Hall-Petch-Beziehung graphisch dar (schematisch).
7. Erläutern Sie den Stahl 11SMn20.
8. Welche Elemente verbessern neben Schwefel zusätzlich die Spanbarkeit?
9. Erklären Sie den Anisotropiewert r für Walzbleche.
10. Welche beiden besonderen Eigenschaften zeichnen kaltgewalzte Bleche („Feinbleche") aus?

5.4 Für Wärmebehandlungen vorgesehene Stähle

Überblick und Lernziel

Metallische Werkstoffe erhalten ihre optimalen Verarbeitungs- und Gebrauchseigenschaften überwiegend durch Wärmebehandlungen. Das Ziel, Werkstoffe zunächst in weichem Zustand leicht (und damit kostengünstig) verarbeiten zu können und für den Gebrauch schließlich in einen harten, festen oder besonders zähen Zustand zu bringen, wird bei Stahl durch spezielle Wärmebehandlungen bestens erreicht.

Unter Wärmebehandlung (abgekürzt WB) versteht man Verfahren, bei denen Werkstoffe definierten Temperaturzyklen unterworfen werden, um bestimmte Werkstoffeigenschaften zu erzielen. Bild 5.13 zeigt in einer Übersicht die verschiedenen Wärmebehandlungsverfahren für Stähle. Grundsätzlich wird unterschieden zwischen

- nicht festigkeitserhöhenden Wärmebehandlungen (Glühen) und
- festigkeitserhöhenden Wärmebehandlungen (Härten, Vergüten usw.)

Zum Verständnis der theoretischen Grundlagen wird das Eisen-Kohlenstoff-Diagramm, und zwar die sog. „Stahlecke", das ist der Teil bis 1100 °C und 2 % C (s. Abschn. 4.4), benötigt.

Der Stahlanwender wird sich mit folgenden Fragen zu beschäftigen haben:

- In welchem Wärmebehandlungszustand (= Gefügezustand) kaufe ich das Halbzeug (Bleche, Stangen, Rohre usw.) ein, um es optimal verarbeiten zu können? Kann eine Glühbehandlung kostengünstiger beim Hersteller oder im eigenen Betrieb durchgeführt werden?

- Sind während der Bearbeitung Zwischenglühungen wie das Spannungsarmglühen notwendig?

- Welche festigkeitserhöhende Wärmebehandlung (Härten, Einsatzhärten, Randschichthärten usw.) führt kostengünstig zu optimalen Bauteileigenschaften?

- Kann eine Wärmebehandlung möglicherweise rationeller durchgeführt werden oder sogar entfallen? (Beispiel: Wegfall der Vergütung von Kurbelwellen durch Verwendung schmiedeperlitischer Stähle).

Der erhebliche Kostenfaktor „Wärmebehandlung" wird besonders in Zeiten steigender Energiepreise immer wieder kritisch durchleuchtet. Die Entwicklung von Verfahren mit kürzeren Durchlaufzeiten bei mindestens gleichbleibenden Ergebnissen ist bei weitem nicht abgeschlossen. In der Serienfertigung kann das „bessere Gefüge" Wettbewerbsvorteile erbringen.

Sowohl der Konstrukteur wie der Produktionsingenieur müssen die Wärmebehandlungsverfahren aus den genannten Gründen sehr gut kennen und in der Lage sein, die richtigen Prozesse auszuwählen, zu optimieren und zu rationalisieren. Der Konstrukteur hat neben der Werkstoffauswahl die Aufgabe, geeignete Wärmebehandlungsverfahren und -parameter anzugeben.

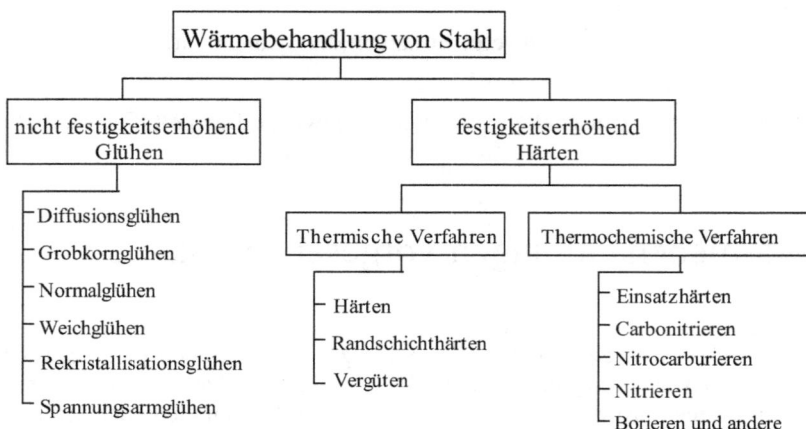

Bild 5.13 Wärmebehandlungsverfahren für Stahl, Übersicht.

5.4.1   Nicht festigkeitserhöhende Wärmebehandlungen (Glühen)

Die mit *Glühen* bezeichneten Wärmebehandlungen dienen dazu,

- den Werkstoff für nachfolgende Verarbeitungsprozesse in einen besser umformbaren und/oder besser spanbaren Zustand zu bringen,
- dem Werkstoff durch besseres Gefüge einen zäheren Gebrauchszustand zu geben.

Der Begriff Glühen ist in DIN 17014 – Wärmebehandlung von Eisenwerkstoffen, Fachbegriffe – definiert und bedeutet die „Behandlung eines Werkstückes bei bestimmter Temperatur und Haltedauer". Die vollständige Angabe eines Glühprozesses besteht aus

- Aufheizgeschwindigkeit (bzw. -zeit),
- Glühtemperatur und Haltezeit sowie
- Abkühlgeschwindigkeit (bzw. -zeit).

Gleiches gilt für die später behandelten Erwärmungen zwecks Härtens. Bild 5.14 zeigt schematisch eine derartige Temperatur-Zeit-Folge. Wegen der geringen Wärmeleitfähigkeit der Stähle muss besonders bei dickwandigen Bauteilen zwischen der Temperatur der sich schnell erwärmenden Oberfläche bzw. Randschicht, und der sich langsamer erwärmenden Kernzone unterschieden werden.

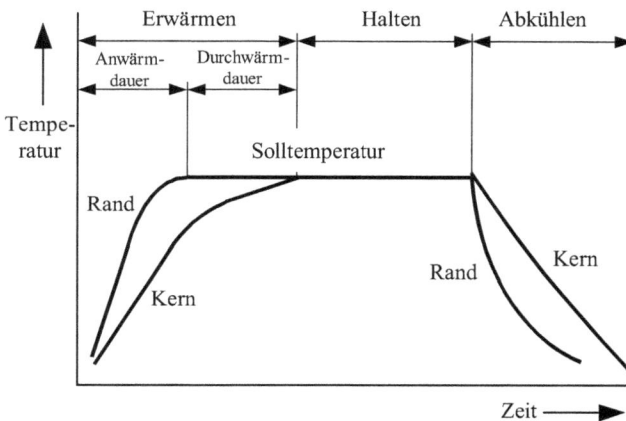

Bild 5.14 Temperatur-Zeit-Diagramm einer Wärmebehandlung (Glühen).

Die gesamte Glühdauer hängt folglich von den Bauteilabmessungen ab; in Wärmebehandlungsbetrieben (Härtereien) liegen entsprechende Erfahrungswerte vor. Die Berechnung ist auch anhand der Wärmeleitfähigkeit leicht möglich oder es kann die Messung mittels eines im Werkstück eingebrachten Thermoelements durchgeführt werden. Durchschnittliche Haltezeiten liegen bei 1 bis 3 Stunden, Großbauteile können auch mehrere Tage geglüht werden.

Die aus Bild 5.13 ersichtlichen Glühverfahren unterscheiden sich in erster Linie durch die einzustellenden Temperaturen; im jeweiligen Stahl laufen dabei unterschiedliche Gefügeumwandlungen ab. Es ist sinnvoll, Glühtemperaturen durch Schraffurbereiche in das Eisen-Kohlenstoff-Diagramm einzutragen (Bild 5.15). So kann beispielsweise leicht abgelesen werden, bei welcher Temperatur der Stahl C45 (Vergütungsstahl mit 0,45 % C) normalgeglüht werden muss (ca. 840 °C). Genauere Glühtemperaturen sind den Normen oder Angaben der Stahlhersteller zu entnehmen.

Das Glühen erfolgt üblicherweise in Luftumwälzöfen (Kammeröfen, Schachtöfen), oder, um *Oxidation* und *Abkohlung* (s.u.) zu vermeiden, in Schutzgas-, Prozessgas- oder Vakuumöfen.

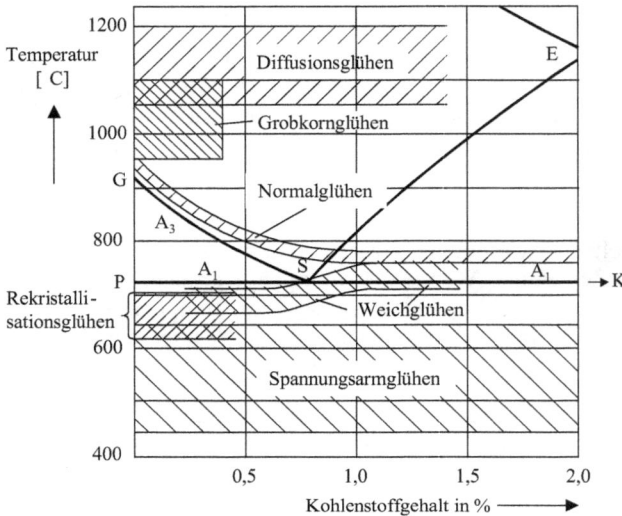

Bild 5.15 Die Glühtemperaturen im Eisen-Kohlenstoff-Diagramm.

Oxidation. Die als *Zundern* oder *Verzunderung* bezeichnete Oxidation läuft als Diffusionsprozess nur bei höherer Temperatur ab. Ab 200 °C lassen sich allerdings schon „Anlauffarben", das sind hauchdünne farbige Eisenoxidschichten, auf blankem Stahl erkennen. Die verschiedenen Farben ergeben sich aus der Dicke der Oxidschicht. Ab etwa 600 °C entstehen grau-schwarze, spröde, leicht abplatzende Zunderschichten. In Luftöfen zu behandelnde Werkstücke müssen entsprechende Übermaße haben, wenn sie nach dem Glühen und Entfernen des Zunders (beizen, schleifen oder spanen) maßhaltig sein sollen. In luftdichten Schutzgas- oder Vakuumöfen wird die Verzunderung vermieden (*„Blankglühen"*).

Abkohlung. Bei höherer Temperatur wird die Diffusionsgeschwindigkeit des Kohlenstoffs so groß, dass längere Glühzeiten zur Abkohlung führen. Dabei wandern die C-Atome aus der Randschicht an die Oberfläche und oxidieren dort. Abgekohlte Randschichten (Entkohlungstiefe einige Hundertstel- bis Zehntel-mm) sind zu weich und müssen ggf. abgearbeitet werden. In Schutzgas- oder Vakuumöfen ist die Abkohlung geringer, da der Kohlenstoff nicht verbrennen kann. Noch besser wirken Prozessgase wie CO- oder CO_2-haltige Gasgemische, die die Abkohlung vollständig verhindern. Sie werden vor allem in Blech- und Bandglühanlagen der Stahlhersteller verwendet.

5.4.1.1 Weichglühen

Weichgeglühte Stähle sind gut spanend oder spanlos zu bearbeiten. Die Glühtemperaturen (Bild 5.15) liegen etwas unter oder (bei übereutektoiden Stählen) dicht über der Umwandlungslinie A_1 (723 °C).

Durch das Glühen wird der im Perlitkorn *lamellar* (streifig) ausgebildete Zementit zu rundlichen Teilchen, dem *körnigen* Zementit, eingeformt; der Perlit wird entsprechend als *körniger* Perlit bezeichnet (Bild 5.16). Treibende Kraft für den Diffusionsvorgang ist die Erniedrigung der Grenzflächenenergie zwischen Zementit und Ferrit.

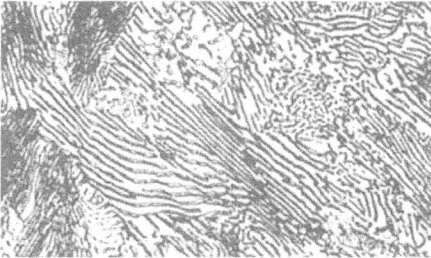

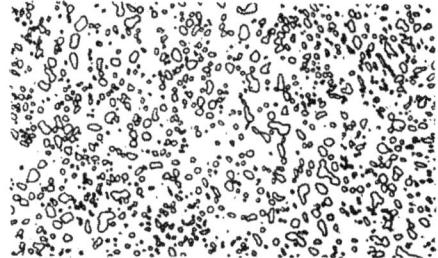

Bild 5.16 Gefügeänderung durch das Weichglühen. Links: Perlit mit lamellarem (streifigem) Zementit. Rechts: Weichgeglüht, körniger Zementit, umgeben von Ferrit (weiß).

Lamellarer Perlit ist naturgemäß härter (im Mittel 50 Brinelleinheiten) und damit schlechter umformbar wie der körnige Perlit. Beim Zerspanen müssen nicht die Lamellen durchtrennt, sondern nur die feinen Kügelchen im weichen Ferrit auseinandergeschoben werden, was den Werkzeugverschleiß deutlich mindert. Der weichgeglühte Gefügezustand ist auch ideal für nachfolgendes Härten, da sich die Zementitkörnchen beim Austenitisieren schneller auflösen als die Zementitlamellen.

Stähle mit geringem Perlitgehalt (C < 0,3 %) werden kaum weichgeglüht, sie sind ohnehin nicht sehr hart und könnten für die Zerspanung zu weich werden.

Das internationale Kennungssymbol für weichgeglühte Stähle nach ISO/TR 4949 ist TA (früher in Deutschland: G).

> Beim Weichglühen formt sich lamellarer (streifiger) Zementit ein. Es entsteht körniger Zementit, der Stahl wird weicher und besser verarbeitbar.

5.4.1.2 Normalglühen

Das Normalglühen hat den Zweck, ungleichmäßiges oder grobkristallines Gefüge in den normalen, also gleichmäßigen und feinkristallinen Zustand zu überführen, wodurch die Zähigkeit (besonders die Kaltzähigkeit) zunimmt. Prinzipiell geschieht dies durch Austenitisieren (Glühen im Austenitgebiet), damit Auflösung des Zementits, und nicht zu schnelles Abkühlen an Luft, wobei sich der Austenit in feines Ferrit-Perlit-Gefüge umwandelt (Bild 5.17).

Entsprechend Bild 5.15 liegt die Normalglühtemperatur für untereutektoide Stähle (< 0,8 % C) etwa 30 K oberhalb A_3, keinesfalls höher, um das gefürchtete Kornwachstum zu vermeiden. Übereutektoide Stähle werden wegen der Gefahr der Kornvergröberung nicht bis in das reine Austenitgebiet (über Linie SE) erwärmt, sondern nur bis etwa 50 K über A_1 (Linie

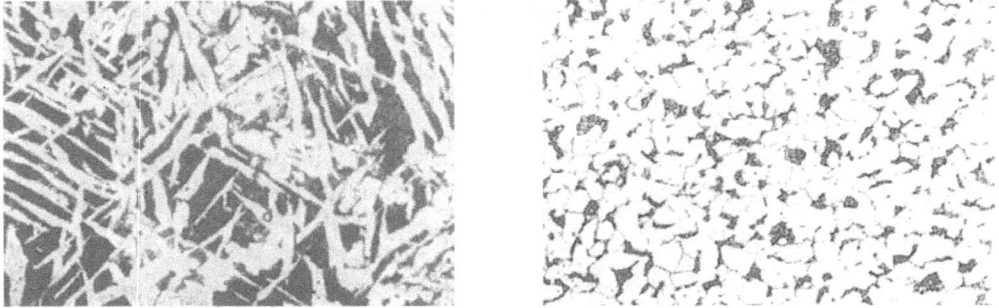

*Bild 5.17 Gefügeänderung durch das Normalglühen (Stahlguss). Links: Gussgefüge, Ferrit in ungüns-
tiger Form (Widmannstättensches Gefüge). Rechts: Normalgeglüht, weiße Ferrit- und schwarze Perlitkörner.*

SK). Dabei verbleiben nicht aufgelöster Zementit oder andere Karbide wie Chromkarbid im
Gefüge, die das Ergebnis des Normalglühens kaum beeinträchtigen.

Das Normalglühgefüge ist gut spanend bearbeitbar, aber härter als das Weichglühgefüge.
Stahlgussstücke mit dem ungünstigen Widmannstättenschen Gefüge (Bild 5.17) werden generell normalgeglüht, häufig auch Schmiedestücke und hochwertige Schweißkonstruktionen
mit grobkörniger Wärmeeinflusszone.

Normalisierendes Walzen ersetzt das Normalglühen. Dabei wird die Walztemperatur so gewählt, dass Normalglühgefüge entsteht. Die in Abschn. 5.3.1 beschriebenen unlegierten
Baustähle (DIN EN 10025) mit Gütegrad 3 werden derartig behandelt, ebenso die Feinkornbaustähle (DIN EN 10113) mit Zusatz N. Das internationale Kennungssymbol für normalgeglühten Stahl ist TN (früher in Deutschland: N).

> Das Normalglühen führt durch Austenitisieren und nicht zu schnelles Abkühlen zu fein-
> körnigem Ferrit-Perlit- oder Perlit-Zementit-Gefüge. Es wird angewandt, wenn unregel-
> mäßige, grobe Gefüge schlechte Materialeigenschaften erwarten lassen.

5.4.1.3 Rekristallisationsglühen

Wie in den Abschnitten 2.2.2 und 2.3.1 ausführlich behandelt, bewirkt Kaltverformung eine
Verfestigung, die durch die Rekristallisationsglühung wieder rückgängig gemacht werden
kann. Bei der für Stähle gültigen Rekristallisationstemperatur von 600 °C bis 700 °C beginnen durch Diffusion und Korngrenzenwanderung neue Körner im verformten Gefüge zu
wachsen, der Werkstoff wird wieder weich und verformbar. Die Größe der Rekristallisa-
tionskörner hängt vom Verformungsgrad und der Temperatur ab. Die Rekristallisation läuft
selbstverständlich auch während der Normal- oder Weichglühung ab.

> Die Rekristallisationsglühung macht die bei der Kaltverformung entstandene Verfesti-
> gung des Werkstoffes durch Bildung neuer Körner wieder rückgängig.

5.4.1.4 Spannungsarmglühen

Durch ungleichmäßige Abkühlung nach dem Gießen, Schmieden, Walzen oder Schweißen, nach Wärmebehandlungen, Kaltumformungen und sogar während spanender Bearbeitung entstehen innere elastische Spannungen, die *Eigenspannungen* (siehe Abschnitt 2.2.1). Sie können annähernd so groß wie die Elastizitätsgrenze des Werkstoffs sein, jedoch nicht größer, da sonst plastische Verformung eintritt.

Durch Spannungsarmglühen bei 550 °C bis 650 °C und anschließend langsames Abkühlen werden die Eigenspannungen bis auf den Wert der Warmdehngrenze bei Glühtemperatur – also niemals vollständig – abgebaut (Bild 5.18).

Beispiel. Stahlblech S235 wird elastisch zu einem Rohr gebogen und längsnahtgeschweißt. Je nach Blechdicke und Durchmesser enthält das Rohr maximale Biegeeigenspannungen bis zu seiner Streckgrenze, das sind 235 MPa. Das Rohr ließe sich so kaum maßgenau bearbeiten, da jeder Spanabtrag zu ungleichmäßiger Freisetzung von Spannungen und damit zu Verformungen führt. Glühen bei 600 °C senkt die Elastizitätsgrenze auf den Dehngrenzenwert des Stahles bei 600 °C (< 100 MPa), was auch die Eigenspannungen auf unter 100 MPa erniedrigt. Eigenspannungen dieser Größenordnung sind tolerierbar.

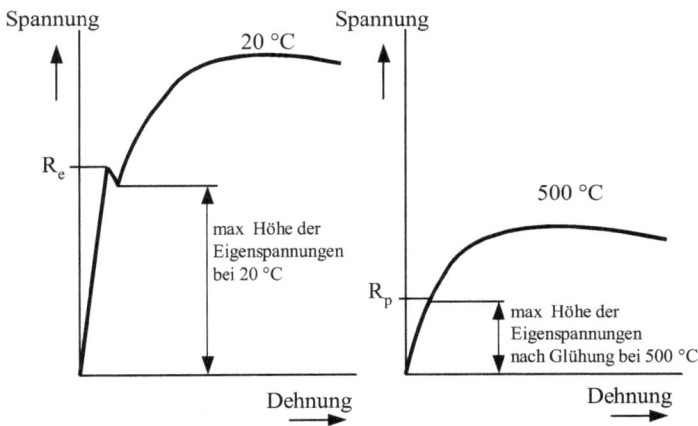

Bild 5.18 Spannungs-Dehnungs-Diagramme eines Stahles bei 20 °C und bei Glühtemperatur 500 °C (schematisch). R_e = Streckgrenze, R_p = Dehngrenze.

Eigenspannungen entstehen auch während des Gebrauchs von Werkzeugen wie Druckgieß- und Schmiedeformen oder Walzen. Da sich die Eigenspannungen hier negativ auf die Lebensdauer auswirken, muss mehrmals in vorgeschriebenen Nutzungsintervallen spannungsarm geglüht werden.

> Durch das Spannungsarmglühen werden Eigenspannungen weitgehend, aber nicht vollständig abgebaut. Damit lassen sich Werkstücke maßgenauer bearbeiten und in bestimmten Fällen erhöht sich die Bauteil-Lebensdauer.

5.4.1.5 Diffusionsglühen

Die Diffusionsglühung soll hier nur am Rande erwähnt werden, da sie ausschließlich an Gussblöcken und Brammen im Stahlwerk und bei hochwertigem Stahlformguss angewandt wird. Durch Diffusionsglühen lassen sich Seigerungen (s. Abschn. 4.3) beseitigen, wobei sich die Konzentrationsunterschiede durch Diffusion der Legierungselemente ausgleichen. Das Glühen findet bei über 1000 °C statt, damit die Diffusion in wirtschaftlichen Zeiten abläuft. Dennoch sind Glühzeiten von vielen Stunden (bis zu 24 h) erforderlich.

5.4.1.6 Grobkornglühen

Normalerweise ist ein grobkörniges Gefüge unerwünscht, weil es die mechanischen Eigenschaften beeinträchtigt. Deshalb wird das Grobkornglühen auf wenige Einzelfälle beschränkt, um die spanende Bearbeitbarkeit zu verbessern. Kohlenstoffarme, weiche Stähle (z.B. Einsatzstähle) neigen bei der spanenden Bearbeitung zum „Schmieren", am Werkzeug bilden sich Aufbauschneiden. Durch Glühen im Austenitgebiet (950 °C – 1100 °C) wächst das Korn, der Stahl hat nach Abkühlung grobe Perlitkörner und ist spröder, was das Spanen (geringfügig) erleichtert. Nachträglich muss das Grobkorn – z.B. durch Normalglühen – wieder beseitigt werden.

5.4.2 Festigkeitserhöhende Wärmebehandlungen

Überblick

Härten und Vergüten ermöglichen einen Werkstoffzustand, der dem Bauteil die erwartet hohe Lebensdauer gibt, erreicht durch optimierte

- Festigkeit (kleinere Querschnitte, Material- und Gewichtseinsparung),
- Härte (gute Verschleißfestigkeit),
- Zähigkeit (Sicherheit gegen Bruch),
- Schwingfestigkeit (Sicherheit gegen Ermüdung).

Voraussetzung für die festigkeitserhöhende Wärmebehandlung von Stahl ist die vom EKD her bekannte Umwandlung der Gitterstruktur zwischen A_1 und A_3: Kubisch-raumzentriertes α-Eisen (Ferrit) wandelt sich bei Erwärmung um in kubisch-flächenzentriertes γ-Fe (Austenit) und umgekehrt bei Abkühlung. Mehrfach wurde darauf hingewiesen, dass die Umwandlung der Stähle entsprechend EKD nur bei langsamer Temperaturänderung erfolgt, damit der Kohlenstoff Zeit zur Diffusion findet. Bei schneller Abkühlung (*Abschrecken*) entstehen neue Gefüge, die härter als das Gleichgewichtsgefüge Ferrit-Perlit sind. Man nennt sie Abschreck- oder Härtungsgefüge.

5.4.2.1 Härten

Wird unlegierter Stahl von der *Austenitisierungstemperatur* (das ist etwas über A_3, das Gefüge besteht aus Austenit, der Zementit hat sich aufgelöst) mit zunehmender Geschwindigkeit abgekühlt, so entsteht zunächst mehr Perlit, als nach dem Hebelgesetz vorliegen müsste, obwohl der Zementitgehalt natürlich gleichbleibt. Er ist feinstreifiger, damit steigt die Härte. Bei höherer Abkühlgeschwindigkeit tritt neben feinstreifigem Perlit *Bainit* auf (früher Zwischenstufengefüge genannt). Schließlich, bei höchster Abkühlgeschwindigkeit, entsteht der sehr harte Martensit (Bild 5.19). Die Härtungsgefüge werden in den folgenden Abschnitten erläutert.

Die unterschiedlichen Abkühlgeschwindigkeiten erreicht man in der Praxis durch verschiedene Abschreckmittel, das sind Flüssigkeiten (Wasser, Öl, geschmolzenes Salz) oder Gase (bewegte Luft, Argon, Helium).

> Das Abschrecken härtbarer Stähle von Austenitisierungstemperatur (= Härtetemperatur) in Abschreckmitteln wird als *Härten* bezeichnet.

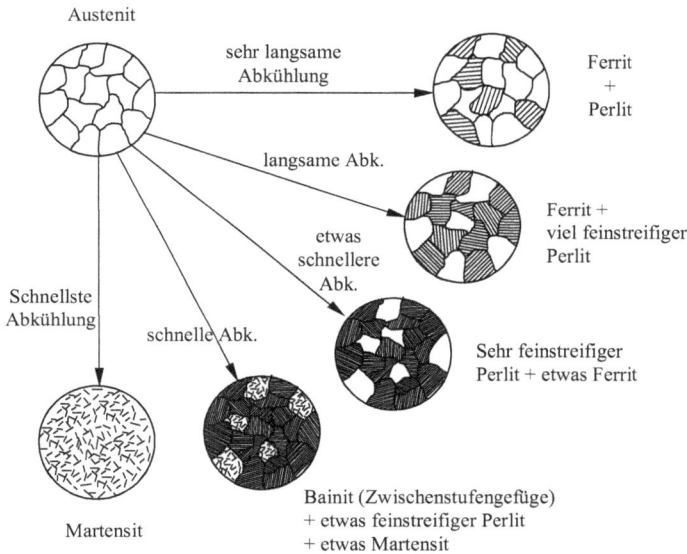

Bild 5.19 Gefügeumwandlungen in unlegiertem Stahl mit etwa 0,45 % C bei zunehmender Abkühlgeschwindigkeit (schematisch).

Die Umwandlungstemperaturen A_{r3} und A_{r1} des EKD fallen mit zunehmender Abkühlgeschwindigkeit ab. Bild 5.20 zeigt, dass zunächst der Abstand zwischen A_{r3} und A_{r1} geringer wird (der Ferritbildungsbereich wird schmaler). Zwischen der unteren kritischen Abkühlgeschwindigkeit v_{ku} und der oberen, v_{ko}, entstehen die typischen Härtungsgefüge: Feinstreifiger Perlit, Bainit und auch Martensit. Der abgeschreckte Stahl enthält alle diese Gefüge als ein Gemenge. Nach Überschreiten der oberen kritischen Abkühlgeschwindigkeit v_{ko} entsteht – nach beträchtlicher Unterkühlung des Austenits bis auf die Temperatur M_s – reines Martensitgefüge. M_s wird als *Martensit-Start-Temperatur* bezeichnet, bei ihr beginnt die Martensitbildung.

Die Gefügeumwandlungen in den Bildern 5.19 und 5.20 sind irreversibel, bei anschließendem Erwärmen wandeln sich die Gefüge nicht wieder entsprechend den eingezeichneten Umwandlunglinien in Austenit zurück. Nach dem Abschrecken liegt demnach *kein* Gleichgewichtszustand vor.

Die verschiedenen Umwandlungen des Austenits werden als Umwandlungsstufen bezeichnet. Je nach Gefüge bekommt der Stahl eine höhere Härte (Tab. 5.15).

Temperatur
[C]

A_{r3}

A_{r1}

v_{ku} v_{ko}

M_S

$v = \dfrac{d\delta}{dt}\ \left[\dfrac{K}{s}\right]$

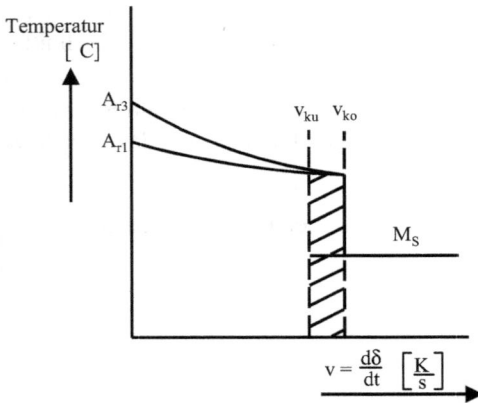

Bild 5.20 Abhängigkeit der Umwandlungstemperaturen A_{r1} und A_{r3} von der Abkühlgeschwindigkeit v; v_{ku} = untere kritische Abkühlgeschwindigkeit, v_{ko} = obere kritische Abkühlgeschwindigkeit, M_s = Martensit-Start-Temperatur.

Tabelle 5.15 Umwandlungsstufen, Gefüge und Härte von verschieden schnell abgeschrecktem Stahl (unlegiert, ca. 0,45 % C).

Umwandlungsstufe	Gefüge	Härte (HV)
Perlitstufe	a) Perlit (groblamellar) und Ferrit;	≈ 180
	b) feinstreifiger Perlit, etwas Ferrit;	≈ 220
	c) feinststreifiger Perlit (Sorbit, Troostit)	250 – 400
Bainitstufe	Bainit, oder überwiegend Bainit, etwas Martensit und feinststreifiger Perlit	350 – 500
Martensitstufe	überwiegend Martensit	> 550

5.4.2.2 Härtungsgefüge der Perlitstufe

Mit zunehmender Abkühlgeschwindigkeit werden die Ferrit-Zementit-Lamellen des Perlits feiner, was zu dem in Tab. 5.15 erkennbaren Härteanstieg führt. Extrem feinstreifiger Perlit kann im Lichtmikroskop nicht mehr als solcher erkannt werden. Früher glaubte man, es lägen neue Gefügebestandteile vor und gab diesen die Namen *Sorbit* und *Troostit*. Mit dem Elektronenmikroskop lassen sich auch im Sorbit oder Troostit die Zementitlamellen erkennen.

Die relativ harten Gefüge der Perlitstufe entstehen meist ungewollt, z.B. bei Abkühlung nach der Warmformgebung (Walzen, Schmieden) oder nach dem Schmelzschweißen (Härtungszonen der Wärmeinflusszone). Beim Schleifen kann die Erwärmung und rasche Abkühlung zur Aufhärtung der Oberfläche führen („Schleiftroostit"). Unerwünschte Aufhärtungen müssen – soweit möglich – durch Normalglühen oder Weichglühen beseitigt werden.

5.4.2.3 Der Bainit

Der früher als Zwischenstufengefüge bezeichnete *Bainit* hat seinen Namen nach dem amerikanischen Chemiker E. C. Bain erhalten. Wie die Bezeichnung „Zwischenstufe" ausdrückt, handelt es sich um ein zwischen Perlit und Martensit liegendes Gefüge. Es besteht aus Martensitnadeln (s.u.), die sich aber durch noch ausreichende Kohlenstoffdiffusion wieder entspannt haben, wobei submikroskopisch feine Karbide gebildet werden. Im Mikroskop sieht der Bainit dem nadeligen Martensit ähnlich (Bild 5.21), hat aber die niedrigere Härte des angelassenen Martensits (Vergütungsgefüge, siehe Abschn. 5.4.4). Bainitisch gehärtete Stähle müssen – im Gegensatz zu martensitisch gehärteten – nicht mehr angelassen werden. Allerdings ist rein bainitisches Gefüge nur durch spezielles isothermes Härten erreichbar (siehe 5.4.3.1).

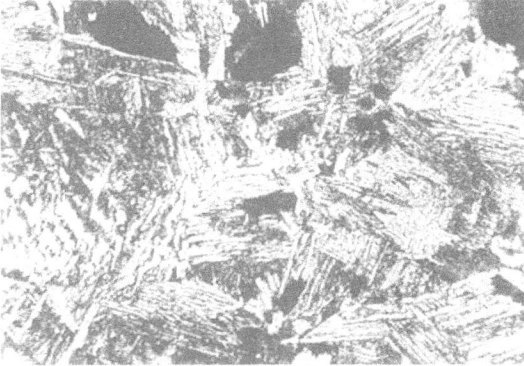

Bild 5.21 Bainit (Zwischenstufen-gefüge)

Bainit ist ein hartes, zähes Stahlgefüge, das in seinen Eigenschaften dem Vergütungsgefüge entspricht und nicht angelassen werden muss.

5.4.2.4 Der Martensit

Übersteigt die Abkühlgeschwindigkeit den kritischen Wert v_{ku}, bleibt der Kohlenstoff zwangsgelöst, es entsteht ein tetragonal-raumzentriertes (quaderförmiges) Atomgitter (Bild 5.22).

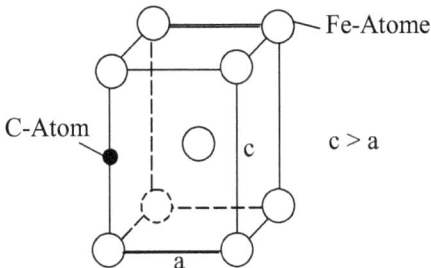

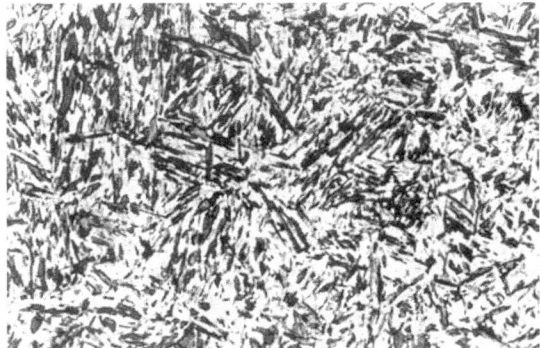

Bild 5.22 Links: Elementarzelle des Martensit-Atomgitters: Tetragonal aufgeweitet durch zwangsgelöstes C-Atom. Rechts: Gefügebild des Martensits; Stahl C45 gehärtet, V = 1000:1.

Die „tetragonale Aufweitung" ergibt sich durch das auf der c-Achse zwangsgelöste C-Atom. Da nicht jede Elementarzelle mit C-Atomen besetzt ist, folgt eine starke Gitterverzerrung, das Atomgitter hat nichts mehr gemeinsam mit dem regelmäßigen Aufbau des kubischen Ferrit-Gitters.

Beim Abschrecken beginnt mit Erreichen der Martensit-Start-Temperatur M_s zunächst nur in wenigen Austenitkörnern die schlagartige (diffusionslose) Umwandlung in Martensit. Durch die Gitterverzerrungen entstehen Mikroverformungen, wobei sich sog. „Martensitnadeln" bilden. Bei weiterer Abkühlung – die nun langsam erfolgen kann, da unter M_s der Kohlenstoff kaum noch diffundiert – bilden sich immer mehr Martensitnadeln. Die Umwandlung ist bei Erreichen der *M_f-Temperatur* (Martensit-Finish-Temperatur) abgeschlossen.

Das verzerrte Martensitgitter mit den tetragonal aufgeweiteten Elementarzellen besitzt keine Gleitebenen, damit ist der Martensit ein sehr hartes, aber unverformbares, ausgesprochen sprödes Gefüge. Bei höherem C-Gehalt spricht man von „glasartiger Sprödigkeit" des Martensits.

> Martensit ist ein hartes, extrem sprödes und unverformbares Stahlgefüge; es entsteht durch ausreichend schnelles Abkühlen des Austenits.

Mit steigendem Kohlenstoffgehalt nehmen Gitterverzerrung und Mikroverformung zu. Bild 5.23 zeigt die Abhängigkeit der Härte vom C-Gehalt unlegierter Stähle nach dem Abschrecken (*Abschreckhärte*). Die 100%-Martensitkurve gilt für eine Abschreckgeschwindigkeit $v > v_{ko}$, die 50%-Martensitkurve für eine solche zwischen v_{ku} und v_{ko}. Unter 0,2 % C ist die Martensithärte noch relativ gering, ab 0,2 % C kann man von akzeptabler Härte sprechen; gute Verschleißfestigkeit ist erst ab 0,4 % C zu erwarten.

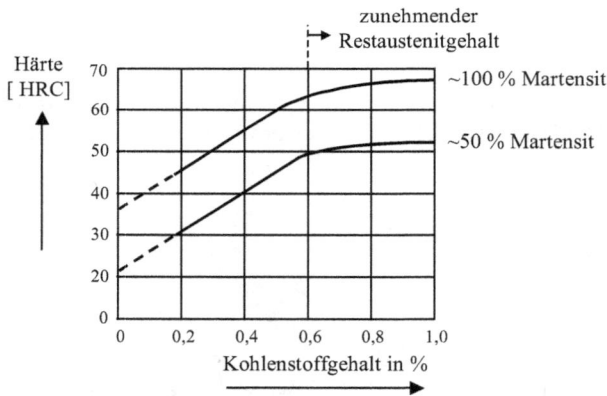

Bild 5.23 Abhängigkeit der Rockwell-C-Härte von Härtungsgefügen unlegierter Stähle in Abhängigkeit vom Kohlenstoffgehalt. Das Gefüge der 50%-Martensitkurve besteht aus feinstreifigem Perlit, Bainit und 50 % Martensit.

Bis etwa 0,6 % C steigen die Kurven linear an; für schnellstes Abschrecken (obere Kurve) gilt die einfache Gleichung

$$HRC = 35 + (\% \text{ C} \cdot 100/2)$$

(HRC = Rockwell-C-Härte, % C = Massegehalt Kohlenstoff).

Beispiel: Wie hoch ist die (maximal erreichbare) Härte des Werkzeugstahls C45W?

HRC = 35 + (0,45 · 100/2) = 57,5 (gerundet 58 HRC).

Bei niedrigerer Abkühlgeschwindigkeit enthält das Gefüge entsprechend weniger Martensit (damit mehr Bainit und Perlit) und ist weicher. Solche Mischgefüge liegen häufig im Kern dickwandiger Bauteile vor. 50 % Martensit ist das Minimum für akzeptable Härtung.

Oberhalb von 0,6 % C endet die Proportionalität der Geraden von Bild 5.23, da nun zunehmend *Restaustenit* im Gefüge verbleibt. Restaustenit ist nicht in Martensit umgewandelter Austenit; bei höherem Gehalt zwangsgelöster C-Atome im Austenit wird die Umwandlung Austenit ⇒ Martensit zunehmend erschwert. Die weichen Austenitkörner zwischen dem Martensit führen zum Ende des Härteanstiegs in Bild 5.23.

Die erwähnten Temperaturen M_s und M_f (Beginn und Ende der Austenit-Martensit-Umwandlung) hängen von den Legierungselementgehalten des Stahles ab. Nahezu alle Legierungselemente – besonders der Kohlenstoff – senken die M_s- und M_f-Temperaturen. In Bild 5.24 ist die Kohlenstoffabhängigkeit im Eisen-Kohlenstoff-Diagramm eingetragen.

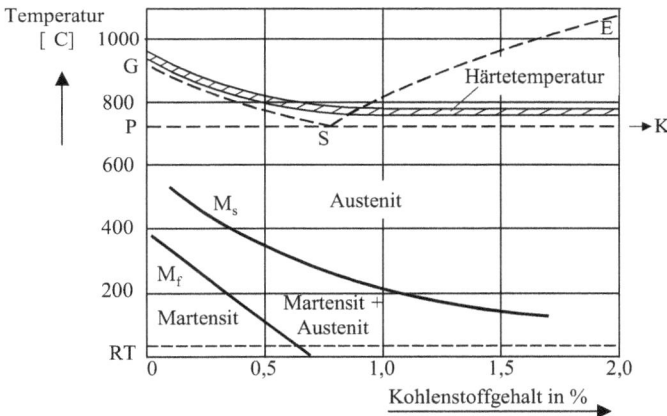

Bild 5.24 Härtetemperaturen und Martensitbildungsbereich für unlegierte Stähle. M_s = Martensit-Start-Temperatur (Beginn der Martensitumwandlung); M_f = Martensit-Finish-Temperatur (Ende der Martensitumwandlung). Die gestrichelten Linien gelten nur für das Aufheizen, M_s und M_f gelten nur für das Abschrecken.

Beispiele zur Gefügeumwandlung nach Bild 5.24:

Vergütungsstahl C45 (0,45 % C) wird bei 820 °C (Härtetemperatur) austenitisiert und abgeschreckt. Bei M_s = 370 °C beginnt die Martensitumwandlung, bei M_f = 130 °C ist sie abgeschlossen, der Stahl ist gehärtet.

Werkzeugstahl C100W (1 % C) wird bei 760 °C austenitisiert und abgeschreckt. Bei M_s = 200 °C beginnt die Martensitumwandlung, bei Raumtemperatur (RT) ist sie noch nicht abgeschlossen, da M_f unter RT liegt. Der Stahl enthält demnach noch Restaustenit. Durch Tiefkühlen unter M_f kann der Restaustenit in Martensit umgewandelt werden, was allerdings beträchtliche Kosten verursacht und die Gefahr von Härterissen birgt.

5.4.2.5 Die kritische Abkühlgeschwindigkeit

Die kritische Abkühlgeschwindigkeit v_k mit dem unteren Grenzwert v_{ku} und dem oberen Grenzwert v_{ko} gibt an, wie hoch die Abkühlgeschwindigkeit mindestens sein muss, um Härtungsgefüge in ausreichender Menge zu erzeugen. Abkühlgeschwindigkeiten sind schwer zu bestimmen, einfacher ist die Messung und Angabe von Abkühlzeiten in einem bestimmten Temperaturintervall. Die Umwandlung Austenit $\Rightarrow$ Perlit, die beim Härten vermieden werden muss, läuft in der Perlitstufe (500 °C – 700 °C) am schnellsten ab, so dass vor allem dieser Temperaturbereich zeitlich zu erfassen ist. Man hat sich angewöhnt, die Abkühlzeit zwischen A_{c3} und 500 °C (oder 800 °C und 500 °C, die sog. $t_{8/5}$-Zeit) anzugeben. Tabelle 5.16 enthält Werte sowohl für die obere *kritische Abkühlgeschwindigkeit* wie für die *kritische Abkühlzeit*.

Tabelle 5.16 Kritische Abkühlgeschwindigkeiten und Abkühlzeiten verschiedener Stähle.

Stahlsorte	Obere kritische Abkühlgeschwindigkeit v_{ko} bis 500 °C K/s	Kritische Abkühlzeit von A_{c3} bis 500 °C s
C45	190	1,5
42CrMo4	74	3,8
50CrV4	20	13
X38Cr13	0,7	650

Einfluss der Legierungselemente. Aus Tab. 5.16 wird ersichtlich, dass *legierte Stähle* deutlich niedrigere kritische Abkühlgeschwindigkeiten bzw. längere kritische Abkühlzeiten haben als *unlegierte Stähle*, sie können langsamer abgeschreckt werden. Grund ist die verzögerte Diffusion des Kohlenstoffs bei Anwesenheit von Fremdatomen. Fast alle Elemente üben eine mehr oder weniger starke Wechselwirkung auf C-Atome aus. Wollen letztere nun beim Abkühlen diffundieren, werden sie von benachbarten Fremdatomen „festgehalten", d h. an der Diffusion gehindert. Trotz langsamerer Abkühlung entsteht – ohne Perlitbildung – der gewünschte Martensit.

Besonders wirksame Elemente sind Mangan, Chrom und Nickel sowie der Kohlenstoff selbst (die C-Atome behindern sich gegenseitig bei der Diffusion). Tabelle 5.17 zeigt den Einfluss von Mangan.

Tabelle 5.17 Einfluss des Legierungselements Mangan auf die kritische Abkühlgeschwindigkeit v_k

Mangangehalt	v_k K/s
0,3 %	750
1,1 %	200
1,5 %	80

Unlegierte Stähle (hohes v_k) müssen somit am schnellsten, d.h. in Wasser abgeschreckt werden („wasserhärtende Stähle"). Bei *legierten* Stählen (v_k niedrig) reicht das milder wirkende Öl aus („Ölhärter"); hoch legierte Stähle heißen entsprechend „Lufthärter", da sie auch bei Luft- oder Gasabkühlung durchhärten.

> Legierte Stähle können beim Härten langsamer abgeschreckt werden als unlegierte, weil die Fremdatome den Kohlenstoff bei der Diffusion behindern und dieser so zwangsgelöst bleibt.

Die Abkühlungsgeschwindigkeit. Die Abkühlung eines Werkstückes kann nur durch Wärmefluss an die Oberfläche (von innen nach außen) und Abgabe der Wärme an das Kühlmittel erfolgen. Der Wärmetransport im Werkstück geschieht durch Wärmeleitung. Die Wärmeleitfähigkeit von unlegierten und niedrig legierten Stählen ist gering, sie beträgt im Mittel (bei 20 °C) 50 bis 70 W/mK (zum Vergleich Aluminium: 200 W/mK). Das hat zur Folge, dass dickwandige Bauteile aus unlegierten Stählen im Kern nicht schnell genug abkühlen, auch wenn ein stark wirkendes Abschreckmittel wie Wasser verwendet wird. Bauteile aus *unlegierten Stählen* sind daher nur bis etwa 10 mm Wanddicke oder – bei Rundmaterial – bis 15 mm$^\varnothing$ durchhärtbar. Bauteile aus *legierten Stählen* mit deutlich niedrigerem v_k (s. Tab. 5.16 und 5.17) lassen sich – je nach Legierungsgehalt – auch bei größerer Wanddicke durchhärten.

Die nach außen abgegebene Wärme des Werkstücks wird vom Abschreckmittel aufgenommen. Je nach Wärmekapazität, Verdampfungswärme, Temperatur und Bewegung (relative Strömungsgeschwindigkeit) wirken die in der Härterei gebräuchlichen *Abschreckmittel* sehr unterschiedlich (Tabelle 5.18).

Tabelle 5.18 Maximale Abkühlgeschwindigkeiten in verschiedenen Abschreckmitteln.

Abschreckmittel	Max. Abkühlge- schwindigkeit K/s	Abschreckmittel	Max. Abkühlge- schwindigkeit K/s
Wasser + 10 % Salz	600	Öl	200
Eiswasser	500	Druckluft	35
Wasser 20 °C	450	Luft (ruhend)	5
Öl-Wasser-Emulsion	400		

Die Wirkung des Salzzusatzes im Abschreckwasser beruht auf der Verhinderung einer gleichmäßigen, *isolierenden* Dampfschicht auf der Stahloberfläche. Auch die bessere Abschreckwirkung kalten Wassers gegenüber wärmerem Wasser beruht auf der dünneren Dampfschicht (kochendes Wasser lässt eine „unendlich" dicke Dampfschicht entstehen). Öl hat aufgrund seiner geringen Wärmekapazität die deutlich geringere Kühlwirkung. Die Luftabkühlung hängt stark von der Strömungsgeschwindigkeit ab (bewegte oder ruhende Luft).

> Die Abkühlungsgeschwindigkeit zu härtender Stahlbauteile hängt von deren Abmessungen (Wanddicke, Durchmesser) und der Kühlwirkung des Abschreckmittels ab.

5.4.2.6 Abschreck-Eigenspannungen und Verzug

Die Abkühlung der Werkstücke beginnt stets außen an der Oberfläche (die Randschicht kühlt schneller ab als der Kern); dünnere Werkstückbereiche kühlen schneller ab als dickere. Durch thermische Schrumpfung üben kältere Bereiche starken Druck auf die noch heißen Bereiche aus, die – da sie noch weich und verformbar sind – plastisch gestaucht und damit kürzer werden. Kühlen die dickwandigen Bereiche schließlich ab, entstehen in ihnen Zugspannungen, während die dünnwandigen Bereiche unter Druckspannung geraten. Bild 5.25 zeigt dies schematisch an zwei Beispielen. Beim sog. Spannungsgitter (Bild 5.25a) – es dient der Messung von Eigenspannungen und der Rissneigung – kühlen zunächst die dünnen Stäbe (x) ab, dabei wird der dicke, noch heiße und weiche Stab (y) plastisch gestaucht, er wird kürzer. Kühlt auch Stab y ab, treten in ihm Zugspannungen auf, die bis zum Reißen führen können. Die Stäbe x enthalten nun Druckeigenspannungen (Bild 5.25a rechts).

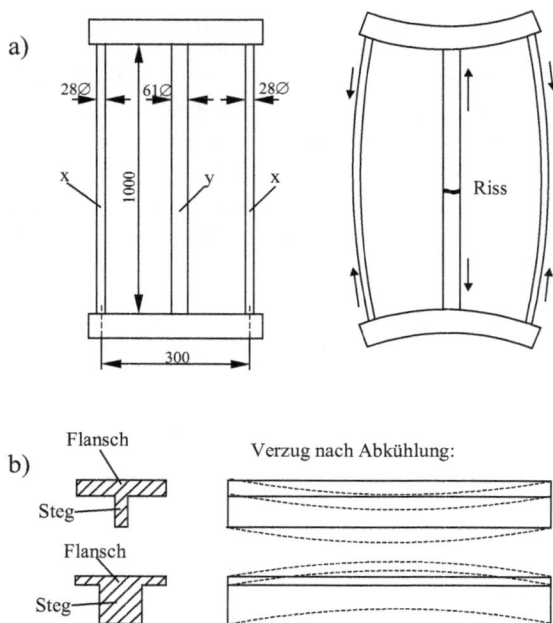

Bild 5.25 Spannungen und Verzug durch Abschrecken. a) Spannungsgitter; b) T-Balken mit unterschiedlicher Stegdicke. Der Verzug wurde zur Verdeutlichung stark übertrieben.

Der T-Balken (Bild 5.25b) verzieht sich infolge der unterschiedlich schnellen Abkühlung des dünnen und dicken Steges. Im oberen Fall (dicker Flansch, dünner Steg) kühlt der Steg schneller ab, der Flansch wird gestaucht und damit kürzer, was zu der dargestellten Krümmung führt. Im unteren Fall ist es genau umgekehrt.

Die Abschreckeigenspannungen, die zum Verzug und sogar zu *Härterissen* führen können, sind in ihrer Höhe abhängig von:

• der Bauteilgeometrie,
• der Abschreckgeschwindigkeit,
• der Lage der Werkstücke beim Eintauchen in das Abschreckmittel.

Der Konstrukteur muss schon in der Entwicklungsphase eines zu härtenden Bauteils auf verzugsarme Bauteilgestaltung achten. Das heißt:

- große Wanddickenunterschiede und schroffe Übergänge vermeiden;
- scharfe Kerben vermeiden und möglichst große Rundungsradien vorsehen;
- gleichmäßige Massenverteilung und hohe Bauteilsymmetrie anstreben.

Verzug, der die Maßtoleranzen der gehärteten Bauteile überschreitet, verursacht hohe Nacharbeitskosten, da häufig nur noch Schleifen möglich ist. Lange, relativ dünne Bauteile wie Wellen (auch Kurbelwellen) können vorsichtig unter Verwendung von Richtmaschinen gerichtet werden. Bauteile mit Härterissen sind zu verwerfen.

Der bisher beschriebene Verzug durch thermische Spannungen tritt bei allen Werkstoffen, die schnell abgekühlt werden, auf. Auch erstarrende und abkühlende Gussstücke verziehen sich in ähnlicher Weise (nach Bild 5.25) oder reißen gar.

Ein besonderes Verhalten zeigen martensitisch härtende Stähle, da der Martensit ein größeres Volumen aufweist als der Austenit. Den thermisch bedingten elastisch-plastischen Verformungen überlagert sich die umwandlungsbedingte Ausdehnung bei der Austenit-Martensit-Umwandlung. Bild 5.26 verdeutlicht die Volumenänderungen.

Bei Erwärmung und thermischer Ausdehnung (a) tritt zwischen A_{c1} und A_{c3} eine Volumenabnahme durch die Ferrit/Austenit-Umwandlung ein. Beim Abschrecken und dem damit verbundenen thermischen Schrumpfen des Austenits (b) entsteht unterhalb von M_s der Marten-

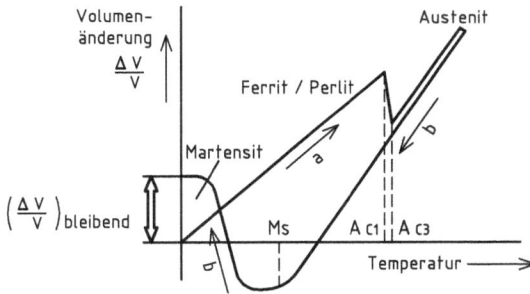

Bild 5.26 Volumenänderung von Stahl bei der Wärmebehandlung (schematisch).

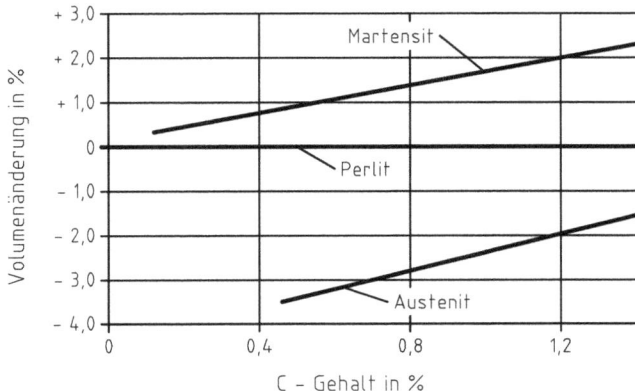

Bild 5.27 Relative Volumenänderung von Martensit und Austenit in Abhängigkeit vom Kohlenstoffgehalt, bezogen auf Ferrit-Perlit-Gefüge.

sit, das Bauteil dehnt sich wieder aus. Schließlich verbleibt bei Raumtemperatur (RT) die Volumenzunahme ΔV.

Die Volumen der Gefüge sind vom Kohlenstoffgehalt abhängig. Bild 5.27 zeigt die relative Volumenänderung von Martensit und Austenit gegenüber Ferrit-Perlit-Gefüge in Abhängigkeit vom C-Gehalt. **Beispiel**: Ein Quader aus Stahl mit 0,8 % C wird austenitisiert. Dabei schrumpft sein Volumen zunächst um 2,8 %. Nach dem martensitischen Härten hat er sich jedoch um 1,3 % bleibend ausgedehnt.

Die Volumenzunahme der Martensitumwandlung führt zu Maßänderungen und beträchtlichen Eigenspannungen. Durch Anlassen über 200 °C (z.B. Vergüten, s. Abschn. 5.4.5) geht die Volumenzunahme wieder zurück und die Eigenspannungen werden weitgehend abgebaut.

Das Härten von Stahl ist stets mit hohen thermischen Spannungen verbunden, die sich durch Eigenspannungen, Verzug oder sogar durch Risse äußern. Die Spannungen entstehen durch ungleichmäßiges thermisches Schrumpfen und Ausdehnung durch die Martensitbildung.

5.4.3 Die Härtbarkeit der Stähle

Die vorangegangenen Abschnitte haben gezeigt, dass das Härten der Stähle einer Reihe genau zu beachtender Parameter unterliegt. Der die Stahlauswahl treffende Konstrukteur muss über die Härtbarkeit bestens Bescheid wissen. Ein nicht durchgehärtetes und damit nicht optimal vergütetes Bauteil wird die erwartete Lebensdauer nicht erreichen; ein Werkzeug mit ungenügender Oberflächenhärte wird zu schnell verschleißen. Andererseits führt unnötig schnelles Abschrecken zu Verzug oder Härterissen, was die Wirtschaftlichkeit des Fertigungsprozesses in Frage stellen kann.

Die Härtbarkeit der Stähle hängt in erster Linie von den Legierungselementen (einschließlich Kohlenstoff) ab. Die Abkühlungsgeschwindigkeit, gegeben durch Wanddicke und Abschreckmittel, führt zu den gewünschten Härtungsgefügen und den entsprechenden mechanischen Eigenschaften. Die nachfolgend beschriebenen **Z**eit-**T**emperatur-**U**mwandlung-Schaubilder (ZTU-Schaubilder oder -Diagramme) verknüpfen für jeden Stahl Abkühlgeschwindigkeit und Gefüge.

5.4.3.1 ZTU-Schaubilder

Die Diagramme zeigen die Gefügeumwandlungen härtbarer Stähle entsprechend ihrer Zusammensetzung bei verschieden schnellen Abkühlungen. Die Abkühlzeit wird in logarithmischem Maßstab aufgetragen, so dass sowohl kurze wie auch lange Abkühlzeiten erfasst werden. Man unterscheidet:

- ZTU-Schaubilder für kontinuierliche Abkühlung
- ZTU-Schaubilder für isotherme Umwandlung

Die Bilder 5.28 und 5.29 zeigen beispielhaft *kontinuierliche* ZTU-Diagramme für einen unlegierten und einen legierten Stahl (Lit. siehe „Wärmebehandlungsatlas der Stähle" [9]).

Die dickeren Diagrammlinien grenzen die bei der Abkühlung auftretenden Gefügefelder ab, die Gefüge sind – mit ihren Anfangsbuchstaben abgekürzt – eingetragen. Die etwa von Austenitisierungstemperatur (genau von A_3) abfallenden dünnen Linien sind beispielhafte Abkühlungskurven, gemessen mit kleinen Versuchsproben. Prozentzahlen am Ende jeden Gefügebereichs weisen auf die entstandenen Gefügemengen hin. Ganz am Ende der Abkühlungslinien ist die erreichte Härte in HV (Vickershärte) oder HRC (Rockwell-C-Härte) angegeben. Hier muss die Gefügemenge 100 % betragen. Die beim Zusammenrechnen von Ferrit (F), Perlit (P) und Bainit (B) zu 100 % fehlende Gefügemenge ist der Martensitanteil (M).

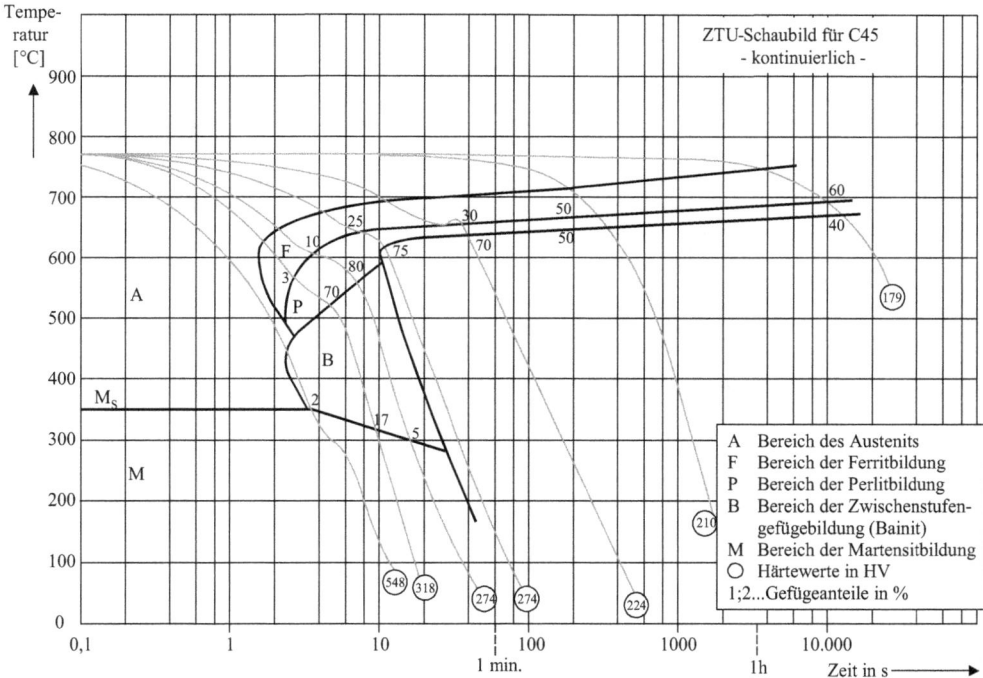

Bild 5.28 ZTU-Schaubild des Stahles C45 für kontinuierliche Abkühlung.

Beispiel: Eine 5 mm$^\varnothing$-Stahlwelle aus C45 wird in Wasser abgeschreckt. Mittels eingearbeitetem Thermoelement wird die Abkühlkurve gemessen, sie verläuft etwa so wie die ganz linke Kurve in Bild 5.28. Damit entstehen ca. 2 % Bainit und 98 % Martensit, die Härte dürfte bei 548 HV liegen; die Welle wird somit ordnungsgemäß gehärtet. Aus Verzugsgründen soll die Welle jedoch in Öl gehärtet werden. Dabei zeigt der Abschreckversuch in Öl (mittels Thermoelement) eine Abkühlkurve, die in Bild 5.28 etwa auf der zweiten Kurve (von links) liegt. Es entstehen nun 3 % Ferrit, 70 % Perlit, 17 % Bainit, Rest (10 %) Martensit; Härte 318 HV. Damit wäre die Welle nicht ausreichend gehärtet, das Ölhärten ist für diesen unlegierten Stahl nicht geeignet.

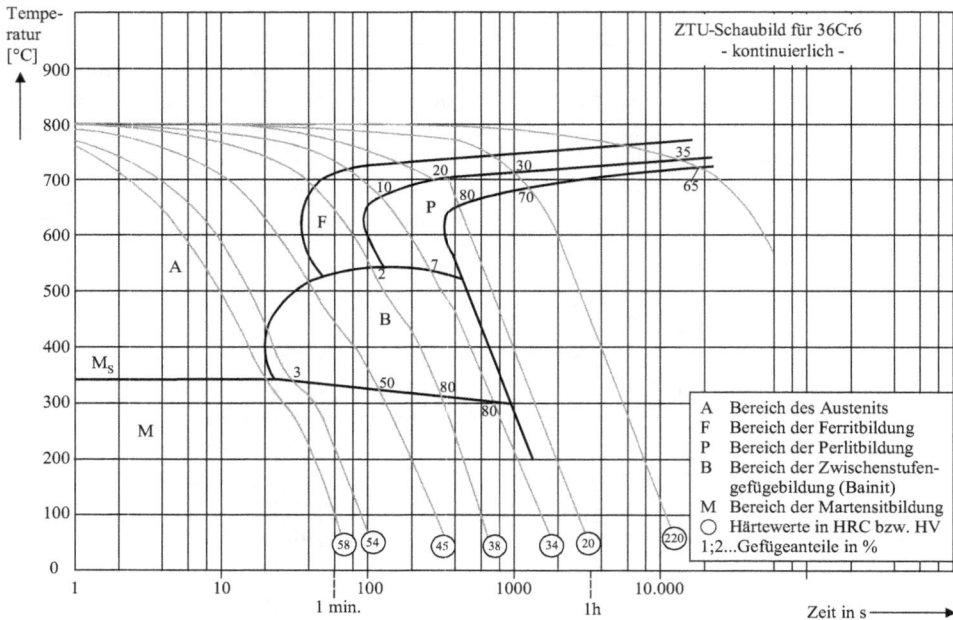

Bild 5.29 ZTU-Schaubild des Stahles 36Cr6 für kontinuierliche Abkühlung.

Deutlich günstiger verhält sich legierter Stahl wie z.B. 36Cr6 (Bild 5.29). Die zweite Abkühlungskurve des Bildes 5.28 – in Bild 5.29 übertragen (Achtung: anderer Zeitmaßstab!) – würde nach ca. 10 s direkt in das Martensitgebiet führen. Damit ließe sich die Welle aus Stahl 36Cr6 durch verzugsarmes Ölabschrecken gut härten; die Härte käme auf etwa 58 HRC (650 HV).

Dickwandige Bauteile aus Vergütungsstahl (s. Abschn. 5.4.5) müssen auch im Kern genügend Martensit (> 50 %) aufweisen. Daher sind kompakte Werkstücke bei Abkühlversuchen mit zwei Thermoelementen zu bestücken: Ein Oberflächenelement und eines im Kern (mittels Bohrung eingebracht). Nur wenn auch die Abkühlungskurve des Kernbereichs genügend Martensit erkennen lässt, ist eine hochwertige Vergütung möglich.

Die Schaubilder für *isothermische* Umwandlung gelten für spezielle Wärmebehandlungen wie Warmbadhärten, Bainitisieren („Bainitvergüten") und Drahtpatentieren. Alle diese Wärmebehandlungen haben gemein, dass zunächst im Warmbad (meist ein Salzbad aus geschmolzenem Salz) schnell auf die gewünschte Temperatur abgeschreckt, diese dann konstant (isotherm) gehalten wird. Die dabei erfolgenden Gefügeumwandlungen sind dem isothermischen ZTU-Schaubild zu entnehmen. Bild 5.30 zeigt als Beispiel das Diagramm des Stahles 36Cr6. Es enthält keine Abkühlungskurven, nur die Härtewerte am Ende ausgewählter isothermer Haltetemperaturen.

Als Beispiel einer Wärmebehandlung, bei der isotherme ZTU-Schaubilder benötigt werden, sei das *Bainitisieren* (früher: Zwischenstufenvergüten) genannt. Es erfolgt durch isothermes Halten auf Bainitumwandlungstemperatur, bis die Umwandlung vollständig abgelaufen ist

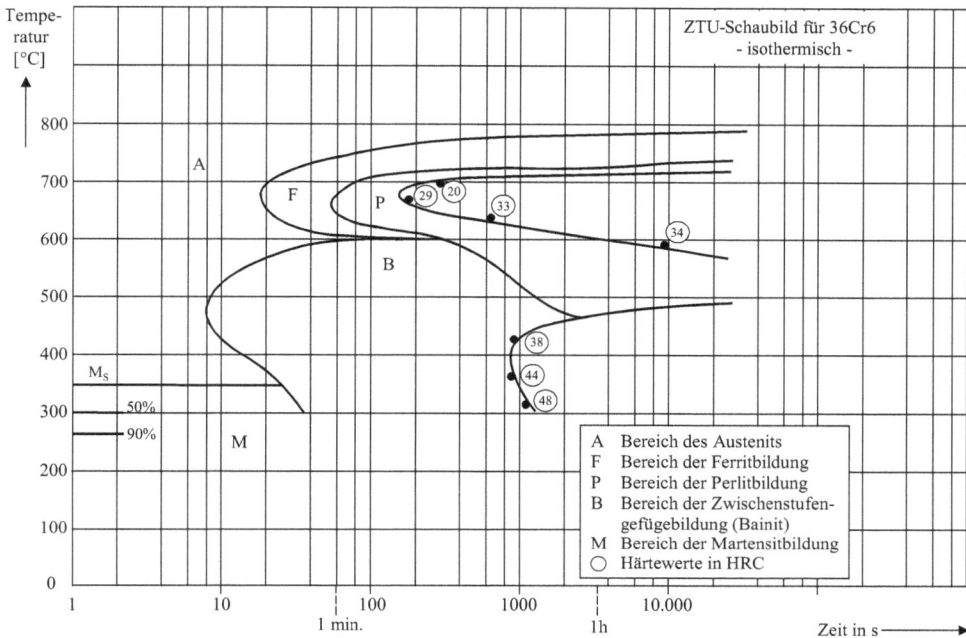

Bild 5.30 ZTU-Schaubild des Stahls 36Cr6 für isothermische Wärmebehandlung.

(Bild 5.30, Stahl 36Cr6: ca. 2000 s bei 400 °C – 450 °C). Anschließend kann beliebig abge-kühlt werden. Die Härte ist dem ZTU-Schaubild mit 38 HRC zu entnehmen. Weitere bei-spielhafte Verfahren sind das *Warmbadhärten* und das *Drahtpatentieren*.

> Die zu vielen härtbaren Stählen verfügbaren ZTU-Schaubilder ermöglichen – bei Kennt-nis der Abkühlgeschwindigkeit des Werkstücks – die entstehenden Gefüge, die Gefüge-mengenanteile und die Härte abzuschätzen. Je nach Härteverfahren sind Schaubilder für kontinuierliche Abkühlung oder isothermische Behandlung zu verwenden.

5.4.3.2 Der Stirnabschreckversuch

Wichtiger Bestandteil besonders der neuen europäischen Normen härtbarer Stähle sind die *Stirnabschreckkurven* bzw. deren zulässige Toleranzen (Streubänder). Sie geben Auskunft über die Auf- und Einhärtbarkeit (kurz *Härtbarkeit*). Jede Stahlcharge unterliegt gewissen Toleranzen der Legierungszusammensetzung, die Toleranzbreite ist den Werkstoffnormen zu entnehmen. Die Härtbarkeit reagiert nun so empfindlich auf die Elementkonzentration, dass es notwendig sein kann, einzelne Chargen auf ihre Härtbarkeit hin zu prüfen. Weiterhin wird die Härtbarkeit durch die Korngröße beeinflusst. Liegt eine gemessene Stirnabschreckkurve außerhalb des genormten Streubandes, kann die Charge an den Hersteller zurückgewiesen werden. Die Stirnabschreckkurven werden im *Stirnabschreckversuch* nach EN ISO 642 (auch *Jominy-Versuch*) ermittelt.

Bild 5.31 zeigt schematisch den Versuchsaufbau. Eine zylindrische Probe der zu prüfenden Stahlcharge wird im Ofen austenitisiert, schnellstens (in max. 5 s) in die Apparatur eingesetzt und auf der Stirnseite mit Wasser (Druck und Temperatur konstant) abgeschreckt.

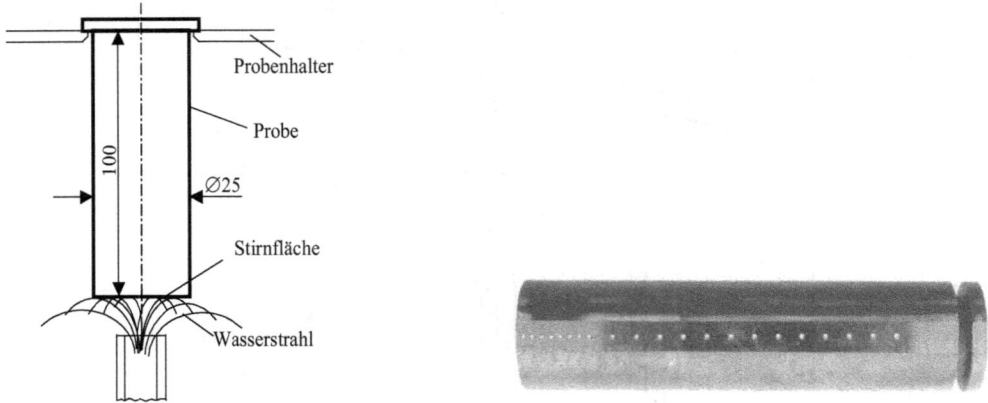

Bild 5.31 links: Stirnabschreckversuch; rechts: Stirnabschreckprobe mit Härtemesseindrücken.

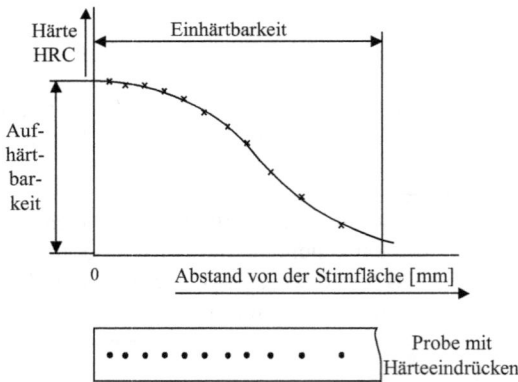

Bild 5.32 Stirnabschreckkurve (Härtbarkeitskurve).

Nach vollständiger Abkühlung der Probe wird die Härte entlang der Mantelfläche gemessen, es ergibt sich die *Stirnabschreckkurve* oder *Härtbarkeitskurve* (Bild 5.32). An der schnellstens abgekühlten Stirnseite tritt die höchstmögliche Härte des untersuchten Stahles auf: die *Aufhärtbarkeit*. Mit zunehmendem Abstand von der Stirnfläche muss die Härte abnehmen, da ja die Abkühlgeschwindigkeit geringer wird. Wie flach oder steil die Härtekurve abfällt, nennt man *Einhärtbarkeit*. Sie hängt vom tatsächlichen Legierungselementgehalt und der Korngröße der Charge ab. Bei unlegierten Stählen wie C45 fällt die Kurve innerhalb weniger mm Abstand von der Stirnfläche ab, höher legierte Stähle zeigen nur geringen Abfall (siehe auch Bild 5.33).

Erfahrungswerte und weitere Diagramme (z.B. in DIN 17021, „Stahlauswahl aufgrund der Härtbarkeit") ermöglichen die Übertragung der Einhärtbarkeit der Stirnabschreckkurve auf die mögliche Einhärtung eines Bauteils. Beispielsweise lässt sich mit der Stirnabschreckkurve einer Charge aus Stahl 38Cr2 vorhersagen, ob eine Welle von 30 mm$^\varnothing$ derselben Charge durchhärtbar ist.

Die Normen für härtbare Stähle (Vergütungsstähle, Einsatzstähle, Werkzeugstähle u.a.m.) enthalten *Härtbarkeitsstreubänder* als Minimalforderung der Auf- und Einhärtbarkeit.

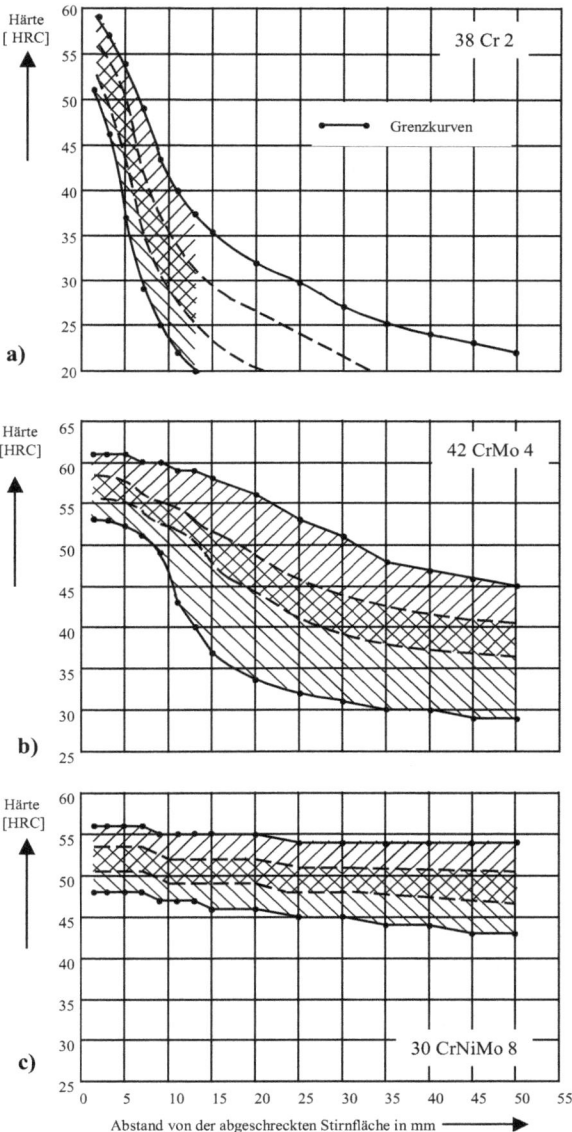

Bild 5.33 Härtbarkeits-Streubänder der Rockwell-C-Härte für drei verschiedene Vergütungsstähle (nach DIN EN 10083).

Bild 5.33 zeigt Beispiele von drei Stählen mit steigendem Legierungselementgehalt (a: 0,5 % Cr, b: 1 % Cr + Mo, c: 2 % Cr + Ni + Mo). Man erkennt deutlich, wie die Einhärtbarkeit zu nimmt. Die Diagramme enthalten jeweils zwei Streubänder, ein oberes und ein unteres, die sich in der Mitte überschneiden. Bei der Stahlbestellung kann wahlweise die Härtbarkeit entsprechend oberem oder unterem Streuband gewählt werden (Abkürzungsbuchstaben im Stahlkurznamen: HH = oberes Streuband, HL = unteres Streuband).

5.4.4   Anlassen und Vergüten

Das Härtungsgefüge „Martensit" ist so spröde, dass schlag- oder schwingungsbeanspruchte Bauteile sowie solche mit höherer Kerbspannung leicht brechen würden. Der gehärtete Stahl muss durch *Anlassen* (nochmalige Erwärmung) wieder zäher gemacht werden.

Der im Ungleichgewicht vorliegende Martensit ist eine metastabile Phase, die durch Erwärmung in die stabileren Phasen Ferrit und Zementit zerfällt. Bei Erwärmung martensitisch gehärteter Werkstücke wird demnach der zwangsgelöste Kohlenstoff diffundieren und sich zu Zementitteilchen (Fe_3C) zusammenlagern. Die tetragonal aufgeweiteten Elementarzellen des Martensits wandeln sich – von den C-Atomen befreit – zu kubischen Zellen (krz-Atomgitter des Ferrits) um.

Die Kohlenstoffdiffusion (d h. die Temperatur) bestimmt die Geschwindigkeit des Martensitzerfalls. Dabei lassen sich Anlasstemperaturbereiche definieren (Anlasszeit jeweils 1 – 2 Stunden):

160 °C – 240 °C, *Anlasstemperaturen für harte, verschleißfeste Bauteile.*

C-Atome diffundieren mit kleinen Diffusionswegen zu winzigsten, nur im Elektronenmikroskop sichtbaren Eisenkarbid-Teilchen, den ε-Karbiden (Fe_2C). Die tetragonale Aufweitung des Martensits geht zurück, es entsteht der zähere *kubische Martensit*. Die Härte nimmt geringfügig ab. Dieses „niedrige Anlassen" muss – wenn nicht sowieso höher angelassen wird – stets durchgeführt werden.

> Das Abschrecken von Härtetemperatur mit anschließendem niedrigen Anlassen wird allgemein als **Härten** bezeichnet. Ziel ist harter, verschleißfester Stahl mit entspanntem, nicht zu sprödem Martensit.

450 °C – 650 °C, *Anlasstemperaturen für das Vergüten.*

Die Zementitteilchen (Fe_3C) werden im Lichtmikroskop erkennbar, sie liegen fein und gleichmäßig verteilt im Ferrit eingebettet. Das Härtungsgefüge ist zu einem Vergütungsgefüge geworden (Bild 5.34). Die Festigkeit und besonders die Härte sind stark abgefallen (Verschleißfestigkeit ist nicht mehr gegeben!), dafür ist die Zähigkeit optimal angestiegen.

> Das Abschrecken von Härtetemperatur mit anschließendem Anlassen bei hoher Temperatur heißt **Vergüten**. Ziel ist ein bruchsicherer, schwingfester, auch bei tieferer Temperatur nicht versprödender Stahl.

Der Temperaturbereich **240 °C – 450 °C** wird nur selten zum Anlassen genutzt.

*Bild 5.34 Vergütungsgefüge, Stahl
42CrMo4; V = 1000:1.*

Bei der schwierigen Wahl der richtigen Anlasstemperatur zur Optimierung von Festigkeit und Zähigkeit helfen *Anlass-* oder *Vergütungsschaubilder.* Sie werden häufig von Stahlherstellern zur Verfügung gestellt. Bild 5.35 zeigt das Anlassschaubild für Vergütungsstahl C45.

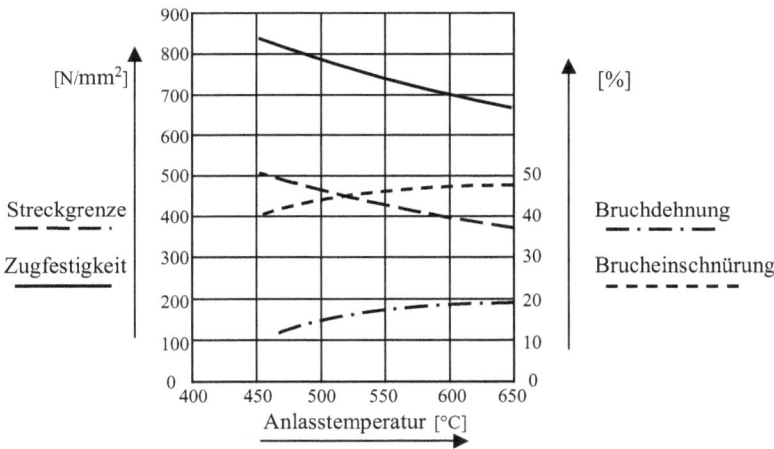

Bild 5.35 Anlass-(Vergütungs-)schaubild für Stahl C45. Änderung der Festigkeit (Streckgrenze, Zugfestigkeit) und Zähigkeit (Brucheinschnürung, Bruchdehnung) mit der Anlasstemperatur. Die Härte verläuft etwa wie die Zugfestigkeit.

Beispiele für die Auswahl der Anlasstemperatur nach Bild 5.35:

1. Eine Schraube soll auf die Mindeststreckgrenze $R_e \geq 450$ N/mm² bei ausreichender Zähigkeit vergütet werden. Die zu wählende Anlasstemperatur ist 500 °C.

2. Eine Welle soll auf höchste Zähigkeit (geringste Kerbempfindlichkeit) bei ausreichender Festigkeit ($R_m \geq 650$ N/mm²) vergütet werden. Die zu wählende Anlasstemperatur ist 650 °C.

5.4.5 Begriffe aus der Praxis des Härtens

In diesem Abschnitt werden einige wichtige Begriffe aus dem Bereich „Stahlhärten" zusammenfassend in alphabetischer Reihenfolge erläutert.

Abschrecken. Abkühlung mit einer Geschwindigkeit, die ausreichend Härtungsgefüge entstehen lässt. Für die Abkühlgeschwindigkeit gilt: So hoch wie nötig (entsprechend ZTU-Diagramm), aber so niedrig wie möglich (um Abschreckspannungen zu minimieren). Das Abschreckmittel richtet sich nach der Stahlsorte, der Bauteilform und den betrieblichen Möglichkeiten. Nach dem Abschrecken sollte schnell das Anlassen erfolgen, um nachträgliche Rissentstehung zu vermeiden.

Abschreckmittel. Von den schon genannten Abschreckmitteln gibt es unzählige Varianten: Wasser verschiedener Temperatur und mit Zusätzen, die die Abschreckwirkung verstärken oder mildern; Härtereiöle (Mineralöle) mit Additiven bis hin zum Hochleistungsabschrecköl; Luft als bewegte Luft (Druckluft) oder Gase (N_2, Ar, He, H_2). Das Gasabschrecken wird vor allem in Vakuumöfen durchgeführt. Mit stark wirkendem Argon-Helium-Gemisch oder sogar Wasserstoff bei 10 bar Druck lassen sich selbst unlegierte Stähle ausreichend schnell abkühlen. Vorteile sind weniger Verzug und geringe Umweltbelastung.

Salzbäder (geschmolzenes Salz verschiedener Zusammensetzung) sind für das Abschrecken auf höhere Temperatur geeignet. Nach dem Abschrecken sind die Bauteile gründlich zu reinigen (Korrosionsgefahr!). Waschwässer und Altsalze müssen aus Umweltschutzgründen besonders entsorgt werden.

Anlassfarben. Das Anlassen ist auch durch die Eigenwärme des nicht ganz abgekühlten Werkstücks möglich. Die Temperatur wird dabei durch die *Anlassfarbe* abgeschätzt. Sie entsteht durch unterschiedlich dicke Oxidhäute auf der Stahloberfläche.

Anlasssprödigkeit. Manche Stähle neigen dazu, beim Anlassen oder zu langsamem Abkühlen nach hohem Anlassen zu verspröden. Kritische Temperaturbereiche (um 300 °C) sind zu vermeiden oder schnell zu durchlaufen. Mo-haltige Stähle neigen weniger zur Anlasssprödigkeit.

Härten. Austenitisieren und Abkühlen mit einer solchen Geschwindigkeit, dass in mehr oder weniger großen Bereichen der Werkstückquerschnitte eine erhebliche Härtesteigerung durch Martensitbildung erfolgt. *Gebrochenes Härten*: Abschrecken in ein Warmbad zwecks Temperaturausgleich im Werkstück, anschließend endgültiges Abkühlen.

Härtetemperatur. Die Werkstücke sind so lange auf Härtetemperatur (= Austenitisierungstemperatur) zu halten, bis der gesamte Querschnitt durchgewärmt ist (ca. 1 min / mm Wanddicke). Die Härtetemperatur ist in Normen angegeben. Sie sollte wegen der Gefahr der Kornvergröberung nicht überschritten werden, ebenso muss die Austenitisierungszeit eingehalten werden. Überhitzungen und Überzeiten können sich stark qualitätsmindernd auswirken. Genaue Austenitisierungsvorgänge sind Zeit-Temperatur-Austenitisierungs-Schaubildern (*ZTA-Schaubilder*) zu entnehmen.

Tiefkühlen. Abkühlung nach dem Abschrecken auf Temperaturen deutlich unter Raumtemperatur (Kältebad, Kühltruhe), um die M_f-Temperatur zu unterschreiten und damit Restaustenit in Martensit umzuwandeln.

Wärmebehandlungsanweisung (WBA). Die „WBA" sind in DIN 17023 genormt. Die dort aufgeführten Formulare enthalten alle Parameter eines vollständigen Wärmebehandlungsprozesses. Dazu gehören: Ofenart und Ofenführung, Chargierung, Aufheiz-, Halte- und Abkühlart, Abschreckmittel, -temperatur usw. Die sorgfältig erstellte WBA dient der Qualitätssicherung und ermöglicht reproduzierbare Ergebnisse bei nachfolgenden Chargen und Anschlussaufträgen.

Wärmebehandlungsöfen. Es gibt eine große Zahl unterschiedlicher Ofeneinrichtungen. Eine Lohnhärterei für Einzelstückhärtung oder kleine Serien ist anders eingerichtet als die Härterei einer Zahnradfabrik oder eines Wälzlagerherstellers. Nach Heizquelle unterscheidet man elektrisch oder brennstoffbeheizte Öfen, nach Ofenatmosphäre die Luft-, Gas- oder Vakuumöfen. Mehrkammeröfen erlauben Wärmebehandlungen im Durchlaufverfahren in unterschiedlichen Atmosphären mit integriertem Abschreckbad. Moderne Wärmebehandlungsöfen laufen mit vollautomatischem Werkstücktransport, programmierter und geregelter Temperatur und Ofenatmosphäre.

5.4.6 Vergütungsstähle

In DIN EN 10083 genormte Vergütungsstähle sind unlegierte oder legierte Qualitäts- und Edelstähle, die sich auf Grund ihrer Reinheit und Zusammensetzung für das Vergüten besonders eignen. Wie in Abschnitt 5.4.4 beschrieben, führt das Vergüten zu guter Festigkeit bei hoher Zähigkeit auch unterhalb der Raumtemperatur (wo nicht wärmebehandelte Baustähle zur Versprödung neigen) sowie zu bester Schwingfestigkeit. Vergütete Bauteile spielen im Maschinen- und Fahrzeugbau eine wichtige Rolle: Wellen aller Art (Antriebs-, Kurbel- oder Nockenwellen), Getriebeteile, Achsen, Spindeln, Befestigungselemente, Zug-/Schubstangen und vieles mehr.

Der Teil 1 der Norm DIN EN 10083 enthält die Edelstähle, Teil 2 die unlegierten Qualitätsstähle und Teil 3 borlegierte Stähle wie 20MnB5. Beispiele aus Teil 1 und 2 siehe Tabelle 5.19.

Tabelle 5.19 Vergütungsstähle (Auswahl aus DIN EN 10083) und ihre Eigenschaften im vergüteten Zustand. Werte gelten nur bis 16 mm ⌀ oder 8 mm Wanddicke.

Stahlsorte	Streckgrenze (min.) MPa	Zugfestigkeit MPa	Bruchdehnung (min.) %	Anwendungsbeispiele
C35, C35E, C35R	430	630 – 780	17	hoch beanspruchte kleinere Bauteile, Stangen, Schrauben, kleine Wellen.
C60, C60E, C60R	580	850 – 1000	11	
34Cr4, 34CrS4	700	900 – 1100	12	
42CrMo4, 42CrMoS4	900	1100 – 1300	10	hochbeanspruchte Wellen, Getriebeteile
30CrNiMo8	1050	1250 – 1450	9	hochbeanspruchte dickwandige Bauteile (bis 250 mm⌀)

Es bedeuten: C35E: Edelstahl mit 0,35 % C; C35R: angehobener Schwefelgehalt (0,02-0,04 % S)

Der Kohlenstoffgehalt der Vergütungsstähle liegt zwischen 0,2 % und 0,6 % C, er trägt wesentlich zur Festigkeit bei, allerdings unter Einbuße guter Zähigkeit und Kerbschlagarbeit. Zusätzliche Legierungselemente haben folgende Wirkung:

Cr	Verbessert die Einhärtbarkeit und Festigkeit.
Ni	Wirkt wie Cr, erhöht nochmals Einhärtbarkeit und Festigkeit.
Mo	Verbessert ebenfalls Einhärtbarkeit und Festigkeit, auch Warmfestigkeit; verringert die Neigung zur Anlasssprödigkeit.
V	Verbessert weiter Einhärtbarkeit und Festigkeit, verhindert Kornvergröberung bei der Austenitisierung.
S	Verbessert Spanbarkeit.
B	Verbessert Einhärtbarkeit in besonderem Maße. Es wird in ganz geringen Mengen (0,0008 % – 0,002 % B) zulegiert.

Vergütungsstähle werden für hochwertige, stoß- und schwingungsbelastete Bauteile verwendet. Sie sind kerbtolerant und auch bei tiefen Temperaturen wenig versprödend. Durch die Höhe der Anlasstemperatur können Festigkeit und Zähigkeit optimiert werden.

5.4.7 Randschicht- (Oberflächen-)härten

Wie vielfach erläutert, lassen sich Härte und Festigkeit der Werkstoffe nicht erhöhen, ohne dass die Duktilität (Zähigkeit) abnimmt. In manchen Fällen benötigt man nun harte, verschleißfeste Werkstücke mit guter Kernzähigkeit, also hoher Bruchsicherheit. Stahl bietet wie kaum ein anderer Werkstoff die Möglichkeit, durch geeignete Wärmebehandlungen hohe Oberflächenhärte bei zähem Kern zu erzielen. Zwar geht bereits das „Nichtdurchhärten" dickwandigerer Bauteile (als *Schalenhärten* bezeichnet) in diese Richtung, es ist jedoch wegen undefinierter Kernhärte wenig praktikabel. Folgende Verfahren führen besser zum Ziel:

- Flamm- und Induktionshärten,
- Einsatzhärten (siehe Abschnitt 5.4.8),
- Nitrieren, Nitrocarburieren (Abschn. 5.4.9) und Borieren (Abschn. 5.4.10).

5.4.7.1 Flammhärten

Das Flammhärten ist ein rein thermisches Randschichthärtungsverfahren, d.h. dass die chemische Zusammensetzung des Stahles während der Wärmebehandlung nicht verändert wird (vgl. Bild 5.13). Die verwendeten Stähle müssen mindestens 0,3 % C enthalten, um ausreichende Oberflächenhärte zu bekommen.

Prinzip: Die Werkstückoberfläche wird mit einer Gasbrennerflamme rasch aufgeheizt, so dass eine definiert dicke Randschicht (z.B. 1 mm) austenitisiert wird (T > A_{c3}). Sofort anschließend schreckt die mitgeführte Wasserbrause die Oberfläche ab, dabei wird die austenitisierte Randschicht martensitisch gehärtet (Bild 5.36). Die Oberflächenhärte hängt vom C-Gehalt des Stahles ab. Das Kerngefüge ändert sich nicht und bleibt ferritisch/perlitisch oder, falls vorher vergütet wurde, Vergütungsgefüge.

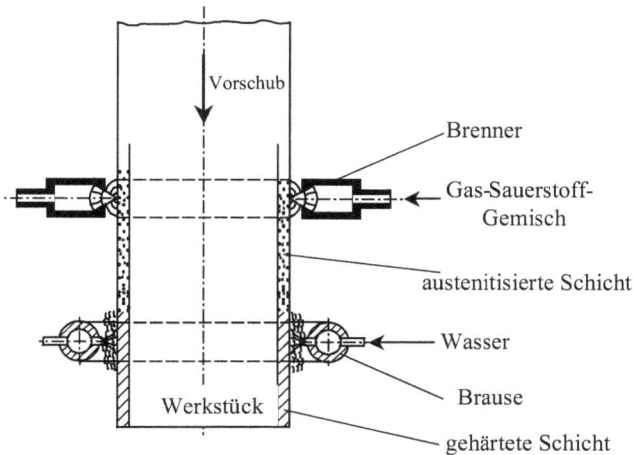

Bild 5.36 Prinzip des Flammhärtens.

Die Dicke der gehärteten Randschicht, die *Einhärtungstiefe Rht*, hängt von der Brennerleistung, der Vorschubgeschwindigkeit und der Stahlsorte ab. Große Rht-Werte (> 5 mm) sind nur bei legierten Stählen möglich. (Rht-Messung siehe Abschnitt 5.4.7.3).

Das Flammhärten wird bei Einzelstücken und Kleinserien sowie großflächigen Bauteilen angewandt. Letztere werden mit der Flamme zeilenförmig erhitzt. Flammhärtungsanlagen sind kostengünstig und können auch Vor-Ort, z.B. auf Schiffen, eingesetzt werden.

5.4.7.2 Induktionshärten

Das Induktionshärten gleicht dem Flammhärten, die Wärmequelle ist jedoch der genauer regelbare elektrische Strom.

Prinzip: Fließt durch eine Spule hochfrequenter elektrischer Wechselstrom, so wird das von der Spule umgebene Werkstück durch den in ihm induzierten Strom erwärmt (Ohm'sche Wärme). Ist die Frequenz hoch genug (kHz-Bereich), fließen die Ströme nur in der *Werkstückrandschicht* („Skin-Effekt"). Somit erwärmt sich allein die Randschicht. Bild 5.37 zeigt die Abhängigkeit der Eindringtiefe des induzierten Wirbelstroms von der Frequenz, Bild 5.38 das Prinzip des Induktionshärtens.

Die Dicke der gehärteten Randschicht hängt von der Frequenz (Bild 5.37), der Leistung des Stromes, der Vorschubgeschwindigkeit und der Stahlsorte ab.

Die Spule – der „Induktor" – besteht aus innen wassergekühltem Kupferrohr. Es ist unumgänglich, dass der Induktor dem Werkstück angepasst sein muss. So sind z.B. flache, blechartige Bauteile schlecht induktiv härtbar. Ideal sind hingegen rotationssymmetrische Teile. Das Abschrecken erfolgt mit wässrigen Polymer-Lösungen, die gegenüber reinem Wasser zu milderem und gleichmäßigerem Abkühlen verhelfen.

Häufig induktiv gehärtete Bauteile: Achsen und Wellen, z.B. vergütete Wellen für kleinere Elektromotoren, wobei nur der verschleißbeanspruchte Bereich der Lager gehärtet wird; Führungsschienen (z.B. für Linearführungen); auch Sägeblattzähne können mit spezieller Spulenanordnung gehärtet werden. Der Prozess lässt sich für Serienteile gut automatisieren.

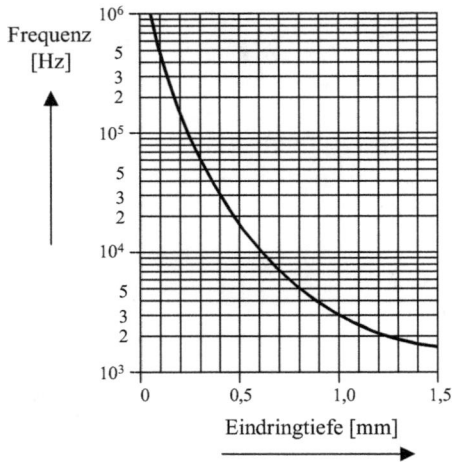

Bild 5.37 Eindringtiefe des Wirbel-
stromes in Abhängigkeit von der
Frequenz.

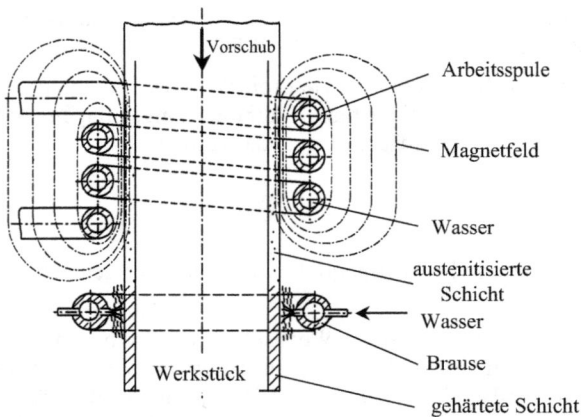

Bild 5.38 Prinzip des Induktionshärtens.

Beim Randschichthärten wird die Randschicht der Bauteile entweder mit der Flamme
(Flammhärten) oder mit hochfrequentem Wechselstrom induktiv (Induktionshärten) erwärmt und sofort abgeschreckt. Die Oberflächenhärte hängt vom C-Gehalt des Stahles
ab. Die gehärtete Schichtdicke wird als Einhärtungstiefe Rht angegeben.

5.4.7.3 Die Einhärtungstiefe

Nicht nur die – vom C-Gehalt des Stahls abhängige – Oberflächenhärte, auch die Dicke der
gehärteten Randschicht hat für die Verschleißbeständigkeit und andere Bauteileigenschaften
wie lokale Druckfestigkeit, Bruchsicherheit und Schwingfestigkeit erhebliche Bedeutung.
Sie wird vom Konstrukteur entsprechend den Richtlinien der Zeichnungsnorm DIN 6773 als
Einhärtungstiefe Rht vorgegeben. Die Einhärtungstiefe lässt sich am besten nach Zerstörung

eines gehärteten Bauteils oder Versuchsstücks am Querschliff messen. Mit induktiven Messgeräten sind heute auch zerstörungsfreie Messungen möglich (s. Abschn. 13).

Die Messung am Querschliff hat nach DIN EN 10328 zu erfolgen. Dazu ist an der Schliffprobe das *Härteprofil* (Verlauf der Härte) mit dem Vickersverfahren HV1 aufzunehmen (Bild 5.39). Die Einhärtungstiefe Rht (in mm) ist der senkrechte Abstand von der Oberfläche, bei dem die Härte auf 80 % der Oberflächenhärte, das ist die sog. *Grenzhärte GH*, abgefallen ist. In Bild 5.39 ist GH = 750 (HV1) 0,8 = 600 HV1, die normgerechte Angabe der Einhärtungstiefe ist dann:

Rht 600 = 0,2 mm

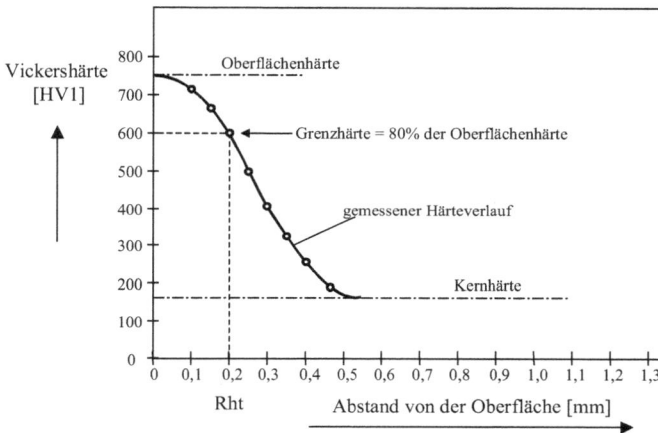

Bild 5.39 Ermittlung der Einhärtungstiefe Rht anhand des gemessenen Härteverlaufs nach dem Randschichthärten.

5.4.8 Einsatzhärten

Optimale Oberflächenhärte bei zähem Kernwerkstoff kann nur durch ein *thermochemisches* Wärmebehandlungsverfahren erreicht werden, d h. dass während der Wärmebehandlung die chemische Zusammensetzung verändert wird. Beim Einsatzhärten heißt dies: *Aufkohlen* der Randschicht eines *kohlenstoffarmen* Stahles und anschließendes Härten. Der Name ist durch das „Einsetzen" der Werkstücke in den Ofen mit „Einsatzkästen", die das Kohlungspulver enthalten, entstanden.

Das Aufkohlen erfolgt bei 900 °C – 950 °C durch Diffusion der C-Atome über die Oberfläche in die Stahlrandschicht, wobei Aufkohlungstiefen 0,2 bis 1 mm, seltener über 1 mm erreicht werden. Auch hier gilt – wie bei allen harten, spröden Oberflächenschichten – der Grundsatz, dass die Schicht nicht zu dick sein sollte, um Rissbildungen zu vermeiden. Das Ergebnis des Einsatzhärtens ist eine martensitisch harte, verschleißfeste Oberfläche und zäher, dauerfester Kernwerkstoff mit perlitarmem Ferrit-Gefüge. Die Oberflächenhärte (und damit in gewissem Maß die Verschleißfestigkeit) ist eine Funktion der Randkohlenstoffkonzentration, sie steigt mit dieser linear an. Maximal ließen sich bei 950 °C 1,3 % C lösen. Über 0,8 % C nimmt die Martensithärte jedoch kaum noch zu (s. Bild 5.23), daher wird selten über diesen Wert hinaus aufgekohlt. Mit niedrigerem C-Gehalt wird die Randschicht zäher.

Bild 5.40 zeigt sogenannte *Kohlenstoffprofile*, die Abhängigkeit der Kohlenstoffkonzentration von der Kohlungszeit. Die C-Randkonzentration (maximaler C-Gehalt) geht allmählich in den C-Gehalt des Kernwerkstoffs über. Mit zunehmender Kohlungszeit steigt die Aufkohlungstiefe. Nach dem Härten ergibt die Härtemessung am Querschnitt einen ganz ähnlichen Härteverlauf. Entsprechend den Diffusionsgesetzen (s. Abschn. 2.3.2) kann die Aufkohlungszeit durch Temperaturerhöhung verkürzt werden. Wegen der Gefahr der Kornvergröberung sollte jedoch die Obergrenze bei 950 °C bis 980 °C liegen.

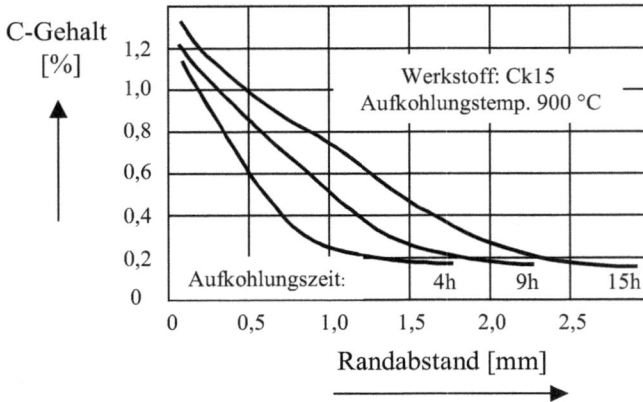

Bild 5.40 Einfluss der Einsatzdauer auf die Aufkohlungstiefe bei der Gasaufkohlung („Kohlenstoffprofile").

Die Aufkohlungsverfahren unterscheiden sich durch die Aufkohlungsmittel:

- Pulveraufkohlung
- Gasaufkohlung
- Salzbadaufkohlung
- Plasmaaufkohlung

Bei den ersten drei Verfahren müssen Kohlenstoffatome aus kohlenstoffhaltigen Verbindungen von der Stahloberfläche adsorbiert werden und in das Eisen-Atomgitter eindiffundieren. Die Zerfallsgeschwindigkeit der Kohlenstoffverbindungen (CO, CN^- und andere) an der Oberfläche und die Übergangszeit in den Stahl bestimmen nicht unerheblich die Aufkohlungszeit, was bei Berechnungen nach dem 2. Fick'schen Gesetz (Abschn. 2.3.2) die Einführung einer vom Verfahren abhängigen Kohlenstoffübergangszahl notwendig macht. Die Aufkohlungszeit verkürzt sich leicht in der Reihenfolge der genannten Verfahren.

Beim schon älteren **Pulveraufkohlen** werden die Werkstücke in den Einsatzkästen in Kohlegranulat eingebettet und in einen Luftofen eingefahren. Der Kohlenstoff verbrennt zu CO-Gas, das an der Werkstückoberfläche dissoziiert, atomarer Kohlenstoff diffundiert in den Stahl. Nach einigen Stunden ist der Prozess beendet, die Teile werden abgekühlt, gereinigt und dem Härten zugeführt. Das Verfahren ist arbeitsaufwendig, nicht automatisierbar und es besteht die Gefahr der Überkohlung.

Gasaufkohlen. Die aufzukohlenden Werkstücke werden in luftabgeschlossenen Öfen in Kohlungsgasen wie Propan (C_3H_8), Generatorgas oder Stickstoff/Methanol (CH_3OH) geglüht. Der Diffusionsvorgang ist der gleiche wie beim Pulveraufkohlen, allerdings kann hier die im Stahl gewünschte C-Konzentration über den *Kohlenstoffpegel* c_p, das ist die vom

Kohlungsgas maximal abzugebende Kohlenstoffmenge, genau eingestellt werden. Ein durch die Gaszusammensetzung vorgegebener C-Pegel von z.B. $c_p = 0,9$ ergibt demnach maximal 0,9 % C in der Werkstückrandschicht. Die Eindringtiefe des Kohlenstoffs wird über die Kohlungszeit und -temperatur gesteuert. Das Gasaufkohlen ist gut automatisierbar und lässt die genaue Einhaltung gewünschter Kohlenstoffverläufe (siehe Bild 5.40) – und damit Härteverläufe – zu. In modernen Gasaufkohlungsöfen wird das Kohlenstoffprofil auf dem Bildschirm der Ofenregelungsanlage vorgegeben, die Aufkohlung erfolgt automatisch über die richtige Temperatur, Zeit und Gaszusammensetzung. Nach abgeschlossenem Aufkohlen erfolgt direkt das Öl- oder Gasabschrecken.

Das **Salzbadaufkohlen** findet in geschmolzenen Salzen (z.B. Kaliumcyanid, KCN) statt. Der Kohlenstoff der Verbindungen diffundiert bei 900 °C bis 950 °C in die Werkstückoberfläche ein, zusammen mit etwas Stickstoff („Aufstickung"). Aus der Zusammensetzung der Salze ergibt sich hier ebenfalls der gewünschte C-Pegel. Das Abschrecken erfolgt in weiteren Salzbädern, anschließend ist sorgfältig zu reinigen.

Das **Aufkohlen im Plasma** (ionisiertes Gas) hat in neuerer Zeit erheblich an Bedeutung gewonnen. Die Werkstücke werden in einen Vakuumofen (Bild 5.41) eingefahren, nach Einstellung des Unterdrucks (1 – 30 mbar) wird mittels Gleichspannung von ca. 1000 V das Plasma aus Argon-Ionen (Ar^+) und Methangas (ergibt C^+-Ionen) erzeugt. Die C^+-Ionen treffen mit hoher Geschwindigkeit auf die als Kathode (–Pol) geschalteten Werkstücke und diffundieren sofort ein. Anschließend kann direkt gasabgeschreckt werden. Die Vorteile der Plasmaaufkohlung sind: Kurze Aufkohlungszeiten, saubere Oberflächen, keine Randoxidation, wenig Verzug und keine Umweltprobleme.

Bild 5.41 Vakuumofen für verschiedene Wärmebehandlungen.

Nach dem Aufkohlen muss stets gehärtet *und* angelassen werden. Erfolgt die Aufkohlung und Härtung in einer Wärme, spricht man von *Direkthärtung*; wird nach dem Aufkohlen abgekühlt und anschließend getrennt gehärtet, handelt es sich um die *Einfachhärtung*. Letztere hat den Vorteil, die Härtetemperatur unabhängig von der sehr hohen Aufkohlungstemperatur wählen zu können. Das Direkthärten ist hingegen wirtschaftlicher.

Einsatzhärten bedeutet Randschichtaufkohlen von Stählen mit niedrigem C-Gehalt und nachfolgendes Härten, mit dem Ziel hoher Verschleißfestigkeit bei guter Kernzähigkeit. Das Ergebnis wird als Oberflächenhärte und Einsatzhärtungstiefe Eht angegeben.

5.4.8.1 Die Einsatzhärtungstiefe

Analog zur Einhärtungstiefe Rht (siehe Flamm- und Induktionshärtung) muss der Konstrukteur in der Konstruktionszeichnung die Dicke der gehärteten Randschicht als *Einsatzhärtungstiefe* Eht vorgeben. Die Dicke der gehärteten Schicht richtet sich nach der Verschleißbeanspruchung und eventueller Flächenpressung. Sie sollte aufgrund der Schichtsprödigkeit möglichst dünn sein. Auch Kostengründe sind zu beachten: Aus den Diffusionsgesetzen (Abschn. 2.3.2) geht hervor, dass eine Verdoppelung der Eht die vierfache Aufkohlungszeit verlangt!

Die Messung der *Eht* erfolgt – wie beim Randschichthärten – anhand des Härteverlaufs am Querschliff einer Probe. Die Auswertung hat nach DIN EN ISO 2639 zu erfolgen, die Grenzhärte ist unabhängig von der Oberflächenhärte mit GH = 550 HV1 festgelegt. Bild 5.42 zeigt die Auswertung der Eht eines Bauteils aus Einsatzstahl 16MnCr5. Die Einsatzhärtungstiefe beträgt hier

Eht = 0,8 mm.

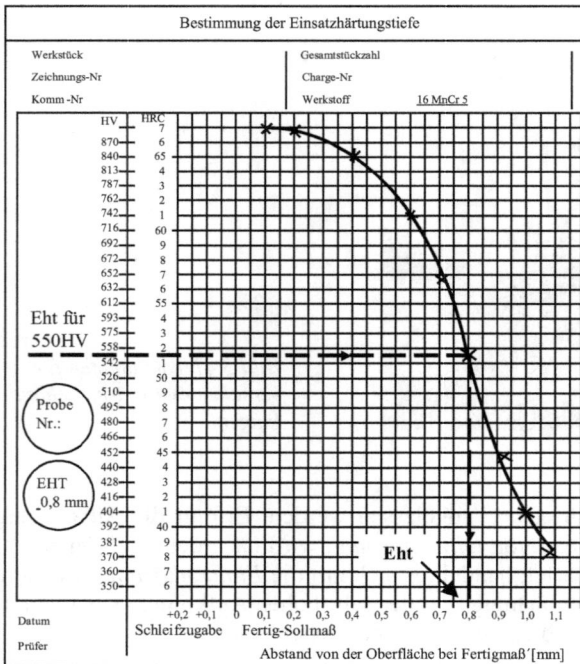

Bild 5.42 Härteverlauf im Querschliff eines einsatzgehärteten Bauteils aus Stahl 16MnCr5. Auszug des Messprotokolls. Der Sollwert der Eht entsprechend Zeichnungsvorgabe muss nach abschließendem Schleifen auf Fertigmaß vorliegen.

5.4.8.2 Stähle für das Einsatzhärten: „Einsatzstähle"

Einsatzstähle sind in DIN EN 10084 genormt, Tabelle 5.20 zeigt eine Auswahl. Die Stähle sind leicht an ihrem niedrigen C-Gehalt erkennbar.

Tabelle 5.20 Einsatzstähle (Auswahl).

Stahlsorte nach DIN EN 10084	Mindeststreckgrenze R_e, blindgehärtet*) MPa	Anwendungsbeispiele
C10E	380	Verschleißfeste Bauteile mittlerer Festigkeit.
C15E	430	
16MnCr5	630	Zahnräder, Wellen, mit relativ hoher Festigkeit.
20MnCr5	730	
18CrNiMo7-6	830	Große, verschleißfeste Bauteile mit hoher Kernfestigkeit.

*) „blindgehärtet" heißt ohne Aufkohlung gehärtet. Die Werte wurden der alten Norm DIN 17210 entnommen.

Die unlegierten Edelstähle C10E oder C15E (0,1 % C bzw. 0,15 % C) härten – außer bei sehr geringer Wanddicke – nicht durch, die Kernfestigkeit ist daher niedrig. Die legierten Einsatzstähle härten bei mittlerer Wanddicke durch, damit entsteht Härtungsgefüge mit hoher Streckgrenze und – aufgrund des niedrigen Kernkohlenstoffgehaltes – ausreichender Zähigkeit. Die Oberflächenhärte hängt, wie oben beschrieben, vom Randkohlenstoffgehalt ab.

Breiter Anwendungsbereich sind Fahrzeuggetriebe. Hier werden nahezu alle Getriebeteile – Zahnräder, Wellen, Bolzen, Federn usw. – aus Einsatzstahl wie beispielsweise 16MnCr5 gefertigt. Nach dem Aufkohlen auf ca. 0,8 % C werden sie direktgehärtet und bei 150 °C bis 200 °C angelassen.

5.4.9 Nitrieren

Wie der Kohlenstoff, so erhöhen auch andere in die Randschicht von Stahl eindiffundierende Elemente die Oberflächenhärte. Der prinzipielle Unterschied zum Kohlenstoff besteht in der Bildung harter, verschleißfester *Verbindungsschichten* auf der Oberfläche durch Reaktion mit dem Eisen. Mittels thermochemischer Wärmebehandlungsverfahren lassen sich folgende Elemente bzw. Elementkombinationen in den Stahl unter Verbindungsbildung einbringen:

N	→ Nitrieren
N, C	→ Nitrocarburieren
N, C, O	→ Nitrocarburieren mit Oxidation
C, N	→ Carbonitrieren
N, S	→ Sulfonitrieren
B	→ Borieren

Von diesen Prozessen wird hauptsächlich das Nitrieren und Nitrocarburieren (mit und ohne Oxidation) angewandt, sowie – weniger häufig – das Borieren (s. nächster Abschnitt).

Prinzip des Nitrierens. Atomarer Stickstoff diffundiert ab etwa 500 °C in die Stahloberfläche ein. Dabei bildet sich durch Reaktion mit Eisen eine 5 – 20 μm dicke Eisennitridschicht sehr hoher Härte, die sog. *Verbindungsschicht* (Bild 5.43), mit der kombinierten Zusammensetzung γ'-Fe_4N und ε-Fe_xN. Außerdem diffundiert weiterer Stickstoff bis etwa 1 mm in den Stahl, die gelösten Stickstoffatome erhöhen die Härte der Randschicht (Mischkristallhärtung). Gegebenenfalls bilden die N-Atome auch feine Ausscheidungen mit anderen Legierungselementen (z.B. Aluminiumnitrid, AlN). Diese harte *Diffusionsschicht* bildet die stützende Grundlage für die Verbindungsschicht. Sie kann durch die Messung des Härteverlaufs ausgemessen werden (siehe Bild 5.45).

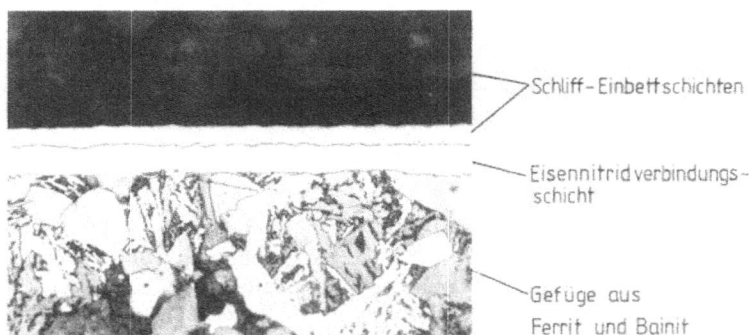

Schliff-Einbettschichten

Eisennitrid verbindungs-
schicht

Gefüge aus
Ferrit und Bainit

Bild 5.43 Verbindungsschicht auf nitrocarburiertem Stahl 16MnCr5. Die Schicht ist ca. 6 μm dick (V = 1000:1).

Die Behandlungstemperatur spielt eine wichtige Rolle. Reine Stickstoffdiffusion findet bei 500 °C – 530 °C statt. Bei so niedriger Temperatur dauert der Nitrierprozess sehr lange, übliche Nitrierzeiten betragen bis zu 90 Stunden. Mit zunehmender Temperatur wird die Prozessdauer kürzer; gleichzeitig lässt man Kohlenstoff eindiffundieren, was zu dem (neueren) Verfahren des *Nitrocarburierens* oder *Kurzzeitnitrierens* geführt hat:

- Nitrieren: 500 °C – 530 °C, 40 h – 90 h
- Nitrocarburieren: 570 °C – 590 °C, 2 h – 5 h

Das wirtschaftlichere Nitrocarburieren hat das Nitrieren vielfach verdrängt. Oft wird auch bei ersterem Verfahren vereinfachend vom „Nitrieren" gesprochen.

Die – verglichen mit dem Einsatzhärten – niedrige Behandlungstemperatur ermöglicht es, gehärtete oder vergütete Stähle zu nitrieren. Man erhält damit hochfeste, zähe Bauteile mit harter Verschleißschutzschicht. Ein weiterer Vorteil gegenüber dem Einsatzhärten liegt darin, dass nach dem Nitrieren kein Abschrecken erfolgen muss, also auch kein Verzug entsteht oder gar Risse auftreten. Die Nachbearbeitung maßlich fehlerhafter Teile ist allerdings auch nicht mehr möglich, die dünne Verbindungsschicht würde abgetragen.

Verfahren. Atomarer Stickstoff lässt sich durch gleiche oder ähnliche Verfahren wie das Aufkohlen einbringen, das sind:

- Gasnitrieren,
- Salzbadnitrieren,
- Plasmanitrieren.

Die schon in Abschnitt 5.4.8 beschriebenen Verfahren brauchen nicht weiter erläutert zu werden; lediglich die Salz- oder Gaszusammensetzung ist hier anders als beim Aufkohlen. Zum Gasnitrieren wird Ammoniak (NH_3) verwendet. Das Kurzzeitnitrieren in cyanathaltigen Salzbädern hat auch den Markennamen „Tenifer-Verfahren" (Fa. ALD). Die Oberflächenhärte steigt schon nach wenigen Minuten Salzbadbehandlung an, wie Bild 5.44 für verschiedene Stähle zeigt.

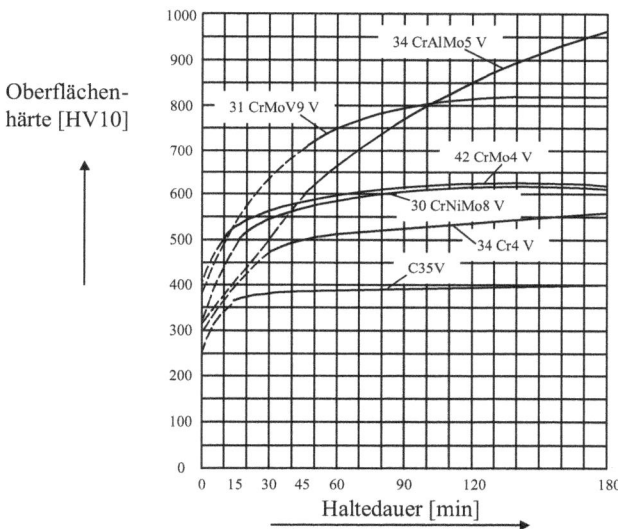

Bild 5.44 Abhängigkeit der Oberflächenhärte vergüteter Stähle von der Haltedauer im Salzbad (Nitrocarburieren); nach [10].

Für das Plasmanitrieren kann Stickstoffgas verwendet werden, was wesentlich umweltfreundlicher als Ammoniak ist. Normalerweise diffundieren große Stickstoffmoleküle (N_2) nicht in Stahl ein; im Plasma dissoziieren sie jedoch zu Stickstoffionen (N^+), die leicht vom Stahl aufgenommen werden.

Die Nitrierhärtetiefe. Neben der Messung der Verbindungsschichtdicke – sie ist nur unter dem Mikroskop am Querschliff messbar – kann die gesamte Nitrierschichtdicke durch den Härteverlauf bestimmt werden. Analog zur Einhärtungs- und Einsatzhärtungstiefe wird die Nitrierhärtetiefe durch Vorgabe einer Grenzhärte als Schnittpunkt mit der Härteverlaufskurve ermittelt (Bild 5.45). Das Verfahren ist genormt. Die Grenzhärte nach DIN 50190 Teil 3 beträgt 50 HV0,5 über der Kernhärte.

Die Nitrierhärtetiefe in Bild 5.45 ergibt sich zu

Nht 415 = 0,33 mm,

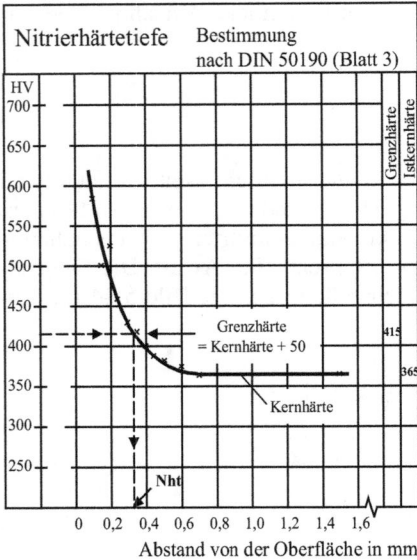

Bild 5.45 *Härteverlauf im Querschliff eines nitrierten Bauteils aus 100Cr6. Bestimmung der Nitrierhärtetiefe Nht.*

wobei die Grenzhärte GH = 365 + 50 = 415 HV0,5 beträgt.

Zum Nitrieren eignen sich prinzipiell alle Stähle und sogar Gusseisen. Besonders harte Diffusionsschichten ergeben Cr-, Al-, Ti- und V-legierte Stähle, sie sind speziell als *Nitrierstähle* in DIN EN 10085 genormt.

Neben der hervorragenden Verschleißbeständigkeit der Nitrierschichten besteht zusätzlich erhöhte Korrosionsbeständigkeit (die Verbindungsschicht dient als Sperrschicht gegen Feuchtigkeit) sowie verbesserte Schwingfestigkeit.

Beispiele für häufig nitrierte oder nitrocarburierte Bauteile sind: Kurbel- und Nockenwellen, Hydraulikkolben, Antriebs- und Extruderschnecken, Werkzeuge, Formen und Zahnräder. Letztere werden allerdings bei hohen Flächenpressungen auf den Zahnflanken eher einsatzgehärtet, da die dünne und relativ spröde Nitrid-Verbindungsschicht einbrechen kann.

Nitrieren und Nitrocarburieren heißt Aufsticken und eventuelles Aufkohlen von Stahlrandschichten, wobei eine harte, verschleißfeste Eisennitrid-Verbindungsschicht und eine mit Stickstoff (ggf. Kohlenstoff) angereicherte, stützende Diffusionsschicht entstehen, ohne dass Formänderungen durch Verzug auftreten.

5.4.10 Borieren

Das Borieren ist dem Nitrieren sehr ähnlich, die kleinen Boratome diffundieren ebenfalls schnell in den Stahl und bilden auf der Oberfäche harte Verbindungen. Die Verbindungsschicht besteht überwiegend aus dem Eisenborid Fe_2B, die Dicke wird im Bereich 10 – 20 µm gewählt. Die unter der Verbindungsschicht liegende Diffusionschicht ist einige Zehntel-mm dick, ihre hohe Härte erhält sie einmal durch Mischkristallhärtung, zum anderen durch intermetallische Verbindungen mit Legierungselementen (Boride).

Das Borieren wird durch Auftragung borhaltiger Pasten (B_4C mit Zusätzen) auf die verschleißbeanspruchten Oberflächenbereiche und anschließendes Diffusionsglühen durchgeführt. Ebenfalls möglich ist das Borieren in boraxhaltiger Salzschmelze ($Na_2B_4O_7$).

Zusammenfassung

Stähle erhalten ihre optimalen Eigenschaften durch Wärmebehandlungen. Verschiedene Glühverfahren verringern die Härte und verbessern damit die Umformbarkeit und Spanbarkeit. Durch festigkeitserhöhende Wärmebehandlungen können – dafür geeignete – Stähle gehärtet oder vergütet werden. Das Härten (Austenitisieren und Abschrecken) gelingt nur bei ausreichender Abkühlgeschwindigkeit, nur dann entsteht das Härtungsgefüge Martensit. Nachteile schnellen Abschreckens z.B. in Wasser sind Verzug und Härterisse. Legierungselemente im Stahl verringern die kritische Abkühlgeschwindigkeit, legierte Stähle können langsamer in Öl oder sogar an Luft abgekühlt werden. Die entstehenden Gefüge sind den ZTU-Schaubildern zu entnehmen. Der sehr spröde Martensit wird stets angelassen. Härten und hohes Anlassen heißt Vergüten, dafür geeignete Stähle sind die Vergütungsstähle.

Bei den Randschichthärtungsverfahren wird nur die Randschicht, also vornehmlich die Oberfläche gehärtet, der Kern der Bauteile bleibt weich und zäh. Rein thermische Verfahren hierzu sind das Flamm- und das Induktionshärten. Mit thermochemischen Verfahren kann durch Eindiffusion von C, N und B die Oberflächenhärte weiter gesteigert werden: Einsatzhärten, Nitrieren und Borieren. Der Konstrukteur gibt, neben der geforderten Oberflächenhärte, die zu härtende Schichtdicke als Rht, Eht oder Nht in der Konstruktionszeichnung an.

Aufgaben zu Abschnitt 5.4

1. Nennen Sie ein Glühverfahren, das zur Einformung der Zementitlamellen des Perlits führt.

2. Welches Glühverfahren wird zur Beseitigung der Verfestigung nach Kaltumformungen durchgeführt?

3. Eine Welle mit 30 mm$^\varnothing$ aus Stahl C45 wird in Wasser gehärtet. Welches Kerngefüge hat die Welle?

4. Welche physikalische Eigenschaft des Eisens bestimmt hauptsächlich die Abkühlgeschwindigkeit beim Härten?

5. Was ist Bainit und wie kann er erzeugt werden?

6. Warum muss martensitisches Gefüge angelassen werden?

7. Was versteht man unter Restaustenit?

8. Nennen Sie drei Maßnahmen zu Verminderung des Verzugs durch Abschreckspannungen.

9. Bewirkt die Austenit/Martensit-Umwandlung eine Volumenzunahme oder -abnahme?

10. Welche Daten lassen sich den ZTU-Schaubildern entnehmen?

11. Was bewirkt Nickel in Vergütungsstählen?

12. Beschreiben Sie das Prinzip des Induktionshärtens.

13. Welche Eht-Werte werden üblicherweise gewählt: 5 bis 10 mm, 0,5 bis 1 mm oder 0,05 bis 0,1 mm?

14. Was versteht man unter thermochemischer Wärmebehandlung?

15. Nennen Sie die drei üblichen Nitrierverfahren.

16. Wie heißt die äußere Schicht beim Nitrieren und welche Dicke hat sie etwa?

5.5   Werkzeugstähle

Überblick und Lernziel

Werkzeuge dienen sowohl zur Bearbeitung und Handhabung von Gegenständen wie auch zum Messen (Messzeuge). Die in DIN EN ISO 4957 genormten Werkzeugstähle eignen sich zur Herstellung von Werkzeugen und Messzeugen aller Art. Durch den Kontakt Werkzeug – Werkstück tritt immer Verschleiß auf, so dass die Hauptforderungen an Werkzeugstähle *hohe Härte* und *Verschleißfestigkeit* sein müssen. Daneben treten häufig schlagartige Beanspruchungen auf (Meißel, Hämmer, Zerspanungswerkzeuge), daraus entsteht zusätzlich die Forderung nach optimaler *Zähigkeit*. Hohe Temperaturen – für den Fertigungsprozess notwendig oder durch Reibung hervorgerufen – erfordern schließlich bei vielen Werkzeugen gute *Warmfestigkeit*.

Die rund 50 verschiedenen genormten Werkzeugstähle erfüllen die genannten Forderungen in unterschiedlicher Weise. Die stets durchzuführende Wärmebehandlung spielt dabei eine wichtige Rolle.

Man unterscheidet je nach Temperaturbelastbarkeit:

* Kaltarbeitsstähle (bis ca. 200 °C dauerbelastbar)
* Warmarbeitsstähle (bis ca. 400 °C dauerbelastbar)
* Schnellarbeitsstähle (bis ca. 600 °C dauerbelastbar)

Besonders in der Serienfertigung kommt der Haltbarkeit der Werkzeuge ein hoher Stellenwert zu. Wegen der teils beträchtlichen Werkzeugkosten, der Werkzeugwechsel-bedingten Ausfallzeiten und des durch den Gebrauch verschlissener Werkzeuge entstehenden Ausschusses ist den Werkzeugstandzeiten und -mengen besondere Beachtung zu schenken. Der in der Produktion beschäftigte Ingenieur muss somit gute Kenntnisse der Werkzeugstähle, ihrer Eigenschaften und Wärmebehandlung besitzen. Viele Fertigungsbetriebe haben einen eigenen Werkzeug- und Formenbau. Dort ist die lebensdauerentscheidende Werkstoffwahl zu treffen und die richtige Wärmebehandlung vorzuschlagen.

5.5.1   Kaltarbeitsstähle

Unlegierte Kaltarbeitsstähle sind für Werkzeuge geeignet, die nicht unbedingt durchhärten und von daher ausreichende Kernzähigkeit aufweisen. Ihre Benennung erfolgt nach dem System der unlegierten Kohlenstoffstähle („C-Stähle"), mit einem nachgestellten W (= Werkzeugstahl) und – bei erhöhter Reinheit – der Gütegruppenzahl, wobei gilt:

W (ohne Zahl):   Gütegruppe 3 („Edelstahl"-Reinheit, Mn-legiert)

W2:   Gütegruppe 2 (höhere Reinheit)

W3:   Gütegruppe 3 (höchste Reinheit)

Die Reinheit ist hier durch einen noch niedrigeren Schwefel- und Phosphor-Gehalt definiert. Tabelle 5.21 zeigt Beispiele mit Anwendungsmöglichkeiten.

Legierte Kaltarbeitsstähle. Über 1 % liegende Kohlenstoffgehalte erhöhen die Verschleißfestigkeit nur, wenn den Stählen weitere Legierungselemente zugefügt werden. Der Kohlenstoff verbindet sich mit ihnen zu harten, verschleißmindernden Karbiden wie Chromkarbid (Cr_3C), Wolframkarbid (WC) oder Vanadiumcarbid (VC) (siehe auch Abschn. 4.4.5). Außerdem sorgen die LE für bessere Einhärtbarkeit, so dass erforderlichenfalls auch dickwandige Werkzeuge (z.B. Zähne von Baggerschaufeln) durchhärten. Sortenbeispiele enthält Tabelle 5.21.

Tabelle 5.21 Unlegierte und legierte Kaltarbeitsstähle nach DIN EN ISO 4957 (Auswahl).

Kurzname (Werkstoffnr.)	Härte (nach Anlassen bei 180 °C) HRC min.	Anwendungsbeispiele
C60W (neu C60U) (1.1740)	52	Handwerkzeuge und landwirtschaftliche Werkzeuge, Schäfte von HSS- oder Hartmetallwerkzeugen, Aufbauteile für Werkzeuge
C70W2 (1.1620)	57	Drucklufteinsteckwerkzeuge, Gesenke, Handmeißel, Spitzeisen, Messer
C105W1 (neu C105U) (1.1545)	60	Gewindeschneidwerkzeuge, Kaltschlagmatrizen, Prägewerkzeuge, Fräser, Endmaße
90MnCrV8 (1.2842)	58	Tiefziehwerkzeuge, Kunststoffformen, Industriemesser, Messzeuge
X155CrVMo12-1 (1.2379)	59	Schnitt- und Stanzwerkzeuge, Metallsägen, Gewindewalzwerkzeuge, Schlagscheren
X210CrW12 (1.2436)	60	Scherenmesser, Stanzwerkzeuge, Tiefziehwerkzeuge, Keramikpresswerkzeuge, Drahtziehwerkzeuge, Sandstrahldüsen

Wärmebehandlung. Wegen des hohen Kohlenstoffgehaltes hat das Erwärmen auf Austenitisierungstemperatur langsam, z.B. stufenweise zu erfolgen, um zu hohe Spannungen und damit Rissgefahr zu vermeiden. Bild 5.46a zeigt in einem Temperatur-Zeit-Diagramm, wie die Wärmebehandlung von Kaltarbeitsstählen zu erfolgen hat. Die Zeitangaben gelten je mm maßgebliche Wanddicke des Werkzeugs.

Die notwendige Abschreckgeschwindigkeit richtet sich nach dem Legierungsgehalt. Die Anlasstemperatur soll zu hoher Härte bei ausreichender Zähigkeit führen. Da Kaltarbeitswerkzeuge nur bei Raumtemperatur verwendet werden, reicht eine Anlasstemperatur von 180 °C bis 200 °C aus.

a)

Vorarbeiten | Spannungs-armglühen — Erwärmen — Austenit-isieren — Abkühlen — Anlassen

Temperatur →

Fertigarbeiten

Härte-temperatur

3. Vorwärmstufe
1/2 min/mm
~850°C

2. Vorwärmstufe
1/2 min/mm
~650°C

600 bis 650 °C

Luft / Öl

Warmbad
500 bis 600°C

1. Vorwärmstufe
1/2 min/mm
~400°C

Ausgleichs-temperatur
1h / 100mm

Anlassen
1h / 20mm

langsame Ofenab-kühlung

Luft

RT

Zeit →

b)

Vorarbeiten | Spannungs-armglühen — Erwärmen — Austenit-isieren — Abkühlen — Anlassen

Temperatur →

Fertigarbeiten

Härte-temperatur

3. Vorwärmstufe
1/2 min/mm
~850°C

2. Vorwärmstufe
1/2 min/mm
~650°C

600 bis 650 °C

Luft / Öl

Warmbad
500 bis 600°C

1. Vorwärmstufe
1/2 min/mm
~400°C

Ausgleichs-temperatur
1h / 100mm

1. Anlassen
1h / 20mm

2. Anlassen
1h / 20mm

langsame Ofenab-kühlung

Luft

Luft

RT

Zeit →

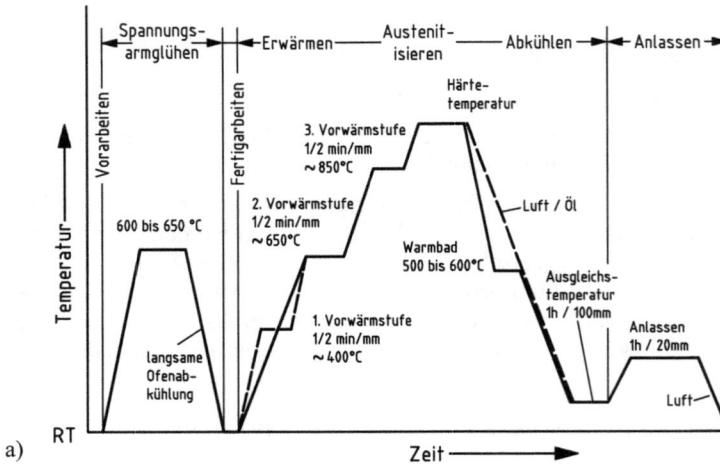

Bild 5.46 Temperatur-Zeit-Diagramme für die Wärmebehandlung von a) Kalt- und b) Warmarbeitsstählen

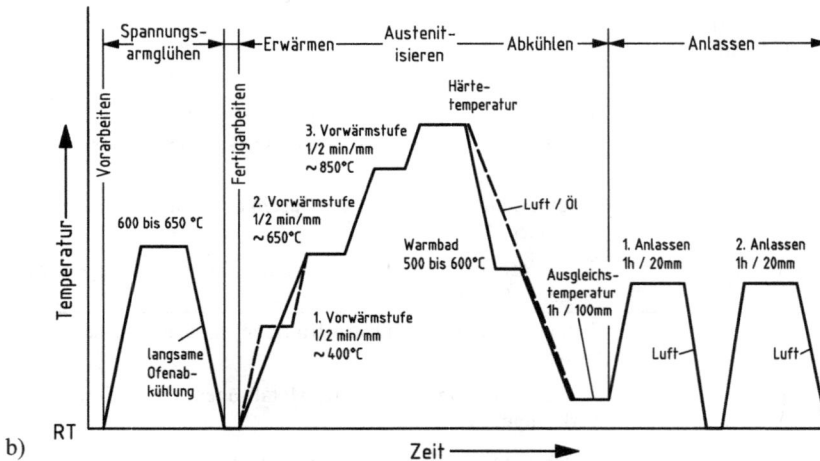

Kaltarbeitsstähle sind Edelstähle unterschiedlicher Güte mit bis zu 2,1 % C; legierte Kaltarbeitsstähle sind durchhärtbar und enthalten karbidbildende Elemente. Sie sind für Werkzeuge und Messzeuge geeignet, die nach dem Härten (mit niedrigem Anlassen) gute Verschleißfestigkeit bis max. 200 °C besitzen.

5.5.2 Warmarbeitsstähle

Warmarbeitsstähle eignen sich zur Verarbeitung von Werkstoffen bei höherer Temperatur: Spanlose Urformverfahren wie Gießen, Schmieden, Strang- und Fließpressen für Metalle und Gläser oder Extrudieren, Blasen, Spritzgießen usw. von Kunststoffen. Die Temperatur-belastung sollte etwa 400 °C nicht dauerhaft übersteigen. Häufige höhere Erwärmung führt zu vorzeitigem Verschleiß durch Härteabnahme und maßliche Veränderungen. Bei Warm-

formgebungsverfahren mit hoher Arbeitstemperatur wie Schmieden von Stahl (1100 °C –
1200 °C) oder Druckgießen von Aluminium (680 °C – 730 °C) ist für gute Kühlung der
Werkzeuge zu sorgen.

Viele Werkzeuge werden durch häufige Temperaturwechsel besonders stark belastet, es entstehen mit der Zeit *Thermoschockrisse*. Warmarbeitsstähle für den Formenbau müssen daher
temperaturwechselbeständig, d.h. möglichst zäh sein, was durch nicht zu hohen C-Gehalt
(max. 0,6 % C) erreicht wird.

Die gute Warmfestigkeit der Warmarbeitsstähle ergibt sich durch Bildung einer ausreichenden Zahl feinster, im Gefüge gleichmäßig verteilter Karbide während des Anlassens bei hoher Temperatur. Je höher der Legierungsgehalt, desto größer die Anzahl der Karbide (Cr_3C
oder $(Fe,Cr)_3C$, MoC, Mo_2C, VC usw.). Die Bildung der auch als *Sonderkarbide* oder *Se-
kundärkarbide* bezeichneten Ausscheidungen lässt sich aus *Anlassschaubildern* erkennen. In
den Diagrammen der Werkzeugstähle ist – anders als bei den Vergütungsstählen – nur die
wichtige Härte dargestellt. Bild 5.47 zeigt zwei Diagramme: Der niedrig legierte Stahl
55NiCrMoV6 (Bild 5.47a) enthält relativ wenig karbidbildende Elemente, die Härte nimmt
mit höherer Anlasstemperatur durch den Martensitzerfall erkennbar ab. Dagegen bildet der
hoch legierte Stahl X38CrMoV5-1 (Bild 5.47b) beim Anlassen über 300 °C ein typisches
„Sekundärhärtemaximum": Die Härte steigt – trotz Martensitzerfalls – durch Bildung feiner
Karbide wieder an. Erst über 600 °C fällt sie wegen zunehmender Karbidvergröberung endgültig ab.

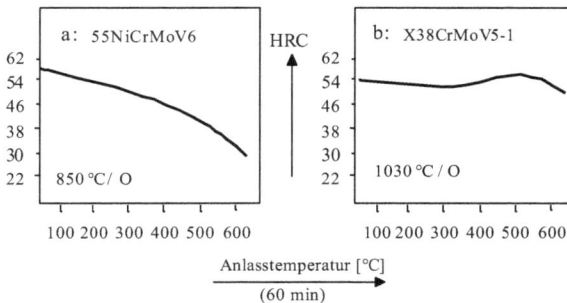

*Bild 5.47 Anlassschau-
bilder für zwei Warm-
arbeitsstähle. 850 °C/O
bedeutet 850 °C Auste-
nitisierung und Ölab-
schreckung (O = Oil).*

Aus den Anlassschaubildern ist die Temperaturbelastbarkeit der Warmarbeitsstähle zu ersehen. Während Stahl 55NiCrMoV6 nur kurzzeitig bis 400 °C belastet werden sollte, kann
Stahl X38CrMoV5-1 auch längere Zeit über 400 °C erhitzt werden, ohne an Härte zu verlieren.

Wärmebehandlung. Hier gilt verstärkt das für Kaltarbeitsstähle beschriebene: Hoch legierte Sorten sind langsam zu erwärmen (Bild 5.46b). Die Härtetemperatur liegt sehr hoch, teilweise bei über 1000 °C, um alle Karbide aufzulösen (sie sollen sich erst beim Anlassen bilden!). Das Abschrecken erfolgt in Öl- oder Salzbädern bzw. an Luft. Moderne Vakuumöfen
erlauben das umweltfreundliche Gasabschrecken. Die Anlasstemperatur ist so hoch zu wählen, dass sie von der späteren Gebrauchstemperatur keinesfalls überschritten wird (500 °C –
550 °C). Der Verlust an Härte der niedrig legierten Stähle (Bild 5.47a) ist in Kauf zu nehmen, dafür behält das Werkzeug später bei Betriebstemperatur seine Härte.

Stahlsorten und Anwendung. Tabelle 5.22 enthält einige Warmarbeitsstähle nach Norm DIN EN ISO 4957 und Anwendungsbeispiele.

Tabelle 5.22 Warmarbeitsstähle nach DIN EN ISO 4957 (Auswahl).

Kurzname (Werkstoffnr.)	Härte (nach Anlassen bei °C) HRC min.	Anwendungsbeispiele
55NiCrMoV6 (1.2713)	40 (500 °C)	Kunststoff-Spritzguss- und Blasformen, mäßige Beanspruchung; Formeinsätze; Führungssäulen; Hammergesenke
X32CrMoV3-3 (1.2365)	47 (550 °C)	Strangpresswerkzeuge (Matrizen)
X38CrMoV5-1 (1.2343)	50 (550 °C)	hochbeanspruchte Formen für die Kunststoffverarbeitung; Druckgießformen; Strangpresswerkzeuge; Gesenke

Neben den klassischen Anwendungen in der Gießereiindustrie (NE-Metallguss) und der Umformtechnik (Schmieden, Strangpressen) ist durch den steigenden Verbrauch an Kunststoffprodukten ein wachsender Markt für *Formen* zur Kunststoffverarbeitung entstanden. Das Urformen bei niedriger Verarbeitungstemperatur ist mit Kaltarbeitsstählen möglich, für höhere Temperaturen sind Warmarbeitsstähle erforderlich. Faserverbund-Kunststoffe (GFK) bedürfen hoch verschleißfester Stähle. In Tabelle 5.23 sind beispielhafte Werkzeugstähle für den Kunststoff-Spritzguss genannt.

Tabelle 5.23 Stahlauswahl für das Kunststoffspritzgießen.

Werkzeug/ Bauteil	Beanspruchung	Stahlsorte (Beispiel)	Härte/Festigkeit

Spritzgießform
  Kaltarbeitsstahl
  Warmarbeitsstahl
	mäßig, bis 100 °C
	normal, bis 300 °C
		21MnCr5
		X38CrMoV5-1
			60 HRC
			50 HRC

Aufspannplatten für Form und Grundplatte sowie Auswerferplatte	mäßig	C45W	$R_m \geq$ 650 N/mm^2
Auswerferstifte	hoch, gute Zähigkeit	X40CrMoV5-1	$R_m \geq$ 1450 N/mm^2
Angießbüchse	hoch, hohe Warmfestigkeit	X210CrW12	60 HRC
Führungssäulen der Spritzgießmaschine	mittel, bis 100 °C	90MnCrV8	$\geq$ 58 HRC

Warmarbeitsstähle sind legierte Edelstähle mit 0,3 – 0,6 % C, sie finden vorwiegend in der spanlosen Warmformgebung und in der Gießereitechnik Anwendung. Sie werden bei hoher Temperatur angelassen; die Anlasskurven der hoch legierten Sorten zeigen ein Härtemaximum durch Sonderkarbidbildung, sie sind damit bis über 400 °C hart und formstabil.

5.5.3 Schnellarbeitsstähle

Mit zunehmender Massenproduktion entstand die Forderung nach hoher Zerspanungs-Schnittgeschwindigkeit. Steigende Schnittgeschwindigkeiten führten zur Erweichung auch der besten Kaltarbeitsstähle, ihre Standzeit wurde unbefriedigend. Die Lösung des Problems bestand in der Weiterentwicklung der hoch legierten Warmarbeitsstähle mit Sonderkarbid-Härtemaximum durch noch mehr Kohlenstoff und zusätzliche Karbidbildner. Die große Karbidmenge ermöglicht Erwärmungen bis 600 °C, ohne dass die Härte nennenswert abfällt.

Der Name *Schnellarbeitsstahl* ergab sich auf Grund höherer Schneidleistung mit Schnittgeschwindigkeiten über 50 m/min. Eine weitere Bezeichnung ist HSS (*Hochleistungsschneidstahl*). Durch Beschichtung mit Hartstoffen kann die Schneidleistung noch erhöht werden (s. Abschn. 11.4).

Zwecks ausreichender Karbidmenge und guter Durchhärtbarkeit werden den Schnellarbeitsstählen immer ca. 1 % C und im Mittel 4 % Cr zulegiert. Die weiteren Gehalte an Wolfram, Molybdän, Vanadium und teilweise Kobalt richten sich nach der jeweiligen Sorte (Tabelle 5.24).

Die Kurznamen weichen von der üblichen Stahlbenennung ab. Das „S" (künftig „**HS**") steht für Schnellarbeitsstahl, die anschließenden Zahlen stehen in ihrer Reihenfolge für die Masse-% der Legierungselemente:

% W – % Mo – % V – % Co (Merkwort „Womovauco")

Tabelle 5.24 Schnellarbeitsstähle (HSS) nach DIN EN ISO 4957 (Auswahl).

Kurzname (Werkstoffnr.)	Härte (nach Anlassen bei 560 °C) HRC min.	Anwendungsbeispiele
S 6-5-2 (1.3343)	64	Universeller Schnellarbeitsstahl für z.B. Räumnadeln, Spiralbohrer, Fräser, Reibahlen, Senker, Hobelwerkzeuge, Sägen, Umformwerkzeuge
S 6-5-2-5 (1.3243)	64	Fräser, Spiralbohrer, Gewindebohrer
S 10-4-3-10 (1.3207)	66	Drehmeißel, Formstähle

Beispiele:

| S 6-5-2 | HS-Stahl (oder Schnellarbeitsstahl) mit (neben C und Cr): 6 % W, 5 % Mo und 2 % V, kein Kobalt; |
| S 10-4-3-10 | HS-Stahl (oder Schnellarbeitsstahl) mit (neben C und Cr): 10 % W, 4 % Mo, 3 % V und 10 % Co. |

Die große Menge karbidbildender Elemente führt zu einem deutlichen Sekundärhärtemaximum durch Sonderkarbide (Bild 5.48).

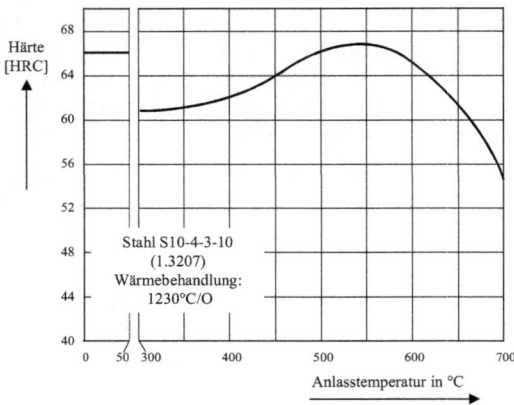

Bild 5.48 Anlassschaubild des Schnellarbeitsstahles S 10-4-3-10.

Die nach Anlassen bei z.B. 560 °C erreichte Härte von 64 – 66 HRC bleibt auch im Betrieb während hoher Zerspanungsgeschwindigkeiten erhalten.

Wärmebehandlung. Um vorzeitigen Werkzeugverschleiß zu vermeiden, muss die Wärmebehandlung der Schnellarbeitsstähle sehr sorgfältig durchgeführt werden. Dabei gilt:

- Hohes Austenitisieren (teilweise über 1200 °C), um Karbide weitgehend zu lösen;
- kurze Austenistisierungszeit (z.B. 160 s bei 20 mm$^\varnothing$), um Kornvergröberung zu vermeiden;
- mehrmaliges Anlassen (s. Bild 5.46), um Restaustenit in Martensit umzuwandeln und anzulassen.

Pulvermetallurgische Erzeugung (PM). Die schmelzmetallurgische Erzeugung eines feinen, gleichmäßigen Karbidgefüges kann Probleme bereiten, da bei der Erstarrung größerer Gussblöcke häufig grobe, ungleichmäßig verteilte Karbide auftreten. Die *Pulvermetallurgie* (internationale Abkürzung PM = Powder Metallurgy) bietet einen Ausweg: HSS-Werkzeuge lassen sich heute durch Pressen und Sintern feiner Eisen-Metallkarbid-Pulvergemische herstellen. Die Karbidteilchen (Korngröße bis unter 10 μm) bleiben sowohl beim Sintern wie bei der Austenitisierung klein und behalten ihre gleichmäßige Verteilung (siehe auch Abschn. 7.1).

Schnellarbeitsstähle eignen sich für Werkzeuge zum Zerspanen mit hohen Schnittgeschwindigkeiten, wobei die Warmhärte durch Sonderkarbidbildung bis 600 °C erhalten bleibt. Ihre Benennung erfolgt nach den Legierungselementen W, Mo, V und Co. Qualitätsvorteile entstehen durch die PM-Erzeugung.

5.5.4 Wälzlagerstähle

Wälzlager wie Kugellager, Zylinder- oder Kegelrollenlager unterliegen einer ähnlichen Beanspruchung wie Werkzeuge (vornehmlich Verschleiß), so dass es sich bei den Standardwerkstoffen letztlich um Werkzeugstähle handelt. Der bekannteste Wälzlagerstahl 100Cr6 ist daher auch bei den Kaltarbeitsstählen zu finden. Wegen weiterer besonderer Anforderungen wurden eigene Wälzlagerstahlgüten genormt, die sich neben guter Verschleißfestigkeit durch Korrosionsbeständigkeit oder Warmfestigkeit auszeichnen.

Die Norm DIN EN ISO 683-17 „Wälzlagerstähle" enthält durchhärtende Stähle, Einsatzstähle, Vergütungsstähle, nichtrostende und warmharte Stähle. An dieser Stelle sei auf den durchhärtenden Wälzlagerstahl 100Cr6 eingegangen, der (mit dem ähnlichen, besser durchhärtenden Stahl 100CrMn6) in großen Mengen für Standardlager verwendet wird.

Der Stahl 100Cr6 hat sich in seiner Zusammensetzung mit 1 % C und 1,5 % Cr seit bald 100 Jahren kaum verändert. Dennoch hat sich die Lebensdauer der Lager in jüngerer Zeit deutlich erhöht, weil die *Stahlreinheit* enorm verbessert werden konnte.

Ein entscheidendes Lebensdauerkriterium für Wälzlager ist die Homogenität der Stähle auf und direkt unter der Lauffläche der Wälzkörper. Oxide oder andere Einschlüsse und Schlacketeilchen sind hier rissauslösend und führen zur Zerstörung der Laufbahn. Neuen Stahlwerksverfahren und Schmelzebehandlungen, mit denen vor allem die Oxide entfernt wurden, war es zu verdanken, dass die Lebensdauer der Standard-Wälzlager seit etwa 1960 um den Faktor 10^3 gestiegen ist und schließlich (bei mittlerer Belastung) die lang erstrebte *Dauerfestigkeit* erreicht wurde. Statistisch lässt sich parallel zur Steigerung der Lebensdauer der Wälzlager eine Abnahme des Sauerstoffgehaltes der Stahlschmelzen von 30 ppm (1960) auf unter 7 ppm (1980) feststellen. Der Makroschlackeanteil (gemessen in mm Schlackezeile pro m^2 Schliffffläche) sank in diesem Zeitraum um den Faktor 100.

Die Wärmebehandlung des Wälzlagerstahles 100Cr6 wird entsprechend derjenigen der Kaltarbeitsstähle in großen, für die Serienfertigung geeigneten Ofenanlagen durchgeführt. Nach dem Austenitisieren bei 850 °C und Ölabschrecken (verzugsempfindliche Ringe) oder Wasserabschrecken (verzugsunempfindliche Kugeln) wird niedrig bei 180 °C bis 240 °C angelassen. Die Anlasstemperatur entscheidet über die maximal zulässige Einsatztemperatur der Lager.

Wälzlagerstähle eignen sich zur Herstellung von Wälzlagern mit hoher Verschleiß-, Ermüdungs-, Korrosions- und Warmfestigkeit. Sie müssen besonders hohe Reinheit aufweisen.

Zusammenfassung

Werkzeuge dienen dem Be- und Verarbeiten von Werkstoffen sowie dem Messen (Messzeuge). Werkzeugstähle müssen vor allem verschleißfest, aber auch schwing- und stoßfest sein. Zusätzlich besteht die Forderung nach Warmfestigkeit und Temperaturwechselbeständigkeit im Bereich Stahlformen sowie Warmhärte für Zerspanungswerkzeuge. Die Verschleißfestigkeit wird durch hohen Kohlenstoffgehalt und abschließendes Härten erreicht, die Zähigkeit durch Reinheit, feines Gefüge und entsprechendes Anlassen, die Warmhärte durch Legierungselemente, die zur Ausbildung von Sonderkarbiden während des Anlassens führen. Dazu bedarf es einer ausreichenden Menge an Legierungselementen, die allerdings den Stahl verteuern. Je nach Wärmebelastbarkeit unterscheidet man Kalt-, Warm- und Schnellarbeitsstähle.

Wälzlagerstähle sind hinsichtlich der Forderung nach Verschleißfestigkeit den Kaltarbeitsstählen ähnlich. Sie müssen zudem eine sehr hohe Reinheit aufweisen.

Aufgaben zu Abschnitt 5.5

1. Bis zu welcher Arbeitstemperatur sind Warmarbeitsstähle verwendbar?

2. Was versteht man unter einem Anlassschaubild?

3. Erklären Sie die Entstehung des Härtemaximums, das beim Anlassen hochlegierter Warmarbeitsstähle auftritt.

4. Um welchen Stahl mit welcher Zusammensetzung handelt es sich bei S 6-5-2?

5. Aus welcher Gruppe der Werkzeugstähle wird ein Holzbohrer hergestellt?

6. Warum muss ein hoch legierter Kaltarbeitsstahl langsam (stufenweise) auf Härtetemperatur gebracht werden?

7. Welches metallurgische Herstellungsverfahren ergibt sehr feine und gleichmäßig verteilte Karbide?

8. Wodurch konnte die Lebensdauer von Wälzlagern beträchtlich erhöht werden?

5.6   Nichtrostende Stähle

Überblick und Lernziel

Nichtrostende oder „rost- und säurebeständige" Stähle haben seit ihrer ersten Herstellung Anfang des 20. Jahrhunderts ständig an Bedeutung gewonnen. Gründe sind einmal der Wunsch nach hochwertigen Produkten in Haushalt und Gewerbe (Edelstahlspülen, Küchenausstattungen), zum anderen die stürmische Entwicklung der chemischen und pharmazeutischen Industrie sowie der Anlagentechnik z.B. im Umweltschutz, wo besonders die säurebeständigen Stähle Einzug gefunden haben. Schließlich sei der Behälterbau genannt: Gewaltige Großbehälter für den Flüssiggastransport oder viele Millionen Bierfässer.

Die 1995 erschienene europäische Norm der nichtrostenden Stähle, DIN EN 10088, enthält über 80 verschiedene Sorten, unterteilt in Standardgüten und Sondergüten. Für den Maschinenbau-Ingenieur ist die Auswahl des „richtigen" nichtrostenden Stahls zur Herstellung korrosionsbeanspruchter Bauteile schwierig und nicht ohne Risiko, da heute sehr lange Garantiezeiten gegen Korrosion oder Durchrosten gegeben werden. Die Stahlauswahl hängt ganz entscheidend von der Korrosionsbeanspruchung ab, sie sollte im Vorfeld genau geklärt werden. Die gefährliche „interkristalline Korrosion" (s. Abschn. 12.3) führt unter Umständen zu lebensbedrohendem Bauteilversagen (tragende Konstruktionen, Druckrohrleitungen).

Dieser Abschnitt kann nur einen Einblick in die Vielfalt der nichtrostenden Stähle geben; der Studierende soll die Möglichkeiten, aber auch die Risiken bei ihrer Anwendung kennenlernen. In kritischen Konstruktionsfällen ist das Studium der Fachliteratur, z.B. [11], und der Normen unumgänglich. Um ein besseres Verständnis für korrosionsbeständige Stähle zu entwickeln, wird die Durchsicht des Kapitels 12, Korrosion und Korrosionsschutz, empfohlen.

Grundlagen

Warum rostet Eisen? Der unedle Werkstoff reagiert an Luft sofort mit Sauerstoff. Allerdings ist die Diffusionsgeschwindigkeit des Sauerstoffs bei Raumtemperatur sehr gering, in trockener Luft kommt die Reaktion – nach Bildung einer ersten Oxidschicht – zum Stillstand. Anders bei erhöhter Temperatur: Es bildet sich *Zunder*, der Stahl wird allmählich vollständig oxidiert. Tritt ein Elektrolyt (Wasser, Feuchtigkeit) hinzu, beginnt schon bei Raumtemperatur die *elektrochemische Korrosion*.

Wird die Oberfläche des Werkstücks z.B. durch eine Chromschicht geschützt („Verchromung"), gelangt kein Sauerstoff und kein Elektrolyt mehr zum Eisen, es ist korrosionsgeschützt. Die Wirkung des an sich unedlen Chroms beruht auf einer absolut dichten Chromoxidschicht, die sich als *Passivierungsschicht* ausbildet und das Chrom selbst vor Korrosion schützt. Bekommt die Chromschicht jedoch durchgehende Risse oder platzt sie ab, beginnt sofort die Korrosion des darunter liegenden Eisens.

Nun kann man Chrom auch als *Legierungselement* in den Stahl einbringen. Ab etwa **12 %** **Cr** befinden sich gerade so viele Chromatome im Eisen gelöst, dass sich eine geschlossene Chromoxidschicht ausbildet, die den Stahl dauerhaft schützt. Je mehr Cr zulegiert wird, destso beständiger – allerdings auch teurer – wird der Stahl. Der Vorteil der Legierung ist die Selbstausheilung der Passivierungsschicht, sie bildet sich bei versehentlichem oder absichtlichem Abtrag (Zerkratzen oder Zerspanen) sofort wieder neu.

Chrom muss unbedingt gelöst vorliegen und darf nicht etwa als Chromkarbid gebunden sein. Chromkarbide bilden sich, wenn

– genügend Kohlenstoff im Stahl ist (> 0,03 % C),
– keine anderen Karbidbildner wie Nb, Ti oder V den Kohlenstoff binden,
– längere Zeit der Temperaturbereich 500 °C – 700 °C gehalten wird, in welchem sich hauptsächlich die Chromkarbide bilden.

Chromkarbide entstehen vor allem auf Korngrenzen. Daher kommt es leicht zur Cr-Verarmung an den Korngrenzenrändern und Korrosion tritt entlang der Korngrenzen auf: *Interkristalline Korrosion* (IK), s. Abschn. 12.3.

Der hohe Cr-Gehalt von über 12 % beeinflusst die α-γ-Umwandlung des Eisens. In Abschnitt 4.4.5 wurde erläutert, dass Chrom zu den das Ferritgebiet (α-Gebiet) erweiternden Elementen zählt. Nichtrostende, *kohlenstoffarme* Stähle mit mehr als 12 % Cr sind daher bei jeder Temperatur ferritisch, das Atomgitter ist kubisch-raumzentriert. Beliebig hohe Erwärmung hat keine α-γ-Umwandlung zur Folge, somit sind sie auch bei Abkühlung nicht härtbar. Die Stähle werden als *ferritische nichtrostende Stähle* bezeichnet.

Steigt der Kohlenstoff-Gehalt über 0,2 %, tritt das Austenitgebiet wieder auf, da Kohlenstoff zu den Austenitbildnern gehört. Die Stähle sind nun härtbar, die Stahlgruppe heißt *martensitische nichtrostende Stähle*.

Nickel gehört (wie Kohlenstoff) zu den austenitstabilisierenden, also das Austenitgebiet erweiternden Elementen. Dem Eisen-Nickel-Zustandsdiagramm ist zu entnehmen, dass das Ferrit-Gebiet ab etwa 20 % Ni verschwindet (Bild 4.29 in Abschn. 4.4.5). Wird nun einem hoch chromlegierten Stahl Nickel zugefügt, erweitert sich das Austenitgebiet so stark, dass bereits ab 7 % Ni bei allen Temperaturen Austenit vorliegt, das Ferritgebiet verschwindet. Stähle mit >12 % Cr und >7 % Ni heißen *austenitische nichtrostende Stähle*.

Stähle mit mehr als 12 % Chrom sind rostbeständig. Je nach Kohlenstoff- und Nickelgehalt unterscheidet man ferritische, martensitische und austenitische nichtrostende Stähle.

5.6.1 Ferritische nichtrostende Stähle

Die preiswertesten nichtrostenden Stähle sind diejenigen mit gerade ausreichendem Chromgehalt, also 12 – 13 % Cr. Sie sind allerdings nur leitungs- und regenwasserbeständig. Sie sind *nicht beständig* gegen aggressivere Korrosionsmedien wie Säuren, chlor- und chloridhaltige Wässer oder starke Laugen und vor allem empfindlich gegen interkristalline Korrosion (IK). Mit höherem Cr-Gehalt und Anwesenheit von Stabilisierungselementen wie Ti und/oder Nb (binden den restlichen Kohlenstoff) wird die Korrosionsbeständigkeit besser. Molybdän erhöht weiter die Beständigkeit gegen Säuren und Salze (Meerwasserkorrosion). Tabelle 5.25 enthält Stahlbeispiele aus DIN EN 10088.

Tabelle 5.25 Ferritische nichtrostende Stähle nach DIN EN 10088 (Auswahl).

Kurzname (Werkstoffnr.)	Eigenschaften und Anwendung
X6Cr13 (1.4000) X6Cr17 (1.4016) X2CrNi12 (1.4003)	Gut beständig gegen Wasser, nicht ausreichend beständig gegen IK; mittlere Festigkeit; schweißbar; für allgemeine Verwendung im Haushaltsbereich („Edelstahl"-Spülen usw.), Fahrzeug-Zierteile. Nickelgehalt in 1.4003: 0,3 – 1 % Ni (ersetzt hier Cr). Mechanische Eigenschaften (geglüht): $R_{p0,2}$ = 200-300 MPa; R_m = 400-600 MPa; A = 20-25 %
X3CrTi17 (1.4510)	Bessere Korrosionsbeständigkeit; für Küchenausstattungen, Backöfen
X6CrMoNb17-1 (1.4526)	Gute Korrosionsbeständigkeit auch gegen interkristalline Korrosion; für hochwertige Behälter; Bauwesen, Solaranlagen.

Die Umformeigenschaften (z.B. Tiefziehfähigkeit) der ferritischen Stähle sind als „noch gut" zu bezeichnen, ebenso die Schweißbarkeit. Beim Schweißen sollte unbedingt die Gefahr der interkristallinen Korrosion beachtet und der kritische Temperaturbereich der Karbidbildung (500 °C – 700 °C) schnell durchlaufen werden.

Die mechanischen Eigenschaften entsprechen etwa denen der allgemeinen Baustähle. Durch Kaltverfestigung steigt die Dehngrenze erheblich, allerdings unter Einbuße der Zähigkeit.

Ferritische nichtrostende Stähle enthalten weniger als 0,1 % C und mindestens 12 % Cr. Sie sind ausreichend korrosionsbeständig und etwas schlechter zu verarbeiten als die austenitischen Sorten, aber preiswerter als diese.

5.6.2   Martensitische nichtrostende Stähle

Bei höherem Kohlenstoffgehalt durchlaufen die rostfreien Chromstähle wieder die Umwandlung Austenit/Ferrit, bei zügiger Abkühlung (Luftabkühlung reicht!) entsteht entsprechendes Härtungsgefüge, vornehmlich Martensit. Tabelle 5.26 enthält einige martensitische Stähle.

Bis etwa 0,2 % C bleibt beim Härten ein Teil des Gefüges ferritisch, es entsteht Mischgefüge aus Ferrit und Martensit. Solche *halbferritischen* oder *semiferritischen Stähle* werden meist vergütet (Beispiel: X12Cr13, im vergüteten Zustand $R_{p0,2} \geq 400$ N/mm², $R_m = 550 - 750$ N/mm², A $\geq$ 15 %). Erst C-Gehalte über 0,2 % ergeben beim Härten verschleißfestes *martensitisches* Gefüge.

Tabelle 5.26   Martensitische nichtrostende Stähle nach DIN EN 10088 (Auswahl).

Stahlsorte (Werkstoffnr.)	Eigenschaften und Anwendung
X46Cr13 (1.4034)	Martensitischer Stahl, nach niedrigem Anlassen (100 – 200 °C) hohe Härte und Verschleißfestigkeit; 50 – 60 HRC. Für Schneidwaren aller Art („Messerstahl")
X50CrMoV15 (1.4116)	Martensitischer Stahl mit guter Korrosionsbeständigkeit und hoher Verschleißfestigkeit; 55 – 60 HRC. Industriemesser (z.B. Schnitzelmesser für Lebensmittelindustrie); korrosionsbeständige Werkzeuge; Wälzlager
X5CrNiCuNb16-4 (1.4542)	Ausscheidungshärtender Stahl[*]. Nach Wärmebehandlung höchste Festigkeit bei ausreichender Zähigkeit; z.B. P1300: $R_{p0,2} \geq 1150$ MPa, $R_m \geq 1300$ MPa, A $\geq$ 3 %. Korrosionsbeständigkeit gut.

[*] Durch Legierungselemente, die nach dem Abschrecken und Anlassen im Martensit feinste Ausscheidungen bilden, lassen sich sehr hohe Festigkeitswerte erzielen. Das Härten führt hier zu sog. *Nickelmartensit*. Die Stähle heißen auch *„Nickelmartensitische Stähle"*. Festigkeit und Zähigkeit können mit entsprechend gewählter Anlasstemperatur gesteuert werden. Kennbuchstabe „P", nachfolgend Zugfestigkeit (z.B. P1300).

Stahl **X46Cr13** ist ein typischer *Messerstahl*, er wird in großen Mengen für Messerklingen verarbeitet. Höhere Chromgehalte und bis 1,5 % Mo verbessern die Korrosionsbeständigkeit bei Schneidwerkzeugen für industrielle Anwendung. Vanadium erhöht die Verschleißfestigkeit durch Karbidbildung.

Wärmebehandlung. Austenitisieren bei hoher Temperatur (> 1000 °C), Öl- oder Luftabkühlen, Anlassen bei 100 °C – 200 °C.

> Martensitische nichtrostende Stähle enthalten über 0,2 % C und mindestens 13 % Cr. Sie sind härtbar und damit für verschleißbeanspruchte Schneidwerkzeuge wie Messerklingen geeignet.

5.6.3 Austenitische nichtrostende Stähle

Das in rostfreien Chromstählen mit zusätzlich mindestens 7 % Ni auftretende *austenitische* Gefüge hat die schon in Kapitel 2 beschriebenen Vorteile: Sehr gute Verformbarkeit, gute Zähigkeit auch bei tiefen Temperaturen und/oder bei schlagartiger Beanspruchung (nicht versprödend!), gute Schweißbarkeit ohne Schweißnahtaufhärtung. Die ersten austenitischen nichtrostenden Stähle wurden 1912 von Maurer und Strauss bei Firma Krupp entwickelt und patentiert; noch heute ist der ehemalige Markenname V2A geläufig, ein Stahl mit 18 % Cr und (früher) 8 % Ni.

Tabelle 5.27 enthält Beispiele der 33 in DIN EN 10088 genormten Stähle. Um Beständigkeit gegen interkristalline Korrosion zu erreichen, liegt der Kohlenstoffgehalt meist deutlich unter 0,1 %, der Cr-Gehalt bei 17 bis 18 % und der Ni-Gehalt über 8 %. Vollkommene Beständigkeit gegen interkristalline Korrosion auch ohne Wärmebehandlung wird durch C-Gehalte unter 0,03 % erreicht (Beispiel: X1CrNiMoCuN25-25-5, „Superaustenit" mit 0,01 % C und Austenitbildner Stickstoff). Kohlenstoff lässt sich nur durch neueste Schmelzebehandlungsverfahren wie die Argon-Sauerstoff-Behandlung (CAOD-Verfahren) oder Vakuum-Sauerstoff-Behandlung (VOD-Verfahren) so weit absenken.

Tabelle 5.27 Austenitische nichtrostende Stähle nach DIN EN 10088 (Auswahl).

Kurzname (Werkstoffnr.)	Eigenschaften und Anwendung
X5CrNi18-10 (1.4301) oder X6CrNiTi18-10 (1.4541)	Austenitische Standard-Werkstoffe, rost- u. säurebeständig, beständig gegen interkristalline Korrosion (IK). Zustand geglüht: $R_{p0,2} \geq 210$ MPa, $R_m = 520 - 720$ MPa, $A \geq 45$ %. Für hochwertige Haushaltswaren, Waschmaschinentrommeln; Behälter für Flüssiggase (Kältetechnik), Nahrungsmittelindustrie, chemische Industrie.
X5CrNiMo17-12-2 (1.4401) „V4A"	Sehr korrosionsbeständig, auch gegen viele Säuren u. saure Kondensate. Beständig gegen Lochfraßkorrosion. Anlagentechnik (Rauchgasreinigungsanlagen), Chemietechnik (Kondensatorrohre), Großküchen.

Wirkung der Legierungselemente.

C	Verschlechtert grundsätzlich die Korrosionsbeständigkeit durch Bindung der Cr-Atome, erhöht allerdings die Festigkeit.
Cr	Erhöht die Korrosionsbeständigkeit durch Passivierung des Stahles; stabilisiert die Ferritphase.
Ni	Erhöht die Korrosionsbeständigkeit; stabilisiert die Austenitphase. Wird der Ni-Gehalt unter 7 % abgesenkt (bei gleichzeitig niedrigem C-Gehalt), verbleibt in austenitischen Stählen bis 50 % Ferrit: „*Duplex-Stähle*".

Mo	Erhöht die Korrosionsbeständigkeit besonders gegen oxidierende Säuren; verbessert die Beständigkeit gegen Lochfraßkorrosion.
Ti, Nb, V	Starke C-Bindung, verhindern die Bildung von Chromkarbid und damit die interkristalline Korrosion.
N	Stabilisiert die Austenitphase (ersetzt damit C und Ni); verbessert die Schweißbarkeit, da die Bildung von spröden Cr-Phasen (z.B. σ-Phase) verhindert wird; erhöht die Festigkeit.
S	Verbessert die Zerspanungseigenschaften, verschlechtert aber die Korrosionsbeständigkeit. Beispiel: X8CrNiS18-9 (1.4305) mit 0,15 – 0,35 % S.

Mechanische Eigenschaften. Durch den hohen Gehalt an gelösten Legierungselementen ergibt sich eine beträchtliche Mischkristallfestigkeit bei sehr guter Zähigkeit (s. Tab. 5.27, Beispiel Stahl X5CrNi18-10), woraus sich die hervorragende Tiefziehbarkeit erklärt. Durch Kaltverfestigung (z.B. Kaltwalzen) kann die Festigkeit bis $R_m = 1200$ MPa erhöht werden, allerdings unter Einbuße der Duktilität.

Physikalische Eigenschaften. Austenitischer Stahl ist paramagnetisch, also nicht ferromagnetisch. Die Trennung von austenitischen und ferritischen nichtrostenden Stählen (z.B. beim Schrottrecycling) ist mittels Magneten leicht möglich. Die Wärmeleitfähigkeit der austenitischen Stähle ist bedeutend geringer als die der un- oder niedrig legierten Stähle:

$$\lambda_{Aust} \approx 25 \text{ W/mK}, \lambda_{St} \approx 75 \text{ W/mK}.$$

Daher lassen sich „Edelstahl"-Kochtöpfe mit gleichartigen Griffen verwenden, die bei Gebrauch kaum heiß werden.

Wärmebehandlung. Das Lösungsglühen und Abschrecken ist eine wichtige Maßnahme gegen interkristalline Korrosion besonders nach dem Schweißen. Sie sollte bei Korrosionsgefahr immer durchgeführt werden, sofern es die Gegebenheiten zulassen (etwa die Bauteilgröße). Beispiel:

Stahlsorte	Lösungsglühen	Abschrecken
X10CrNi18-8 (1.4310)	1000 °C – 1050 °C	Wasser oder bewegte Luft

Das Lösungsglühen dient der vollständigen Auflösung der Karbide, die sich durch beliebige Wärmeeinflüsse gebildet haben könnten. Das Abschrecken muss im Bereich 500 °C bis 700 °C schnell genug erfolgen, damit sich die Karbide nicht erneut bilden. Diese Wärmebehandlung hat natürlich nichts mit dem bekannten „Härten" zu tun!

> Austenitische nichtrostende Stähle enthalten unter 0,1 % C, über 17 % Cr und über 7 % Ni. Damit und mit weiteren Elementen sind sie ausgezeichnet korrosionsbeständig, vorzüglich verarbeitbar und weisen gute Festigkeitswerte auf.

5.6.4   Das Schweißen nichtrostender Stähle

Das Schmelzschweißen der ferritischen und austenitischen Stähle kann – bei Beachtung einiger Regeln – problemlos durchgeführt werden. Allgemein verwendetes Schweißverfahren ist das Elektro-Schutzgasschweißen (MIG, MAG, WIG). Schweißnaht und Wärmeeinflusszone sollten relativ schnell abkühlen, um in diesem Bereich die Karbidbildung zu vermeiden (Gefahr der IK). Hindernis hierbei ist die schlechte Wärmeleitfähigkeit. Demzufolge gilt das Gebot, möglichst wenig Wärme einzubringen. Eventuell gebildete Karbide können durch die beschriebene Wärmebehandlung wieder gelöst werden.

Ferritische Stähle neigen zur Grobkornbildung in der Schweißnaht (Versprödung!). Abhilfe bringen austenitische Schweißzusätze, z.B. Schweißdraht X5CrNi19-9.

Austenitische Stähle sind wegen ihrer Zähigkeit besser schweißbar als ferritische, jedoch besteht bei ihnen die Gefahr der Heißrisse auf Grund starker Erstarrungsschrumpfung. Die Heißrißneigung wird durch höhere Anteile an δ-Ferrit im Schweißnahtgefüge (s. Bild 5.49) vermindert.

Martensitisch härtende nichtrostende Stähle sind nicht schweißgeeignet, da sie in der Wärmeeinflusszone durch Luftabkühlung sprödes Härtungsgefüge bekommen.

Schweißnahtgefüge. Die in der Schweißnaht nach Luftabkühlung auftretenden Gefüge sind dem *Schaeffler-Diagramm* zu entnehmen (Bild 5.49, nach A. L. Schaeffler). In ihm wurden alle wesentlichen Ferritbildner zu einem *Chromäquivalent* und alle Austenitbildner zu einem *Nickeläquivalent* zusammengefasst (die in Klammern angegebenen Faktoren und Elemente stammen von anderen Autoren):

Chromäquivalent = % Cr + (1,4)·% Mo + 1,5·% Si + 0,5·% Nb (+ 2·% Ti)

Nickeläquivalent = % Ni + 30·% C + 0,5·% Mn + (30·% N)

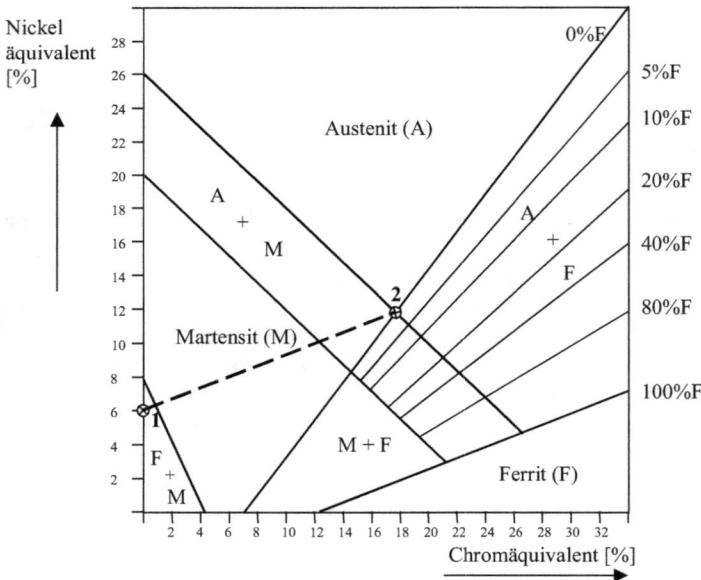

Bild 5.49 Schaeffler-Diagramm. Der Ferrit bei hohem Cr-Äquivalent ist δ-Eisen, das sich bei Abkühlung auf Raumtemperatur nicht mehr umwandelt. Zur Verbindungslinie zwischen Punkt 1 und 2 siehe Text.

Entsprechend Stahlzusammensetzung können die Äquivalente berechnet und im Diagramm das Schweißnahtgefüge bestimmt werden.

Beispiele. *Stahl X5CrNi18-10* (mit 0,05 % C, 18 % Cr und 10 % Ni): Chromäquivalent ≈ 18, Nickeläquivalent ≈ 10 + 30·0,05 = 11,5 (Punkt 2 in Bild 5.49). Das Schweißnahtgefüge nach Luftabkühlung besteht überwiegend aus Austenit, etwas δ-Ferrit und möglicherweise etwas Martensit.

Stahl S235 (mit 0,2 % C): Chromäquivalent ≈ 0, Nickeläquivalent ≈ 30·0,2 = 6 (Punkt 1 in Bild 5.49). Das Schweißnahtgefüge nach Luftabkühlung besteht aus Ferrit/Perlit, möglicherweise etwas Härtungsgefüge.

„Schwarz-Weiß-Verbindungen". Hierunter versteht man das Fügen von un- oder niedrig legierten Baustählen (schwarz) mit nichtrostenden Stählen (weiß). Das Verbindungsschweißen ist problematisch, da sich die Legierungsgehalte in der Schweißnaht stark ändern. Dort, wo die Gehalte an Cr, Ni und C ausreichend hoch sind, tritt Härtungsgefüge (Martensit) auf. Dies ist dem Schaeffler-Diagramm (Bild 5.49) zu entnehmen. Werden zwei Bleche aus S235 (Punkt 1) und X5CrNi18-10 (Punkt 2) verschweißt, entstehen alle Gefüge auf der Verbindungslinie zwischen den Punkten 1 und 2, also sehr viel Martensit. Die Sprödigkeit der aufgehärteten Schweißnaht lässt sich durch hoch legierte Schweißzusätze verringern, aber nicht ganz beseitigen.

Oberflächenbehandlung. Die volle Korrosionsbeständigkeit der Schweißverbindungen nichtrostender Stähle wird erst durch die Beseitigung von Oxidhäuten, Zunder und Schlacke erreicht. Besonders Oxidhäute (erkennbar durch Anlauffarben) verhindern die Ausbildung der homogenen und wirksamen Passivierungsschicht. Nach mechanischem Reinigen (Schleifen, Strahlen) oder chemischem Beizen ist künstliches Passivieren (z.B. mit 20%-iger Salpetersäure) ratsam.

Zusammenfassung

Nichtrostende Stähle stellen eine hochwertige Stahlgruppe mit wachsender Bedeutung dar. Für die verschiedensten mechanischen und korrosiven Beanspruchungen gibt es eine große Zahl genormter Stähle, aus denen der Konstrukteur den „richtigen" Werkstoff auszuwählen hat.

Man teilt nach Gefüge ein in ferritische, martensitische und austenitische Stähle, sie unterscheiden sich in ihren mechanischen und physikalischen Eigenschaften, ihrer Korrosionsbeständigkeit und ihrem Preis. Für einfache, wenig beanspruchte, kostengünstige Bauteile reichen ferritische, für korrosiv hoch beanspruchte, gut umformbare Bauteile müssen austenitische Stähle eingesetzt werden. Härtbare martensitische Sorten dienen als nichtrostende Schneidwerkzeuge, z.B. Messer.

Die ferritischen und austenitischen Sorten sind – bei Beachtung einiger Regeln – gut schweißbar, die martensitischen Sorten hingegen sind nicht schweißgeeignet.

Aufgaben zu Abschnitt 5.6

1. Warum sollten ferritische und austenitische nichtrostende Stähle wenig Kohlenstoff enthalten?

2. Wie heißt die korrosionsverhindernde dünne Schicht auf der Oberfläche chromhaltiger Stähle und ab wieviel % Cr ist sie ausreichend wirksam?

3. Warum besteht die Gefahr der interkristallinen Korrosion weniger bei den martensiti-schen nichtrostenden Stählen, obwohl sie hoch kohlenstoffhaltig sind?

4. Wieviel Nickel müssen nichtrostende Stähle mindestens enthalten, damit sie austenitisch sind?

5. Was bewirken die Elemente Ti, Nb und V hinsichtlich der IK?

6. Wie lässt sich die Festigkeit des Stahles X5CrNi18-10 bedeutend steigern?

7. Nennen Sie zwei wichtige Nachbehandlungen nach dem Schweißen nichtrostender Stäh-le.

5.7 Hochfeste Stähle

In Werkstoff-Forschungsinstituten werden laufend neue Stähle mit besonderen Eigenschaf-ten entwickelt. Ganz vorne an steht – neben Zielen besserer Korrosions- oder Verschleißbe-ständigkeit sowie besserer Zähigkeit und Umformbarkeit – die Erhöhung der Festigkeit. Die Entwicklung erhält besonderen Antrieb durch die Forderung nach Leichtbau in der Fahr-zeugtechnik. Einige Innovationen seien hier aufgezeigt.

Im Prinzip lässt sich die Festigkeit immer durch Legierungselemente erhöhen, wodurch je-doch Probleme der Zähigkeit (vor allem der Tiefziehbarkeit) und der Schweißbarkeit ge-schaffen werden. Damit muss die festigkeitssteigernde Legierungsentwicklung zwei Wege gehen:

• Höherfeste, dennoch gut umformbare und schweißgeeignete Stähle
• Hochfeste, härtbare Stähle, schwerer oder nicht kalt umformbar und ggf. weniger schweißgeeignet.

Höherfeste, schweißgeeignete Karosserie-Stähle. Die Entwicklung dünnwandiger höher-fester Fahrzeug-Karosserieteile hat unter anderem zu den sog. *Bake-Hardening-Steels* ge-führt. Diese Stähle zeichnen sich durch geringe Mengen ausscheidungshärtender Legie-rungselemente (z.B. Phosphor) aus. Solange die Elemente gelöst sind, ist das Stahlblech weich und gut umformbar. Während des anschließenden Einbrennlackierens mit Decklacken (300 °C – 400 °C) tritt der Aushärtungseffekt ein, der Festigkeitsgewinn liegt bei etwa 100 MPa.

Vergütbare Feinkornbaustähle. Auch diese Stähle müssen umform- und schweißbar sein, d h. ihr C-Gehalt darf nicht über 0,2 % liegen. Werden sie gehärtet, entsteht bei hoher M_s-Temperatur Martensit, der sich nach weiterer Abkühlung selbst anlässt. Es scheiden sich feinste Karbide aus, die Streckgrenze steigt bei noch guter Zähigkeit auf 1000 MPa. Wegen hoher kritischer Abkühlgeschwindigkeit ist nur Wasserhärten möglich („Wasservergütete Feinkornbaustähle"). Die Schweißbarkeit ist gut, das Schmelzschweißen muss allerdings un-ter strenger Beachtung der Temperaturführung erfolgen (siehe z.B. Stahl-Eisen-Werkstoff-blatt 088 [12]).

Ausforming Steels. Das Warmwalzen von umwandlungsträgen Stählen im Austenitgebiet *unterhalb* der Rekristallisationstemperatur führt zu den „Ausforming Steels" (Austenite For-ming) mit höchster Festigkeit. Als „umwandlungsträge" gelten mit Mo und Ni legierte Stäh-le, die im ZTU-Schaubild oberhalb der M_s-Temperatur einen Temperaturbereich erkennen lassen, in dem keine Ferrit/Perlit-Umwandlung erfolgt. In diesem Temperaturbereich wird warmgewalzt, wobei sich der Austenit verfestigt, ohne zu rekristallisieren oder umzuwandeln. Anschließend wird in das Martensitgebiet abgeschreckt. Es ergeben sich trotz niedriger C-Gehalte höchste Streckgrenzen bis 4000 MPa.

5.8 Eisen-Gusswerkstoffe

Überblick

Das Formgießen ist ein sehr altes Fertigungsverfahren. Heute nimmt die Bedeutung dieses Urformverfahrens für die rationelle Serienfertigung z.B. im Fahrzeugbau noch zu, der Anteil der im Formgießverfahren verarbeiteten Eisenwerkstoffe beträgt weltweit rund 8 %.

Gusswerkstoffe werden unmittelbar zu Gussstücken mit teils komplizierter Gestalt gegossen und unterscheiden sich somit von den im einfachen Formateguss hergestellten Knetwerkstoffen, die erst durch Umformung ihre Gestalt bekommen. Gusslegierungen müssen daher vor allem gut gießbar sein. Unter guter Gießbarkeit ist eine möglichst niedrige Gießtemperatur, gutes Fließ- und Formfüllungsvermögen und geringes Schwindmaß zu verstehen.

Die Gießbarkeit ist für die Fertigungskosten ausschlaggebend, daher sollten auch aus Kostengründen möglichst gut gießbare Werkstoffe gewählt werden. Leider verhalten sich Gießbarkeit und Festigkeit umgekehrt proportional, die gebräuchlichen Gusswerkstoffe haben schlechtere mechanische Eigenschaften als die entsprechenden Knetwerkstoffe.

Im Zusammenhang mit einer Werkstoffauswahl ist grundsätzlich auch über das Fertigungsverfahren zu entscheiden. Gießen, Schmieden, Spanen oder Fügen stehen im Wettbewerb zueinander. Wird das Urformverfahren Gießen gewählt, sind die Eigenarten der Gusswerkstoffe zu berücksichtigen. Tabelle 5.28 zeigt hierzu einige Vor- und Nachteile auf.

Tabelle 5.28 Vor- und Nachteile des Urformverfahrens „Gießen" gegenüber anderen Fertigungsverfahren.

Vorteile	Nachteile
+ Konstruktive Gestaltungsfreiheit: beliebig gekrümmte Flächen; beliebige Innen- und Außenradien; Rippen z.B. für Versteifungen oder zur Kühlung leicht zu realisieren; beliebige lokale Wanddickenerhöhungen, z.B. verstärkte Schraubenauflagen; + Günstiger Preis;	– geringere mechanische Eigenschaften (Nachteil muss konstruktiv ausgeglichen werden); – größere Streuung der mechanischen Eigenschaften; – größere Maßtoleranzen, Funktionsflächen müssen bearbeitet werden (gilt weniger für Feinguss);
+ Umweltfreundlich: Rohstoffquelle überwiegend Recyclingmetall	– ungünstig bei sehr großflächigen, blechartigen Bauteilen; Mindestwanddicke erforderlich.

Dem Konstrukteur unterliegt die Aufgabe, durch gießgerechtes Konstruieren einmal die Gefahr für typische Gussfehler (Lunker, Poren, Warmrisse usw.) zu mindern, zum anderen die schlechteren mechanischen Eigenschaften durch Rundungsradien, Verstärkungsrippen und angepasste Wanddicke auszugleichen. Letzteres ist gerade bei Formguss wegen der großen

Gestaltungsfreiheit bestens zu realisieren, was jedoch die genaue Kenntnis der Gusswerkstoffe und der Gießverfahren voraussetzt. Hier können nur die Werkstoffe beschrieben werden; für die Praxis sei auf die Fachliteratur hingewiesen [13, 14].

Die Einteilung der Werkstoffe wird nach ihrem *Gefüge* getroffen, wobei der grundsätzliche Unterschied durch das spröde oder duktile (zähe) Bruchverhalten gegeben ist. Tabelle 5.29 enthält die wichtigsten Sorten als Übersicht.

Tabelle 5.29 Einteilung der Eisen-Gusswerkstoffe.

Bruch-verhalten	Sorte	Gefüge	Legierungs-elemente
spröde	Gusseisen mit Lamellen-graphit („Grauguss")	lamellenförmiger Graphit; Grundgefüge perlitisch.	3 – 4,5 % C, Si, (Mn)
	Hartguss	Ledeburit (Ferrit/Zementit), auch Martensit.	2,5 – 3,5 % C, Ni, Cr, Mn, Mo
spröde bis duktil	Sondergusseisen	Graphit oder Ledeburit in Stahlgrundgefüge.	1,5 – 3,5 % C, hochlegiert mit Si, Cr, Ni, Al
duktil	Gusseisen mit Kugelgraphit („Sphäroguss")	kugelförmiger Graphit; Grundgefüge ferritisch bis perlitisch.	3,5 – 3,7 % C, 0,02 – 0,08 % Mg; Si, (Mn)
	Tempergusseisen, schwarz	Knotengraphit; Grundgefüge Ferrit/Perlit.	2,3 – 2,6 % C, Si, Mn, S
	Tempergusseisen, weiß	Randzone graphitfrei (entkohlt), ferritisch; Kern Knotengraphit.	3,0 – 3,4 % C, Si, Mn, S
	Stahlguss	wie Stahl, je nach Zusammen-setzung und Wärmebehandlung.	siehe Stahl

Wegen der sehr speziellen Anwendung von *Hartguss* (z.B. für Walzen) und *Sondergusseisen* (hitze-, verschleiß- und korrosionsbeständiger Guss für Sonderanwendungen) wird auf diese Werkstoffe nicht weiter eingegangen.

> Eisen-Gusswerkstoffe werden nach ihrem Gefüge und den daraus resultierenden Eigenschaften, insbesondere nach der Duktilität, eingeteilt. Dabei spielt die Graphitform eine entscheidende Rolle.

5.8.1 Graues Gusseisen mit Lamellengraphit

Die Werkstoffbezeichnung (Kurzname „Grauguss") ist durch die von den Graphitlamellen dunkelgrau gefärbte Bruchfläche entstanden. Im Gegensatz zu Stahl (hellglänzende bis matt-graue Bruchfläche) erstarrt graues Gusseisen stabil, d.h. der Kohlenstoff bildet nicht die Verbindung Zementit (Fe_3C), sondern feine Graphitkristalle. Dazu muss das Gusseisen ausreichend Silizium enthalten (s. Abschn. 4.4).

*Bild 5.50 Graues Gusseisen
mit Lamellengraphit. Unge-
ätzt, daher ist der Perlit nicht
zu erkennen (weiß).
(V = 50:1)*

Entsprechend dem stabilen Eisen-Kohlenstoff-Diagramm (siehe Bild 4.20 in Abschnitt 4.4.1) können eutektisch erstarrte Graphitkristalle erst ab 2 % C auftreten. Zwischen 2 % C und dem Eutektikum (4,25 % C) wächst die Menge Eisen-Graphit-Eutektikum von 0 auf 100 %, die Menge der γ-Mischkristalle nimmt entsprechend ab. Die γ-MK enthalten weiteren, aber gelösten Kohlenstoff. Bei ihrer Umwandlung in α-Eisen (738 °C) entsteht – wie bei Stahl – Perlit. Das Gefüge von grauem Gusseisen mit durchschnittlich 3 – 4 % C besteht demnach aus Graphit und Perlit (Bild 5.50). Die Graphitform ist lamellar: *Lamellengraphit.* Die im Schliffbild als Linien erscheinenden Lamellen sind dünne, je nach Erstarrungsbedingungen bis zu 100 µm lange Graphitschichtkristalle mit wenigen µm Schichtdicke. Wegen der geringen Festigkeit des Graphits wirken die Lamellen wie innere Kerben. Aus dem Längen-Dicken-Verhältnis ergibt sich eine Kerbzahl. Sie wird aus innerem und äußerem umschreibenden Kreis der Lamellen berechnet und erreicht bei schlanken Lamellen den Wert 10, während die Kerbzahl von Graphitkugeln (siehe Gusseisen mit Kugelgraphit) gegen null tendiert. Die hohe Kerbzahl wirkt sich im Fall von Zugspannungen besonders negativ aus, d h. die Gussstücke brechen schon bei relativ niedrigen Belastungen spröde.

Herstellung. Gusseisen wird in der Gießerei im *Kupolofen* hauptsächlich aus Schrott erschmolzen. Der koks- oder gasbeheizte Kupolofen ähnelt als Schachtofen dem Hochofen (s. Abschn. 5.1), ist aber wesentlich kleiner und in der Schmelzleistung auf den Tagesbedarf der Gießerei abgestimmt. Die Fertigstellung der Schmelze (Legieren, Schmelzebehandlungen, Temperatureinstellung) erfolgt meist in Elektro-Warmhalteöfen. Zu den Schmelzebehandlungen gehört das „Impfen", ein keimbildender Zusatz für die sichere Graphitkristallisation.

Gießbarkeit. Die Gießbarkeit ist sehr gut. Dabei hat der hohe Kohlenstoffgehalt bis hin zum eutektischen Punkt folgende Wirkung:

– naheutektische oder eutektische Erstarrung, damit niedrige Gießtemperatur (ca. 1300 °C) und gutes Fließ- und Formfüllungsvermögen;
– Die Graphitkristallisation wirkt der Erstarrungsschwindung des Eisens entgegen. Damit hat Gusseisen eine geringere Volumenschwindung als Stahl und entsprechend geringere Lunkerneigung.

Das lineare Schwindmaß bei der Erstarrung und Abkühlung beträgt 0,7 – 1,3 %, im Mittel wird für die Gießereimodelle ein Aufmaß von 1 % vorgesehen.

Mechanische Eigenschaften. Der mit steigendem C-Gehalt besser werdenden Gießbarkeit steht die abnehmende Festigkeit entgegen: Je höher der Graphitanteil, desto geringer wird die Zugfestigkeit (Werte siehe Tab. 5.30). Die *Druckfestigkeit* hingegen ist 2 – 4 mal höher als die Zugfestigkeit. Die *Bruchdehnung* liegt unter 1 % und kann kaum gemessen werden, daher fallen Streckgrenze und Zugfestigkeit zusammen, eine Streckgrenzenangabe erübrigt sich. Die Graphitkristalle erniedrigen auch den *Elastizitätsmodul*: 80 – 140 GPa (gegenüber Stahl mit 210 GPa).

Sorten. Gusseisen mit Lamellengraphit ist in DIN EN 1561 genormt, Tabelle 5.30 enthält Beispiele. Wie in Abschnitt 5.2.2.2 beschrieben, haben sich die Werkstoffnamen gegenüber der früheren nationalen Norm (DIN 1691) geändert. Es bedeuten nunmehr: EN = europäische Norm, G = Gusswerkstoff, J = Iron (Eisen), L = Lamellengraphit oder lamellar. Es folgt die Mindestzugfestigkeit in N/mm² bzw. MPa oder die Brinellhärte.

Tabelle 5.30 Gusseisen mit Lamellengraphit nach DIN EN 1561 (Auswahl)

Sorte nach DIN EN 1561	nach alter Norm DIN 1691	Zugfestigkeit R_m MPa	Druckfestigkeit σ_{dB} MPa	Anwendungsbeispiele
		Benennung nach der Zugfestigkeit		
EN-GJL-150	GG-15	150 – 250	600	Kanaldeckel, Ständer, Maschinenbetten, Gussrohre.
EN-GJL-300	GG-30	300 – 400	840	Motorblöcke, Kolbenringe Maschinenteile
		Benennung nach der Härte		
		Härte HB (min.)		
EN-GJL-H175	GG-170 HB	175		wie oben
EN-GJL-H235	GG-240 HB	235		wie oben

Zugfestigkeit oder Härte werden nicht im Gussstück, also an herausgeschnittenen Proben, sondern an getrennt gegossenen Probestäben (30 mm$^\varnothing$) gemessen. Im Gussstück selbst hängen die mechanischen Eigenschaften von den Erstarrungsbedingung ab, sie sind somit stark wanddickenabhängig. Mit zunehmender Wanddicke wird die Erstarrung langsamer, Festigkeit und Härte fallen ab. Tabelle 5.31 zeigt je ein Beispiel.

Tabelle 5.31 Wanddickenabhängigkeit der Zugfestigkeit und Härte im Gussstück.

Werkstoff	Eigenschaft	Wanddicke		
		5 mm	15 mm	50 mm
EN-GJL-200	Zugfestigkeit in MPa	250	200	100
EN-GJL-HB175	Härte HB	200	170	140

Bestimmte (hohe) Festigkeitseigenschaften *im Gussstück* lassen sich seitens der Gießerei nur einhalten, wenn die entsprechenden Gussstückpartien in der Konstruktionszeichnung festgelegt sind. Die Gießerei trifft dann spezielle Maßnahmen der Speisung und Kühlung.

Sehr niedrige Querschnitte können so schnell erstarren, dass die Graphitkristallisation unterdrückt wird und Zementit entsteht. Daher sind Wanddicken unter 3 mm nur mit besonderem Aufwand zu gießen. Bereiche ohne Graphitkristallisation werden als *Weißeinstrahlung* bezeichnet.

Wegen der unterschiedlichen Festigkeitswerte im Gussstück und den nicht immer vermeidbaren Gefügefehlern wird für Konstruktionsberechnungen ein hoher Sicherheitsbeiwert v eingesetzt:

$$v_{GJL} = 2 \ldots 4 \text{ (ruhende Belastung)}$$

Die Gusseisensorte mit der höchsten Zugfestigkeit, EN-GJL-350 (R_m bis 15 mm Wanddicke = 350 MPa), darf danach nur bis zur zulässigen Spannung

$$\sigma_{zul} = R_m / v_{GJL} = 88 \ldots 175 \text{ MPa}$$

statisch belastet werden. Moderne Gießverfahren unter Einsatz gezielter Maßnahmen zur örtlichen Gefügeverbesserung haben dazu geführt, dass der Sicherheitsbeiwert in kritischen Gussstückbereichen niedriger angesetzt werden kann, wodurch Gusskonstruktionen erheblich leichter geworden sind (Motorenbau).

Die *Dauerschwingfestigkeit* von Gusseisen mit Lamellengraphit kann in Relation zur Zugfestigkeit gesetzt werden:

$$\sigma_{bW} \cong (0{,}4 - 0{,}5) \cdot R_m$$

(mit σ_{bW} = Biegewechselfestigkeit, R_m = Zugfestigkeit, in MPa oder N/mm²).

Die gute *Dämpfung* sowohl hinsichtlich mechanischer Schwingungen wie auch Schallschwingungen (Geräusch) beruht auf den Graphitlamellen. Damit ist GJL idealer Werkstoff für Maschinenbetten, Lager oder Gehäuse aller Art, insbesondere Motorgehäuse. Die Dämpfungseigenschaft von Kugelgraphit ist weniger gut.

Die hohe *Verschleißfestigkeit* liegt nicht an besonderer Oberflächenhärte, sondern hat ihre Ursache in der Schmierwirkung der an der Oberfläche liegenden Graphitkristalle. Die Zylinderlaufbahnen von Kolbenmotoren z.B. besitzen dadurch hervorragende Verschleißbeständigkeit und gute Notlaufeigenschaften. Weniger verschleißfeste Aluminium-Kurbelgehäuse werden häufig mit Laufbuchsen aus Grauguss bestückt.

Die *Spanbarkeit* ist als gut zu bezeichnen, da wegen der Graphitteilchen sehr kurzbrüchige Späne entstehen. Es kann sogar auf Kühlschmierstoffe verzichtet werden. Allerdings ist durch das inhomogene Gefüge der Werkzeugverschleiß größer, so dass Hartmetallschneidwerkzeuge zu bevorzugen sind. Die maximale Schnittgeschwindigkeit ist von der Härte des Gusswerkstoffs abhängig.

Zusammengefasst die Vor- (+) und Nachteile (–) von Gusseisen mit Lamellengraphit gegenüber Stahl:

+ Gießbarkeit   – Zugfestigkeit
+ Preis   – Zähigkeit
+ Spanbarkeit   – E-Modul
+ Verschleißeigenschaften   – Wanddickenempfindlichkeit
+ Notlaufeigenschaften
+ Dämpfung

> Gusseisen mit Lamellengraphit (Grauguss) ist der am meisten verwendete, gutgießbare und daher preiswerteste Eisengusswerkstoff. Trotz geringer Festigkeit und fehlender Duktilität ist er auch für hochbeanspruchte Gussstücke, z.B. Motorengehäuse, einsetzbar.

5.8.2   Gusseisen mit Kugelgraphit

Vor etwa 50 Jahren wurde entdeckt, dass ein Zusatz von etwas Magnesium in einer weitgehend schwefelarmen Gusseisenschmelze zur Ausbildung von rundlichen Graphitkristallen führt. Der *sphärolithische* Graphit (daher der Markenname „Sphärogusseisen") hat nur noch sehr geringe Kerbwirkung; damit steigt die Festigkeit beträchtlich und die Zähigkeit erreicht die von Stahl, wie Bild 5.51 zeigt.

Die gute Zähigkeit hat dem Werkstoff viele neue Anwendungen erschlossen, etwa im Fahrzeugbau, wo hohe Schwingfestigkeit und Sicherheit gegen Sprödbruch gefordert werden. Rund 1/3 des erzeugten Gusseisens enthält Kugelgraphit, mit steigender Tendenz. In Deutschland werden z.B. jährlich ca. 3 Mio. Kurbelwellen aus „Sphäroguss" gefertigt.

Herstellung. Sie erfolgt entsprechend derjenigen des Gusseisens mit Lamellengraphit, allerdings muss auf niedrigen Schwefelgehalt geachtet werden. Kurz vor dem Gießen wird *Magnesium* (0,02 – 0,08 %) eingebracht, was wegen des starken Abbrennens des Mg eine besondere Technologie erfordert. Zur Qualitätsabsicherung ist für jede Schmelze die Graphitaus-

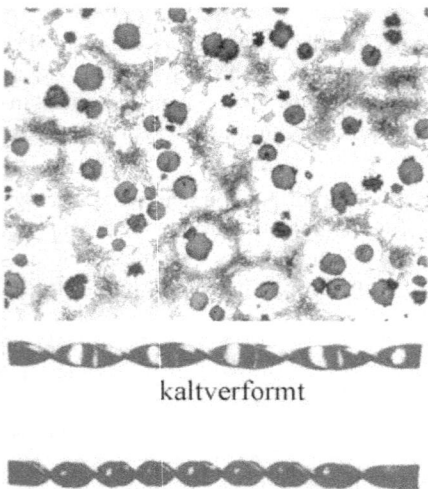

kaltverformt

Bild 5.51 Graues Gusseisen mit Kugelgraphit; geätzt, V = 100:1. Helle Bereiche um die Graphit-Kugeln: Ferrit; dunkle Bereiche: Perlit. Unten: Plastisch verformte Bänder aus Sphäroguss.

bildung zu kontrollieren. Die aufwendigere Herstellung und die geringfügig schlechtere Gießbarkeit verursachen einen höheren Preis gegenüber Grauguss mit Lamellengraphit.

Sorten. Tabelle 5.32 enthält in DIN EN 1563 genormte Gusseisensorten sowie die Benennung nach der nicht mehr gültigen Gusseisennorm DIN 1693. Zu den Abkürzungsbuchstaben siehe Abschnitt 5.2.2.2.

Tabelle 5.32 Gusseisen mit Kugelgraphit nach DIN EN 1563, Auswahl.

Sorte nach DIN EN 1563	Alte Benennung nach DIN 1693	Zugfestigkeit R_m[1] MPa	Bruchdehnung A [1] %	Anwendungsbeispiele
EN-GJS-350-22-LT[2])	GGG-35.3	350	22	Zylindergehäuse (Hydraulik)
EN-GJS-400-15	GGG-40	400	15	Bremsgehäuse, Pressenständer
EN-GJS-600-3	GGG-60	600	3	Kurbelwellen
EN-GJS-800-2	GGG-80	800	2	Zahnräder, Armaturen

[1]) Mindestwerte, gemessen an getrennt gegossenem Probestab 30 mm$\varnothing$.
[2]) LT = gewährleistete Mindestkerbschlagarbeit von 14 J bei –40 °C.

Die mechanischen Eigenschaften werden an getrennt gegossenen Probestäben nachgewiesen. Sie sind stark wanddickenabhängig, mit zunehmender Wanddicke nehmen die Werte ab. Im Einzelfall kann die Festigkeit – nach Rücksprache mit der Gießerei – auch im Gussstück garantiert werden. Falls erforderlich, kann kaltzäher Guss mit gewährleisteter Mindestkerbschlagarbeit hergestellt werden.

Die Sorte mit niedrigster Festigkeit (GJS-350-22) hat bereits die Bruchfestigkeit der höchstfesten Sorte des Lamellengraphit-Gusseisens und gleicht dem Baustahl S235. Die hohe Bruchdehnung (22 %) wird einmal durch optimal runden Kugelgraphit (geringe Kerbwirkung), zum anderen durch weiches, *ferritisches* Grundgefüge, das die Graphitteilchen umgibt, erreicht. Da rein ferritisches Grundgefüge bei der Erstarrung nicht immer gelingt, kann es durch eine ferritisierende Glühung nachträglich erzeugt werden.

Steigender Anteil von *perlitischem Grundgefüge* (gesteuert durch Legierungselemente Si, Mn und andere) führt zu höherer Festigkeit. Die Sorte GJS-800-2 hat rein perlitisches Grundgefüge, damit ist allerdings auch die Bruchdehnung auf 2 % abgefallen.

Der *Elastizitätsmodul* ist auf Grund der Feinheit der Graphitkugeln höher als der von Lamellengraphitguss, er liegt – weitgehend sortenunabhängig – bei 170 GPa.

Nachteil des Gusseisens mit Kugelgraphit ist seine geringere Dämpfungsfähigkeit, so dass z.B. Motorgehäuse eher aus Gusseisen mit Lamellengraphit gegossen werden. Eine Zwischenlösung – relativ gute mechanische Eigenschaften und hohe Schwingungsdämpfung – bietet Gusseisen mit *Vermiculargraphit*. Hier erstarrt der Graphit zu „wurmartigen", also länglichen, aber an den Enden abgerundeten Kristallen.

Zusammengefasst die Vor- (+) und Nachteile (–) des Gusseisens mit Kugelgraphit gegenüber solchem mit Lamellengraphit:

+ hohe Festigkeit   – höherer gießtechnischer Aufwand,
+ gute Zähigkeit   damit
+ gute Schwingfestigkeit   – höherer Preis
+ teilw. garantierte Kerbschlagarbeit   – geringere Dämpfung
+ höherer E-Modul

> Gusseisen mit Kugelgraphit enthält runde Graphitteilchen mit geringer Kerbwirkung. Damit gehört er zu den duktilen Gusswerkstoffen, ausgezeichnet durch hohe Festigkeit und gute Zähigkeit. Die aufwendigere Herstellung und anspruchsvollere Gießtechnik bedingen einen höheren Gussstückpreis.

Bainitisches Gusseisen (DIN EN 1564). Während eine festigkeitserhöhende Wärmebehandlung bei sprödem Gusseisen mit Lamellengraphit wenig Sinn macht, bietet sich diese bei Gusseisen mit Kugelgraphit an. Durch Austenitisieren und Abschrecken im Warmbad wird ein bainitisches Gefüge mit hervorragenden mechanischen Eigenschaften erzielt. Die Norm DIN EN 1564 enthält 5 Sorten mit Zugfestigkeiten zwischen 800 MPa und 1400 MPa, entsprechend denjenigen höherfester Vergütungsstähle.

5.8.3 Tempergusseisen

Tempergusseisen, kurz Temperguss (to temper = glühen) ist der Vorläufer des duktilen Kugelgraphit-Gusseisens. Schon vor 2000 Jahren kannte man in China die Glühbehandlung von Gusseisen zur Herstellung eines zähen Werkstoffs. Heute verliert das Tempergusseisen an Bedeutung, wenngleich noch immer viele vor allem dünnwandige Kleinteile kostengünstig daraus hergestellt werden.

Herstellung. Die Legierungszusammensetzung und die Erstarrungsbedingungen (nicht zu langsame Erstarrung) werden so eingestellt, dass das Gusseisen *metastabil*, also mit ledeburitischem Gefüge, erstarrt. Graphit darf bei der Erstarrung *nicht* auftreten. Der hoch zementithaltige *Temperrohguss* ist extrem hart und spröde, er kann als solcher zunächst nicht bearbeitet und verwendet werden. Erst die Langzeitglühung (das Tempern) lässt die Graphitteilchen durch Zerfall des Zementits entstehen:

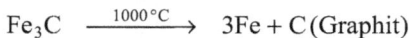

$$Fe_3C \quad \xrightarrow{1000\,°C} \quad 3Fe + C\,(\text{Graphit})$$

Im Inneren der Gussstückpartien diffundiert der Kohlenstoff zu Keimstellen und bildet in vielen Stunden Glühzeit rundliche, dem Kugelgraphit ähnliche Graphitkristalle, die *Temperkohle* (Bild 5.52). In der Randschicht diffundiert C an die Gussstückoberfläche und kann dort verbrennen, sofern die Ofenatmosphäre Sauerstoff enthält (s.u.).

Sorten. Je nach Glühbehandlung der Gussstücke entsteht

• Schwarzes Tempergusseisen oder

• Weißes Tempergusseisen.

Glühung bei 950 °C in neutraler, *nicht oxidierender* Ofenatmosphäre bewirkt, dass der Kohlenstoff der Randschicht nicht verbrennen kann, es bildet sich über den gesamten Quer-

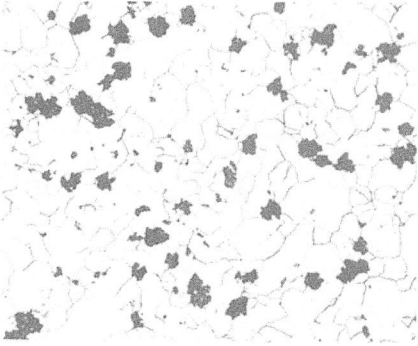

Bild 5.52 Temperguss mit ferritischem Grund-gefüge; schwarz: Temperkohle. V = 100:1.

schnitt Temperkohle: *Schwarzer Temperguss* (Bruchfläche grau). Das Grundgefüge kann wie bei Kugelgraphit-Gusseisen ferritisch (hohe Zähigkeit) oder perlitisch (hohe Festigkeit) sein. Sortenbeispiele aus der Norm DIN EN 1562 enthält Tabelle 5.33.

Der *weiße Temperguss* entsteht durch Glühung bei 1050 °C in *oxidierender* (sauerstoffhalti-ger) Atmosphäre: Der Randkohlenstoff verbrennt, C-Atome diffundieren fortlaufend an die Oberfläche nach und das Gefüge wird zu ferritischem „Stahlgefüge". Nach ca. 60 Stunden Glühzeit erreicht die Randentkohlung 1 – 2 mm Tiefe, so dass dünnwandige Partien völlig entkohlen (Bruchfläche hell glänzend, „weiß"). In dickwandigeren Bereichen (> 4 mm) ver-bleibt im Kern die vom schwarzen Temperguss bekannte Temperkohle.

Gussstücke aus EN-GJMW-360-12W werden bis 8 mm Wanddicke vollständig entkohlend geglüht und sind dann schweißbar (W = weldable, schweißbar).

Die langen Glühzeiten machen die Herstellung großer Gussstücke unwirtschaftlich, so dass die hauptsächlichen Anwendungen Kleinteile wie Fittings (Rohrverbindungsstücke), Be-schläge für LKW-Bordwände, Ausrückhebel, Lagerdeckel, Pleuel usw. sind.

Tabelle 5.33 Schwarzes und weißes Tempergusseisen nach DIN EN 1562 (Auswahl).

Sorte nach DIN EN 1562	Alte Benen-nung nach DIN 1692	Zugfestigkeit R_m (min.) MPa	Bruchdeh-nung A (min.) %	Anwendungs-beispiele
		Schwarzer Temperguss		
EN-GJMB-350-10	GTS-35-10	350	10	Lenkgehäuse, Bremsträger
EN-GJMB-700-2	GTS-70-02	700	2	Antriebsteile, Pleuel, Gabelköpfe
		Weißer Temperguss		
EN-GJMW-350-4	GTW-35-04	350	4	Fittings, Klemmen
EN-GJMW-360-12W	GTW-S-38-12	360	12	Guss für Konstruktions-schweißungen
EN-GJMW-450-7	GTW-45-07	450	7	Kupplungteile, Achsmuttern

Es bedeuten: G = Gusseisen, J = Iron, M = **m**alleable (zäh), B = **b**lack (schwarz), w = **w**hite (weiß); erste Zahl = Mindestzugfestigkeit und zweite Zahl = Mindestbruchdehnung, gemessen am getrennt ge-gossenen und geglühten Probestab.

Abgesehen von der Ausnahme der schweißbaren weißen Tempergusssorte ist die Entscheidung zwischen Gusseisen mit Kugelgraphit und Temperguss vor allem eine Kostenfrage.

Temperguss gehört zu den duktilen Gusswerkstoffen. In seinen Eigenschaften, besonders der Festigkeit, reicht er nicht ganz an Gusseisen mit Kugelgraphit, ist jedoch preiswerter. Durch unterschiedliches Glühen (Tempern) ergeben sich die Sorten schwarzer und weißer Temperguss, wobei letzterer durch langes Entkohlen stahlähnliche Eigenschaften erhält.

5.8.4 Stahlguss

Die Möglichkeit, mit dem Urformverfahren „Gießen" ein nahezu fertiges Bauteil zu schaffen, bietet sich auch für den Werkstoff Stahl. Das Problem beim Formgießen von Stahl (C < 2 % !) liegt in der schlechten Gießbarkeit, womit die Herstellungskosten steigen (siehe 5.8, Überblick). Das lineare Schwindmaß beträgt 1,5 - 2,5 %, ist also doppelt so groß wie das der Graugusssorten.

Herstellung. Der Stahl wird im Elektroofen aus Schrott erschmolzen, gereinigt, gegebenenfalls legiert, korngefeint und mit ca. 1600 °C gegossen. Das Erstarrungsgefüge der Gussstücke ist grobes Primärgefüge, durch eine Normalglühung (s. Abschn. 5.4.2.2) wird feines Ferrit/Perlit-Gefüge erzeugt. Je nach Stahlsorte können die bekannten Wärmebehandlungen wie Härten, Randschichthärten, Vergüten usw. erfolgen.

Sorten. Wegen der Vielfältigkeit der Stähle gibt es auch eine große Zahl Stahlgussnormen und Werkstoffblätter, die hier nicht alle aufgeführt werden können. Tabelle 5.34 zeigt eine Auswahl mit Sortenbeispielen. Nach DIN EN 10027 (Benennung) beginnen die Kurznamen mit "G" für Guss, gefolgt von dem Stahlnamen.

Aufgrund der zwangsläufig verbleibenden Gefügefehler wie Seigerungen, Poren oder Mikrolunker sind die mechanischen Eigenschaften im Gussstück nicht so gut wie die Eigenschaften von Walz- oder Schmiedematerial. Daher dürfen nicht die Eigenschaften von gewalzten Stählen – trotz gleicher oder ähnlicher Zusammensetzung – auf die Gussstückeigenschaften übertragen werden, es sind die Stahlgussnormen oder *Stahlgusswerkstoffblätter* heranzuziehen. Die niedrigere Festigkeit kann recht einfach durch konstruktive Maßnahmen ausgeglichen werden.

Anwendung. Stahlguss bietet sich an, wenn das Formgießen der kostengünstigste Weg ist, aber die Eigenschaften der üblichen Eisengusssorten – z.B. die Korrosions- oder Verschleißbeständigkeit – nicht ausreichen. Große, mehrere Tonnen schwere Stahlbauteile lassen sich zwar häufig durch Fügetechniken (Schweißen, Schrauben) herstellen, bei komplizierten Formen ist dies jedoch nicht immer kostengünstig. Zudem gibt es viele Stähle wie die Vergütungsstähle, die nicht schweißgeeignet sind. Großbauteile sehr verwickelter Gestalt, aus Vergütungsstahl, Werkzeugstahl oder anderen nicht schweißbaren Stählen werden daher wirtschaftlich im Stahlformguss erzeugt. Bekannte Anwendungsbeispiele sind Wasserturbinen-Laufräder mit mehreren Metern Durchmesser, verzahnte Stirnräder (z.B. für Mühlen) mit bis zu 30 t Masse, Hochdruckgehäuse für Dampfturbinen mit 6 m Länge und 90 t Masse. Im chemischen Apparatebau werden korrosiv beanspruchte Bauteile, z.B. Gehäuse, Trommeln und Rotoren aus nichtrostendem Stahlguss und im Ofenbau Anlagenteile für Durchlauföfen aus hitzebeständigem Stahlguss hergestellt. Das *Feingießen* erlaubt die maßgenaue Herstel-

Tabelle 5.34 Ausgewählte Regelwerke für Stahlguss mit Werkstoffbeispielen.

Titel und Regelwerke	Beispiel	
	Benennung nach Europäischer Norm EN 10027	Benennung nach alter Norm
Stahlguss für allgemeine Verwendung (DIN EN 10293)	GS235	GS-38
Vergütungsstahlguss (SEW 510) *)	G25CrMo4	GS-25 CrMo 4
Nichtrostender Stahlguss	GX8CrNi13	G-X 8 CrNi 13
Hitzebeständiger Stahlguss (DIN 17465)	GX40CrSi17	G-X 40 CrSi 17
Kaltzäher Stahlguss (SEW 685)	G21Mn5	GS-21 Mn 5
Stahlguss für Flamm- und Induktionshärtung (SEW 835)	GC45E	GS-C$_k$ 45
Stahlguss für Erdöl- und Erdgasleitungen (SEW 595)	GX12CrMo10-1	G-X 12 CrMo 10 1

*) SEW = Stahl-Eisen-Werkstoffblatt [12]

lung kleinerer, kompliziert gestalteter Bauteile wie Turbinenschaufeln für Turbolader. Stahl-Feingussstücke brauchen kaum noch bearbeitet zu werden.

> Stahlguss ist im Formgießverfahren verarbeiteter Stahl. Sein Gussgefüge wird durch Wärmebehandlungen verbessert, dennoch entsprechen die Eigenschaften nicht denjenigen gewalzter oder geschmiedeter Stähle. Er wird dann eingesetzt, wenn die Eigenschaften der Eisengusswerkstoffe nicht ausreichen.

Zusammenfassung

Eisengusswerkstoffe zeichnen sich durch besonders gute Gießbarkeit aus. Der dafür notwendige eutektische Kohlenstoffgehalt führt zur Ausbildung von Graphitkristallen. Je nach Form der Kristalle unterscheidet man zwischen lamellarem Graphit (hohe Kerbwirkung, spröde) und kugeligem Graphit (geringe Kerbwirkung, duktil). Letzterer kann durch gießtechnische Maßnahmen aus der Schmelze (Gusseisen mit Kugelgraphit) oder durch nachträgliches Glühen von metastabil erstarrtem Guss (Tempergusseisen) entstehen. Gusseisen mit Lamellengraphit hat die größere Bedeutung, ist gut zu gießen und preiswert. Gusseisen mit Kugelgraphit („Spheroguss") hat dagegen weitaus bessere mechanische Eigenschaften. Temperguss eignet sich für Großserien kleinerer Gussstücke. Stahlguss bewährt sich bei Großbauteilen und Gussstücken für besondere Verwendung, z.B. solchen mit hoher Korrosionsbeständigkeit oder Verschleißfestigkeit.

Aufgaben zu Abschnitt 5.8

1. Nennen Sie einen Vor- und einen Nachteil des Urformverfahrens Gießen gegenüber anderen Fertigungsverfahren.

2. Nennen Sie einen spröden und einen duktilen Eisengusswerkstoff.

3. Berechnen Sie die Menge Graphitkristalle in eutektischem Gusseisen (4,25 % C) nach der Erstarrung (1153 °C). (Verwenden Sie dazu das Hebelgesetz und das stabile EKD, Bild 4.20).

4. Warum enthält Grauguss so viel mehr Kohlenstoff als Stahl?

5. Welches Grundgefüge (das Gefüge um die Graphitkristalle) hat a) Gusseisen mit Lamellengraphit, b) Gusseisen mit Kugelgraphit?

6. Wie heißt der Ofen zur Erschmelzung von Gusseisen?

7. Warum kann eine Gießerei nicht generell in allen Gussstückbereichen die gewünscht hohe Festigkeit garantieren?

8. Wie lässt sich konstruktiv der niedrige E-Modul von Gusseisen leicht ausgleichen?

9. Was versteht man unter Bainitischem Gusseisen?

10. Erläutern Sie: a) GJL-200, b) GJS-400-15, c) GJMB-350-10.

11. Durch welche Wärmebehandlung entsteht weißer Temperguss?

12. Warum müssen Stahlgussstücke normalgeglüht werden?

13. Warum kann man für Stahlguss nicht die einschlägigen Stahlnormen verwenden?

6 Nichteisenmetalle

Überblick und Lernziel

Die Bedeutung der Nichteisenmetalle (NE-Metalle) ist größer als ihr relativ geringer Anteil von knapp 10 % am gesamten Verbrauch metallischer Werkstoffe erscheinen lässt. Die Bedeutung wird aus Einzelbereichen der Technik ersichtlich, man denke z.B. an Aluminium für Flugzeuge, Blei in Akkumulatoren, Kupfer-Nickel-Legierungen für Münzen oder Kupferdraht in der Elektrotechnik.

Im Maschinen- und Fahrzeugbau haben die Schwermetalle Kupfer, Zink, Zinn usw. wegen ihres Gewichts und teilweise höheren Preises an Bedeutung verloren. Sie werden fortlaufend durch Leichtmetalle oder korrosionsbeständige Kunststoffe substituiert. In Nischensegmenten behalten allerdings Schwermetalle immer ihre Bedeutung, z.B. dort, wo es um Korrosionsbeständigkeit *und* zugleich hohe Festigkeit und/oder hohe Temperatur geht (Nickelwerkstoffe), auch in der Reaktortechnik und der Gleitlagertechnik.

Aus dieser Perspektive wird sich der Maschinenbau-Ingenieur vor allem mit den metallischen Leichtbauwerkstoffen zu befassen haben. Daneben sollte er einen Überblick über Standard-Schwermetalle gewinnen. Die Erarbeitung und genaue Kenntnis spezieller Schwermetalllegierungen, wie sie beispielsweise in Abschnitt 6.5.4 erwähnt sind, sollte nicht im Vordergrund stehen. Entsprechend wird hier die große Zahl genormter Schwermetalle nur oberflächlich behandelt, im Bedarfsfall ist die Spezialliteratur heranzuziehen.

Die Benennung der NE-Metalle mit Kurznamen ist weitgehend einheitlich und daher für alle Metalle zusammen im nächsten Abschnitt erläutert. Auf die beginnende europäische Benennung wird bei den jeweiligen Sorten hingewiesen.

6.1   Benennung der NE-Metalle

Die häufig verwendeten reinen, unlegierten Metalle werden hinsichtlich ihrer Reinheit durch Angabe der Masse-% unterschieden, wobei man die Prozentzahl dem chemischen Elementsymbol anfügt. Beispiele:

Al 99,5	Reinaluminium
Cu 99,98	Elektrolytkupfer

Das in großen Mengen produzierte „technisch reine" Aluminium Al 99,5 enthält herstellungsbedingt 0,5 % Verunreinigungen, überwiegend Fe und Si, aber auch viele andere Elemente (Begleitelemente). Das für die Halbleiterindustrie erzeugte höchstreine Aluminium Al 99,99999 ist wegen des beträchtlichen Herstellungsaufwands entsprechend teuer. Wie bei Stahl gilt: Je höher die Metallreinheit, um so höher auch der Preis.

> Die Benennung der Reinmetalle erfolgt durch Angabe des chemischen Symbols, gefolgt von der Masse-%-Zahl der Reinheit.

Legierte Metalle werden mit dem chemischen Symbol des Grundmetalls und den Symbolen der Legierungselemente in der Reihenfolge abnehmender Menge sowie – wenn zur Charakterisierung der Legierung notwendig – der %-Angabe der zulegierten Menge gekennzeichnet. Beispiele für *Knetlegierungen*:

AlCu4Mg1	Aluminium-Knetlegierung mit 4 % Kupfer und 1 % Magnesium
CuZn37Pb	Kupfer-Knetlegierung mit 37 % Zink und unbestimmter Menge Blei (Automatenmessing)
MgAl8Zn	Magnesium-Knetlegierung mit 8 % Aluminium und unbestimmter Menge Zink

Die Angabe „Knet"-legierung (für Walz-, Strangpress- oder Schmiedematerial) dient der Unterscheidung zu Gusslegierungen. Neue europäische Normen (EN) enthalten zur besseren Trennung den vorangestellten Buchstaben **W** (**W**rought Alloy = Knetlegierung). Beispiel:

EN AW-AlMn1Cu	Aluminium-Knetlegierung (**AW**) mit 1 % Mangan und unbestimmter Menge Kupfer; EN = Hinweis auf Europäische Norm

Bitte beachten: Anders als bei Stählen steht der zulegierte Prozentsatz immer direkt hinter dem Element! Elementfaktoren gibt es nicht, daher können auch Dezimalen auftreten: CuBe1,7 (Cu-Knetlegierung mit 1,7 % Beryllium).

Gusslegierungsnamen wird entweder ein „G" vorweggestellt, oder – nach neuer EN – der Buchstabe **C** (**C**ast Alloy = Gusslegierung). Beispiele der Benennung der *Gusslegierungen*:

G-TiAl6V4	Titan-Gusslegierung mit 6 % Aluminium und 4 % Vanadium
EN AC-AlSi12	Aluminium-Gusslegierung (**AC**) mit 12 % Silizium

> Nichteisen-Legierungen werden durch das chemische Symbol des Grundmetalls und nachfolgend den Symbolen der Legierungselemente, teilweise mit Angabe der Menge in Masse-%, benannt. Zusätzlich erfolgt die Unterscheidung zwischen Knet- und Gusslegierungen.

6.2   Aluminium und Aluminiumlegierungen

Überblick

Verglichen mit Bronze und Eisen ist Aluminium ein junger Werkstoff, den man erst seit 100 Jahren technisch zu nutzen vermag. Der Grund ist nicht etwa ein zu seltenes Vorkommen – Al ist das in der Erdrinde am häufigsten auftretende Metall – sondern sein „unedler Charakter", seine hohe Affinität zu anderen Elementen, was sich anhand der stark negativen

Bildungsenthalpie zum Sauerstoff ($\Delta H = -1677$ kJ/mol) zeigen lässt (zum Vergleich: Fe_2O_3 / Fe: -825 kJ/mol). Daraus folgt:

— Aluminium kommt in der Natur nicht gediegen, sondern an Sauerstoff gebunden in oxidischer Form vor.

— Oxidische Aluminiumverbindungen lassen sich nicht wie Eisenoxide mit preiswerter Kohle reduzieren, sondern nur mittels elektrischem Strom (Elektrolyse).

Eine nennenswerte Aluminiumproduktion war damit erst nach der Erfindung des Dynamos und der damit verbundenen großtechnischen Stromerzeugung möglich.

Aluminiumwerkstoffe haben sich besonders wegen der folgenden günstigen Eigenschaften durchgesetzt und bewährt:

• leicht (Dichte 2,7 g/cm^3, das ist 1/3 der Dichte von Stahl): Flugzeug- und Fahrzeugbau;
• korrosionsbeständig: Bauwesen, Fahrzeugbau;
• gut elektrisch leitend: Elektrotechnik, z.B. Stromkabel;
• gut wärmeleitend: Motoren- und Kühlerbau;
• dekorative Oberfläche: Tür- und Fensterbeschläge, Verpackungen, Folien;
• nicht versprödend bei schlagartiger Beanspruchung oder tiefen Temperaturen;
• gut spanbar, gut umformbar, gut gieß- und schweißbar;
• aushärtbar: hohe Gebrauchsfestigkeit;
• leichtes Recycling: Herstellung von kostengünstigem und umweltschonendem Sekundäraluminium.

Dem stehen einige Nachteile gegenüber:

• hoher Stromverbrauch bei der Erzeugung von Primäraluminium;
• überwiegend geringere Festigkeit als Stahl, besonders bei erhöhter Temperatur;
• nach Aushärtung nur noch geringe Zähigkeit;
• teurer als unlegierte Baustähle und einfache Polymere.

Besonders der Stromverbrauch zur Herstellung von Primäraluminium wird heute aus ökologischer Sicht kritisch diskutiert. Eine Aluminiumhütte der Tageskapazität 100 t Al benötigt täglich 1,4 Mio kWh, das ist der Stromverbrauch einer Stadt!

Das Bezeichnungssystem und die chemische Zusammensetzung der Aluminiumwerkstoffe sind in DIN EN 573 genormt. Weitere Normen gelten für bestimmte Produktgruppen, z.B. DIN EN 485 Teil 2 für Bänder, Bleche und Platten oder DIN EN 1706 für Gusslegierungen.

6.2.1 Herstellung, Verarbeitung, Recycling

Herstellung

Der ergiebigste Rohstoff zur Herstellung des Aluminiums ist *Bauxit* (Fundort Les Baux in Südfrankreich) mit etwa folgender Zusammensetzung: 60 – 65 % Al_2O_3, bis 28 % Fe_2O_3, bis 6 % SiO_2, TiO_2, gebundenes Wasser.

Aus dem stark verunreinigten Erz Bauxit wird reines Aluminiumoxid in einem chemischen Verfahren, dem *Bayer-Prozess*, hergestellt. Dabei löst man Bauxit in heißer Natronlauge auf; beim Abkühlen der Lösung fällt reines Aluminiumhydroxid ($Al(OH)_3$) aus, welches abgefiltert und getrocknet wird. Durch anschließendes Brennen (Kalzinieren) wandelt sich $Al(OH)_3$ in Tonerde, Al_2O_3, um (Al_2O_3 ist auch in der härteren Kristallisationsform Korund bekannt).

Die nachfolgende *Schmelzflusselektrolyse* wird als metallurgischer Prozess in der Aluminiumhütte durchgeführt.

Bild 6.1 zeigt schematisch den Schnitt einer Elektrolysezelle. Der Elektrolyt enthält – im Gegensatz zur „normalen", d h. wässrigen Elektrolyse – kein Wasser, sondern besteht aus geschmolzenem Al_2O_3, dem schmelzpunkterniedrigender Kryolith (Na_3AlF_6) zugesetzt ist. Der Gleichstrom bewirkt die Reduktion: Aluminium sammelt sich, unter Aufnahme von Elektronen, an der Kathode (gebildet durch den Graphitboden der Elektrolysezelle). Sauerstoff wandert unter Abgabe von Elektronen an die Graphitanoden, wo er sich mit Kohlenstoff zu CO_2 (gasförmig) bindet. Die Anodenblöcke verbrennen langsam und müssen kontinuierlich abgesenkt werden. In der Elektrolysezelle läuft demnach folgende Reaktion ab:

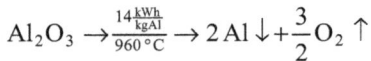

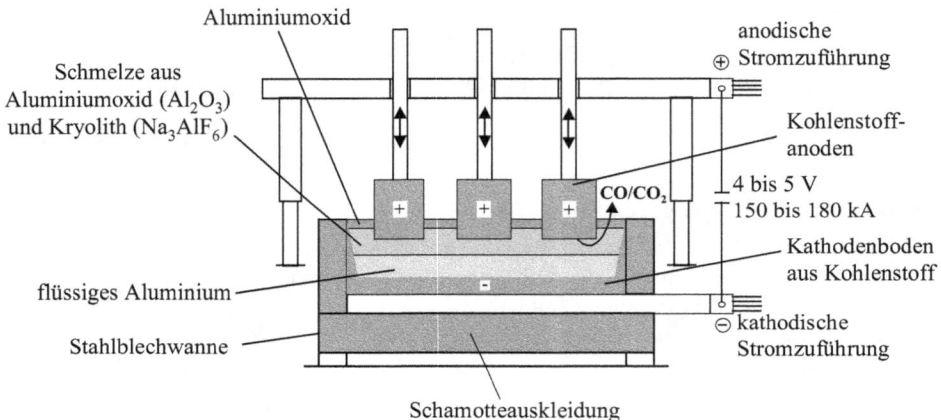

$$Al_2O_3 \to \frac{14\frac{kWh}{kgAl}}{960\,^{\circ}C} \to 2\,Al \downarrow + \frac{3}{2}O_2 \uparrow$$

Bild 6.1 Aluminium-Schmelzflusselektrolyse, Elektrolysezelle (schematisch).

Das entstehende *Hüttenaluminium* oder *Primäraluminium* ist technisch rein (Al 99,5 bis Al 99,8), es wird von Zeit zu Zeit aus der Elektrolysezelle in Tiegel abgesaugt. Verbrauchte Tonerde wird fortlaufend ersetzt (der Kryolith verbraucht sich kaum), so dass der Prozess kontinuierlich über Monate läuft. In einer Elektrolysehalle sind bis zu 25 Zellen hintereinander geschaltet, meist in mehreren Reihen nebeneinander. Die Betriebstemperatur (950 °C – 980 °C) wird durch den Stromdurchgang erreicht. Der Stromverbrauch liegt heute bei knapp 14 kWh pro kg Al (1950 noch über 20 kWh/kg Al). Die Primäraluminiumerzeugung ist nur in solchen Ländern möglich und sinnvoll, die preiswerte elektrische Energie, z.B. aus Wasserkraft- oder Kernkraftwerken, produzieren.

Das Hüttenaluminium wird in Warmhalteöfen gesammelt und entweder als Reinaluminium verarbeitet oder mit Legierungselementen gattiert. Nach der Schmelzentgasung und Kornfeinung folgt das Stranggießen zu Walzbarren (Rechteckformate), Strangpress-Rundbarren oder Drahtbarren.

Umschmelz- oder *Sekundäraluminium.* Altaluminium wird in hohem Maße durch Recycling wiederverwertet. Als Produktionsabfall (Ausschuss, Verschnitt, Späne), auf dem Schrottplatz (z.B. ausgebaute Fahrzeugteile) oder in Haushalten anfallender Al-Schrott wird in Umschmelzwerken unter einer Salzdecke (Schutz vor Oxidation) eingeschmolzen, gereinigt und zu Umschmelzlegierungen verarbeitet. Für die Erzeugung wird nur 10 % der Energie der Primäraluminium-Elektrolyse und sehr wenig elektrischer Strom benötigt.

Im Gegensatz zum reinen Hüttenaluminium enthält das Umschmelzaluminium bis zu einigen Prozent Begleitelemente, vor allem Eisen, Kupfer und Zink, die aus Fremdmaterial im Schrott und legiertem Al stammen. Sie mindern die Qualität des Aluminiums, u.a. die Korrosionsbeständigkeit und Zähigkeit, so dass nicht alle Produkte aus Sekundäraluminium hergestellt werden können. Ausnahme bilden Legierungen aus *sortierten* Fabrikationsabfällen, die sich bei sorgfältigem Recycling zu artgleichem Material erschmelzen lassen.

Hauptabnehmer der Umschmelzlegierungen sind Formgießereien, da viele Aluminium-Gusslegierungen größere Legierungselementtoleranzen vertragen.

> Bei der Aluminiumherstellung wird zunächst in einem chemischen Prozess Tonerde aus Bauxit gewonnen. Dann erfolgt die Reduktion des Al_2O_3 in der Schmelzflusselektrolyse mittels elektrischem Strom. Neben reinem Hüttenaluminium erzeugt man durch Recycling in Umschmelzwerken das energiesparende Umschmelzaluminium.

Verarbeitung

Walzen. Rechteckige Stranggussblöcke werden zunächst bei etwa 500 °C zu Warmwalzband warmgewalzt und unter 4 – 6 mm Dicke weiter kalt zu Kaltwalzband gewalzt. Trotz größerer Stichabnahmen sind die Walzkräfte wesentlich geringer als bei Stahl, da sich das kubisch-flächenzentrierte Aluminium leicht verformen lässt. So sind auch dünnste Folien bis unter 5 µm Dicke walzbar. Während des Kaltwalzens muss häufiger rekristallisierend zwischengeglüht werden.

Strangpressen. Dieses Formgebungsverfahren ist nur mit gut verformbaren, duktilen Werkstoffen wie Aluminium oder Kupfer wirtschaftlich möglich, bei Stahl ist das Strangpressen unwirtschaftlich und nicht üblich. Bild 6.2 zeigt das Prinzip. Ein auf 500 °C erwärmter Rundbarren (Strangguss) wird mit hohem Druck durch das Werkzeug gepresst, das eine Öffnung mit dem Querschnitt des herzustellenden Profils hat. So entsteht ein bis zu 20 m langes Profil mit nahezu beliebigem Querschnitt (Bild 6.2 rechts).

Spanen. Die Spanungseigenschaften von Aluminium und Al-Legierungen können als sehr gut bezeichnet werden. Durch hohe Schnittgeschwindigkeit, niedrige Schnittkraft und geringen Werkzeugverschleiß ergibt sich gegenüber Stahl ein Kostenvorteil, der die höheren Materialkosten des Aluminiums teilweise oder sogar ganz kompensieren kann. Weiches Reinaluminium und gering legierte Sorten bilden allerdings lange Späne, was die automatische Bearbeitung erschwert. Automatenlegierungen enthalten daher Zusätze von Blei (Pb) und/oder Wismut (Bi); sie bilden im Aluminium niedrig schmelzende Phasen und machen den Span kurzbrüchig (vergleiche: Schwefel in Stahl).

Fügen. Aluminium und seine Legierungen können geschraubt, genietet, geschweißt oder gelötet werden, um nur einige Fügeverfahren zu nennen. Das Schmelzschweißen hat elektrisch unter Schutzgas zu erfolgen: Wolfram-Inertgas- (WIG) oder Metall-Inertgas-Lichtbogenschweißen (MIG) mit Argon oder Ar/He als Inertgas. Gasschweißen an Luft führt zur Aus-

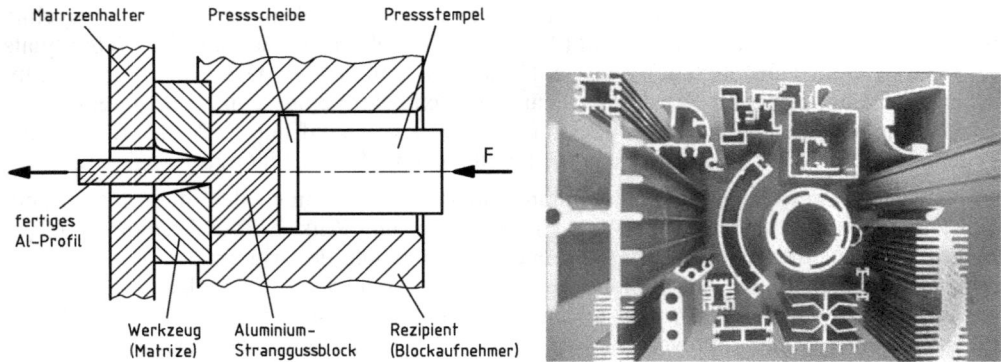

Bild 6.2 Links: Prinzip des Strangpressens; rechts: Auswahl von Strangpressprofilen.

bildung dicker Oxidhäute, die das Zusammenfließen der Schweißschmelze verhindern. Daher sollte auch Laserschweißen unter Schutzgas erfolgen. Widerstands-Punktschweißen führt wegen der guten Leitfähigkeit des Aluminiums zu erhöhtem Elektrodenverschleiß.

Kupferhaltige Legierungen sind weniger schweißgeeignet (hohe Warmrissneigung), besseres Fügeverfahren ist hier das Nieten (Flugzeugbau). Ausgehärtete AlMgSi-Legierungen verlieren in der Wärmeeinflusszone ihre Festigkeit; bei AlZnMg-Legierungen härtet der Schweißnahtbereich selbständig wieder aus. Neuere Entwicklungen in der Luftfahrt- und Kfz-Technik sind das Schweißen mittels Laser und das Kleben.

Recycling

Das fortschreitende Umweltbewusstsein, das auch in der Gesetzgebung seinen Niederschlag findet, verlangt nach geringerem Energieverbrauch und einer Materialkreislaufwirtschaft. Der Werkstoff Aluminium kommt beiden Forderungen entgegen. So ermöglicht er z.B. im Fahrzeugbau beträchtliche Masseeinsparungen, was sich direkt in geringerem Energieverbrauch auszahlt. Zur Zeit werden im Straßen- und Schienenfahrzeugbau Karosserieaufbauten, Fahrwerkselemente und Motorteile von Stahl auf Aluminium umgestellt.

Allerdings zeigt erst eine *Ökobilanz*, ob überhaupt oder ab welcher Fahrleistung der Energieminderverbrauch den hohen Herstellungs-Energieaufwand des Hüttenaluminiums kompensiert, d.h. ob und wann die Energiebilanz positiv ausfällt. Das Ergebnis hängt stark vom Fahrzeugtyp und der Fahrweise ab.

Die Ökobilanz fällt naturgemäß deutlich günstiger aus, wenn statt des Hüttenaluminiums Umschmelzaluminium verwendet wird, da der Herstellungs-Energieaufwand hier nur ein Zehntel ausmacht. Alle Fahrzeughersteller bemühen sich zur Zeit, einen möglichst hohen Prozentsatz der Aluminumbauteile aus Umschmelzaluminium herzustellen.

Das Aluminiumrecycling ist somit eine volkswirtschaftlich bedeutsame Aufgabe. Insbesondere gilt es, den beträchtlichen Anteil an Verpackungsaluminium zurückzugewinnen, d.h. konsequentes Sammeln, verlustarmes Aufbereiten und Einschmelzen von Dosen, Tuben, Folien und aluminiumkaschierten Verpackungen. Dosen und Folien bestehen aus Hüttenaluminium hoher Reinheit. Einerseits lässt sich das silberglänzende, unmagnetische Metall relativ leicht von anderen Abfällen trennen und es ist von Vorteil, dass es über Jahre hin nicht korrodiert und dadurch kaum Verluste entstehen. Andererseits ist das Einschmelzen der farbig bedruckten und beschichteten Verpackungen wegen giftiger Abgase problematisch. Neue Pyrolyseverfahren zum Verschwelen organischer Beschichtungen können hier Abhilfe schaffen.

> Die Verarbeitung von Aluminium kann nach allen gängigen Verfahren erfolgen, wobei das Strangpressen besondere Möglichkeiten bietet. Das Al-Recycling ist von volkswirtschaftlicher Bedeutung und sollte konsequent betrieben und verbessert werden.

6.2.2 Physikalische und chemische Eigenschaften

Physikalische Eigenschaften. Die wichtigsten Eigenschaften des silberglänzenden Leichtmetalls sind in Tabelle 6.1 zusammengefasst. Sie gelten für Reinaluminium bei Raumtemperatur.

Tabelle 6.1 Physikalische Eigenschaften von Reinaluminium

Dichte in g/cm^3	2,7
Schmelztemperatur in °C	660
Atomgitter	kfz
Elastizitätsmodul in GPa oder kN/mm^2	72
Elektrische Leitfähigkeit in $m/\Omega mm^2$	36
Wärmeleitfähigkeit in W/mK	211
Wärmeausdehnungskoeffizient (20 – 100 °C) in K^{-1}	$24 \cdot 10^{-6}$

Legierungselemente im Bereich weniger Prozente verändern die meisten Werte nur wenig, abgesehen von der elektrischen Leitfähigkeit (starker Abfall mit zunehmendem Fremdatomgehalt). Höhere Temperaturen lassen den E-Modul und die Leitfähigkeit abfallen, der Wärmeausdehnungskoeffizient hingegen steigt an.

Chemische Eigenschaften. Trotz der starken Reaktivität sind Reinaluminium und einige Legierungen chemisch sehr beständig, also korrosionsfest. Das liegt an der dichten, von Wasser und vielen Chemikalien unangreifbaren *Passivierungschicht* aus Al_2O_3, die sich in kürzester Zeit auf frischer Aluminiumoberfläche bildet. Nur im sauren ($p_H < 4,5$) und alkalischen ($p_H > 8,5$) Bereich ist die Passivierungsschicht nicht beständig, ebenso nicht dauerhaft gegen Chloride. Dickere Oxidschichten, künstlich durch *Anodische Oxidation (Anodisieren,* s.u.) aufgebracht, erhöhen die Korrosionsbeständigkeit deutlich.

Einige Aluminiumlegierungen besitzen die gute Korrosionsbeständigkeit nicht, sie lassen sich auch nicht durch Anodisieren verbessern, da Elemente wie Kupfer und Eisen, in gewissem Maße auch Silizium und Zink, das Wachstum der Passivierungsschicht stören. Die im Flugzeugbau überwiegend verwendeten AlCuMg-Legierungen sind somit *nicht* korrosionsbeständig, die Oberflächen müssen korrosionsgeschützt werden (Lackierung oder Beschichtung mit Rein-Al). Auch die aus Schrotten gewonnenen Umschmelzlegierungen besitzen wegen der höheren Begleitelementkonzentration (Cu, Fe) nicht die Korrosionsbeständigkeit der Hüttenlegierungen.

Korrodiertes Aluminium zeigt keine rotbraune Färbung wie der Eisenrost, sondern – zunächst an einzelnen Stellen ausblühendes – grauweißes Pulver aus Al-Oxid und -Hydroxid. Man sollte daher bei der Aluminiumkorrosion nicht vom „Rosten" sprechen. Neben einem relativ seltenen gleichmäßigen Flächenangriff und gelegentlicher interkristalliner Korrosion tritt vor allem Lochkorrosion und die gefürchtete Spannungsrisskorrosion auf (siehe hierzu Kapitel 12).

Die Elemente Magnesium und Mangan verändern die Passivierungsschicht kaum, daher finden AlMg- und AlMn-Legierungen für korrosionsbeständige Behälter (Dosen) oder in der Meerestechnik (Schiffbau) Verwendung. Im Bauwesen wird bevorzugt der Werkstofftyp AlMgSi eingesetzt, der geringe Si-Gehalt ($\leq$ 1%) beeinträchtigt die Korrosionsbeständigkeit nur wenig.

> Reinaluminium, AlMg- und AlMn-Legierungen sind sehr korrosionsbeständig, kupferhaltige Legierungen hingegen sind nicht beständig. Eisen, Zink und Silizium stören ab bestimmten Mengen und bei besonderer Korrosionsbeanspruchung.

Anodische Oxidation. Die natürliche Oxidhaut (< 0,1 μm Dicke) kann auf 5 – 20 μm Dicke verstärkt werden. Der abgekürzt als *Anodisieren* (oder mit dem Markennamen *Eloxieren*) bezeichnete Prozess findet in schwefelsaurem wässrigem Elektrolyt unter Stromzufuhr statt. Die eingetauchten Werkstücke bilden die Anode, der Sauerstoff der Schwefelsäure (H_2SO_4) reagiert mit dem Aluminium zu weichem, porösem Al_2O_3. In kochendem Wasser wird die Schicht anschließend in das glasklare, harte Oxid umgewandelt. Stärker anodisierte Bleche sind nicht mehr umformbar. Biegt man ein solches Blech, ist das Aufreißen der harten Oxidschicht unmittelbar durch leises Knistern zu hören.

Prozessvarianten ermöglichen farbige oder lichtecht getönte Anodisierschichten (z.B. braune Fensterprofile). Dekorativ und korrosionsbeständig anodisierbar sind nur Cu- und Fe-arme Legierungen sowie solche mit geringem Si-Gehalt (< 1%).

Hartanodisieren. Mit dicken Al_2O_3-Schichten über 20 μm bis 100 μm wird guter Verschleißschutz erzielt. Beispiel: Hartanodisation der verschleißbeanspruchten Fadenführungen von Textilwebmaschinen. Sofern es nur um Verschleißschutz und nicht auch um Korrosionsschutz geht, besteht keine Legierungseinschränkung.

> Mittels anodischer Oxidation (Anodisation) kann die natürliche Passivierungsschicht verstärkt und die Korrosions- sowie Verschleißbeständigkeit erhöht werden. Das gilt nicht für alle Legierungen, da besonders Kupfer und Eisen den Schichtaufbau stören.

6.2.3   Reinaluminium und naturharte Legierungen

Zustandsbenennungen und Werkstoffnummern. Vorweg seien die nunmehr europäisch genormten Benennungen der Zustände und die Werkstoffnummern erläutert. Nach EN 515 (Bezeichnung der Werkstoffzustände) wird der höherfeste Zustand kaltverformten Aluminiums mit einem „H" gekennzeichnet (früher: F-Zahl). Dem H folgt eine „1" für Kaltverfestigung sowie eine zweite Zahl von 1 bis 8 für die Mindestzugfestigkeit, wobei 8 für die höchste erreichbare Festigkeit steht. Der weiche, geglühte Zustand wird mit einer Null angegeben. (früher „G"). Beispiele:

EN AW-Al99,5 H **14**	Reinaluminium-Knetwerkstoff, Reinheit 99,5 %, kaltverfestigt (**1**) auf mittelharten Zustand (**4**)
EN AW-Al99,8 **0**	Reinaluminium-Knetwerkstoff, Reinheit 99,8 %, weichgeglüht (**0**)

Werkstoffnummern („numerisches System"). Anders als in Abschnitt 5.2.2.3 beschrieben, wurden die Al-Werkstoffnummern nunmehr europaweit dem amerikanischen 4-stelligen Nummernsystem angepasst. Die Reinaluminium-Sorten haben z.B. die Nummern EN AW-1000 bis EN AW-1999 (siehe Tab. 6.2).

Reinaluminium wird in der Elektrotechnik als Leitwerkstoff, für Verpackungen (Folien, Tuben, Kaschierungen, das sind auf Trägermaterial wie Pappe aufgebrachte Folien) und hochglänzende Teile (Lampenreflektoren, Kappen, Verblendungen, Schmuck) verwendet. Höherer Reinheitsgrad führt zu höherem Glanz, aber zu niedrigerer Festigkeit. Letztere lässt sich nur durch *Kaltverformung* verbessern. Tabelle 6.2 enthält drei Beispiele.

> Reinaluminium wird vorwiegend in der Elektrotechnik (E-Al), in der Verpackungsindustrie und für dekorative Zwecke verwendet.

Naturharte Aluminiumlegierungen. Durch Zusätze von Mg, Mn oder Si zwischen 1 % und 10 % lässt sich eine deutlich höhere Festigkeit gegenüber Reinaluminium erzielen, ohne dass die Zähigkeit allzusehr abfällt („Mischkristallfestigkeit" oder „Mischkristallhärtung", siehe Abschnitt 2.2.3). Bild 6.3 zeigt, wie sich das Legierungselement Magnesium auswirkt.

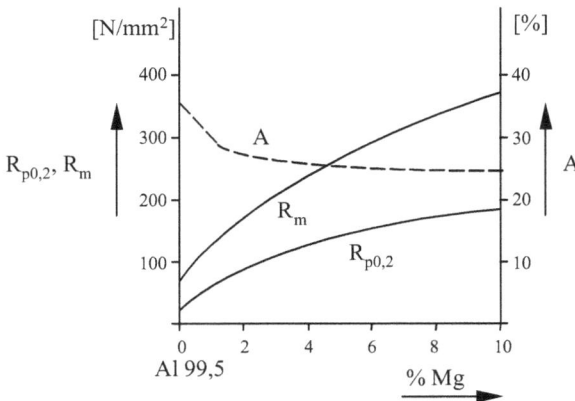

Bild 6.3 Einfluss des Legierungselements Magnesium auf die Festigkeit und Zähigkeit von Aluminium.

Da keine Wärmebehandlung erfolgen muss, nennt man die Legierungen naturhart oder auch „nichtaushärtend". Folgende Typen gehören dazu (Beispiele siehe Tabelle 6.2):

• AlMg(Mn)   (Werkstoff-Nummern-Serie 5000 – 5999)
• AlMn   (Werkstoff-Nummern-Serie 3000 – 3999)
• AlSi   (Werkstoff-Nummern-Serie 4000 – 4999)

Naturharte (oder „nichtaushärtbare") Al-Legierungen erhalten ihre Festigkeit durch Mischkristallhärtung über gelöste Mg-, Mn- oder Si-Fremdatome.

Tabelle 6.2 Reinaluminium und naturharte Al-Legierungen (Auswahl).

Werkstoff-Kurzname [1])	Werk-stoff-Nr. EN AW-	Dehn-grenze $R_{p0,2}$ (min.) MPa	Zugfe-stigkeit R_m (min.) MPa	Bruch-dehnung A (min.) [2]) %	Anwendungs-beispiele
Al 99,8 (weich)	1080A	15	60	35	Folien, Verpackungen,
Al 99,5 (weich)	1050A	20	65	32	Tuben, Zierteile,
Al 99,5 (hart)	1050A	120	140	2	Reflektoren
AlMg1 (weich)	5005	35	100	20	Welldächer, Fassaden-
AlMg3 (hart)	5754	250	290	4	bleche, Behälter (Do-
AlMn1 (weich)	3103	35	90-130	25	sen), Verkehrsschilder
AlMg4,5Mn0,7 (weich)	5083	125	275-350	15	Flüssiggastanks, Container, Bierfässer

[1]) Weich: Zustand „0" (geglüht); hart: kaltverfestigt (etwa H14, auf die genaue „H"-Kennzeichnung wurde hier verzichtet);
[2]) die Bruchdehnung ist wanddickenabhängig.

6.2.4   Aushärtbare Aluminiumlegierungen

Der Effekt der Ausscheidungshärtung (kurz *Aushärtung*) von Aluminumlegierungen wurde 1906 von A. Wilm entdeckt. Damit konnten erstmals höherfeste Bleche für die aufstrebende Luftfahrt hergestellt werden (Markenname „Duralumin").

Prinzip der Ausscheidungshärtung. Mikrofeine Ausscheidungen entstehen durch Diffusion von Legierungselementen, die zuvor übersättigt in Lösung gebracht wurden. Das ist immer dann möglich, wenn ein eutektisches Zustandsdiagramm für eines der Elemente Teillöslichkeit aufweist, die bei Abkühlung auf Raumtemperatur stark abnimmt (Bild 6.4, siehe auch Abschnitt 4.3.3).

Die Legierung x (Aluminium mit x % LE) wird bei Temperatur T_L (= Lösungsglühtemperatur) geglüht, alle Fremdatome befinden sich im Mischkristall α in Lösung. Bei *langsamer* Abkühlung müssen sich – nach Unterschreitung der Löslichkeitsgrenze bei T_U – die Fremdatome durch Diffusion ausscheiden und die 2. Phase, das sind grobe β-Mischkristalle, bilden. Bei *schneller* Abkühlung (Abschrecken) kann jedoch die Diffusion nicht erfolgen, die Fremdatome bleiben übersättigt in Lösung.

Der übersättigte Mischkristall α hat nun ständig das Bestreben, gemäß Zustandsdiagramm, die Phase β zu bilden. Schon bei Raumtemperatur beginnt geringfügige Diffusion, über viele Tage finden die nächstliegenden Fremdatome zu winzigen, gleichmäßig im Gefüge verteilten Ausscheidungen zusammen. Die bei dieser *Kaltauslagerung* entstehenden – nur im Elektronenmikroskop erkennbaren – Teilchen werden Guinier-Preston-Zonen genannt (Bild 6.5).

Tempe-
ratur

S

α + S

α - MK

T_L ----x

T_U ----

α - MK + β - MK

E

Al   5%   ———► % LE

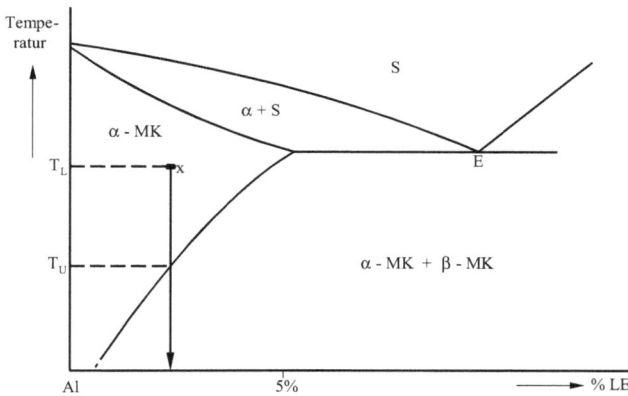

Bild 6.4 Zustandsdiagramm mit Teillöslichkeit für ein Legierungselement LE bis max. 5 % und abnehmender Löslichkeit gegen Raumtemperatur (schematisch).

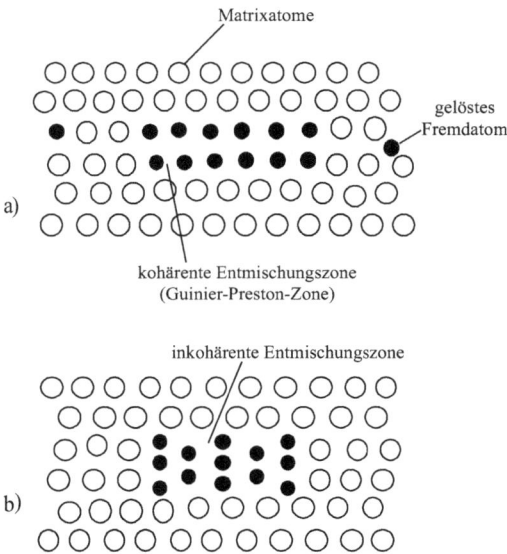

Matrixatome

gelöstes Fremdatom

a)

kohärente Entmischungszone (Guinier-Preston-Zone)

inkohärente Entmischungszone

b)

Bild 6.5 Aluminiumlegierungen mit durch Auslagerung ausgeschiedenen Entmischungszonen. a) kohärente Ausscheidung (Gitterstruktur übereinstimmend); b) inkohärente Ausscheidung (Gitterstruktur nicht übereinstimmend).

Die Feinstausscheidungen führen zu starken Gitterverspannungen und damit zu weitaus größerem Festigkeitsanstieg, als es gelöste Fremdatome durch Mischkristallhärtung vermögen. Bild 6.6 zeigt den Festigkeitsanstieg infolge Kaltauslagerung oder „*Kaltaushärtung*" bei drei unterschiedlichen Auslagerungstemperaturen.

Die Kaltauslagerung bei Raumtemperatur sollte mindestens 8 Tage betragen, bis der Gleichgewichtszustand erreicht und keine weitere Festigkeitszunahme (und damit auch keine weitere Zähigkeitsabnahme) zu erwarten ist.

Mit höherer Temperatur nimmt die Diffusionsgeschwindigkeit zu, was für eine *Warmauslagerung* genutzt wird. Bei etwa 150 °C bis 200 °C entstehen in wenigen Stunden Guinier-Preston-Zonen 2. Art, die sich etwas von den G.P.-Zonen der Kaltauslagerung unterscheiden und bei manchen Legierungen (z.B. den AlMgSi-Legierungen) zu höherer Festigkeit führen.

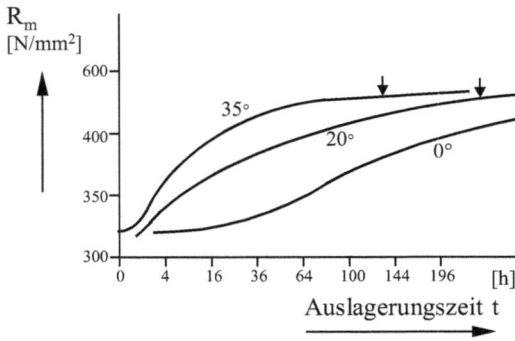

Bild 6.6 Zugfestigkeitserhöhung durch Kaltaushärtung von AlCu4Mg1. Die Pfeile deuten den erreichten Gleichgewichtszustand an.

Bild 6.7 zeigt die Warmaushärtungskurven für drei Auslagerungstemperaturen. Der Festigkeitsgewinn ist schon nach wenigen Stunden erheblich, allerdings nimmt auch hier die Bruchdehnung um annähernd die Hälfte ab. Daher wird nicht immer auf höchste Festigkeit, also das in Bild 6.7 erkennbare Maximum, ausgelagert.

Mit zunehmender Auslagerungstemperatur und -zeit wachsen einzelne G.P.-Zonen auf Kosten anderer, sie werden größer, bis reale Kristalle des β-MK entstehen. Die Gitterverspannungen nehmen ab, die Festigkeit muss fallen (anhand der 175 °C-Auslagerungskurve in Bild 6.7 gut zu sehen). Die Festigkeitsabnahme tritt natürlich auch bei betrieblicher Temperaturbelastung von Bauteilen – z.B. im Motorenbau – auf und muss dort unbedingt beachtet werden.

Eine manchmal absichtlich über das Festigkeitsmaximum hinausgehende (bei bestimmten Legierungen durchgeführte) Auslagerung heißt *Überalterung*.

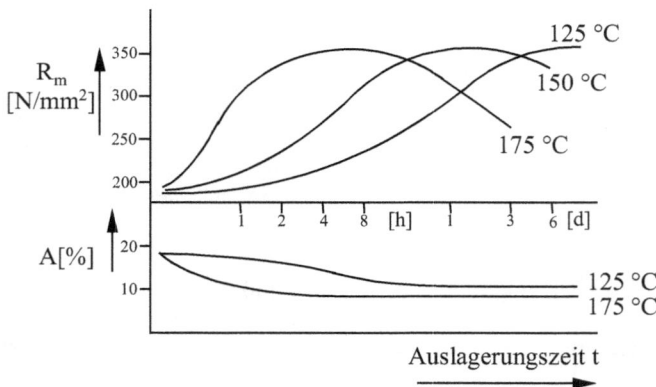

Bild 6.7 Änderung der Zugfestigkeit R_m und Bruchdehnung A von AlMgSi1 durch Warmaushärtung bei drei verschiedenen Auslagerungstemperaturen.

Der schematische Ablauf des Aushärtens von Aluminiumlegierungen lässt sich am besten in einem Temperatur-Zeit-Diagramm darstellen (Bild 6.8).

Das Aushärten der aushärtbaren Al-Legierungen geschieht durch Lösungsglühen, Abschrecken und Kalt- oder Warmauslagern. Feinstausscheidungen bewirken eine beträchtliche Festigkeitssteigerung, zugleich nimmt allerdings die Zähigkeit ab.

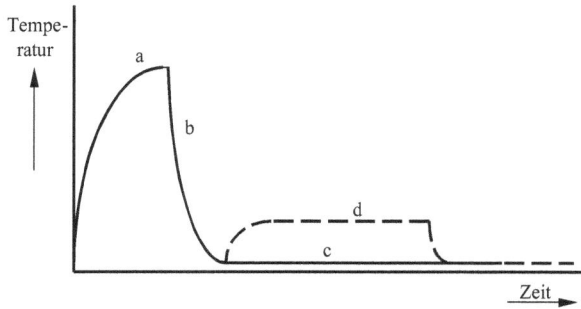

Temperatur

a

b

d

c

Zeit

Bild 6.8 Temperatur-Zeit-Diagramm der Aushärtung von Aluminiumlegierungen. a) Lösungsglühen, b) Abschrecken, c) Kaltauslagern, d) Warmauslagern.

Während Stahl nach dem Abschrecken bereits gehärtet ist, kann abgeschrecktes Aluminium – da es ja noch weich ist – bearbeitet oder bei Verzug gerichtet werden. Obwohl meist Wasserabschreckung durchgeführt wird, ist die Gefahr von Rissen (siehe Härterisse bei Stahl) praktisch nicht gegeben. Dünnwandige Werkstücke (Wanddicke < 3 mm) können auch an Luft abgeblasen werden. Das vom Stahl her bekannte Ölabschrecken ist nicht üblich.

Prozessintegrierte Wärmebehandlung. Im Anschluss an verschiedene Warmformgebungsprozesse wie dem Strangpressen kann direkt das Abschrecken bzw. Luftabblasen und Auslagern erfolgen. Die Strangpresstemperatur von über 500 °C reicht für das Lösungsglühen aus; die aus dem Werkzeug austretenden Profile werden zügig abgekühlt. Anschließend folgt das Richten und die automatische Kaltauslagerung während des Lagerns der Profile.

Wärmebehandlungsangaben. Die früher verwendeten F-Zahlen für ausgehärtete Zustände (z.B. F32 = Mindestzugfestigkeit 320 MPa) gelten nur noch in älteren nationalen Normen. In den europäischen Normen (EN) wurden die amerikanischen T-Bezeichnungen übernommen (**T** = to **T**emper, Glühen). Es bedeuten nach DIN EN 515:

T1	Abgeschreckt aus Warmformgebungstemperatur und kaltausgelagert
T2	Abgeschreckt aus Warmformgebungstemperatur, kaltumgeformt (gereckt oder gerichtet) und kaltausgelagert.
T3	Lösungsgeglüht, kaltumgeformt und kaltausgelagert
T4	Lösungsgeglüht und kaltausgelagert
T5	Abgeschreckt aus Warmformgebungstemperatur und warmausgelagert
T6	Lösungsgeglüht und warmausgelagert
T7	Lösungsgeglüht und überaltert
T8	Lösungsgeglüht, kaltumgeformt und warmausgelagert
T9	Lösungsgeglüht, warmausgelagert und kaltumgeformt

Den Ziffern können weitere für bestimmte Warmauslagerungen oder Reckgrade folgen, z.B. T61 bis T65 für kürzere Auslagerungszeiten oder T73 bis T79 für stärkere Überalterung.

Werkstoffe. Folgende Legierungstypen sind für die aushärtende Wärmebehandlung besonders geeignet:

- AlMgSi   (Werkstoff-Nummern-Serie 6000 – 6999)
- AlCuMg   (Werkstoff-Nummern-Serie 2000 – 2999)
- AlZnMg(Cu)   (Werkstoff-Nummern-Serie 7000 – 7999)

In Tabelle 6.3 sind die wichtigsten Eigenschaften und einige Anwendungsbeispiele angege-ben, Tabelle 6.4 enthält von jedem Typ zwei Beispiele mit Wärmebehandlungszuständen und mechanischen Werten.

Luftfahrtwerkstoffe. Im Flugzeugbau herrschen wegen ihrer guten statischen und dynami-schen Festigkeit die AlCuMg-Legierungen vor, obwohl sie nicht schweißbar sind und korro-sionsgeschützt werden müssen. Bekannter Luftfahrtwerkstoff ist AlCu4Mg1 (EN AW-2024).

Tabelle 6.3 Aushärtbare Aluminiumlegierungstypen, allgemeine Eigenschaften und Anwendungen.

Werkstofftyp	Eigenschaften	Anwendungsbeispiele
AlMgSi	niedriglegierte Werkstoffe, warm- oder kaltaushärtbar, mit mittlerer Festigkeit; sehr gut umformbar, ideal strangpressbar; korrosionsbeständig; anodisierbar; schweißbar; mit Bleizusatz Automatenle-gierung	Fensterprofile, LKW-Bord-wände, Schienenfahrzeugauf-bauten, Laternen und Schiffs-maste, Möbelrohre und -beschläge, Fahrzeug-Schmiedeteile
AlCuMg	Legierungen mit hoher Festigkeit („Dur-alumin"); Verwendung überwiegend kalt-ausgehärtet; gut spanbar (mit Pb-Zusatz Automatenlegierung); nicht korrosionsbe-ständig, bedingt anodisierbar, bedingt schweißbar.	Luftfahrtwerkstoffe für den Flugzeugbau (speziell ge-normt); Fahrzeugbau; For-menbau (Kunststofformen); Verbindungselemente
AlZnMg(Cu)	mittlere, mit Cu höchste Festigkeit; Ver-wendung überwiegend warmausgehärtet; gut spanbar; ohne Cu gut schweißbar (Schweißnähte härten selbständig aus); ohne Cu befriedigend korrosionsbeständig, anodisierbar.	Fahrzeugbau (Lenkungs- und Bremsteile); militärische Anwendung: Pionierbrücken, Bootsbau; Verbindungsele-mente (hochfeste Schrauben).

Tabelle 6.4 Beispiele aushärtbarer Aluminiumlegierungen (Bleche, Stangen, Profile).

Werkstoff-Kurzname EN AW-	Werkstoff-Nummer EN AW-	Zustand	Dehngrenze $R_{p0,2}$ (min.) MPa	Zugfestigkeit R_m (min.) MPa	Bruchdeh-nung A (min.) %
AlMgSi [1] (alt: AlMgSi0,5)	6060	T4	65	130	15
AlSi1MgMn	6082	T6	260	310	6
AlCu4MgSi [1] (alt: AlCuMg1)	2017A	T4	245	390	14
AlCu6BiPb [2]	2011	T6	270	370	11
AlZnMg4,5Mg1	7020	T4	210	320	11
AlZn5,5MgCu (alt: AlZnMgCu1,5)	7075	T6	460	525	6

[1]) Werte gelten für Strangpressprofile, [2]) Stangen; übrige Werte: Bleche.

In neuerer Zeit findet ebenfalls AlZn5,5MgCu (EN AW-7075) Verwendung. Durch den hohen Schwermetallgehalt wird die Dichte des Aluminiums von 2,7 g/cm^3 bis auf 2,85 g/cm^3 erhöht, womit der Leichtbaugrad abnimmt. Der Zusatz des extrem leichten Legierungselements Lithium (Li, Dichte 0,53 g/cm^3) z.B. in Legierung EN AW-AlCu2Li2Mg1,5 mit 1,7 – 2,3 % Li verringert die Dichte wieder. Luftfahrtwerkstoffe werden in besonderen Luftfahrtnormen aufgeführt.

6.2.5 Aluminium-Gusslegierungen

Besonderes Merkmal der am meisten verwendeten Aluminium-Gusswerkstoffe ist der hohe Siliziumgehalt. Ähnlich wie Eisen-Gusswerkstoffe ihre beste Gießbarkeit bei eutektischem Kohlenstoffgehalt (ca. 4 % C) erreichen, so besitzen Al-Legierungen die beste Gießbarkeit in der Nähe des Al-Si-Eutektikums, das bei 12,6 % Si liegt. Die hoch siliziumhaltigen Al-Gusslegierungen hatten den bekannten Markennamen „Silumin".

Gusswerkstoffe werden häufig kostengünstig aus Umschmelzaluminium hergestellt. Die Norm trennt zwischen Hütten- und Umschmelzlegierungen durch die maximal zulässige Begleitelementkonzentration. Hauptnachteil der Umschmelzlegierungen ist – neben etwas schlechterer Duktilität – die geringere Korrosionsbeständigkeit. So dürfen z.B. die korrosionsbeanspruchten Aluminiumguss-Räder für PKW (Felgen) nicht aus Umschmelzlegierungen hergestellt werden.

Einteilungssystematik der Al-Gusslegierungen (mit Legierungsbeispielen):

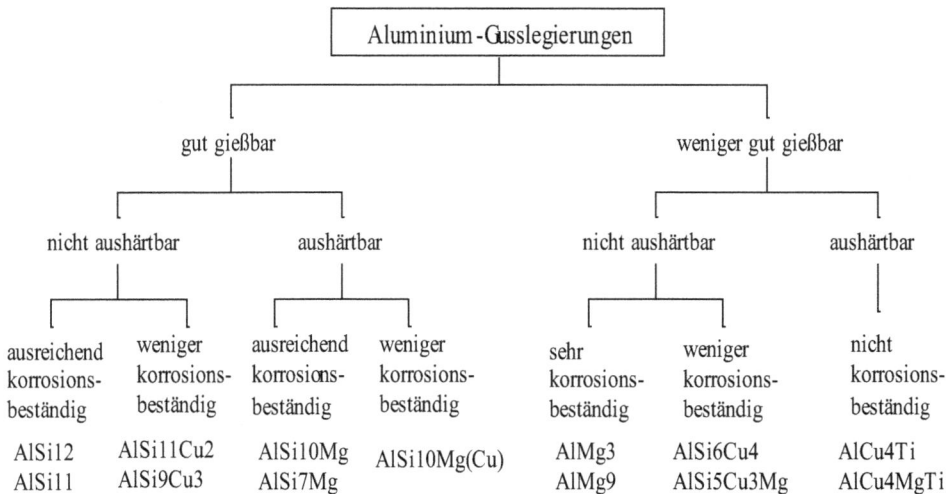

```
                          Aluminium-Gusslegierungen
                   ┌──────────────────┴──────────────────┐
              gut gießbar                          weniger gut gießbar
         ┌────────┴────────┐                    ┌──────────┴──────────┐
   nicht aushärtbar    aushärtbar         nicht aushärtbar        aushärtbar
```

gut gießbar				weniger gut gießbar		
nicht aushärtbar		**aushärtbar**		**nicht aushärtbar**		**aushärtbar**
ausreichend korrosionsbeständig	weniger korrosionsbeständig	ausreichend korrosionsbeständig	weniger korrosionsbeständig	sehr korrosionsbeständig	weniger korrosionsbeständig	nicht korrosionsbeständig
AlSi12	AlSi11Cu2	AlSi10Mg	AlSi10Mg(Cu)	AlMg3	AlSi6Cu4	AlCu4Ti
AlSi11	AlSi9Cu3	AlSi7Mg		AlMg9	AlSi5Cu3Mg	AlCu4MgTi

Gießverfahren. Während Eisengusswerkstoffe überwiegend im Sandgießverfahren gegossen werden, sind für das niedrig schmelzende Aluminium auch Verfahren mit Dauerformen – das sind Kokillen und Druckgießformen – möglich. Wegen überlegener Wirtschaftlichkeit und besserer Qualität (geringere Toleranzen, weniger Gefügefehler) machen Kokillen- und Druckguss heute etwa 80 % des Aluminium-Formgusses aus, 20 % verteilen sich auf Sand- und Feinguss.

Der *Kokillenguss* erfolgt in meist vertikal geteilten Kokillen (aus Gusseisen oder Warmarbeitsstahl), die gegen den Angriff des flüssigen Aluminiums mit einer Schlichte (Keramik oder Graphit) geschützt werden. Die mechanischen Eigenschaften von Kokillengussstücken sind optimal; es werden druckdichte Hydraulikgehäuse, Zylinderköpfe, Bremsteile oder PKW-Gussräder ausschließlich in Kokillenguss gefertigt.

Die Erzeugung von *Druckguss* geschieht mittels großer Druckgießmaschinen. Das flüssige Aluminium wird mit einem Gießkolben in die Form gespritzt. Die hydraulisch aufgebrachte „Schließkraft" presst die beiden Formhälften zusammen (vertikale Formteilung). Bei Schließkräften von über 30 MN können sehr große Druckgussstücke wie Rolltreppenstufen oder LKW-Getriebegehäuse (40 kg) gegossen werden. Wanddicken bis unter 1 mm sind realisierbar. Völlig eisenarmes Aluminium neigt dazu, in der Druckgießform anzukleben, daher lassen sich hochreine Hüttenlegierungen schlecht gießen. Druckgusslegierungen sind im Werkstoff-Kurznamen durch „(Fe)" zu erkennen, gleichbedeutend mit höherem Fe-Gehalt von ca. 0,5 bis 1 %, z.B. AlSi12(Fe).

Konventionell gegossene Druckgussstücke haben fertigungsbedingt komprimierte Lufteinschlüsse, die sich bei Erwärmung über 300 °C ausdehnen und Poren ergeben. Sie sind daher nicht aushärtbar und nicht schweißbar. Spezielle Druckgießverfahren arbeiten mit evakuierten Formhohlräumen, wodurch Lufteinschlüsse vermieden werden. *Vakuum-Druckguss* ist allerdings teurer. Die Verbindungsknoten des Gitterrohrrahmens der Aluminiumkarosserie des PKW A8 (Audi) werden aus Vakuumdruckguss gefertigt, sie sind damit schweißbar und können mit den Strangpressprofilen des Rahmens verschweißt werden.

Werkstoffe. Aluminium-Gusslegierungen sind seit 1998 in der Europäischen Norm DIN EN 1706 genormt. Die Benennung und Legierungszusammensetzung hat sich gegenüber der früheren Norm DIN 1725 Blatt 2 geändert. Die Zusatzbuchstaben für Gießverfahren wie GK (Kokillenguss), GD (Druckguss) und GF (Feinguss) sind entfallen. Tabelle 6.5 enthält Legierungsbeispiele mit neuen und alten Werkstoffnamen, Eigenschaften und Anwendungshinweisen.

Neben den gut gießbaren AlSi-Legierungen gibt es die Gruppe der sehr korrosionsbeständigen AlMg-Legierungen. Sie sind *dekorativ anodisierbar*, d h. dass die korrosions- und verschleißschützende Oxidschicht glasklar bleibt und sich gut einfärben lässt. Tür- und Fensterbeschläge werden aus dieser Legierungsgruppe hergestellt. Die AlCu-Gruppe enthält die höchstfesten, aushärtbaren Gusslegierungen. Trotz des kornfeinenden Ti-Zusatzes sind sie warmrissanfällig und schwer gießbar.

Kolbenlegierungen. Motorkolben müssen wegen der stark beschleunigten Massen leicht sein, zudem eine hohe Verschleiß- und Warmfestigkeit aufweisen. So wurden schon sehr früh Aluminium-Speziallegierungen entwickelt; Tabelle 6.5 enthält die am häufigsten verwendete Legierung EN AC-AlSi12CuNiMg. Obwohl der Kolben die Zylinderlauffläche nicht unmittelbar berührt, wird vom Kolbenmaterial gute Verschleißfestigkeit und ein gewisses Gleitvermögen (Notlaufeigenschaft) gegen die Gusseisen-Zylinderlauffläche gefordert. Glücklicherweise bewirkt der hohe Siliziumgehalt (12 % oder darüber) genau diesen Effekt, wobei die an der Oberfläche liegenden Si-Kristalle die guten Verschleiß- und Gleiteigenschaften hervorrufen. Die weiterhin geforderte Warmfestigkeit wird durch die Legierungselemente Eisen, Kupfer und Nickel erreicht.

Tabelle 6.5 Aluminium-Gusslegierungen, Beispiele nach DIN EN 1706. Mechanische Eigenschaften als Mindestwerte des getrennt gegossenen Kokillen- oder Druckguss-Probestabes: $R_{p0,2}$ / R_m / A in MPa bzw. %.

Werkstoff EN AC-	Eigenschaften	Anwendungsbeispiele
AlSi12 (alt: G/GK-AlSi12)	Sand- und Kokillenguss-Hüttenlegierung, sehr gut gießbar, korrosionsbeständig; 80 / 170 / 6	für kompliziert gestaltete, dünnwandige Gussstücke aller Art wie Gehäuse; Räder, Lüfter.
AlSi12(Fe) (alt: GD-AlSi12)	Druckgusslegierung, wie oben; 130 / 240 / 1	wie oben für große Serien; auch: Rolltreppentrittstufen.
Si10Mg (alt: G/GK-AlSi10Mg)	aushärtbare, gut gießbare Hüttenlegierung, korrosionsbeständig; ausgehärtet: 220 / 260 / 1	Fahrzeug-Sicherheitsteile, hochwertige Zylinderköpfe, Pumpengehäuse (bis 300 bar druckdicht).
AlSi9Cu3(Fe) (alt: GD-AlSi9Cu3)	Druckguss-Umschmelzlegierung guter Festigkeit, sehr gut gießbar, weniger korrosionsbeständig; 140 / 240 / < 1	für dünnwandigen und flüssigkeitsdichten Seriendruckguss mit 0,1 kg bis über 10 kg Gewicht: Getriebegehäuse, Lenkgehäuse, Ölwannen
AlMg3 (alt: G/GK-AlMg3)	sehr korrosionsbeständige Hüttenlegierung mittlerer Festigkeit, weniger gut gießbar; polierbar und dekorativ anodisierbar; 70 / 150 / 5	Beschlagteile (Fenster-, Türgriffe); seewasserbeständige Beschläge für den Schiffbau; Nahrungsmittelindustrie (z.B. Fleischverarbeitungsmaschinen)
AlCu4TiMg (alt: G-AlCu4TiMg)	aushärtbare, hochfeste Legierung, weniger gut gießbar, nicht korrosionsbeständig; ausgehärtet: 200 / 320 / 8	für hochbeanspruchte Luftfahrtteile; Bremszangen; hoch belastete Fahrradteile
AlSi12CuNiMg (alt: GK-AlSi12CuNiMg)	Kolbenlegierung mit hoher Verschleißfestigkeit, gut gießbar; 240 / 280 / < 1	Motorkolben; mit 17 % Si: Motor-Kurbelgehäuse ohne eingesetzte Laufbuchsen

Al-Gusslegierungen enthalten zwecks guter Gießbarkeit bis zu 12 % Si; daneben gibt es siliziumarme Legierungen mit guter Korrosionsbeständigkeit (Typ AlMg) oder hoher Festigkeit (Typ AlCu). Die Verarbeitung erfolgt vorwiegend im Kokillen- oder Druckgießverfahren.

Zusammenfassung

Die Aluminiumknet- und Gusslegierungen eignen sich aufgrund ihrer niedrigen Dichte für Leichtbaukonstruktionen im Maschinen- und Fahrzeugwesen, insbesondere für Straßenfahrzeuge und in der Luft- und Raumfahrt. Weiterhin werden sie wegen guter Korrosionsbeständigkeit und Leitfähigkeit auch im Bauwesen, Kühlerbau, in der Elektroindustrie und im Verpackungsbereich genutzt.

Man unterscheidet Reinaluminium, naturharte und aushärtbare Legierungen. Letztere erreichen durch die Ausscheidungshärtung etwa die Festigkeitswerte der einfachen Baustähle.

Eine durch die natürliche Oxidhaut gegebene Korrosionsbeständigkeit kann mittels anodischer Oxidation weiter verbessert werden, allerdings nicht bei allen Legierungen. Das Recycling von Aluminium ist volkswirtschaftliche Notwendigkeit, um den hohen Energieverbrauch der Primäraluminiumherstellung zu kompensieren. Die aus Schrotten gewonnenen Umschmelzlegierungen werden bevorzugt zur Herstellung von Aluminium-Gussstücken verwendet. Gut gießbare Aluminium-Gusslegierungen enthalten bis zu 12 % Silizium, ihre Verarbeitung erfolgt hauptsächlich im Kokillen- und Druckgießverfahren, weniger häufig im Sand- oder Feingießverfahren.

Aufgaben zu Abschnitt 6.2

1. Erläutern Sie die Werkstoffe EN AW-AlCu4Mg1 und EN AC-AlSi8Cu3.

2. Was versteht man unter der Schmelzflusselektrolyse?

3. Durch welche Maßnahme lässt sich das Problem des hohen Energieverbrauchs der Aluminiumgewinnung mildern?

4. Warum ist das „unedle" Aluminium korrosionsbeständig?

5. a) Erläutern Sie das Anodisieren von Aluminium. b) Welche Legierungen lassen sich schlecht oder nur bedingt anodisieren?

6. Beschreiben Sie den Vorgang der Aushärtung von Al-Legierungen anhand eines Temperatur-Zeit-Diagramms.

7. a) Durch welches Legierungselement werden Al-Gusslegierungen gut gießbar? b) Welches vergleichbare Element enthalten die gut gießbaren Eisengusswerkstoffe?

8. Welche Al-Gusslegierungen sind dekorativ anodisierbar?

9. Nennen Sie eine Al-Gusslegierung für Motorkolben und erläutern Sie die Funktion der darin enthaltenen Si-Kristalle.

6.3   Magnesium, Titan, Beryllium

Die drei Leichtmetalle Magnesium, Titan und Beryllium haben gegenüber Aluminium relativ geringe Bedeutung, sie werden allerdings zukünftig durch die wachsende Luft- und Raumfahrtindustrie sowie die Forderung nach höherem Leichtbaugrad in der Verkehrstechnik verstärkt Beachtung finden. Derzeit ist die zunehmende Substitution von Stahlblech durch Magnesiumdruckguss im PKW zu beobachten. Ziel ist, den Trend steigender Fahrzeuggewichte – ausgelöst durch erhöhte Sicherheitsanforderungen und mehr Komfort – zu stoppen und möglichst umzukehren, um den Kraftstoffverbrauch zu senken. 100 kg weniger Fahrzeugmasse sparen rund 5 % Kraftstoff.

6.3.1   Magnesium und Magnesiumlegierungen

Magnesium ist das derzeit leichteste Gebrauchsmetall. Es ist – wie das Aluminium – ein sehr junges Metall, da es sehr schwer (also nicht einfach mit Kohle) aus seinen Verbindungen zu reduzieren ist. Von den weltweit erzeugten rund 500.000 t Magnesium werden etwa

20 % als Metall für Konstruktionszwecke genutzt, den größten Teil benötigen die Aluminiumindustrie (Legierungsmetall) und die chemische Industrie.

Die hauptsächlichen Vorteile des Magnesiums sind:

- geringes Gewicht (Dichte 1,7 g/cm³, 37 % leichter als Al);
- gute Gießbarkeit (Schmelztemperatur 640 °C);
- sehr gut spanbar (mögliche Schnittgeschwindigkeiten höher als bei Al);
- gut wärmeleitend;
- Legierungen aushärtbar, damit ausreichend gute Festigkeit;
- einfaches Recycling.

Dem stehen folgende Nachteile gegenüber:

- geringere Festigkeit und Steifigkeit gegenüber Aluminium;
- schlecht verformbar (als Kaltwalzblech schwer herstellbar);
- bedingt korrosionsbeständig (Oberfächenschutz notwendig);
- Brennbarkeit der Mg-Späne bei der Bearbeitung;
- etwas höherer Materialpreis gegenüber Al.

Vorkommen und Herstellung. Die Magnesium-Vorräte sind nahezu unbegrenzt; neben großen Erzvorkommen (z.B. Dolomit, $MgCO_3 \, CaCO_3$) dient auch Meerwasser mit etwa 1,3 kg Mg pro m³ als Rohstoffquelle. Aus Erzen bzw. Meerwasser wird zunächst reines $MgCl_2$ gewonnen und dieses in der Schmelzflusselektrolyse (siehe Aluminiumherstellung) zu Mg reduziert. Der Stromverbrauch ist noch etwas höher als bei der Aluminiumelektrolyse.

Verarbeitung. Wegen der ungenügenden Umformbarkeit (hexagonale Gitterstruktur, s. Abschn. 2.2.2), aber guten Gießbarkeit werden Magnesium und seine Legierungen vorwiegend im Formguss, hauptsächlich zu Druckgussstücken, verarbeitet. Die selten verwendeten Knetlegierungen lassen sich nur langsam bei über 200 °C umformen.

Die Spanbarkeit ist hervorragend; Mg kann mit Schnittgeschwindigkeiten von 3000 m/min bei geringstem Werkzeugverschleiß gedreht oder gefräst werden. Wegen der Brennbarkeit der Mg-Späne sind besondere – gesetzlich geregelte – Vorsichtsmaßnahmen einzuhalten. Brennende Späne dürfen nicht mit Wasser gelöscht, sondern müssen mit Stahlkies erstickt werden. Kompaktes Magnesium ist nicht brennbar.

Eigenschaften und Werkstoffe. Neben den bereits genannten allgemeinen Eigenschaften (siehe auch Tab. 2.10) sind für den Maschinenbau folgende physikalischen Eigenschaften wichtig:

Elastizitätsmodul E	45 GPa
Ausdehnungskoeffizient α	$25 \cdot 10^{-6}$ / K
Wärmeleitfähigkeit λ	157 W/mK

Magnesium-Knetlegierungen sind in DIN 1729 Teil 1, Magnesium-Gusslegierungen in DIN EN 1753 genormt. Tabelle 6.6 enthält einige Legierungen und mechanische Eigenschaften. Reinmagnesium wird wegen zu geringer Festigkeit nur wenig, z.B. für Opferanoden (Korrosionsschutz, s. Kapitel 12) verwendet.

Anwendung. Am häufigsten findet man Magnesiumteile im Kraftfahrzeug-, Flugzeug- und Triebwerksbau. Weitere Anwendungen sind: Handhabungsgeräte wie Roboter (schnell bewegliche Tragarme) oder Gehäuse von leicht transportablen Motorsägen (siehe auch Tabelle 6.6).

Tabelle 6.6   Magnesiumlegierungen (Auswahl). Mechanische Eigenschaften: $R_{p0,2}$ / R_m / A in MPa bzw. %.

Werkstoff	Eigenschaften	Anwendungsbeispiele
GD-MgAl9Zn1	häufigst verwendete Druckgusslegierung mit guter Festigkeit; Sandguss warmausgehärtet: 150 / 240 / 2	Druckgussstücke aller Art: Getriebegehäuse, Sitzhalterungen, Armaturenhalterungen, Kettensägengehäuse, Roboterarme.
G-MgZn5Th2Zr1	warmfeste Sandguss-Luftfahrtlegierung, thorium- und zirkonhaltig. 150 / 250 /3	druckdichte Luftfahrtteile; Triebwerksteile: warmfest bis 150 °C.
MgMn2	gut schweißbare, relativ korrosionsbeständige Knetlegierung mittlerer Festigkeit. 165 / 220 / 2	Verkleidungen, Kraftstoffbehälter, Opferanoden.
MgAl8Zn	hochfeste Knetlegierung für Strangpressprofile und Schmiedestücke, aushärtbar. 215 / 310 / 6	Luftfahrtteile

Bis 1970 wurde von der Volkswagen AG Magnesium in großen Mengen (täglich 150 t Druckguss) für den luftgekühlten Boxer-Motor des „Käfer" verarbeitet (Motor- und Getriebegehäuse). Mit der Einführung wassergekühlter Motoren und Umstellung auf Grauguss ging der Magnesiumverbrauch schlagartig zurück. Heute erlebt Magnesium im Fahrzeugbau eine „Renaissance"; wegen der Forderung nach Gewichtseinsparung wird es verstärkt im Karosserie- und Fahrwerksbereich eingesetzt, z.B. Innenverstärkung von Kofferraumdeckel und Türen, Tankdeckel, Sitzhalterungen, Lenkräder, Konsolen. Der derzeitige Mg-Gewichtsanteil im Fahrzeug von etwa 1 % soll bis auf 10 % steigen.

6.3.2   Titan und Titanlegierungen

Titan gehört mit der Dichte von 4,5 g/cm^3 noch gerade zu den Leichtmetallen. Wegen seiner hohen Festigkeit und sehr guten Korrosionsbeständigkeit ist es den Leichtmetallen Aluminium und Magnesium überlegen. Dem steht der etwa 10fache Materialpreis (massebezogen) gegenüber. Heute werden weltweit rund 200.000 t Titanmetall erzeugt; eine weitaus größere Menge wird für die Farbenherstellung (Titanweiß) benötigt.

Herstellung. Titanerze wie Rutil (TiO_2) oder Ilmenit ($FeTiO_3$), sind in der Erdkruste reich enthalten, jedoch nur in wenigen Lagerstätten so hoch konzentriert, dass sich der Abbau lohnt. Aus den Erzen wird über einen nasschemischen Prozess $TiCl_2$ und daraus durch Reduktion mittels Magnesium bei 800 °C nach der Gleichung

$$TiCl_2 + Mg \rightarrow Ti + MgCl_2$$

das Titan erzeugt (Kroll-Prozess). Magnesium wird aus $MgCl_2$ zurückgewonnen, die verbleibende Säure (Dünnsäure) wird entsorgt. Das Titan liegt nun als *Titanschwamm* in poröser Form vor und muss im Lichtbogenofen unter Vakuum umgeschmolzen werden. Der aufwendige Herstellungsprozess führt zu dem hohen Materialpreis.

Verarbeitung. Titan und seine Legierungen können wie alle Metalle gewalzt, geschmiedet oder auch zu Draht gezogen, wegen schlechter Verformbarkeit jedoch nicht stranggepresst werden. Das Spanen bedarf besonderer Kenntnisse, da die geringe Wärmeleitfähigkeit und hohe Reaktivität des Titans zu überdurchschnittlichem Werkzeugverschleiß führen können. Feinkörnige Hartmetallwerkzeuge sind zu bevorzugen.

Das Formgießen muss unter Vakuum erfolgen, da flüssiges Titan schnell aus der Luft Sauerstoff und andere Gase aufnimmt. Dadurch steigt zwar die Festigkeit, aber der Werkstoff versprödet. Als Formstoffe dienen Graphit oder Keramik (für Feinguss), da Sand und Stahl ungeeignet sind. Die Gießtemperatur beträgt über 1700 °C.

Eigenschaften. Die positiven Merkmale des Titans und seiner Legierungen sind:

- geringes Gewicht (Dichte 4,5 g/cm^3);
- sehr hohe Festigkeit auch bei höherer Temperatur (gute Warmfestigkeit);
- sehr gute Korrosionsbeständigkeit, besonders gegen Säuren;
- unter Schutzgas schweißbar (E-Schweißen).

Dem stehen folgende Nachteile gegenüber:

- schlecht verformbar (hexagonales Atomgitter, erst über 882 °C kfz-Gitter);
- mäßig gut spanbar;
- nur im Vakuum gießbar;
- hoher Materialpreis.

Physikalische Eigenschaften:		
	Schmelztemperatur	1670 °C
	Ausdehnungskoeffizient α	9 10^{-6} / K
	Wärmeleitfähigkeit λ	16 W/mK
	Elastizitätsmodul E	105 GPa

Die mechanischen Eigenschaften des Reintitans hängen stark vom Sauerstoffgehalt ab, nach diesem wird auch zwischen verschiedenen Reintitansorten unterschieden. Titanlegierungen erreichen nach Wärmebehandlung die mechanischen Eigenschaften von Vergütungsstählen (siehe Tabelle 6.7).

Reißlänge und Elastizitätsmodul. In Abschnitt 2.2.5 wird die Reißlänge als Wert der spezifischen Festigkeit (Quotient aus Zugfestigkeit und Dichte) beschrieben. Für hochfeste Titanlegierungen (R_m = 1200 MPa) ergibt sich die Reißlänge von

$$L_R = 27 \text{ km,}$$

sie ist größer als die der festesten Aluminium- oder Magnesiumlegierungen.

Der Elastizitätsmodul von Titan liegt zwar über demjenigen von Aluminium (so dass Titan-Bauteile dünnwandiger konstruiert werden können), der spezifische E-Modul (E/ρ, siehe Abschnitt 6.3.3, Tab. 6.8) ist wegen der höheren Dichte allerdings niedriger als der von Al oder Mg.

Werkstoffe. Die chemische Zusammensetzung der Knetlegierungen ist in DIN 17850 genormt, für Bleche und Bänder gilt DIN 17860, für Stangen DIN 17862 und für Schmiedestücke DIN 17864. Gusslegierungen sind in DIN 17865 enthalten. Tabelle 6.7 enthält Werkstoffbeispiele.

Anwendung. Siehe Tabelle 6.7. Reintitan wird vornehmlich wegen seiner guten Korrosionsbeständigkeit im chemischen Apparatebau verwendet. Wegen seiner hohen spezifischen Fes-

Tabelle 6.7   Titan und Titanlegierungen, Beispiele. Mechanische Eigenschaften: $R_{p0,2}$ / R_m / A in MPa bzw. %.

Werkstofftyp	Eigenschaften	Anwendungsbeispiele
Ti oder TiPd 0,15	Reintitan; die gute Korrosionsbeständigkeit wird durch Palladium weiter erhöht; die Festigkeit steigt mit dem Sauerstoffgehalt, für max. 0,2 % O gilt: 250 / 390 / 22	Chemische Industrie: Bleche, Draht; Behälter, Auskleidungen, Rohrleitungen;
TiAl6V4 F89	Aushärtbare hochfeste Knetlegierung; F-Zahl: Mindestzugfestigkeit in dN/mm². Bei mittl. O-Gehalt: 820 / 890 / 8	Luftfahrtanwendungen; Armaturen, Flansche, Schrauben; Brillengestelle
G-Ti2	Reintitan-Gusswerkstoff; Ti2 bedeutet max. 0,20 % Fe; 280 / 450 / 15	Pumpengehäuse (chem. Apparatebau), Implantate, Uhrengehäuse
G-TiAl5Fe2,5	Hochfeste Gusslegierung, aushärtbar (ähnlich G-TiAl6V4); 780 / 830 / 5	für Maschinenbau und Luftfahrt, Strukturteile, Beschläge

tigkeit finden ausgehärtete Titanlegierungen im Flugzeugbau und im Fahrzeugbau (Rennsport, Fahrräder) ihren Einsatz, wegen seiner unmagnetischen Eigenschaften für Gehäuse von Navigations- und Elektronikgeräten. In der Medizintechnik hat es sich besonders verträglich mit menschlichem Gewebe erwiesen, so dass es als Implantatmaterial z.B. für Hüftgelenkprothesen oder künstliche Herzklappen verwendet wird. Nicht unerwähnt bleiben soll das ausgezeichnete Werkstoffimage, das dem Titan bei Sportartikeln und im Bereich dekorativer Anwendung (Uhrengehäuse aus Titan-Feinguss) zum Durchbruch verholfen hat.

6.3.3   Beryllium

Das hellglänzende Metall Beryllium (Be) ist mit der Dichte von 1,85 g/cm³ kaum schwerer als Magnesium, es hat jedoch die deutlich höhere Festigkeit (Zugfestigkeit bis 680 MPa) und damit auch die größte Reißlänge aller Metalle (37 km). Erstaunlicher noch ist der hohe Elastizitätsmodul von 290 MPa, der zu dem in Tabelle 6.8 angegebenen extrem hohen *spezifischen Elastizitätsmodul* führt. Als spezifischer E-Modul wird das Verhältnis von E zur Dichte, also E/ρ, bezeichnet, die Einheit ergibt sich aus [kN/mm²] pro [g/cm³] zu [kN·m/g]. Aus ihm lässt sich abschätzen, wieviel leichter ein Bauteil bei gleicher elastischer Steifheit (z.B. Durchbiegung) konstruiert werden kann. Tabelle 6.8 enthält die Werte einiger Leichtbauwerkstoffe, im Vergleich dazu Stahl.

Auf Grund seiner spezifischen Daten sollte Beryllium der ideale Leichtbauwerkstoff sein. Allerdings ist das Metall teuer, da es in der Erdkruste selten vorkommt (z.B. als Halbedel-

Tabelle 6.8   Spezifischer Elastizitätsmodul E/ρ in kN·m/g.

Beryllium	Aluminium	Magnesium	Titan	Stahl
156	26	26	23	27

stein Beryll) und die Gewinnung sowie die Verarbeitung sehr aufwendig sind. Das hexagonale Metall lässt sich schlecht umformen; Beryllium-Bauteile werden in der Regel nur pulvermetallurgisch hergestellt. Bei der Bearbeitung müssen Vorsichtsmaßnahmen gegen die hochgiftigen Metallstäube getroffen werden.

Der Einsatz beschränkt sich aus den genannten Gründen auf die Luft- und Raumfahrt sowie die Kerntechnik. Bekannteste Bauteile sind Halterungen und Gehäuse für die Optoelektronik und Instrumente. In der Kerntechnik werden Geräte aus Beryllium wegen seines niedrigen Neutroneneinfangquerschnitts gebraucht; in der Röntgentechnik dient Beryllium für vakuumdichte Strahlenausgangsfenster von Röntgenröhren.

Zusammenfassung
Magnesium – in der Luftfahrtindustrie häufig eingesetzt – wird als Leichtbauwerkstoff zunehmend auch für Straßenfahrzeuge benötigt. Es ist deutlich leichter als Aluminium, aber weniger gut umformbar, weniger fest und nicht so korrosionsbeständig. Die Verarbeitung erfolgt überwiegend im Druckguss.

Titan hat beste mechanische Eigenschaften und ist außerordentlich korrosionsbeständig. Wegen seines im Vergleich zu Aluminium und Magnesium hohen Preises kann es nur in Einzelbereichen der Technik (Luftfahrt, chemische Industrie, Medizintechnik) eingesetzt werden.

Beryllium ist das teuerste der aufgeführten Leichtmetalle und nur in technischen Nischenbereichen einsetzbar. Zwar hat es eine gute Festigkeit und einen extrem hohen Elastizitätsmodul, die Verarbeitung ist allerdings schwierig.

Aufgaben zu Abschnitt 6.3
1. Nennen Sie einen Hauptvorteil und einen Hauptnachteil von Magnesium gegenüber Aluminium.

2. Warum werden kaum Mg-Bleche hergestellt?

3. Erläutern Sie den Werkstoff GD-MgAl9Zn1.

4. Wie löscht man brennende Mg-Späne?

5. Nennen Sie drei besondere Merkmale des Werkstoffs Titan.

6. Warum muss Titanguss unter Vakuum gegossen werden?

7. Berechnen Sie die Reißlänge (in km) der Legierung TiAl6V4 mit R_m = 900 MPa und ρ = 4,5 g/cm^3.

8. Welche mechanische Eigenschaft zeichnet das Metall Beryllium besonders aus?

6.4   Kupfer und Kupferlegierungen

Kupferwerkstoffe wurden schon vor 6000 Jahren hergestellt und zu Werkzeugen, Waffen und Schmuck verarbeitet. Neben reinem Kupfer waren es vor allem Kupfer-Arsen- und Kupfer-Zinn-Legierungen (Bronzen), wobei man schnell die höhere Festigkeit des „legierten" Kupfers zu schätzen lernte.

Heute werden Kupfer und seine vielfältigen Legierungen hauptsächlich in der Elektrotechnik (ca. 50 %) und im Bauwesen (z.B. Sanitär-Installationen) benötigt. Wegen der guten Korrosionsbeständigkeit gibt es weitere Anwendungen in der Meerestechnik (Schiffbau, Meerwasserentsalzungsanlagen) sowie in der chemischen Verfahrenstechnik (Behälter, Rohre, Siebe). Im klassischen Maschinenbau braucht man Kupferlegierungen für Gleitlager und einige Spezialanwendungen (Getriebeteile, Federn, Druckgießkolben). In der Fahrzeugtechnik wurde es wegen seiner hohen Dichte und auch wegen des stark schwankenden Preises aus einigen klassischen Bereichen verdrängt (z.B. Öl- und Wasserkühler).

Als Münzmetall hat Reinkupfer keine Bedeutung mehr: Aus Kostengründen fertigt man heute die früheren „Kupfermünzen" aus verkupfertem Stahlblech. Höherwertige, silberglänzende Münzen bestehen aus Kupfer-Nickel-Legierungen. Nicht unerwähnt bleiben soll die Waffentechnik: Kupfer-Zink-Legierungen (Messing) benötigt man in großen Mengen für Patronenhülsen.

Kupfer gehört zu den Schwermetallen (Dichte ρ = 8,9 g/cm^3); eine weitere Bezeichnung ist „Buntmetall" (neben den anderen Buntmetallen Ni und Zn). Die Kupferwerkstoffe lassen sich in drei Gruppen teilen:

- Reinkupfer
- niedrig legiertes Kupfer
- hoch legiertes Kupfer

Zu den hoch legierten Sorten zählen Messinge und Bronzen.

6.4.1   Herstellung, Verarbeitung, Recycling

Herstellung. Die hochkupferhaltigen Lagerstätten (Kupferkies CuFeS$_2$, Kupferglanz CuS$_2$) sind stark abgebaut, die heutigen Erze enthalten teilweise unter 1 % Cu. Der edle Charakter des Kupfers ermöglicht die einfache Gewinnung durch Oxidation des Schwefels mit Luftsauerstoff im Kupferkonverter; das Rohkupfer (96 – 98 % Cu) muss nur noch im Flammofen zu Reinkupfer (99,5 % Cu) und gegebenenfalls in der Raffinationselektrolyse zu Elektrolytkupfer (99,98 % Cu) gereinigt werden. Im Gegensatz zur Schmelzflusselektrolyse (Al, Mg) ist die wässrige Cu-Elektrolyse nur wenig energieaufwendig, bei der Kupferherstellung besteht somit kein Energieproblem. Die höheren Kosten des Kupfers (z.B. gegenüber Stahl) entstehen durch die geringe Konzentration in den Erzen, daher ist auch hier das Recycling von Cu-Schrott wichtig und volkswirtschaftlich bedeutsam.

Die *Verarbeitung* des Rein- oder des Elektrolytkupfers entspricht etwa derjenigen des Aluminiums, da es sich ebenfalls um ein gut gießbares, kubisch-flächenzentriertes, duktiles Metall handelt. Das Gießen erfolgt im Stranggießverfahren zu Walz- oder Drahtbarren. Bleche und Bänder werden warm und anschließend kalt gewalzt, Drahtbarren werden zu Walzdraht gewalzt und schließlich zu beliebig dünnem Draht gezogen (Leitungsdraht). Wie bei Aluminium ist auch das Strangpressen zu Profilen möglich, allerdings müssen trotz hoher Presstemperatur (ca. 800 °C) die Presskräfte größer sein, was die Produktion verteuert.

Recycling. Kupferschrott wird im Flammofen zugegeben oder in speziellen Elektroöfen eingeschmolzen, gereinigt und ggf. legiert. Zusatz von Reinkupfer ermöglicht die Begrenzung der Begleitelementkonzentration. Das normal verunreinigte Umschmelzkupfer wird für Sanitärinstallationen, im Bauwesen und für hochlegierte Sorten (Messing, Bronze) verwendet. Leitkupfer für die Elektroindustrie kann nur aus sortenreinem Schrott, z.B. Fertigungsabfällen oder Altkabeln, gewonnen werden. Zur Entfernung von Kabelisolierungen gibt es Sonderverfahren wie das Tiefkühlen, wobei die Isolierungen verspröden, während das Kupfer weich bleibt und sich leicht abtrennen lässt.

Die Recyclingquote von Buntmetallen wie Kupfer ist schon immer sehr hoch, höher als die von Aluminium. Kupferschrott wird seit langem als „Wertstoff" angesehen, es gibt hier auch nicht den schwer wiedergewinnbaren Anteil Verpackungsware.

6.4.2   Reinkupfer

Physikalische Eigenschaften (Tab. 6.9). Hier interessiert vor allem die elektrische Leitfähigkeit. Sie hängt stark von der Reinheit des Kupfers ab, wobei alle Begleitelemente wie auch Sauerstoff und besonders Phosphor stören. Der bei der Herstellung in der Kupferschmelze gelöste Sauerstoff (bis 0,04 %) wird am einfachsten mittels Phosphor entfernt (Desoxidation). Dieser wiederum verbleibt zum Teil in der Schmelze und setzt die Leitfähigkeit stark herab. Bei Reinkupfer unterscheidet man daher folgende Sorten:

E-Cu   Elektrolysekupfer, nicht desoxidiert und sauerstoffhaltig; Leitfähigkeit min. $57 - 58$ m/Ωmm^2;

SF-Cu   desoxidiert (**S**auerstoff-**f**rei), aber P-haltig; Leitfähigkeit $35 - 50$ m/Ωmm^2;

OF-Cu   desoxidiert („**O**xigen-**F**ree") *und* P-frei; Leitfähigkeit min. 58 m/Ωmm^2.

Für Leitzwecke können E-Cu oder das aufwendig ohne Phosphor desoxidierte OF-Cu eingesetzt werden; Installations- und Gusskupfer ist meist SF-Cu.

Sauerstoffhaltiges Kupfer unterliegt der Gefahr der Wasserstoffversprödung. Sie entsteht bei höherer Temperatur (z.B. beim Löten oder Schweißen) durch eindiffundierenden Wasserstoff, der im Kupfer mit Sauerstoff zu Wasser (H_2O, großes Volumen) reagiert. Es bilden sich Poren und feine Risse, Korngrenzen können aufreißen („*Wasserstoffkrankheit*"). Für Fälle eventueller Wasserstoffdiffusion ist daher stets sauerstofffreies Cu zu verwenden.

Chemische Eigenschaften. Bekannt ist die gute bis hervorragende Korrosionsbeständigkeit des Kupfers. Gegen Feuchtigkeit und Wasser ist es nahezu unbegrenzt haltbar, sofern die Passivierungsschicht ungestört aufgebaut wird. Dabei bildet sich zunächst Cu_2O, das den typischen rötlichen Kupferfarbton hervorruft. Mit der Zeit entwickelt sich an Luft die *Patina*, ein schwarzbraunes, basisches Kupfercarbonat. In Behältern und Rohrleitungen kann die Deckschichtbildung unter ungünstigen Umständen ausbleiben, was zu Korrosionsschäden

Tabelle 6.9 Physikalische Eigenschaften von Reinkupfer.

Gitterstruktur	kfz
Dichte in g/cm^3	8,96
Schmelztemperatur in °C	1083
Elastizitätsmodul in GPa	125
Elektrische Leitfähigkeit in m/Ωmm^2	58
Wärmeleitfähigkeit in W/mK	384
Ausdehnungskoeffizient in 10^{-6}/K	17

durch Lochfraß führt. Die Korrosionsbeständigkeit gilt vor allem für viele Kupferlegierungen wie die Bronzen (Zinn-, Aluminium- und Nickelbronze), nur eingeschränkt hingegen für Messinge mit hohem Zn-Gehalt.

Mit Essigsäure reagiert Kupfer zu grünlichem Kupferazetat, das als Farbe unter der Bezeichnung *Grünspan* bekannt ist.

Mechanische Eigenschaften. Wie schon erwähnt, ist Reinkupfer duktil, aber wenig fest. Durch Kaltverformung wird die Festigkeit – bei Abnahme der Duktilität (Bruchdehnung A) – stark erhöht:

	$R_{p0,2}$ in MPa	R_m in MPa	A in %
Cu, geglüht	40 – 50	180 – 230	40
Cu, hart gewalzt	300	440	2

6.4.3   Kupferlegierungen

Niedrig legierte Kupferwerkstoffe
In der Elektrotechnik wird häufig höherfestes und trotzdem gut leitendes Kupfer benötigt. Daher musste ein Kompromiss zwischen festigkeitserhöhendem Legierungszusatz und ausreichender Leitfähigkeit gefunden werden. Als Legierungselemente eignen sich besonders Silber (z.B. CuAg0,1), Cadmium, Zirkonium und Chrom. Cu-Cr-Legierungen mit 0,4 – 1 % Cr lassen sich durch Wärmebehandlung auf $R_m > 450$ MPa aushärten, wobei die Leitfähigkeit gegenüber Reinkupfer um weniger als 20 % abnimmt. Derartig nur gering legiertes Kupfer mit oder ohne Aushärtung findet im Schalterbau, für verschleißbeanspruchte Fahrdrähte von elektrischen Bahnen und auch für Leitungsseile bei großer Spannweite Verwendung.

Mit bis zu 2 % Be legiertes „Berylliumkupfer" (z.B. CuBe2) wird wegen seiner hohen Elastizität und Dauerfestigkeit ebenfalls für elektrische Schaltelemente, aber auch für feinmechanische Federn verwendet.

Hoch legierte Kupferwerkstoffe
Bronzen. Hoch mit Zinn, Nickel oder Aluminium legiertes Kupfer wird als Bronze bezeichnet (Name nicht mehr genormt). Neben den bekannten *Zinnbronzen* (Cu mit bis zu 12 % Sn) gibt es *Nickelbronzen* (bis zu 20 % Ni, teilweise mehr) und *Aluminiumbronzen* (bis 10 % Al); auf ihnen basieren weitere *Mehrstoffbronzen* wie die Kupfer-Blei-Zinn-Legierungen (Lagermetall) oder das silberglänzende *Neusilber* (Cu-Ni-Zn-Legierungen). Tabelle 6.10 enthält zusammengefasste Angaben über die wichtigsten Bronzen. Die Zinnbronzen werden wegen des hohen Zinn-Preises überwiegend für dekorative Zwecke und nur noch wenig im Maschinenbau verwendet.

Kupfer-Zink-Legierungen. Nach dem Zustandsschaubild Cu-Zn lassen sich bis rund 40 % Zink in Kupfer legieren, ohne dass zu viel spröde β'-Phase im Gefüge auftritt (Bild 6.9). Im Gegensatz zur kubisch-flächenzentrierten α-Phase ist die krz-β'-Phase schlecht kaltverformbar. Auch zur Zeit des 2. Weltkrieges, als man versuchte, teures Kupfer durch mehr als 45 % Zink zu ersetzen, konnten solche Legierungen nicht erfolgreich verarbeitet werden. Die all-

Tabelle 6.10 Bronzen; Eigenschaften und Anwendung.

Legierungstyp	Eigenschaften	Anwendungsbeispiele
Kupfer-Zinn-Legierungen (Zinn-Bronze)	gutes Gleitverhalten, gute Verschleißfestigkeit, mittelhart; korrosionsfest	Gleitlager, Schneckenräder, Spindeln, Membranen, Federungskörper
Kupfer-Nickel-Legierungen (Nickel-Bronze)	hohe Festigkeit bei guter Verformbarkeit; sehr hohe Korrosionsbeständigkeit; temperaturunabhängiger Widerstand (CuNi44)	Apparatebau, Wärmetauscher, Klimaanlagen, meerwasserbeständige Bauteile, Münzen, elektrische Widerstände
Kupfer-Nickel-Zink-Legierungen (Neusilber)	gute Verformbarkeit; korrosionsbeständig; dekoratives Aussehen	Bestecke, feinmechanische und optische Geräte, medizinische Instrumente, Musikinstrumente, Schlüssel
Kupfer-Aluminium-Legierungen (Aluminium-Bronze)	verschleißfest, warmfest, gut verformbar, sehr korrosionsbeständig	chemische Industrie, Gleitlager, Getrieberäder, Hochdruckarmaturen, Schiffspropeller, Wasserturbinenräder
Kupfer-Blei-Zinn-Legierungen	gute Notlaufeigenschaft, korrosionsbeständig	Gleitlager mit hoher Flächenpressung, säurebeständige Armaturen

gemeinen Eigenschaften der großen Zahl von Cu-Zn-Legierungen sind in Bild 6.10 für steigenden Zn-Gehalt angegeben. Bis etwa 10 % Zn heißen die Werkstoffe *Tombak*, die Farbe ist rötlich-braun. Ab 10 % Zn beginnt der Umschlag in die goldgelbe Farbe des *Messings*. Mit höherem Zink-Gehalt verschlechtert sich die Korrosionsbeständigkeit. Messinge mit β'-Phase neigen zur Spannungsrisskorrosion.

Tabelle 6.11 enthält ausgewählte Beispiele für Kupfer-Zink-Legierungen mit Eigenschaften und Anwendungsmöglichkeiten. Die Festigkeit aller Knetlegierungen lässt sich durch Kaltverformung wesentlich erhöhen.

Kupfer-Gusswerkstoffe. Kupfer und seine Legierungen lassen sich nach allen Gießverfahren gießen. Wegen der Gefahr der „Wasserstoffkrankheit" ist die Desoxidation mit Phosphor

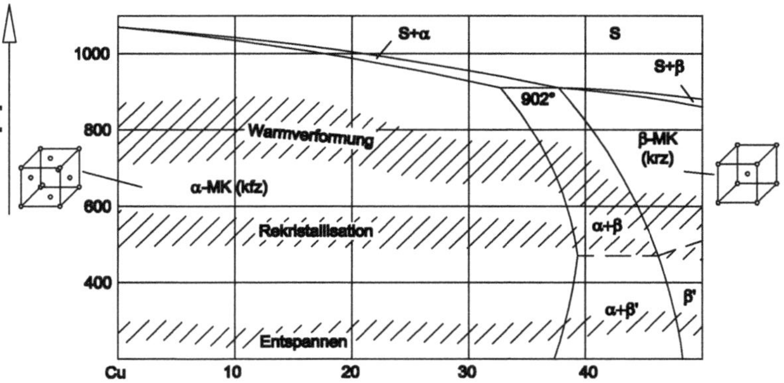

Bild 6.9 Cu-Zn-Zustandsdiagramm (Messingbereich) mit Glühtemperaturen

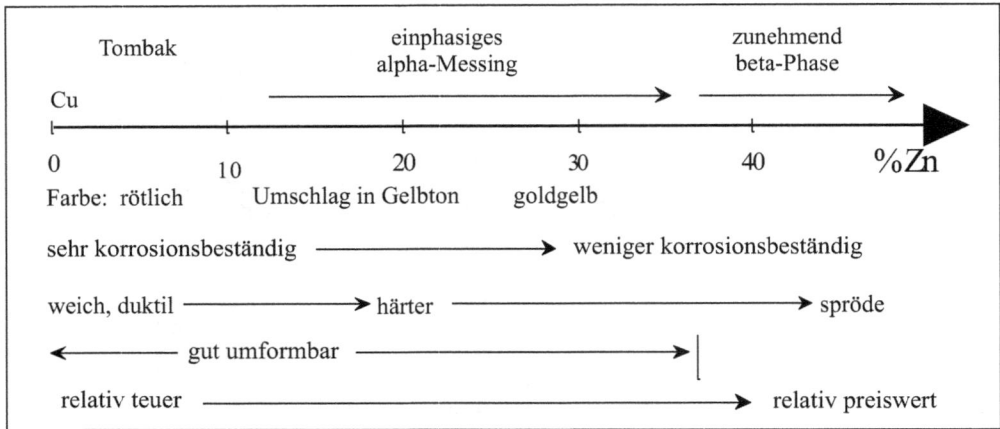

Bild 6.10 Allgemeine Eigenschaften der Cu-Zn-Legierungen.

Tabelle 6.11 Kupfer-Zink-Legierungen (Auswahl).

Werkstoff	Eigenschaften	Anwendungsbeispiele
CuZn5	sehr korrosionsbeständiger Werkstoff (Tombak), gut verformbar, sehr duktil	Metallschläuche für die Vakuumtechnik, Manometer, Meerestechnik, Kunstgewerbe
CuZn28	sehr gut tiefziehbares Messing	Feuerzeughülsen, Patronenhülsen, Kosmetikverpackungen
CuZn37	meist verwendetes Messing, noch gut verformbar, gut spanbar; $R_m \geq 300$ MPa	Rohre, Bleche, Reißverschlüsse, Kugelschreiberminen
CuZn40Pb3 CuZn44Pb2	Automatenmessing, durch Bleizusatz sehr gut spanbar; noch warmformbar (z.B. Strangpressen); preiswert	Messingschrauben, Beschlagteile, Bauprofile (z.B. Griffleisten)
G-CuZn37Pb	Gussmessing für Sand- und Kokillenguss; gut gießbar und gut spanbar	Sanitärarmaturen (Wasserhähne, Mischbatterien); Gasarmaturen, Schiffsbeschläge und -armaturen

notwendig. Von den Gussbronzen wird im Maschinenbau vor allem Rotguss (z.B. G-CuSn10Zn) als Lagermetall verwendet. In der Schiffstechnik haben Aluminium-Gussbronzen für die Herstellung von Schiffsschrauben große Bedeutung (Beispiel: Mehrstoffbronze G-CuAl11Ni). Diese Werkstoffe zeichnen sich durch besondere Korrosionsbeständigkeit und Härte (Beständigkeit gegen Erosionsverschleiß) aus.

Hauptanwendungsbereich von Messingguss sind Armaturen (Wasseruhren, Wasserhähne, Einhebel-Mischbatterien). Sanitärarmaturen werden meist außen verchromt, was aus dekorativen und weniger aus Korrosionsschutzgründen erfolgt.

Zusammenfassung

Kupfer wird als reines Metall wegen seiner guten elektrischen Leitfähigkeit besonders in der Elektrotechnik, wegen seiner guten Wärmeleitfähigkeit in der Kühltechnik und wegen seiner Korrosionsbeständigkeit im Installationsbereich und für korrosionsgefährdete Bauteile eingesetzt.

Niedrig legiertes Kupfer besitzt höhere Festigkeit, aber geringere Leitfähigkeit als Reinkupfer. Es wird für verschleißfeste Schaltelemente und Leitungsdrähte, aber auch im Maschinenbau (Berylliumkupfer) verwendet.

Hochlegierte Sorten werden als Bronze (CuSn, CuNi, CuAl) oder als Messing (CuZn) bezeichnet. Hauptmerkmale sind gute Korrosionsbeständigkeit, hohe Verschleißfestigkeit und Wärmeleitfähigkeit sowie dekorative Oberflächen.

Aufgaben zu Abschnitt 6.4

1. Nennen sie den Hauptvor- und Hauptnachteil von Reinkupfer gegenüber legiertem Kupfer in der Elektrotechnik;

2. Durch welches Herstellungsverfahren erhält man sehr reines Leitkupfer?

3. Warum muss schweißgeeignetes Kupfer desoxidiert werden?

4. Was versteht man unter der „Patina" und welche (vorteilhafte) Eigenschaft hat sie?

5. Welche Elemente erhöhen die Festigkeit von Kupfer, ohne die Leitfähigkeit zu sehr zu beeinträchtigen?

6. Was versteht man unter einer Nickel-Bronze?

7. Wie heißt die Legierung CuNi12Zn24 im allgemeinen Sprachgebrauch?

8. Aus welchen Legierungselementen besteht Automatenmessing?

9. Warum lässt sich der Zn-Anteil in Cu-Zn-Legierungen nicht beliebig erhöhen?

6.5 Weitere Metalle

Neben den bisher genannten Metallen und Legierungen wird eine große Zahl weiterer metallischer Werkstoffe eingesetzt, deren Verwendung sich jedoch auf sehr spezielle Gebiete beschränkt. Sie werden im folgenden stichwortartig beschrieben, wobei die Einteilung in Edelmetalle, hochschmelzende, niedrigschmelzende und sonstige Metalle erfolgt. Die Reihenfolge ist jeweils alphabetisch. Nicht aufgeführt sind reine Legierungsmetalle wie Cer (Ce), Lithium (Li), Niob (Nb), Vanadium (V), Tantal (Ta) oder Palladium (Pd). Letzteres ist auch Beschichtungsmetall für Katalysatoren.

Die Abkürzungen bedeuten: ρ = Dichte; T_s = Schmelztemperatur; κ = elektrische Leitfähigkeit.

6.5.1   Edelmetalle

Gold (Au). ρ = 19,3 g/cm³, T_s = 1064 °C, κ = 48,5 m/Ωmm².

Das Edelmetall wird vornehmlich in der Schmuckindustrie und Elektrotechnik (Kontaktmaterial) verarbeitet. Seine Leitfähigkeit ist zwar geringer als die von Silber, dafür oxidiert die Oberfläche nicht. Reines Gold ist weich, es wird meist mit Pt, Ag oder Cu legiert. Früher verwendetes Blattgold (für Beschichtungen) ist auf 0,1 µm Dicke ausgehämmertes Gold. Heute werden Goldbeschichtungen aufgedampft oder elektrolytisch abgeschieden.

Platin (Pt). ρ = 21,5 g/cm³, T_s = 1770 °C, κ = 10,2 m/Ωmm².

Platin kommt in der Natur fast immer zusammen mit Palladium vor. Hauptanwendung in der chemischen Industrie (hohe Korrosionsbeständigkeit) und Schmuckindustrie, weiterhin für die Beschichtung von Katalysatorblechen. Beim Katalysator-Recycling wird die µm-dünne Beschichtung durch chemisches Ablösen wiedergewonnen.

Silber (Ag). ρ = 10,5 g/cm³, T_s = 961 °C, κ = 66,7 m/Ωmm².

Silber ist wie Gold ein auf Grund seines kfz-Atomgitters sehr gut verformbares, in reinem Zustand weiches Metall. Feinster Silberdraht („Filigrandraht") hat ein Gewicht von nur 1 g/km. Silber findet außer für Schmuckwaren in der Elektrotechnik als Leitwerkstoff Anwendung. Gebrauchssilber (z.B. für Münzen) enthält bis zu 20 % Cu.

6.5.2   Hochschmelzende Metalle

Chrom (Cr). ρ = 7,19 g/cm³, T_s = 1930 °C, κ = 7,6 m/Ωmm².

Chrom als Metall ist reiner Beschichtungswerkstoff. Da es auf Grund seiner Passivierung gegen Luft, Wasser und verdünnte Säuren sehr beständig ist, wird es als Korrosionsschutz mit Dicken von wenigen Zehntel-µm bis zu 1000 µm vor allem auf Stahl elektrolytisch (galvanisch) aufgebracht. Trotz häufig durchgeführter Mehrfachbeschichtungen (Cu – Ni – Cr) ist verchromter Stahl empfindlich gegen Verletzungen, da entstehender Rost die Chromschicht unterwandert. Zum Verschleißschutz dienende Schichten werden als Hartverchromung bezeichnet (Härte 800 – 1100 HV). Bei galvanischer Abscheidung besteht die Gefahr von Wasserstoffdiffusion in den Stahl, was zur Wasserstoffversprödung führen kann.

Molybdän (Mo). ρ = 10,3 g/cm³, T_s = 2620 °C, κ = 17,3 m/Ωmm².

Neben der Verwendung als Legierungsmetall für Stähle gibt es für das teure Molybdän nur wenige Einsatzgebiete, z.B. als Elektrodenmaterial für Schmelzöfen der Glasindustrie, für Glühbirnen und Katalysatoren.

Wolfram (W). ρ = 19,3 g/cm³, T_s = 3410 °C, κ = 18,2 m/Ωmm².

Wolfram ist das höchstschmelzende Metall mit einer zudem sehr hohen Dichte. Es findet vorwiegend in der Elektrotechnik, z.B. als Glühbirnendraht, sowie als Heizleitermaterial in Hochtemperaturöfen Verwendung, wo es allerdings vor Oxidation geschützt werden muss. Die Kohlenstoffverbindung Wolframkarbid wird in großen Mengen zu Hartmetall verarbeitet.

6.5.3 Niedrig schmelzende Metalle

Blei (Pb). $\rho = 11,34$ g/cm³, $T_s = 327$ °C, Härte 3 – 4 HB.

Blei gehört neben Zinn und Antimon zu den sogenannten „Weißmetallen". Es ist kubisch-flächenzentriert mit geringer Festigkeit und Härte, aber guter Verformbarkeit und hervorragender Korrosionsbeständigkeit (Bleirohre, Auskleidungen für Säurebehälter, Kabelummantelungen). Die früher verwendeten Trinkwasserrohre aus Blei führten zu schweren Vergiftungen, wenn sich auf der Bleioberfläche keine Deckschicht ausbilden konnte. Heutige Hauptverwendung: Akkumulatoren. Das Akkumulatorenblei wird zu fast 100 % recycelt.

Cadmium (Cd). $\rho = 8,64$ g/cm³, $T_s = 321$ °C, Härte 80 HB.

Cadmium ist ein hochgiftiges Schwermetall mit hexagonaler Gitterstruktur. Es wird ausschließlich als Beschichtungsmaterial zum Korrosions- und Verschleißschutz von Stahl verwendet („Cadmieren"). Die Korrosionsschutzwirkung entspricht der von Zink oder ist dieser auch überlegen. Wegen der Umweltproblematik (Abwasserverunreinigung, Recyclingprobleme) ist die Verwendung des Metalls in Deutschland nur eingeschränkt zulässig und in einigen Ländern ganz verboten.

Zink (Zn). $\rho = 7,14$ g/cm³, $T_s = 419$ °C, Härte 30 – 40 HB.

Zink hat unter den niedrig schmelzenden Metallen für den Maschinenbau die größte Bedeutung, da es preiswert ist und sich sehr gut gießen lässt. Wegen der hexagonalen Gitterstruktur ist die Verarbeitung zu Blechen weniger günstig, dennoch werden große Mengen Walzblech für Zink-Kohle-Trockenbatterien tiefgezogen (Elementbecher) sowie im Bauwesen für Dachabdeckungen und Fassadenverkleidungen genutzt. Dabei darf es nicht mit verzinktem Stahlblech verwechselt werden. Die gute Gießbarkeit hat dazu geführt, dass allein in Deutschland jährlich über 100.000 t Zink im Druckgießverfahren verarbeitet werden, davon etwa die Hälfte zu Fahrzeugteilen (Hebel, Kurbeln, Halterungen, Griffe, Vergasergehäuse, Lampengehäuse usw.). Die andere Hälfte verteilt sich auf viele Gebiete wie Büromaschinenteile, Spielwaren (Modellautos) oder Elemente in Küchenmaschinen.

Die wichtigsten Druckgusslegierungen sind GD-ZnAl4 und GD-ZnAl4Cu1. Die Zugfestigkeit liegt bei 300 MPa, der E-Modul beträgt 103 GPa. Warmfestigkeit ist bei niedrig schmelzenden Metallen generell nicht gegeben, Zn beginnt bereits ab 100 °C zu „kriechen" (Langzeitverformung unter Last).

Die Korrosionsbeständigkeit ist sehr gut (Passivierung der Oberfläche an Luft), zusätzlicher Korrosionsschutz kann meist entfallen. Lackieren oder Verchromen erfolgt aus dekorativen Gründen. Verzinken von Stahl siehe Abschnitte 11.2 und 12.4.

Zinn (Sn). $\rho = 7,3$ g/cm³, $T_s = 232$ °C, Härte 4 – 5 HB.

Das relativ teure Zinn wird im Maschinenbau nur zur Beschichtung und als Lot verwendet. Als dekoratives, „historisches" Metall ist es weiterhin in Form von Kunstgegenständen und Haushaltswaren (Zinnbecher, Zinnkrüge) bekannt. Im Gegensatz zu Blei ist Zinn nicht toxisch. Hauptverarbeitungverfahren für Zinn ist das Formgießen.

Die schlechte Verformbarkeit von Zinn (tetragonales Atomgitter) hört man direkt beim Biegen eines dickeren Zinn-Stabes: Knirschendes Geräusch („Zinngeschrei"), das durch Korngrenzengleiten hervorgerufen wird. Unterhalb von 13,2 °C wandelt sich das tetragonale β-Zinn in kubisches α-Zinn um, wobei der metallische Charakter verloren geht und graues Pulver entsteht. Der von selbst ablaufende Zerfall von Zinngegenständen trat früher bei Kälte häufiger auf und wurde als „Zinnpest" bezeichnet. Heute wirkt man dem Zerfall durch Legierungselemente entgegen.

Mit Zinn beschichtetes Stahlblech wird als Weißblech bezeichnet (siehe Abschnitte 11.2 und 12.4).

6.5.4 Sonstige Metalle

Kobalt (Co). $\rho = 8,83$ g/cm^3, $T_s = 1494$ °C.

Kobalt gehört zu den ferromagnetischen Metallen, es hat bis 417 °C eine hexagonale, darüber eine kfz-Gitterstruktur. Im Wesentlichen dient es als Legierungsmetall für Stähle; weiterhin ist es Bestandteil von dauermagnetischen Werkstoffen (z.B. „Alnico"). In Hartmetallen ist Co wichtiges, die Zähigkeit beeinflussendes Bindemittel.

Mangan (Mn). $\rho = 7,3$ g/cm^3, $T_s = 1244$ °C.

Mangan kommt in verschiedenen Gitterstrukturen vor, es ist spröde und als Metall nicht verwendbar. Im Maschinenbau ist es als Legierungsmetall zu finden: in großen Mengen in Stählen, geringfügiger in Al- und Cu-Legierungen (Widerstandsdraht „Manganin", CuMn-Ni). Der verschleißfeste Mangan-Hartstahl und Mangan-Hartguss enthalten bis zu 12 % Mn, nahezu alle unlegierten Stähle enthalten ebenfalls bis zu 1,5 % Mn, was eine Weltjahresproduktion von über 10 Mio t erfordert.

Nickel (Ni). $\rho = 8,86$ g/cm^3, $T_s = 1453$ °C, Härte 100 – 160 HB.

Nickel gehört wie Kobalt zu den ferromagnetischen Metallen; es ist silberglänzend, mit seinem kfz-Atomgitter gut verformbar, korrosions- und zunderbeständig. Als kompaktes Metall wird es allerdings wegen seines relativ hohen Preises gegenüber den anderen Buntmetallen Cu und Zn weniger eingesetzt. Herausragende Bedeutung hat Ni vor allem in der Hochtemperaturtechnik. So werden Nickellegierungen wegen ihrer guten Warmfestigkeit und Zunderbeständigkeit im Ofenbau und Triebwerksbau (Turbinenleitschaufeln) verwendet. Werkstoffe wie NiCr20 haben durch bessere Warmfestigkeit gegenüber warmfesten Stählen zu höherer Betriebstemperatur von Gasturbinen verholfen, was beträchtliche Energieeinsparungen möglich machte.

In der Temperaturmesstechnik hat Nickel Bedeutung als *Thermoelementmaterial*. Der elektrische Kontakt eines Nickeldrahtes mit NiCr-Draht ergibt eine relativ hohe temperaturabhängige Thermospannung. Ni-NiCr-Thermoelemente gehören zur Standardausrüstung von Ofenanlagen für Temperaturen von 600 °C bis ca. 1100 °C.

Das *Vernickeln* von Stahl wird zum Korrosionsschutz von Haus- und Küchengeräten, Fahrzeugteilen, Schlüsseln u.a.m. durchgeführt. Es erfolgt galvanisch, oft auch als Zwischenlage für nachfolgende Verchromung. Wegen der allergieauslösenden und toxischen Wirkung (Nickelstaub) geht man heute vor allem bei Uhren und Schmuck von reinen Vernickelungen ab. Aus demselben Grund haben die höherwertigen Euromünzen zwar einen Nickel-Kern (wegen der magnetischen Eigenschaften für die Automatensicherheit benötigt), außen sind sie jedoch mit CuNi25 (silbern) oder CuZn20Ni5 (goldgelb) walzplattiert.

Zirkonium (Zr). $\rho = 6,5$ g/cm^3, $T_s = 1845$ °C.

Zirkonium, kurz Zirkon genannt, wird wegen seiner hohen Korrosionsbeständigkeit im chemischen Apparatebau (Ventile, Pumpenteile, Düsen, Rohre) verwendet. Es ist in seinen Eigenschaften und seiner Verarbeitbarkeit dem Titan sehr ähnlich. Besondere Bedeutung hat die Legierung „Zirkalloy" (Zr + 1,5 % Sn) für Hüllrohre von Kernreaktor-Brennstäben erlangt.

6.6 Lotwerkstoffe

Löten ist ein Fügeverfahren, bei welchem unter Wärmezufuhr das niedrig schmelzende Lot zwischen den zu verbindenden (meist metallischen) Partnern aufschmilzt, die Grundwerkstoffe hingegen *nicht* schmelzen. Sie werden anlegiert, so dass eine feste Verbindung zwischen Lot und Grundwerkstoff entsteht.

Lotwerkstoffe oder kurz Lote gehören von der Zusammensetzung her überwiegend zu den Schwermetallen. Ausnahme sind Hartlote für Aluminium wie L-AlSi12. Definitionsgemäß müssen sie eine niedrigere Schmelztemperatur als der Grundwerkstoff haben, was sowohl für das Weich- wie das Hartlöten gilt. Die Schmelztemperatur von Weichloten (genormt in DIN EN ISO 9453) liegt unter 500 °C, die der Hartlote (genormt in DIN EN 1044) darüber. Tabelle 6.12 enthält eine Auswahl mit bisher verwendeten Werkstoff-Kurznamen (die europäische Benennung ist noch nicht abgeschlossen).

Tabelle 6.12 Lotwerkstoffe (Auswahl). In Klammern die Solidus- und Liquidustemperaturen.

Kupferlote (Hartlote)	L-SCu, Reinkupfer, sauerstofffrei (1070 °C – 1080 °C) L-CuZn40, Messinglot (890 °C – 900 °C)
Silberlote (Hartlote)	L-Ag15P, phosphorhaltiges Silberlot, Rest Cu (650 °C – 800 °C) L-Ag40Cd, kadmiumhaltiges Silberlot, Rest Cu (596 °C – 630 °C)
Aluminium-Hartlote	L-AlSi7,5, für lotplattierte Bleche (575 °C – 615 °C) L-AlSi10, wie oben (575 °C – 595 °C) L-AlSi12 (575 °C – 590 °C)
Blei-Zinn-Weichlote	L-PbSn12Sb, antimonhaltig (250 °C – 295 °C) L-PbSn40(Sb) (183 °C – 235 °C) L-Sn60PbAg, „Lötzinn" (178 °C – 180 °C)
Zinn-Weichlote	L-SnZn10 (200 °C – 250 °C) L-SnPbZn (180 °C – 220 °C)

Grundsätzlich lassen sich alle Metalle löten. Das Löten von Stahl ist allerdings eher die Ausnahme, während Kupfer und Kupferlegierungen sehr häufig gelötet werden (Elektro- und Installationstechnik, Apparatebau). Das Weichlöten von Aluminium ist mit Schwermetall-Weichloten wie L-SnPbZn oder L-SnZn40 möglich. Voraussetzung ist immer die Verwendung guter Flussmittel, die die Oxidhaut des Aluminiums lösen.

Lotwerkstoffe (Lote) sind überwiegend aus Schwermetallen aufgebaut. Hartlote schmelzen über 500 °C, Weichlote darunter, das „Lötzinn" sogar unter 200 °C. Sie werden für das Fügeverfahren Löten eingesetzt, wobei die zu verbindenden Metalle grundsätzlich nicht schmelzen.

7 Sinter- und Lagerwerkstoffe

Überblick

Sinterwerkstoffe haben zunehmende Bedeutung, da die Pulvermetallurgie ganz neue Werkstoffkombinationen ermöglicht und das Urformverfahren „Sintern" gegenüber anderen Fertigungsverfahren ein erhebliches Rationalisierungspotential birgt. Es ist daher wichtig, das Verfahren kennen zu lernen und sich mit den speziell für das Sintern entwickelten Werkstoffen zu befassen.

Während Sinterwerkstoffe für verschiedenartigste Bauteile (Zahnräder, Pleuel, Synchronringe, Filter usw.) infrage kommen, bilden Gleitlagerwerkstoffe eine bauteilspezifische Werkstoffgruppe. Die Anforderungen an *Gleitlager* sind grundsätzlich andere als diejenigen an *Wälzlager* (siehe Abschnitt 5.5.4), so dass auch völlig andere Werkstoffe in Betracht kommen.

Ein Zusammenhang zwischen Sinter- und Lagerwerkstoffen besteht nur insofern, als Gleitlager häufig gesintert werden. Daher bietet sich an, beide Werkstoffarten in einem Kapitel zusammenzufassen.

7.1 Sinterwerkstoffe

Das Fertigungsverfahren *Sintern* bedingt pulverförmige Ausgangsstoffe – daher auch der Name *Pulvermetallurgie* (Abkürzung PM).

Die Pulverherstellung erfolgt nach verschiedenen Verfahren. Wird ein Schmelzestrahl im Gasstrom auseinander geblasen, entstehen winzige Tröpfchen, die schnell zu Metallpulver erstarren („Schmelzeverdüsung"). Andere Herstellungsverfahren sind: Chemische oder elektrochemische Metallabscheidung; Zermahlen von Metallfolie. Die Pulver können aus reinen Metallen oder Legierungen bestehen; die Korngröße wird durch Sieben einheitlich zwischen 10 µm und 200 µm klassifiziert. Die Prüfung der Pulver (Fülldichte, Fließverhalten, Presskörperfestigkeit u.a.m.) erfolgt nach DIN-ISO-Normen (ISO = Internationale Organisation für Normung).

Die im Handel erhältlichen Pulver werden zusammen mit einem Gleitmittel (Wachs o.ä.) sorgfältig gemischt (die Mischung ist für die Gleichmäßigkeit der Elementverteilung entscheidend!) und in Werkzeugen zu den vorgesehenen Bauteilen gepresst. Trotz hoher Verdichtung beim Pressen verbleibt immer die typische Restporosität, da annähernd 100%-ige Verdichtung nicht möglich ist und auch unwirtschaftlich wäre. Bereits die Raumfüllung von 90 % ist nur mit hohen Presskräften erreichbar; neben dem Einsatz teurer Pressen sind hierbei kompakte und sehr biegesteife Werkzeuge zu verwenden, um enge Maßtoleranzen einzuhalten. Bild 7.1 veranschaulicht die Abhängigkeit von Pressstempeldruck und Dichte.

Pressdruck in MN/m² (MPa)

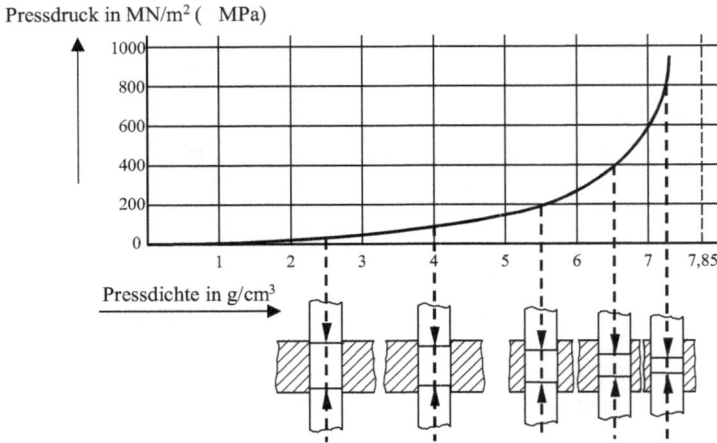

Bild 7.1 Pulverpressen; Zunahme der Dichte mit dem Pressdruck (Stahl, schematisch).

Zwecks leichterer Verdichtung enthalten Sinterpulver neben Gleitmitteln meist noch Zusätze weicherer Metalle. So wird Eisen- oder Stahlpulvern z.B. Kupferpulver beigemischt. Raumfüllungen über 95 % (< 5 % Restporosität) erhält man wirtschaftlich nur durch Heißpressen oder nachträgliches Warmschmieden ("Sinterschmieden"). In vielen Anwendungsfällen ist die Porosität der Bauteile allerdings sogar erwünscht und wird gezielt eingestellt: Sie dient entweder als Schmierstoffreservoir (Gleitlager, Getriebeteile, Kolben) oder für Filterzwecke (Metallfilter mit offener Porosität).

Nach dem Pressen ist der sog. *Grünling* relativ fest, kann vorsichtig entnommen, maßlich geprüft, gewogen und zum Sinterofen transportiert werden.

Das *Sintern* erfolgt im Durchlaufofen unter Schutzgas, Dauer 1 – 2 Stunden; die Temperaturen betragen etwa 3/4 T_s (T_s = Schmelztemperatur), das entspricht bei Eisen und Stahl 1150 °C. Das Gleitmittel entweicht rückstandfrei. Niedrig schmelzende Bestandteile können auf- oder anschmelzen. Im Normalfall entsteht die Festigkeit durch *Diffusionsschweißen*, wobei die Berührungsflächen der Pulverteilchen verschweißen (Bild 7.2a). Das Volumen nimmt dabei praktisch nicht ab, die Maßhaltigkeit wird allein durch den vorausgehenden Pressvorgang bestimmt.

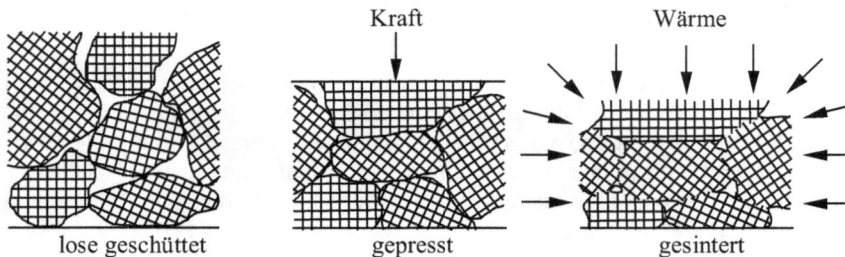

Bild 7.2 a) Diffusionsschweißen der Körner beim Sintervorgang.

Bild 7.2 b) Sinterteile aus dem Fahrzeugbereich (Sintermetallwerk Krebsöge).

Werkstoffe. Die Sinterwerkstoffe sind in Werkstoffleistungsblättern (WLB), DIN 30910 Teil 1 – 6, genormt. Es gilt folgende Benennung:

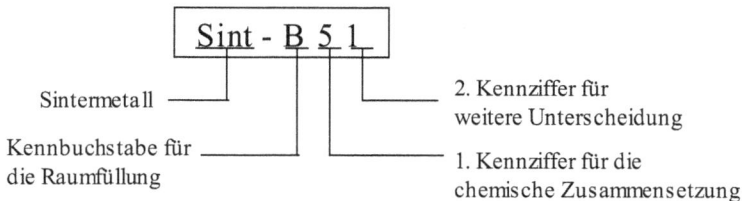

Tabelle 7.1 enthält die Sinterklassen mit den Kennbuchstaben für die Raumfüllung bzw. Porosität und Anwendungshinweise. Die 1. Kennziffer für die Zusammensetzung bedeutet z.B.:

0 = Sintereisen, < 1 % Cu   5 = Sinterbronze

1 = Sinterstahl, 1 – 5 % Cu   7 = Sinteraluminium

Tabelle 7.2 enthält einige Werkstoffbeispiele nach DIN 30910, Teil 4 (Sintermetalle für Formteile) und mechanische Eigenschaften. Typische Sinterformteile für den Maschinenbau sind: Zahnräder, Kettenräder, Hebel, Wasserpumpenräder, Synchronringe, Pleuel. Der Fahrzeugbau mit entsprechenden Großserien ist Hauptanwender (Bild 7.2b).

Tabelle 7.1 Einteilung der Sinterwerkstoffe nach der Raumfüllung bzw. Porosität mit Anwendungshinweisen.

Klasse	Raumfüllung %	Porosität %	Anwendungshinweise
Sint-AF	< 73	> 27	Metallfilter (durchgehende Porosität)
Sint-A	75	25	Gleitlager
Sint-B	80	20	Gleitlager und Formteile mit Gleiteigenschaften
Sint-C	85	15	Gleitlager und Formteile mit Gleiteigenschaften, höher belastbar
Sint-D	90	10	Formteile, niedrigere Festigkeit, kostengünstig
Sint-E	94	6	Formteile, höhere Festigkeit, teurer
Sint-F	> 95,5	< 4,5	sintergeschmiedete Formteile mit höchster Festigkeit

Anm.: Zulässige Toleranz von Raumfüllung bzw. Porosität ± 2,5 % (Sint-E = ± 1,5 %).

Tabelle 7.2 Sintermetalle für Formteile, Beispiele nach DIN 30910, Teil 4.

Kurzname und Werkstoff	Dichte g/cm³	Porosität %	R_m MPa	A %	E-Modul GPa
Sint-D 0 1 Sinterstahl, C-haltig	6,9	10	190	10	100
Sint-D 1 1 Sinterstahl, Cu- und C-haltig	6,9	10	570	2	130
Sint-E 3 0 Sinterstahl, Cu-, Ni-, Mo-haltig	7,3	5	680	5	160
Sint-D 5 0 Sinterbronze	7,9	10	220	6	70
Sint-D 7 3 Sinteraluminium	2,5	10	160	1	50

Auf Sinter-Gleitlager der Klasse Sint-A wird in Abschnitt 7.2 eingegangen.

Sinterhartmetalle und Sinterkeramik gehören ebenfalls zu den Sinterwerkstoffen. Sie werden in den Kapiteln 8 und 10 beschrieben.

> Zur Herstellung von Sinterteilen wird Metallpulver in Presswerkzeugen zu einem Grünling gepresst und dieser anschließend geglüht (gesintert), wobei durch Diffusionsschweißen die notwendige Festigkeit entsteht. Die Restporosität hängt von der Pressdichte ab, sie wird im Kurznamen der Sint-Werkstoffe angegeben.

Die Vor- und Nachteile der pulvermetallurgischen Herstellung können wie folgt zusammengefasst werden:

Vorteile	Nachteile
+ Das Pulver lässt sich nahezu 100%-ig ausnutzen; Abfälle wie Gießangüsse, Blechverschnitte oder Grate fallen nicht an.	– Metallpulver sind teurer als kompaktes Metall.
+ Kaum Nacharbeiten nötig.	– Die Presswerkzeuge sind für Einzelstücke oder kleine Serien zu teuer.
+ Es treten keine vom Gießen her bekannten Schlackeeinschlüsse und Seigerungen auf.	– Hohe Bauteile und große Wanddicken lassen sich nicht gleichmäßig verdichten.
+ Es kann beliebige Korngröße und fast beliebige Porosität erzeugt werden.	– Verwickelte Formen, z.B. mit Hinterschneidungen, sind nicht herstellbar.
+ Es lassen sich Legierungen aus im flüssigen Zustand nicht mischbaren Metallen (z.B. Wolfram/Kupfer) oder Verbundwerkstoffe aus Metallen und Nichtmetallen herstellen.	– Hohe Dichte erfordert hohe Presskräfte beim Verdichten; Werkzeuge verschleißen schnell.
+ Die Produktion ist gut automatisierbar	– Porenfreie Werkstücke sind nur durch Heißpressen oder Tränken mit niedrigschmelzendem Metall möglich.

7.2   Lagerwerkstoffe

Lagermetalle für *Gleitlager* müssen folgende Funktionen erfüllen:

- geringe Reibung zwischen Lager und Welle,
- Aufnahme von Lasten (eventuell hohe Flächenpressungen),
- gutes Einlaufverhalten,
- Notlaufeigenschaft bei Schmierstoffversagen.

Ein homogener Werkstoff kann keinesfalls *allen* Forderungen gerecht werden, nur heterogene, aus unterschiedlich harten Gefügebestandteilen bestehende Schwermetalllegierungen und poröse Sinterwerkstoffe sind dazu in der Lage. Grundsätzlich sollte – anders als bei Wälzlagern – das Gleitlagermaterial weicher als der Werkstoff des Verschleißpartners sein, was bei Schwermetallen – meist gegen Stahl – der Fall ist. Die für Gleitlager zulässige Belastung (Pressung in N/mm^2 oder MPa) richtet sich nach der Härte des Wellenwerkstoffs (gehärteter/ungehärteter Stahl) und nach der Gleitgeschwindigkeit, die sich aus Drehzahl und Durchmesser der Welle ergibt. Hohe Gleitgeschwindigkeiten erfordern höhere zulässige Pressung und Härte. Hohe Härte verschlechtert wiederum das Einlaufverhalten (Glättung von Unebenheiten, Anpassung an die Welle) und meist auch die Notlaufeigenschaft.

Basismetalle sind Blei oder Zinn (*Weißmetalle*), Kupfer und Sintereisen; weiterhin gibt es Lager aus Kunststoff und Graphit. Tabelle 7.3 enthält einige Beispiele aus dem umfangreichen Angebot an Lagerwerkstoffen. Den Weißmetallbezeichnungen wird „Lg" für Lagerweißmetall vorangestellt.

Tabelle 7.3 Gleitlagerwerkstoffe, Beispiele.

Blei-Zinn-Antimon-Legierungen (Weißmetalle) Lg PbSn10 Lg PbSb15Sn10 Lg SnSb12Cu6Pb	Relativ weiche Lagerwerkstoffe mit guten Einlauf- und Notlaufeigenschaften. Antimon und Kupfer erhöhen Festigkeit und Härte; bei höherer Belastung Stahl-Stützschalen erforderlich; max. Flächenpressung 20 – 25 MPa, bei ungehärteter Welle und hoher Gleitgeschwindigkeit geringer.
Kupferbasis-Legierungen	
G-CuSn12	Lager-Gussbronze für allgemeine Anwendung; hohe Flächenpressung bis 50 MPa; Härte 700 HB.
G-CuPb15Sn	wie oben, durch Blei gute Notlaufeigenschaften; z.B. Lager für Kaltwalzwerke, Kugelmühlen.
G-CuSn7ZnPb	*Rotguss*; preisgünstiger Lagerwerkstoff mit guten Notlaufeigenschaften; Werkzeugmaschinenlager.
Sinterwerkstoffe Sint-A50 (Sinterzinnbronze) Sint-A00 (Sintereisen)	Poröse Lagerwerkstoffe; die ölgetränkten Poren dienen als Schmierstoffreservoir, damit sind die Gleitlager selbstschmierend und wartungsfrei; durch Einlagerung von Graphit oder Kunststoffen noch bessere Gleiteigenschaften. Beispiele: Wellenlager für Lüfter, Scheibenwischer, Haushaltselektrogeräte.
Kunststoffe PTFE (Polytetrafluorethylen, „Teflon")	Wartungsfreie Lager, sehr gute Gleiteigenschaften, unempfindlich gegen Verschmutzung; mäßige zulässige Flächenpressung, geringe Wärmeleitfähigkeit.

Gleitlager müssen hohe Verschleiß- und Druckfestigkeit sowie gute Gleiteigenschaften besitzen. Sie sind daher aus mehrphasigen Schwermetalllegierungen oder porösen Sintermetallen aufgebaut. Bei geringen Belastungen haben sich Kunststofflager bewährt.

Aufgaben zu Kapitel 7

1. Nennen Sie zwei Verfahren zur Herstellung von Metallpulvern.
2. Warum lassen sich – mit normalen Pressverfahren – keine porenfreien Sinterteile herstellen?
3. Wodurch wird die Raumfüllung im Werkstoffnamen Sint-E 10 angegeben?
4. Welcher physikalische Vorgang erfolgt während des Sinterns?
5. Welchen Vorteil haben *poröse* Sinterteile bei Verschleißbeanspruchung?
6. Muss ein Gleitlagerwerkstoff gegenüber dem Verschleißpartner weich oder hart sein?
7. Welche Metalle gehören zu den Weißmetall-Lagerwerkstoffen?
8. Nennen Sie zwei nichtmetallische Gleitlagerwerkstoffe.

8   Schneidstoffe

Werkzeuge zum Spanen mit geometrisch bestimmter Schneide bestehen aus Schneid-, Halte- und Spannteil. Der Schneidteil übernimmt den Spanabtrag, er muss besonders verschleißfest sein und ist aus hartem, häufig sehr teurem Schneidstoff. Halte- und Spannteil bestehen aus unlegiertem Kaltarbeitsstahl. Schneidstoffübersicht:

*   Unlegierte und legierte Kaltarbeitsstähle
*   Schnellarbeitsstähle (HSS)
*   Hartmetalle
*   Schneidkeramik
*   Hochharte Schneidstoffe (Bornitrid, Diamant)
*   Hartstoff-Beschichtungen

Tabelle 8.1 enthält die wichtigsten Eigenschaften der genannten Schneidstoffe, Bild 8.1 ihre Warmhärte. Die Hartstoff-Beschichtungen stellen keine eigentliche Schneidstoffgruppe dar, sie werden der Vollständigkeit halber am Schluss erläutert und nochmals in Abschnitt 11.4 beschrieben. Kalt- und Schnellarbeitsstähle sind bereits in Abschnitt 5.5 behandelt worden.

Tabelle 8.1 Schneidstoffe, Übersicht und wichtigste Eigenschaften (teilweise gemittelt).

	Vickers-härte HV 30	max. Temperaturbeständigkeit °C	Druckfestigkeit MPa	Biegefestigkeit MPa	E-Modul GPa
Kaltarbeitsstahl	700-900	200-300	2000-3000	1800-2500	210
Schnellarbeitsstahl	750-900	600	3000-3500	2500-3500	260
Hartmetall	1300-1700	1100	4500-5700	1500-2400	450-600
Schneidkeramik	1600-2600	1300-1800	2500-4500	200-700	300-400
Bornitrid	4500	1500	3500-4000	300-600	680
Diamant	7000	600	2800-3000	300	950

Hartmetalle
Hartmetalle sind gesinterte Werkstoffe aus Wolframkarbid (WC) und weiteren Karbiden wie Titankarbid (TiC) und Tantalkarbid (TaC) sowie dem Bindemittel Kobalt. Die Kobaltphase schmilzt beim Sinterprozess auf und füllt die Poren. Die hohe Härte bis über 600 °C (Bild 8.1) führt zu der guten Verschleißfestigkeit bei hohen Schnittgeschwindigkeiten, nur übertroffen von keramischen Schneidstoffen.

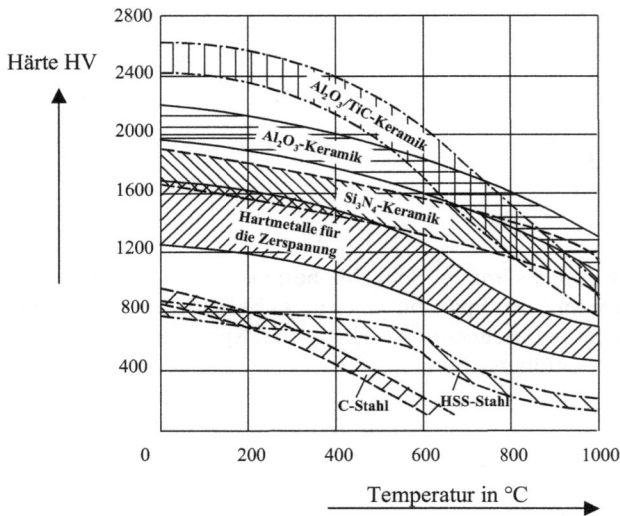

Bild 8.1 Temperaturabhängigkeit der Härte von Schneidstoffen.

Die Härte der Hartmetalle liegt zwischen Metall- und Keramikhärte, was ihrer Natur zwischen Metall und Nichtmetall entspricht. Die Herstellung (siehe Sinterwerkstoffe, Abschnitt 7.1) hat großen Einfluss auf die Eigenschaften. Durch Heißpressen oder sogar isostatisches Heißpressen (unter allseitigem Druck) kann die Biegefestigkeit erheblich verbessert werden. Mit besonders feinkörnigen Pulvern können Härte und Festigkeit gesteigert werden.

Ein Problem ergibt sich – wie bei allen Hartstoffen – aus der geringen Duktilität. Sie wird über steigenden Gehalt an Bindemittel Kobalt (5 – 15 %) verbessert. Höher kobalthaltige Hartmetalle sind somit schlagzäher. Mit zunehmendem Bindemittelanteil nimmt allerdings die Verschleißfestigkeit ab. Im Hartmetall-Kurzzeichen (s. Tabelle 8.2) bedeuten steigende Zahlen höheren Kobaltgehalt, also bessere Duktilität und geringere Gefahr von Ausbrüchen, aber stärkeren Verschleiß durch Abrasion. Die Hauptgruppen P, M und K in Tabelle 8.2 unterscheiden sich durch unterschiedliche Gehalte an Titankarbid und Tantalkarbid. Die Verschleißfestigkeit nimmt von K über M nach P durch höheren TiC- und TaC-Gehalt zu. Eine weitere Hartmetall-Gruppe „G" besteht für Umformwerkzeuge.

Stähle werden im Allgemeinen mit Hartmetallen höheren Titankarbidgehaltes (P-Sorten) bearbeitet, weil sie weniger zum Verschweißen mit der Werkstückoberfläche neigen. Tantalkarbid erhöht die Warmhärte und Biegefestigkeit.

Cermets stellen eine Variante des Hartmetalls dar. Der Name setzt sich aus **Cer**amic + **met**als zusammen. Sie enthalten neben den Metallkarbiden noch Nitride sowie Nickel als Bindemittel.

Schneidkeramik
Hierbei handelt es sich um gesinterte Hartkeramik auf Basis Metalloxid oder Metallnitrid, wie sie auch in Kapitel 10 beschrieben wird. Da keine metallischen Bindemittel notwendig sind, bleibt ihre Härte (und damit die Verschleißfestigkeit) zwischen 600 °C und 1000 °C auf hohem Niveau erhalten (Bild 8.1). Schnittgeschwindigkeiten von 100 m/min bis

Tabelle 8.2 Hartmetalle; Kennzeichnung, Eigenschaften und Anwendungshinweise.

Zerspanungs-hauptgruppe	Kurzzeichen	Eigenschaften		Anwendungs-hinweise
P Kennfarbe: blau (für langspanende Werkstoffe)	P 01 P 10 P 20 P 30 P 40 P 50	⇑	⇓	Stahl, Stahlguss, langspanender Temperguss
M Kennfarbe: gelb (für lang- und kurz-spanende Werkstoffe)	M 10 M 20 M 30 M 40			Stahl, Hartstahl, Gusseisen, (NE-Metalle)
K Kennfarbe: rot (für kurzspanende Werkstoffe)	K 01 K 10 K 20 K 30 K 40	⇑	⇓	Hartguss, Gusseisen, kurzspanender Temperguss, Kunststoffe, Hartpapier, NE-Metalle

(Spalten Eigenschaften: *zunehmende Verschleißfestigkeit* ⇑ / *zunehmende Zähigkeit* ⇓)

500 m/min (Stahl) sind üblich. Tabelle 8.3 zeigt beispielhaft keramische Schneidstoffe. Zur Werkzeugstandzeit im Vergleich zu anderen Schneidstoffen siehe Bild 8.2.

Die geringe Zähigkeit der Keramik macht sie ungeeignet für stark wechselnde oder schlagartige Beanspruchung, wie sie z.B. bei unterbrochenen Schnitten oder inhomogenen Gefügen auftreten. Durch Zugabe feindisperser Fremdphasen wie Zirkonoxid (ZrO_2) in sogenannter Dispersionskeramik kann die Mikrorissbildung verlangsamt werden.

Aluminiumoxid wird zur Zeit am häufigsten verwendet. Wegen der vielfältigen Möglichkeiten, die das Sintern bietet, ist hier ein großes Entwicklungspotential vorhanden. z.B. lässt sich dem Al_2O_3 bis zu 30 % TiC zufügen, wodurch die Härte nochmals erhöht werden kann (Bild 8.1).

Die nichtoxidische Siliziumnitrid-Keramik eignet sich besonders zum Drehen und Fräsen von Gusseisen. Ihr können einige % Yttriumoxid (Y_2O_3) zugefügt werden, was zu dem gleichen Effekt der Zähigkeitsverbesserung wie bei $Al_2O_3+ZrO_2$ führt.

Tabelle 8.3 Keramische Schneidstoffe, Auswahl.

Werkstoff	Eigenschaften [1]
Al_2O_3, Aluminiumoxid (Korund)	*Oxidkeramik;* Farbe: weiß; Härte 1600 – 2000 HV; Biegefestigkeit 280 – 350 MPa; E-Modul 350 – 420 GPa.
Si_3N_4, Siliziumnitrid	*Nichtoxidische Keramik;* Farbe: grau; Härte 1500 – 1700 HV; Biegefestigkeit 660 – 800 MPa, bruchzäher als Al_2O_3; E-Modul 200 – 300 GPa

[1] Die Schwankungsbreite der Angaben ist herstellungsbedingt und entsteht vor allem durch Unterschiede im Reinheitsgrad, in der Korngröße und Porosität.

Hochharte Schneidstoffe
Hierzu zählen in erster Linie Diamant und Bornitrid. Polykristalliner Diamant (PKD) wird synthetisch erzeugt und als Schicht auf z.B. Hartmetall aufgebracht. Einkristalliner Diamant wird kompakt auf Werkzeugträger aufgeklebt. Diamantwerkzeuge eignen sich insbesondere für die Fein- und Feinstbearbeitung von Al- und Cu-Werkstoffen (R_t-Werte unter 1 µm) sowie faserverstärkte Kunststoffe, weniger für Stahl (Reaktionsverschleiß durch Eisen-Kohlenstoff-Reaktionen).

Polykristallines Bornitrid (PKB) ist gegenüber Eisen chemisch stabil und somit auch für die Hartbearbeitung von Stahl geeignet (Hartbearbeitung = Spanen nach dem Härten). Es wird massiv oder auch als Beschichtung auf Hartmetall eingesetzt.

Beschichtete Schneidstoffe
Die Entwicklung von besseren und kostengünstigen Beschichtungen mit Hartstoffen nach dem CVD-Verfahren („Chemical-Vapor-Deposition") und dem PVD-Verfahren („Physical-Vapor-Deposition"), siehe Abschnitt 11.4, hat dazu geführt, dass heute viele Werkzeuge aus Metall und Hartmetall beschichtet werden. Man kann nahezu jeden Hartstoff wie TiN (goldfarben), TiC, WC, Al_2O_3, C usw. mit Schichtdicken von weniger als 0,1 µm bis 10 oder 20 µm auftragen. Dünne Schichten verschleißen schneller, haften aber besser und sind weniger stoßempfindlich. Mehrfachbeschichtungen unterschiedlichster Schichtarten sind üblich. **Beispiel**: 2 µm TiN + 6 µm TiC,N + 2 µm TiN.

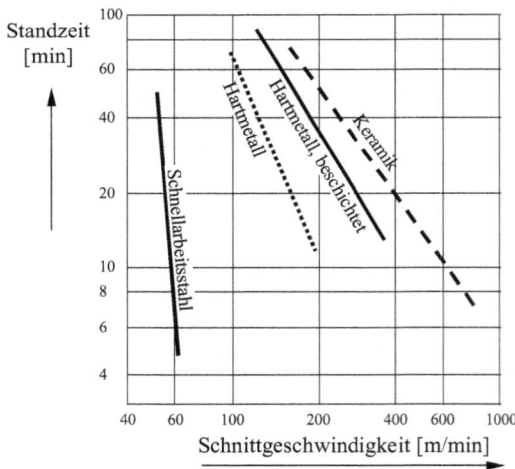

Bild 8.2 Standzeit von beschichtetem Hartmetall bei verschiedenen Schnittgeschwindigkeiten im Vergleich zu anderen Schneidstoffen. Bearbeitung: Drehen; Werkstoff: Stahl.

Die Beschichtung ermöglicht die Lösung des Problems

„harter Werkstoff = spröder Werkstoff".

Man kann den Schneidwerkstoff relativ zäh gestalten und die fehlende Verschleißfestigkeit durch die harte Beschichtung erreichen. Ein günstiger und wichtiger Nebeneffekt entsteht durch niedrige Reibwerte einiger Beschichtungen mit der Folge geringerer Werkzeugerwärmung. Daher wirkt die Beschichtung auch dann noch, wenn sie örtlich bereits abgetragen ist.

Bild 8.2 zeigt die Standzeitverbesserung durch Beschichtungen von Hartmetall. Es wird nahezu die Standzeit von Schneidkeramik erreicht.

Zusammenfassung

Schneidstoffe für die spanende Bearbeitung müssen extrem verschleißfest und möglichst bruchsicher, also zäh sein. Für hohe Schnittgeschwindigkeiten oder die Bearbeitung sehr harter Materialien wird weiterhin gefordert, dass die Härte auch bei steigender Temperatur bis 1000 °C nicht zu weit abfällt. Gegenüber den schon immer verwendeten Schneidstählen (Kalt- und Schnellarbeitsstahl) besitzen Hartmetalle und Keramiken bis hin zum Bornitrid und Diamant weitaus mehr Möglichkeiten, Schnittgeschwindigkeiten und/oder Schnitttiefen herauf zu setzen und Hartbearbeitungen (die Bearbeitung gehärteten Stahls) durchzuführen. Die Beschichtung mit Hartstoffen wie Titannitrid erhöht zusätzlich die Werkzeugstandzeit.

Aufgaben zu Kapitel 8

1. Nennen Sie die Hauptbestandteile von Hartmetall.

2. Wodurch wird die Zähigkeit der Hartmetalle gesteuert?

3. Welche Eigenschaften muss ein Schneidstoff für die Bearbeitung von vergütetem Stahl (gleichmäßiges Gefüge, relativ hohe Härte) mit hoher Schnittgeschwindigkeit haben?

4. Nennen Sie eine oxidische und eine nichtoxidische Schneidkeramik.

5. Nennen Sie einen Vor- und einen Nachteil dünner Hartstoffbeschichtungen gegenüber dickeren.

9 Verbundwerkstoffe und Werkstoffverbunde

Überblick und Lernziel

Ein *Verbundwerkstoff* ist ein aus verschiedenen Stoffen gefügter Werkstoff, der – entsprechend der Werkstoffdefinition – be- und verarbeitbar sein muss. Die Abgrenzung zu Legierungen ist nicht eindeutig, denn letztlich ist auch Gusseisen mit klar erkennbaren Graphitkristallen ein „Verbundwerkstoff". Solche inhomogenen Legierungen unterscheiden sich jedoch von Verbundwerkstoffen durch ihre Herstellung, da bei letzteren mindestens eine Komponente im festen Zustand verbleibt. Legierungen entstehen aus homogenen Schmelzen, Verbundwerkstoffe werden aus mehreren Komponenten *gefügt*.

Ein *Werkstoffverbund* liegt vor, wenn verschiedene Werkstoffe – wiederum ganz oder teilweise in festem Zustand – untrennbar zu einem *Bauteil* verbunden werden (*Hybridkonstruktion*). Als Fügeverfahren kommen Eingießen, Schweißen, Löten, Kleben, chemische Abscheidungen oder Walzplattieren infrage. Besonders das Eingießen von Elementen in Gussstücke (z.B. Stahlteile in Aluminiumguss) ist ein beliebtes Verfahren zur Herstellung von Werkstoffverbunden.

Verbundwerkstoffe und Werkstoffverbunde bieten ein großes Innovationspotential. Immer dann, wenn ein einziger Werkstoff den Anforderungen nicht genügt, zu schwer oder zu teuer ist, können Verbundwerkstoffe oder Werkstoffverbunde Lösungen bieten. In Anbetracht der großen Zahl verfügbarer Stoffe ist es nicht übertrieben, von einer fast unendlichen Zahl von Verbundmöglichkeiten zu sprechen, die bei weitem noch nicht erforscht, geschweige denn zur Anwendungsreife entwickelt wurden.

Die Natur selbst bietet viele Beispiele für Verbunde: Holz besteht aus Cellulosefasern in Lignin-Matrix, Knochen bestehen aus Bindegewebsfasern in kalkhaltiger Matrix. Im Bauwesen haben sich Verbundwerkstoffe wie Beton (Zement + Sand/Kies) oder Werkstoffverbunde wie der Stahlbeton (Beton + Stahleinlagen) bewährt. Hier kann nur eine grobe Übersicht über metallische Verbunde gegeben werden.

Nachteil aller Verbundwerkstoffe und Werkstoffverbunde ist die schlechte Wiederverwertbarkeit bzw. das aufwendige Recycling. In vielen Fällen ist die Trennung der einzelnen Komponenten zwar technisch möglich, aber noch nicht wirtschaftlich. Da die Gesetzgebung das *Stoffrecycling* vor die *Entsorgung* stellt (Wiederverwertung hat Vorrang vor Deponierung oder Verbrennung), müssen gleichzeitig mit der Entwicklung neuer Verbunde Wege des Recycling gefunden werden.

Der sich mit Werkstoffen befassende Ingenieur sollte die vielfältigen Möglichkeiten, die sich aus der Kombination einzelner Stoffe ergeben, erkennen und zu nutzen wissen; andererseits muss er die Recyclingmöglichkeiten prüfen und folgende Fragen klären:

– Gibt es Recyclingverfahren für den Verbund oder sind sie leicht zu entwickeln?
– Wie teuer ist das Recycling?
– Welchen Qualitätsverlust erleiden die zurückgewonnenen Stoffe?

9.1   Verbundwerkstoffe

Man unterscheidet:

• Teilchenverbundwerkstoffe
• Kompakt- oder Schichtverbundwerkstoffe
• Faserverbundwerkstoffe (Kurz-, Lang- oder Endlosfaser)

In Bild 9.1 sind einige Varianten gezeigt.

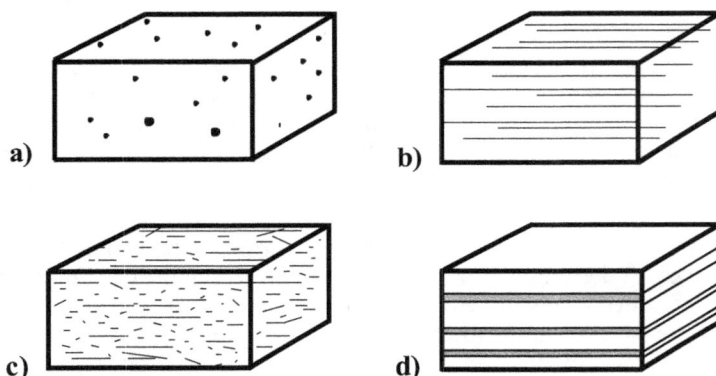

Bild 9.1 Schematische Darstellung von Verbundmöglichkeiten; a) Teilchen-, b) Endlosfaser-, c) Kurzfaser-, d) Schichtverbundwerkstoff.

Teilchenverbundwerkstoffe mit metallischer Matrix werden für spezielle Anwendungen (z.B. Gleitlager) hergestellt. Hauptsächliches Herstellungsverfahren ist die Pulvermetallurgie. So können Graphitteilchen als Festschmierstoff in Sintereisen eingelagert werden. Eine weitere Möglichkeit ist die galvanische Abscheidung von Teilchenverbundschichten mit dem Ziel guter Verschleißbeständigkeit. Die einzulagernden Teilchen werden dabei zusammen mit dem Beschichtungsstoff aus dem Elektrolyten abgeschieden. **Beispiel**: SiC-Einlagerungen (hart) in galvanisch aufgebrachten Nickelschichten (s.a. Abschnitt 11).

Kompakt- oder Schichtverbunde gehören überwiegend zu den im nächsten Abschnitt behandelten Werkstoffverbunden, eine Unterscheidung ist schlecht möglich. Sie liegen vielfach als Oberflächenbeschichtung vor, können aber auch den ganzen Querschnitt des Bauteils betreffen, z.B. als „Sandwich-Struktur". Dabei kombiniert man Bleche unterschiedlicher Werkstoffe oder Eigenschaften. Herstellungsverfahren sind Walzplattieren (Bleche verschweißen miteinander im Walzspalt), Sprengplattieren (eine Explosion presst die zu verbindenden Werkstücke so stark zusammen, dass sie miteinander verschweißen) oder Strangpressen (hierbei besteht der zu verpressende Block aus zwei Hälften unterschiedlichen Materials). In Abschnitt 6.2 (Aluminium) wurde bereits mit Reinaluminium walzplattiertes AlCu-Blech erwähnt, ein Schichtverbund zur Verbesserung der Korrosionsbeständigkeit.

Faserverbundwerkstoffe sind durch glasfaser- oder kohlenstofffaserverstärkte Kunststoffe (GFK bzw. CFK) bekannt geworden. Die Faserverstärkung ist bei belasteten Kunststoff-Strukturteilen im Flug- und Fahrzeugbau unabdingbar, wobei vor allem der niedrige Elastizitätsmodul der Kunststoffe heraufgesetzt wird. Je nach Beanspruchung bedarf es der Einlagerung von Kurzfasern (wenige Zehntel-mm Länge, einfachste Verarbeitung, Bild 9.1c), Langfasern (mm-Bereich) oder von Endlosfasern (Bild 9.1b) mit höchstem Festigkeitsgewinn, aber aufwendigster Herstellung.

Bei Metallen, für welche gleiches gilt, ist die Faserverstärkung bisher auf wenige Anwendungen beschränkt. Das liegt einmal an fehlender Notwendigkeit (Metalle sind meist genügend fest und ausreichend steif); andererseits ist das Einbringen von Verstärkungsfasern in die Metallmatrix ungleich schwerer als das Einbringen in die Kunststoffmatrix.

Der Gewinn an Festigkeit oder elastischer Steifigkeit hängt – entsprechend der Mischungsregel – direkt vom Faser-Volumenanteil ab. Als Beispiel sei die Änderung des Elastizitätsmoduls durch Faserverstärkung mit gerichteten Langfasern parallel zur Kraftrichtung angegeben:

$$E_V = E_F\, x_F + E_M\, x_M \tag{9.1}$$

mit E_V, E_F, E_M = E-Modul von Verbund, Faser und Matrix, x_F und x_M = Volumenanteil Faser und Matrix. Für den Volumenanteil Matrix gilt: $x_M = 1 - x_F$.

Soll der Elastizitätsmodul deutlich steigen, ist die Verstärkung mit möglichst hohem Faseranteil notwendig. **Beispiel**: Verstärkung der Matrix Aluminium (E_{Al} = 70 GPa) mit 10 % und 50 % SiC-Fasern (E_{SiC} = 500 GPa), ideale Faserrichtung und Faserbindung vorausgesetzt:

10 % SiC: $E_V = (500 \cdot 0,1) + (70 \cdot 0,9) = 113$ GPa

50 % SiC: $E_V = (500 \cdot 0,5) + (70 \cdot 0,5) = 285$ GPa

Der E-Modul des Verbundes mit 50 % Fasern steigt also auf das 2,5-fache gegenüber dem Verbund mit 10 % Fasern.

In gleicher Weise lässt sich nach der Mischungsregel (9.1) die Bruchfestigkeit abschätzen. Bei ungünstiger Faserlage (Extremfall: senkrecht zur Kraftrichtung) und schlechter Haftung Faser – Matrix (Extremfall: keine Bindung) liegen die Werte entsprechend niedriger, wobei andere Berechnungsformeln zu verwenden sind. Bild 9.2 zeigt die in der Praxis mögliche Verbesserung des Elastizitätsmoduls durch die Faserverstärkung von Aluminium im Vergleich zu Stahl.

Die Herstellung von Faserverbundmaterial setzt demzufolge einen hohen Faseranteil, gute Ausrichtung zum Kraftfluss und gute Faserhaftung voraus, was gerade bei metallischer Matrix schwer zu realisieren und teuer ist.

Am erfolgversprechendsten ist die Faserverstärkung von Aluminium, um die Warmfestigkeit und Biegesteifigkeit zu erhöhen. Das Einbringen der Fasern erfolgt gießtechnisch. Bei der

E
[10³ MPa]

250

200

150

100

50

0

Al

Al +
Al₂O₃-Fasern

Al +
SiC-Fasern

Stahl

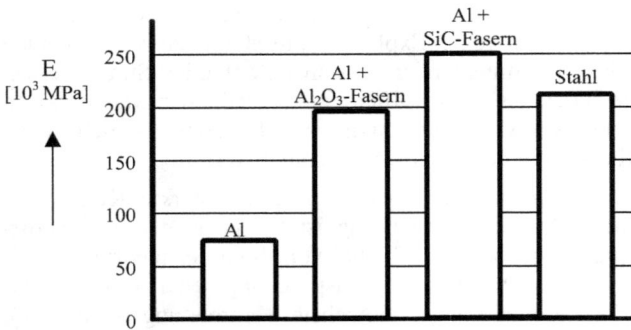

Bild 9.2 Veränderung des Elastizitätsmoduls E durch Faserverstärkung von Aluminium; zum Vergleich der E-Modul von Stahl (nach VAW, Vereinigte Aluminiumwerke, Bonn).

„Schmelzinfiltrierung" wird die Al-Schmelze im Druckgießverfahren in einen Faserformkörper gedrückt. Der aus Fasern gepresste Faserformkörper hat bereits die Form des Fertigteils und wird in die Gießform eingelegt. Zur Herstellung von faserverstärktem *Strangpresshalbzeug* gießt man zunächst durch „drucklose Schmelzimpregnierung" Aluminium-Strangpressbarren mit bis zu 25 % keramischen Kurzfasern; bei anschließendem Strangpressen richten sich die Fasern in Pressrichtung aus. Als Fasermaterial für die Aluminium- und auch die Magnesiumverstärkung haben sich Al_2O_3, SiC und Si_3N_4 bewährt.

Erste Anwendungen sind im Motorenbau zu finden. Wegen der mäßigen Warmfestigkeit der Aluminiumlegierungen werden z.B. Kolbenböden oder die Sitze der Kolbenringe durch Schmelzinfiltrierung faserverstärkt. In Entwicklung befinden sich faserverstärkte Pleuel sowie mit einem Faserformkörper verstärkte Motorblöcke. Durch die höhere Steifigkeit lässt sich die Wanddicke deutlich reduzieren.

9.2   Werkstoffverbunde

Werden zwei oder mehr kompakte Werkstoffe zu einem Bauteil untrennbar verbunden, spricht man von einem Werkstoffverbund. Definitionsgemäß bilden die in Abschnitt 11.2 beschriebenen Oberflächenbeschichtungen (wie Zink auf Stahlblech) ebenso einen Werkstoffverbund wie auch die Nitrierschicht auf Stahl oder die Al_2O_3-Schicht auf anodisiertem Aluminium.

Typisches Beispiel eines Werkstoffverbundes aus dem Verpackungsbereich ist die Getränke-Kartonverpackung für Milch oder Saft. Sie besteht aus 5 Schichten:

| PE (Polyethylen), innen | + | Al-Folie | + | PE-Verbindungsschicht | + | Karton | + | PE außen |

Das Recycling ist entsprechend aufwendig: Häckseln in feine Stücke, Auflösen des Papieranteils und mechanische Trennung der festen Bestandteile.

Aus dem Bereich der Metalle sind vor allem die gießtechnisch hergestellten Werkstoffverbunde zu nennen. In Al-Motorkolben werden Kolbenringsitze aus „Niresist" (Eisen-Nickel-Legierung) eingegossen. Viele Al-Druckgussstücke enthalten eingegossene Stahl-Gewindeeinsätze, die eine höhere Belastbarkeit aufweisen als direkt in das Aluminium geschnittene Gewinde. Das Eingießen fester Teile in Gussstücke erfordert viel Erfahrung sowohl vom Konstrukteur wie vom Gießer, da ein form- und kraftschlüssiger Verbund erzielt werden soll. Glücklicherweise schrumpft das erstarrende Metall auf das in die Gießform eingelegte Teil auf, so dass sich ein fester Schrumpfsitz ergibt. Probleme können später durch häufige Temperaturwechsel entstehen, da die verschiedenen Werkstoffe unterschiedliche Ausdehnungskoeffizienten besitzen.

Durch Plattieren hergestellte Werkstoffverbunde wurden bereits bei den Schichtverbundwerkstoffen behandelt. Während das Walzplattieren nur am Halbzeug (Blech) möglich ist, kann das Sprengplattieren auch am fertigen Bauteil erfolgen. Das Strangpressen bietet die Möglichkeit zur Erzeugung von Verbundprofilen. Z.B. können Stromschienen aus Aluminium und Kupfer gepresst werden, wobei die Kupferabdeckung als gut leitender Verschleißschutz dient. Auch Aluminium und Stahl lassen sich so kombinieren.

Sandwichstrukturen bieten die Möglichkeit von extremem Leichtbau, wie er im Flugzeugbau gefordert wird. Die Verbindung von wabenförmigen oder gewellten Kernblechen mit glatten Deckblechen und einem ausgeschäumten Zwischenraum ergibt außerordentlich leichte und biegesteife Strukturen (Bild 9.3). Das Ausschäumen geschieht mit Kunststoffhartschaum (wie auch in Fensterprofilen zwecks Isolierung). Die produktionsreife Entwicklung von *Aluminiumschaum* lässt erwarten, dass künftig die Füllung von Hohlblechen auch mit geschäumtem Al erfolgen wird.

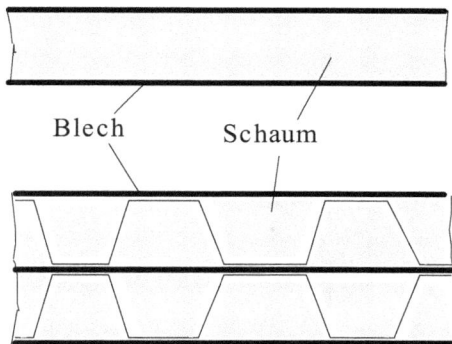

Bild 9.3 Sandwich-Bleche mit Ausschäumung; oben ohne, unten mit Wabenverstärkung.

Zusammenfassung

Verbundwerkstoffe sind aus verschiedenen Materialien zusammengesetzte be- und verarbeitbare Werkstoffe. Auf Metallbasis sind sie relativ wenig verbreitet – im Gegensatz zu solchen mit Kunststoffmatrix –, da ihre Herstellung ungleich schwieriger und der Bedarf weniger häufig gegeben ist. Beispiele sind Sinterwerkstoffe mit Fremdstoffeinlagerungen oder keramikfaserverstärktes Aluminium. Zu den Werkstoffverbunden zählen Bauteile, die aus mehreren, nicht mehr einfach zu lösenden Stoffen bestehen. Beispiele sind Beschichtungen aller Art, Eingussteile in Gussstücken und Sandwichbleche aus verschiedenen Komponenten.

Das Recycling von Verbundwerkstoffen und Werkstoffverbunden ist sehr aufwendig und nicht immer möglich.

Aufgaben zu Kapitel 9

1. Warum zählt eine Aluminium-Silizium-Legierung mit eingelagerten Si-Kristallen nicht zu den Verbundwerkstoffen?

2. Nennen Sie einen Verbundwerkstoff aus der Natur und einen solchen aus dem Bauwesen.

3. Nennen Sie drei Typen von Verbundwerkstoffen.

4. Berechnen Sie die Zugfestigkeit R_m von stahlfaserverstärktem Aluminium mit 20 % gerichteten Stahlfasern (parallel zur Kraftrichtung ausgerichtet, optimale Haftung); R_{mStahl} = 1000 MPa, R_{mAl} = 350 MPa.

5. Welches Problem besteht beim Recycling von Al-Druckgussstücken mit eingegossenen Stahlteilen?

10 Keramische Werkstoffe

Überblick und Lernziel

Keramik ist ein nach den Grundsätzen der Sintertechnik verarbeiteter anorganischer, nicht-metallischer Werkstoff. Die Keramiken gehören zu den ältesten Materialien überhaupt, gleichzeitig sind sie modernster Ingenieurwerkstoff mit hohem Entwicklungspotential. Die Keramik wird sowohl nach ihrer Zusammensetzung wie nach Anwendungsgebieten eingeteilt:

Einteilung nach der Zusammensetzung	Einteilung nach der Anwendung
Silikatkeramik (Porzellan, Steingut)	Haushaltskeramik
Oxidkeramik (Al_2O_3, ZrO_2)	Technische Keramik
Nichtoxidische Keramik	– Isolierkeramik
– Karbide (SiC)	– Elektronische Keramik (Funktions-
– Nitride (Si_3N_4)	keramik)
Einatomare Keramik (C, Si)	– Ingenieurkeramik (Maschinenbau)
Glaskeramik	– Schneidkeramik
	– Biokeramik

Die ältesten Keramiken – Ton, Steingut und Porzellan – sind SiO_2-haltige Silikatkeramiken. Überwiegend im Haushalt verwendet, zählen sie zu den *Haushaltskeramiken*. Ihre in die Steinzeit zurück reichende Verwendung begründet sich auf natürliche Vorkommen im Erdboden. Das Material konnte – oft ohne jegliche Aufbereitung – zu Gegenständen geformt und getrocknet oder gebrannt werden.

Seit der Entdeckung und Verwertung des elektrischen Stroms benötigt man ähnliche Keramiken als *Isolierkeramik*, vor allem Porzellan, Steingut und Steatit (Silikatkeramik auf Basis Magnesiumsilikat). Als Beispiele seien Langstabisolatoren für Hochspannungsleitungen oder Zündkerzenisolierungen genannt.

Unter „elektronischer" oder *Funktionskeramik* wird die in großen Mengen in der Elektronikindustrie zu Halbleitern und weiteren elektronischen Bauteilen verarbeitete Keramik, z.B. einkristallines Silizium oder Chip-Trägerplatten (Substrate) aus Al_2O_3, verstanden.

Ingenieur-, *Bio-* und *Schneidkeramiken* unterscheiden sich nicht wesentlich. Sie stellen jüngste Entwicklungen mit im Maschinenbau erforderlichen Anforderungen an Festigkeit und Bruchsicherheit dar. Sie müssen hohe Reinheit, gleichmäßiges feines Korn und ggf. völlige Porenfreiheit aufweisen. Die Herstellung der Rohstoffe ist deswegen nur synthetisch möglich. In der Medizintechnik wird für die dort verwendete Biokeramik gute Körperverträglichkeit verlangt.

Da die Keramiken nicht zu den in diesem Buch behandelten Metallen gehören, sollen die folgenden Abschnitte nur einen kleinen Überblick über die Werkstoffe der Ingenieurkeramik geben. Der Maschinenbau-Ingenieur muss sich heute verstärkt mit keramischen Materialien befassen, da diesen ein hohes Wachstumspotential vorausgesagt wird. Grund für das verstärkte Interesse sind die Vorteile gegenüber anderen Werkstoffen:

- höchste Härte, hoher Verschleißwiderstand,
- beste Warmfestigkeit,
- hohe Korrosionsbeständigkeit,
- niedrige Dichte,
- unerschöpfliche Rohstoffquellen.

Ihr Hauptnachteil gegenüber Metallen und Polymeren ist die bekannt geringe Zähigkeit, die einmal die Verarbeitung erschwert und zum anderen zu spröden Gewaltbrüchen führt. Hier liegt die Herausforderung an den Ingenieur: Keramische Bauteile sind so zu gestalten und einzusetzen, dass die Gefahr katastrophalen Bauteilversagens vermieden wird. Die Herstellung der Bauteile durch Pressen und Sintern lässt keine beliebig komplizierte Werkstückgeometrie zu. Das Konstruieren mit keramischen Werkstoffen erfordert daher eine grundlegend andere Vorgehensweise als das Konstruieren mit Metall (Hinweise siehe [15]). Dazu bedarf es der Kenntnis von Art und Eigenschaften der wichtigsten Ingenieurkeramiken.

10.1 Herstellung

Prinzipiell gleicht die Herstellung der Ingenieurkeramik weitgehend den in Abschnitt 7 beschriebenen pulvermetallurgischen Verfahren, also Formen oder Pressen eines *Grünlings*, eventuelle Bearbeitung und anschließendes Sintern. Mit Wasser oder Bindemitteln können keramische Pulver in einen gut formbaren, teigigen oder sogar fließfähigen Zustand gebracht werden. Beim *Schlickerguss* wird die breiige Keramikmasse in poröse Formen (z.B. aus Gips), gegossen, die das Wasser aufsaugen, so dass ein relativ fester Grünling entsteht.

Das *Trockenpressen* erfolgt wie bei Metallpulvern durch Verdichtung des mit Bindemitteln versetzten Keramikpulvers in entsprechenden Werkzeugen. Weitere Methoden sind das *Strangpressen* für Langprodukte wie Stangen und Rohre und das *Stampfen* in Formen (Einzelstückfertigung). Letztlich kann Keramikmasse auch auf anderes Trägermaterial wie Stahl, z.B. durch Flamm- oder Plasmaspritzen, aufgebracht werden.

Die Grünlinge werden maßlich kontrolliert und – soweit nötig – bearbeitet, was allerdings einer sehr sorgfältigen Handhabung bedarf. Anschließend erfolgt das Sintern entsprechend den nachstehenden Methoden (die angegebenen Kurzzeichen werden international einheitlich verwendet, sind jedoch in Deutschland noch nicht genormt):

- Einfaches Sintern im Brennofen (Kurzzeichen S)
- Reaktionsintern im Rezipienten (RB = Reaction Bonded)
- Heißpressen in beheizten Werkzeugen (HP = Hot Pressed)
- Heißisostatisches Pressen in Druckkammern (HIP)

Bei den meisten Verfahren tritt – sofern nicht entsprechende Zusätze (Additive) beigemischt werden – *keine* schmelzflüssige Phase auf. Daher weisen einfach gesinterte und auch reaktionsgesinterte Bauteile Restporosität auf, die sich stark auf die Streuung der mechanischen Eigenschaften auswirkt.

Reaktionsgesinterte Keramiken erhalten ihre endgültige chemische Zusammensetzung während des Sinterns, indem z.B. Reaktionsgase in den Sinterofen bzw. Rezipienten eingeleitet oder die Pulver mit Reaktionspartnern gemischt werden. So kann Si-Pulver in Stickstoffatmosphäre bei hoher Temperatur zu Siliziumnitrid oder ein Si-C-Pulvergemisch zu SiC reagieren.

Heißpressen führt zu höherer Verdichtung, ist aber wegen der Werkzeugbeanspruchung sehr viel aufwendiger und teurer. Wird das Heißpressen unter Gasdruck in der Druckkammer durchgeführt, spricht man – wegen des allseitig gleich (isostatisch) wirkenden Druckes – vom *heißisostatischen Pressen*. Es ist das aufwendigste Verfahren; die zunächst noch porösen Grünlinge müssen in Metallfolien eingeschweißt werden, damit sich der Druck nur auf die Oberfläche auswirkt.

Anders als bei Metallen tritt beim Sintern der meisten Keramiken ein beträchtlicher *Volumenschwund* (bis zu 25 %) ein, abhängig vom Material und Verfahren. Der Schwund ist bei der Auslegung der Werkzeuge zu berücksichtigen. Da er nicht genau vorhersagbar ist, können enge Maßvorgaben nur durch abschließendes Schleifen eingehalten werden. Die Hartbearbeitung fertiger Keramikteile erfolgt durch Diamantschleifen.

Beim Brennen von *Silikatkeramik* (z.B. Haushaltskeramik) tritt – im Gegensatz zum Sintern der Ingenieurkeramik – immer eine geschmolzene Phase auf („Glasphase"), die die zwischen den Kristallen verbleibenden Poren schließt. Zur Bildung der Glasphase enthalten Silikatkeramiken – neben Ton (Kaolinit) und Quarz – einen mehr oder weniger großen Anteil Feldspat, das sog. „Flussmittel".

10.2 Oxidkeramik

Die bekanntesten und wichtigsten Oxidkeramiken des Maschinenbaus sind *Aluminiumoxid* (Al_2O_3) und *Zirkonoxid* (ZrO_2, „Zirkonia"). Weiterhin gehören dazu: Aluminiumtitanat Al_2TiO_5 (= $Al_2O_3 \cdot TiO_2$), Magnesiumoxid (MgO) und Titandioxid (TiO_2). Aluminiumoxid wird in Reinheiten von ca. 90 % bis 99,9 % Al_2O_3 hergestellt, was zu entsprechenden Unterschieden der mechanischen, thermischen und elektrischen Eigenschaften führt. Tabelle 10.1 enthält beispielhaft Angaben zu Al_2O_3, mit ZrO_2 versetztem Al_2O_3 (Dispersionskeramik), teilstabilisiertem Zirkonoxid (ZrO_2) und Aluminiumtitanat (Al_2TiO_5).

Herausragende Eigenschaft des *Aluminiumoxids* (Korund) ist seine hohe Härte und gute Warmfestigkeit. Da keine Oxidation möglich ist, kann Al_2O_3 bei hoher Temperatur und Ein-

Tabelle 10.1 Eigenschaften beispielhafter Oxidkeramiken. Die teilweise große Streubreite der Werte ergibt sich aus Unterschieden in der Reinheit sowie unterschiedlichen Herstellungsverfahren.

Werkstoff	Härte HV	Dichte g/cm³	Biegefestigkeit MPa	E-Modul GPa
Al_2O_3	1600 – 2000	3,8 – 3,9	280 – 350	350 – 420
$Al_2O_3+ZrO_2$	1800 – 2200	4,0 – 4,3	420 – 600	380 – 420
ZrO_2	1100 – 1200	5 – 6	500 – 1000	200 – 210
Al_2TiO_5	niedrig	3,4	ca. 35	13

wirkung von reaktiven Gasen eingesetzt werden, darüber hinaus ist es gegen fast alle Medien korrosionsbeständig. Al_2O_3-Keramik wird wegen seines guten Preis-Leistungs-Verhältnisses sehr vielfältig eingesetzt: Pumpenteile, Dichtungen, Thermoelementschutzrohre, medizinische Implantate, Wendeschneidplatten, Schleifmittel. Nachteil ist die große Sprödigkeit (Biegeschlagzähigkeit 0,2 J/cm^2). Der relativ hohe Wärmeausdehnungskoeffizient (8 10^{-6} K^{-1}) führt zu geringerer Thermoschockbeständigkeit gegenüber anderen Keramiken wie Si_3N_4. Die Wärmeleitfähigkeit ist mit 20 W/mK vergleichsweise hoch, so dass Al_2O_3-Keramik weniger für isolierende Bauteile in Frage kommt (wie das unten beschriebene Aluminiumtitanat).

Mit ZrO_2 gemischtes Aluminiumoxid wurde bereits bei den keramischen Schneidstoffen beschrieben. Die feinen ZrO_2-Partikel verzögern die Rissausbreitung, was dem sehr spröden Aluminiumoxid zu einer gewissen „Zähigkeit" und zu verbesserter Biegefestigkeit verhilft.

Aluminiumtitanat ist eine Mischphase aus Al_2O_3 und TiO_2, die sich auf Grund ihrer offenen Porosität weniger durch besondere mechanische Eigenschaften (s. Tab. 10.1), sondern durch gute Wärmeisolierung (λ = 3 – 5 W/mK) auszeichnet. Die „Isolierkeramik" wird im Motorenbau versuchsweise für Portliner (Abgaskanal-Isolierungen in Zylinderköpfen), Zylinderauskleidungen von Motorblöcken sowie in der Gießereitechnik und im Ofenbau verwendet.

Zirkoniumdioxid, kurz Zirkonoxid, hat in letzter Zeit zunehmend an Bedeutung gewonnen, da es relativ gute Bruchzähigkeit und damit hohe Zug- und Biegefestigkeit aufweist. ZrO_2 tritt in mehreren kristallinen Modifikationen auf, von welchen die kubische die günstigste ist. Sie wird durch Zusätze von Stabilisatoren wie MgO und CaO stabilisiert („stabilisiertes" bzw. „teilstabilisiertes" Zirkonoxid). Anwendungen: Stark verschleißbeanspruchte Maschinenbauteile, Schneidwerkzeuge (auch Haushaltsmesser), Messrohre für Sauerstoffpartialdrücke (Lambda-Sonde). In der Raketentechnik werden hoch temperaturbelastete Stahlteile mit einer plasmagespritzten ZrO_2-Schutzschicht versehen.

10.3   Nichtoxidische Keramik

Für den Maschinenbau wichtige Werkstoffe dieser Gruppe sind *Siliziumkarbid* (SiC) und *Siliziumnitrid* (Si_3N_4), siehe Tabelle 10.2. Weiterhin gehören Aluminiumnitrid (AlN), Borcarbid (BC, Schleifmittel) und Bornitrid (BN, Schneidstoff) dazu.

Tabelle 10.2 Eigenschaften beispielhafter Nichtoxidkeramiken (Werkstofferläuterungen siehe Text).

Werkstoff	Härte HV	Dichte g/cm^3	Biegefestigkeit MPa	E-Modul GPa
SSiC (gesintertes SiC)	2500 – 2600	3,1 – 3,15	300 – 600	370 – 450
SiSiC (siliziuminfiltriertes SiC)	1400 – 2500	3,08 – 3,12	180 – 450	270 – 350
HPSN (heißgepresstes Si_3N_4)	1500 – 1700	3,2 – 3,3	660 – 800	280 – 300
RBSN (reaktionsgesintertes Si_3N_4)	800 – 1000	1,9 – 2,4	220 – 280	150 – 180

Siliziumkarbid und Siliziumnitrid unterscheiden sich nach Herstellungsverfahren und werden mit folgenden Kurzzeichen benannt:

Herstellung	Kurzzeichen für SiC	Kurzzeichen für Si_3N_4
gesintert	SSiC	SSN
reaktionsgebunden	–	RBSN
reaktionsgebunden und siliziuminfiltriert	SiSiC	–
heißgepresst	HPSiC	HPSN
heißisostatisch gepresst	HIPSiC	HIPSN

Die Herstellungsart des *Siliciumkarbids* wirkt sich stark auf die mechanischen Eigenschaften aus. Die Festigkeit von HPSiC ist durch Heißpressen bei 1000 bar besser als die des kaltgepressten SSiC. Deutlich schlechter sind die Eigenschaften des reaktionsgebundenen siliziuminfiltrierten Siliziumkarbids (SiSiC, s. Tab. 10.2). Hier werden die Poren im SiC während des Sinterns mit Silizium und Kohlenstoff gefüllt, die zu weiterem SiC reagieren. Der Vorteil ist hohe Maßgenauigkeit, da die starke Schwindung nicht auftritt. Im Fahrzeugbau haben sich Kohlenstofffaser-verstärkte SiC-Bremsscheiben hervorragend bewährt.

HPSiC und HIPSiC finden wegen des Herstellungsaufwands nur bei extremer Beanspruchung Anwendung, sie werden versuchsweise im Gasturbinenbau (Leitschaufeln) und Motorenbau eingesetzt. Körniges SiC wird schon seit langem als Schleifmittel verwendet.

Wie SiC unterscheidet sich *Siliziumnitrid* ebenfalls stark durch seine Herstellungsart. Während das Sintern des extrem feinen, relativ teuren Si_3N_4-Pulvers aufwendig ist (SSN oder HPSN), kann die Herstellung des reaktionsgebundenen RBSN kostengünstiger durch Pressen von Si-Pulver und Sintern in Stickstoffatmosphäre bei 1400 °C erfolgen, wobei das Silizium zu Si_3N_4 nitridiert wird. Dafür liegen die mechanischen Eigenschaften des RBSN deutlich niedriger (Tab. 10.2). Bei der Wahl des optimalen Werkstoffs und der entsprechenden Fertigungsmethode müssen im Einzelfall die Herstellungskosten entscheiden. Dem reinen Siliziumnitrid können Additive zugesetzt werden, die eine schmelzende (glasartige) Phase ergeben: MgO, SiO_2. Damit wird die Raumtemperaturfestigkeit verbessert, die Warmfestigkeit über 1000 °C lässt jedoch nach (gleiches gilt für siliziuminfiltriertes SiSiC). ZrO_2-Zusatz verbessert ebenfalls die Festigkeit.

SN-Werkstoffe werden wegen akzeptabler Bruchzähigkeit vielfältig im Maschinenbau eingesetzt, fortlaufend kommen neue Anwendungen hinzu. Genannt seien Presswerkzeuge, Turbinenlaufräder und -leitschaufeln, Kolbenbolzen oder Kipphebelbeläge. SN-Auslassventile für PKW-Motoren zeichnen sich durch geringes Gewicht, hohe Warmfestigkeit und beste Verschleißfestigkeit aus. Sie werden zur Zeit in einem groß angelegten Feldversuch getestet (Daimler-Chrysler).

Zunehmend erlangen auch Wälzlager – entweder komplett aus Si_3N_4 oder als Hybridlager (= aus mehreren Werkstoffen zusammengesetzt) mit Si_3N_4-Kugeln und Wälzlagerstahlringen – an Bedeutung. Die Vorteile keramischer Wälzlager liegen in der Wartungsfreiheit (keine Schmierstoffe, wichtig auch in der Nahrungsmittelindustrie), niedrigem Rollwiderstand (geringe Wälzkörperverformung durch hohen E-Modul), hohen möglichen Drehzahlen bei geringstem Verschleiß, niedrigem Gewicht, bester Korrosionsbeständigkeit und höchster Temperaturbelastbarkeit. Mit ungeschmierten keramischen Wälzlagern werden Drehzahlen erreicht, die bisher Gleitlagern vorbehalten waren. Anwendung z.B. bei Zahnarzt-Turbobohrern (bis 500 000 U/min) und Turboladern für Dieselmotoren (bis 200 000 U/min).

10.4   Glas und Glaskeramik; Kohlenstoff

Glas gehört nicht zur Gruppe der keramischen Werkstoffe, da die meisten Gläser nicht kristallin sind und auch nicht sintertechnisch verarbeitet werden. Wegen vieler der Keramik ähnlichen Eigenschaften bietet es sich jedoch an, hier die Gläser kurz zu beschreiben. Wichtigstes Merkmal der amorphen Gläser ist die allmähliche Erweichung mit ansteigender Temperatur *ohne* definierten Schmelzpunkt. Bei Raumtemperatur stellt Glas eine unterkühlte Flüssigkeit dar, deren Viskosität so hoch ist (> 10^{16} Pa s), dass sie als „fest" erscheint. Ab 300 °C bis 400 °C nimmt die Viskosität (und damit die Festigkeit) stark ab; zwischen 400 °C und 800 °C kann Glas wie eine mehr oder minder zähe Flüssigkeit verarbeitet werden (Gießen, Blasen, Extrudieren, Pressen). Nur Quarzglas hat eine deutlich höherer Erweichungstemperatur (> 2000 °C).

Glas lässt sich in die Hauptgruppen *Quarzglas* („Kieselglas"), *Kalk-Natron-Glas* oder Soda-Kalk-Glas („Fensterglas"), *Bleiglas* und *Borsilikatglas* einteilen. Tabelle 10.3 enthält die Zusammensetzungen.

Tabelle 10.3 Zusammensetzung technischer Gläser in % (genannt sind nur die wichtigsten Komponenten).

	SiO_2	Na_2O	CaO	PbO	B_2O_3
Quarzglas	100	–	–	–	–
Kalk-Natron-Glas („Fensterglas")	75	15	10	–	–
Bleiglas	3-50	5-10	–	30-60	–
Borsilikatglas	60-80	2-10	–	–	10-25

Gläser werden – neben dem Gebrauch in Haushalt und Bauindustrie – vor allem in der Elektrotechnik (Glühbirnen, Isolierungen, Lichtleiter) und in der chemischen Industrie für Laborgeräte (gute Korrosionsbeständigkeit) benötigt. Die Zugfestigkeit der kompakten Gläser ist gering (R_m = 50 – 80 MPa), obwohl die Mischung aus Ionen- und kovalenter Bindung zu starken Atombindungskräften führt und Glas damit auf eine *theoretische Zugfestigkeit* von ca. 14000 MPa käme. Jedoch enthält es stets feine Fehlstellen (Poren, Mikrorisse, Oberflächenfehler), an welchen bei Belastung hohe Spannungsspitzen auftreten, die die theoretische Zugfestigkeit schnell übersteigen. Der an der Fehlstelle beginnende Riss hat wegen fehlender plastischer Abrundung an der Rissspitze (wie sie Metalle zeigen) einen unendlich kleinen Kerbradius mit entsprechend hoher Kerbwirkung; der Anriss breitet sich mit hoher Geschwindigkeit aus und das Glas bricht spröde. Ähnliches Verhalten zeigen auch die Keramiken.

Interessanterweise sieht es bei *Glasfasern*, die in großen Mengen für faserverstärkte Kunststoffe eingesetzt werden, anders aus. Mit abnehmendem Faserdurchmesser nimmt die auf den Querschnitt bezogene Fehlstellenzahl ab, so dass über größere Faserlängen keine Fehler mehr auftreten. Die Folge ist ein starker Anstieg der Festigkeit im Durchmesserbereich < 50 µm (Bild 10.1).

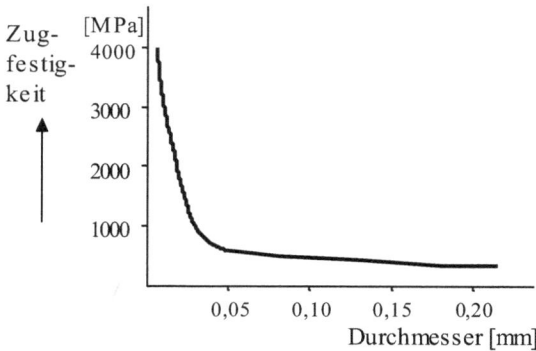

Bild 10.1 Abhängigkeit der Zugfestigkeit vom Glasfaserdurchmesser.

Für die Glasfaserverstärkung von Kunststoffen (GFK) werden vor allem zwei Glasqualitäten, S-Glas und E-Glas, verwendet, wobei das S-Glas die bessere Festigkeit (4800 MPa) gegenüber E-Glas (3500 MPa), jeweils bei 10 µm $\varnothing$, und den höheren E-Modul (90 GPa gegenüber 74 GPa) besitzt. Der Faserdurchmesser beträgt bei der Herstellung durch Schmelzeverdüsung zwischen 3 µm und 13 µm.

Glaskeramik entsteht durch kontrollierte Kristallisation ansonst amorpher Gläser. Zur Kristallbildung müssen vor Abkühlung der Schmelze Keime eingebracht werden, meist Metalloxide wie TiO_2. Dabei ist es nicht notwendig, dass alle Bereiche kristallisieren. Die gezielte Variation des Kristallisationsgrades und der Korngröße (bis < 1 µm) erlauben ein breites Eigenschaftsprofil. Vorteilhaft gegenüber amorphem Glas ist die gute Temperaturwechselbeständigkeit und Schlagfestigkeit. Außer im Haushaltsbereich (Herdplatten, Kochgeschirr) wird Glaskeramik in der Optik (Teleskopspiegel) und in der Chemietechnik (Laborgeräte) verwendet.

Kohlenstoff. Die bekannteste kristalline Modifikation des Kohlenstoffs ist der *Diamant* – härtester aller Stoffe. Er wird als Naturdiamant auf Lagerstätten abgebaut oder synthetisch aus Kohlenstoff bei hohem Druck und hoher Temperatur hergestellt. Trotz seines Preises wird Diamant technisch vielfältig verwendet, besonders als Schneid- und Schleifwerkstoff. Diamantpulver mit Körnungen bis unter 0,1 µm dient als Polierpaste für harte Werkstoffe. Weiterhin setzt man ihn als Lagerwerkstoff in der Feinmechanik (Uhren) sowie in der Messtechnik (Taster, Sonden, Eindringkörper von Härteprüfmaschinen) ein.

Graphit ist eine weitere kristalline Modifikation des Kohlenstoffs. Wegen der hexagonalen Schichtstruktur der C-Atome ist Graphit zwar nicht verformbar, die Schichten gleiten jedoch leicht gegeneinander ab, so dass er eine gute Schmierwirkung besitzt und als Festschmierstoff geeignet ist. Seine häufigste Verwendung findet Graphit als leitfähiger, hitzebeständiger Werkstoff in der Metallurgie und Elektrotechnik: Elektroden für Lichtbogenöfen, Heizleiter, Schleifkontakte. Daneben ist die „Bleistiftmine" aus gepreßtem (mit Ton gemischtem) Graphitpulver bekannt. Ihr falscher Name entstand durch die irrige Meinung, dass es sich bei den ersten Graphitfunden (in England) um Blei handeln würde.

Kohlenstofffasern werden in zunehmendem Maße zur Verstärkung von Kunststoffen eingesetzt (CFK). Zwar ist die Zugfestigkeit nicht größer als die der Glasfasern, der Elastizitätsmodul (in Faserrichtung E = 250 – 500 GPa, je nach Herstellungsart) übertrifft den der Glasfasern jedoch deutlich, so dass CFK-Bauteile (wie z.B. das 4 m hohe Seitenleitwerk des Passagierflugzeugs Airbus A 310-300) beste Steifigkeit besitzen. Die benötigten Faserdurchmesser von 7 – 10 µm lassen sich durch Pyrolyse von Kunststofffasern (Verkohlung unter Luftabschluss) erzeugen.

Verstärkt man Graphit selbst mit C-Fasern („CFC"), entsteht ein eigenfaserverstärkter Werkstoff mit hoher Belastbarkeit und extrem guter Warmfestigkeit, sofern die Oxidation vermieden wird. Anwendungen bestehen in der Raumfahrt und für Werkstückträger bei der Wärmebehandlung in Durchlauföfen.

Glaskohlenstoff lässt sich ebenfalls durch Pyrolyse bestimmter Kunststoffe erzeugen. Bei der Zersetzung entsteht glasartiger Kohlenstoff mit relativ hohem E-Modul (26 GPa), guter Biegefestigkeit (250 MPa) und bester Korrosionsbeständigkeit. Anwendung im Bereich Chemietechnik, z.B. Labortiegel.

Zusammenfassung

Neuzeitliche, synthetisch hergestellte Hochleistungskeramiken sind wegen ihrer verbesserten Eigenschaften gegenüber der klassischen Keramik für den Maschinenbau interessant geworden. Hauptmerkmal ist ihre Reinheit, gleichmäßige Zusammensetzung und Feinkörnigkeit. Sie bestehen aus Metall- oder Halbmetalloxiden (Oxidkeramik), -nitriden und -karbiden (nichtoxidische Keramik). Ihre Herstellung durch Pressen und Sintern ist der der Pulvermetallurgie ähnlich, hinzu kommen Reaktions-Verfahren, bei denen die chemische Verbindung während des Sinterns entsteht. Hervorstechendste Merkmale sind die hohe Härte und Warmhärte, Verschleißfestigkeit, Korrosionsbeständigkeit und das geringe Gewicht. Hauptnachteile sind die Sprödigkeit und der hohe Herstellungsaufwand (Endbearbeitung nur durch Diamantschleifen möglich). Anwendungen im Maschinenbau (Tiegel, Schutzrohre, Dichtscheiben, Gleitringe, Wälzlager, Wendeschneidplatten usw.), in der Elektrotechnik und der Medizintechnik.

Zwei weitere der Keramik zuzuordnende Werkstoffgruppen bilden die Gläser und der Kohlenstoff in ihren verschiedenen Modifikationen.

Aufgaben zu Kapitel 10

1. Nennen Sie drei vorteilhafte Eigenschaften von keramischen gegenüber metallischen Werkstoffen.

2. Warum ist Haushaltskeramik nicht für Konstruktionsteile des Maschinenbaus geeignet?

3. Schildern Sie stichwortartig die Herstellung eines Bauteils (z.B. Gleitrings) aus Al_2O_3.

4. Wie ändert sich das Volumen der meisten Keramiken beim Sintern?

5. Was versteht man unter der Keramik „Zirkonia"?

6. Warum haben Kugellager aus Siliziumnitrid einen geringeren Rollwiderstand gegenüber solchen aus Stahl (bei gleicher Oberflächengüte)?

7. Was ist der Hauptbestandteil von Bleiglas?

8. Warum haben sehr dünne Glasfasern bessere Festigkeit als kompaktes Glas?

9. Was zeichnet C-Fasern gegenüber Glasfasern aus?

11 Oberflächentechnik

Überblick und Lernziel

Der Oberfläche von Bauteilen kommt erhebliche, aber oft unterschätzte Bedeutung zu. In der Werkstofftechnik wird in erster Linie das kompakte Material betrachtet, seine Eigenschaften werden für die Funktion des Bauteils bestimmt und dieses danach ausgelegt. Für die Lebensdauer und einige Bauteileigenschaften ist jedoch besonders oder sogar allein die Oberfläche maßgeblich; beispielhaft seien genannt:

- Korrosionsbeständigkeit,
- Verschleißbeständigkeit,
- Gleiteigenschaften (geometrische Beschaffenheit, Reibwert),
- Optische Eigenschaften (Aussehen, Reflexionsvermögen).

Es gibt eine große Zahl praktischer Beispiele für das Versagen oder die Nichtakzeptanz von Produkten allein wegen ungenügender Oberflächenqualität. Auch das Aussehen einer Oberfläche kann verkaufsentscheidend sein.

Der Werkstoff selbst erfüllt häufig nicht die gewünschten Anforderungen, sei es, dass er sie nicht besitzt, oder dass er *andere* Eigenschaften als die Oberfläche haben muss. Um die Lebensdauer von Produkten zu erhöhen, nicht zuletzt auch um Kosten zu senken, wurden in letzter Zeit neue, hochinteressante Verfahren der Oberflächenbeschichtung und -behandlung entwickelt. Dabei gingen wesentliche Impulse von der Fahrzeugtechnik aus, wo von einzelnen Komponenten (Karosserie, Motor- und Getriebeteile, Lager) ganz bestimmte Lebensdauern erwartet werden, die oft nur mit gezielter Oberflächentechnik erreichbar sind.

Als wichtigste Oberflächenbeschichtungen für Metalle sind zu nennen:

- Elektrolytisch (galvanisch) abgeschiedene Schichten;
- Chemisch (außenstromlos) abgeschiedene Schichten;
- PVD- und CVD-Schichten;
- Trockenschmierschichten;
- Thermisch gespritzte Schichten;
- Lack- und Kunststoffschichten.

Dazu kommen folgende durch Oberflächenumwandlung entstehende Schichten:

- Konversionsschichten (chemische Umwandlung der Oberfläche);
- Diffusionsschichten (Einsatzhärten, Nitrieren);
- Elektronenstrahl- oder Laser-Schmelzveredelung;
- Verdichtende (verformende) Verfahren (Rollieren, Strahlen).

In den folgenden Abschnitten wird kurz auf die Oberfläche selbst eingegangen, anschließend werden die wichtigsten Beschichtungsarten und Behandlungsverfahren beschrieben. Nicht behandelt werden organische Beschichtungen (z.B. Lacke); die oben erwähnten verdichtenden, die Oberfläche verformenden Verfahren gehören in den Bereich der Fertigungstechnik [23].

Für den Ingenieur besteht die schwierige Aufgabe, aus der Vielzahl der Beschichtungsmöglichkeiten der Oberfläche die *richtigen*, d h. funktionellen, haltbaren und kostengünstigen Stoffe und Verfahren herauszufinden. Zu der Forderung nach optimaler Werkstoffwahl kommt somit häufig die Forderung nach richtiger Oberflächenbehandlung. In diesem Kapitel kann nur ein Einstieg in die Oberflächentechnik erfolgen, damit wird der Lernende die Wichtigkeit der Oberflächengüte erkennen und einen Überblick über Beschichtungsstoffe und -techniken gewinnen; spezielles Fachwissen ist der Literatur zu entnehmen [16, 17].

11.1   Die metallische Oberfläche

Unter „technischen Oberflächen" versteht man vom Menschen gestaltete, bearbeitete oder behandelte Oberflächen. Sie entstehen durch Erstarrung, Umformung, Spanabtrag oder Beschichtung/Umwandlung. Frisch geschaffene Oberflächen verändern ihre Beschaffenheit einmal durch den Einfluss umgebender Medien (Luft, Wasser, chemische Stoffe aller Art), zum anderen durch Reibung und Verschleiß. Die Oberflächeneigenschaften unterliegen somit einem Zeitfaktor.

Makroskopisch gesehen ist die Oberfläche recht genau definiert, sie ist messbar. Je nach Herstellungsverfahren weist sie eine bestimmte Topographie und messbare Rauheit auf. Mikroskopisch betrachtet ist die Oberfläche außerordentlich komplex, da die Grenzschicht Metall/Umgebungsmedium den genannten physikalischen und chemischen Prozessen unterliegt. Zu den physikalischen Veränderungen gehören plastische Mikro-Verformungen durch die letzte spanabtragende Bearbeitung (Bild 11.1), die Eindiffusion von Fremdatomen (O, H, N) oder die Aufhärtung von Stahl durch Schleifen; zu den chemischen gehören natürliche Reaktionen der Metallatome mit der Umgebung (z.B. der Aufbau von Passivierungsschichten oder das Rosten). Darüber hinaus ist die Oberfläche nie ganz sauber, an ihr haften Partikel früherer Arbeits- und Reinigungsgänge wie Fette, Öle, Emulsionsrückstände, Kohlenwasserstoffe oder Feststoffteilchen.

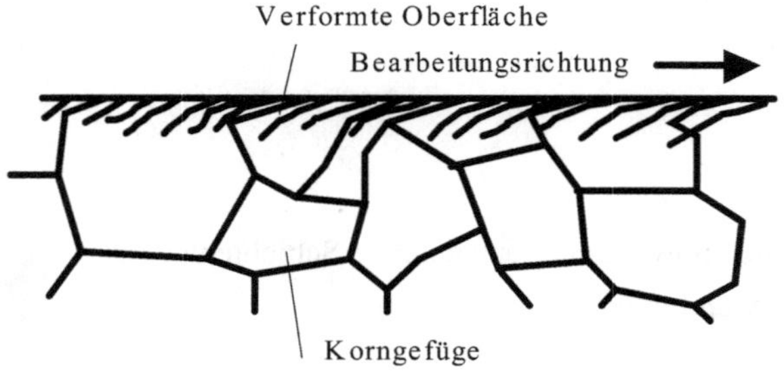

Bild 11.1 Mikroverformung der Oberfläche durch spanabtragende Bearbeitung.

Die genaue Kenntnis des makro- und mikroskopischen Oberflächenzustands ist die Voraussetzung für einwandfreie Oberflächenbehandlungen und -beschichtungen. Immer wieder lassen sich Beschichtungsprobleme auf „unsaubere" Oberflächen zurückführen.

11.2 Metallische Oberflächenbeschichtungen

Metallische Beschichtungen können aus funktionellen (Funktionsoberflächen) oder dekorativen Gründen aufgebracht werden. Eine Hartverchromung dient z.B. als Verschleißschutz, eine Glanzverchromung soll optisch wirken. Häufig ergänzen sich beide Wünsche. Die Ziele funktioneller Beschichtungen sind: Korrosionsschutz, Verschleißschutz, Verbesserung der Gleiteigenschaften, hohes Reflexionsvermögen.

Elektrolytisch und außenstromlos abgeschiedene Schichten. Beim elektrolytischen Abscheiden (*Galvanisieren*) werden die Werkstücke als Kathode (–) in ein Elektrolytbad getaucht, das die Ionen des abzuscheidenden Metalls (+) enthält. Durch Einschalten des Gleichstroms scheiden sich die Ionen auf dem Werkstück ab. So lassen sich sehr dünne und auch dickere Schichten (< 1 μm bis > 100 μm) von fast allen Metallen mit hoher Oberflächengüte erzeugen. Nachteilig sind Dickeschwankungen (Anhäufungen an Ecken und Kanten); auch sind tiefere Bohrungen und enge Sacklöcher nicht oder nur mit hohem Aufwand galvanisierbar. Mit zunehmender Schichtdicke nimmt meist die Verformungsfähigkeit und damit die Haftfähigkeit ab.

Außenstromlos lassen sich viele Metalle aus ihren Salzlösungen abscheiden, wenn dem wässrigen Metallsalzbad chemische Reduktionsmittel zugesetzt werden. Die freien Metallatome schlagen sich dann auf den Oberfächen nieder. Es ergeben sich sehr gleichmäßige Schichten; Rohrleitungen und Sacklöcher sind innen beschichtbar.

Beispiele: Elektrolytisches Verzinnen, Verkupfern, Vernickeln, Verchromen, Cadmieren usw. von Stahl; stromloses Vernickeln und Verkupfern von Stahl; Mehrfachbeschichtungen: z.B. Cu + Ni + Cr; Glanzverchromen von Kupfer und Messing. Gleichzeitige Einlagerung von *Hartstoff-Partikeln* in abgeschiedenem Metall: SiC in Nickel (Verbesserung der Verschleißfestigkeit). Einlagerung von *weichen* Stoffen (Verbesserung des Gleitvermögens): PTFE-Partikel in Nickel ergeben eine Reibwertminderung (gegen Stahl) auf $\mu \le 0,1$.

Elektrolytisch verzinkte Stähle (siehe z.B. DIN 10152) haben sehr gute, lackierfähige Oberflächen. Sie erhalten zum Stahlkurznamen Zusätze wie ZE 25/25, ZE 50/50 usw., wobei die Zinkauflagedicke beidseitig in [0,1 μm] angegeben ist. ZE 25/25 bedeutet demnach eine beidseitige elektrolytische Verzinkung mit 2,5 μm Dicke. Zum Korrosionsverhalten siehe Abschnitt 12.4.

Schmelztauchschichten. Das Verfahren des Metallbeschichtens durch Eintauchen der Werkstücke in Metallschmelzen ist sehr viel älter als die elektrolytische Methode. Es wird vorwiegend zum Korrosionsschutz von Stahl angewandt, wobei einzelne Werkstücke wie auch Stahlbänder oder Draht im Durchlaufverfahren behandelt werden können. Die Schichtdicken sind im Allgemeinen größer als die beim elektrolytischen Beschichten (7 μm bis über 100 μm). Sie lassen sich durch Abbürsten des überschüssigen, noch flüssigen Metalls regulieren. Die Vorteile gegenüber elektrolytischen Verfahren sind: Hohe Beschichtungsraten, sehr gute Haftung durch „Anlegieren" am Grundmetall, kostengünstig. Die Nachteile sind: Weniger glatte Oberflächen, für dekorative Hochglanzlackierungen nicht geeignet.

Beispiele: *Feuerverzinken* von Stahl (Fahrzeugbodenbleche, Zäune, Dachrinnen, Laternenmasten). Es ist das gegenüber dem elektrolytischen Verzinken preiswertere Verfahren mit hohen Beschichtungsraten, hinterlässt allerdings eine mehr oder weniger sichtbare Kornstruktur, die „Zinkblume" (häufig erkennbar an Laternenmasten oder Zaunpfählen). Die Benennung erfolgt nach DIN EN 10142 („Feuerverzinktes Band und Blech") durch Zusätze zum Stahlkurznamen wie Z 100, Z 200 usw., wobei die Zahl das Zinkauflagegewicht in [g/m²] als Gesamtgewicht für beidseitiges Beschichten angibt. Über die Dichte des Zinks lässt sich leicht die Schichtdicke ausrechnen: z.B. 100 g/m² = 7 μm je Seite.

Desgleichen wird durchgeführt: *Feuerverzinnen* von Stahlblech (Weißblech); *Feueraluminieren* (Fahrzeugbleche, Auspuffanlagen), auch als Legierung Zink + Aluminium (sehr guter Korrosionsschutz).

11.3   Konversionsschichten

Konversionsschichten sind Umwandlungsschichten, die durch chemische Reaktion mit den Atomen des Grundmetalls entstehen. Von den vielen bekannten Prozessen, die meist zum Korrosionsschutz, teilweise auch zum Verschleißschutz und zur Oberflächenverschönerung durchgeführt werden, seien genannt:

- Anodisches Oxidieren (Anodisieren)
- Brünieren
- Phosphatieren
- Chromatieren

Das Anodisieren ist bei Aluminium, Magnesium und Titan möglich und bereits in Abschnitt 6.2 beschrieben worden.

Das Brünieren und Phosphatieren wird bei Stahl durchgeführt, um einen temporären (nicht dauerhaften) Korrosionsschutz zu erzielen. *Brünieren* erfolgt durch Eintauchen in z.B. 130 °C heiße Lösungen aus NaOH und NaNO₂. Es entsteht eine nahezu schwarze Schicht aus Eisenoxiden. Nachbehandlung mit Öl oder Fett (dringt in die feinen Poren der Brünierschicht ein) erhöht die Korrosionsbeständigkeit. *Phosphatieren* erfolgt durch Eintauchen in saure Zinkphosphatlösungen, wobei (ebenfalls schwarze) Eisenphosphatschichten entstehen. Sie sind korrosionshemmend und ideale Grundierung für Lackierungen. Schrauben werden häufig phosphatiert, um das Festrosten der Gewinde zu verhindern.

Chromatieren ist die chemische Umwandlung in Chromsalzlösungen, wobei Chromoxide entstehen. Je nach Chromwertigkeit (Chrom-III-Salz oder Chrom-VI-Salz) unterscheidet man Grün- oder Gelbchromatierungen, erkennbar an der grünlich oder gelb schillernden Färbung. Es lassen sich nahezu alle Metalle chromatieren, wobei entweder temporärer Korrosionsschutz für Transport und Lagerung (z.B. bei Magnesium-Gussstücken) oder zusätzlicher Korrosionsschutz erreicht wird (z.B. bei verzinktem Stahl oder Aluminium).

11.4   Hartstoffbeschichtungen

Hartstoffbeschichtungen – wie bereits bei den Schneidstoffen (Kap. 8) erwähnt – dienen in erster Linie dem Verschleißschutz. Durch den Auftrag dünner, extrem harter Schichten auf relativ zähes Grundmaterial kann der Forderung nach Verschleißfestigkeit und gleichzeitiger Bruchsicherheit am besten nachgekommen werden. Ermöglicht wurden sehr dünne Hartstoffbeschichtungen erst durch die Vakuumtechnologie (CVD- und PVD-Verfahren). Dickere Beschichtungen sind schon länger durch das Flammspritzen möglich.

Unter Hartstoffen versteht man Metallkarbide und -nitride sowie Nichtmetallkarbide und -oxide; die wichtigsten sind in Tabelle 11.1 aufgeführt.

Tabelle 11.1 Ausgewählte Hartstoffe zum Beschichten.

Stoff	Vickershärte HV	Schmelztemperatur °C
Metallkarbide		
TiC	3000	3147
WC	1780	2720
NbC	1960	3480
Metallnitride		
TiN	1990	3205
ZrN	1520	2980
Nichtmetallische Hartstoffe		
B_4C	4950	2447
SiC	3500	2200
Al_2O_3	2000	2050

Weitere Beschichtungs-Hartstoffe: Vanadiumkarbid (VC), Tantalkarbid (TaC), Titanaluminiumnitrid (TiAlN), Siliziumnitrid (Si_3N_4), kubisches Zirkonoxid (ZrO_2) oder diamantharter Kohlenstoff (C). Kohlenstoff lässt sich auch (zusammen mit WC) als weicher Graphit mit guter Gleiteigenschaft abscheiden (WC/C).

Die gute Verschleißbeständigkeit der Hartstoffe beruht auf ihrer in Tab. 11.1 aufgeführten hohen Härte, die aber auch für die geringe Zähigkeit spricht. Daher müssen die Schichtdicken entsprechend niedrig bleiben. Oft genügt eine Schicht von wenigen μm Dicke, wobei einzelne Schichten von Mehrfachbeschichtungen durchaus unter 1 μm dick sein können.

Beispiel einer Schichtkombination auf Schnellarbeitsstahl: Verschleißfeste Grundschicht aus TiAlN (5 μm) + gleitfähige Deckschicht aus WC/C (2 μm). Ergebnis: Gute Haftung, geringe Rissempfindlichkeit, hervorragende Verschleißfestigkeit und niedriger Reibungskoeffizient. Gegenüber einer einfachen TiN-Beschichtung lässt sich so die Standmenge beim Bohren von Stahl um 300 % steigern.

Verfahren

CVD-Beschichtung (C = Chemical, V = Vapour, D = Deposition). Das mit „chemischer Dampfabscheidung" übersetzbare Verfahren wurde für das Beschichten von Werkzeugen (Wendeschneidplättchen, Fräser, Bohrer) entwickelt. In einem evakuierten, beheizten Behälter (Rezipient) wird das Reaktionsgas erzeugt, dessen Reaktionsprodukte sich fest auf den Werkstücken niederschlagen. Als Beispiel die Reaktion für eine TiN-Beschichtung:

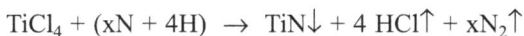

$$TiCl_4 + (xN + 4H) \rightarrow TiN\downarrow + 4\ HCl\uparrow + xN_2\uparrow$$

Titantetrachlorid ($TiCl_4$) wird gasförmig zusammen mit Ammoniak (NH_3, zersetzt sich über 500 °C zu N und 3H) in den Rezipienten gegeben; bei 1000 °C, 0,1 bar Unterdruck und Wasserstoffgas als Aktivator entsteht festes Titannitrid, das sich auf den Werkstückoberflächen goldfarben niederschlägt. Das gasförmige HCl wird abgefangen und verwertet. Die

Schichtdicke hängt von der Behandlungsdauer ab. Bild 11.2 zeigt die TiN-Schicht auf ge-
brochenem Hartmetall, Schichtdicke ca. 6 μm.

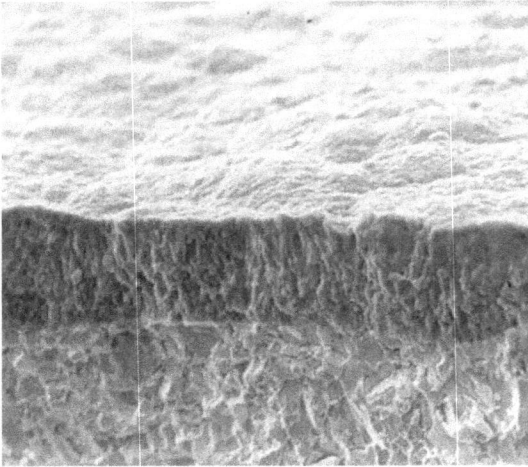

*Bild 11.2 TiN-Beschichtung auf
Hartmetall, rasterelektronenmikroskopische Aufnahme. V = 3000 : 1*

Vorteil der CVD-Beschichtung gegenüber der (nachfolgend beschriebenen) PVD-Beschichtung ist ein relativ großes Chargenvolumen (1 – 2 m^3), es können viele Werkstücke auf einmal gleichmäßig und kostengünstig beschichtet werden. Nachteil ist die hohe Behandlungstemperatur von 800 °C bis 1200 °C (für TiN, TiC, SiC, CrC) und sogar bis 1400 °C (für BN,
Al$_2$O$_3$), womit die Beschichtung niedrigschmelzender Metalle und auch gehärteter Stähle
ausgeschlossen ist. Die Entwicklung des PACVD-Verfahrens (= Plasma Assisted CVD), das
ist das CVD-Verfahren mit Unterstützung durch Plasma, hat die Temperaturabsenkung auf
550 °C ermöglicht.

PVD-Beschichtung (P = Physical, V = Vapour, D = Deposition). Übersetzt bedeutet das etwa
„physikalische Dampfabscheidung". Die Vakuum-Beschichtung durch Metalldampf ist ein
schon lange bekanntes und gebräuchliches Verfahren, früher allerdings nur im Labormaßstab
genutzt. Wird Metall in einem evakuierten Raum bis zu seiner Siedetemperatur erhitzt, verdampft es und kondensiert auf kälteren Oberflächen – den Werkstücken – als hauchdünner
Metallfilm. Gibt man ein reaktives Gas hinzu, reagieren die Metallatome zu Hartstoffverbin-
dungen. Die verschiedenen PVD-Verfahren unterscheiden sich durch unterschiedliche Ener-
giequellen für die Verdampfung:

– Kathodenzerstäuben („*Sputtern*", to sputter = spritzen); dabei werden die Metallatome dadurch verdampft, dass im Plasma entstehende Argon-Ionen (+) mit hoher Geschwindigkeit auf das Beschichtungsmaterial – als Kathode (–) geschaltet – auftreffen und dieses
  „zerstäuben".

– Ionenplattieren; die Stoffe werden durch eine getrennte Energiequelle verdampft (das
  kann einfaches Erhitzen sein, mittels Laser oder durch einen auftreffenden Lichtbogen erfolgen), im Argon-Plasma entstehen positive Metallionen, die mit hoher Geschwindigkeit
  auf das als Kathode (–) geschaltete Werkstück („Substrat") treffen und dort eine gut haf-
  tende Schicht bilden.

Für die PVD-Verfahren wird gegenüber den CVD-Verfahren ein wesentlich besseres Vakuum (< 10⁻³ mbar) benötigt, was sich in kleineren Chargen und höheren Anlagekosten auswirkt. Neue Entwicklungen kommen bereits mit geringerem Vakuum aus. Weiterer Nachteil ist die „Schattenwirkung", d. h. die von der Verdampfungsquelle abgewandten Oberflächen werden schlechter beschichtet. Gleichmäßige Schichten erzielt man durch Rotation der Werkstücke. Vorteile der PVD-Beschichtung liegen in der Vielfalt der Beschichtungsmöglichkeiten und in der niedrigen Behandlungstemperatur, das Substrat kann fast kalt bleiben (normal: ca. 300 °C). Neben Metallen werden Verpackungsfolien und Papiere, optische Gläser (Brillen) und Halbleiterelemente der Elektronik beschichtet.

Thermisches Spritzen. Verschleiß- und korrosionshemmende Schutzschichten lassen sich thermisch aufspritzen, wobei in kurzer Zeit deutlich dickere Schichten als bei den bisher behandelten Verfahren entstehen. Dickere Schichten sind bei abrasivem Verschleiß allerdings nur dann günstiger, wenn kaum elastische Verformungen auftreten und Rissbildung und Abplatzen nicht zu befürchten sind.

Das Beschichtungsmaterial wird in einer autogenen Brennerflamme („Flammspritzen"), im Lichtbogen („Lichtbogenspritzen") oder im Plasma („Plasmaspritzen") aufgeschmolzen und mittels Gasstrom mit hoher Geschwindigkeit auf die zu beschichtende Fläche gespritzt. Es kommt zu rein mechanischer Haftung, der Grundwerkstoff bleibt kalt (< 200 °C).

Prinzipiell lassen sich alle Metalle, Legierungen und Metallverbindungen spritzen. Al, Zn und Cu werden vornehmlich zum Korrosionsschutz, Messing, Bronze und Lagerweißmetall für bessere Gleiteigenschaften sowie Hartlegierungen auf Nickel- und/oder Kobaltbasis und Hartstoffe der Tabelle 11.1 als Verschleißschutz aufgespritzt. Trägerwerkstoffe können Stahl und viele weitere Materialien wie auch Aluminium sein.

Vorteile des Flammspritzens sind die kostengünstige, einfache Durchführung und die örtliche Abgrenzungsmöglichkeit: Nur verschleißbeanspruchte Bereiche werden geschützt. Allerdings können auch nur gut zugängliche Flächen gespritzt werden. Die Oberfläche sollte – wie bei allen Beschichtungsverfahren – optimal gereinigt sein.

Oberflächen-Schmelzveredelung. Hierbei handelt es sich nicht um ein Beschichtungsverfahren, sondern um Gefügeumwandlungen in der Randschicht durch örtliches Aufschmelzen und rasches Erstarren. Rasch erstarrte Schmelzen haben extrem feines und dadurch hartes, verschleißfestes Gefüge. Außerdem lassen sich bei Erstarrungsgeschwindigkeiten >> 10³ K/s solche Elemente übersättigt in Lösung bringen, die normalerweise nicht löslich sind (z.B. 1 – 2 % Fe in Aluminium). Das bedeutet hohe Mischkristallhärtung.

Die hohe Erstarrungsgeschwindigkeit wird durch rasches punktweises (oder linienförmiges) Aufschmelzen kleiner Schmelzvolumen mit energiereichen Elektronen- oder Laserstrahlen erreicht. Die Wärmeleitung des umgebenden, kalt gebliebenen Materials sorgt für schnelle Erstarrung. Die aufgeschmolzene Zone kann 0,1 mm bis >1 mm tief sein; größere schmelzveredelte Flächen erhält man durch Abrastern. Erste Anwendungen erfolgten zur Oberflächenhärtung von Zylinderlaufflächen und Ventilsitzen im Motorenbau.

Zusammenfassung

Den Oberflächen von Bauteilen kommt oft gleich große, teils sogar größere Bedeutung zu wie dem Kernmaterial. Die Oberfläche muss funktionsgerecht sein, darf nicht korrodieren oder verschleißen und soll häufig dekorativen Ansprüchen genügen. Wenn der Werkstoff diese Eigenschaften nicht hat, müssen die Oberflächen beschichtet oder umgewandelt werden. Dazu gibt es eine große Zahl von Beschichtungsstoffen und -verfahren, von denen der

Konstrukteur den oder die richtigen auszuwählen hat. Die für den Maschinenbau wichtigsten Beschichtungstechniken sind elektrolytische oder chemische Verfahren zur Abscheidung von Metallschichten bzw. zur Umwandlung der Oberfläche, CVD- und PVD-Verfahren zur Abscheidung der besonders interessanten Hartstoffe, Diffusionsschichten (Nitride und Boride) und thermische Spritzschichten.

Aufgaben zu Kapitel 11

1. Durch welche Einflüsse ändert sich die physikalische Struktur der Oberfläche?

2. Nennen Sie 5 der wichtigsten metallischen Beschichtungen zum Korrosionsschutz von Stahl.

3. Wie kann eine Nickelbeschichtung besonders verschleißfest und wie besonders gleitfähig gemacht werden?

4. Nach welchen zwei Verfahren erfolgt das Verzinken?

5. Welche Konversionsschicht entsteht beim Phosphatieren und wie dauerhaft ist der Korrosionsschutz?

6. In welchem Temperaturbereich wird das CVD-Verfahren durchgeführt?

7. Erläutern Sie das „Sputtern".

8. Nennen Sie Vorteile des thermischen Spritzens.

12 Korrosion und Korrosionsschutz

Überblick und Lernziel

„Korrosion ist die Reaktion eines Metalles mit seiner Umgebung, die eine messbare Veränderung des Werkstoffs bewirkt und zur Beeinträchtigung der Funktion eines Bauteils oder eines ganzen Systems führen *kann*". Man erkennt aus diesem Zitat aus DIN 50900 (Korrosion der Metalle; Begriffe), dass die Norm den Begriff „Korrosion" sehr weit fasst. Er ist nicht zu verwechseln mit dem Begriff „Korrosionsschaden". Ein Korrosionsschaden liegt dann vor, wenn die Funktion des Bauteils tatsächlich beeinträchtigt ist (das kann auch das dekorative Aussehen einer Oberfläche betreffen).

Die Korrosion ist – neben der Materialermüdung und dem Verschleiß – einer der drei lebensdauerbegrenzenden Faktoren technischer Produkte. Jährlich erleidet die Volkswirtschaft Milliardenverluste durch Korrosionsschäden.

Schäden entstehen einmal durch vorzeitigen Ausfall eines Behälters, einer Rohrleitung, einer Maschine oder eines Fahrzeugs. Zum anderen wird die Recyclingquote durch Korrosion beträchtlich verringert: Die Korrosionsprodukte (Metalloxide, Rost) sind für immer verloren. Auch hat sich besonders in den letzten Jahren gezeigt, dass sichtbar korrodierende Bauteile für den Hersteller imageschädigend sind. Produkte mit dekorativer Oberfläche sollten möglichst lange keine Roststellen zeigen. Der Korrosionsschutz darf wiederum nicht so weit getrieben werden, dass die dann „ewig" haltbaren Produkte aus Preisgründen nicht mehr verkaufsfähig sind. Das früher einmal konzipierte „Langzeitauto" aus teuren korrosionsbeständigen Werkstoffen hat sich nicht durchsetzen können.

Von weitaus größerer Tragweite als das sichtbare „Rosten" sind Korrosionsschäden, die nicht rechtzeitig erkannt werden, hohe Folgekosten verursachen oder sogar zum Versagen *lebenswichtiger* Bauteile führen. Der Konstrukteur hat die Aufgabe und Verpflichtung, frühzeitige, schwer erkennbare und damit schlecht überwachbare Korrosionsschäden durch geeignete Werkstoffwahl oder entsprechenden Korrosionsschutz zu verhindern. Um die richtigen Gegenmaßnahmen gegen Korrosion zu ergreifen, sind Grundkenntnisse insbesondere der elektrochemischen Korrosion erforderlich. Desweiteren werden Ingenieure Schadensfälle zu untersuchen und zu beurteilen haben. Es zeigt sich häufig, dass vermeintliche Gewalt- oder Ermüdungsbrüche letztlich auf Grund von Korrosionsschäden erfolgten.

Man unterscheidet:

- Chemische Korrosion (trockene Umgebung, kein Elektrolyt);
- Elektrochemische Korrosion (Anwesenheit eines Elektrolyten, z.B. Wasser, Feuchtigkeit).

12.1   Chemische Korrosion

Bei chemischer Korrosion reagiert der Werkstoff mit seiner Umgebung (meist Luftsauer-stoff), *ohne* dass ein Elektrolyt, das ist eine ionenleitende Flüssigkeit, vorhanden ist. Ursa-che ist das Bestreben der Metalle (besonders der unedlen wie z.B. Eisen), in den stabileren Zustand in Form einer Verbindung (wie Eisenoxid) überzugehen. Die Reaktionsgeschwin-digkeit und auch die Diffusionsgeschwindigkeit der Reaktionspartner ist bei Raumtempera-tur meist sehr niedrig; die chemische Korrosion setzt somit erst bei höherer Temperatur ein. Typisches und häufig in der Wärmebehandlung anzutreffendes Beispiel ist das Verzundern von Stahl (Zunder = Eisenoxid, siehe auch Abschnitt 5.4). In der Hochtemperaturtechnik lassen sich ab etwa 550 °C nur noch zunderbeständige Sonderstähle verwenden. Ebenso ist in diesem Sinne die explosive Reaktion von Magnesiumpulver mit Luftsauerstoff zu Magne-siumoxid als „chemische Korrosion" anzusehen.

Die chemische Korrosion kann entweder durch Vermeidung des Sauerstoffzutritts (Schutz-gas, Vakuum; nur in geschlossenen Systemen möglich) oder durch geeignete Werkstoffwahl verhindert werden. Geeignete zunderbeständige Stähle werden als *hitzebeständige Stähle* be-zeichnet, sie sind in dem Stahl-Eisen-Werkstoffblatt SEW 470 „Hitzebeständige Walz- und Schmiedestähle" [20] aufgeführt. Ihre Zusammensetzung gleicht überwiegend den in Ab-schnitt 5.6 beschriebenen nichtrostenden Stählen, hinzu kommen zunderverhindernde Ele-mente wie Al und Si.

Nickellegierungen mit höchster Zunderbeständigkeit finden als Heizleiterwerkstoffe (Heiz-draht für elektrische Öfen) und im Triebwerks- und Turbinenbau Anwendung. So ist z.B. die Legierung NiCr80-20 bis 1250 °C, die Legierung NiCr60-15 (Rest Eisen) bis 1200 °C ein-setzbar. Solche hitzebeständigen Werkstoffe sind nicht nur gegen Sauerstoff, sondern auch gegen aggressive Verbrennungsabgase korrosionsbeständig.

12.2   Elektrochemische Korrosion

Bei elektrochemischer Korrosion gehen *Metallionen* in Lösung, es muss demnach ein flüssi-ges Korrosionsmedium (Elektrolyt) vorhanden sein. Dazu reichen bereits winzigste Wasser-tröpfchen in der Raumluft aus; das „Rosten" von Eisen durch die Luftfeuchtigkeit gehört al-so zur elektrochemischen Korrosion.

Das galvanische Element. Taucht Metall in ein wässriges Medium (Elektrolyt) ein, entsteht der sog. *Lösungsdruck*, d.h. je nach Metallcharakter (edel/unedel) versuchen die Metallato-me mehr oder weniger stark als Ionen in Lösung zu gehen (Bild 12.1).

Betrachtet man Bild 12.1a alleine (Schalter S offen), wird aus den kleinen Pfeilen der Kup-ferauflösung ersichtlich, dass diese gering ist (niedriger Lösungsdruck). Hingegen können sich Wasserstoffionen (H^+) am Kupferstab unter Aufnahme von Elektronen abscheiden, da-bei entsteht molekularer Wasserstoff (H_2) und Elektronen werden verbraucht (positive Auf-ladung des Stabes). In Bild 12.1b ist an den großen Pfeilen der Zink-Auflösung der hohe Lösungsdruck der Zn-Atome erkennbar; durch Abgabe von Zn^{++}-Ionen bleiben Elektronen zurück und der Stab lädt sich negativ auf. Dagegen ist die Neigung des Wasserstoffs, sich hier abzuscheiden, gering. Alle elektrochemischen Reaktionen werden bei offenem Schalter S schnell zum Stillstand kommen, da im Fall a) der positiv aufgeladene Cu-Stab weitere

Wasserstoffabscheidung, im Fall b) der negativ aufgeladene Zn-Stab weiteres in-Lösung-ge-hen von Zinkionen verhindert.

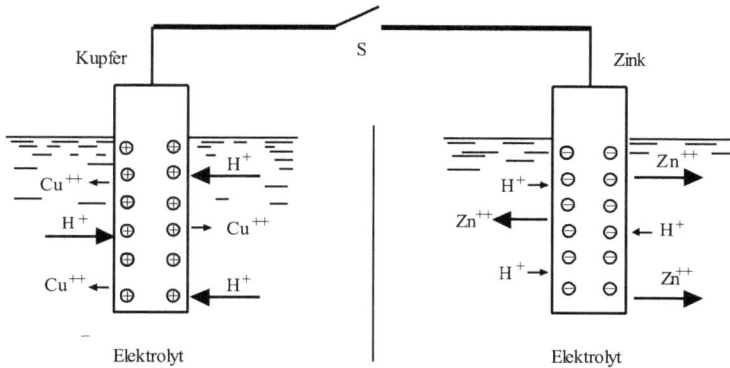

Bild 12.1 Galvanisches Element. a) links: Halbzelle mit Kupferstab; b) rechts: Halbzelle mit Zinkstab.

Wird Schalter S nun geschlossen, können die im Zink verbliebenen Elektronen zum Kupfer-stab fließen, es entsteht ein *galvanisches Element* mit Zn-Anode (+) und Cu-Kathode (–). Wegen der ständig abfließenden Elektronen korrodiert das Zink fortlaufend; am Cu-Stab fin-det die Wasserstoffabscheidung unter Verbrauch der Elektronen (*Elektronensenke*) statt. Oh-ne Elektronensenke käme die Korrosion zum Stillstand!

An der *Anode* (auflösendes Element) tritt im Fall von Bild 12.1 folgende Teilreaktion auf:

$$Zn \rightarrow Zn^{++} + 2\ e \tag{12.1}$$

oder allgemein

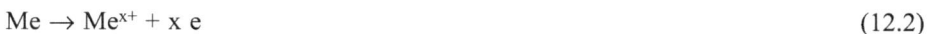

$$Me \rightarrow Me^{x+} + x\ e \tag{12.2}$$

mit Me = Metall, x = Wertigkeit und e = Elektron.

An der *Kathode* tritt als kathodische Teilreaktion die Wasserstoffreaktion auf:

$$2H^+ + 2\ e \rightarrow H_2 \tag{12.3}$$

Später wird gezeigt, dass die Elektronen auch auf andere Art als durch die Wasserstoffreak-tion verbraucht werden können. Das galvanische Element aus einem Cu- und einem Zn-Stab ergibt unter Normalbedingungen (s. Tab. 12.1) ein elektrochemisches Potential (= Span-nung) von 1,1 Volt.

Ein elektrochemisches Korrosionssystem besteht aus den drei Korrosionspartnern Anode, Kathode und Elektrolyt. Sie müssen immer vorhanden und leitfähig miteinander verbun-den sein.

Elektrochemische Spannungsreihe. Ersetzt man in Bild 12.1 den Cu-Stab durch ein von Wasserstoff umspültes Platinblech („Wasserstoffelektrode", das Platin ist chemisch inaktiv), so finden die Zinkkorrosion und die Wasserstoffabscheidung ebenfalls statt, das Potential zwischen Zink und Wasserstoffelektrode beträgt nun aber –0,76 V. Für alle Metalle wurde dieses *Normalpotential* unter Standardbedingungen gegen die Wasserstoffelektrode gemessen, vom höchsten positiven bis zum negativsten Wert sortiert und damit eine *elektrochemische Spannungsreihe* aufgestellt (Tabelle 12.1). Metalle mit gegenüber Wasserstoff positivem Potential werden als *edel*, solche mit negativem als *unedel* bezeichnet. Mit zunehmend negativem Potential steigt das Bestreben der Ionen, in Lösung zu gehen.

Die hier aufgeführte Spannungsreihe ist jedoch *nicht* für das Korrosionsverhalten der Metalle entscheidend. Viele „unedle" Metalle wie Aluminium, Titan, Zink oder Chrom schützen sich selbst durch eine dichte Deckschicht, die *Passivierungsschicht* (meist Metalloxid). Damit wird der Ionen- und Elektronenfluss unterbunden, die Korrosion entscheidend verlangsamt und häufig zum Stillstand gebracht. Die Stabilität der Passivierungsschicht hängt stark vom pH-Wert und der Zusammensetzung des Elektrolyten ab.

Die Gleichung 12.3 wird als *Wasserstoffreaktion* bezeichnet, die dadurch bedingte Korrosion als *Wasserstoffkorrosion*. Enthält der Elektrolyt wenig Wasserstoffionen (z.B. neutrales Wasser) und dafür viel gelösten Sauerstoff (was an Luft meist der Fall ist), findet als kathodische Teilreaktion die *Sauerstoffreaktion* statt:

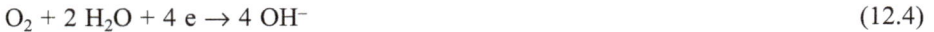

$$O_2 + 2\,H_2O + 4\,e \rightarrow 4\,OH^- \tag{12.4}$$

Man erkennt auch hier, dass eine Elektronensenke besteht; die Elektronen (e) werden unter Entstehung von OH⁻-Ionen (basisch wirkende Hydroxyd-Ionen) verbraucht.

Lokalelemente. Warum korrodiert nun auch ein einzelnes Metallstück, obwohl scheinbar kein galvanisches Element (Anode und Kathode) vorliegt?

Tabelle 12.1 Elektrochemische Spannungsreihe unter Standardbedingungen (pH = 7, Konzentration der Lösung 1 mol/l, 25 °C).

Element und ablösendes Ion	Normalpotential V
Gold, Au^{+++}	+ 1,42
Silber, Ag^+	+ 0,80
Kupfer, Cu^{++}	+ 0,34
Wasserstoff, H^+	0,000
Blei, Pb^{++}	– 0,13
Zinn, Sn^{++}	– 0,14
Nickel, Ni^{++}	– 0,24
Kadmium, Cd^{++}	– 0,40
Eisen, Fe^{++}	– 0,44
Chrom, Cr^{+++}	– 0,71
Zink, Zn^{++}	– 0,76
Aluminium, Al^{+++}	– 1,66
Titan, Ti^{++}	– 1,75
Magnesium, Mg^{++}	– 2,35

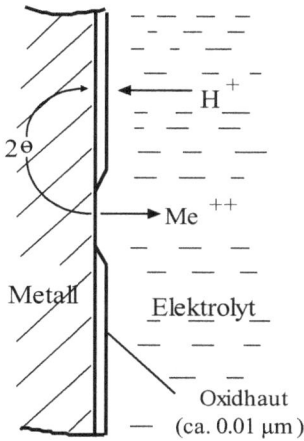

Bild 12.2 Lokalelementbildung durch unterschiedlich dicke Oxidhaut. θ = Elektron

Die Antwort gibt die Lokalelementtheorie. Z.B. überzieht sich jede Metalloberfläche mit einer ungleichmäßig deckenden Oxidhaut. Örtlich weniger geschützte Bereiche bilden die Lokalanode (Metallauflösung), besser abgedeckte, aber noch leitfähige Bereiche die Lokalkathode (Wasserstoffabscheidung) (Bild 12.2). Die Elektronen fließen hier nur kurze Wege von der Lokalanode zur Lokalkathode.

Gleichermaßen tritt die Lokalelementbildung in *inhomogenen Legierungen* auf, die unterschiedlich edle Phasen enthalten. Beispielhaft sei die Aluminium-Silizium-Gusslegierung G-AlSi12 genannt. Hier löst sich das AlSi-Eutektikum als unedlere Phase (Lokalanode) auf, das sich passivierende Aluminium bildet die Lokalkathode. Die Korrosionsart wird *Selektive Korrosion* genannt (s. Tab. 12.2).

Evans-Element. Die Sauerstoffreaktion ist Ursache für die häufigste Korrosionserscheinung bei offenen Systemen: *Rosten* von Stahl. Das Rosten lässt sich am besten nach Evans mit einem auf einer blanken Stahloberfläche ruhenden Wassertropfen beschreiben (Evans-Element, Bild 12.3).

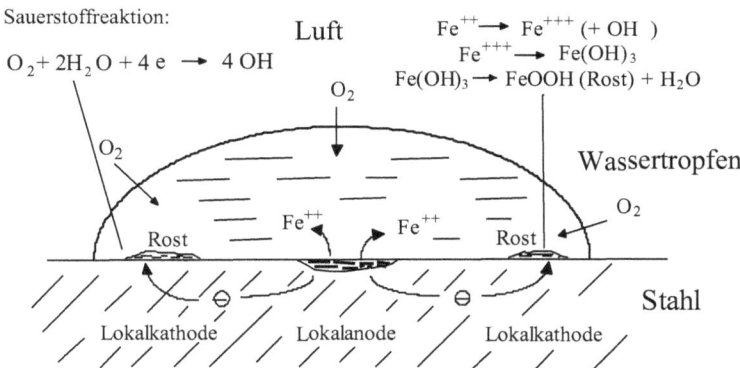

Bild 12.3 Elektrochemische Vorgänge beim Rosten von Eisen durch sauerstoffhaltiges Wasser (Evans-Element).

In der Mitte des Tropfens beginnt Eisen in Lösung zu gehen (Lokalanode). Weiter außen können die Elektronen durch die Sauerstoffreaktion verbraucht werden (Lokalkathode). Die Fe^{++}-Ionen wandeln sich mit Hilfe der Hydroxid-Ionen (OH^-) z.B. in FeOOH um (eine der Verbindungen, aus denen Rost aufgebaut ist). Den Rost kann man durch rötliche Verfärbung der blanken Stahloberfläche erkennen.

Die gezeigte Rostbildung erfolgt auch durch kondensierte, mikroskopisch kleine Wassertröpfchen aus feuchter Luft.

12.3   Korrosionsarten und Korrosionsprüfung

Die Norm DIN EN ISO 8044 enthält alle *Korrosionsarten* und *Korrosionserscheinungen*. Die wichtigsten sind in den Tabellen 12.2 a) und b) zusammengefasst und einige nachfolgend beschrieben. Sie können unter bestimmten Korrosionsbedingungen bei fast allen unedleren und teilweise auch bei edleren Metallen wie Kupfer auftreten. Bei den aufgeführten – überwiegend genormten – *Korrosionsprüfungen* wird zwischen praktischer Bauteilprüfung und Laborversuchen unterschieden.

Gleichmäßige Flächenkorrosion ist die harmloseste Korrosionsart, da sie durch Sichtprüfungen (z.B. als Rost) gut erkennbar ist; korrodierte Bauteile lassen sich rechtzeitig auswechseln. Sie tritt häufig bei ungeschützten Baustählen in freier Atmosphäre oder in Wasser auf. Die Korrosionsrate beträgt dabei etwa 0,1 mm pro Jahr. Ein Zusatz von 0,2 % Cu verlangsamt die Korrosionsrate auf die Hälfte (siehe Abschn. 5.3.4, wetterfeste Baustähle).

Prüfung. Sichtprüfung und Wanddickenmessung mittels Messzeugen oder – bei Behältern – durch Ultraschallprüfung (zerstörungsfrei). Labortests: Regelmäßiges Wiegen und Bestimmung des Masseverlustes. Die Angabe erfolgt meist in g pro m^2 Oberfläche und Zeiteinheit (h = Stunde, d = Tag oder a = Jahr). Die *flächenbezogene Masseverlustrate* ist dann z.B. 1 g/m^2h. Die Korrosionsprodukte wie Rost sind vor dem Wiegen sorgfältig zu entfernen (sonst Massezunahme!).

Für Stahl gilt: 1 g/m^2h = 1,1 mm/a Dickenabnahme.

Muldenkorrosion tritt bei ungleichmäßiger Benetzung durch den Elektrolyten, ungleichmäßigem Gefüge des Werkstoffs oder ungleichmäßiger Deckschicht auf. Sie ist ebenso wie die gleichmäßige Flächenkorrosion gut erkennbar und messbar, führt aber schneller zum Bauteilversagen (z.B. Durchrosten).

Prüfung: Wie Flächenkorrosion.

Lochkorrosion, auch *Lochfraß* genannt, tritt bei bestimmten Korrosionssystemen (z.B. Einwirkung chloridhaltiger Elektrolyte auf nichtrostenden Chrom-Nickel-Stahl) und porösen Deckschichten (z.B. unzureichende Passivierungsschichten in Kupfer-Wasserleitungen oder defekte Lacke) auf. Beginnende Löcher korrodieren beschleunigt, da sie kaum noch trocknen und sich der Elektrolyt in ihnen chemisch verändert. Unterschiedliche Sauerstoffkonzentration im Elektrolyten führt zusätzlich zur Bildung des „Evans-Elementes" in den Löchern. Die Lochkorrosion ist oft schlecht erkennbar und führt zu unerwartetem Bauteilversagen (z.B. Undichtigkeit von Rohrleitungen und Behältern).

Prüfung. a) Zerstörungsfrei: Sichtprüfung mit optischen Hilfsmitteln (Lupe, Mikroskop, bei Oberflächenbeschichtungen oft nicht möglich); b) zerstörend: Probenentnahme für metallo-

*Tabelle 12.2 a) Korrosionsarten **ohne** Einwirkung einer mechanischen Beanspruchung.*

graphische Schliffe. Labortests: Metallographische Schliffe, Zug- oder Biegeversuch, Masseverlust.

Selektive Korrosion. Metalle technischer Reinheit enthalten Verunreinigungen wie Schlacketeilchen (Oxide, Sulfide), die an der Oberfläche zur Lokalelementbildung beitragen. Gleichermaßen wirken Fremdphasen nicht gelöster Elemente in Legierungen. Die Korrosion beginnt an den an die Oberfläche austretenden unedlen Phasen (Lokalanode) und wandert lokal begrenzt in die Tiefe, es entsteht Lochfraß. In den Korrosionsvertiefungen verstärkt sich die Korrosion (siehe Lochkorrosion).

Prüfung: Wie bei Lochkorrosion.

Tabelle 12.2 (Forts.) b) Korrosionsarten **mit** *Einwirkung einer mechanischen Beanspruchung.*

Korrosionsart und Aussehen (schematisch)	
Spannungsrisskorrosion (SRK) **- interkristallin -** Korn Risse Spannung	**Spannungsrisskorrosion (SRK)** **- transkristallin -** Risse Spannung
Schwingungsrisskorrosion Wechselbelastung Elektrolyt **Riss**	**Reibkorrosion** Korrosion zwischen aufeinander reibenden Flächen (z.B. beweglicher Bolzen in Welle; „Passungsrost")
Erosionskorrosion Korrosion durch mechanisch angreifende Partikel in korrosiver Umgebung (z.B. Schlemmstoff in Zentrifuge)	**Kavitationskorrosion** Korrosion durch mechanisch und korrosiv angreifenden Flüssigkeitsstrahl (z.B. Korrosion in Hochdruck-Strahldüse)

Spaltkorrosion tritt in engen Spalten von z.B. zusammengefügten Bauteilen auf. Hier kann der Elektrolyt nicht trocknen. Durch höhere Sauerstoffkonzentration am Rand des Spalts kommt es nach dem Prinzip des „Evans-Elementes" zur Lokalelementbildung und damit zur Korrosion. Bekanntes Beispiel sind die vom Spritzwasser gefüllten Spalte punktgeschweißter Stahlblech-Karosserien.

Prüfung: Sichtprüfung, falls Problembereich zugänglich ist (Probenentnahme).

Kontaktkorrosion entsteht durch leitende Verbindung zweier Metalle mit unterschiedlichem *Lösungsdruck* (Potential, siehe Tab. 12.1). Dabei bildet sich unter Einwirkung des Elektrolyten ein galvanisches Element. Das unedlere Metall wird zerstört. Es ist zu beachten, dass die Reihenfolge „edel – unedel" der Spannungsreihe nach Tab. 12.1 nur für Standardbedingungen gilt. Saure oder salzige Elektrolyte (z.B. Meerwasser) sowie Passivierungsschichten verändern die Reihenfolge völlig. Kontaktkorrosion beruht meist auf konstruktiven Fehlern (falsche Materialauswahl, fehlende Isolierung zwischen den Werkstoffen).

Prüfung: Sichtprüfung, sofern Bereich zugänglich. Überprüfung der Werkstoffe (ggf. Analyse) und Isolierungen. Zerstörend: Metallographische Untersuchung.

Interkristalline Korrosion (IK). Diese Korrosionsart betrifft häufig ansonsten korrosionsbeständige Werkstoffe wie nichtrostende Stähle und muss als besonders gefährlich angesehen werden, da ohne äußere Merkmale bereits der gesamte tragende Querschnitt eines Bauteils korrodiert sein kann. Wie der Name sagt, tritt die Korrosion zwischen (= inter) den Körnern auf, sie wandert entlang der Korngrenze. Die Körner werden unterwandert und fallen zum Teil heraus, was zu dem Begriff *Kornzerfall* geführt hat. Die IK sei am Beispiel eines nichtrostenden Chromstahls erläutert.

Nichtrostende ferritische Cr-Stähle enthalten bis zu 0,1 % Kohlenstoff (s. Abschn. 5.6). Chrom neigt zur Verbindungsbildung mit C (Chromkarbide), und zwar besonders schnell im Temperaturbereich um 600 °C. Korngrenzen mit ihrer „lockeren" Atomanordnung bieten beste Voraussetzung für die Bildung der relativ großen Ausscheidungen. Folglich werden sich bei Erwärmung (z.B. beim Schweißen) auf den Korngrenzen dieser Stähle Chromkarbide bilden, wobei die Korngrenzenränder an Chrom verarmen müssen (Bild 12.4).

Korngrenzen mit Chromkarbiden

Korn mit 13 % Cr

Chromarme Säume

Oberfläche

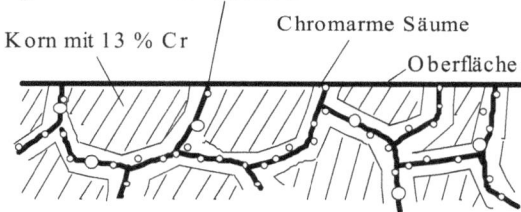

Bild 12.4 Chromarme Säume an Korngrenzen durch Chromkarbid-Ausscheidungen

Die Korrosion beginnt an den an die Oberfläche austretenden Korngrenzen und frisst sich „interkristallin" in die Tiefe. Bild 12.5 zeigt den Kornzerfall eines korrodierten Cr-Stahles.

Prüfung. a) Die zerstörungsfreie Sichtprüfung mit bloßem Auge reicht nicht aus, auch mittels Lupe ist beginnende IK leicht zu übersehen. b) Zerstörend: metallographischer Schliff, Zug- oder Biegeprobe. Labortest: Die Prüfung der Stähle auf IK-Empfindlichkeit erfolgt nach verschiedenen genormten Korrosionsprüfmethoden, z.B. dem Strauß-Test nach DIN EN ISO 3651. Dabei werden Stahlblechproben zunächst *sensibilisiert*, d.h. durch Glühen bei 700 °C werden eventuelle Korngrenzenkarbide gebildet. Anschließend erfolgt eine

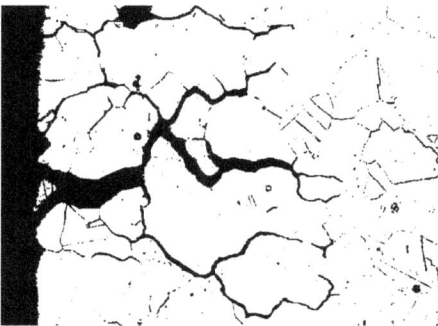

Bild 12.5 Interkristalline Korrosion. Querschliff eines nichtrostenden Chromstahles mit Rissen zwischen den Körnern. Die Oberfläche liegt senkrecht am linken Bildrand. V = 100:1.

15stündige Behandlung in siedender Kupfersulfat-Schwefelsäure-Lösung und das Biegen um 180°. Die Außenseite der Biegeproben wird mikroskopisch auf Kornzerfall untersucht.

Spannungsrisskorrosion (SRK). Sind Bauteile mechanischen Belastungen und gleichzeitig korrosiven Einflüssen ausgesetzt, kommt es bei SRK-empfindlichen Werkstoffen zu sehr schnellem und damit gefährlichem Korrosionsfortschritt. SRK wird besonders bei Metallen beobachtet, die auf der Oberfläche eine Passivierungsschicht aufbauen und auf Grund ihrer Festigkeit hohe mechanische Spannungen ertragen (rostfreie Cr- und CrNi-Stähle, aushärtbare Al-Legierungen). Infolge der elastischen Verformung unter Spannung reißt die Deckschicht auf, die kurzzeitig „blanke" Oberfläche wird zur Lokalanode und korrodiert. Die an der Korrosionsstelle entstehende Spannungsspitze (Kerbwirkung) sorgt für weiteres Aufreißen, der Prozess setzt sich rasch fort. Die entstehenden Risse verlaufen meist transkristallin (Bild 12.6), manchmal auch interkristallin.

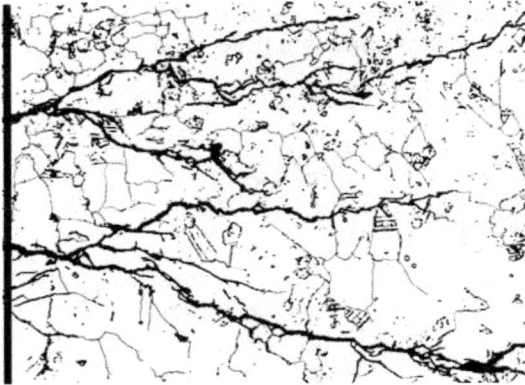

Bild 12.6 Spannungsrisskorrosion. Querschliff eines austenitischen CrNi-Stahles. Die Hauptspannungsrichtung lag vertikal, parallel zur Oberfläche (links).

Als besonders SRK-anfällig erwiesen sich die um 1960 entwickelten AlZnMg-Legierungen. Bei falscher Wärmebehandlung zeigten sie schon nach wenigen Stunden in chloridhaltigen Wässern erste SRK-Risse.

Weil die Spannungsrisskorrosion wie die interkristalline Korrosion bei vermeintlich korrosionsbeständigen Werkstoffen auftritt, wird sie vom Konstrukteur häufig nicht beachtet oder unterschätzt. Sie ist äußerlich nicht erkennbar, durch die mechanische Spannung kommt es zu katastrophalen Brüchen. Aus der Praxis sind eine Reihe von Schadensfällen mit z.T. verheerenden Folgen bekannt. Neben richtiger Werkstoffauswahl müssen unbedingt die Schweißrichtlinien und Wärmebehandlungshinweise der Fachliteratur bzw. der Hersteller beachtet werden.

Prüfung. a) Zerstörungsfrei: In regelmäßigen Abständen Rissprüfung mit einschlägigen Prüfmethoden (Farbeindring-, Ultraschallverfahren). b) Labortests: In verschiedenen Prüfnormen (z.B. DIN 50915: unlegierte Stähle; DIN 50916: Kupfer) werden Methoden für die Prüfung auf Empfindlichkeit gegen SRK beschrieben. Die Prüfung erfolgt an durch Biegung belasteten Proben in verschiedenen Prüflösungen; zur Beurteilung werden die Proben unter dem Mikroskop auf Risse untersucht.

Interkristalline Korrosion und Spannungsrisskorrosion sind die gefährlichsten Korrosionsarten. Die Überwachung der Bauteile auf Schäden ist schwierig, da diese unvorhergesehen und schnell eintreten.

Wasserstoffversprödung. Durch in Stähle eindringenden Wasserstoff tritt eine Versprödung auf, die in belasteten Bauteilen zu ähnlichen Rissen führen kann, wie sie bei der SRK auftreten („wasserstoffinduzierte SRK"). Der Mechanismus der Rissbildung ist allerdings ein anderer, er soll hier nicht näher beschrieben werden.

Bei der galvanischen Beschichtung (s. Kapitel 11) oder dem Emaillieren kann so viel Wasserstoff in den Stahl eindiffundieren, dass er an Fehlstellen zu H_2-Molekülen rekombiniert; der dabei entstehende hohe Innendruck führt zu Rissen (Fachausdruck für das Bruchgefüge: „Fischschuppen" oder „Fischaugen"). Durch rechtzeitiges Glühen nach der Beschichtung diffundiert der Wasserstoff wieder aus.

Schwingungsrisskorrosion. Bei Dauerbrüchen von schwingungsbelasteten Bauteilen stellt man häufig fest, dass nicht allein die Materialermüdung, sondern auch die Korrosion von Einfluss war. Z.B. unterliegt eine laufende Welle, die ungeschützt der Luftfeuchtigkeit ausgesetzt ist, sowohl der Schwingungsbelastung wie der Korrosion. Ein beginnender Ermüdungsanriss schreitet durch das Zusammenwirken beider Belastungsarten beschleunigt voran. Die Dauerfestigkeit wird grundsätzlich durch korrosive Umgebung herabgesetzt, und zwar um so stärker, je korrosionsempfindlicher das Material ist. Im Schadensfall ist die Schwingungsrisskorrosion kaum von normalen Dauerbrüchen zu unterscheiden. Die Schlussfolgerung liegt jedoch nahe, dass ein schwingend belastetes, in korrosiver Umgebung vorzeitig gebrochenes Bauteil durch Schwingungsrisskorrosion zerstört wurde.

Prüfung. Labortests: Dauerschwingversuche (Umlaufbiegeversuch, Pulsatorversuch) in korrosiver Umgebung bzw. direkt im Elektrolyten (z.B. in Meerwasser).

12.4 Korrosionsschutz

Für den Maschinenbauingenieur sind Maßnahmen gegen Korrosion genau so wichtig wie solche gegen Ermüdung oder Verschleiß. In Kapitel 11, Oberflächentechnik, wurden bereits eine ganze Reihe von Beschichtungsstoffen und -verfahren zum Zweck des Korrosionsschutzes erläutert. Aus der Vielfalt der dort gezeigten Beschichtungsmöglichkeiten ist ersichtlich, dass ein systematisches Vorgehen bei der Suche nach optimalem Korrosionsschutz unabdingbar ist. Optimaler Korrosionsschutz heißt: Eine der Bauteillebensdauer adäquate Beständigkeit *und* kostengünstige Herstellung.

Man unterteilt die in Bild 12.7 in einer Übersicht aufgeführten Korrosionsschutzmaßnahmen in aktiven und passiven Korrosionsschutz.

Aktiver Korrosionsschutz bedeutet korrosionsschutzgerechte Konstruktion (Gestaltung), beanspruchungsgerechte Werkstoffwahl und – bei geschlossenen Systemen – Schutzmaßnahmen am Korrosionsmedium, also Beeinflussung des Elektrolyten z.B. durch Zugabe eines Inhibitors.

Passiver Korrosionsschutz bedeutet Trennung von Werkstoff und Elektrolyt, also Beschichtung und Isolierung des Werkstoffs/der Werkstoffe oder Schutz durch Fremdstrom.

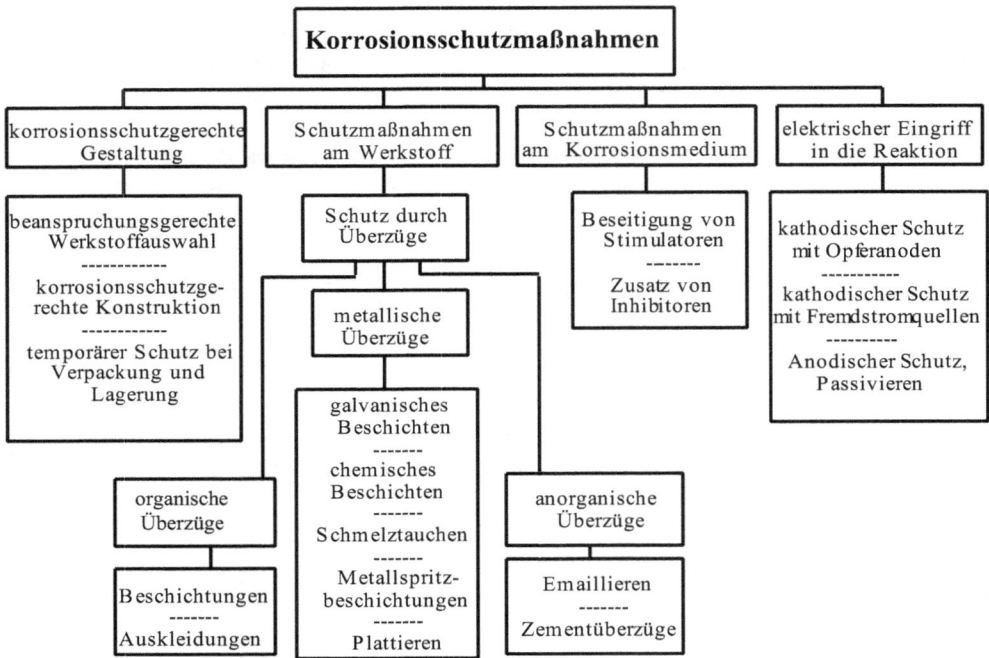

Korrosionsschutzmaßnahmen

- korrosionsschutzgerechte Gestaltung
  - beanspruchungsgerechte Werkstoffauswahl
  - korrosionsschutzgerechte Konstruktion
  - temporärer Schutz bei Verpackung und Lagerung
  - organische Überzüge
    - Beschichtungen
    - Auskleidungen
- Schutzmaßnahmen am Werkstoff
  - Schutz durch Überzüge
  - metallische Überzüge
    - galvanisches Beschichten
    - chemisches Beschichten
    - Schmelztauchen
    - Metallspritzbeschichtungen
    - Plattieren
- Schutzmaßnahmen am Korrosionsmedium
  - Beseitigung von Stimulatoren
  - Zusatz von Inhibitoren
  - anorganische Überzüge
    - Emaillieren
    - Zementüberzüge
- elektrischer Eingriff in die Reaktion
  - kathodischer Schutz mit Opferanoden
  - kathodischer Schutz mit Fremdstromquellen
  - Anodischer Schutz, Passivieren

Bild 12.7 Übersicht über Korrosionsschutzmaßnahmen.

Werkstoffwahl. Geeignete Werkstoffe werden meist aufgrund von Erfahrungen mit früheren oder ähnlichen Konstruktionen ausgewählt, wobei größte Vorsicht bei geänderter Umgebung geboten ist. Ein Magnesium-Getriebegehäuse ist z.B. in mitteleuropäischem Klima beständig, in tropischem Feuchtklima hingegen kann es korrodieren.

In gewisser Weise hilft bei der Werkstoffwahl die Spannungsreihe, wobei jedoch nicht die der Tabelle 12.1 heranzuziehen ist, da ja in der Realität keine Standardbedingungen vorliegen. In der Fachliteratur finden sich Spannungsreihen für Meerwasser oder verschiedene pH-Werte der Elektrolyte. Sehr große Bedeutung haben *Stromdichte-Potentialkurven* erlangt. Im Labor gemessen, geben sie Aufschluss über das Korrosionsverhalten der Metalle in verschiedensten Korrosionsmedien. Die Erläuterung würde hier zu weit führen, siehe z.B. [18].

Hilfreich sind die immer häufiger auf CD-ROM erhältlichen Werkstoffdatenbanken. Die Fachliteratur enthält weiterhin Beständigkeitstabellen der Werkstoffe gegen eine Vielzahl korrosiver Einflüsse. **Beispiel:** Einem Konstrukteur für Tankstellenanlagen kann sich die wichtige Frage stellen, ob Aluminium gegen Kraftstoffe beständig ist; wenn ja, welche Legierungen? Die Antwort findet sich im Aluminium-Taschenbuch [19]: Es ist beständig, aber nur Cu-freie Al-Legierungen.

Beim Zusammenbau mehrerer Werkstoffe ist die Kontaktkorrosion zu beachten. Wenn sich Verbundbauweisen in korrosiver Umgebung nicht vermeiden lassen, sollte zwischen den verschiedenen Metallen für eine Isolierung gesorgt werden.

Neben der geeigneten Werkstoffauswahl sind konstruktive Gesichtspunkte der Gestaltung wichtig. Dies gilt besonders für Bauteile, die der freien Bewitterung ausgesetzt sind (Hochbau, Fahrzeugbau, Schiffbau, Offshore-Anlagen usw.) Konstruktive Gestaltungshinweise für korrosionsgefährdete Bauteile sind u.a.:

– Vermeidung von stehendem Wasser (Ablaufmöglichkeiten wie Ablaufschrägen, Ablauflöcher u.ä. vorsehen);

– Vermeidung von Spalten und engen Hohlräumen (z.B. bei Schweißverbindungen);

– Vermeidung von schlecht zu reinigenden Ecken, Nuten, Bohrungen usw. (Ansammlung von feuchtem Schmutz).

Schutzmaßnahmen am Werkstoff gehören zum passiven Korrosionsschutz. Hierzu zählen Beschichtungen aller Art. Metallische Überzüge und chemische Umwandlungsschichten wurden bereits in Kapitel 11 behandelt, hier soll wegen der Wichtigkeit nochmals das Verzinken und Verzinnen kurz erläutert werden.

Die hervorragende Korrosionsschutzwirkung des *Zinks* beruht einmal auf seiner Korrosionsbeständigkeit selbst (passivierendes Metall), andererseits auf dem *kathodischen Schutz* bei Verletzung der Zn-Schicht. Das unedlere Zink löst sich unter Einwirkung des Elektrolyten allmählich als *Anode* auf, dadurch wird der Stahl zur *Kathode* und bleibt korrosionsgeschützt. Die kathodische Schutzwirkung besteht so lange, bis sich alles Zink aufgelöst hat und verbraucht ist. Erst dann beginnt der nun frei liegende Stahl zu rosten (siehe auch unten, „Opferanode").

Das *Verzinnen* findet seine Hauptanwendung in Form von elektrolytisch bandverzinntem Stahl (*Weißblech*) für Verpackungen (Dosen, Behälter). Die Korrosionsschutzwirkung ist auf Grund des *edlen Charakters* des Zinns (s. Tab. 12.1) sehr gut, allerdings fehlt die beim Zink beschriebene Wirkung des kathodischen Schutzes: Weißblech ist empfindlich gegen Verletzung der Zinnschicht, bei durchgehenden Kratzern oder an Sn-freien Schnittkanten beginnt der Stahl zu rosten.

Schutzmaßnahmen am Korrosionsmedium sind nur möglich, wenn eine direkte Einflussnahme möglich ist, wenn also ein geschlossenes System vorliegt. Das ist u.a. bei Wasserkühlern mit geschlossenem Kühlkreislauf der Fall. Die Wasserstoffreaktion (Gl. 12.3) lässt sich durch pH-neutrale Flüssigkeiten vermeiden sowie durch Zusätze (*Inhibitoren*), die den pH-Wert stabil halten (≥ 7) und auf der Metalloberfläche Deckschichten ausbilden. Die Sauerstoffreaktion (Gl. 12.4) lässt sich durch möglichst niedrigen Sauerstoffgehalt verhindern. Dazu sind gegenüber Luft abgeschlossene Systeme nötig, denen nur selten frischer, sauerstoffhaltiger Elektrolyt zugeführt wird. **Beispiel**: Muss in einem Zentralheizungssystem (Warmwasser-Gebäudeheizung) wegen Undichtigkeit häufig Frischwasser nachgefüllt werden, besteht erhebliche Korrosionsgefahr, da die Sauerstoffkonzentration hoch bleibt.

Elektrischer Eingriff in die Reaktion. Aus der Kenntnis des elektrochemischen Ablaufs der Korrosion leitet sich die Möglichkeit ab, gezielt Gegenspannungen aufzubauen, die den Elektronenfluss zum Stillstand bringen oder umkehren. Dieses Verfahren des Korrosionsschutzes wird (wie beim Verzinken schon erwähnt) als *kathodischer Schutz* bezeichnet. Man unterscheidet den kathodischen Schutz mittels Opferanode und solchen mit Fremdstromquelle.

Die *Opferanode* ist ein unedles Metallstück, das sich – leitend mit dem zu schützenden (edleren) Werkstoff verbunden – allmählich auflöst (Anode!) und dabei seine Elektronen an das Bauteil, welches zur Kathode wird, abgibt (Bild 12.8).

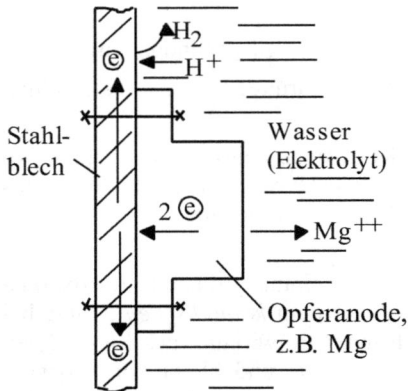

Bild 12.8 Kathodischer Schutz von Stahlblech durch eine Opferanode (schematisch). e = Elektron

Opferanoden für Stahl sind 100 g bis mehrere kg schwere gegossene Klötze aus Zn, Mg oder Al-Legierungen. Sie werden leitend mit dem zu schützenden Bauteil verbunden und sollten völlig vom Elektrolyten umspült sein. Man baut sie in Wasserboilern (Stabanoden), in Schiffsrümpfen, an Schiffsruder, Rohrleitungen, Meerwasseranlagen usw. an. Nach Auflösung der Opferanode ist diese unbedingt rechtzeitig zu erneuern.

Wie beim Verzinken beschrieben, wirkt die Zinkschicht auf Stahl ebenfalls als Opferanode, und zwar immer dann, wenn etwas Stahloberfläche unbeschichtet frei liegt, z.B. an Schnittkanten, nachträglichen Bohrungen oder bei durchgehenden Kratzern. Elektrochemisch gesehen liegen dann dieselben Verhältnisse wie in Bild 12.8 vor.

Der kathodische Schutz mittels *Fremdstromquelle* wirkt wie die Opferanode, nur dass die Gegenspannung durch eine äußere Gleichstromquelle erzeugt wird. Der Minuspol einer Batterie wird an das Bauteil angeschlossen, der Pluspol bildet die Anode im Elektrolyten (feuchtes Erdreich o.ä.). Fremdstromquellen werden häufig für im Erdreich verlegte Einrichtungen wie Erdgas-, Öl- oder sonstige Rohrleitungen (Pipelines), Tanks usw. eingesetzt.

Zusammenfassung
Die Korrosion ist eine der drei die Lebensdauer von Bauteilen einschränkenden Ursachen, mit der Folge erheblicher volkswirtschaftlicher Schäden. Der Konstrukteur muss ihr die gleiche Aufmerksamkeit zukommen lassen wie der Festigkeit und dem Verschleiß. Man unterscheidet rein chemische Korrosion, welche bei höherer Temperatur auftritt („Heißkorrosion"), und die elektrochemische Korrosion bei Anwesenheit eines Elektrolyten (Wasser, Luftfeuchtigkeit u.ä.), bekannt als das Rosten von Eisen und Stahl.

Die elektrochemische Korrosion läuft nach dem Prinzip des galvanischen Elementes ab; das Korrosionssystem besteht aus Anode (auflösendes Metall), Kathode (Elektronensenke) und Elektrolyt. An der Kathode bewirkt eine Wasserstoff- oder eine Sauerstoffreaktion den Elektronenverbrauch. Man unterscheidet verschiedene Korrosionsarten, aus deren Erscheinungsbild häufig auf die Korrosionsursache geschlossen werden kann. Am gefährlichsten sind die interkristalline Korrosion und die Spannungsrisskorrosion.

Der Korrosionsschutz erfolgt aktiv durch geeignete Werkstoffwahl, konstruktive Gestaltung und Elektrolytbeeinflussung sowie passiv durch Isolierungen, Beschichtungen und kathodischen Schutz.

Aufgaben zu Kapitel 12

1. Welche Stähle sind besonders hitze- (zunder-) beständig?

2. Gegeben ist ein galvanisches Element (unter Standardbedingungen) aus einem Eisen- und einem Nickelstab. Welcher Stab bildet die Kathode?

3. Wie lautet die Sauerstoffreaktion für den Elektronenverbrauch in sauerstoffhaltigem Wasser?

4. Was versteht man unter der Lochkorrosion?

5. Beschreiben Sie die interkristalline Korrosion und ihre Ursache bei nichtrostenden ferritischen Chromstählen.

6. Was ist passiver Korrosionsschutz?

7. Wie kann man die Kontaktkorrosion vermeiden?

8. Auf welchen zwei Wirkungen beruht der Korrosionsschutz von verzinktem Stahl?

9. Wie funktioniert eine Opferanode? (Beschreibung des elektrochemischen Vorgangs)

13 Werkstoffprüfung

Überblick und Lernziel

Die Werkstoffprüfung (WP) ist – neben Maßkontrollen und Funktionsprüfungen – ein wichtiges Teilgebiet der *Qualitätssicherung*. Die Qualitätssicherung – dem *Qualitätsmanagement* untergeordnet – hat in letzter Zeit enorm an Bedeutung gewonnen, da zum einen nur qualitativ einwandfreie Produkte im globalen Wettbewerb Bestand haben, zum anderen in vielen neuen Industriezweigen ein hohes Sicherheitsbedürfnis besteht (Flugzeug- und Fahrzeugbau, Reaktorbau, Raumfahrt). Nicht zuletzt hat die seit einigen Jahren in der Rechtsprechung verankerte Produkthaftung zu höherer Qualitätsverantwortung geführt.

Mit der Qualitätssicherung hat gleichermaßen die Bedeutung der Werkstoffprüfung zugenommen, und kaum ein größerer Hersteller kommt ohne Werkstoff- oder Bauteilprüfung aus. Die Kosten für diesen Teil der Qualitätssicherung dürfen nicht vernachlässigt werden; sie können im Einzelfall (Reaktorbau, Raumfahrt) die Produktionskosten übersteigen.

Die Prüfung der Werkstoffe und Werkstücke beginnt mit der Eingangsprüfung angelieferter Rohstoffe, Halbzeuge oder Fertigteile (*Stoff-*, *Halbzeug-* und *Werkstückprüfung*) und erstreckt sich über Zwischenkontrollen (z.B. nach einer Wärmebehandlung) bis hin zur Endprüfung der Fertigprodukte.

Ein zweiter Sektor der Werkstoffprüfung ist die Materialuntersuchung in der Entwicklungsphase neuer oder veränderter Werkstoffe bzw. nach geänderten Herstellungsbedingungen. Bevor neue Werkstoffnormen oder Datenblätter veröffentlicht werden, müssen statistisch abgesicherte Werkstoffprüfergebnisse vorliegen, die mit genormten Prüfverfahren zu ermitteln sind.

Schließlich ist die Werkstoffprüfung bei der Untersuchung von Schadensfällen und Reklamationen unabdingbar. Da es hierbei oft um hohe Schadenskosten geht, ist die exakte Prüfung durch Fachpersonal mit genormten und geeichten Prüfgeräten Voraussetzung.

Für die vielfältigen Aufgaben der Werkstoffprüfung wurde eine große Zahl von Prüfverfahren entwickelt, die wichtigsten sind in den Tabellen 13.1 und 13.2 zusammengestellt. Die entsprechenden Normen müssen für eine normgerechte Prüfung unbedingt beachtet werden. Die neueste Norm zu jedem Verfahren ist leicht aus dem Internet zu erhalten: www.beuth.de (unter „Normung" Stichwort des Prüfverfahrens eingeben) [27].

Tabelle 13.1 zeigt bereits, dass man die Prüfverfahren in zwei Hauptgruppen unterteilt:

- zerstörende WP
- zerstörungsfreie WP

Es ist leicht vorstellbar, dass in der Produktion die *zerstörenden* Prüfverfahren, bei denen das Material oder das Bauteil zerstört wird, nur als Stichprobenprüfung oder als Teilprüfung

Tabelle 13. 1 Werkstoffprüfung (WP): Zusammenstellung der wichtigsten Prüfverfahren.

Zerstörende oder bedingt zerstörende WP	Zerstörungsfreie WP (ZfP)

Statische Prüfverfahren
- Härteprüfung
  - Brinellhärte
  - Vickershärte
  - Rockwellhärte
- Zugversuch
- Biegeversuch
- Torsions- oder Verdrehversuch
- Scher-, Loch-, oder Stanzversuch
	Prüfung mit Ultraschall
	- Durchschallungsverfahren
	- Impuls-Echo-Verfahren
	- Resonanzverfahren

Dynamische Prüfverfahren
- Kerbschlagbiegeversuch
- Dauerschwingversuch
- dynamische Härteprüfung
  - Schlaghärteprüfung
  - Rücksprunghärteprüfung
	Durchstrahlungsprüfung
	- Röntgenprüfung
	  - Röntgenfilmaufnahmen
	  - Durchleuchtung
	- Gammastrahlenprüfung

Technologische Prüfverfahren
- Technologischer Biegeversuch
- Hin- und Herbiegeversuch
- Rohrprüfung
- Prüfen von Nieten, Schrauben ...
- Prüfen von Feinblechen
  - Tiefungsversuch nach Erichsen
  - Tiefziehversuch (Näpfchenziehversuch,
    Zipfelprüfung)
- Prüfen von Schweißnähten
- Korrosionsprüfungen
- Verschleißprüfungen
	Rissprüfverfahren
	- Magnetpulverprüfung
	- Eindringverfahren
	  - Farbeindringverfahren
	  - Fluoreszenzverfahren
	
	Physikalische Prüfverfahren
	- Induktive Verfahren (Wirbelstromprüfung)
	- Magnetische Verfahren

(z.B. Endabschnitt eines Walzdrahtes) vorgesehen werden können; die *zerstörungsfreien* Verfahren lassen sich hundertprozentig oder als beliebig große Stichprobe ausführen.

Die Härteprüfung gehört zu den bedingt zerstörenden Prüfverfahren, da ein kleiner Härteprüfeindruck das Bauteil – etwa ein Gussstück – nicht immer zerstört. Wird aber beispielsweise die Härte der polierten Kugel eines Kugellagers geprüft, ist diese nicht mehr verwendbar. Auch die Härte im Materialinneren (die „Kernhärte") kann natürlich nur zerstörend geprüft werden.

Die weitere Unterteilung in *statische, dynamische* oder *technologische* Prüfverfahren bezieht sich auf die Ausführung der Prüfung und ist von nebensächlicher Bedeutung. Die technologischen Verfahren dienen zum Eignungsnachweis in speziellen Anwendungsfällen, sie ergeben keine physikalisch eindeutigen Materialkennwerte.

Neben Werkstoffprüfungen haben *Bauteilprüfungen* zunehmende Bedeutung. Hierbei wird das komplett gefertigte und montierte Bauteil einer Festigkeits- oder Lebensdauerprüfung unterworfen, wobei die *Materialgüte*, die *Fertigungsqualität* und die *Qualität der Konstruk-*

Tabelle 13.2 Prüfverfahren und zu ermittelnde Eigenschaften.

Prüfverfahren	zu ermittelnde Eigenschaften
Härteprüfung	(Oberflächen-) Härte des Werkstoffs / Bauteils; Hinweis auf Verschleißfestigkeit und (bedingt) Zugfestigkeit
Zugversuch	Streck- oder Dehngrenze, Zugfestigkeit, Bruchdehnung, Brucheinschnürung, E-Modul
Druckversuch	Quetschgrenze, Druckfestigkeit
Biegeversuch	Biegefestigkeit, Durchbiegung (Steifigkeit), E-Modul
Kerbschlagbiegeversuch	Kerbschlagzähigkeit, auch in Abhängigkeit von der Temperatur; Bruchgefüge
Torsionsversuch	Scherfestigkeit, G-Modul
Scherversuch	Scherfestigkeit von Schweiß- oder Klebverbindungen
Standversuch	Zeitdehngrenze, Zeitstandfestigkeit, Dauerstandfestigkeit
Schwingversuch	Zeit- und Dauerschwingfestigkeit unter Biege- oder Zug-Druckbelastung (als Wechsel- oder Schwellbelastung)
Technologische Prüfverfahren	Faltbarkeit, Tiefziehbarkeit, Schmiedbarkeit, Verschleiß- und Korrosionsbeständigkeit, Schweißbarkeit, Härtbarkeit usw.
Ultraschallprüfung	Materialgüte im Werkstückinneren; E-Modul
Röntgenprüfung	Materialgüte im Werkstückinneren; Eigenspannungen
Magnetpulver- u. Eindringverfahren	Materialgüte an der Werkstückoberfläche
Metallographische Prüfung	Qualität des Gefüges
Spektralanalyse	Chemische Zusammensetzung des Werkstoffs

tion in das Prüfergebnis einfließen. Als Beispiele seien der Berstversuch an einem Druckbehälter oder die Laufzeitprüfung eines Wälzlagers genannt. Im Fahrzeugbau werden heute Fahrzeugteile und sogar komplette Fahrzeuge auf Prüfstände montiert, über Hydraulikzylinder (Hydropulser) sodann statische oder dynamische Belastungen eingebracht und dabei der normale Fahrbetrieb simuliert. Diese Prüfmethoden gehören zum Gebiet der *Betriebsfestigkeit*.

Hier können nur die wichtigsten Werkstoffprüfverfahren für metallische Werkstoffe erläutert werden. Der Maschinenbauingenieur muss die einschlägigen Verfahren kennen; einmal, um im Rahmen der Qualitätssicherung die richtigen Prüfverfahren anzuwenden, zum anderen um ein Gefühl für die Prüfergebnisse und Werkstoffkennwerte zu entwickeln. Was sagt z.B. der Härtewert 60 HRC aus? Welches Prüfverfahren liegt zugrunde; wie genau ist ein solcher Messwert; wie stark streuen die Messwerte? Die alleinige Beschreibung der Verfahren kann allerdings den praktischen Versuch nicht ersetzen. Daher ist es unabdingbar, dass während des Studiums Praktika mit den wichtigsten Werkstoffprüfverfahren durchgeführt werden.

13.1   Zerstörende Prüfverfahren

13.1.1   Härteprüfung

Grundlagen
Die Härte eines Werkstoffs kann immer nur im Vergleich zur Härte eines anderen Materials angegeben werden, es gibt keine „absolute" physikalische Härte. Die Erfahrung zeigt, dass sich Wachs mit dem Fingernagel ritzen lässt, Glas aber nicht. Für das Vergleichsmaterial „Fingernagel" ist Wachs weich, Glas dagegen hart. Mit einer gehärteten Stahlnadel hingegen lässt sich Glas ritzen, nicht aber Diamant. Nun ist also das Glas weicher, der Diamant härter. Aus dieser Betrachtung ergeben sich die Definitionen der Härte und der Härteprüfung:

> **Härte** ist der Widerstand, den ein Stoff einem anderen, härteren Körper (dem Prüfkörper) beim Zusammentreffen entgegensetzt.
>
> **Härteprüfung** ist die Messung, wie weit ein genormter, harter Prüfkörper bei vorgegebener Kraft in das zu messende Material einzudringen vermag.

Je nach verwendetem Prüfkörper haben sich historisch verschiedene Härteprüfverfahren entwickelt, die in einzelnen Ländern und für bestimmte Werkstoffe unterschiedlich häufig eingesetzt werden. Die Verfahren sind:
*   Brinell-Härteprüfverfahren
*   Vickers-Härteprüfverfahren
*   Rockwell-C, Rockwell-B-Verfahren usw.
*   Martenshärte (Instrumentierte Eindringprüfung)
*   Shore- und Knoop-Härteprüfverfahren, Ritzhärte nach Mohs u.a m.

Jedes Härteprüfverfahren ergibt einen anderen Härtewert; im Prüfergebnis muss daher das Verfahren eindeutig gekennzeichnet sein.

Messtechnisch ist bei allen Prüfverfahren zu beachten:
–   aus mindestens 3 Härteeindrücken ist ein Mittelwert zu bilden (je größer die Messwertstreuungen, desto höher die Zahl der Prüfeindrücke);
–   die Härteeindrücke müssen genügend weit voneinander und genügend weit vom Probenrand entfernt liegen;
–   die Prüffläche soll eben und metallisch blank sein;
–   die Probe darf eine Mindestdicke nicht unterschreiten;
–   Werkstoffe, die zum Fließen neigen, müssen mit längeren Belastungsdauern geprüft werden (z.B. 30 s statt üblicherweise 10 – 15 s);

Härteprüfung nach Brinell (DIN EN ISO 6501-1)
Es wird eine Kugel aus Hartmetall des Durchmessers D mit einer bestimmten, am Härteprüfgerät gewählten und eingestellten Prüfkraft während einer festgelegten Zeit in die Werkstückoberfläche eingedrückt (Bild 13.1). Das Werkstück (die Probe) muss plan auf dem Probentisch der Härteprüfmaschine aufliegen und darf sich nicht unter der Prüflast (maximal rund 30.000 N) durchbiegen. Die Kugel sitzt in einem Kugelhalter, es lassen sich verschiedene Kugeln mit Durchmessern zwischen 2,5 mm und 10 mm einsetzen. Früher wurden

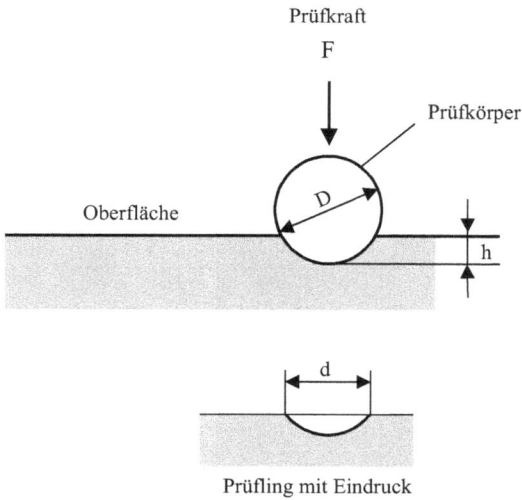

Bild 13.1 Härteprüfung nach Brinell.

auch gehärtete Stahlkugeln (Kurzzeichen „S") verwendet, mit denen sich aber nur relativ weiche Werkstoffe bis etwa 400 HB messen lassen (bei höherer Härte verformt sich die Kugel). Heute sind Hartmetallkugeln (Kurzzeichen „W") vorgeschrieben.

Nach erfolgtem Eindruck wird der Kugelhalter beiseite geschwenkt, der verbliebene Kugeleindruck mittels Messmikroskop vergrößert auf der Mattscheibe des Gerätes abgebildet und der Eindruckdurchmesser d genau ausgemessen.

> Für konstante Prüfkraft gilt: Je härter das Material, desto kleiner der Prüfeindruck.

Um von der Prüfkraft und dem Kugeldurchmesser weitgehend unabhängig zu werden, dividiert man die Prüfkraft durch die Eindruck-Kalottenfläche (ergibt sich aus d und D) und erhält damit den Brinell-Härtewert:

$$HB = \frac{0,102 \cdot \text{Prüfkraft } F \text{ in N}}{\text{Eindruckoberfläche in mm}^2} \tag{13.1}$$

$$HB = \frac{0,102 \cdot F}{\pi \cdot D \cdot \left(D - \sqrt{D^2 - d^2}\right)\big/2} \tag{13.2}$$

mit D = Kugel-$\varnothing$, d = Eindruck-$\varnothing$.

Das Kurzzeichen **HB** steht für **H**ärte **B**rinellverfahren. Der Faktor 0,102 ist bei der Prüfkraft (in N) einzusetzen, da die Härtewerte noch auf der alten Einheit kp basieren (1N = 0,102 kp). Letztere ist nicht mehr zulässig, so werden alle Härtewerte normgerecht *ohne* Einheit angegeben. Der Härteprüfer berechnet die Härte nicht an Hand der Formel 13.2, sondern benutzt Tabellen oder den an neuere Prüfgeräte angeschlossenen Rechner.

Die Auswahl der Kugelgröße und Prüfkraft richtet sich nach einem werkstoffabhängigen Belastungsgrad:

$$\text{Belastungsgrad } C = 0,102 \ F/D^2 \qquad\qquad (13.3)$$

mit F = Prüfkraft in N und D = Kugeldurchmesser in mm. Tabelle 13.3 enthält die zu wählenden Belastungsgrade.

Tabelle 13.3 Brinellhärtebereiche verschiedener Werkstoffe und Belastungsgrade.

Werkstoffe	Stahl, Grauguss, Hartbronze	AlCuMg-, AlSi-Leg., Kupfer, Messing	Aluminium, AlMg-Leg., Magnesium, Zink	Lagermetalle	Blei, Zinn, Pb- und Sn-Leg.
Härtebereich HB	bis 450	20 – 300	10 –150	bis 80	bis 40
zu wählender Belastungsgrad C	30	10	5	2,5	1,25

Nach Bestimmung des Belastungsgrades wird eine *möglichst große* Kugel gewählt, da die Messwertstreuung mit größerem Prüfkörper geringer wird. Kleinere Kugeln sind für dünne Bleche oder empfindliche Oberflächen geeignet. Aus Belastungsgrad und Kugel-$\varnothing$ ergibt sich mit Gl. (13.3) die an der Prüfmaschine einzustellende Prüfkraft.

Angabe der Härte. Trotz Berücksichtigung von Kugel-$\varnothing$ und Prüfkraft in Gl. (13.2) ist die Brinellhärte nicht ganz unabhängig von diesen Parametern, sie sind dem Härtewert normgerecht anzufügen. Beispiel:

120 HBW 5/250   Brinellhärte 120, gemessen mit Hartmetallkugel-$\varnothing$ 5 mm und Prüfkraft 250 kp / 0,102 = 2450 N.

Besonders wichtig ist die vollständige Angabe der Härte *mit* Prüfbedingungen, wenn es um vergleichende Messungen (Eingangskontrollen, Beanstandungen) geht.

> Bei der Brinell-Härteprüfung wird eine Hartmetallkugel mit vorgegebener Prüfkraft auf die Werkstückoberfläche gedrückt. Aus Prüfkraft und gemessener Abdruckgröße ergibt sich die Brinellhärte HB.

Messung der Eindringtiefe. Entsprechend dem Rockwell-Härteprüfverfahren (s.u.) lässt sich das Brinell-Härteprüfverfahren dadurch automatisieren, dass man – statt der optischen Auswertung der Abdruckgröße – über eine Messuhr die *Eindringtiefe* der Kugel erfasst. Der Brinellhärtewert lässt sich dann aus dieser berechnen. Obwohl das Prüfverfahren etwas ungenauer ist, wird es wegen seiner leichteren Durchführbarkeit für Serienkontrollen eingesetzt.

Zusammenhang zwischen Brinellhärte und Zugfestigkeit. Zwischen der Härte HB und der Zugfestigkeit R_m (s. Abschn. 13.1.2) besteht zwar kein physikalischer Zusammenhang, dennoch kann zumindest für *Stähle und Stahlguss* in einem beschränkten Härtebereich eine Beziehung aufgestellt werden:

$$R_m \text{ (MPa oder N/mm}^2) \approx 3{,}5 \cdot HB \tag{13.4}$$

Die Genauigkeit reicht aus, um z.B. Verwechslungsprüfungen an Baustählen durchzuführen. **Beispiel**: Der Stahl S235 mit der Zugfestigkeit $R_m \geq 340$ MPa sollte mindestens die Härte 340/3,5 = 97 HB aufweisen, was durch eine schnelle und preiswerte Härteprüfung leicht nachzuweisen ist. Genauere Vergleichstabellen zwischen Zugfestigkeit und Härte für Stahl enthält DIN EN ISO 18265: „Umwertungstabelle für Vickers-, Brinell-, Rockwellhärte und Zugfestigkeit" (siehe unten).

Härteprüfung nach Vickers (DIN EN ISO 6507-1)
Sowohl weiche wie besonders auch sehr harte, mit dem Brinellverfahren nicht mehr prüfbare Werkstoffe lassen sich mit dem Vickers-Härteprüfverfahren messen, da hierbei ein spitzer, pyramidenförmig geschliffener Diamant als Prüfkörper dient. Es entsteht ein exakt ausmessbarer Härteeindruck. Nachteilig (gegenüber einer Kugel) sind die hohen Kosten des Prüfkörpers. Das Verfahren wurde bei der englischen Firma Vickers entwickelt.

Bild 13.2 zeigt schematisch den in die Werkstückoberfläche eingedrungenen Prüfkörper und den quadratischen Prüfabdruck.

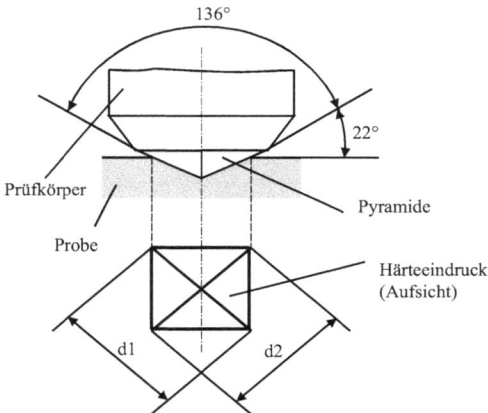

Bild 13.2 Härteprüfung nach Vickers.

Das Verfahren läuft genau so ab wie das Brinell-Verfahren. Der vergrößerte Prüfabdruck wird an der Mattscheibe des Härteprüfgerätes ausgemessen. Die Eindruckfläche wird aus der Diagonale d als Mittelwert der Diagonalen d_1 und d_2 berechnet. Es ist wieder

$$HV = \frac{0{,}102 \cdot \text{Prüfkraft } F \text{ in N}}{\text{Eindruckoberfläche in mm}^2} \tag{13.5}$$

$$HV = 0{,}189 \frac{F}{d^2} \tag{13.6}$$

mit F = Prüfkraft in N und d = Mittelwert der Eindruckdiagonalen d_1 und d_2 in mm. Der Faktor 0,189 enthält neben dem Umrechnungsfaktor N $\rightarrow$ kp den Spitzenwinkel der Diamantpyramide (136°).

Die Prüfkräfte können in drei Bereiche unterteilt werden:

* Makrolastbereich: 49 bis 981 N (= HV 5 bis HV 100)
* Kleinlastbereich: 2 bis 49 N (= HV 0,2 bis HV 5)
* Mikrobereich: < 2 N (= < HV 0,2)

Im Normalfall wird im *Makrolastbereich* mit den Prüfkräften 49, 98, 196, 294, 490 und 981 N gearbeitet. Die Prüfkräfte sind deutlich kleiner als bei Brinell, trotzdem dringt der spitze Diamant auch in härtestes Material (gehärteter Stahl, Keramik) ein. Der *Kleinlastbereich* eignet sich besonders für dünne Bleche, Folien und Oberflächenschichten (sofern man nur die Beschichtung messen möchte). Der *Mikrobereich* wird in Forschung und Entwicklung benötigt und ist nicht genormt. Die sehr kleinen Härteeindrücke streuen stark. Dafür lässt sich sogar die Härte einzelner Gefügebestandteile messen.

Angabe der Härte. Dem gemessenen Härtewert wird **HV** (= **H**ärte **V**ickers) angefügt sowie die Prüfkraft in kp. Beispiel:

180 HV 5   Vickershärte 180, Prüfkraft 5 kp/0,102 = 49 N.

Vergleich Vickershärte – Brinellhärte. Nach DIN 50150 stimmen bei Stahl Vickers- und Brinellhärte bis zu 450 HB annähernd überein, es gilt

$$\text{Härte HB} \approx (\text{Härte HV}) \cdot 0,95 \tag{13.7}$$

Der oben genannte weiche Stahl S235 mit 97 HB hat somit die Vickershärte (97/0,95) = 102 HV. Für gehärtete Stähle (800 HV) oder gar Keramik (über 3000 HV) ist die Umrechnung nicht sinnvoll, da ja das Brinellverfahren versagt.

> Bei der Vickers-Härteprüfung wird ein zu einer spitzen Pyramide geschliffener Diamant mit vorgegebener Prüfkraft auf die Werkstückoberfläche gedrückt. Aus Prüfkraft und gemessener Abdruckgröße ergibt sich die Vickershärte HV.

Härteprüfung nach Rockwell (DIN EN ISO 6508)

Die Härteprüfung wird vereinfacht, wenn man nicht den Eindruck ausmisst, sondern die *Eindringtiefe.* Ein solches Verfahren hat 1931 der Amerikaner Rockwell entwickelt. Um Oberflächenfehler und Maschinenspiel auszugleichen, bringt man zunächst eine Prüfvorkraft auf, die Tiefenmessuhr des Härteprüfgerätes wird auf Null gestellt. Dann erfolgt der Eindruck mit der dem Verfahren zugeordneten Prüfkraft (s. Tabelle 13.4). Nach Entlastung auf Prüfvorkraft wird die verbleibende Eindringtiefe direkt in Rockwell-Einheiten abgelesen. Das Verfahren ist einfach durchführbar und automatisierbar. An der Messuhr können Kontakte angebracht werden, die bei Serienprüfungen Signale für „gut" und „schlecht" geben; zu weiche oder zu harte Werkstücke lassen sich automatisch aussortieren.

Den verschiedenen Prüfkörpern und Prüfkräften sind Kurznamen zugeordnet (Tabelle 13.4). In Deutschland wird vorwiegend das Rockwell-C-Verfahren **HRC** für gehärtete Stähle verwendet. **C**: **C**one = Kegel, der Prüfkörper ist ein Diamantkegel. Das hierzulande seltener benutzte HRB-Verfahren (B = Ball) erfolgt wie bei Brinell mit einer Hartmetallkugel (Zusatz „W") oder einer gehärteten Stahlkugel (Zusatz „S"). Zur Härteprüfung von Weißblech werden auch in Deutschland die Rockwell-N- und Rockwell-T-Verfahren eingesetzt.

Angabe der Härte. Dem direkt an der Messuhr der Härteprüfmaschine abzulesenden Härtewert wird das Kurzzeichen des Verfahrens nachgestellt. Beispiel:

60 HRC   Rockwell-C-Härte von 60 (dimensionslose Zahl), Prüfung mit Diamantkegel und 1471 N Gesamtprüfkraft.

Nachteil der Rockwellverfahren ist ihre Ungenauigkeit. Der Unterschied in der Eindringtiefe zwischen 60 HRC und 61 HRC z.B. beträgt nur 2 μm, was mit den Universal-Härteprüfmaschinen kaum genau messbar ist. Da die Härte von gehärteten Stählen zwischen 55 HRC und 65 HRC liegt, ist in diesem Bereich die Messgenauigkeit mit etwa ± 1 HRC relativ gering.

Tabelle 13.4 Rockwell-Prüfverfahren.

Verfahren und Kurzzeichen	Prüfkörper	Gesamt prüfkraft in N	Härte- bereich	Anwendung
Rockwell A: HRA	Diamant- kegel	588	60 – 88	sehr harte Werkstoffe (z.B. Hartmetalle)
Rockwell B: HRB*)	Stahl- oder Hartmetall- kugel	981	35 – 100	für mittlere Härte, weiche Stähle, Messing, Bronze, Al
Rockwell C: HRC	Diamant- kegel	1471	20 – 70	gehärtete und angelassene Stähle
Rockwell F: HRF*)	Stahl- oder Hartmetall- kugel	588	60 – 100	kaltgewalzte Stahlbleche, Kupfer, Messing
Rockwell 15 N: HR15N	Diamant- kegel	147	66 – 92	dünne Bleche, Weißblech, Beschichtungen
Rockwell 30 N: HR30N		294	39 – 84	
Rockwell 45 N: HR45N		441	17 – 75	
Rockwell 15 T: HR15T*)	Stahl- oder Hartmetall- kugel	147	50 – 94	
Rockwell 30 T: HR30T*)		294	10 – 84	
Rockwell 45 T: HR45T*)		441	0 – 75	

*) Zusatz „S" für Stahlkugel, „W" für Hartmetallkugel

Weitere Verfahren wie HRD, HRE, HRF usw. berücksichtigen andere Kugeldurchmesser und Prüfkräfte.

> Bei der Rockwell-Härteprüfung wird mit vorgegebener Prüfkraft ein Diamantkegel oder eine Stahl- bzw. Hartmetallkugel in die Werkstückoberfläche gedrückt und die verbleibende Eindrucktiefe gemessen.

Vergleich mit anderen Härteprüfverfahren. Nach der Umwertungstabelle in DIN EN ISO 18265 kann im Bereich 250 HV bis 500 HV (das ist die Härte höherfester, vergüteter Stähle) zwischen HV (bzw. HB) und HRC nach der Näherungsgleichung

$$HRC \approx 0{,}1\ HV\ (0{,}095\ HB) \tag{13.8}$$

umgerechnet werden. Wegen der schlechten Korrelation ist es allerdings besser, die *Umwertungstabelle* heranzuziehen, sie ist auch außerhalb des angegebenen Härtebereichs anwendbar. Nachfolgend ein Beispiel zur Umwertung zwischen Zugfestigkeit und Härte nach verschiedenen Prüfverfahren aus DIN EN ISO 18265, gültig für Stahl:

Zugfestig-keit MPa	Vickers-härte HV	Brinell-härte HB	HRB	HRC	HRA	HR15N	HR30N	HR45N
900	280	266	(104)	27	64	73	48	28

( ) = nur näherungsweise gültig

In Tabelle 13.5 sind die wichtigsten Unterschiede der bisher aufgeführten Härteprüfverfahren zusammengestellt.

Tabelle 13.5 Anwendungseignung der drei wichtigsten Härteprüfverfahren (+ = geeignet, – = weniger oder nicht geeignet).

	Brinell (HB)	Vickers (HV)	Rockwell-C (HRC)
Anwendungseignung für Härtebereich	< 600 HB	bis > 4000 HV	20 HRC – 68 HRC
gekrümmte Oberflächen (Rundmaterial, Bohrungen)	–	+	+
einsatzgehärtete oder nitrierte Stähle	–	+	Schichtdicke > 0,7 mm: +
galvanische Schichten	–	+	–
Hinweise	kostengünstiger Prüfkörper, relativ genau; ebene Prüffläche erforderlich; Prüfkraft ist der Härte anzupassen;	hohe Genauigkeit, geringe Oberflächenbeschädigung; besonders glatte Oberfläche erforderlich; Prüfkörper empfindlich und teuer	einfachste Durchführung, leicht automatisierbar; auch für rauhere Oberflächen; relativ ungenau

Dynamische Härteprüfung
Die bisher behandelten Härteprüfverfahren nennt man wegen der langsamen Lastaufbringung *statische* Verfahren. Bei den *dynamischen Verfahren* wirken geringe Prüfkräfte schlagartig auf die Oberfläche. Dadurch besteht die Möglichkeit, kleine, tragbare Geräte einzusetzen.

Schlaghärteprüfung: Mit dem „Baumann-Hammer" wird durch einen definierten Schlag der Härteeindruck erzeugt und ausgemessen. Mit dem „Poldi-Hammer" werden mit einem Schlag zwei Eindrücke erzeugt, einmal auf dem Werkstück, ein zweiter auf einem Vergleichsstab mit bekannter Härte. Aus dem Vergleich beider Eindrücke kann ziemlich genau auf die Härte des Werkstücks geschlossen werden.

Beide Geräte sind in letzter Zeit durch *Rücksprung-Härtemessverfahren* ersetzt worden. Lässt man eine kleine Stahlkugel auf die Werkstückoberfläche fallen, wird ein Teil der Schlagenergie durch plastische Verformung aufgezehrt, die Rücksprunghöhe ergibt sich allein aus dem elastischen Verformungsanteil. Die Rücksprunghöhe wird gemessen und in Härtewerte umgerechnet. Der Werkstoff bzw. dessen Elastizitätsmodul muss bekannt sein. Ältere Geräte sind das *Duroskop* und das *Skleroskop* (Messung der *Shore-Härte* HSh). Neuer ist das „Equotip" (Fa. Proceq SA, Zürich), es zeigt die Härte direkt digital an; die Werte können bei entsprechender Eichung in Brinell-, Vickers- oder Rockwell-Härte umgewertet werden. Der Hartmetall-Schlagkörper sitzt in einem kleinen Stift, der bequem auch auf schlechter zugänglichen Oberflächen aufgesetzt werden kann. Wegen der extrem kurzen Einwirkdauer des Prüfkörpers auf die Oberfläche – im Vergleich zu 10 bis 15 s bei den statischen Verfahren – ist die Übereinstimmung mit letzteren nur bedingt gegeben. Typische Anwendungen sind Härtemessungen an großen Bauteilen (Führungsschienen oder Laufbahnen von Maschinenbetten) und vor Ort, z.B. an Walzen, großen Gussstücken, Schmiedeteilen und Schweißkonstruktionen.

Dynamische Härteprüfverfahren mit tragbaren Handgeräten dienen der Härtemessung vor Ort. Die Ergebnisse sind nur bedingt mit den genormten statischen, stationären Verfahren vergleichbar.

Aufgaben zu Abschnitt 13.1.1

1. Wodurch wird bei der Brinell-Härteprüfung die Wahl des Kugeldurchmessers bestimmt?

2. Was bedeutet die Härteangabe 100 HB 5/250?

3. Welcher Prüfkörper wird für das Vickers-Härteprüfverfahren verwendet? Welchen Vor- und welchen Nachteil hat dieser?

4. Wann ist eine Vickers-Kleinlasthärteprüfung sinnvoll und welchen Nachteil hat sie?

5. Welchem Zweck dient die Prüfvorkraft bei der Rockwell-Härteprüfung?

6. Welche Vickershärte hat näherungsweise ein Baustahl der Härte 150 HB?

7. Warum sind Härtemessungen mit dynamischen Prüfverfahren nur bedingt mit statischen Verfahren vergleichbar?

13.1.2 Festigkeitsprüfung mit zügiger Belastung

Der Zugversuch (EN 10 002)

Zur Ermittlung der Materialeigenschaften, die der Konstrukteur seinen Berechnungen zugrunde legt, ist der Zugversuch sehr viel bedeutsamer als die Härteprüfung, er ist allerdings auch weitaus aufwendiger und damit teurer. Die aus dem Zugversuch hervorgehenden Spannungs-Dehnungs-Diagramme sind nur vom Material und kaum von den Prüfbedingungen und der Probengeometrie abhängig. Der Zugversuch ist damit eine physikalisch eindeutige Prüfung mit definiert *einachsigem Spannungszustand* (Spannungen verlaufen axial in Zugrichtung). Aus einem einzigen Zugversuch lassen sich sieben werkstoffspezifische Kenndaten gewinnen. Für sie gelten europäisch genormte Kurzzeichen (siehe Tab. 13.6).

*Bild 13.3 Universalprüfmaschine
mit eingesetzter Zugprobe.*

Neben dem Zugversuch nach EN 10 002 mit entsprechend genormten Probestäben (DIN 50125) werden technologische Bauteil-Prüfungen wie der Seil-, Ketten- oder Rohrzugversuch durchgeführt.

Prüfmaschinen. Universal-Prüfmaschinen sind für Zug-, Druck-, Biege- und Dauerschwingversuche geeignet (Bild 13.3). Sie besitzen zwei kräftige Probenspannköpfe, in deren Keilspannvorrichtung die Probenenden mechanisch oder hydraulisch eingespannt (teils auch mit Gewinden eingeschraubt) werden.

Die untere Traverse wird über Spindeltrieb oder hydraulisch mit zunehmender Kraft nach unten bewegt; die *Kraftmessung* erfolgt in einer Kraftmessdose in der oberen Traverse und die *Dehnungsmessung* mittels Feindehnungsmesser, der direkt an die Probe angeklemmt wird. Die maximalen Zugkräfte der Maschinen liegen je nach Baugröße zwischen 50 und 250 kN. Wie sich leicht berechnen lässt, wird für das Zerreißen einer vergüteten Stahlprobe des Durchmessers 10 mm (= 78,54 mm^2 Querschnitt) und der Festigkeit 1000 N/mm^2 die Zugkraft F = 78540 N oder rund 80 kN benötigt. Hierfür ist mindestens eine 100 kN-Maschine erforderlich.

Zugproben. Den größten Kostenanteil des Zugversuchs verursacht die Probenherstellung. Die Proben können rund oder – wenn es die Materialdicke nicht zulässt – flach mit rechteckigem Querschnitt sein. In jedem Fall haben sie an den Enden dickere bzw. breitere Probenköpfe für die Einspannung in die Zerreißmaschine. Die Probenköpfe müssen gegenüber der sog. Versuchslänge, in der die Verformung stattfindet, so viel dicker sein, dass sie sich keinesfalls mitverformen. Der Übergang Probenkopf – Versuchslänge ist mit großem Rundungsradius zu versehen, damit hier keine Kerbwirkung auftritt und an diesen Stellen nicht der Bruch eintritt. Die eigentliche Messlänge (L_0) wird nochmals etwas kleiner als die Versuchslänge bemessen und am Probestab durch feine Striche gekennzeichnet. Sie dient zur Ermittlung der Probenverlängerung ΔL. Bild 13.4 zeigt verschiedene Probestabformen.

Die Messlänge L_0 sollte in einem bestimmten Verhältnis zum Querschnitt stehen, man spricht dann von *Proportionalstäben.* Für sie gilt:

$$L_0 = k \sqrt{S_0} \tag{13.9}$$

mit L_0 = Anfangsmesslänge in mm, S_0 = Anfangsquerschnitt in mm² und k = 5,65 (international festgelegter Faktor für den kurzen Proportionalstab). Bei sehr dünnen Proben kann auch k = 11,3 sein (langer Proportionalstab).

Spröde Werkstoffe wie Grauguss mit Lamellengraphit lassen sich nicht mit Proportionalstäben prüfen, für sie wurden eigene Probestabformen entwickelt (siehe Bild 13.4, Probe 5).

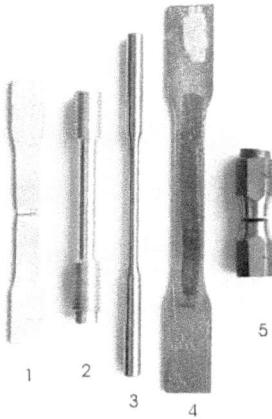

Bild 13.4 Zugproben für den Zerreißversuch. Probe 1 = Flachprobe aus Al; Probe 2 = Rundprobe mit Gewindeköpfen; Probe 3: Lange Rundprobe (Stahl); Probe 4: Lange Flachprobe (Stahlblech); Probe 5: Gusseisen (Sonderform ohne Messlänge).

Durchführung des Zugversuchs. Der Probestab wird in die Spannbacken eingespannt und langsam, aber zügig zerrissen. Die Maschinengeschwindigkeit ist je nach Material und E-Modul durch die Spannungszunahmegeschwindigkeit von 2 bis 30 N/mm² pro s festgelegt. Die Messdaten der Kraft- und Verlängerungsmessung werden mittels Messschreiber aufgezeichnet und in Spannungen und Dehnungen umgerechnet. Moderne Zerreißmaschinen haben Rechner integriert, die nach Eingabe der Probenabmessungen direkt Spannungs-Dehnungs-Diagramme aufzeichnen und die wichtigen, in Tab. 13.6 genannten Werte (Streckgrenze, Zugfestigkeit usw.) ausdrucken. Die Bruchdehnung, also die maximal bis zum Bruch erreichte plastische Dehnung der Probe, wird durch Ausmessen der Verlängerung der aus der Maschine genommenen und zusammengelegten Probenhälften ermittelt. Zur Messung dienen die vor dem Versuch aufgebrachten Markierungen der Messlänge.

Das *Spannungs-Dehnungs-Diagramm.* Nach Normierung der Kraft- und Verlängerungs-Werte in Spannungen und Dehnungen nach den Gleichungen 2.19 und 2.20 von Abschnitt 2.4:

Spannung σ = F / S_0 in N/mm²

(mit F = Kraft in N und S_0 = Anfangsquerschnitt in mm²), und

Dehnung ε = ΔL / L_0 x100 in %

(mit ΔL = L – L_0, L = Gesamtlänge, L_0 = Anfangslänge in mm),

kann aus den Messwerten die Spannungs-Dehnungs-Kurve aufgezeichnet werden. Je nach Werkstoff ergeben sich charakteristische Diagramme, entweder mit ausgeprägter *Streckgrenze*, wie sie Baustähle haben (Bild 13.5), oder mit allmählichem Übergang der elastischen Verformung (Hookesche Gerade) in das plastische Fließen (*Dehngrenze*, Bild 13.6).

Das Spannungs-Dehnungs-Diagramm lässt sich in folgende Bereiche einteilen (s. Bild 13.5):

I   Elastische Verformung, Hookesche Gerade;
II   Übergang zum plastischen Fließen (Streck- oder Dehngrenze);
III   Plastischer Verformungsbereich mit Verfestigung;
IV   Festigkeitsmaximum (Zugfestigkeit);
V   Entfestigung und Bruch; Bruchdehnung.

Der *Bereich I* wurde in Abschnitt 2.4 ausführlich beschrieben. Der Anstieg der Hookeschen Geraden in diesem rein elastischen Verformungsbereich ist bei Metallen wegen ihres hohen Elastizitätsmoduls sehr steil. So liegt in Bild 13.5 der Punkt R_{eH} für Baustahl S235 (E = 210 kN/mm^2) bei ε = 0,11 %, was auf üblichem Dehnungsmaßstab (ε = 0 bis ca. 30 %) kaum abzulesen ist. Daher wird die Hookesche Gerade entweder *auf* die Ordinate oder – um sie kenntlich zu machen – bewusst *zu schräg* gezeichnet.

Bereich II. Der Übergang zum plastischen Fließen wird allgemein als *Elastizitätsgrenze* oder auch *Fließgrenze* bezeichnet. Je nach Werkstoff tritt das Fließen plötzlich (Streckgrenze) oder allmählich (Dehngrenze) ein.

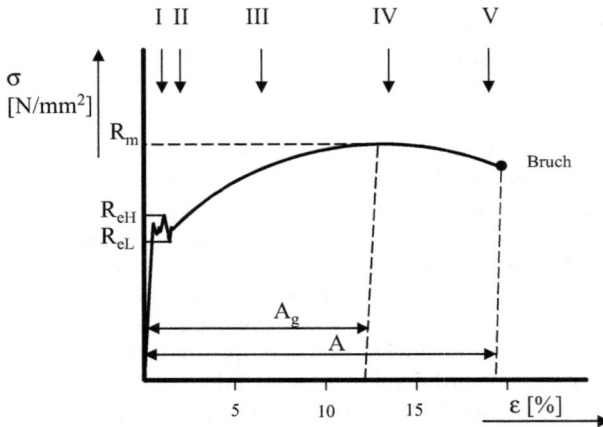

Bild 13.5 Spannungs-Dehnungs-Diagramm eines Baustahles mit Streckgrenze;

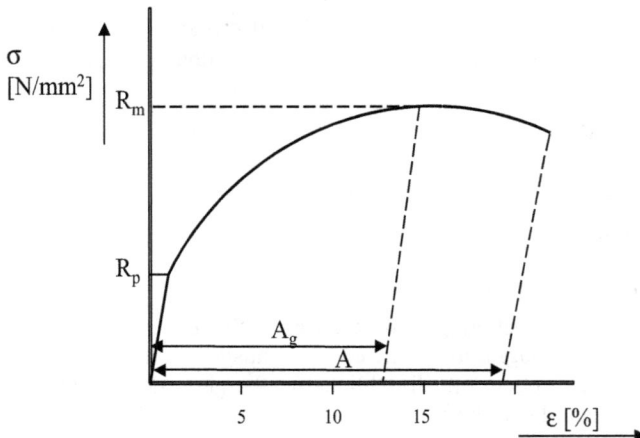

Bild 13.6 Spannungs-Dehnungs-Diagramm eines weichen Werkstoffes (z.B. Aluminium) mit Dehngrenze.

Die **Streckgrenze R_e** (**R** = **R**esistance, Widerstand; e = elastic) beobachtet man vor allem bei unlegierten Baustählen. Der plötzliche Fließbeginn entsteht durch das Losreißen der Versetzungen von Fremdatomen wie Kohlenstoff. Im Streckgrenzenbereich tritt ein höchster und ein niedrigster Wert auf: die *obere Streckgrenze* R_{eH} (H = high) und die *untere Streckgrenze* R_{eL} (L = low).

Die meisten metallischen Werkstoffe (Nichteisenmetalle, vergütete und höher legierte Stähle) zeigen einen allmählichen Übergang der Hookeschen Geraden in das plastische Fließen, als **Dehngrenze R_p** (p = plastisch) bezeichnet (Bild 13.6). Sie ist viel schwerer zu bestimmen als die Streckgrenze, da sich der Endpunkt der Hookesche Geraden, die *Proportionalitätsgrenze*, nicht eindeutig ablesen lässt. Man hilft sich mit einer Hilfslinie parallel zur Hookesche Geraden etwas rechts von dieser. Der Schnittpunkt der Hilfslinie mit der Spannungs-Dehnungs-Kurve ist dann die Dehngrenze. Je nachdem, wie weit rechts die Hilfslinie angesetzt wird, also bei ε = 0,01 %, 0,1 % oder 0,2 %, unterscheidet man:

0,01%-Dehngrenze $R_{p0,01}$,   0,1%-Dehngrenze $R_{p0,1}$,   0,2%-Dehngrenze $R_{p0,2}$

Am einfachsten zu messen ist die **0,2%-Dehngrenze $R_{p0,2}$**, sie wird daher auch am häufigsten angegeben. Bei Konstruktionsberechnungen ist allerdings zu beachten, dass Bauteile keinesfalls bis an die $R_{p0,2}$-Dehngrenze belastet werden dürfen, da ja dann bereits plastisches Fließen (0,2 %) und damit nicht zurückgehende Verformung eingetreten ist. Hier muss der in Abschnitt 2.2.4 beschriebene Sicherheitsbeiwert streng beachtet werden.

Streckgrenze und Dehngrenze (R_e bzw. R_p in MPa oder N/mm^2) bilden die wichtigsten Werkstoffkennwerte der Spannungs-Dehnungs-Kurve. Sie werden am Ende der Hookeschen Geraden, d.h. am Übergang zum plastischen Fließen ermittelt.

Bereich III. Metalle zeigen in diesem plastischen Verformungsbereich eine deutliche *Verfestigung*, sie werden also beim Fließen nicht weicher (wie manche Kunststoffe), sondern fester, und die Zugkraft der Zerreißmaschine muss zu weiterer Verformung ständig steigen.

Versuch (Bild 13.7). Der Zugversuch an einem weichen Kupferstab wird an beliebiger Stelle in Bereich III unterbrochen (Punkt A) und die Probe entlastet (Punkt C). Entnimmt man die Probe, ist zu merken, dass sie sich nicht mehr leicht verbiegen lässt, sie ist hart geworden (Verformungsfestigkeit durch Verformung um den Betrag ε_x). Bei erneuter Belastung in der Zerreißmaschine (von C auf B) liegt die Dehngrenze nun viel höher als die der weichen, unverformten Probe, nämlich bei B (etwa die Höhe von A). Würde der Stab jetzt nochmals ausgespannt und geglüht (Rekristallisationsglühung), würde die Dehngrenze wieder auf den Ausgangswert abgefallen sein.

Die *Hysterese-Schleife* zwischen den Punkten A, B und C wird manchmal ausgewertet, um die Steigung der Hookeschen Geraden (gestrichelte Linie) zu ermitteln.

Die Steigung der Spannungs-Dehnungs-Kurve bis zum Maximalwert entspricht dem *Verfestigungsvermögen* des Werkstoffs, es ist durch den Verfestigungsexponenten n in Gl. (5.20), Abschnitt 5.3.5, gegeben.

Ein weiteres, leichter anzugebendes Maß der Verfestigung ist das *Streckgrenzenverhältnis*, das ist der Quotient aus Streckgrenze R_e (bzw. Dehngrenze R_p) und Zugfestigkeit R_m:

$$\text{Streckgrenzenverhältnis} = R_e\ (R_p)\ /\ R_m \qquad (13.10)$$

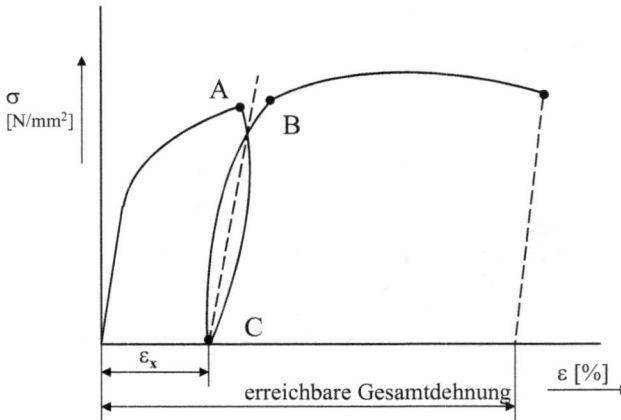

Bild 13.7 Schematisches Spannungs-Dehnungsdiagramm einer weichen Kupferprobe mit Unterbrechung der Belastung.

Ein niedriges Streckgrenzenverhältnis ($\approx$ 0,5) bedeutet gute Umformbarkeit und hohe Sicherheitsreserven bei Überlastung, aber nur geringe Belastbarkeit; ein hohes Streckgrenzenverhältnis (gegen 1) bedeutet hohe Belastbarkeit, aber schlechtes Umformvermögen und wenig Sicherheit.

In Bereich III wird die meiste *Verformungsenergie* benötigt, sie ergibt sich aus der Fläche unter der Spannungs-Dehnungs-Kurve: Energie = Kraft [N] · Verlängerung [mm]. Die bei Fahrzeug-Unfällen sich verformenden Bauteile zehren die kinetische Energie als Verformungsenergie auf, ein wichtiges Element bei der Sicherheitsauslegung von Fahrzeugen.

> Die plastische Verformung nach Überschreiten der Streck- oder Dehngrenze führt zur Verfestigung und damit zum weiteren Anstieg der Spannungs-Dehnungs-Kurve. Je länger der Verformungsbereich und je größer der Anstieg, um so höher ist die Bruchsicherheit des Werkstoffes.

Bereich IV. Das Festigkeitsmaximum ist die **Zugfestigkeit R_m**. Sie lässt sich leicht auch ohne Spannungs-Dehnungs-Diagramm aus dem Lastmaximum (z.B. durch einen Schleppzeiger bei der Kraftmessung angezeigt) berechnen:

$$R_m = F_m / S_0 \text{ in N/mm}^2 \text{ oder MPa} \tag{13.11}$$

mit F_m = Höchstzugkraft in N und S_0 = Anfangsquerschnitt der Probe in mm^2. Wegen der Einfachheit der Messung ist die Zugfestigkeit der bekannteste Materialkennwert.

> Die Zugfestigkeit R_m ist die Spannung, die sich aus der auf den Anfangsquerschnitt der Zugprobe bezogenen Höchstzugkraft ergibt.

Bis zum Maximum der Spannungs-Dehnungs-Kurve verformt sich die Zugprobe gleichmäßig über die gesamte Messlänge, die Dehnung bis R_m wird als **Gleichmaßdehnung A_g** (Allongement, franz. = Verlängerung) bezeichnet.

Bereich V. Nach Überschreiten von R_m kann entweder der Bruch eintreten, oder es erfolgt eine Probeneinschnürung, d h. dass sich die Probe nur noch örtlich dehnt und dabei der

Querschnitt stark abnimmt. An dieser Stelle wird auch der Bruch eintreten. Da das Verfestigungsvermögen erschöpft ist, fällt die Spannungs-Dehnungs-Kurve nun ab. Die gesamte Dehnung ist wegen der Einschnürung größer als die Gleichmaßdehnung A_g. Sie wird als **Bruchdehnung A** an den aus der Maschine ausgespannten und vorsichtig zusammengelegten Probehälften gemessen. Es ist:

$$A = \Delta L / L_0 = (L_u - L_0 / L_0)\ 100 \quad \text{in } \% \tag{13.12}$$

mit L_u = Messlänge nach dem Bruch, L_0 = Anfangsmesslänge.

Die Bruchdehnung ist viel leichter zu messen als die Gleichmaßdehnung A_g und daher in allen Werkstoff-Datenblättern enthalten.

Die Bruchdehnung A ist die prozentuale, auf die Ausgangsmesslänge L_0 der Probe bezogene bleibende Längenänderung ΔL. Sie ist wichtiger Werkstoffkennwert für die Duktilität (Zähigkeit) und Verformbarkeit des Werkstoffes.

Die **Brucheinschnürung Z** kann ebenfalls an der ausgespannten Probe gemessen werden (Querschnittsbestimmung); sie dient vor allem als Maß für die Verformbarkeit beim Tiefziehen. Es ist

$$Z = (S_0 - S_u / S_0)\ 100 \quad \text{in } \% \tag{13.13}$$

mit S_0 = Anfangsquerschnitt in mm², S_u = kleinster Querschnitt nach dem Bruch in mm².

Zusammenstellung der Werkstoffkennwerte des Zugversuchs (Tabelle 13.6):

Tabelle 13.6 Kennwerte des Zugversuchs.

Kennwert	Kurzzeichen	Einheit
Streckgrenze	R_e, R_{eH}, R_{eL}	N/mm² oder MPa
Dehngrenze	R_p ($R_{p0,2}$, $R_{p0,1}$)	N/mm² oder MPa
Zugfestigkeit	R_m	N/mm² oder MPa
Bruchdehnung	A	%
Gleichmaßdehnung	A_g	%
Brucheinschnürung	Z	%
Elastizitätsmodul	E	kN/mm² oder GPa

Spannungs-Dehnungs-Diagramme verschiedener Werkstoffe. Bild 13.8 zeigt typische Spannungs-Dehnungs-Kurven von spröden und zähen Werkstoffen mit ihren durchschnittlichen Festigkeitswerten.

Das wahre Spannungs-Dehnungs-Diagramm. Bisher wurden alle Spannungen aus dem Anfangsquerschnitt S_0 der Proben berechnet. Richtiger ist es jedoch, die Zugkraft F durch den *jeweils vorhanden Querschnitt S* während der Probenverlängerung (und damit Querschnittsminderung) zu teilen:

$$\sigma_{wahr} = F / S \tag{13.14}$$

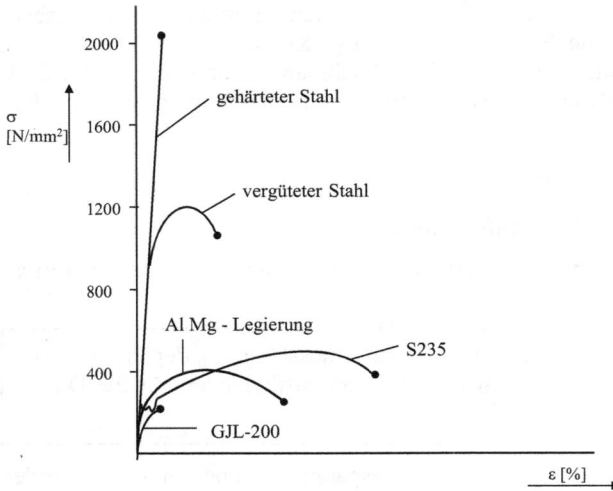

Bild 13.8 Spannungs-Dehnungs-Diagramme verschiedener Werkstoffe (schematisch, Hookesche Gerade nicht maßstabsgerecht).

Genauso ist es richtiger, die Dehnung nicht auf die Anfangslänge L_0, sondern auf die zu jedem Zeitpunkt der Verlängerung vorliegende Länge L zu beziehen, was nach entsprechender mathematischer Umformung zu der Gleichung

$$\varepsilon_{wahr} = \ln (L / L_0) \tag{13.15}$$

führt (ln = natürlicher Logarithmus). Ein mit wahren Spannungen und Dehnungen berechnetes Spannungs-Dehnungs-Diagramm zeigt Bild 13.9. Man erkennt, dass erst mit zunehmender Verformung die „wahre Kurve" (oben) und die „falsche Kurve" (unten) stärker differieren. Nach Beginn der Einschnürung treten tatsächlich sehr hohe Spannungen im Restquerschnitt auf.

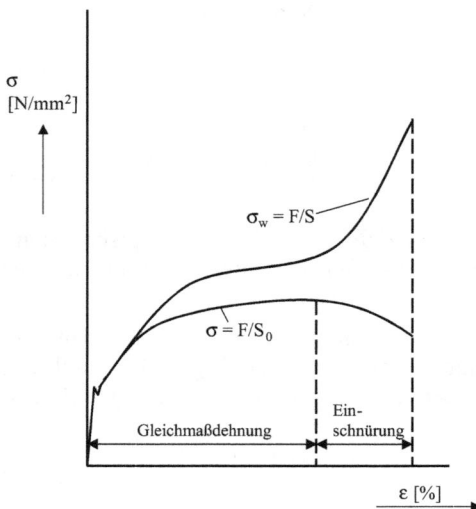

Bild 13.9 Das wahre Spannungs-Dehnungs-Diagramm (obere Kurve), im Vergleich mit einer üblichen Spannungs-Dehnungs-Kurve (unten), schematisch.

Die Ermittlung der wahren Spannungs-Dehnungs-Kurve ist aufwendig. Da in der Konstruktion und zur Qualitätssicherung meist nur der erste Teil der Kurve – wo die Abweichung noch unproblematisch ist – benötigt wird, reicht die einfache Bestimmung der „falschen" Spannungs-Dehnungs-Kurve im Allgemeinen aus. In der Umformtechnik (Tiefziehen, Fließpressen) hingegen werden wahre Spannungs-Dehnungs-Diagramme als sogenannte *Fließkurven* gebraucht, um die Umformkräfte bei hohen Verformungsgraden zu bestimmen. Einfacher als im Zugversuch lassen sich Fließkurven mit den unten beschriebenen Druck- oder Torsionsversuchen erstellen.

> Wahre Spannungs-Dehnungs-Diagramme zeigen tatsächliche Spannungen und Dehnungen auf. Sie werden in der Umformtechnik als Fließkurven für die Berechnung von Umformkräften benötigt.

Der Zugversuch bei höherer Temperatur

Wie in Abschnitt 2.2.5 beschrieben, interessiert in vielen technischen Bereichen (Dampfkessel- und Armaturenbau, Wärmekraftmaschinen, Motoren- und Triebwerksbau) das Werkstoffverhalten bei höherer Temperatur. Die Werkstoffprüfung muss hierbei drei Belastungsfälle unterscheiden:

- Kurzzeitige Erwärmung unter Last;
- langzeitige Erwärmung ohne Last, anschließend Belastung;
- langzeitige Erwärmung unter ständiger Belastung.

Die beiden ersten Fälle können mit dem *Warmzugversuch* erfasst werden. Dafür wird in der Zerreißmaschine ein Ofen installiert, der die Zugprobe vollkommen umgibt und auch die Einspannenden erwärmt (über die Messlänge der Probe darf kein Temperaturgefälle entstehen!). Im ersten der oben genannten Fälle wird unmittelbar nach Erreichen der Solltemperatur der Zugversuch durchgeführt; es lassen sich alle in Tab. 13.6 angegebenen Kennwerte für beliebige Temperaturen ermitteln.

Viele Legierungen (auch gehärtete Stähle) unterliegen bei höherer Temperatur Gefügeveränderungen, die bei der beschriebenen Versuchstechnik *während* des Zugversuchs ablaufen und die mechanischen Eigenschaften beeinflussen würden. Dann muss – das ist der zweite Fall – *vor* dem Zugversuch eine Langzeitglühung bei Prüftemperatur durchgeführt werden, um Gefügeumwandlungen vorwegzunehmen („Vorlagerung"). Die Glühzeit kann je nach Legierung und Temperatur wenige Stunden oder auch bis 10^4 h betragen. Anschließend wird der Warmzugversuch bei Prüftemperatur ausgeführt.

Der dritte Fall – Langzeitbelastung bei höherer Temperatur – ist die für Metalle kritischste Belastung, sie führt zu dem sog. Kriechen. Die Kriechfestigkeit wird mit einer anderen Versuchstechnik geprüft (siehe Abschnitt 13.1.4).

Der Druckversuch

Die Druckspannung beim Druckversuch ist wie die Zugspannung beim Zugversuch einachsig, jedoch ist die Kraft entgegengerichtet und bewirkt somit eine *Stauchung* der Probe. Druckspannungen werden mit *negativem* Vorzeichen versehen. In der Werkstoffprüfung von Metallen hat der Druckversuch gegenüber dem Zugversuch geringere Bedeutung; seine Ergebnisse sind bei überwiegend auf Druck beanspruchten Materialien wie Gleitlagerwerkstoffen und zur Ermittlung von Fließkurven für hohe Verformungsgrade von Interesse. Größere

Bedeutung hat er bei spröden Werkstoffen, u.a. in der Bautechnik zur Prüfung der Festigkeit von Baustoffen (Zement, Beton).

Bild 13.10 zeigt den Druckversuch schematisch. Eine kleine, zylindrische Probe (Länge etwa = Durchmesser) wird zwischen die Druckstempel einer Universalprüfmaschine gelegt und wie beim Zugversuch aus der aufgezeichneten Kraft-Weg-Kurve das Spannungs-Stauchungs-Diagramm berechnet. Bei stärkerer Verformung tritt – aufgrund der Reibung zwischen den Druckstempeln der Prüfmaschine und den Probenstirnseiten – eine tonnenförmige Wölbung ein, die zum mehrachsigen Spannungszustand führt. Die Spannungs-Stauchungs-Kurve ist dann nicht mehr korrekt auswertbar.

Der Beginn des plastischen Fließens wird als *Quetschgrenze* σ_{dF} oder *0,2%-Stauchgrenze* $\sigma_{d0,2}$, die maximale Festigkeit als *Druckfestigkeit* σ_{dB} bezeichnet. Der Bruch tritt bei spröden Metallen durch Abscherung des Zylinders unter 45° ein.

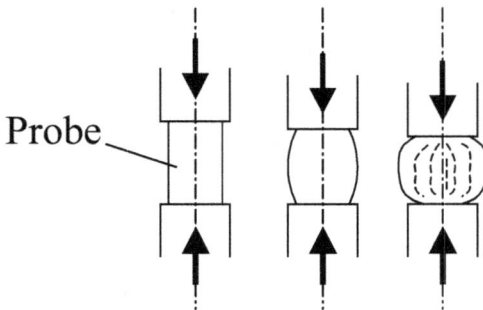

Probe

Bild 13.10 Druckversuch, schematisch.

> Der Druckversuch wird für überwiegend druckbeanspruchte oder spröde Werkstoffe sowie zur Ermittlung von Fließkurven durchgeführt.

Der Biegeversuch

Der Biegeversuch ist wegen einfacher und kostengünstiger Probenherstellung vorwiegend für sehr spröde, schlecht bearbeitbare Werkstoffe wie Glas und Keramik interessant.

Ein Stab mit der Messlänge L wird in der Universalprüfmaschine auf zwei Auflager (Rollen im Abstand L) aufgelegt und mit einem keilförmigen Druckstempel in der Mitte soweit durchgebogen, bis er bricht. Die *Biegefestigkeit* σ_{bB} berechnet sich aus der maximalen Bruchkraft F_{max}, der Länge L und dem Stabquerschnitt nach:

$$\sigma_{bB} = M_{b\ Bruch} / W$$

mit σ_{bB} = Biegefestigkeit beim Bruch in N/mm^2 , $M_{b\ Bruch}$ = Bruch-Biegemoment = F_{max} · L/4 in Nmm und W = axiales Widerstandsmoment in mm^3 (bei rundem Querschnitt = $\pi d^3/32$). Außer der Biegefestigkeit wird die *Bruchdurchbiegung* (maximale Durchbiegung f_{max} bei Bruchbeginn) und (von zähen Werkstoffen) die *Biegefließgrenze* σ_{bF} gemessen.

Bei sehr spröden Werkstoffen übertrifft die Biegefestigkeit die Zugfestigkeit, da im Zugversuch wegen der Einspanneffekte an den Spannbacken *vorzeitiger* Bruch erfolgt.

Der Biegeversuch eignet sich auch gut zur Ermittlung des Elastizitätsmoduls E. Dabei wird die elastische Durchbiegung f bei bestimmter Kraft F bestimmt und E mit Hilfe der Gleichung (13.17)

$$E = \frac{F \cdot L^3}{48 \cdot f \cdot I} \tag{13.17}$$

ermittelt (I = Trägheitsmoment in mm^4). Die relativ große elastische Durchbiegung beim Biegeversuch ist leichter messbar als die elastische Dehnung des Zugversuchs (s.a. Abschn. 2.4.1, Bild 2.58).

> Beim Biegeversuch wird ein einfacher glatter Biegestab bis zum Bruch gebogen und dabei Biegefestigkeit, Bruchdurchbiegung und ggf. der E-Modul bestimmt.

Der Torsionsversuch

Wird eine einseitig eingespannte Rundprobe (kreisförmiger Querschnitt) am freien Ende so belastet, dass sie sich achsial verdrillt, tritt Torsionsbeanspruchung mit entsprechenden Schubspannungen auf (siehe Abschn. 2.4.1, Bild 2.60). Die Verdrillung wird in einer Torsionsprüfmaschine über einen langsam drehenden elektrischen Antrieb erreicht. Die Scher- oder Torsionsbruchfestigkeit τ_{tB} berechnet sich nach

$$\tau_{tB} = M_{t\,max} / W_p \tag{13.18}$$

mit $M_{t\,max}$ = maximales Torsionsmoment in Nmm, W_p = polares Widerstandsmoment in mm^3 (bei kreisförmigem Querschnitt: $W_p = \pi d^3/16$).

Neben der Scherfestigkeit lassen sich mit dem Torsionsversuch der Schubmodul G messen und bestens Fließkurven erstellen, wobei sehr hohe Verformungsgrade ohne Einschnürung erzielt werden.

> Der Torsionsversuch dient zur Bestimmung der Scherbruchfestigkeit, des Schubmoduls und der Ermittlung von Fließkurven für die Umformtechnik.

Aufgaben zu Abschnitt 13.1.2

1. Zeichnen Sie das schematische Spannungs-Dehnungs-Diagramm des Zugversuchs von einem duktilen Stahl mit ausgeprägter Streckgrenze. Tragen Sie die obere und untere Streckgrenze, die Zugfestigkeit, die Gleichmaßdehnung und die Bruchdehnung mit ihren Kurzzeichen in das Diagramm ein.

2. Was versteht man unter der „wahren Spannung"?

3. Was unterscheidet die Dehngrenze von der Streckgrenze?

4. Was ist eine Proportional-Zugprobe?

5. Berechnen Sie die Bruchdehnung eines Cu-Stabes, der von $L_0 = 50$ mm bis zum Bruch auf $L_u = 60$ mm gedehnt werden konnte.

6. Nennen Sie Werkstoffe, bei denen der Druckversuch durchgeführt wird.

7. Was ist der Hauptvorteil des Biegeversuchs?

8. Kann man den Torsionsversuch auch an Flachproben durchführen?

13.1.3 Festigkeitsprüfung mit schlagartiger Belastung

Grundlagen
In der Praxis ist immer wieder festzustellen, dass Stähle, die nach den Ergebnissen des Zugversuchs (langsame Verformung) zäh sind, bei schlagartiger Belastung vor allem bei Temperaturen unter 0 °C spröde brechen. Grund ist die geringe Zahl der Gleitmöglichkeiten im kubisch-raumzentrierten Gitter (siehe Abschn. 2.2.2) und die Blockierung der Versetzungen durch C- und N-Atome.

Spröde Trennbrüche treten bei eigentlich duktilen Stählen unter folgenden Bedingungen auf:

* hohe Verformungsgeschwindigkeit (schlagartige Belastung);
* mehrachsiger Spannungszustand (in kompliziert geformten Bauteilen und besonders im Grund von Kerben gegeben);
* niedrige Temperatur (geringe Beweglichkeit der Fremdatome).

Die dem Praxisfall der schlagartigen Belastung entsprechende hohe Verformungsgeschwindigkeit kann mit dem aufwendigen (und daher seltener durchgeführten) *Schlagzugversuch* realisiert werden. Einfacher ist es, Proben unter einem Pendelschlagwerk zu zerschlagen und die benötigte Schlagarbeit zu messen: *Schlagbiegeversuch*. Er ist z.B. für Zink in DIN 50 116 genormt.

Da bei Biegebeanspruchung eines glatten Stabes wieder nur der einachsige Spannungszustand entsteht, man aber gerade bei Stahl die Zähigkeit im mehrachsigen Spannungszustand ermitteln möchte, setzt man hier eine *gekerbte* Schlagbiegeprobe ein und führt den *Kerbschlagbiegeversuch* durch. Schlagzugversuch, Schlagbiegeversuch und Kerbschlagbiegeversuch werden bei verschiedenen Temperaturen durchgeführt, um den Eintritt der Versprödung bei abnehmender Temperatur festzustellen. Wegen seiner herausragenden Bedeutung wird im Folgenden nur auf den Kerbschlagbiegeversuch eingegangen.

Der Kerbschlagbiegeversuch
Der auch als *Charpy-Versuch* bezeichnete Kerbschlagbiegeversuch ist in EN 10045 genormt.

Versuchsdurchführung (Bild 13.11). Der in seinen Abmessungen genormte gekerbte Probestab wird in das Pendelschlagwerk eingelegt und mit einem Schlag durch den aus festgelegter Fallhöhe herabfallenden Pendelhammer gebrochen. Der Schlag erfolgt auf die der Kerbe gegenüberliegende Seite der Probe, so dass sich im Kerbgrund Zugspannungen ergeben und der mehrachsige Spannungszustand eintritt. Ohne eingelegte Probe kann der Pendelhammer frei durchschwingen, er steigt auf der anderen Seite der Maschine nahezu wieder auf seine Ausgangshöhe (abzüglich Lagerreibung und Luftwiderstand, ca. 2 J). Bei eingelegter Probe wird er entsprechend der aufzubringenden Verformungs- und Bruchenergie abgebremst. Aus der Differenz zwischen Fallhöhe H und Steighöhe h ergibt sich die verbrauchte Schlagenergie direkt in Nm bzw. Joule. Sie lässt sich an einem Schleppzeiger, der vom durchschwingenden Pendelhammer auf die maximale Steighöhe mitgeschleppt wird, auf der in Joule geeichten Skala ablesen. Während früher aus der gemessenen Arbeit die *Kerbschlagzähigkeit* (α_k in J/mm^2 = Kerbschlagarbeit/Bruchfläche) berechnet wurde, belässt man es heute bei der Angabe der *Kerbschlagarbeit* in J.

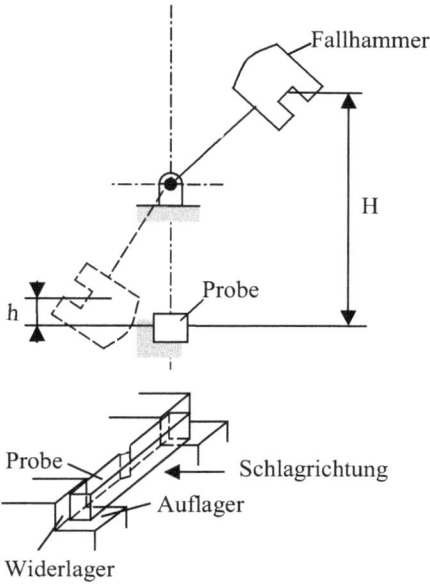

Bild 13.11 Kerbschlagbiegeversuch, Prinzip-skizze.

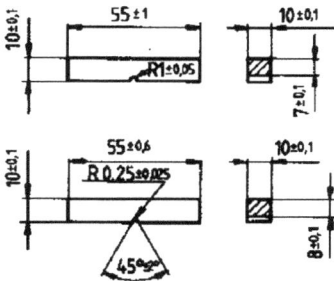

Bild 13.12 Kerbschlagproben nach DIN 50115 (oben) und EN 10045 (unten).

Die Abmessungen der Proben (10x10 mm-Vierkant, Länge 55 mm) sind je nach Kerbform als *Charpy-V-Probe* und *Charpy-U-Probe* festgelegt (Bild 13.12):

Name	Kerbform	Abkürzung
Charpy-V-Probe	Spitzkerbe, Kerbradius 0,25 mm	KV
Charpy-U-Probe	Rundkerbe, Kerbradius 1 mm	KU

Probenabmessungen und Kerbform gehen natürlich stark in das Ergebnis der Kerbschlagar-beit ein, daher sind stets die genormten Proben zu verwenden und die gewählte Kerbform ist im Ergebnis aufzuführen. **Beispiele**:

KV =   27 J: Kerbschlagarbeit 27 J, gemessen mit der Charpy-**V**-Probe;

KU = 400 J: Kerbschlagarbeit 400 J, gemessen mit der Charpy-**U**-Probe.

27 J erreicht ein einfacher Baustahl bei Raumtemperatur, 400 J ein hochwertiger Werkzeug-stahl.

Temperaturabhängigkeit der Kerbschlagarbeit. Misst man die Kerbschlagarbeit an Proben, die auf unterschiedliche Temperatur gebracht sind (Aufheizen im Ofen bzw. Abkühlen in Eiswasser oder Kühltruhe, schnelles Einlegen in das Pendelschlagwerk), erhält man die *Kerbschlagarbeit-Temperatur-Kurve* eines Stahles (Bild 13.13).

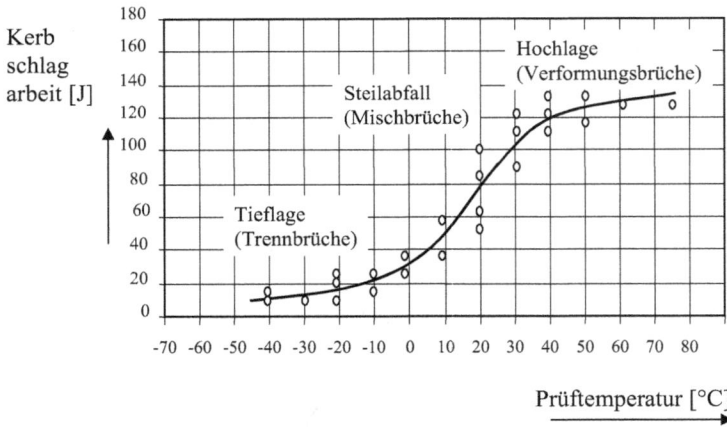

*Bild 13.13
Kerbschlagarbeit-
Temperatur-Kurve
als Ausgleichskurve
von Messwerten an
einem unlegierten
Baustahl. Jeder
Messpunkt ist ein
Kerbschlagversuch.*

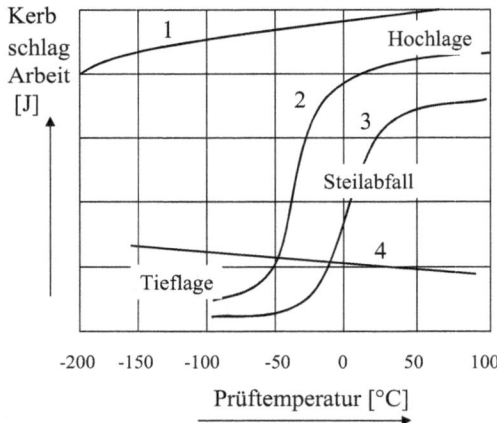

*Bild 13.14 Kerbschlagarbeit-
Temperatur-Kurven verschiedener
Werkstoffe.*

In der sogenannten Hochlage (hier $\geq 30\ °C$) verhält sich der Stahl zäh, die Bruchflächen der gebrochenen Kerbschlagprobe zeigen die typischen Merkmale des duktilen Bruches (siehe Abschnitt 2.2.4). Schon bei Raumtemperatur wird bei dem in Bild 13.13 gezeigten Stahl die Kerbschlagarbeit geringer, die Zähigkeit nimmt ab. Der Steilabfall lässt die Versprödung ganz deutlich erkennen. In diesem Temperaturbereich (–10 bis +20 °C) streuen die Mess-werte erheblich, weswegen bei jeder Temperatur mehrere Versuche durchzuführen sind. Die Bruchflächen weisen nun typischen Mischbruch auf, das heißt sie enthalten etwa hälftig duktilen, zerklüfteten Wabenbruch und spröden, samtmatten Trennbruch. Unter −10 °C ist die Tieflage erreicht: Der Stahl bricht unter den Bedingungen „schlagartige Belastung" und „mehrachsiger Spannungszustand" spröde. Die Bruchflächen zeigen die Merkmale des spröden Trennbruchs.

Die Beurteilung der Bruchflächen dient zur Ermittlung der *Übergangstemperatur* $t_ü$ zwischen Hochlage und Tieflage. $t_ü$ liegt vor, wenn die Bruchfläche zur Hälfte zähen und zur Hälfte spröden Bruch erkennen lässt. Die Auswertung erfolgt unter dem Stereo-Mikroskop.

Bild 13.14 zeigt die Kerbschlagarbeit-Temperatur-Kurven verschiedener Stähle und von Aluminium. Werkstoffe mit kubisch-flächenzentriertem Atomgitter wie austenitischer Stahl und Aluminium weisen keinen Steilabfall auf, sie können daher gut in der Kältetechnik verwendet werden. Bei Baustählen mit ferritisch-perlitischem Gefüge (Kurve 3) wird die Übergangstemperatur durch folgende Maßnahmen zu tieferer Temperatur verschoben:

• hohe Reinheit (niedriger P-, S- und N-Gehalt);
• feines Korn;
• Normalglühung.

Am wirksamsten wird die Kerbschlagarbeit der Stähle durch das *Vergüten* verbessert (Kurve 2).

Der Kerbschlagbiegeversuch findet zur Prüfung der Sprödbruchneigung von sprödbruchempfindlichen Stählen Anwendung. Durch Schlagbiege-Belastung wird eine gekerbte Probe gebrochen und die verbrauchte Schlagarbeit KV (bzw. KU) in J gemessen. Unterschiedliche Prüftemperaturen ergeben die Kerbschlagarbeit-Temperatur-Kurve mit der wichtigen Übergangstemperatur bei beginnendem Sprödbruch.

Aufgaben zu Abschnitt 13.1.3

1. Welcher Spannungszustand tritt bei Zugkräften im Kerbgrund von Kerben ein?
2. Welche Werkstoffeigenschaft wird mit dem Kerbschlagbiegeversuch unter welcher Beanspruchung nachgewiesen?
3. Skizzieren Sie die Kerbschlagarbeit-Temperatur-Kurve für einen Stahl mit der Kerbschlagarbeit KV = 100 J bei RT, $t_ü$ = 10 °C und der Tieflage KV = 5 J.
4. Welche Elemente *erhöhen* die Übergangstemperatur $t_ü$?
5. Bei welcher Stahlsorte tritt auch im Tieftemperaturbereich keine Versprödung auf?

13.1.4 Festigkeitsprüfung mit sehr langsamer Dehnung (Zeitstandversuch)

Werden Metalle bei höherer Temperatur lange belastet, beginnen sie sich allmählich zu verformen, der stark zeitabhängige Vorgang wird als *Kriechen* bezeichnet (siehe Abschn. 2.2.5).

Die *Kriechfestigkeit* wird im *Zeitstandversuch* (auch „Kriechversuch") nach DIN EN 10291 ermittelt. Die den Zugproben ähnlichen Proben werden in senkrechten Öfen der Kriechapparatur einer gleichbleibenden Zugkraft ausgesetzt (meist durch Belastung mit Gewichten). Wegen der langen Prüfzeiten (bis zu 100 000 h = 11,4 Jahre) werden mehrere Proben in einer Vorrichtung gleichzeitig geprüft, wobei eine Anlage wiederum aus mehreren Öfen besteht. Über einen Dehnungsmesser wird der Beginn der plastischen Verformung gemessen (Zeitdehngrenze als 0,2%-, 0,5%- oder 1%-Dehnungswert) sowie die Zeit bis zum Bruch (Zeitstandfestigkeit).

Die *0,2%-Zeitdehngrenze* ist der Spannungswert in MPa, der nach angegebener Zeit (z.B. 10 000 h) zu beginnender plastischer Verformung von 0,2 % führt. Die Angabe in Kurzform heißt für einen warmfesten Stahl, der bei 500 °C über 10 000 Stunden die Spannung 130 MPa ertragen hat:

$$R_{p0,2/10\,000/500} = 130\ \text{MPa}$$

> Die Zeitdehngrenze (auch Kriechgrenze) ist diejenige Spannung, die eine Probe bei hoher Temperatur über 10^4 oder 10^5 Stunden erträgt, ohne sich mehr als 0,2 % (0,5 %, 1 %) zu verformen.

Die *Zeitstandfestigkeit* ist der Spannungswert, der in einer Probe nach vorgegebener Zeit zum Bruch führt. Die Angabe in Kurzform lautet für einen warmfesten Stahl bei Prüftemperatur 600 °C, 1000 h Prüfzeit und erreichter Spannung von 170 MPa:

$$R_{m/1000/600} = 170\ \text{MPa}$$

> Die Zeitstandfestigkeit ist diejenige Spannung, die nach festgelegter Zeit und Temperatur zum Bruch führt.

Die früher angegebene *Dauerstandfestigkeit* (höchste Spannung bei gegebener Temperatur, die über „unendliche" Zeit nicht zum Bruch führt) wird, da messtechnisch schwer zu erfassen, nicht mehr geprüft.

13.1.5 Festigkeitsprüfung mit schwingender Belastung

In Abschnitt 2.2.3 wurde unter „Werkstoffermüdung" beschrieben, dass schwingend („dynamisch") belastete Bauteile bei deutlich geringerer Spannung brechen können als statisch belastete Bauteile. Die Messung der Lebensdauer von schwingend beanspruchten Proben und Bauteilen ist recht aufwendig. Die dynamische Festigkeit oder *Schwingfestigkeit* wird im *Dauerschwingversuch* (DIN 50100), auch *Wöhlerversuch* genannt, ermittelt. Dazu bedient man sich verschiedener Prüfverfahren:

- Umlaufbiegeversuch (DIN 50113)
- Flachbiegeschwingversuch (DIN 50142)
- Zug-Druck-Pulsatorversuch („Axial kraftgeregelter Versuch" ISO 1099)

Im *Umlaufbiegeversuch* wird die der Zugprobe ähnliche Probe einer (einstellbaren) Biegespannung unterworfen und in axiale Umdrehung versetzt. Durch das Biegemoment wechseln sich in der sich drehenden Probe ständig Zug- und Druckspannungen der Höhe $\pm\,\sigma_a$ gleichförmig ab, jede Umdrehung bedeutet eine Schwingung, ist ein sog. *Schwingspiel* (früher *Lastspiel*). In Bild 13.15 ist die Spannungsänderung eines kleinen Volumenelementes der Probe während einer Umdrehung gezeigt. Die Probe wird nun solange gedreht und damit wechselnder Spannung unterworfen, bis sie bricht. Die Drehzahl entspricht der Prüffrequenz, sie sollte möglichst hoch sein, um die Prüfzeit kurz zu halten, aber nicht so hoch, dass sich die Probe erwärmt. Ein Zählwerk registriert die Anzahl der Schwingspiele bis zum Bruch. Der nächste Versuch mit geringer eingestellter Biegespannung – also niedrigerem Spannungsausschlag σ_a – führt zu höherer Schwingspielzahl, die Probe hält länger. Weitere Versuche mit immer niedrigerer Spannung ergeben schließlich, dass die Proben nicht mehr brechen – die *Dauerschwingfestigkeit* oder kurz *Dauerfestigkeit* ist erreicht.

Das Ergebnis der Einzelversuche trägt man in einem Spannungs-Schwingspielzahl-Diagramm, dem *Wöhlerdiagramm*, auf (siehe Bild 13.17).

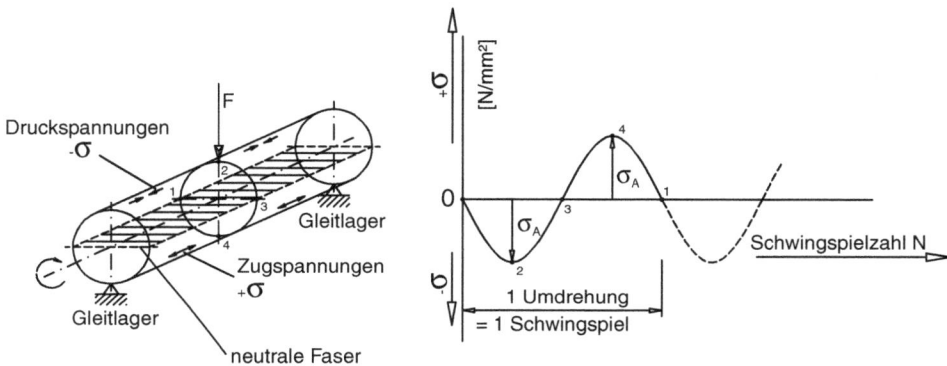

Bild 13.15 Spannungsablauf in einem Oberflächenelement einer auf Biegung beanspruchten, sich drehenden Welle oder Umlaufbiegeprobe. Stelle 1: $\sigma = 0$ MPa (neutrale Faser); Stelle 2: Maximale Druckspannung $-\sigma_a$; Stelle 3: Spannung $\sigma = 0$ MPa (neutrale Faser); Stelle 4: Maximale Zugspannung $+\sigma_a$.

Der *Flachbiegeschwingversuch* wird vornehmlich für die Blechprüfung mit Flachproben als Hin- und Herbiegeversuch (auf anderen Prüfmaschinen als der Umlaufbiegeversuch) durchgeführt.

Zug-Druck-Pulsatorversuch. Die Proben werden in den (einer Zerreißmaschine ähnlichen) Pulsator eingespannt und axialen, wechselnden Zug- oder Druckspannungen ausgesetzt. Die Schwingungen sind am einfachsten hydraulisch über Hydraulikzylinder aufzubringen (*Hydropulser*). Um die Prüfzeiten kurz zu halten, sollten die Schwingfrequenzen möglichst hoch sein, was aber gerade bei großen Prüfkräften auf Grenzen stößt. Übliche Zugprobenformen lassen sich mit etwa 100 Hz (1 Hertz = 1 Schwingung/s) prüfen, was bei 10^7 Schwingspielen bereits zu 28 h Prüfdauer führt. 10^8 Schwingspiele werden erst nach über 11 Tagen erreicht. In jedem Fall entstehen hohe Prüfkosten (auch bei den vorher genannten Prüfverfahren), so dass die Versuche nicht für die allgemeine Qualitätskontrolle geeignet sind.

Vorteil der Zug-Druck-Wechselprüfung ist die Möglichkeit, von Null abweichende Mittelspannungen aufzubringen. Als *Mittelspannung* σ_m wird die Spannung bezeichnet, um die die Schwingungen pendeln. Wie die Schwingungskurve von Bild 13.15 zeigt, ist die Mittelspannung im Umlaufbiegeversuch immer $\sigma_m = 0$ MPa. In der Praxis ist diese Beanspruchung z.B. bei Wellen zu finden; sonst treten meist Schwingungen auf, die sich einer statischen Grundspannung (= Mittelspannung) überlagern.

Beispiel: Eine Schraube wird durch das Anzugsmoment mit +100 MPa Zugspannung belastet (σ_m = 100 MPa). Durch Schwingungen des angeschraubten Bauteils (z.B. Motorblock) überlagern sich der Schraubenzugspannung wechselnde Spannungen von vielleicht σ_a = ± 50 MPa. Eine solche Belastung kann im Zug-Druck-Versuch simuliert werden, indem zunächst die statische Zugspannung von 100 MPa eingestellt wird und der Pulsator zusätzliche Schwingungen von ±50 MPa aufbringt. Die höchste Spannung beträgt dann σ_o = +150 MPa, die niedrigste σ_u = 50 MPa (σ_o = Oberspannung, σ_u = Unterspannung). Genauso könnte eine *Druck*mittelspannung vorgegeben werden, dann wäre (mit σ_m = –100 MPa): σ_o = –150 MPa und σ_u = –50 MPa (die Oberspannung ist immer die höchste Spannung, die Unterspannung immer die niedrigste Spannung, unabhängig vom Vorzeichen).

In Bild 13.16 sind die verschiedenen Spannungsbereiche, in denen der Schwingversuch durchgeführt werden kann, mit den genormten Begriffen dargestellt (Kurzzeichen siehe Tabelle 13.7).

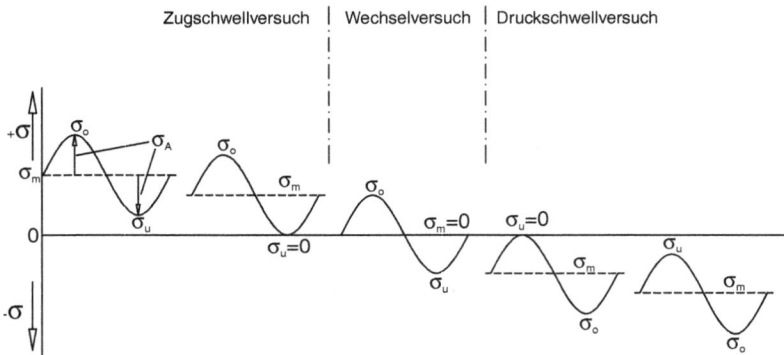

Bild 13.16
Mögliche Spannungsbereiche
im Dauerschwingversuch.

Der Pulsator eignet sich ebenso zur Prüfung *unregelmäßiger* Schwingungsbelastungen, die mittels Computerprogramm entsprechend den realistischen Betriebsbedingungen vorgegeben werden. So lassen sich die Straßenverhältnisse (Kopfsteinpflaster, Kurvenfahrten) bei der Prüfung von Fahrzeugbauteilen genauso simulieren wie der Start oder die Landung eines Flugzeugs. Die dabei auftretenden „Lastkollektive" werden zunächst mittels Dehnungsmessstreifen im Fahr- oder Flugbetrieb erfasst, im Computer verarbeitet und anschließend auf das Pulsatorprogramm übertragen (*Betriebsfestigkeitsprüfung*).

Die Werkstoffermüdung wird in Dauerschwingversuchen ermittelt. Das können Umlaufbiegeversuche zur Messung der Biegewechselfestigkeit, Flachbiegeversuche oder Zug-Druck-Versuche mit veränderlicher Mittelspannung sein. Die Ergebnisse werden als Wöhlerkurve dargestellt.

Das Wöhlerdiagramm

Bild 13.17 zeigt ein (nach August Wöhler benanntes) Diagramm mit der Wöhlerkurve für Baustahl. Zu jedem Lasthorizont (Spannungsausschlag $\pm\sigma_a$) sind mehrere Schwingversuche durchzuführen, da die Ergebnisse, also die Schwingspiele N bis zum Probenbruch, stark streuen. Bei ausreichender Probenanzahl lassen sich – mit Hilfe statistischer Auswertmethoden – für schwingungsbeanspruchte Werkstoffe auch Überlebenswahrscheinlichkeiten ($P_{\ddot{u}}$) angeben.

Die als Abszisse aufgetragene Schwingspielzahl N wird logarithmisch dargestellt, um bis zu 100 Millionen (10^8) Schwingspiele angeben zu können. Man beachte, dass sich mit jeder Zehnerpotenz von N die Prüfzeit um den Faktor 10 erhöht!

Bei N = 1 entspricht σ_A der Zugfestigkeit des Werkstoffes. Der Schwingspielzahlbereich $1 < N < 10^4$ wird als *Low-Cycle-Fatigue* (Ermüdung bei hoher Spannung) bezeichnet, er wird relativ selten geprüft.

Unterhalb von 100 MPa, bei N ≈ 10^7, brechen Proben des Baustahles S235 nicht mehr, die Wöhlerkurve geht hier in eine Horizontale über und die *Dauerfestigkeit* σ_D ist erreicht. Nach 10^7 Schwingspielen ohne Bruch kann der Versuch beendet werden. Aluminiumwerkstoffe sind bis zu $5 \cdot 10^7$ oder 10^8 Schwingspielen zu prüfen, da bei ihnen die Dauerfestigkeit nicht unbedingt gegeben ist. Die Grenze, ab der ein Werkstoff als dauerfest gilt, heißt Grenzschwingspielzahl N_G. Bei gewählter Mittelspannung $\sigma_m = 0$ (wie im Umlaufbiegeversuch stets der Fall) wird σ_D als *Biegewechselfestigkeit* oder kurz *Wechselfestigkeit* σ_W bezeichnet (s.a. Tab. 13.7).

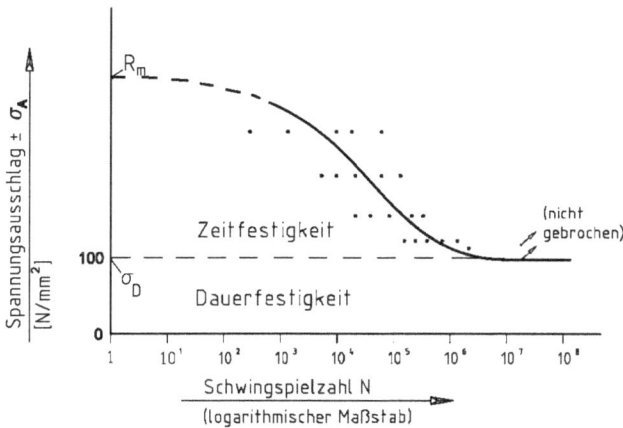

Bild 13.17 Wöhlerkurve von Baustahl (S235). Die Kurve verbindet als Ausgleichskurve die Mittelwerte der einzelnen Messpunkte.

Schwingungsspannungen, die über der Dauerfestigkeit liegen und in absehbarer Zeit zum Bruch führen, liegen im *Zeitfestigkeitsbereich*, Spannungen unter σ_D im *Dauerfestigkeitsbereich* (siehe auch Abschnitt 2.2.3).

Die Wöhlerkurve gibt die maximal ertragbare Schwingbelastung eines Werkstoffs an. Solange die Proben brechen, liegt der Bereich der Zeitfestigkeit vor. Das Abbiegen der Wöhlerkurve in einen mehr oder weniger horizontalen Ast zeigt die Dauerfestigkeit an.

Stufenversuche. Während im bisher beschriebenen Einstufenversuch die einmal eingestellte Spannung σ_A während des ganzen Versuchs beibehalten wird, können im *Mehrstufenversuch* die Spannungen variiert werden. z.B. lässt man die Spannung schrittweise ansteigen oder stellt abwechselnd hohe und niedrige Spannungen ein. Mit dieser Versuchstechnik kommt man den realen Bedingungen der Betriebsfestigkeit näher.

Genormte Begriffe der Dauerschwingprüfung. Tabelle 13.7 enthält zusammengefasst die wichtigsten Begriffe und ihre Kurzzeichen. Klein geschriebene Indizes gelten allgemein für die Dauerschwingbeanspruchung (z.B. σ_m = Mittelspannung), groß geschriebene Indizes gelten für bestimmte Werte oder Prüfergebnisse der Dauerschwingfestigkeit (z.B. σ_M = 50 MPa).

Tabelle 13.7 Genormte Begriffe der Dauerschwingprüfung (aus DIN 50100).

Begriff	Kurzzeichen	Bemerkungen
Oberspannung	σ_o, σ_O	höchste Spannung im Zugbereich (+) oder Druckbereich (–)
Unterspannung	σ_u, σ_U	niedrigste Spannung im Zugbereich (+) oder Druckbereich (–)
Mittelspannung	σ_m, σ_M	
Spannungsausschlag	σ_a, σ_A	$\sigma_a = \sigma_o - \sigma_m = \sigma_m - \sigma_u$
Schwingspielzahl (auch Lastspielzahl)	N	Dauerfestigkeit ist nach Erreichen der Grenzschwingspielzahl N_G gegeben
Dauerschwingfestigkeit (kurz Dauerfestigkeit)	$\sigma_D = \sigma_M \pm \sigma_A$	Beispiel für vergüteten Stahl mit $N_G = 10^7$ Schwingspielen geprüft: $\sigma_{D(10^7)} = 50 \pm 300$ MPa
Wechselfestigkeit	σ_W	Dauerfestigkeit bei $\sigma_M = 0$
Biege- oder Zug-Druck-Wechselfestigkeit	σ_{bW}, σ_{zdW}	Wechselfestigkeit im Umlaufbiegeversuch oder im Zug-Druck-Versuch gemessen
Schwellfestigkeit	σ_{Sch}, σ_{zSch}, σ_{dSch}	Dauerfestigkeit bei $\sigma_u = 0$ und $\sigma_M > 0$ (Zugschwellfestigkeit) oder $\sigma_M < 0$ (Druckschwellfestigkeit)
Spannungsverhältnis	$R = \sigma_U / \sigma_O$	für die Wechselfestigkeit ist R = –1; für die Schwellfestigkeit ist R = 0

Die Schadenslinie. Man hat festgestellt, dass bereits vor Erreichen des Dauerbruchs eine nicht zu vernachlässigende Werkstoffschädigung eintreten kann. Sie lässt sich am einfachsten durch einen Zugversuch an im Dauerversuch ermüdeten (aber noch nicht gebrochenen) Proben ermitteln. Die Schwingspielzahl, bei der die Zugfestigkeit deutlich niedriger als die der nicht schwingungsbelasteten Probe liegt, wird als Schadenslinie in das Wöhlerdiagramm eingetragen (Bild 13.18). Sie sagt aus, dass durch Ermüdung über die Schadenslinie hinaus beanspruchte Bauteile nicht mehr statisch hoch belastbar sind.

> Die Schadenslinie ist eine vor der Wöhlerkurve liegende Linie, die den Beginn deutlicher Werkstoffschädigung anzeigt.

Dauerfestigkeitsschaubilder. Die Abhängigkeit der Dauerfestigkeiten im Zug- und Druckspannungsbereich von der Mittelspannung lässt sich graphisch in Diagrammform darstellen. Die am häufigsten gebrauchten Diagramme sind

- das Smith-Diagramm und
- das Haigh-Diagramm.

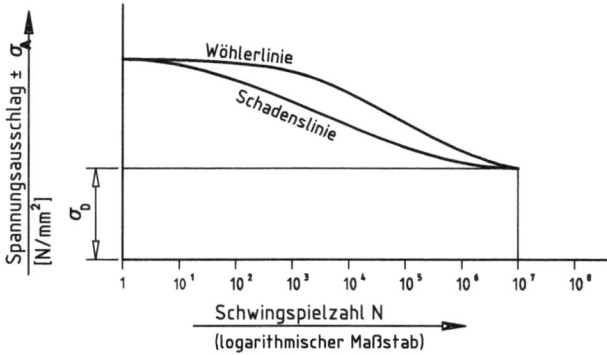

Bild 13.18 Wöhlerdiagramm mit Schadenslinie (schematisch).

Zu den Diagrammen siehe Literatur [5, 21]. Im Folgenden sei kurz auf das Smith-Diagramm eingegangen. Es ist sehr anschaulich und kann für Stahl auch mit Hilfe der drei zumeist bekannten Werkstoffdaten σ_W, R_e (oder R_p) und R_m hinreichend genau konstruiert werden.

Bild 13.19 zeigt Smith-Diagramme für den Zug-Mittelspannungsbereich von verschiedenen Eisenwerkstoffen. Die Linien geben die dauernd ertragbaren Ober- und Unterspannungen für verschiedene Mittelspannungen bis hin zur Streckgrenze des Materials an. Erläuternd sei der Vergütungsstahl C45 herausgegriffen. Bei der Mittelspannung $\sigma_M = 0$ liegt die Wechselfestigkeit vor, es ist $\sigma_W = \pm 260$ MPa. Mit zunehmender Zug-Mittelspannung σ_M steigen die Oberspannung $+\sigma_O$ und die Unterspannung $-\sigma_U$ etwa entsprechend der 45°-Linie an, allerdings σ_O flacher und $-\sigma_U$ steiler, so dass der mögliche Spannungsausschlag $\pm\sigma_A$ allmählich kleiner wird. Bei $\sigma_M = 190$ MPa ist $\sigma_U = 0$. Nun liegt die reine Zug-Schwellfestigkeit vor, es ist $\sigma_{zSch} = 190 \pm 190$ MPa und die maximal zulässige Oberspannung ist $\sigma_O = 380$ MPa. Bei $\sigma_M = 260$ MPa erreicht die Oberspannung die Dehngrenze des vergüteten Stahles C45, sie liegt bei $R_p = 430$ MPa. Weiter darf sie nicht steigen, damit keine plastische Verformung

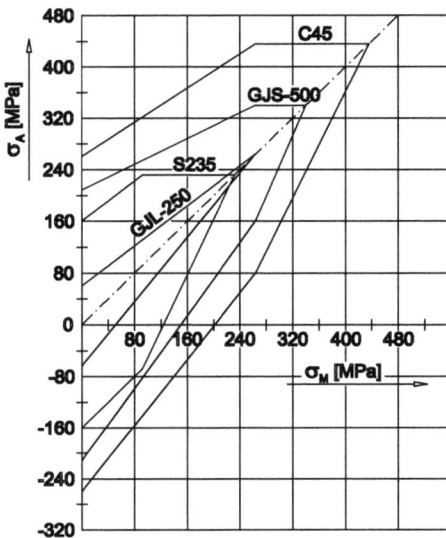

Bild 13.19 Smith-Diagramme für Vergütungsstahl C45, Baustahl S235, Gusseisen mit Kugelgraphit GJS-500 und Gusseisen mit Lamellengraphit GJL-250. Bereich der Zug-Mittelspannung.

eintritt. Deswegen ist nun die Oberspannung durch eine waagerechte Linie begrenzt, und die Mittelspannung kann nur noch bis zum Schnittpunkt mit der 45°-Geraden des Diagramms (σ_M = 430 MPa) erhöht werden. An diesem Punkt, σ_M = R_p, ist keine Schwingungsbelastung mehr möglich.

Für den Druck-Mittelspannungsbereich ($\sigma_M < 0$) setzt sich das Smith-Diagramm nahezu spiegelverkehrt nach links unten in Bild 13.18 fort.

> Das Smith-Diagramm gibt als Dauerfestigkeitsschaubild die Dauerfestigkeit eines Werkstoffes bei verschiedenen Mittelspannungen an.

Aufgaben zu den Abschnitten 13.1.4 und 13.1.5

1. Wie heißt die allmähliche Verformung unter Last bei höherer Temperatur?

2. Was bedeutet die Angabe $R_{p0,2/10^4/500}$ = 130 MPa?

3. Nennen Sie die Ursache für den Dauerbruch einer Welle.

4. Warum kann im Umlaufbiegeversuch nur die Wechselfestigkeit und nicht die Schwellfestigkeit gemessen werden?

5. Zeichnen Sie schematisch die Wöhlerkurve mit den Daten R_m = 370 MPa sowie $\sigma_{D(10^7)}$ = 100 MPa und geben Sie den Bereich der Zeitfestigkeit und den der Dauerfestigkeit an.

13.1.6 Technologische Prüfverfahren

Zur Prüfung von *technologischen Eigenschaften* wie Gießbarkeit, Umformbarkeit, Schweißbarkeit usw. wurde eine Vielzahl technologischer Prüfverfahren entwickelt. Viele dieser Verfahren dienen zudem der schnellen Qualitätsbeurteilung bestimmter Halbzeuge wie Bleche, Rohre, Draht, Ketten oder der Güte von Verbindungselementen wie Schrauben und Niete. Die Prüfverfahren liefern i. Allg. keine unmittelbaren Zahlenwerte; ausgewertet werden optische Ergebnisse wie „nicht gebrochen / gebrochen" oder „keine Risse /erste Risse". Technologische Verfahren sind daher meist schnell und einfach durchführbar.

Es würde den Umfang des Abschnittes weit übersteigen, auf die einzelnen Verfahren einzugehen; hier sollen nur die wichtigsten mit Nennung der Normen aufgezählt werden:

* Technologischer Biegeversuch (Faltversuch), DIN EN ISO 7438;
* Tiefungsversuch nach Erichsen, DIN 50101;
* Stirnabschreckversuch, DIN EN ISO 642 (siehe Abschnitt 5.4.3.2);
* Technologischer Biegeversuch an Schweißverbindungen, DIN EN 910;
* Zugversuch an Schweißverbindungen, z.B. DIN EN 876;
* Kerbschlagbiegeversuch an Schweißverbindungen, DIN EN 875;
* Aufweitversuch an Rohren, DIN EN ISO 8493;
* Bördelversuch an Rohren, DIN EN ISO 8494;
* Prüfung von Drahtseilen, z.B. DIN EN 12385-1;
* Prüfung von Metallklebstoffen und Metallklebungen, z.B. DIN 53288.

13.1.7 Die Gefügeprüfung (Metallographie)

Grundlagen
Der Begriff *Gefüge* umfasst alle inneren Bestandteile eines Werkstoffes, die mit dem bloßen Auge (makroskopisch) oder dem Lichtmikroskop (mikroskopisch) erfassbar sind. Dazu gehören:

*   Korngrenzen und Kornflächen,
*   Primär- und Sekundärphasen (z.B. Zementit in Stahl),
*   Eutektika (z.B. Graphit in Gusseisen) und Eutektoide (z.B. Perlit),
*   Schlackeeinschlüsse und Schlackezeilen,
*   Guss- und Schweißporen sowie Schwindungslunker,
*   Bruchgefüge.

Aufgabe der Metallographie ist, das Gefüge sichtbar zu machen und es zu erklären. Eine mehrjährige Ausbildung an Fachschulen führt zum Beruf der Metallographin/des Metallographen.

Da das Gefüge Aufschluss über die Materialeigenschaften gibt, ist die Metallographie wichtiges Teilgebiet der Werkstoffprüfung. Im Stahlwerk werden Gefüge-Ausgangskontrollen durchgeführt (Korngröße, Schlackeeinschlüsse, Primärphasen); Zwischen- und Endkontrollen beim Verarbeiter zeigen Verformungs- oder Wärmebehandlungsgefüge auf; Schweißnähte werden hinsichtlich des ordnungsgemäßen Schweißgefüges überwacht und Schliffe an Graugussproben in der Gießerei dienen der Überwachung der Graphitausbildung.

Große Bedeutung hat die Metallographie in der Schadensanalyse. Anhand von Mikro-, Makro- und Bruchgefügen lassen sich Schadensfälle aufklären.

Das *Makrogefüge* ist mit bloßem Auge oder bei schwacher Vergrößerung (bis V = 50:1) zu erkennen. Zum Makrogefüge zählen grobe Korngefüge, Schweißnahtgefüge, grobe Gussgefüge (Poren) oder Bruchgefüge (Bruchflächen von Kerbschlagproben, Dauerbrüchen u.a.). Auch Verformungsgefüge lassen sich makroskopisch als sog. *Faserverlauf* erkennen. Im geätzten Querschnitt z.B. eines Schmiedeteils wird der Faserverlauf durch feine Schlackezeilen und gestrecktes Korn sichtbar. Die Dokumentation erfolgt mit Hilfe der Makrofotografie.

Das *Mikrogefüge* muss stets unter dem Mikroskop vergrößert werden. Zur Sichtbarmachung der Gefügebestandteile und wegen der geringen Schärfentiefe der Lichtmikroskope ist aus dem zu untersuchenden Material ein *Schliff* zu präparieren, was zur Zerstörung des Bauteils führt (zerstörende Werkstoffprüfung).

Die Herstellung metallographischer Schliffe
Der Herstellungsablauf ist Bild 13.20 zu entnehmen. Zunächst wird die Lage der zu prüfenden Schlifffläche festgelegt und das Probenstück entsprechend herausgearbeitet. Dabei unterscheidet man bei verformten und geschweißten Bauteilen *Längsschliffe* (Probenfläche liegt parallel zur Verformungsrichtung oder zu einer Schweißnaht) und *Querschliffe* (Probenfläche liegt senkrecht zur Verformungsrichtung bzw. Schweißnaht). Weiche Werkstoffe können gesägt werden, harte Werkstoffe lassen sich nur mit der Trennscheibe bearbeiten. Wichtig ist, dass sich die Probe nicht zu sehr erwärmt, um Gefügeänderungen zu vermeiden.

Die herausgetrennte, oft kleine Probe wird zum Schleifen und Polieren in einen Probenhalter eingespannt oder in Kunstharz eingebettet. Das Schleifen der zu untersuchenden Fläche

```
┌─────────────────────────────────────────────┐
│          Entnahme aus dem Werkstück          │
│   (Sägen, Stanzen, Trennschneiden, Erodieren)│
└─────────────────────────────────────────────┘
┌─────────────────────────────────────────────┐
│                 Einfassen                    │
│   (vornehmlich kleine Proben: Einbetten in   │
│   Kunstharz, mechan. Klemmen oder Schrauben) │
└─────────────────────────────────────────────┘
        ┌───────────────────────────┐
        │         Schleifen         │
        ├─────────────┬─────────────┤
        │    nass     │   trocken   │
        └─────────────┴─────────────┘
```

Schleifpapier Körnung 180 - 240 - 400 - 600 (0,08 - 0,02 mm)

```
                    ┌───────────────────────────┐
                    │         Polieren          │
                    ├─────────────┬─────────────┤
Diamantpaste,       │  mechanisch │elektrolytisch│    anodische Abtragung der
Korund, Tonerde     └─────────────┴─────────────┘    Oberflächenspitzen in
                                                      einem Elektrolyten
                    ┌───────────────────────────┐
                    │          Reinigen         │
                    │  (Ultraschallbad, Alkohol)│
                    └───────────────────────────┘
                                    ─────── Betrachtung ohne Ätzen
                    ┌───────────────────────────┐
                    │           Ätzen           │
                    ├─────────────┬─────────────┤
                    │  chemisch   │elektrolytisch│
                    └─────────────┴─────────────┘
```

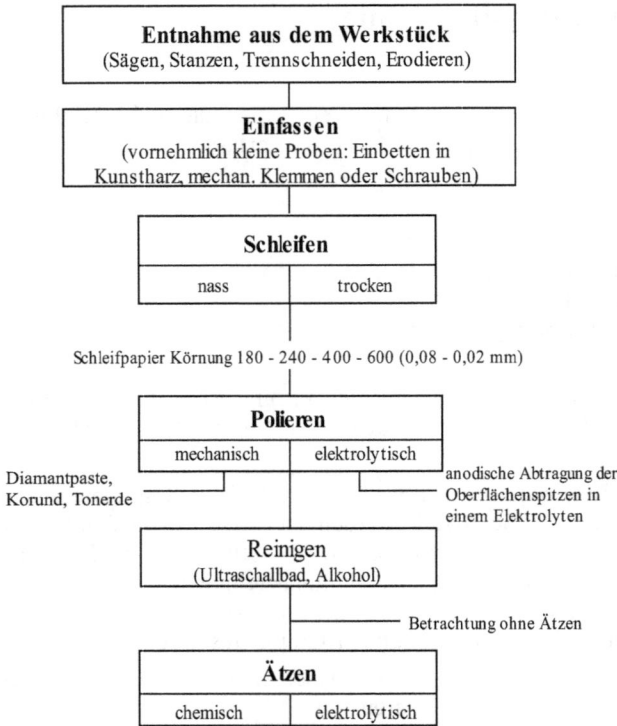

Bild 13.20 Flussdiagramm der Schliffherstellung

erfolgt mit Schmirgel abgestufter Körnung; zuletzt wird auf Polierscheiben mit Tonerde oder Diamantpaste poliert (Körnung bis herab zu 0,1 μm). Das aufwendige Polieren kann auf Polierautomaten (auch auf elektrolytischem Wege) erfolgen. Die Schlifffläche ist nun spiegelblank und sollte weitgehend kratzerfrei sein.

Polierte Schliffe zeigen unter dem Mikroskop folgende Gefügebestandteile: Poren, Lunker, Schlacken, nichtmetallische Einschlüsse, Graphit in Gusseisen, Silizium in Aluminium-Gusslegierungen. Weitere Gefüge wie Korngrenzen, Kornflächen und Phasen müssen durch Ätzen sichtbar gemacht werden.

Das *Ätzen* erfolgt durch Eintauchen des Schliffes in die Ätzlösung, wobei es neben deren Zusammensetzung und Temperatur sehr auf die Ätzzeit ankommt. Zu kurz geätzte Schliffe zeigen wenig Kontrast, überätzte Schliffe hingegen werden zu dunkel und müssen neu poliert werden. Für die zahlreichen Werkstoffe gibt es ebenso zahlreiche Ätzmittel; jedes spezielle Gefüge ist wiederum mit besonderen Methoden hervorzuheben (siehe hierzu Spezialliteratur [22]). Als Beispiel sei die Entwicklung des Mikrogefüges von unlegierten Baustählen genannt:

Ätzmittel	Temperatur	Ätzzeit	erkennbares Gefüge
10 ml Salpetersäure (1,4) + 90 ml Äthylalkohol	kalt (RT)	30 s bis einige min	Korngrenzen, Seigerungen, Perlit

Sehr interessante und aufschlussreiche Gefügebilder entstehen durch Farbätzungen. Hierbei färben sich einzelne Gefügebestandteile durch dünne Oxidschichten in verschiedensten Farben. Das Farbätzen erfordert allerdings größeren Aufwand.

> Zur Vorbereitung der metallographischen Gefügeprüfung werden Werkstückproben geschliffen, poliert und zwecks Hervorhebung des Gefüges geätzt.

Gefügeauswertung

Das Ergebnis der Gefügeauswertung kann meist nur qualitativ als Gut-Schlecht-Vergleich (Soll-Ist-Vergleich) angegeben werden, unter Verwendung von Vergleichsstandards. Für viele Gefügemerkmale gibt es – teils genormte oder in Prüfblättern enthaltene – Gefügerichtreihen:

- Korngrößenrichtreihe (DIN EN ISO 643)
- Karbidausbildung in Stählen (SEP 1520) [Lit. 28]
- Graphitform in Gusseisen (VDG P 441) [Lit. 29]

Oft legen werkstoffverarbeitende Firmen auch eigene Gefügerichtreihen als Werksnorm an. Richtreihen enthalten eine überschaubare Anzahl von Gefügebildern, die mit dem vorhandenen Gefüge verglichen werden. Die Grenze zwischen noch gutem und nicht mehr zulässigem Gefüge geht aus Werkstoffnormen, Festlegungen im Qualitätshandbuch oder gesonderten Vereinbarungen hervor.

Für die mikroskopische Untersuchung bedarf es eines Metall-Lichtmikroskops. Im Gegensatz zur Betrachtung von lichtdurchlässigen Präparaten wie z.B. biologischen Objekten (Zellgewebe), die im Durchlicht betrachtet werden können, müssen lichtundurchlässige Metallschliffe im Auflicht angeschaut werden. Das Licht einer hellen Lichtquelle fällt dabei durch das Objektiv auf den Schliff, wird von diesem reflektiert und gelangt wieder durch das Objektiv zu den beiden Okularen, durch welche das Bild mit beiden Augen zu betrachten ist. Die Gesamtvergrößerung entsteht aus der Objektivvergrößerung (5x bis 100x), multipliziert mit der Okularvergrößerung (meist 10x), woraus sich die in der Metallographie üblichen Vergrößerungen von 50:1 bis 1000:1 ergeben. Häufig wird auch das Bild mittels Video-Kamera auf einen Monitor übertragen, bei allerdings schlechterer Bildqualität.

Bild 13.21 zeigt schematisch, wie Hell-Dunkel-Kontraste im Lichtmikroskop entstehen. Das Ätzen der Schlifffläche führt zu Oberflächenunebenheiten entweder an Korngrenzen bzw. Gefügeteilchen, oder von bestimmten Atomebenen (Bilder 13.21a und b). Das auffallende

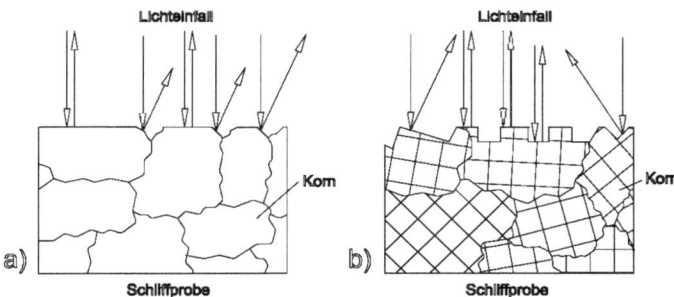

Bild 13.21 Kontrastentstehung im Lichtmikroskop, Korngefüge. a) Korngrenzenätzung; b) Kornflächenätzung. Die Pfeile deuten das einfallende und reflektierte Licht an.

Licht wird dort nicht mehr senkrecht reflektiert, diese Stellen erscheinen dunkel. Beispiele für Gefügebilder sind in Kapitel 4 (Bilder 4.23 bis 4.27, Stahlgefüge), oder Kapitel 5 (Bilder 5.51 und 5.52, Gusseisen) nachzuschlagen.

In Forschung und Entwicklung bestimmt man Gefügebestandteile auch *quantitativ* mit elektronischen *Bildanalysegeräten*. Dazu werden die auszuwertenden Gefügeteilchen im Bildschirm markiert, ein Rechner berechnet sodann ihre Anzahl, Größe und Form. Statistikprogramme ermöglichen die Wiedergabe von z.B. Größenverteilungen. Dabei ist zu berücksichtigen, dass der metallographische Schliff nur *Schnitte* durch die Gefügebestandteile ermöglicht, ihre räumliche Ausdehnung muss abgeschätzt werden.

Im Vergleich zum Lichtmikroskop hat das *Rasterelektronenmikroskop* eine wesentlich höhere Auflösung bei sehr guter Schärfentiefe; Vergrößerungen bis zu 50000:1 sind möglich, damit lassen sich 0,02 µm große Teilchen erkennen. Allerdings sind die Geräte erheblich teurer und für routinemäßige Qualitätskontrollen weniger geeignet.

13.1.8 Die Materialanalyse

Die Prüfung der Werkstoffzusammensetzung wird häufig nicht der klassischen Werkstoffprüfung zugerechnet, da früher die Analyse eine Aufgabe der Chemiker und nur beim Werkstoffhersteller möglich war. Heute vermögen physikalische Analysegeräte die Werkstoffanalysen in Sekundenschnelle durchzuführen; jeder größere werkstoffverarbeitende Industriebetrieb und jede Gießerei führt Analysen durch. Sie sind damit Bestandteil der Werkstoffprüfung und Qualitätssicherung geworden.

Zur Analyse dienen im Wesentlichen folgende Methoden:

• Nasschemische Analyse
• Atomabsorptionsanalyse
• Funkenspektralanalyse
• Röntgenfluoreszensanalyse

Zur Bestimmung von Legierungsgehalten in Metallen hat sich die Funkenspektralanalyse weitgehend durchgesetzt. Die klassische nasschemische Analyse, bei der die Metallprobe aufgelöst werden muss, ist in *Schiedsfällen* (Streitfälle bei Schadensregulierungen) heranzuziehen, da sie die genauesten Werte liefert. Auch Eichproben für die Spektralanalyse müssen nasschemisch bestimmt werden. Atomabsorptions- und Röntgenfluoreszenzanalyse kommen für Routinekontrollen von Metallen weniger in Betracht.

Die Funkenspektralanalyse, kurz *Spektralanalyse*, beruht auf dem physikalischen Prinzip, dass Metallatome bei Energiezufuhr angeregt werden und für jedes Element charakteristische Spektrallinien aussenden. Aus ihrer Wellenlänge (z.B. gelbe Spektrallinie des Natriums: 0,589 µm) ist das Element zu ersehen, aus ihrer Intensität die Menge, also der prozentuale Gehalt. Im Funkenspektrometer erfolgt die Anregung der Atome durch elektrische Funken, die auf die Probenoberfläche treffen, oder durch einen Lichtbogen. Das ausgesandte Spektrallicht wird mit einem Beugungsgitter in einzelne Linien zerlegt und mit Photozellen (Photomultiplier) ausgewertet. Das Analysenergebnis kann schon nach kurzer Zeit über einen Rechner ausgedruckt werden.

Bild 13.22 zeigt die Arbeitsweise eines Hüttenwerk-Spektrallabors (sie entspricht auch derjenigen von Formgießereien). Im Schmelzbetrieb wird dem Ofen eine Probe entnommen, sie erstarrt in der Probenkokille. Diese Spektralprobe gelangt – meist per Rohrpost – zum Labor, wird dort analysiert und das Ergebnis schnellstens wieder an den Schmelzbetrieb zurückgeschickt, um dort über das Gießen oder die eventuelle Korrektur der Schmelzezusammensetzung zu entscheiden.

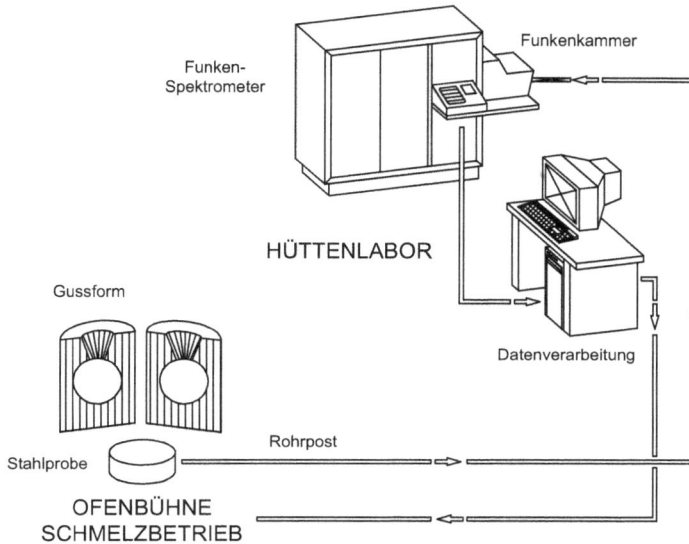

Bild 13.22 Arbeitsweise des Spektrallabors für einen Schmelzbetrieb.

Verarbeitende Betriebe trennen vom eingekauften Halbzeug (Bleche, Profile, Draht usw.) zwecks Eingangskontrolle (oder zur Verwechslungsprüfung) kleine Stücke der angelieferten Charge ab und führen die Analyse durch. Diese sog. *Stückanalyse* darf von der *Schmelzanalyse* des Hüttenwerkes geringfügig abweichen, was in allen Werkstoffnormen berücksichtigt wird. Metallverarbeitende Betriebe können sich die Analyse auch sparen, wenn sie zu der bestellten Charge ein *Werkszeugnis* (nach EN 10204) mit vollständiger Analyse anfordern.

> Die Spektralanalyse dient der Überwachung der Werkstoffzusammensetzung und ist wichtiger Bestandteil der Qualitätssicherung. Sie wird heute überwiegend auf vollautomatischen Spektrometern durchgeführt.

Aufgaben zu den Abschnitten 13.1.6 bis 13.1.8

1. Was versteht man unter technologischen Prüfverfahren?
2. Nennen Sie einige Gefügebestandteile, die metallographisch untersucht werden können.
3. Erklären Sie den Begriff Makrogefüge.
4. Wozu dient das Ätzen von metallographischen Schliffen?
5. Wie heißt das heute für Metallanalysen hauptsächlich gebrauchte Gerät? Erklären Sie das physikalische Prinzip, auf dem die Arbeitsweise beruht.

13.2   Zerstörungsfreie Prüfverfahren

Grundlagen

Mit zerstörungsfreien Prüfungen (**ZfP**) kann das *ganze* Bauteil ohne Gebrauchswertminderung geprüft werden. Die Prüfergebnisse weisen im Allgemeinen nur auf die Existenz bestimmter Fehler hin und liefern keine konkreten Materialkennwerte.

Eine Übersicht über die zerstörungsfreien Prüfverfahren mit Hinweisen auf erkennbare Fehler enthält Tabelle 13.8. Da die Ergebnisse oftmals nicht eindeutig ausfallen und unterschiedlich interpretiert werden können, setzt man gerade bei Sicherheitsteilen mehrere Verfahren gleichzeitig ein.

Der Vollständigkeit halber ist auch die einfache *Sichtprüfung*, wie sie zur Kontrolle der Oberflächengüte durchgeführt wird (ggf. mit Vergrößerungsglas oder Leuchtlupe), bei den ZfP-Verfahren zu erwähnen.

Tabelle 13.8 Zerstörungsfreie Prüfverfahren.

Verfahren	Fehlerhinweise
Röntgen- und Gammastrahlenprüfung	Lunker, Gaseinschlüsse (Poren), Schlackeneinschlüsse, Schweißfehler, sehr grobe innere und äußere Risse.
Ultraschallprüfung	Wie zuvor, jedoch auch feinere Risse. Keine Oberflächenfehler.
Magnetpulver-Rissprüfung	Oberflächenrisse (auch sehr feine), sonstige Oberflächenfehler (Lochkorrosion, Schleiffehler). Nur bei *ferromagnetischen* Werkstoffen (Stahl, Gusseisen) anwendbar.
Farbeindring-Rissprüfung	Wie zuvor, alle Werkstoffe (auch Keramik und Email).
Elektromagnetische Verfahren	Oberflächennahe Fehler wie Risse; Härtegefüge; Dicken- und Schichtdickenmessungen.

13.2.1 Die Prüfung mit Röntgen- und Gammastrahlen

Röntgen- und Gammastrahlen sind energiereiche elektromagnetische Wellen mit so kurzer Wellenlänge (10^{-8} bis 10^{-12} m), dass sie in Materie einzudringen vermögen und diese durchstrahlen (die Durchdringung ist von der ärztlichen Röntgenuntersuchung her bekannt). Während des Durchgangs durch metallische Werkstoffe nimmt die Strahlungsintensität stark ab. Mit abnehmender Wellenlänge wird die Strahlung „*härter*" und damit das Durchdringungsvermögen größer. Harte Strahlung hat wiederum den Nachteil, dass sehr viel *Streustrahlung* auftritt, die kleine Fehler verdecken kann.

Die *Grobstrukturuntersuchung* beruht darauf, dass makroskopische Gefügefehler die Strahlung entweder **besser** durchlassen als der Werkstoff selbst (bei niedrigerer Dichte, z.B. Poren) oder auch die Strahlung **schwächen** (bei höherer Dichte, z.B. Schwermetalleinschlüsse in Schweißnähten). Damit können die Werkstofffehler sichtbar gemacht werden. Die *Feinstrukturuntersuchung* gilt dem atomaren Aufbau; man nutzt den Effekt, dass Röntgenstrahlen vom Atomgitter gebeugt werden (s. Abschnitt 2.1.3). So lassen sich z.B. Eigenspannungen messen. Auf die Technik wird hier nicht weiter eingegangen.

Röntgenstrahlen und Gammastrahlen sind im Prinzip wesensgleich, sie unterscheiden sich vor allem durch ihre Herkunft und damit in ihrer Nutzbarkeit. *Röntgenstrahlen* werden in einer Röntgenröhre erzeugt; in dieser treffen mit Hochspannung beschleunigte Elektronen auf ein Metallblech und lösen dort die Röntgenstrahlen aus. Die völlig gekapselte, evakuierte Röntgenröhre hat ein Beryllium-Austrittsfenster, aus welchem nur bei eingeschalteter Hochspannung Strahlung austritt. *Gammastrahlen* entstehen beim Zerfall radioaktiver Isotope wie Co 60, Cs 137 oder Ir 192. Die Präparate befinden sich in kleinen strahlensicheren Behältern, für die Untersuchung lässt man die γ-Strahlung kurzzeitig ferngesteuert durch eine Öffnung austreten. Es liegt in der Natur der radioaktiven Isotope, dass sich die Strahlung nicht „abstellen" lässt. Entsprechend sicher müssen die Isotopenbehälter ausgelegt sein. Die Gammastrahlenprüfung bietet Vorteile bei Prüfungen in unwegsamem Gelände, z.B. die Vor-Ort-Schweißnahtprüfung von Öl- oder Gaspipelines. γ-Strahlung vermag auch Materie etwas besser zu durchdringen als Röntgenstrahlung, allerdings bei geringerer Fehlererkennbarkeit.

Durchführung der Prüfung

Bild 13.23 zeigt das Prinzip der Röntgenprüfung. Ähnlich wie bei medizinischen Untersuchungen wird hier zwischen der Röntgenprüfung mit Filmaufnahmen und der Durchleuchtung unterschieden. Für *Röntgenfilmaufnahmen* (wie auch Gammastrahlenaufnahmen) wird auf der Rückseite des Prüflings der strahlenempfindliche Film aufgelegt, mit bestimmter Intensität und Zeit belichtet (dabei darf sich niemand im Bereich der Strahlung aufhalten), entwickelt und anschließend die Filmaufnahme ausgewertet. Fehler niedriger Dichte wie Poren zeichnen sich als stärker geschwärzte Punkte auf dem Negativfilm ab, da hier die Strahlung weniger geschwächt wurde als im kompakten, fehlerfreien Material.

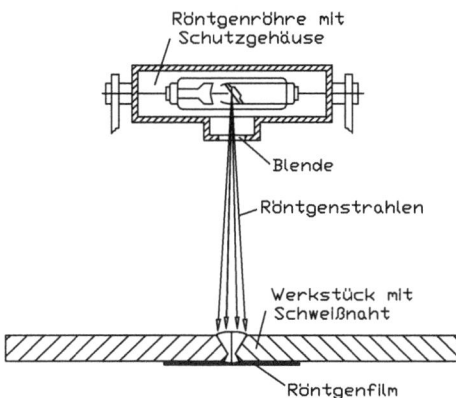

Bild 13.23 Schematische Darstellung der Röntgenaufnahme einer Schweißnaht.

Bei der *Röntgendurchleuchtung* treffen die Strahlen nach Durchstrahlung des Prüflings auf einen Leuchtschirm, der Betrachter (Röntgenprüfer) sitzt hinter dem strahlensicheren Schirm. Die Strahlung lässt den Leuchtschirm je nach Intensität hell- oder dunkel-grünlich aufleuchten, Fehler können vom Betrachter unmittelbar erkannt werden. Der Prüfling ist mittels Manipulator zu drehen und in verschiedene Positionen zu bringen, so dass alle Bereiche erfasst werden. Damit ist die Röntgendurchleuchtung schneller und gerade bei kompliziert gestalteten Bauteilen wie Gussstücken von Vorteil, auch entfallen die hohen Film-kosten. Nachteil gegenüber den Filmaufnahmen ist die geringere Fehlererkennbarkeit. Die Entwicklung von *elektronischen Bildverstärkern* (Aufnahme der Strahlung mit digitaler Kamera, elektronische Bildaufbereitung und Kontrastverstärkung, Wiedergabe auf dem Monitor) hat jedoch zu enormer Qualitätssteigerung des Durchleuchtungsverfahrens geführt.

Beispiel: PKW-Räder aus Aluminium-Guss (Sicherheitsteile) müssen zu 100 % durchleuchtet werden, um unzulässige Poren und Lunker zu finden. Das Durchleuchten von täglich einigen hundert Rädern erfolgt in der Gießerei in voll automatisierten Prüfanlagen; das aufbereitete und verstärkte Röntgenbild der – sich um mehrere Achsen drehenden – Gussstücke wird auf dem Monitor verfolgt. Ausschussteile lassen sich per Knopfdruck aussortieren.

Zur richtigen Anordnung von Strahlenquelle, Werkstück und Film (oder Leuchtschirm) bedarf es einer guten Ausbildung und viel Erfahrung. In der Luftfahrtindustrie gelten spezielle Prüfvorschriften. Für die Schweißnahtprüfung gibt es ebenfalls genormte Aufnahmetechniken (z.B. DIN EN 1435).

Röntgen- und Gammastrahlen werden beim Durchdringen des Werkstückes an Fehlstellen wie Poren weniger geschwächt, was zu stärkerer Schwärzung des Films oder zu stärkerem Aufleuchten des Leuchtschirmes führt. So lassen sich innere Fehler in ihrer Größe und Lage erkennen.

Bildgüte und Fehlererkennbarkeit

Die Fehlererkennbarkeit wird wegen der begrenzten Durchstrahlungsfähigkeit der Röntgen-und Gammastrahlen mit zunehmender Wanddicke des Bauteils schlechter. Das gilt vor allem für Werkstoffe mit höherer Dichte, z.B. Stahl. Bei optimaler Aufnahmetechnik (richtige Abstände und Einstrahlwinkel, Verwendung sogenannter Verstärkerfolien aus Blei, die die Streustrahlung abfangen), sind folgende Grenzen der Durchstrahlbarkeit gegeben:

Verfahren	Werkstoff	maximale Wanddicke
Röntgenstrahlen	Stahl Leichtmetall	bis 100 mm bis 300 mm
Gammastrahlen	Stahl Leichtmetall	bis 120 mm bis 300 mm

Dabei ist zu beachten, dass die Fehlererkennbarkeit, also welche Fehlergröße noch nachweisbar ist, mit zunehmender Bauteildicke abnimmt. In 100 mm dickem Stahl sind nur noch sehr grobe Lunker und Blasen auffindbar. Die Fehlererkennbarkeit wird mit *Bildgüteprüfkörpern* (BPK) nachgewiesen. Der BPK besteht aus einer Anordnung von Drähten verschiedener Durchmesser (Bild 13.24). Er wird auf das zu prüfende Werkstück gelegt, nach der Röntgenaufnahme zeichnen sich die Drähte als helle Linien im Film ab. Aus dem dünnsten noch erkennbaren Draht wird die Bildgütezahl (BZ) ermittelt.

Strahlenschutzmaßnahmen. Röntgen- und Gammastrahlen sind für den menschlichen Körper gefährlich. Prüfpersonen müssen deshalb sowohl vor direkter Bestrahlung als auch von auftretender Streustrahlung fern gehalten werden. Um eventuelle Körperbestrahlung zu erfassen, trägt das Prüfpersonal kleine Messgeräte (Dosimeter), die regelmäßig von staatlichen Überwachungsinstitutionen kontrolliert werden. Ungekapselte Röntgenanlagen dürfen nur in

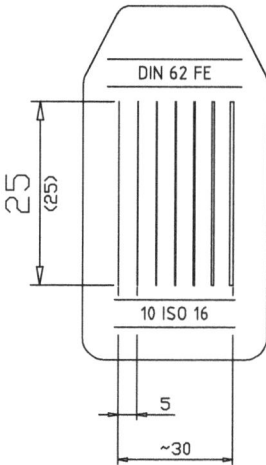

*Bild 13.24 Beispiel für einen Bildgüteprüfkörper (BPK).
7 Drähte unterschiedlicher Dicke, in Klarsichtfolie eingeschweißt.*

strahlengeschützten Röntgenräumen betrieben werden, in denen sich während der Aufnah-
men niemand befinden darf. Röntgenanlagen und -räume, radioaktive Stoffe sowie Isotopenbehälter unterliegen strenger staatlicher Aufsicht.

13.2.2 Die Prüfung mit Ultraschall

Unter Ultraschall (US) versteht man Schallschwingungen mit Frequenzen jenseits der Hör-
grenze, also über 20.000 Hz. Für die Werkstoffprüfung ist der Frequenzbereich von etwa 0,5
MHz bis 15 MHz interessant (1 MHz = 10^6 Schwingungen/s). Die Schallwellen pflanzen
sich in homogenen Festkörpern, z.B. Metallen, als mechanische Schwingungen (elastische
Schwingungen der Atome) ohne wesentliche Dämpfung geradlinig mit hoher Geschwindigkeit fort. An Grenzflächen (Festkörper / Luft, z.B. Metall / Riss) werden sie jedoch nahezu
100%-ig reflektiert, so dass sich die Möglichkeit bietet, Fehler im Material aufzuspüren.

Bekanntes Beispiel für die Schallreflexion ist das Echo (Reflexion des Rufschalls an einer
Bergwand). Auch das Echolot zur Messung der Meerestiefe beruht auf der Reflexion eines
vom Schiff ausgesandten Schallimpulses vom Meeresgrund, wobei die Schallgeschwindigkeit im Meerwasser bekannt sein muss.

Die Ultraschallschwingungen werden in einem kleinen, handlichen Prüfkopf mittels
Schwingerkristall erzeugt. Man nutzt hier den piezoelektrischen Effekt: In Kristallen aus
Quarz („*Schwingquarz*") oder Sinterkeramiken wie Bariumtitanat entstehen in bestimmten
kristallographischen Richtungen mechanische Schwingungen, wenn eine elektrische Wech-
selspannung angelegt wird. Wird der Schwingerkristall an ein Medium (Wasser, Öl) oder einen Festkörper angekoppelt, pflanzen sich die Schwingungen in demselben fort. Umgekehrt
können die mechanischen Schwingungen vom Schwingerkristall empfangen und in Wech-
selspannungen umgesetzt werden; die elektrischen Signale lassen sich gut auf dem Bildschirm eines Oszilloskops darstellen.

Das Messprinzip beruht einmal, wie oben beschrieben, auf der *Schallreflexion* an Werkstoff-
fehlern, zum anderen auf der *Laufzeitmessung* (Wegmessung) des Schalls. Da die Schallgeschwindigkeit in allen Werkstoffen bekannt ist, kann über die Laufzeit festgestellt werden,

ob der Schall von der gegenüberliegenden Wand des Werkstückes oder von einem Fehler reflektiert wird.

Wegen der geringen Dämpfung in *homogenem* Material lassen sich nahezu beliebige Wanddicken (in Stahl mehrere Meter) durchschallen; *inhomogene* Gefüge (siehe Gusseisen) dämpfen den Schall jedoch stark, so dass nur grobe Fehler bei geringer Wanddicke gefunden werden.

Man unterscheidet zwei Prüfverfahren: Das Durchschallungsverfahren und das Impuls-Echo-Verfahren.

Durchschallungsverfahren. Das Prüfprinzip ist in Bild 13.25 dargestellt. Man benötigt zwei Prüfköpfe (Sender und Empfänger), die auf der Vorder- und Rückseite des Prüflings aufgesetzt werden. Zum besseren Ankoppeln wird die Oberfläche mit Öl benetzt. Die Intensität der beim Empfänger ankommenden Schallwellen gibt Aufschluss über mögliche Fehler oder Inhomogenitäten im Werkstück.

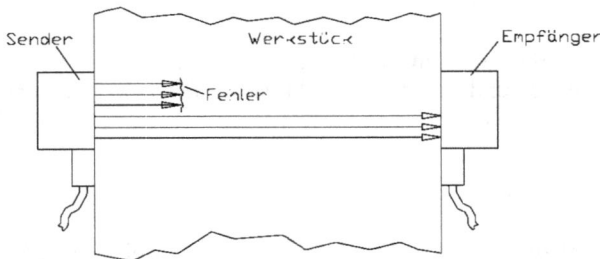

Bild 13.25 Schematische Darstellung des US-Durchschallungsverfahrens.

Anwendungsbeispiel: Beim Warmwalzen von Stahlblechen kommt es zu sog. „Dopplungen", das sind Materialüberschichtungen während der Verformung im Walzspalt, die nicht mehr homogen verschweißen. Die inneren Werkstofftrennungen können viele cm lang sein. Mit dem Durchschallungsverfahren lassen sich die Dopplungen gut erkennen.

Das Impuls-Echo-Verfahren. Bei dem häufiger angewandten Impuls-Echo-Verfahren wird der vom Schallgeber als kurzer Impuls ausgesandte Schall von der gegenüberliegenden Wand (oder von einem Fehler) reflektiert und kommt nach entsprechender Laufzeit als Echo wieder zum Prüfkopf zurück. Dieser hat nun auf Empfang geschaltet, die Schallintensität wird als Peak auf dem Bildschirm des Oszilloskops dargestellt (Bild 13.26). Der ständige Wechsel zwischen Sendeimpuls und Empfang geschieht schnell und unmerklich. Aus dem

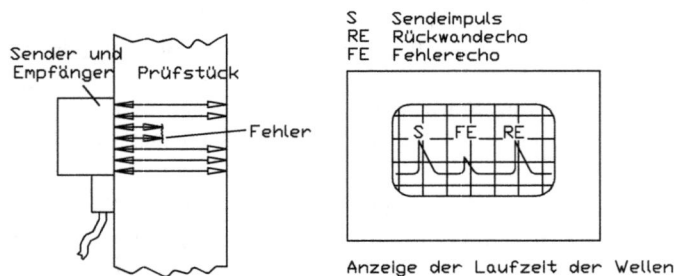

Bild 13.26 Schematische Darstellung des Impuls-Echo-Verfahrens (Senkrechteinschallung).

Peak-Abstand Sendeimpuls-Rückwandecho lässt sich – bei bekanntem Material und bekannter Schallgeschwindigkeit – die Wanddicke sehr genau angeben.

Materialfehler schwächen das Rückwandecho und es tritt ein neuer Fehlerpeak im Bildschirm auf. Seine Größe und Lage lässt auf die Fehlergröße und -lage schließen.

Verläuft ein schmaler rissartiger Fehler *parallel* zur Schallrichtung, ist er mit der Senkrechteinschallung (Bild 13.26) nicht zu erkennen. In solchen Fällen, wie sie als Schweißnaht-Bindefehler häufiger auftreten, sind Winkelprüfköpfe erforderlich, die den Schall unter einem bestimmten Winkel einschallen (Bild 13.27).

Wegen des großen Sendepeaks (Reflexion an der Oberfläche) können keine Oberflächenfehler entdeckt werden, eine zusätzliche Rissprüfung ist häufig erforderlich.

> Ultraschallwellen werden an Fehlstellen im Werkstoff reflektiert. Das Fehlerecho – in elektrische Impulse verwandelt – kann auf einem Bildschirm (Oszilloskop) zusammen mit dem Rückwandecho dargestellt und damit der Fehler bestimmt werden.

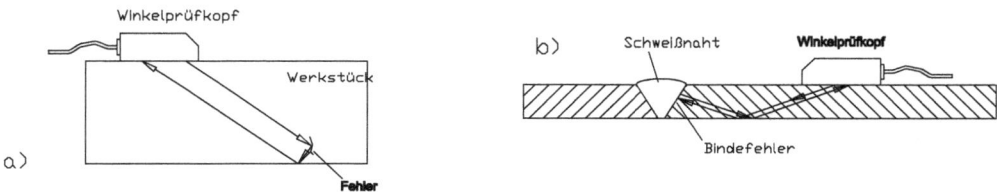

Bild 13.27 a) Fehlerermittlung mit einem Winkelprüfkopf; b) Prüfung einer V-Schweißnaht mit Bindefehler.

Gegenüber der Röntgen- und Gammastrahlenprüfung ist die US-Prüfung völlig ungefährlich, relativ schnell durchführbar und preiswert. Allerdings ergeben sich auch Nachteile:

– Der Fehler ist nicht in seiner Gestalt erkennbar, er erscheint nur als „Peak" auf dem Bildschirm;

– der Prüfkopf erfasst wenig Werkstückvolumen, größere Bauteile wie Schmiedestücke müssen mühsam abgerastert werden (für Schweißnähte an Rohrleitungen sind heute Prüfautomaten im Einsatz);

– der Schallsender ist immer gut an die Oberfläche anzukoppeln (Koppelmedium Öl oder Wasser erforderlich);

– Kleine Oberflächenfehler wie kurze Risse sind nicht zu finden.

13.2.3 Die Rissprüfung

Eine Reihe technologischer Fertigungsprozesse wie das Härten und Schweißen, aber auch das Walzen, Schmieden, Ziehen und Aufschrumpfen, können zur Entstehung feinster Risse (*Haarrisse*) führen, die nicht mit dem bloßen Auge erkennbar sind. Rissbehaftete Werkstücke oder Halbzeuge sollten auf jeden Fall erkannt und aussortiert oder nachgearbeitet werden (Abschleifen der fehlerhaften Oberfläche, ggf. Auftragsschweißen), da auch kleine Risse das Bauteil schwächen und bei dynamischer Belastung den Ausgangspunkt des Dauerbruchs bilden.

Für das Auffinden feiner Risse, die fast immer von der Oberfläche ausgehen, scheidet die Röntgen- oder Gammastrahlenprüfung aus, der Intensitätsunterschied zwischen fehlerhaftem und fehlerfreiem Material ist zu gering. Auch mit der US-Prüfung können Oberflächenrisse – selbst bei großem Prüfaufwand – nur zufällig gefunden werden. Somit bleibt allein die speziell für Oberflächenfehler und -risse entwickelte Rissprüfung. Sie erfolgt nach unterschiedlichen Verfahren: Eindring-Rissprüfung und Magnetpulver-Rissprüfung.

Eindringverfahren. Man unterscheidet je nach verwendetem Prüfmittel das *Farbeindring-Verfahren* und das *Fluoreszenzverfahren*. Für beide Prüfmittel gilt, dass sie aufgrund ihrer niedrigen *Oberfächenspannung* leicht in feine Risse einziehen. (Vergleiche Wasser und Petroleum auf einer Glasplatte: Ersteres bildet wegen der hohen Oberflächenspannung einen Tropfen, letzteres breitet sich wegen seiner niedrigen Oberflächenspannung als großer Fleck auf der Platte aus).

Beim Farbeindring-Verfahren ist das Prüfmittel rot gefärbt. Durch Aufsprühen auf die zu prüfende Oberfläche oder Eintauchen des ganzen Werkstücks dringt das Prüfrot in eventuelle Risse oder Poren ein. Überschüssige Farbe wird anschließend vorsichtig abgespült und nach dem Trocknen weißes Pulver („Entwickler") aufgestäubt. Es zieht das in Risse eingedrungene Prüfrot an die Oberfläche, so dass sich die Fehler deutlich rot auf weißem Grund abzeichnen (daher auch der Name „Rot-Weiß-Verfahren"). Bild 13.28 zeigt schematisch den Verfahrensablauf. Nach abgeschlossener Prüfung und Dokumentation des Befundes können die Werkstücke mechanisch gereinigt werden.

Das Fluoreszenzverfahren unterscheidet sich vom Farbeindringverfahren nur durch das fluoreszierende Prüfmittel. Nach Auftrag des Entwicklers wird das Werkstück im abgedunkelten Raum unter UV-Licht betrachtet. Oberflächenfehler und Risse leuchten hell auf und sind deutlich erkennbar.

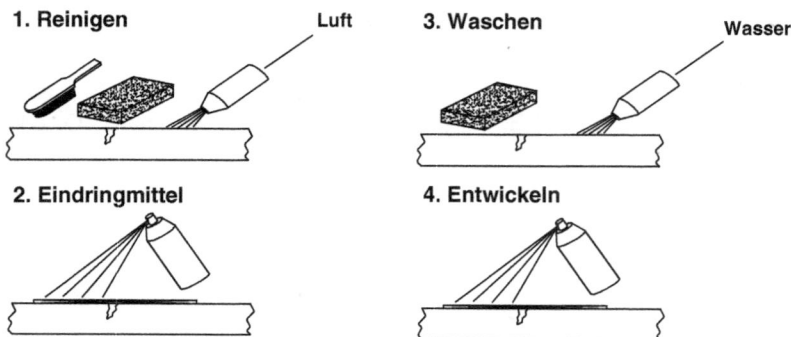

Bild 13.28 Prinzip der Eindring-Rissprüfung

Magnetpulver-Rissprüfung. Für ferromagnetische Werkstoffe – also Gusseisen und Stähle (außer den austenitischen) – wurden magnetische Streuflussverfahren entwickelt. Das Prinzip ist in Bild 13.29 dargestellt: Erzeugt man in dem zu prüfenden Werkstück ein magnetisches Feld, so wird der homogene Verlauf der Feldlinien durch Fehlstellen gestört, es kommt zu höherer Feldliniendichte. Bringt man nun feines Eisenpulver (Korngröße 2 – 30 µm) als Wasser- oder Öl-Suspension (Aufschlemmung) auf die Oberfläche, orientieren sich die Eisenteilchen am Verlauf der Feldlinien und konzentrieren sich besonders an den Fehlstellen. Die Suspension enthält fluoreszierendes Farbmittel, das unter UV-Licht an Eisenpulveranhäufungen (also den Fehlern) aufleuchtet. Das sehr empfindliche Verfahren ermöglicht den Nachweis von Haarrissen bis herunter zu 10^{-4} mm Breite.

Für die Fehlererkennbarkeit ist die Richtung des Magnetflusses entscheidend. Risse, die parallel zu den Feldlinien liegen, können nicht erkannt werden (siehe „Längsfehler" in Bild 13.29), ebenso keine zu tief liegenden Fehler. Das Übersehen der Längsfehler lässt sich durch Magnetisierung in verschiedenen Richtungen, z.B. parallel und quer zu einer Schweißnaht, vermeiden.

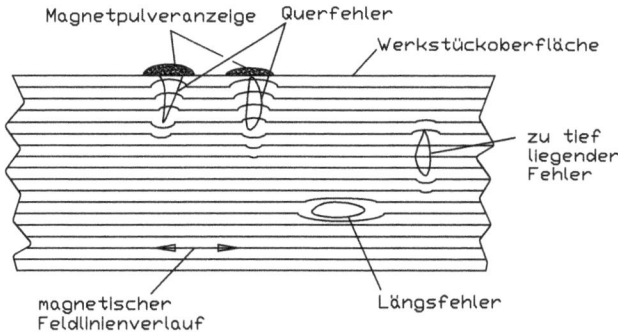

Bild 13.29 Magnetpulver-Rissprüfung; Störung des Feldlinienverlaufes durch verschiedene Fehler und daraus entstehende Eisenpulveranhäufungen.

Das Magnetfeld wird mit Hilfe von Hand-Elektromagneten, die auf das Werkstück aufgesetzt werden, erzeugt (Jochmagnetisierung), oder es wird durch Stromdurchflutung im Werkstück induziert. Das Verfahren lässt sich in Tauchbecken durch automatische Polankoppelung voll automatisieren (Beispiel: Serienrissprüfung von Kurbelwellen). Als Markenname eines Prüfanlagenherstellers ist der Begriff „Fluxen" bekannt geworden.

Bei der Magnetpulver-Rissprüfung wird der Prüfling von einem Magnetfeld durchflutet, wobei Risse und Fehlstellen an der Oberfläche zu erhöhter Feldliniendichte führen. Diese lässt sich mit feinem Eisenpulver nachweisen.

Für alle Rissprüfverfahren gilt, dass eine Fehleranzeige – besonders bei Schweißnähten und Gussstücken – nicht gleich als tatsächlicher Fehler eingestuft werden sollte. Erst nach leichtem Abarbeiten der Anzeigestelle (wobei der Fehler aber nicht „zugeschmiert" werden darf) und nochmaliger Rissprüfung zeigt sich, ob ein echter Fehler vorliegt. Nur ein erfahrener Rissprüfer ist in der Lage, Fehleranzeigen richtig zu interpretieren.

Vergleich der zerstörungsfreien Prüfverfahren. In Tabelle 13.9 sind die wichtigsten Merkmale der drei erläuterten ZfP-Verfahren zusammengestellt.

Tabelle 13.9 Merkmale der zerstörungsfreien Prüfverfahren.

	Röntgen- und γ-Prüfung	Ultraschall- Prüfung	Rissprüfung
erkennbare Fehler	innere Poren, Lunker, Schlackeneinschlüsse, grobe Risse und Bindefehler; Oberflächenfehler und Grate; Fehlererkennbarkeit wanddickenabhängig	auch bei großer Wanddicke: innere Poren, Lunker, Schlackeneinschlüsse, feinere innere Risse und Bindefehler bei günstiger Lage; weniger für inhomogenen Guss geeignet	oberflächenoffene Risse und Poren, auch feinste Haarrisse
Prüfaufwand	Röntgenfilmaufnahmen: hoch, aber ganzes Werkstück erfassbar; Durchleuchtung: gering	gering bis hoch: Abfahren und eventuelles Abrastern der Oberfläche notwendig	gering bis mittel; ganzes Werkstück erfassbar
Anlagekosten	hoch	mittel	gering bis mittel
Personalqualifikation*)	Längere Ausbildung zum Röntgenprüfer erforderlich; Strahlenschutzbeauftragter muss vorhanden sein	Ausbildung zum Ultraschallprüfer erforderlich	Ausbildung zum Rissprüfer erforderlich

*) Ausbildung und Qualifizierungsnachweise: DGZfP, Deutsche Gesellschaft für Zerstörungsfreie Werkstoffprüfung.

13.2.4 Physikalische Prüfverfahren

Unter physikalischen Prüfverfahren werden folgende zerstörungsfreien Verfahren zusammengefasst:

- Wirbelstromprüfung
- Magnetinduktive Messungen
- Schallemissionsmessungen
- Thermische Analyse
- Dilatometermessungen
- Prüfung von elektrischen und magnetischen Eigenschaften

Nur die ersten beiden Verfahren sollen kurz beschrieben werden.

Wirbelstromprüfung und magnetinduktive Messungen beruhen auf der Erzeugung eines Wirbelstroms (in unmagnetischen Werkstoffen) oder eines Magnetfeldes (in ferromagnetischen Stoffen), örtlich begrenzt in einem kleinen Oberflächenvolumen des zu prüfenden Bauteils. Die Störung des Feldes, d.h. die Abweichung von seinem normalen Verlauf in fehlerfreiem Material, kann gemessen und aus dem elektrischen Signal auf Fehler wie Risse oder randnahe Poren geschlossen werden. Dazu führt man einen kleinen Spulenkopf (Sensor) über die Oberfläche und liest im entsprechenden Messinstrument die elektrischen Größen ab.

Die Messmethode dient nicht nur der Fehlersuche, sie wird heute auch zur zerstörungsfreien Messung von gehärteten Randzonen (Einhärtungstiefen) und aufgekohlten Randzonen (Einsatzhärtungstiefen) benutzt.

Die zerstörungsfreie *Schichtdickenmessung* beruht ebenfalls auf den genannten Prinzipien. Mit der *magnetinduktiven* Methode kann die Dicke **nichtmagnetischer** Schichten (Lacke, Kunststoffbeschichtungen, Verkupferungen, Email-Schichten) auf **magnetischen** Werkstoffen (Stahl, Gusseisen) durch einfaches Aufsetzen des Prüfkopfes auf etwa ± 1 % genau bestimmt werden.

Mit der *Wirbelstromprüfung* lassen sich gleichermaßen **nichtleitende** Schichten (Lacke, Kunststofffolien, Anodisier- und Email-Schichten) auf **leitendem**, nichtmagnetischen Grundmaterial (Kupfer, Aluminium, Zink, ...) messen. Anwendungsbeispiel sei die sehr häufig durchgeführte zerstörungsfreie Dickenkontrolle von Anodisierschichten („Eloxalschichten") auf Aluminium. Die Genauigkeit beträgt hier ± 0,5 µm.

Mit den zu den physikalischen Verfahren gehörenden Wirbelstrom- und magnetinduktiven Prüfmethoden lassen sich Oberflächenfehler, Härtezonen und Schichtdicken messen.

Aufgaben zu Abschnitt 13.2

1. Wodurch unterscheidet sich die Röntgenstrahlenprüfung von der γ-Strahlenprüfung?

2. Welche Röntgen-Strahlen durchdringen Werkstoffe besser, harte oder weiche? Welche maximale Wanddicke lässt sich bei Stahl durchstrahlen?

3. Mit welchem Prüfverfahren lassen sich Härterisse (feine Oberflächenrisse) am *besten* finden?

4. Wie lässt sich die Bildgüte bei der Röntgenfilmaufnahme nachweisen?

5. Auf welchem physikalischen Effekt beruht die Fehleranzeige bei der Ultraschallprüfung?

6. Warum kann man mittels US-Prüfung auch Wanddicken messen?

7. Warum muss bei der Farbeindring-Rissprüfung überschüssige Prüffarbe *vorsichtig* abgewaschen werden?

8. Mit welchem Hilfsmittel werden bei der Magnetpulver-Rissprüfung die magnetischen Feldlinien sichtbar gemacht?

9. Mit welchem ZfP-Verfahren kann man die Dicke von Anodisierschichten bestimmen?

14 Werkstoffwahl in der Prozesskette „Produktentwicklung"

von Erhard Rumpler

14.1 Entwicklungsmethodik

Jedes technische Produkt stellt eine stofflich umgesetzte Idee zur Ausgestaltung des menschlichen Lebens dar. Die zur Verwirklichung der Produktidee herangezogenen Werkstoffe sind von hoher Bedeutung für den Erfolg des Produktes während seines Lebenszyklus. Sie sind direkt mit seiner Bedeutung als Wirtschaftsfaktor und ebenso mit dem Urteil nachfolgender Generationen bezüglich der volkswirtschaftlichen Wertung verbunden.

Nach den Erkenntnissen der Konstruktionslehre läuft der Prozess der Produktentwicklung in mehreren sequentiellen Phasen ab:

KLÄREN	$\Rightarrow$ Formulierung der Aufgabenstellung	$\Rightarrow$ Definitionsphase
KONZIPIEREN	$\Rightarrow$ Synthese möglicher Lösungen	$\Rightarrow$ Konzeptphase
ENTWERFEN	$\Rightarrow$ Gestaltung dieser Lösungen	$\Rightarrow$ Entwurfsphase
AUSARBEITEN	$\Rightarrow$ Detaillierung der Lösungsentwürfe	$\Rightarrow$ Detaillierungsphase

Das Ergebnis dieses Prozesses sind fertigungsreife Bauunterlagen, auf deren Grundlage nach erfolgreichen Labor- und Feldversuchen der Einstieg in die

• *Produktion*

erfolgt.

Daran wiederum schließt die

• *Nutzung*

und am Ende des Produktlebenszyklus die ressourcen- und umweltschonende, organisiert ablaufende

• *Ausserdienststellung*

mit einem möglichst hohen Recyclinganteil an.

In jeder der oben genannten Phasen der Produktentwicklung finden, wie in den folgenden Ausführungen beschrieben wird, Entscheidungen zur Stoffauswahl statt. Das Ziel des Werkstoffunterrichtes ist, den Ingenieur zur verantwortlichen Wahrnahme dieser weitreichenden Entscheidungen zu befähigen.

Die einleitenden Sätze lassen bereits drei unterschiedliche, nicht selten widersprüchliche Anforderungskomplexe an die stoffliche Umsetzung einer Produktidee erkennen. Einerseits muss das Produkt den Anwender zufriedenstellen. Die Lehren des technischen Marketing sind hier eindeutig, ohne Anwender- oder Kundenzufriedenheit gibt es keinen Produkterfolg. Andererseits durchläuft das Produkt auf seinem langen Weg zum Anwender einen Produktionsprozess mit der Forderung nach einer fertigungsgerechten Werkstoffauswahl. *Fertigungsgerechte* und *nutzungsgerechte* Werkstoffwahl – letztere muss auch alle Aspekte des ordnungsgemäßen Recycling enthalten – sind durch einen Kompromiss zu optimieren.

In der Konstruktionsmethodik wird nun das Regelwerk dieser **„Gerechtheiten"**

– Nutzungsgerechtheit
– Fertigungsgerechtheit
– Recyclinggerechtheit

weiter ausgebaut.

Die Gliederung erfährt einerseits eine Verfeinerung, da Nutzungsgerechtheit, Fertigungsgerechtheit und Recyclinggerechtheit auf einem Komplex von Kriterien beruhen. Andererseits muss auch eine zeitliche Zuordnung zum Produktentwicklungsprozess stattfinden. Daraus folgt, dass die einzelnen Kriterien der Gerechtheiten zu bestimmten Zeitpunkten des Entwicklungsprozesses zu diskutieren und einer Entscheidung zuzuführen sind.

14.2   Der zeitliche Ablauf der Produktentwicklung

Die eingangs genannten Phasen der Produktentwicklung befanden sich innerhalb des Produktlebenszyklus bereits in ihrer logischen zeitlichen Folge und sind deshalb in einem Ablaufplan mit definierten Messpunkten zur Kontrolle des Geschehens darstellbar (Bild 14.1).

Die Darstellung des Produktentwicklungsprozesses besteht aus 4 Blöcken, welche die Phasen KLÄREN/KONZIPIEREN/ENTWERFEN/AUSARBEITEN in ihrer zeitlichen Folge symbolisieren. Jeder Block hat Ein- und Ausgangsgrößen, auf welchen Messpunkte zur Erfolgskontrolle, die sogenannten *Meilensteine*, liegen. Die klare Definition der Meilensteine zeigt auf, was im zugehörigen Block geschieht oder zu geschehen hat.

Die Eingangsgröße der Phase KLÄREN – häufig auch Definitionsphase genannt – ist die **Produktidee**. Der Meilenstein am Ausgang der Definitionsphase (zwischen den Phasen KLÄREN und KONZIPIEREN) ist die **Anforderungsliste** (Pflichtenheft) an das zukünftige Produkt. Die Ereignisse, welche zwischen Idee und Anforderungsliste in einem methodisch angelegten Prozess ablaufen, zeigt Bild 14.2.

Auf dem Weg von der oft vage beschriebenen Produktidee zu der in präziserer Form abgefassten Anforderungsliste liegt als wesentliche Aktion die **Machbarkeitsüberprüfung**. Diese komplexe Aktion spiegelt die Produktidee an den technologischen und ökonomischen Ressourcen des potentiellen Umsetzers, am Stand der Technik und an den Erwartungen und auch Ängsten der Nutzer (gesellschaftliches/politisches Umfeld). Hier wird erstmals die Frage nach den zu verwendenden Werkstoffen zu stellen sein. Erzwingen begrenzte ökonomische Ressourcen die Verwendung bereits marktgängiger Materialien, muss sich diese Ein-

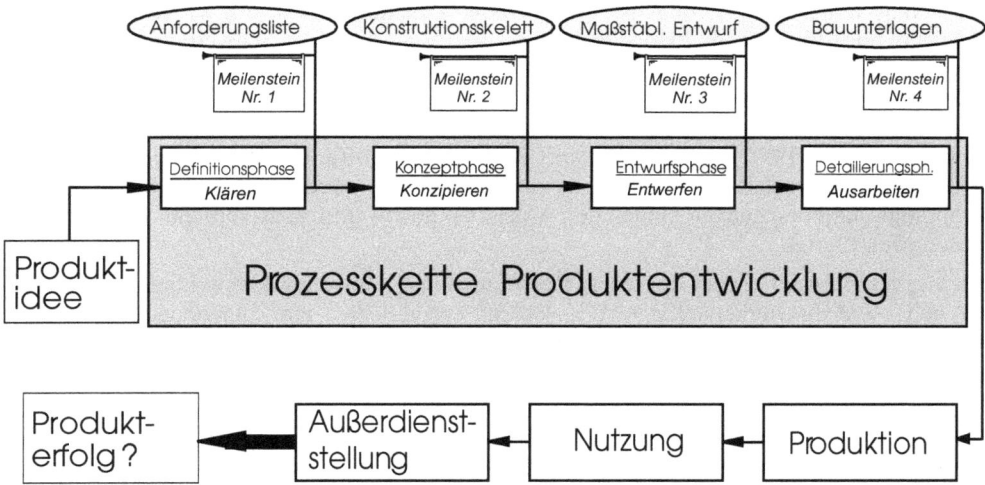

Bild 14.1 Ablauf des Produktlebenszyklus.

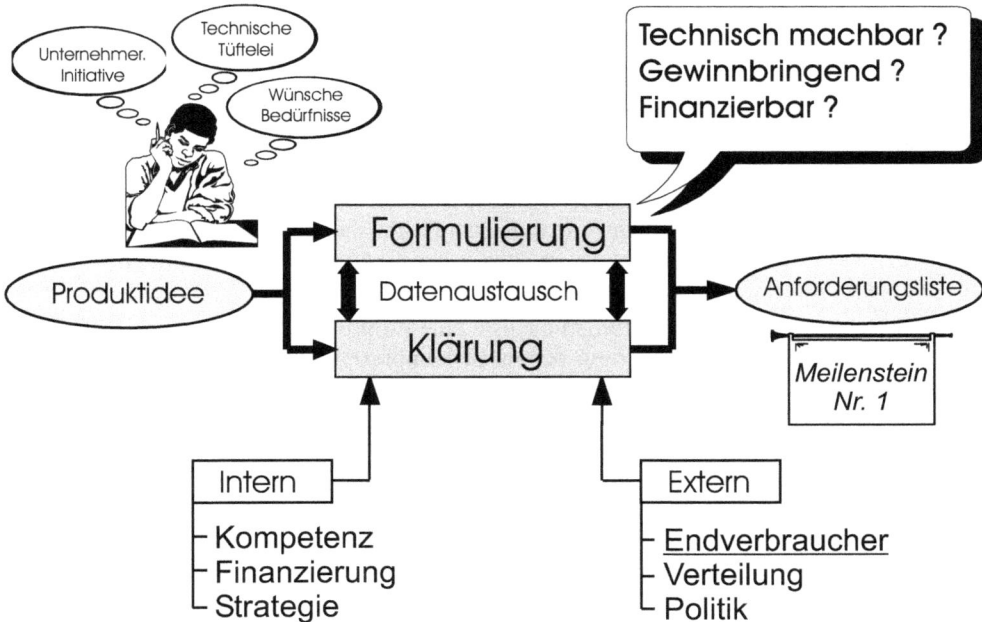

Bild 14.2 Die Definitionsphase.

schränkung in der Anforderungsliste bei gewissen Leistungsparametern wiederfinden. Ist eine Produktidee hingegen bei Hochleistungen interessant, liegt der Schwerpunkt bei der Entwicklung neuer Werkstoffe. Als populäres **Beispiel** mag an dieser Stelle die Produktidee „Bemannte Raumfahrt" dienen. Zur Beherrschung des Problems der Wärmeentwicklung beim Wiedereintritt größerer Massen in die Erdatmosphäre kannte der Stand der Luftfahrttechnik von etwa 1955 keine geeigneten Leichtbauwerkstoffe. Da der entsprechende Passus in der Anforderungsliste natürlich nicht veränderbar war, wurden entsprechende werkstofftechnologische Forschungen eingeleitet, welche zu hochwarmfesten Verbund- und Keramikwerkstoffen führten.

Als zweites **Beispiel** sei auf begrenzte Ressourcen und Umweltprobleme hingewiesen. Sollten sich alle Fahrzeughersteller in Deutschland entschließen, ihre Fahrzeugkarosserien auf Aluminium umzustellen, würden zusätzlich 2 – 3 Mio. Tonnen Al/Jahr gebraucht. Die dazu notwendige Energie müsste von drei neuen Großkraftwerken mit je 1300 MW Leistung erbracht werden.

Die Beurteilung der stofflichen Machbarkeit in dieser frühen Phase stützt sich auf die Eigenschaftsparameter bekannter Werkstoffe, wie sie im Hauptteil des Buches beschrieben sind:

• Absolute Festigkeit und Zähigkeit im Bereich der erwarteten Betriebstemperaturen;
• Korrosions- und Verschleißbeständigkeit;
• Spezifische Masse sowie weitere physikalische Eigenschaften;
• Ökonomische und ökologische Verfügbarkeit.

Das Ergebnis der Machbarkeitsstudie sind grob quantifizierte **Eckdaten** des zukünftigen Produktes, systematisch dargestellt in Form des Meilensteines 1 (**Anforderungsliste**), als Ausgangsgröße des Blockes KLÄREN.

Der nun folgende Block KONZIPIEREN, die *Konzeptphase* (Bild 14.3), zeigt als Eingangsgröße die eben genannte Anforderungsliste und als Ausgangsgröße und damit Meilenstein 2 am Ende der Konzeptphase das sogenannte **Konstruktionsskelett**. Darunter versteht man eine spezielle Skizze, welche das Ergebnis der Konzeptphase in Form eines oder mehrerer **Lösungsprinzipien** der in der Anforderungsliste formulierten Probleme zeigt. Der Weg von der Anforderungsliste zum Lösungsprinzip/Konstruktionsskelett war in jüngster Vergangenheit Gegenstand intensiver Forschung, ist relativ genau strukturiert und ermöglicht deshalb eine genaue Lokalisierung der werkstoffbezogenen Entscheidungen.

Im ersten Schritt wird aus der Anforderungsliste eine **Funktionsstruktur** entwickelt. Sie besteht aus einer sinnvollen Gliederung der meist komplexen Anforderungen in leicht überblickbare und technisch abgrenzbare Teilaufgaben oder Teilfunktionen. Dies ist für die weitere methodische Vorgehensweise von großer Bedeutung. Die Funktionsstruktur enthält jedoch noch keine Aussagen zur stofflichen Umsetzung. Um so mehr hat sich der nun folgende Schritt zum sogenannten **Wirkprinzip** damit auseinanderzusetzen. Er beinhaltet die Suche nach physikalischen Effekten, welche in der Lage sind, die einzelnen Teilfunktionen der Funktionsstruktur – welche bisher bloß *machbar erscheinende* Ansätze sind – tatsächlich zu bewirken. Da jeder physikalische Effekt unter ganz bestimmten Umgebungsbedingungen abläuft, werden mit seiner Auswahl die Anforderungen an die Werkstoffe dieser Umgebung definiert, allerdings genauer und vielschichtiger als vorhin im Rahmen der Machbarkeitsstudie. Außerdem implizieren physikalische Effekte meist Neben- und Störfunktionen, welche nicht aus der Anforderungsliste folgen, aber ebenfalls stofflich beherrscht werden müssen.

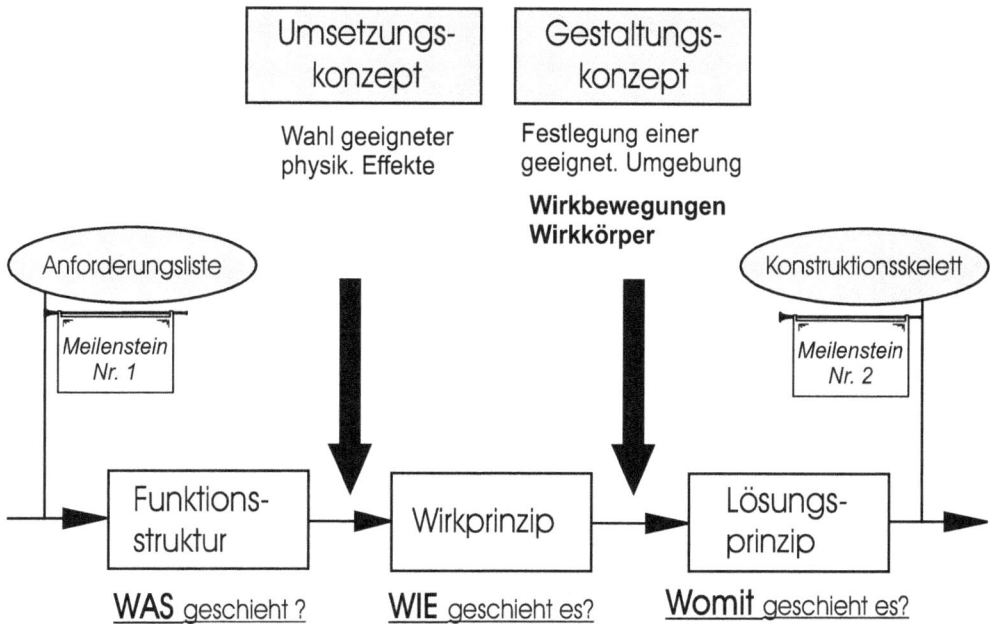

Bild 14.3 Die Konzeptphase.

Ein bekanntes **Beispiel** verdeutlicht diese Wechselwirkungen: Die Produktidee wäre ein Gerät zur Erzeugung von Licht aus elektrischem Strom. In der Anforderungsliste werden Zahlenwerte für die elektrische Leistung und die Lebensdauer eines solchen Gerätes festgeschrieben. Die Funktionsstruktur besteht vorerst nur aus den Hauptfunktionen *„Stromfluss gewährleisten"* und *„Licht erzeugen"*. Die Frage nach dem physikalischen Effekt führt erwartungsgemäß zu mehreren Möglichkeiten. Licht kann aus elektrischem Strom durch Erhitzung des Leiters, durch Gasentladung oder mittels eines Lichtbogens erzeugt werden. Die Wahl des erstgenannten Effektes, welcher zum Produkt **„Glühbirne"** führt, bringt unmittelbar die Kriterien für die Werkstoffe. Ausreichende Lichtausbeute in gewünschter Wellenlänge erfordert die Erwärmung des Leiters auf andauernde Weißglut, die richtige Wahl ist demnach ein Werkstoff mit hohem Schmelzpunkt. Ausreichender elektrischer Widerstand erfordert kleinen Querschnitt, das hochschmelzende Metall muss also zu dünnem Draht mit ausreichender Festigkeit verarbeitbar sein.

Die Wahl des Leiterwerkstoffes aufgrund dieser beiden Bedingungen fällt auf eine Wolframlegierung. Nach erfolgter Umsetzung der Kernfunktionen zeigt jedoch das Experiment, dass der gewählte Effekt unter normalen, d.h. atmosphärischen Bedingungen, nicht langzeitstabil ist. Der glühende Leiter würde mit der Atmosphäre reagieren und die Lebensdauer gemäß Anforderungsliste nicht annähernd erreichen. In die Funktionsstruktur ist also eine Nebenfunktion aufzunehmen, welche aus der Lebensdaueranforderung folgt und lautet *„Leiter von der Umgebungsatmosphäre abschirmen"*. Die Kernfunktion *„Licht erzeugen"* darf ihrerseits von dieser Nebenfunktion nicht gestört werden, weshalb diese vollständig lauten muss *„Leiter transparent und wärmebeständig von der Umgebungsatmosphäre abschirmen"*. Die

Werkstoffkriterien für die zweite Komponente unseres Produktes, den Abschirmbehälter unseres Produktes Glühbirne, sind nun klar und lauten:

vakuumdicht – wärmebeständig – transparent.

Aufgrund dieser Kriterien ist die Wahl des Werkstoffes Glas nachvollziehbar; die Forderung (das Wirkprinzip) „*Erzeugung von Licht durch einen hocherhitzten, elektrischen Leiter unter Vakuum*" ist durch die Wahl geeigneter Werkstoffe für die beiden Komponenten Leiter und vakuumdichter Behälter abgesichert.

In einem hochtechnisierten Umfeld wird sich die Anforderungsliste nur selten mit der Definition eines Basisproduktes gemäß der Kernanforderungen begnügen. In der Regel werden eine Reihe von Sonder- und Spezialanforderungen vorhanden sein, welche vom gewählten Wirkprinzip mit abgedeckt werden müssen. Die Konstruktionsmethodik berücksichtigt diesen Sachverhalt durch Einführung eines weiteren Schrittes innerhalb des Blockes KONZIPIEREN. Dieser Schritt führt vom Wirkprinzip zum **Lösungsprinzip,** dem Ergebnis am Ende des Blockes. Er beinhaltet eine erste geometrische Gestaltung des künftigen Produktes, womit das Wirkprinzip häufig an Spezialanforderungen angepasst werden kann.

Für das Beispiel Glühbirne könnte eine solche Spezialanforderung lauten „*Abgabe eines gerichteten Lichtstrahles mit geringem Öffnungswinkel*". Mit einer speziellen Form des diskutierten Glasbehälters und der Anbringung eines Reflektors ist diese Forderung lösbar. Die Detailüberlegung führt schließlich zu einem integrierten Reflektor in Form einer auf einen Teil des Glasbehälters aufgebrachten Spiegelschicht. Damit betritt ein weiterer Werkstoff das Szenario, welcher folgende Kriterien zu erfüllen hat:

– lichtreflektierend;
– in dünner Schicht örtlich auf den Glasbehälter aufbringbar.

Die Werkstoffwahl wird hier Metalle wie Silber oder Aluminium, welche auf Glas aufdampfbar sind, vorsehen.

Sowohl in der theoretischen Überlegung als auch im praktischen Beispiel ist die Phase KONZIPIEREN mit der Festschreibung des Lösungsprinzips abgeschlossen. Die Kriterien für die stoffliche Umsetzung wurden gegenüber der Machbarkeitsstudie in der Phase KLÄREN auf zusätzliche Werkstoffparameter ausgedehnt. Die Produktidee ist ihrer funktionalen *und* materiellen Umsetzung ein weiteres Stück näher gerückt.

Dem Übergang zur nächsten Phase des Entwicklungsprozesses, dem eingangs ebenfalls schon angeführten ENTWERFEN bzw. der *Entwurfsphase*, steht nun nichts mehr im Wege. Der entsprechende Block im Ablaufplan hat in Form des Konstruktionsskelettes eine Eingangsgröße, welche Funktion, Anordnung und Zusammenwirken einzelner Komponenten beschreibt, deren *geometrische* Dimensionen jedoch offen lässt. Da als Meilenstein 3 am Ende dieser Phase der **maßstäbliche Konstruktionsentwurf** steht, müssen innerhalb dieses Blockes alle Aktionen ablaufen, welche notwendig sind, um aus der Prinzipskizze, dem nicht maßstäblichen Konstruktionsskelett, einen maßstäblichen Konstruktionsentwurf zu entwickeln (Bild 14.4).

Die Abläufe innerhalb der Phase *Entwerfen* konzentrieren sich auf zwei parallel ablaufende, durch intensiven Datenaustausch gekennzeichnete Aktionen, der **Berechnung** und der **geometrischen Gestaltung** des vorgeschlagenen Lösungsprinzips. In beiden Aktionen sind die hier zu diskutierenden Fragen der stofflichen Umsetzung von vorrangiger Bedeutung. Mit der zunehmenden Verfeinerung des Lösungsprinzips werden neue Komponenten und damit

Statik Dynamik Festigkeitslehre

Konstruktionsskelett Quantitative Aussagen Maßstäblicher Entwurf

Meilenstein Nr. 2 *Meilenstein Nr. 3*

Berechnung

Datenaustausch

Gestaltung 1:1

Qualitative Aussagen

Regeln „Gerechtheiten"

Nutzungsgerecht
Beanspruchungsgerecht
Qualitätsgerecht
Fertigungsgerecht
Recyclinggerecht Kostengerecht

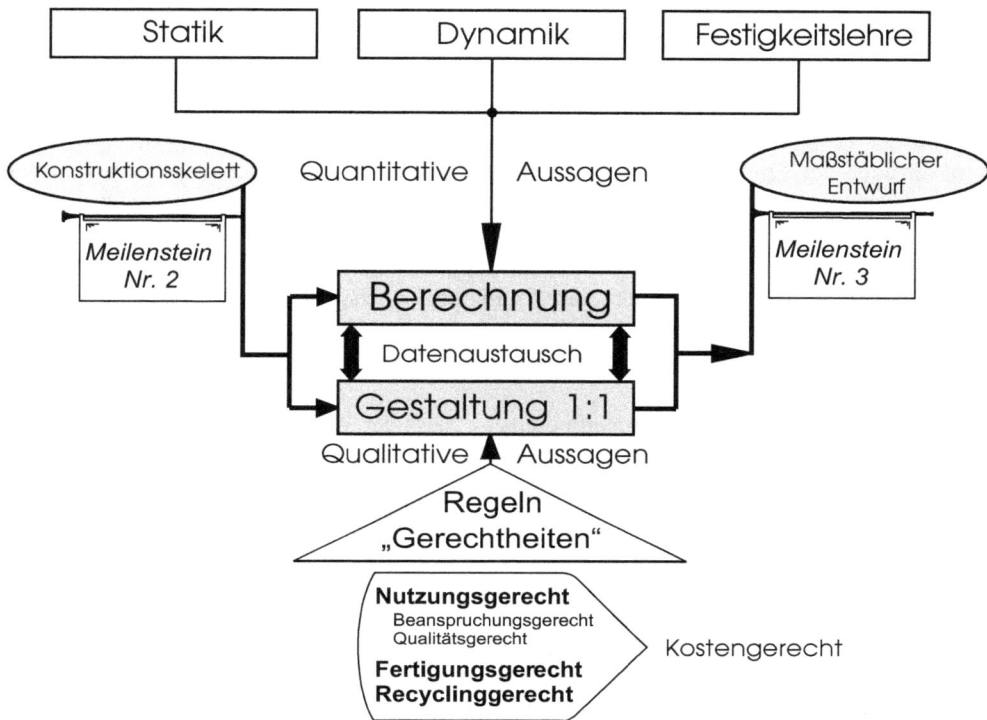

Bild 14.4 Die Entwurfsphase.

Detailproblemzonen entstehen, welche allesamt in reale Bauteile aus realen Werkstoffen umzusetzen sind.

Der erste Schritt wird gestaltend in Form des Eintrages globaler Größen in das Konstruktionsskelett sein. Das sind etwa die zu erwartenden Gesamtabmessungen des betrachteten Lösungsprinzips. Der zweite, berechnende Schritt wird unter Nutzung statischer und dynamischer Berechnungsmethoden jene Lasten (Kräfte und Momente) ermitteln, welche auf die im Konstruktionsskelett erkennbaren Komponenten einwirken. Die Komponenten sind bis auf wenige, aufgrund von Machbarkeitsstudien und Sachverstand gewählte Hauptabmessungen in ihren geometrischen Details (z.B. Grundkörper, Wandstärken, Kontaktflächen) noch undefiniert. Nach Ermittlung der einwirkenden Lasten ist der Zeitpunkt zur Klärung dieser Details gekommen, und damit auch zur Erstellung des Werkstoffgerüstes des Produkts. Man wählt wieder die charakteristische, iterierende Vorgehensweise zwischen Gestaltung und Berechnung. Die Berechnungsmethoden stammen diesmal aus der Festigkeitslehre unter Verwendung von Kennwerten der Werkstoffkunde. Konkret werden wieder mit dem schon zitierten Sachverstand Wanddicken gewählt und die dort unter Einwirkung der äußeren Lasten auftretenden, also im betrachteten Querschnitt **vorhandenen Spannungen** mit den Methoden der Festigkeitslehre berechnet. Die wesentlichen Begriffe wie kritischer Querschnitt,

Biegemoment, Torsionsmoment, Normalspannung, Schubspannung, Vergleichsspannung, Flächenpressung sind in der Fachliteratur erschöpfend behandelt.

Die Werkstoffkunde tritt an dieser Stelle mit entsprechenden Kennwerten aller gebräuchlichen Materialien auf. In Versuchen werden Zug-, Druck-, Biegeproben usw. so belastet, dass die von der Festigkeitslehre erkannten Spannungsarten entstehen. Die Belastung wird bis zum Versagen des Probekörpers gesteigert, die charakteristischen Spannungswerte ermittelt und als **Grenzspannung** in Form von Streck- oder Dehngrenze bzw. statischer oder dynamischer Bruchfestigkeit dokumentiert (s. Kap. 13).

Die Werkstoffwahl in dieser Phase bedeutet demnach, in gesammelten Datenblättern jene Werkstoffe aufzufinden, deren dort veröffentlichte Grenzspannung über dem errechneten Wert der vorhandenen Spannung liegt. Es trifft sich gut, dass man – ausreichende Datensammlungen vorausgesetzt – meist mehrere Werkstoffe mit ausreichender Grenzspannung finden wird.

Die bisherigen Ausführungen deuteten bereits an, dass der Werkstoff neben seiner primären Aufgabe, eine mechanisch belastbare Struktur zu ermöglichen, noch einer ganzen Reihe weiterer Anforderungen zu genügen hat, welche meist von den Nebenfunktionen kommen und nun in der weiteren Folge der Phase *Entwerfen* zu diskutieren sind.

Nach der grafischen Definition (*Entwurfszeichnung*) einer Struktur tritt der Gestaltungsprozess innerhalb der Phase *Entwerfen* in seine nächste Runde, und wiederum ist es zu einem wesentlichen Teil eine Runde der Werkstoffe.

Bild 14.4 zeigt, dass der Gestaltungsprozess einer Reihe von **Regeln** zu genügen hat, welche empirisch entstanden sind, sich aber heute durchwegs auf eine solide wissenschaftliche Untermauerung stützen können. Der Gesichtspunkt der Werkstoffwahl ist bei den einzelnen Regeln naturgemäß von unterschiedlicher Bedeutung. Grundsätzlich erkennt man aber, dass eine konkurrenzfähige Umsetzung des Lösungsprinzips nur bei genauer Kenntnis auch neuer Entwicklungen auf dem Gebiet der Werkstoffe gelingt.

Damit ist der Zeitpunkt gekommen, sich mit den eingangs andiskutierten **„Gerechtheiten"**, welche diese Regeln verkörpern, genauer auseinanderzusetzen. Es wurde bereits erkannt, dass der Entwurfsprozess als Wechselspiel zwischen Vorgabe und Nachrechnung einzelner Produktparameter abläuft. Häufig erfolgt die Vorgabe der Parameter aufgrund von Erfahrungswerten, z.B. aus ähnlichen Konstruktionen. Das hier zu entwickelnde Gebäude der Gerechtheiten ist demnach als geordneter und hochverdichteter Sachverstand des gestaltenden Ingenieurs anzusehen und sollte an jedem Entwurfsarbeitsplatz mit kurzer Zugriffszeit zur Verfügung stehen.

Die grundsätzliche Gliederung

– Nutzungsgerechtheit
– Fertigungsgerechtheit
– Recyclinggerechtheit

wird übernommen und nun Überlegungen zu deren Verfeinerung angestellt. Die zum derzeitigen Stand der Entwurfsarbeiten parallel laufenden Festigkeitsberechnungen sorgen für die Wahrnahme eines grundlegenden Interesses des späteren Nutzers, nämlich für eine ausreichende Beanspruchbarkeit der entstehenden Konstruktion. Als erstes Subkriterium der Nutzungsgerechtheit soll deshalb die

– Beanspruchungsgerechtheit

eingeführt werden. Der Inhalt ergänzt die Festigkeitsrechnung um den gestalterischen Sachverstand.

Bild 14.5 weist darauf hin, dass eine beanspruchungsgerechte Konstruktion vorliegt, wenn die gestalterischen Ideen des Konstrukteurs dem Bauteil bei der Bewältigung seiner Aufgabe, Lasten aufzunehmen und weiterzuleiten, *helfen* und nicht etwa *entgegenwirken*. Wesentlich ist hier vor allem die Eigenschaft der meisten Werkstoffe, verschiedene Spannungsarten unterschiedlich aufnehmen zu können. Wie viele andere Detailaussagen der Gerechtheiten sollte diese Tatsache auch den Werkstoffdatenblättern zu entnehmen sein. Als Beispiel sei auf den Unterschied zwischen zähem Stahl und sprödem Gusseisen hingewiesen. Die meisten Datenblätter enthalten heute ausreichende Informationen über die Werkstoffzähigkeit (Bruchdehnung, Kerbschlagzähigkeit, Risszähigkeit).

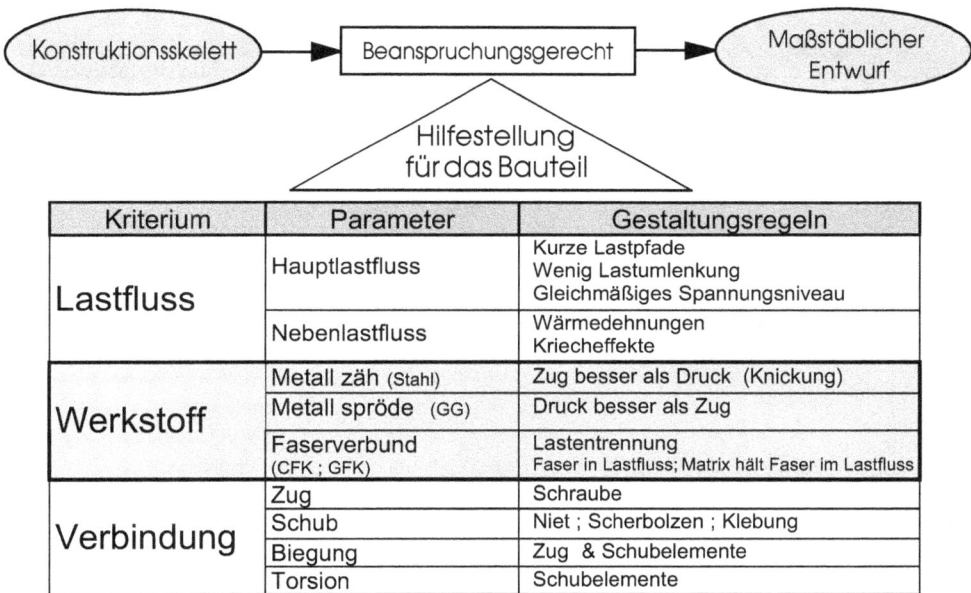

Kriterium	Parameter	Gestaltungsregeln
Lastfluss	Hauptlastfluss	Kurze Lastpfade Wenig Lastumlenkung Gleichmäßiges Spannungsniveau
	Nebenlastfluss	Wärmedehnungen Kriecheffekte
Werkstoff	Metall zäh (Stahl)	Zug besser als Druck (Knickung)
	Metall spröde (GG)	Druck besser als Zug
	Faserverbund (CFK ; GFK)	Lastentrennung Faser in Lastfluss; Matrix hält Faser im Lastfluss
Verbindung	Zug	Schraube
	Schub	Niet ; Scherbolzen ; Klebung
	Biegung	Zug & Schubelemente
	Torsion	Schubelemente

Bild 14.5 Beanspruchungsgerechte Gestaltung.

Das zweite Subkriterium im Rahmen der Nutzungsgerechtheit, die

– Qualitätsgerechtheit,

erfährt in Bild 14.6 die notwendigen Erläuterungen.

Im modernen Qualitätsmanagement wird der Qualitätsgerechtheit der Konstruktion ein hoher Stellenwert beigemessen. So kann beispielsweise eine Gießerei kaum qualitativ hochwertige Gussbauteile bei wenig Ausschuss produzieren, wenn nicht die Konstruktion „gussgerecht" gestaltet wurde.

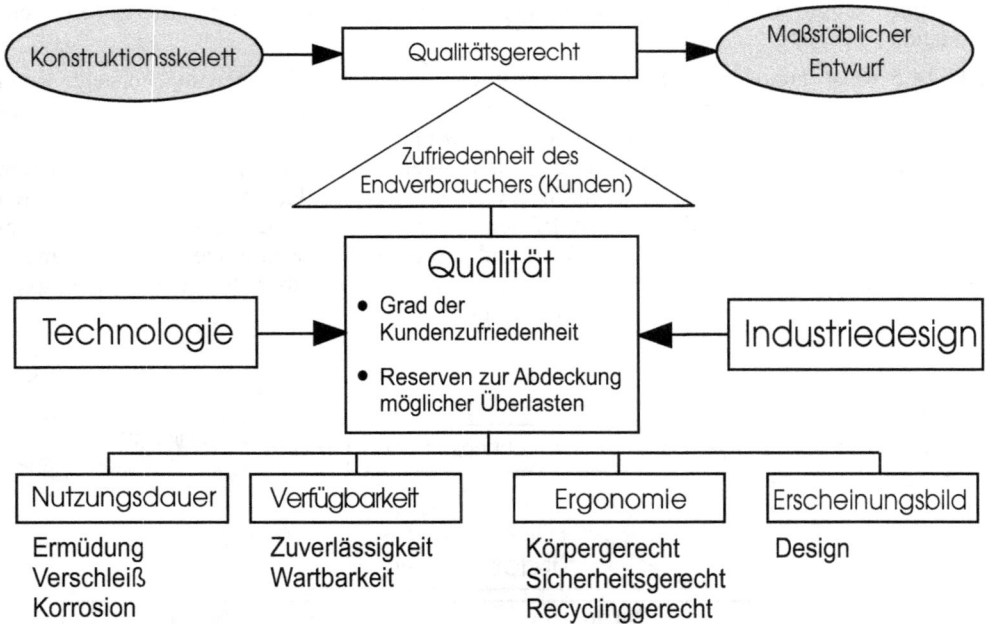

Bild 14.6 Qualitätsgerechte Gestaltung.

Qualität in der Produktentwicklung kann als Erfüllungsgrad der Subkriterien

– Nutzungsdauer
– Verfügbarkeit
– Ergonomie
– Erscheinungsbild

gesehen werden.

Bei der Gestaltung von Qualität ist der Einfluss einer richtigen Werkstoffwahl wieder besonders augenfällig. Jeder Nutzer technischer Produkte hat eigene Erfahrungen zu deren *Nutzungsdauer* und damit zu den Einflussgrößen

Ermüdung – Verschleiß – Korrosion.

Ermüdung tritt durch dynamische, also schwingende Belastung auf. Da aus Gewichtsgründen Konstruktionen immer häufiger auf begrenzte und nicht auf unbegrenzte Lebensdauer ausgelegt werden, ist die Kenntnis und Anwendung entsprechender Diagramme, speziell der Wöhler-Kurve (Abschnitt 13.1.5), unabdingbar. Die Betriebsfestigkeitslehre vermittelt zwischen konstruktiven und werkstofflichen Gegebenheiten.

Verschleiß ist mechanischer Materialabtrag an Kontaktflächen von Bauteilen und führt zur Funktionsbeeinträchtigung. Ein verschleißgerechter Entwurf fordert für Bauteile mit gefährdeten Kontaktstellen je nach Verschleißmechanismus Oberflächenhärte, Zähigkeit, optimale Werkstoffpaarung und Oberflächentrennung durch Schmierstoffe.

Korrosion ist chemische, elektrochemische oder physikalische Reaktion zwischen Werkstoff und Umgebungsmedien mit Material- und Festigkeitsverlust bis zur Funktionsuntauglichkeit (Kap. 12). Einflussnahme ist durch Behinderung der chemischen Reaktionen mittels geeigneter Werkstoffe oder zumindest geeigneter Schichten zwischen potentiellen Reaktionspartnern möglich. Niedriges Eigenspannungsniveau hilft bei der Abwehr elektrochemischer Korrosion.

Dem Begriff der *Verfügbarkeit* oder *Betriebsbereitschaft* eines Produktes lassen sich die Einflussgrößen **Zuverlässigkeit** und **Wartbarkeit** zuordnen. Sie werden eher von konstruktiven als von werkstofftechnischen Details geprägt. Andererseits sind beispielsweise Schäden an Bauteilen aus modernen Verbundwerkstoffen schwieriger zu reparieren als herkömmliche Metallteile, was unter „Wartbarkeit" negativ verbucht werden muss. Die Werkstoffwahl sollte also das Kriterium Verfügbarkeit nicht gänzlich außer acht lassen.

Die *ergonomische Gestaltung* eines Produktes kann hingegen bei der Einflussgröße **Körpergerechtheit** in engem Zusammenhang mit den verwendeten Werkstoffen gesehen werden. Bauteile, welche mit dem Körper des Nutzers in enger Beziehung stehen, müssen der Anatomie des Menschen entsprechen, und sowohl das erzielbare Endergebnis als auch der Aufwand zu dessen Erreichung sind werkstoffspezifisch. Als Beispiele mögen hier der Vergleich eines Sattels aus Leder mit dem Fahrersitz eines Rennwagens aus einer Kunststoffschale oder eines mittelalterlichen Helmvisiers aus Stahl mit einem modernen Visier aus Plexiglas dienen. Die Eigenschaft eines Werkstoffes, mit vertretbarem Aufwand in komplexe geometrische Formen, etwa sogenannte Freiformflächen, gebracht werden zu können, ist hier die entscheidende Eigenschaft. An dieser Stelle besteht ein besonders enger Zusammenhang zwischen Nutzungsgerechtheit und Fertigungsgerechtheit.

Bei der Einflussgröße **Sicherheitsgerechtheit** wirken konstruktive und stoffliche Eigenschaften ebenfalls eng zusammen. Die Relevanz des Bruchverhaltens eines Werkstoffes kann am Beispiel von Sicherheitsglas, welches beim Bruch ungefährliche, kleine Stücke bildet, nachvollzogen werden. Energieaufnahmefähigkeit im Schadensfall, Unbrennbarkeit oder Vermeidung toxischer Substanzen im Brandfall wären andere Beispiele.

Die Vermeidung von gefährlichen Stoffen schlägt an dieser Stelle eine Brücke zur **Recyclinggerechtheit**, ist aber nur ein Teilaspekt dieses bedeutenden Kriteriums. Die Fähigkeit zum *natürlichen Abbau* wäre die ideale, aber relativ selten erfüllbare Eigenschaft moderner Werkstoffe. Das Anforderungsminimum sollte jedoch ein möglichst hoher Anteil an Wiederaufbereitbarkeit bei geringem Energieaufwand und Schadstoffausstoß sein. Als Beispiel dient hier der Übergang von duromeren zu plastomeren Kunststoffen. Mit der Bezeichnung "organische Bleche" wird gerne darauf hingewiesen, dass dünnwandige, faserverstärkte Plastomere zum Unterschied von Duromeren wie Stahlbleche mehrmals umformbar und damit reparierbar sind. Ein anderer Aspekt der Recyclingfähigkeit ist die Trennbarkeit der vielen, in einem modernen Produkt vertretenen Werkstoffe ohne kostspielige, manuelle Demontageoperationen.

Letztlich wird der Nutzer bei der Wahl eines Produktes mehr oder weniger von Emotionen beeinflusst. Da das äußere Erscheinungsbild Emotionen auslöst, nutzen auch industriell gefertigte Produkte das Erfolgspotential einer entsprechenden Formgebung. Unter dem Begriff **„Industrial Design"** wird seit Jahrzehnten an ausgewogenen Kompromissen zwischen Technologie, Psychologie und Ergonomie gearbeitet. Deshalb wird Industrial Design auch gerne als Zugeständnis der Kunst an die industrielle Fertigung eines Produktes bezeichnet. Der Einfluss auf die Werkstoffwahl weist hier Parallelen zu den bei der Ergonomie angeführten Zusammenhängen auf. Entscheidend ist wieder die Formbarkeit eines Werkstoffes, nur werden die geforderten Freiformflächen hier nicht von der menschlichen Anatomie, sondern vom künstlerischen Gestaltungswillen des Designers geprägt. Es ist deshalb kein Zufall, dass die gute Formbarkeit moderner Kunststoffe in unserem Jahrhundert eine völlig neue Formenwelt ermöglicht, ähnlich wie die Verarbeitungsmöglichkeiten von Holz, Marmor oder metallischer Vormaterialien die Formenwelt früherer Jahrhunderte prägte.

Damit ist auch die Brücke von der Nutzungsgerechtheit zur **Fertigungsgerechtheit** geschlagen (Bild 14.7).

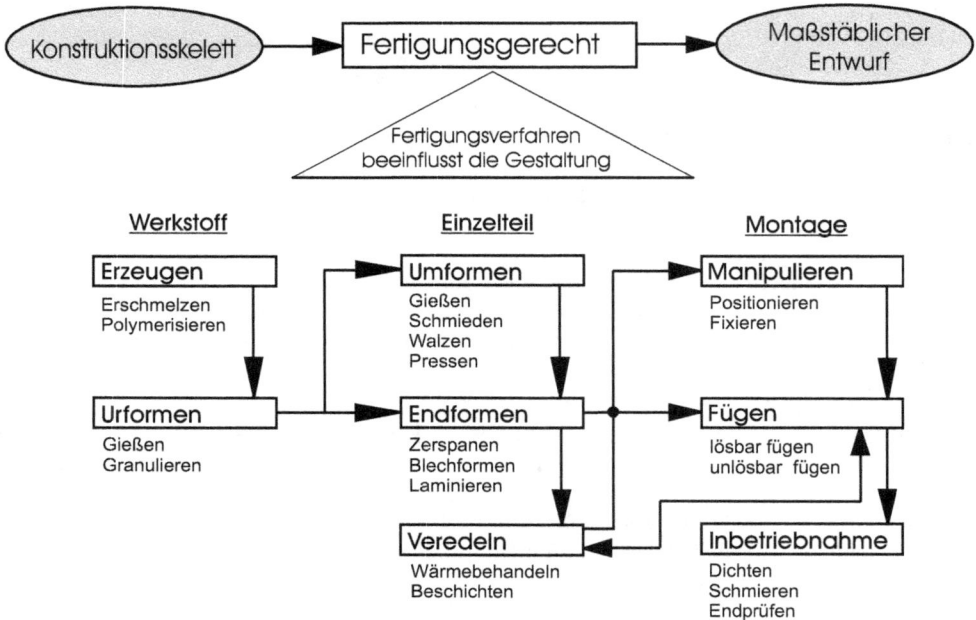

Bild 14.7 Fertigungsgerechte Gestaltung.

Die oben getroffenen Feststellungen sind zur umfassenden Beschreibung der Fertigungsgerechtheit nur insofern zu erweitern, dass neben den äußeren Begrenzungsflächen eines Produktes, den Freiformflächen, auch die inneren Kontaktflächen zu benachbarten Bauteilen, also die bereits im Lösungsprinzip ausgewiesenen Funktionsflächen, gefertigt werden müssen. Die Fähigkeit zum fertigungsgerechten Gestalten setzt die Kenntnis des relevanten Herstellprozesses voraus. Dieser kann prinzipiell gegliedert werden in

– Herstellung des Werkstoffs,
– Herstellung der Einzelteile,
– Oberflächenbehandlung,
– Zusammenbau (Montage) der Einzelteile,

wobei speziell bei modernen Prozessen die Grenzen fließend sind, etwa verschmelzen bei Faserverbundbauteilen häufig Werkstoff- und Bauteilherstellung oder bei Integralstrukturen die Einzelteilherstellung mit der Montage.

Der Konstrukteur legt mit seiner Werkstoffwahl implizit das Verhältnis der Fertigungsabschnitte zueinander fest. Wünschenswert wäre, durch das Urformen ohne weiteren Formgebungsschritt zur Endform des Einzelteiles zu gelangen, noch besser, Fügearbeitsgänge durch Zusammenfassung von potentiellen Einzelteilen zu einem Integralteil zu vermeiden. Moderne Gießverfahren für Metalle wie Feinguss oder Laminierverfahren für Faserverbundwerkstoffe bieten diese Chance, deren Wahrnahme fertigungsgerechte Gestaltung in hoher Perfektion voraussetzt.

Jedes Fertigungsverfahren setzt der Gestaltungsfreiheit des Konstrukteurs individuelle Grenzen (Bild 14.8).

Eine Besonderheit der für eine Analyse der verschiedenen Einflüsse hilfreichen Strukturierung in Nutzungsgerechtheit, Fertigungsgerechtheit und Recyclinggerechtheit kann darin gesehen werden, dass sie als **Kostengerechtheit** wieder zusammenfließen. Jeder Fehler, welcher auf einem der drei Gebiete unterläuft, wird sich als Kostenfaktor in der Kalkulation unseres Produktes wiederfinden. Dies gilt in erheblichem Ausmaß für Fehler bei der Werkstoffwahl, da jede der zahlreichen Entscheidungssituationen bei der stofflichen Umsetzung der Produktidee natürlich eine potentielle Fehlerquelle darstellt. Nach den Gesetzen der Betriebswirtschaftslehre verursacht ein Produkt über seinen Lebenszyklus die *Lebenszykluskosten*. Die Aufstellung in Bild 14.9 zeigt, an welcher Stelle des Kostengerüstes Werkstoffentscheidungen zu Kostenfaktoren werden.

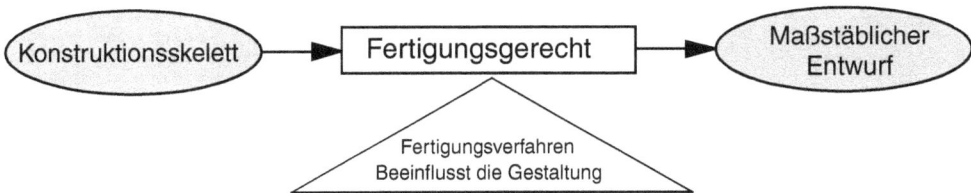

Bild 14.8 Grenzen der Fertigungsverfahren (metallische Werkstoffe).

Es ist nachvollziehbar, dass die Folgen der in den Phasen KLÄREN, KONZIPIEREN, ENT-WERFEN und AUSARBEITEN getroffenen Entscheidungen weit über die Phase PRO-DUKTION hinaus in den Phasen NUTZUNG und AUSSERDIENSTSTELLUNG Kosten verursachen. Diese sind nicht nur, aber zu einem wesentlichen Anteil von den Werkstoffent-scheidungen zu verantworten.

Sobald die Ergebnisse der hier dargestellten Werkstoffdiskussion zusammen mit den nicht werkstoffrelevanten Einflüssen auf die Gerechtheiten konstruktiv umgesetzt sind, ist die so-genannte **Maßsynthese** abgeschlossen und wir befinden uns am Ende der Phase ENTWER-FEN.

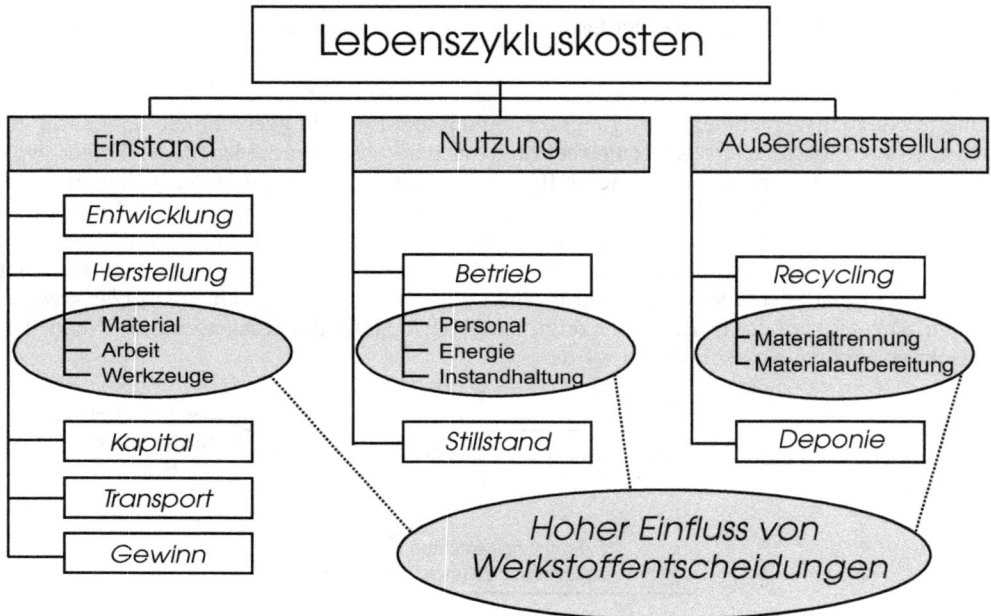

Bild 14.9 Bestandteile der Lebenszykluskosten und Einfluss der Werkstoffentscheidungen

Als Meilenstein 3 und Ausgangsgröße des entsprechenden Blockes der Ablaufplandarstel-lung liegt ein zu Papier gebrachter, **maßstäblicher Entwurf** als Eingangsgröße des folgen-den Blockes vor, welcher die Phase AUSARBEITEN (Detaillierungsphase) repräsentiert (siehe wieder Bild 14.1). Dessen Ausgangsgröße, der Meilenstein 4, ist ein **Satz von Bau-unterlagen**, das heißt die Gesamtheit aller Daten in Form von zeichnerischer oder schrift-licher Darstellung, welche für einen reibungslosen Ablauf der anschließenden Produktion benötigt werden. Die Vorgehensweise in der Detaillierungsphase weist im Wechselspiel zwi-schen Gestaltung und Berechnung Ähnlichkeiten mit der Entwurfsphase auf. Der Unter-schied liegt in einem Überwiegen der Gestaltungsaufgaben und eben einem höheren Detail-lierungsgrad von Gestaltung und Rechnung.

In der Detaillierungsphase kommen nun genauere Verfahren zur Kostenermittlung zur Anwendung. Während in der Entwurfsphase unter dem Titel „**Design to Cost**" die begleitende Kostenkontrolle aufgrund vieler offener Details des entstehenden Produktes meist auf *parametrische Verfahren* zurückgreift (Kenngrößen sind häufig Erfahrungswerte des Quotienten „Herstellkosten/kg Produkt"), stehen nun ständig neue Details zur Verfügung, welche eine genaue Vorkalkulation der Herstellkosten z.B. nach den gebräuchlichen **REFA-Verfahren** ermöglicht. Nach dieser Methode werden die Herstellkosten durch genaue Berechnung der einzelnen Faktoren des Kostengerüstes von Bild 14.9, also der Materialkosten, Arbeitskosten, Energiekosten und Werkzeug-/Maschinenkosten, gebildet.

Die Kostenstrukturierung nach REFA bietet die Möglichkeit, das feine Zusammenspiel der reinen Werkstoffkosten mit den Kosten der Verarbeitung, also der Kosten für Lohn, Energie, Hilfsstoffe, Werkzeuge usw. quantitativ zu erfassen. Moderne Werkstoffe sind häufig „maßgeschneidert", wobei punktuelle Überlegenheit bei einer der Gerechtheiten mit enormen Nachteilen bei den Verarbeitungskosten erkauft wird. Als **Beispiel** seien hier wieder die Faserverbundwerkstoffe genannt:

Um 1975 erkannte die Luftfahrtindustrie das hohe Leichtbaupotential des Faserverbundwerkstoffes CFK (Kohlefasern in Kunststoffmatrix). Noch heute wird dessen spezifische Festigkeit, d h. Festigkeit bezogen auf Dichte, von keinem anderen Material erreicht. Die zu diesem Werkstoff gehörenden Umformprozesse erwiesen sich jedoch für Großserien nicht ausreichend rationalisierbar. Deshalb blieb auch den bereits in der Automobilindustrie entwickelten CFK-Strukturen wie Querlenkern, Türen, oder Wellen der Durchbruch in der Serie versagt. Die gerne mit dem hitech-Gütesiegel bedachte Faserverbundtechnologie wird sich in naher Zukunft nur sehr schwer aus ihrer engen Marktnische des kompromisslosen Leichtbaus befreien können.

Die endgültigen Werkstoffentscheidungen fallen also in der Detaillierungsphase aufgrund vorliegender, quantitativer Ergebnisse der REFA-Kostenrechnung, während die vorläufigen Werkstoffentscheidungen der Entwurfsphase eher qualitativ aufgrund sachverständiger Diskussion der Gerechtheiten mit Untermauerung durch parametrische Kostenkennwerte erfolgt. Der gesamte Prozess der kostenrelevanten Entscheidung von Nutzungs-, Fertigungs- und Recyclingfragen im Rahmen von Entwurfs- und Detaillierungsphase wird „**Design to Cost**" oder „**Wertgestaltung**" genannt.

Die **Bauunterlagen** als Meilenstein 4 und Ausgangsgröße des Blockes AUSARBEITEN halten das Ergebnis der Werkstoffwahl an mehreren Stellen fest. Als zentrales Element der Werkstoffdokumentation darf die **Stückliste** gelten. Jedes Einzelteil eines Produktes ist dort direkt mit einer Werkstoffangabe versehen oder indirekt über eine Norm mit einer solchen verknüpft.

Das zweite Element der Werkstoffdokumentation ist die **Konstruktionszeichnung** selbst. Auf ihr ist zwar der Werkstoff oft nicht direkt erkennbar; Eintragungen weisen jedoch auf wichtige Eigenschaften und Behandlungen wie Oberflächenhärte, Korrosionsschutz oder bei Faserverbundbauteilen auf den inneren Aufbau hin.

Das dritte, stetig an Bedeutung gewinnende Element der werkstoffrelevanten Dokumentation sind die **Fertigungsvorschriften**. Wettbewerbsfähigkeit eines Produktes setzt heute auch die optimale Ausnutzung der Werkstoffe voraus. Die in Laborversuchen ermittelte Festigkeit einer Werkstoffprobe lässt sich nur in wenigen Glücksfällen ungeschmälert in die Festigkeitsrechnung eines realen Bauteiles einsetzen. Wie eine nicht optimale Gestaltung führt auch ein nicht optimaler Herstellprozess zur Minderung der maximal erreichbaren mechanischen Eigenschaften.

Als **Beispiel** sei das anisotrope Verhalten geschmiedeter Bauteile genannt. Der Schmiedeprozess hinterlässt im Werkstück eine Textur (s. Abschn. 2.1.6), die sogenannten Schmiedefasern, in deren Richtung das Bauteil eine höhere Festigkeit aufweist als senkrecht dazu. Soll dieser Vorteil genutzt werden, muss im Rahmen einer Fertigungsvorschrift dafür gesorgt werden, dass die Schmiedetextur tatsächlich mit dem Lastfluss im Bauteil übereinstimmt. Dies ist jedoch nur dann der Fall, wenn dem Planer des Schmiedeprozesses der Lastfluss im Bauteil zur Kenntnis gebracht wird. Die Fertigungsvorschrift übernimmt diese Aufgabe und damit die Verantwortung, dass das Festigkeitspotential des Werkstoffes unter Berücksichtigung der vorliegenden Bauteilgeometrie und des ins Auge gefassten Formgebungsprozesses bestmöglich genutzt wird.

Mit den genannten Eintragungen in die Bauunterlagen ist die Werkstoffwahl vorerst abgeschlossen. Im Interesse eines erfolgreichen Produktes sollte sie auch endgültig sein. Korrekturen aufgrund von Bauteilerprobungen und Feldversuchen oder gar Ausfällen während der Nutzung sollten die Ausnahme bleiben. Bei Produkten mit langen Lebenszyklen sind andererseits Werkstoffumstellungen bei einzelnen Komponenten im Zuge von Rationalisierungen nicht selten.

14.3   Werkstoffwahl und Werkstoffgruppen

Der Bezug zwischen den genannten Gerechtheiten der Produktgestaltung und einzelnen Werkstoffgruppen wird von jenen Parametern hergestellt, deren Quantifizierung dem Hauptteil des Buches vorbehalten ist. Die Arbeit des Konstrukteurs ist werkstoffseitig vor allem von folgenden Parametern geprägt:

– Festigkeit bei Normaltemperatur, statisch oder dynamisch
– Festigkeit bei höherer Temperatur (Warmfestigkeit)
– Energieaufnahmefähigkeit (Zähigkeit)
– Oberflächenhärte und Verschleißbeständigkeit
– Dichte
– Korrosionsbeständigkeit
– Verformungswiderstand
– Leitfähigkeit für Wärme und Elektrizität
– Recyclingfähigkeit

Zur Umsetzung einer Produktidee steht heute eine nur schwer überblickbare Vielfalt an Werkstoffen zur Verfügung. Eine systematische Werkstoffwahl setzt wieder eine Strukturierung dieser Vielfalt voraus. Aus der Sicht der Produktgestaltung erscheinen die historisch gewachsenen Kategorien

Metalle – Kunststoffe – Verbundstoffe – Keramiken – Holz

auch weiterhin sinnvoll.

Die **Metalle** können derzeit noch als die für den Maschinenbau wichtigste Gruppe angesehen werden. In einem breiten Angebot findet man Spezialisten für folgende Anforderungen:

- hohe bis höchste, quasiisotrope Festigkeit bei Normaltemperatur,
- Energieaufnahmefähigkeit (Zähigkeit),
- mittlere bis hohe Festigkeit bei höheren Temperaturen (Warmfestigkeit),
- hohe Oberflächenhärte (Verschleißfestigkeit),
- Korrosionsbeständigkeit.

Als bedeutende Metalle stehen im Maschinenbau die in den Kapiteln 5 und 6 beschriebenen Werkstoffe zur Verfügung. Hier seien beispielhaft vier Gruppen, benannt nach dem überwiegenden Legierungselement, genannt und nochmals kurz beschrieben:

- Eisenbasislegierungen
- Aluminiumbasislegierungen
- Nickelbasislegierungen
- Titanbasislegierungen

Die **Eisenbasislegierungen**, also Stahl und Gusseisen, weisen aufgrund der vielfältigen Einflussmöglichkeiten auf die Eisen-Kohlenstoff-Legierungen hohe Flexibilität bei der Anpassung an verschiedene Anforderungen auf. Spezialstähle erzielen die höchste absolute Festigkeit (> 1500 N/mm²) aller Materialien und führen deshalb zur kleinstmöglichen Konstruktion. Kompromisse zugunsten Oberflächenhärte, Korrosionsbeständigkeit und Warmfestigkeit sind fein abgestuft möglich.

Hohe Dichte und die daraus folgende geringere spezifische Festigkeit begrenzt ihre Anwendungen im Leichtbau. Diese Grenze ist jedoch fließend, sobald z.B. Sicherheitsaspekte zum Tragen kommen. Im Flugzeugbau gibt es eine Reihe von Beispielen, wo nach Unfällen Bauteile aus „modernen" Leichtbauwerkstoffen wieder durch schwerere Teile aus hochfestem Stahl ersetzt wurden. Es waren immer Teile an Orten hoher Lastkonzentration bei begrenztem Bauraum.

Die Materialkosten sind trotz eines umweltbelastenden Erschmelzungsprozesses niedrig, die Verarbeitungskosten aufgrund des hohen Verformungswiderstandes bei Um- und Endformung sowie des damit verbundenen Energieaufwandes relativ hoch.

Die **Aluminiumbasislegierungen** haben aufgrund der vergleichsweise geringen Dichte ihr Hauptanwendungsgebiet im Leichtbau. Mit Festigkeitswerten bis etwa 500 N/mm² liegen sie in der absoluten Festigkeit deutlich unter Stahl, bei der spezifischen Festigkeit in dessen Nähe. Die Oberflächenhärte ist niedrig, Korrosionsbeständigkeit und elektrische Leitfähigkeit sind hoch. Die Erzeugung ist energieaufwendig und damit umweltfeindlich, nur durch Recyclingaluminium wird das Problem gemildert. Die Materialkosten sind höher als die von Stahl, Umformung (aufgrund niedrigen Verformungswiderstandes) und Zerspanung hingegen kostengünstig.

Nickelbasislegierungen sind für den Konstrukteur Spezialisten zur Anwendung bei hohen Temperaturen. Oberhalb 500 °C ist ihre Festigkeit deutlich höher als jene von Stahl. Korrosionsbeständigkeit liegt vor. Dem Spezialisten verzeiht man hohe Material-, Ur- und Umformkosten dort, wo sein Einsatz unumgänglich ist. Beispiele sind die mit dem Heißgasstrom in direktem Kontakt stehenden und auch mechanisch hochbeanspruchten Bauteile von Gasturbinen wie Schaufeln und Nabenscheiben.

Titanbasislegierungen finden ihr Haupteinsatzgebiet im Leichtbau aufgrund ihrer für Metalle einmaligen Kombination von Festigkeit (etwa 1000 N/mm²) und Dichte (4,5 g/cm³). Sie weisen die höchste spezifische Festigkeit aller Metalle auf. Mit dem daraus von der Werbung abgeleiteten Anspruch „Festigkeit von Stahl bei Gewicht von Aluminium" haben sich Titanbasislegierungen im Luftfahrzeugbau einen vom Flugzeugtyp abhängigen Anteil von 5 % – 20 % des Strukturgewichtes gesichert. Andererseits sorgen die chemisch sehr stabilen Titanerze für hohe Materialkosten, und ein widerstandsfähiger, hexagonaler Mischkristall der wichtigsten Titanlegierungen für hohe Kosten bei Um- und Endformung. Chemische Beständigkeit geben niedrig legiertem oder reinem Titan seine Bedeutung im Apparatebau.

Kunststoffe haben ab Mitte des 20. Jahrhunderts klassische metallische Werkstoffe vor allem bei Konsumgütern verdrängt. Der wichtigste Grund für diesen Substitutionsvorgang ist in der kostengünstigen Verarbeitbarkeit zu suchen, welche jedoch nur durchschlägt, solange die Festigkeitsansprüche gering sind. Für viele Kunststoffprodukte ist die Urformgebung mit der Um- und Endformung identisch, worin ein erhebliches Potential für Kostensenkung besteht. Reichlich vorhandene Grundstoffe halten auch die Materialkosten niedrig.

Bei höherem Festigkeitsanspruch muss der Kunststoff durch die Einlagerung festerer Komponenten verstärkt werden, es entstehen **Verbundwerkstoffe**. Bei diesen ist – durch das Zusammenwachsen der einzelnen Fertigungsschritte – häufig keine scharfe Trennung zwischen Werkstoffherstellung und Formgebung mehr möglich. Der endgültige Werkstoff entsteht gerade bei Langfaserverstärkung erst im Zuge der Formgebung, weshalb die Bezeichnung *Verbundbauteil* zutreffender ist als die Bezeichnung Bauteil aus *Verbundwerkstoff*.

Unverstärkte Kunststoffe begnügen sich mit einer Festigkeit von maximal 90 N/mm², durch Einlagerung von Kohlefasern lässt sich diese in Faserrichtung, also keineswegs isotrop, auf etwa 900 N/mm² vervielfachen. Zusammen mit einer Dichte von < 2 g/cm³ führt dies zur bisher höchsten spezifischen Festigkeit. Die an sich kostengünstige Verarbeitbarkeit des Kunststoffes bei niedriger Temperatur wird letztlich durch die beanspruchungskonforme Einbringung der Verstärkungskomponente entscheidend verteuert. Die thermische Belastbarkeit ist unabhängig von einer möglichen Verstärkungskomponente gering. Etwa 80 °C für die meisten Kunststoffe und 150 °C für Spezialisten können hier als Richtwerte gelten.

Eine ausgeprägte Stärke weisen Kunststoffe hinsichtlich ihrer Korrosionsbeständigkeit auf, gleichermaßen aber Schwächen bei der Oberflächenhärte, Verschleißanfälligkeit, Wasseraufnahme und UV-Beständigkeit.

Höchst problematisch ist das schlechte Recyclingverhalten einiger Kunststoffe und der meisten Verbundwerkstoffe. Als **Beispiel** mag hier PVC gelten, dessen relativ hohe Festigkeit ohne weitere Verstärkung kein ausreichendes Gegengewicht zu seiner Umweltschädlichkeit (Entwicklung von Chloriden bei der Entsorgung) mehr darstellt.

Keramikwerkstoffe haben eine lange Geschichte hinter sich. Ihre Bedeutung beruht heute ebenso wie vor vielen Jahrhunderten auf chemischer Beständigkeit sowohl bei Normal- als auch bei hoher Temperatur, auf Oberflächenhärte, guter Verarbeitbarkeit und geringer Dichte. Die moderne Keramikentwicklung konnte alte Defizite bei Zugfestigkeit und Zähigkeit soweit beseitigen, dass die alle anderen Werkstoffe überragende Anwendbarkeit bei höchsten Temperaturen vorsichtig auf dynamisch belastete Maschinenteile ausgedehnt werden kann. Dieses Marktsegment ist aufgrund der Tatsache bedeutend, dass der Wirkungsgrad von thermischen Maschinen mit deren Arbeitstemperatur zunimmt, diese aber nur unter Rücksichtnahme auf die umgebenden Werkstoffe gesteigert werden kann. Im schon erwähnten Gasturbinenbau scheinen deshalb Keramikwerkstoffe die traditionellen Nickelbasislegierungen bei einigen wichtigen „Heißteilen" zumindest mittelfristig zu ersetzen.

Hohe Druckfestigkeit bei geringer Dichte, Korrosionsbeständigkeit und die ebenfalls allen anderen Maschinenbauwerkstoffen überlegene Oberflächenhärte hat den keramische Materialien Anwendungen bei Standardbauteilen erschlossen. Beispiele wurden in Kapitel 10 genannt: Werkzeugschneiden, Düsen, Ventile und Ventilsitze, Wälzlager.

Die Position einiger Metalle und Kunststoffe sowie von Keramik im Szenario der wichtigsten Kennwerte sei an dieser Stelle für den schnellen Überblick zusammengestellt (Bild 14.10).

Insgesamt ist gerade in einer schnelllebigen Gesellschaft mit kurzen Produkt-Lebenszyklen und wechselnden Ansprüchen an Form und Farbe ein Werkstoff von Vorteil, der aus *leicht gewinnbaren Rohstoffen ohne großen Energieeinsatz in vielfältigste Form* gebracht werden kann. Es ergibt sich ein günstiges Nutzen-/Kostenverhältnis zumindest für Konsumgüter, und nicht selten auch für Investitionsgüter, welche einem kurzen Innovationszyklus unterliegen. Aus solchen „Konsumwerkstoffen" mit ihrer bescheidenen Festigkeit höher belastbare Produkte zu schaffen, ist Aufgabe des Entwicklungsingenieurs. Er möge sich dabei der beschriebenen Methodik bedienen.

Bezeichnung	Spez. Gew. [g/cm³]	E-Modul [N/mm²]	Zugfest. [N/mm²]	Dehngrenze [N/mm²]	Bruchdehn. [%]	Härte [HB/HV]
Baustahl S235	7,80	210 000	370	230	25,0	110 HB
Vergütungsstahl 41Cr4	7,80	210 000	1100	1000	19,0	350 HB
Einsatzstahl 16MnCr5	7,80	210 000	900	600	10,0	100 / 430 HB
Gusseisen (spröde) EN-GJL-300	7,20	150 000	300	280	0,4	220 HB
Gusseisen (duktil) EN-GJS-400-15	7,20	170 000	400	250	15,0	250 HB
Titanlegierung TiAl6V4	4,50	110 000	950	850	10,0	310 HB
Al-Gussleg. AlSi12 (Fe)	2,70	75 000	200	90	7,0	50 HB
Keramik SSN	3,20	310 000	800			1000 HB
Epoxydharz EP	1,20	3 500	90		5,0	
GFK (50% Glas) EP-S Glas	1,90	25 000	1000	1000	2,2	
CFK (50% Carbon,HM) EP-Thornel	1,70	100 000	900	900	1,5	

Bild 14.10 Werkstoffvergleich

Antworten zu den Aufgaben

2.1

1. Weil nur am Anfang stehende Elemente Elektronen ganz abgeben können, mit der Folge „Elektronengas" und „Metallbindung".
2. Zur Leitung des elektrischen Stromes müssen freie Elektronen vorhanden sein. Die Metallbindung entsteht durch Anziehungskräfte zwischen Elektronen (–) und Atomrümpfen (+).
3. Der kleinste Ausschnitt eines Atomgitters, der das Gitter vollständig beschreibt.
4. Siehe Bild 2.12, 2.14, 2.18.
5. Siehe Bild 2.13, 2.15, 2.16.
6. Es handelt sich um ein polymorphes Element mit je nach Temperatur unterschiedlichem Atomgitter.
7. Fremdatom (Austausch- oder Zwischengitter-F.A.); Leerstelle.
8. Die Endlinie einer im Kristall endenden Atomebene.
9. Mischkristall: Enthält Fremdatome gelöst; Kristallgemisch: Zwei oder mehr Kristallarten treten als Mischung im Korngefüge auf.
10. Durch die unlösbare Verbindung von Kristallen (Körnern) mit unterschiedlicher Orientierung (Lage der Atomebenen).
11. Durch die unlösbare Verbindung von Kristallen (Körnern) mit unterschiedlicher Zusammensetzung und/oder Gitterstruktur.
12. Goss-Textur.

2.2

1. Elastische V.: Die Atome werden nur ein klein wenig von ihren Gitterplätzen verschoben, es treten keine Abgleitungen oder Platzwechsel auf; plastische V.: „Gitterblöckchen" gleiten mit Hilfe der Versetzungen auf Gleitebenen ab.
2. Abschrecken von hoher Temperatur; schnelle Abkühlung beim Schweißen; spanende Bearbeitung.
3. Bei der Streckgrenze oder der Dehngrenze.
4. Fremdatome, Korngrenzen, Phasengrenzen, Versetzungen.
5. Weil sich während der plastischen Verformung neue Versetzungen bilden, die ihrerseits wieder die Versetzungsbewegung der wandernden Versetzungen behindern. Das Abgleiten der Atomebenen wird erschwert, die Festigkeit steigt.
6. Unter der Streckgrenze.
7. Auf der Erde (g_{Erde} = 9,81 m/s^2): $R_m/\rho \cdot g_{Erde}$ = 520/2,8·9,81 = 18,9 km; auf dem Mond (g_{Mond} = 1,6 m/s^2): $R_m/\rho \cdot g_{Mond}$ = 520/2,8·1,6 = 116,1 km.
8. Zäher Verformungsbruch, Sprödbruch (Trennbruch), Mischbruch, Ermüdungsbruch (Dauerbruch).
9. Der Werkstoff erträgt die angegebene Zugspannung bei 400 °C über 1000 Stunden, ohne zu brechen.

2.3

1. Weil es sich ständig verfestigt und dabei spröder wird.
2. Erholung: Durch Versetzungsbewegung kommt es zu leichter Festigkeitsabnahme, nicht zu einer Kornneubildung; Rekristallisation: Kornneubildung, starke Festigkeitsabnahme und Zähigkeitszunahme.
3. Damit vollständige Rekristallisation, jedoch ohne Kornvergröberung, eintritt.
4. Siehe Bild 2.30c.
5. Die Aktivierungsenergie Q wird benötigt, um den Platzwechsel der Atome bei der Diffusion zu ermöglichen.
6. Es ist: $Q/RT = 14{,}53$ (mit Gaskonstante $R = 8{,}31$ J/K mol); $e^{-14{,}53} = 4{,}89 \cdot 10^{-7}$; $D = D_0 \cdot 4{,}89 \cdot 10^{-7} = 1{,}03 \cdot 10^{-7}$ cm^2 s^{-1}.
7. Es ist: $t = x^2_m/D = 0{,}05^2$ [cm^2] / $1{,}03 \cdot 10^{-7}$ [cm^2 s^{-1}] $= 24.271{,}8$ s $= 6{,}74$ h.

2.4

1. Es ist: $\sigma = F/A = (10 \cdot 9{,}81)/(\pi d^2/4) = 124{,}9$ N/mm^2; $\sigma = E \cdot \varepsilon$ und $\varepsilon = \sigma/E = 124{,}9/210000 = 5{,}95 \cdot 10^{-4}$ oder 0,06 %; $\Delta L = \varepsilon \cdot L = 5{,}95 \cdot 10^{-4} \cdot 1000 = 0{,}6$ mm.
2. $h_{Al} = h_{St} \cdot \sqrt[3]{3} = 10 \cdot 1{,}44 = 14{,}4$ mm. Das Al-Blech muss 4,4 mm dicker sein.
3. Unendlich hohe Leitfähigkeit (unendlich niedriger Widerstand) bei einer Temperatur unterhalb der (materialabhängigen) Sprungtemperatur.
4. Proportionalität zwischen Wärmeleitfähigkeit und elektrischer Leitfähigkeit.
5. Es ist: $\sigma = E \cdot \varepsilon = E \cdot \alpha \cdot \Delta \vartheta = 70 \cdot 10^3 \cdot 24 \cdot 10^{-6} \cdot (-40) = -67200 \cdot 10^{-3} = -67{,}2$ N/mm^2. Es handelt sich um Druckspannungen.
6. Der Ferromagnetismus geht in den Paramagnetismus über.

3

1. Stoff mit einheitlicher atomarer Struktur.
2. 1 Phase.
3. Gut.
4. Durch Fremdkeime und schnelle Erstarrung.
5. Weil a) polymorphe Legierungen ihre Gitterstruktur ändern und b) häufig die Löslichkeit der Fremdatome im Mischkristall abnimmt.

4

1. Ein Metall, das ein zweites, bewusst zugesetztes Element enthält.
2. Mittels Abkühlkurven werden Halte- und Knickpunkte der Umwandlungen bei verschiedenen Konzentrationen ermittelt und in ein Temperatur-Konzentrations-Diagramm eingetragen.
3. a) Siehe Bild 4.8; b) siehe Bild 4.6; c) siehe Bild 4.16.
4. Weil sie durch Glühen in stabile Zustände überführt werden kann.
5. Metastabil: schnelle Abkühlung, niedriger C- und Si-Gehalt, Mangan-Zusatz; stabil: langsame Abkühlung, höherer C- und Si-Gehalt, wenig Mangan.
6. Metastabiles EKD: Stahl, Temperguss, Hartguss; Stabiles EKD: Gusseisen (grau).
7. Erstarrung der Schmelze zu γ-MK, Abkühlung auf die G-S-Linie, Umwandlung erster γ-MK in α-MK und bei weiterer Abkühlung zwischen G-S und P-S immer mehr α-MK, bei P-S-Linie (723 °C) Umwandlung restlicher γ-MK in Perlit. Bei RT liegt ein Kristallgemisch aus Ferrit und Perlit vor.
8. a) $(0{,}8/6{,}67) \cdot 100 = 12$ % (88 % Ferrit); b) $(0{,}45/0{,}8) \cdot 100 = 56$ % Perlit (44 % Ferritkörner); c) $(0{,}45/6{,}67) \cdot 100 = 6{,}7$ % Zementit (92,3 % Ferrit).
9. a) Ferritkorngefüge (Mischkristalle mit gelöstem Chrom); b) Austenitkorngefüge (Mischkristalle mit gelöstem Nickel).
10. Kornfeinend und verschleißmindernd.

5.1

1. FeO + C → Fe + CO (oder Gleichungen 5.1 bis 5.3).
2. Frischen. Der Vorteil von reinem Sauerstoff ist: Keine Stickstoffeinbringung, höhere Temperatur (damit Schrotteinsatz möglich).
3. [FeO] + Mn → Fe + (MnO); 3[FeO] + 2Al → 3Fe + [Al$_2$O$_3$].
4. Für das Schmelzschweißen ungeeignet (Bildung von CO-Gasbläschen); nicht im Stranggießverfahren zu gießen.
5. Stahl ist relativ spröde und versprödet mit abnehmender Temperatur.
6. Gase wie H$_2$, N$_2$, Sauerstoff sowie Kohlenstoff und feine Schlacken.
7. Elektro-Schlacke-Umschmelzverfahren: Der Stahlblock wird im Schlackebad durch Stromdurchgang abgeschmolzen, die Verunreinigungen lösen sich im Schlackebad.
8. Mikroseigerung: Konzentrationsunterschiede der Elemente in den Körnern (auch Kristallseigerung); Makroseigerung: Konzentrationsunterschiede in Gussblöcken oder Gussstücken durch Entmischung.
9. Wegen der Volumenabnahme während der Erstarrung.

5.2

1. Weil bei ihnen der Schmelze-Reinigungsaufwand im Stahlwerk größer ist.
2. Die Schmelzeanalyse gibt die durchschnittliche Zusammensetzung der Schmelze an, die Stückanalyse nur diejenige eines kleinen Materialabschnitts. Wegen der Seigerungen kann dieser höher oder niedriger konzentriert sein.
3. Nein, nur Edelstähle mit dem Hinweis „rostfrei".
4. Stahl für den Stahlbau, Mindeststreckgrenze 355 MPa; Stahl für den Druckbehälterbau, Mindeststreckgrenze 295 MPa; unlegierter Qualitätsstahl (Kohlenstoffstahl) mit 0,6 % C; legierter Stahl mit 0,7 % C und 1,75 % Silizium (Federstahl); legierter Stahl mit 1 % C und 0,1 % Vanadium (Werkzeugstahl); legierter Stahl mit 0,48 % C, 1,5 % Chrom, 0,7 % Molybdän und etwas Vanadium (Werkzeugstahl); legierter Stahl (hochlegiert) mit 1,55 % C, 12 % Chrom, 1 % Vanadium und etwas Molybdän; Gusseisen mit Lamellengraphit, Mindesthärte 195 HB; Gusseisen mit Kugelgraphit, Mindestzugfestigkeit 400 MPa und Mindestbruchdehnung 15 %.

5.3

1. Nicht hochwertig schweißbar: Gütegrad 1, CEV > 0,5; bedingt schweißbar: Gütegrad 2.
2. S235JRG1: Stahl für den Stahlbau, Mindeststreckgrenze 235 MPa, Mindestkerbschlagarbeit bei Raumtemperatur 27 J, Gütegrad 1.
3. Weil manche Bauteile (z.B. Fahrzeugteile) auch bei –40 °C noch zäh sein müssen und Stähle mit geringerer Anforderung an die Kerbschlagarbeit bei tiefer Temperatur spröde brechen würden.
4. Es zeigt die Schweißbarkeit an (gut / bedingt / nur mit Vorwärmung schweißbar).
5. Feinkornbaustähle haben hohe Streckgrenzen bei guter Zähigkeit. Sie lassen sich nicht ganz einfach herstellen, da beim kostengünstigen Warmwalzen mit hoher Temperatur gröberes Korn entsteht.
6. Siehe Bild 5.12.
7. 11SMn20: Automatenstahl (da 0,2 % Schwefel) mit 0,11 % C und etwas Mangan, gut spanend zu bearbeiten.
8. Blei (Pb), Wismut (Bi).
8. Der Anisotropiewert gibt an, ob ein Blech in allen Richtungen gleich gut oder in Walz-Querrichtung weniger gut verformbar ist. Anzustreben ist ein hoher r-Wert.
10. Gute Umformbarkeit (hohe Duktilität, großer r-Wert) und gute Oberfläche (bestimmte Rauheit, kratzerfrei, lackierfähig).

5.4

1. Weichglühen.
2. Rekristallisationsglühen.
3. Ferritisch/perlitisch.

4. Die Wärmeleitfähigkeit.
5. Bainit (Zwischenstufengefüge) ist ein martensitähnliches Gefüge mit nadelförmiger Struktur, aber feinstausgeschiedenem Kohlenstoff. Es entsteht in reiner Form nur bei isothermischem Härten im Warmbad.
6. Weil es sonst zu spröde ist.
7. Austenitische Körner, die wegen zu hohen Kohlenstoffgehaltes bei RT nicht in Martensit umwandeln.
8. Konstruktiv: Keine schroffen Wanddickenänderungen, möglichst große Rundungsradien, symmetrische Massenverteilung; Wärmebehandlung: mildes Abschrecken durch Verwendung legierter Stähle, Warmbadhärten.
9. Volumenzunahme.
10. Entstehende Gefüge, Gefügemengenanteile, Härte.
11. Wirkt wie Chrom, erhöht weiter die Einhärtbarkeit und Festigkeit.
12. Siehe Bild 5.38. Wegen des Skin-Effekts fließt der induzierte hochfrequente Wechselstrom nur in der Randschicht des Werkstücks und heizt diese auf.
13. 0,5 mm bis 1 mm.
14. Wärmebehandlungen mit gezielter Änderung der chemischen Zusammensetzung.
15. Gasnitrieren; Salzbadnitrieren; Plasmanitrieren.
16. Verbindungsschicht, 5 μm bis 20 μm; Diffusionszone, 0,5 mm – 1 mm.

5.5

1. Etwa 400 °C.
2. Bei Werkzeugstählen: Härte-Anlasstemperatur-Diagramm. Es zeigt, wieviel ein Werkzeugstahl beim Anlassen (oder späterer Erwärmung) weicher wird.
3. Bei bestimmter Anlasstemperatur bilden sich im abgeschreckten Stahl Sonderkarbide (z.B. Chrom-, Wolfram-, Molybdänkarbide) aus, die die Härte erhöhen.
4. S 6-5-2: 6 % Wolfram, 5 % Molybdän, 2 % Vanadium sowie Chrom und Kohlenstoff.
5. Kaltarbeitsstahl.
6. Damit nicht (bei zu schneller Erwärmung) Verzug auftritt und Risse entstehen.
7. Pulvermetallurgie.
8. Durch verbesserte Reinheit des Stahles (weniger Schlacken, insbesondere Oxide).

5.6

1. Damit Chrom nicht als Chromkarbid gebunden wird. Im ferritischen Stahl wirkt der austenitstabilisierende Kohlenstoff der Ferritbildung entgegen.
2. Passivierungsschicht; ab 12 % Cr.
3. Weil die Stähle beim Härten von hoher Temperatur (Härtetemperatur) so schnell abgekühlt werden, dass sich keine Chromkarbide bilden.
4. 7 % Ni.
5. Sie binden C als Karbide, so dass Chrom atomar gelöst bleibt.
6. Durch Kaltverformung („Kaltverfestigung").
7. Wärmebehandlung (Glühen und Abschrecken); Beizen.

5.8

1. z.B.: Konstruktive Gestaltungsfreiheit; geringere Festigkeit.
2. Spröde: Gusseisen mit Lamellengraphit, Hartguss; duktil: Gusseisen mit Kugelgraphit, Temperguss, Stahlguss.
3. Graphitmenge in %: $(4,25 - 2,0) / (100 - 2,0) \cdot 100 = (2,25 / 98) \cdot 100 = 2,3$ %.
4. Wegen der guten Gießbarkeit.
5. GJL: Perlitisches Grundgefüge; GJS: Ferritisches bis perlitisches Grundgefüge.
6. Kupolofen.
7. Weil die Festigkeit von den Erstarrungsbedingungen abhängt und diese in einzelnen Gussstückpartien unterschiedlich sind.

8.   Durch örtliche Wanddickenerhöhung und Verstärkungsrippen.
9.   Gusseisen mit Kugelgraphit, durch Wärmebehandlung vergütet und damit hochfest.
10. a) Gusseisen mit Lammellengraphit, Mindestzugfestigkeit 200 MPa; b) Gusseisen mit Kugelgraphit, Mindestzugfestigkeit 400 MPa und Mindestbruchdehnung 15 %; Schwarzer Temperguss, Mindestzugfestigkeit 350 MPa und Mindestbruchdehnung 10 %.
11. Glühen in oxidierender Ofenatmosphäre, der Kohlenstoff diffundiert aus und verbrennt.
12. Wegen des groben Primärgefüges.
13. Wegen des unzulänglichen Gussgefüges und der unvermeidlichen Gussfehler, die nicht – wie bei Knetwerkstoffen – durch anschließendes Verformen beseitigt werden.

6.2
1.   EN AW-AlCu4Mg1: Aluminium-Knetwerkstoff mit 4 % Kupfer und 1 % Magnesium; EN AC-AlSi8Cu3: Aluminium-Gusswerkstoff mit 8 % Silizium und 3 % Kupfer.
2.   Elektrolyse von geschmolzenen Komponenten ohne Wasserzusatz.
3.   Durch möglichst vollständiges Recycling von Altaluminium und Erzeugung von Umschmelzaluminium.
4.   Weil es sich mit einer dichten Oxidschicht passiviert (schützt).
5.   a) Eintauchen der Werkstücke (als Anode) in einen schwefelsauren Elektrolyten, anodische Abscheidung von Sauerstoff und Bildung einer Al_2O_3-Schicht; b) AlCu-Legierungen schlecht, Al-Legierungen mit Fe und viel Si bedingt.
6.   Siehe Bild 6.8.
7.   a) Durch Silizium; b) Kohlenstoff.
8.   AlMg- und AlMgSi-Legierungen.
9.   EN AC-AlSi12CuNiMg; das Silizium verbessert die Gießbarkeit, die Si-Kristalle wirken verschleißmindernd.

6.3
1.   Vorteil: leichter; Nachteil: weniger korrosionsbeständig.
2.   Wegen der hexagonalen Gitterstruktur ist Mg schwer kaltverformbar, Bleche sind zu teuer.
3.   Magnesium-Druckgusslegierung mit 9 % Aluminium und 1 % Zink.
4.   Mit Stahlkies (Eisenspänen).
5.   Leichtmetall; hohe Festigkeit; gute Korrosionsbeständigkeit.
6.   Weil sich an Luft sofort Sauerstoff in der Titanschmelze löst, Ti wird spröde.
7. $L_R = 900/(4,5·9,81) = 20,4$ km.
8.   Extrem hoher Elastizitätsmodul.

6.4
1.   Vorteil: Gute Leitfähigkeit; Nachteil: Geringe Festigkeit.
2.   Wässrige Elektrolyse.
3.   Weil sonst der Sauerstoff mit eindiffundierendem Wasserstoff zu H_2O reagiert („Wasserstoffkrankheit").
4.   Patina: Natürliche Deckschicht (Passivierungsschicht) auf Kupfer; schützt vor Korrosion.
5.   Cr, Ag, Zr, Be.
6.   Kupfer-Nickel-Legierung.
7.   Neusilber.
8.   Zn, Pb.
9.   Weil das Messing mit zunehmendem Zn-Gehalt und damit steigendem Anteil β-Phase spröder wird.

7
1.   Sprühverdüsen; chemische Abscheidung; (Zermahlen von Folie).
2.   Weil die 100%ige Verdichtung in einem Werkzeug nicht möglich ist, es bleiben Lufteinschlüsse.
3.   Durch den Buchstaben E.
4.   Diffusionsschweißung.

5. In die Poren kann Schmierstoff eingelagert werden.
6. Weich.
7. Blei, Zinn.
8. Kunststoff (PTFE), Graphit.

8
1. Wolframkarbid (WC), Titankarbid (TiC), Tantalkarbid (TaC), Kobalt.
2. Durch den Kobaltgehalt (und die Korngröße).
3. Hohe Härte, niedriger Reibkoeffizient, gute Wärmeleitfähigkeit.
4. z.B.: Aluminiumoxid, Al_2O_3; Siliziumnitrid, Si_3N_4.
5. Vorteile: Geringere Rissanfälligkeit, bessere Haftung; Nachteil: Schnellerer Verschleiß.

9
1. Weil der „Verbund" bei der Erstarrung einer homogenen Schmelze entsteht und nicht durch das Fügen einer festen und einer flüssigen Phase oder zweier fester Komponenten.
2. Knochen, Holz; Beton.
3. Faser-, Kompakt-, Schicht-, Teilchenverbundwerkstoffe.
4. $R_{mV} = 350 \cdot 0,8 + 1000 \cdot 0,2 = 480$ MPa.
5. Beim Einschmelzen der Gussstücke wird das Al zu hoch mit Fe legiert.

10
1. Hohe Warmfestigkeit, gute Verschleißfestigkeit (hohe Härte), gute Korrosionsbeständigkeit.
2. Weil die Zusammensetzung zu schwankend und die Reinheit zu gering ist. Auch enthält sie zu viel Glasphase.
3. Pressen des mit Additiven versetzten Pulvers nach verschiedenen Verfahren, Kontrolle, ev. Bearbeitung, Sintern, Schleifen, Endkontrolle.
4. Es verringert sich stark, bis zu 25 %.
5. Zirkonoxid ZrO_2.
6. Wegen des hohen E-Moduls flachen die belasteten Kugeln weniger ab (kleinere Berührungsfläche).
7. Bleioxid, PbO.
8. Weil die Anzahl rissauslösender Fehler (Poren, Einschlüsse) geringer ist.
9. Der höhere E-Modul und die größere Reißlänge.

11
1. Plastische Verformung durch Bearbeitung; Eindiffusion von Fremdatomen; bei Stahl: Aufhärtung z.B. beim Schleifen.
1. Zink, Zinn, Chrom, Nickel, Kupfer, Cadmium u.a.
2. Verschleißfest: SiC-Einlagerung; gleitfähig: PTFE-Einlagerung.
3. Elektrolytisches (galvanisches) Verzinken; Schmelztauchverfahren (Feuerverzinken).
4. Eisenphosphat; temporärer (nicht dauerhafter) Korrosionsschutz.
5. 800 °C – 1200 °C.
6. Ar^+-Ionen treffen mit hoher Geschwindigkeit auf das Beschichtungsmaterial (Kathode) und „sprengen" die Beschichtungsatome heraus. Diese schlagen sich auf dem Werkstück (Substrat) nieder.
7. Dicke Schichten in kurzer Behandlungszeit; örtliches Beschichten möglich; Substrat bleibt kalt.

12
1. Nichtrostende Stähle, besonders solche mit Zusatz von Si und Al.
2. Der Nickel-Stab (siehe Spannungsreihe).
3. $O_2 + 2H_2O + 4e \rightarrow 4\ OH^-$.
4. Siehe Tab. 12.2, es entstehen Korrosionslöcher, die das ganze Blech durchdringen können.
5. Siehe Bild 12.4. Ursache ist die Bildung von Chromkarbiden entlang der Korngrenzen.

6. Verhinderung der Korrosion am bestehenden System durch z.B. Oberflächen-Schutzschichten, Isolierungen, Beeinflussung des Elektrolyten.
7. Wahl der richtigen Werkstoffe; gegenseitige Isolierung der Bauteile.
8. Schutz durch das korrosionsbeständige, sich passivierende Zink; kathodischer Schutz durch Zinkauflösung.
9. Siehe Bild 12.8.

13.1.1
1. Möglichst großer Kugel-$\varnothing$, aber kleinere Kugeln bei dünnen Blechen und wenn Oberfläche möglichst wenig Schaden nehmen soll.
2. Brinellhärte 100, gemessen mit einer Hartmetallkugel von 5 mm$^\varnothing$ und der Prüfkraft 2452 N (250 kp).
3. Diamant-Pyramide; Vorteil: Alle Werkstoffe sind prüfbar; Nachteil: Prüfkörper ist schlagempfindlich und teuer.
4. Bei dünnen Blechen und Beschichtungen sowie zur Messung von Härteverläufen in Randschichten; Nachteil ist die starke Streuung der Messwerte.
5. Ausgleich von Oberflächenfehlern und Maschinenspiel.
6. 158 HV.
7. Wegen der extrem kurzen Einwirkdauer bei dynamischer Prüfung.

13.1.2
1. Siehe Bild 13.5.
2. Die aus dem zum jeweiligen Zeitpunkt des Zugversuchs vorliegenden Probenquerschnitt berechnete Spannung: $\sigma_w = F / S$.
3. Allmählicher Übergang zum plastischen Fließen.
4. Die Messlänge L_0 der Probe muss in einem bestimmten Verhältnis zum Querschnitt stehen: $L_0 = k \cdot \sqrt{s_0}$ (mit k = 5,65).
5. Bruchdehnung ε = 10 / 50 = 0,2 oder ($\cdot 100$) = 20 %.
6. Gleitlagerwerkstoffe, Baustoffe.
7. Einfache Proben ohne Probenköpfe (kostengünstig); keine Einspanneffekte bei spröden Werkstoffen.
8. Nein, sie würden auf Biegung beansprucht.

13.1.3
1. Der mehrachsige (dreiachsige) Spannungszustand.
2. Die Zähigkeit bei schlagartiger Beanspruchung und mehrachsigem Spannungszustand.
3. Siehe Bild 13.13 (ohne Messpunkte).
4. S, P, N.
5. Gruppe der austenitischen Stähle (wegen ihres kfz-Atomgitters).

13.1.4 und 13.1.5
1. Kriechen.
2. 0,2 %-Zeitdehngrenze 130 MPa, gemessen nach 10.000 h bei 500 °C.
3. Ermüdung. Der Werkstoff wurde zu lange oberhalb seiner Dauerfestigkeit schwingend belastet.
4. Weil im Umlaufbiegeversuch keine von 0 abweichende Mittelspannung eingestellt werden kann.
5. Siehe Bild 13.17. R_m liegt bei $N = 10^0$, also auf der Ordinate.

13.1.6, 13.1.7 und 13.1.8
1. Prüfung von technologischen Eigenschaften: Biegefähigkeit und Verformbarkeit von Halbzeugen, Gießbarkeit, Schweißbarkeit usw.
2. Körner, Phasen, Schlacken, Poren.
3. Mit bloßem Auge (oder bei schwacher Vergrößerung) erkennbare Gefügemerkmale wie Bruchgefüge, Schweißgefüge, Faserverläufe von Verformungsgefügen.

4. Um auf der polierten Oberfläche des Schliffes den Gefügen entsprechende Unebenheiten zu schaffen, die das Mikroskoplicht streuen.
5. Spektrometer: Metallatome werden durch Funken angeregt (Funkenspektrometer), dabei senden sie charakteristisches Spektrallicht aus. Die Spektrallinien werden ausgewertet, ihre Wellenlänge entspricht dem Element, ihre Intensität der Konzentration.

13.2

1. Durch die Strahlenquelle: Röntgenstrahlen entstehen in einer Röntgenröhre durch Beschuss einer Metalloberfläche mit Elektronen, Gammastrahlen werden von radioaktiven Isotopen ausgesandt (Isotopenbehälter).
2. Harte Strahlung; max. 100 mm.
3. Rissprüfung (Eindringverfahren, Magnetpulververfahren).
4. Bildgüteprüfkörper (BPK), wird zusammen mit dem Werkstück geröntgt.
5. Schallreflexion (Echo) an der „inneren Wand" eines Fehlers.
6. Die Werkstückrückwand gibt ein Echo (Anzeige auf dem Bildschirm), aus der Laufzeit des Schalls ergibt sich bei bekannter Schallgeschwindigkeit die Wanddicke.
7. Es besteht die Gefahr, dass die Prüffarbe aus den Fehlern (Rissen) herausgewaschen wird.
8. Feines Eisenpulver, aufgeschlämmt in fluoreszierendem Farbmittel.
9. Mit der Wirbelstromprüfung.

Vertiefende Literatur

1. Albert G. Guy: Metallkunde für Ingenieure; Akademische Verlagsgesellschaft Frankfurt a. Main, 1970

2. O. Buxbaum: Betriebsfestigkeit; Verlag Stahleisen mbH Düsseldorf, 1988

3. Bergmann, Schaefer: Lehrbuch der Experimentalphysik, Band 1; Walter de Gruyter Berlin, 1998

4. Dubbel: Taschenbuch für den Maschinenbau; Springer Berlin, 2004

5. Roloff /Matek: Maschinenelemente; Vieweg Verlag Braunschweig, 2005

6. P. Guillery, R. Hezel, B. Reppich: Werkstoffkunde für die Elektrotechnik; Vieweg Verlag Braunschweig, 1983

7. M. Hansen: Constitution of Binary Alloys; Mc Graw-Hill New York, 1958, sowie A. Shunk: Constitution of Binary Alloys; Mc Graw-Hill New York, 1969

8. Stahl-Eisen-Prüfblatt (SEP) Nr. 1572, in: Stahl-Eisen-Prüfblätter, Verlag Stahleisen mbH Düsseldorf

9. Atlas zur Wärmebehandlung der Stähle; Verlag Stahleisen mbH Düsseldorf, 1961

10. R. Chatterjee-Fischer: Nitrieren und Nitrocarburieren; expert verlag Sindelfingen, 1986

11. Nichtrostende Stähle; Verlag Stahleisen mbH Düsseldorf, 1989

12. Stahl-Eisen-Werkstoffblätter (SEW); Verlag Stahleisen mbH Düsseldorf, 1986

13. O. Liesenberg, D. Wittekopf: Stahlguß und Gußeisenlegierungen; Deutscher Verlag für Grundstoffindustrie Leipzig, 1992

14. Konstruieren mit Guß

15. Brevier Technische Keramik (Informationszentrum Techn. Keramik IZTK); Fahner Verlag Lauf, 1998

16. H. Simon, M. Thoma: Angewandte Oberflächentechnik f. metallische Werkstoffe; Carl Hanser Verlag München, 1989

17. H. v. Weingraber, M. Abou-Ali: Handbuch Technische Oberflächen; Vieweg Braunschweig, 1989

18. DIN 50918 „Elektrochemische Korrosionsuntersuchungen (1978); Beuth-Verlag Berlin

19. Aluminium-Taschenbuch; Verlag Aluminium Düsseldorf

20. SEW 470 (siehe unter 12)

21. DIN 50100 „Dauerschwingversuch"

22. H. Schumann: Metallographie; Wiley Weinheim, 2004

23. H. Schönherr: Spanlose Fertigung; Oldenbourg Wissenschaftsverlag München, 2002

24. A. Vinke, G. Marbach, J. Vinke: Chemie für Ingenieure; Oldenbourg Wissenschaftsverlag München, 2004

25. H. Hinzen: Maschinenelemente 1 und 2; Oldenbourg Wissenschaftsverlag München, 2000

26. G. Lange: Systematische Beurteilung technischer Schadensfälle; Deutsche Gesellschaft f. Metallkunde e.V., 1983

27. Beuth-Verlag GmbH, Berlin. Tochtergesellschaft des DIN, Deutsches Institut für Normung e.V.

28. Stahl-Eisen-Prüfblatt 1520; Verlag Stahleisen mbH Düsseldorf

29. VDG Prüfblatt 441; Verein Deutscher Gießereifachleute; Gießerei-Verlag GmbH Düsseldorf

Sachverzeichnis

www.ingramcontent.com/pod-product-compliance
Lightning Source LLC
Chambersburg PA
CBHW081044220326
41598CB00038B/6977